高等学校**土木工程专业**规划教材

GAODENG XUEXIAO TUMU GONGCHENG ZHUANYE GUIHUA JIAOCAI

基础工程

舒志乐　刘保县■主　编

张　英　黄　山　余　聪　张冠军■副主编

王　鹏　李　静　古　巍　耿佳弟

JICHU
GONGCHENG

重庆大学出版社

内容提要

本书根据《高等学校土木工程本科指导性专业规范》对"基础工程"课程的要求、注册结构工程师和注册岩土工程师考试大纲中对该课程的要求以及现行国家、行业相关规范,并结合作者长期教学与工程设计的经验编写而成。全书共8章,包括绪论、工程建筑地基勘察、天然地基浅基础设计、连续基础、桩基础与沉井基础、软弱土地基处理、特殊土地基、山区地基。

本书可作为高等学校土木工程专业的教材,也可作为从事土木工程勘察、设计、施工技术人员和报考土木工程等专业硕士研究生、注册结构工程师、注册岩土工程师的参考用书。

图书在版编目(CIP)数据

基础工程 / 舒志乐,刘保县主编. -- 重庆:重庆
大学出版社,2017.12(2022.8 重印)
高等学校土木工程专业规划教材
ISBN 978-7-5689-0633-3

Ⅰ.①基… Ⅱ.①舒… ②刘… Ⅲ.①基础(工程)—
高等学校—教材 Ⅳ.①TU47

中国版本图书馆 CIP 数据核字(2017)第 164996 号

基础工程

主　编　舒志乐　刘保县
副主编　张　英　黄　山　余　聪　张冠军
　　　　王　鹏　李　静　古　巍　耿佳弟
责任编辑:肖乾泉　　版式设计:肖乾泉
责任校对:张红梅　　责任印制:赵　晟

*

重庆大学出版社出版发行
出版人:饶帮华

社址:重庆市沙坪坝区大学城西路 21 号
邮编:401331
电话:(023)88617190　88617185(中小学)
传真:(023)88617186　88617166
网址:http://www.cqup.com.cn
邮箱:fxk@cqup.com.cn(营销中心)
全国新华书店经销
POD:重庆新生代彩印技术有限公司

*

开本:787mm×1092mm　1/16　印张:32.75　字数:817 千
2017 年 12 月第 1 版　　2022 年 8 月第 3 次印刷
印数:3 001—4 000
ISBN 978-7-5689-0633-3　定价:69.00 元

前　言

　　《基础工程》是《土力学》的后续课程,两者之间联系紧密,也可以说是土力学的理论在基础工程中的应用。在教材编写方面,要求各章节突出重点、突破难点和细化计算点。因此,本教材强调例题的作用,以提高读者的理解能力和满足初学者可读和易懂的要求。

　　本教材根据《高等学校土木工程本科指导性专业规范》和本课程教学大纲的要求,结合土木工程专业教学特点及现代基础工程的发展趋势,考虑土木工程中各层次技术工作的需要,紧紧围绕高级应用型人才培养目标,根据国家最新的技术规范、规程编写而成。在介绍基本理论的同时强调应用,与实际工程需要联系紧密。

　　本教材系统介绍了基础工程的基本知识和基本理论,科学规范地反映了现阶段基础工程的施工水平,努力做到条理清晰、重点突出、语言精炼、图文并茂,注重工程教育与实践应用;具有较强的指导性和可操作性,积极培养学生的实践能力与创新精神,使学生了解和掌握现行规范体系,加强基础工程理论与应用研究,具备运用专业知识分析和解决工程实际问题的能力,努力培养具备世界眼光的卓越工程师。

　　本教材主要有以下突出特点:

　　①以设计人员的视角,多用图片诠释难点、重点和构造要求,制图规范,适用性强;

　　②合理结合注册结构工程师、注册岩土工程师考试大纲,在各章节中引入例题,使理论知识和工程实际密切结合,突出应用性;

　　③本书参照国家最新的规范和标准进行编写;

　　④在传统的基础工程内容的基础上,注意吸收国内外成熟的设计方法,使学生对基础工程设计具有较全面的认识,了解基础工程的设计现状。

　　本教材由西华大学舒志乐、刘保县担任主编,西华大学张英、四川管理职业学院黄山、成都农业科技职业学院余聪、四川建筑职业技术学院张冠军、山西省交通规划勘察设计院王鹏、四川大学锦江学院李静、古巍及四川大学锦城学院耿佳弟也参与了本书的部分编写工作。本书在编写过程中参考了许多文献资料,均在参考文献中列出;另外,本教材得到了四川省高校创新团队(工程结构健康安全性评估和风险预测)及西华大学"教学师资支持计划"的支助,在此表示衷心的感谢!

　　限于编者水平,书中难免存在不妥之处,敬请广大读者批评指正。

编　者
2016 年 10 月

目　录

绪论 ·· 1

0.1　地基与基础的基本概念 ··· 1

0.2　基础工程的发展概况 ·· 3

0.3　本课程的特点和学习要求 ·· 4

第1章　建筑工程地基勘察 ·· 5

1.1　地基勘察的目的和任务 ··· 5

1.2　岩土工程勘察等级 ·· 6

1.3　房屋建筑与构筑物的工程勘察 ··· 8

1.4　岩土工程勘察方法 ·· 13

1.5　地基土的野外鉴别与描述 ··· 18

1.6　高层及超高层建筑岩土工程勘察 ·· 21

1.7　岩土工程分析、评价和成果报告 ·· 25

习　题 ·· 41

第2章　天然地基浅基础设计 ·· 43

2.1　浅基础类型与材料选用 ··· 43

2.2　地基基础设计的原则 ·· 47

2.3　基础埋置深度 ·· 51

2.4　地基承载力特征值的确定 ··· 58

2.5　基础底面尺寸的确定 ·· 62

2.6　地基变形和稳定性验算 ··· 70

2.7　浅基础结构设计与计算 ··· 76

2.8　减轻不均匀沉降危害的措施 ··· 108

习　题 ·· 113

第3章　连续基础 ··· 116

3.1　地基、基础和上部结构共同作用 ·· 116

3.2　地基计算模型 ·· 121

3.3　文克勒地基上梁的计算 ··· 124

3.4　柱下条形基础 ·· 134

3.5　十字交叉条形基础 ·· 142

3.6　筏形基础 ·· 147

3.7　箱形基础 ···················· 186
习　题 ···················· 198

第4章　桩基础与沉井基础 ···················· 200

4.1　桩基础分类与选型 ···················· 200
4.2　单桩的工作原理 ···················· 206
4.3　桩的负摩阻力 ···················· 208
4.4　单桩竖向承载力 ···················· 212
4.5　单桩水平承载力与位移 ···················· 229
4.6　群桩承载力与沉降 ···················· 242
4.7　桩基础的常规设计 ···················· 256
4.8　沉井基础 ···················· 280
习　题 ···················· 304

第5章　软弱地基土处理 ···················· 310

5.1　概述 ···················· 310
5.2　换填垫层法 ···················· 314
5.3　预压地基 ···················· 318
5.4　压实地基与夯实地基 ···················· 328
5.5　复合地基 ···················· 337
5.6　注浆加固 ···················· 396
5.7　微型桩加固 ···················· 404
习　题 ···················· 409

第6章　特殊土地基 ···················· 411

6.1　软土地基 ···················· 411
6.2　湿陷性黄土地基 ···················· 431
6.3　膨胀土地基 ···················· 440
6.4　红黏土地基 ···················· 446
6.5　冻土地基 ···················· 450
习　题 ···················· 458

第7章　山区地基 ···················· 460

7.1　土岩组合地基 ···················· 461
7.2　填土地基 ···················· 464
7.3　滑坡 ···················· 472
7.4　岩石地基 ···················· 487
7.5　岩溶与土洞 ···················· 492
7.6　边坡与支挡结构 ···················· 498
习　题 ···················· 515

参考文献 ···················· 518

绪　论

0.1　地基与基础的基本概念

万丈高楼从地起,所有建筑物均以地球为依托,即无论建筑物的使用要求、荷载条件如何,其荷载最后总是由其下的地层来承担。凡是因建筑物荷载作用而产生应力与变形的岩土体,统称为地基。将建筑物荷载传递给地基的地下结构部分称为基础(图0.1)。

基础埋藏于地面之下,支承上部结构自重以及作用于建筑物上的各种荷载,并将荷载扩散传递给持力层和下卧层,起到承上启下的作用。一般说来,基础按埋置深度可以分为两大类:浅基础和深基础。

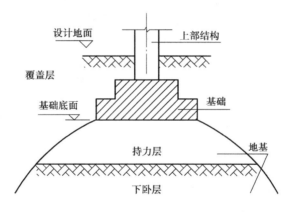

图0.1　地基与基础示意图

通常把埋置深度不大(小于或相当于基础底面宽度,一般认为小于5 m)、可用简便施工方法进行基坑开挖和排水的基础,称为浅基础,如柱下独立基础、条形基础、筏形基础、交叉梁基础和箱形基础等。

当土层性质不好,需要利用深部良好的地层,且需采用专门的施工方法和机具建造的基础(通常埋置深度大于5 m)称为深基础,如桩基、沉井、沉箱、地下连续墙、桩箱基础和桩筏基础等。

地基可分为天然地基和人工地基两类。天然地基是不加处理就能满足设计要求,可直接在上面进行修建的天然土层,如密实的砂土层、老黏土层等;人工地基是经过人工处理后才满足要求的土层,如经过处理后的软黏土地基或其他不良地基。显然,当能满足基础工程的要求时,采用天然地基最"快、好、省"。

当地基由多层土组成时,地基直接与基础底面接触,承受主要荷载的那部分土层称为持力层,持力层以下的其他土层称为下卧层,如图0.1所示。当持力层和下卧层的土质坚实、性能较好时,上部结构对地基强度、变形和稳定性的要求容易得到满足。

地基与基础设计必须满足 3 个基本条件:

①作用于地基上的作用效应(基底压应力)不得超过地基允许承载力或地基承载力特征值,保证建筑物不因地基承载力不足造成整体破坏或影响正常使用,具有足够防止整体破坏的安全储备;

②基础沉降不得超过地基变形的允许值,保证建筑物不因地基变形而损坏或影响其正常使用;

③挡土墙、边坡以及地基基础保证具有足够防止失稳破坏的安全储备。

基础支承上部结构荷载并将其传递给地基,起到承上启下的作用。基础工程是整个建筑工程中一个重要的组成部分,是建筑物的根基。大量事实表明,在土木工程事故案例中,地基基础问题占很大的比例,且事故一旦发生,进行补救相当困难。下面是一些国际上有名的失败案例,我们应引以为戒。

1913 年建造的加拿大特朗斯康谷仓(图 0.2),由 65 个圆筒形筒仓组成,高 31 m,宽 23.5 m,其下为筏形基础。由于事前不了解基础下埋藏有厚达 16 m 的软黏土层,建成后初次储存谷物,基底平均压力(320 kPa)超过了地基极限承载力,致使谷仓西侧突然陷入土中8.8 m,东侧则抬高 1.5 m,仓身倾斜 26°53′。这是地基发生整体滑动、建筑物丧失了稳定性的典型范例。由于该谷仓整体性很强,筒仓完好无损。事后在筒仓下增设 70 多个支承于基岩上的混凝土墩,使用 388 个 50 t 千斤顶,才把筒仓纠正过来,但其标高比原来降低了 4 m。

世界著名的意大利比萨斜塔(图 0.3),1173 年动工,高约 55 m,因地基压缩层不均匀、排水缓慢,北侧下沉 1 m 多,南侧下沉近 3 m。1932 年曾灌注 1 000 t 水泥,也未奏效,每年仍下沉约 1 mm。目前正在处理之中。再如,我国 1954 年兴建的上海工业展览馆中央大厅,因地基中约有 14 m 厚的淤泥质软黏土,尽管采用了 7.27 m 的箱型基础,建成后当年仍下沉了 0.6 m,目前大厅平均沉降达 1.6 m。

图 0.2　加拿大特朗斯康谷仓的地基破坏情况

图 0.3　比萨斜塔

由此可见,基础工程在整个建筑工程中的重要性显而易见,必须认真对待,坚持做到细致勘探、周密设计、精心施工,杜绝各类基础工程事故的发生。这也是学习基础工程学科的重要性之所在。

0.2　基础工程的发展概况

基础工程是一项古老的技术,发展至今已是一门专门的学科。世界各文明古国建造的宫殿楼宇、高塔亭台、长城运河、古道石桥等工程,无论是至今完好,还是不复存在的,都有很多关于基础工程的技术成就。

18—19 世纪,人们在大规模建设中遇到了许多与岩土工程相关的问题,在此阶段,作为基础工程学科的理论基础——土力学方面,有相当多的成就。例如,法国科学家 C. A. 库仑(Coulomb)在 1773 年提出了砂土抗剪强度公式和挡土墙土压力的滑楔理论;法国学者 J. 布辛奈斯克(Boussinesq)在 1885 年提出了竖向集中荷载作用下半无限弹性体应力和位移的理论解答。先驱者们的科学结晶为土力学的建立奠定了基础。1925 年,太沙基发表了第一本比较完整的著作《土力学》,标志着土力学建立为一个完整的工程学科。太沙基与 R. 佩克(Peck)在 1948 年发表的《工程实用土力学》中,将理论、测试和工程经验密切结合,推动了土力学和基础工程学科的发展。该书的发表,标志着"土力学及基础工程"真正成为一门工程学科。1936 年在哈佛大学召开了第一届国际土力学及基础工程学术会议至今,特别是 21 世纪初以来,把基础工程学科推向了现代化。

我国古代劳动人民在基础工程方面,也早就表现出高超的技艺和创造才能,许多雄伟壮丽的中国古代建筑逾千百年仍安然留存至今的事实就充分说明了这一点。例如,1 300 多年前隋代工匠李春主持修建的赵州安济石拱桥,不仅建筑结构独特,防洪能力强,而且在地基基础的处理上也非常合理。该桥桥台坐落在两岸较浅的密实粗砂土层上,沉降很小,充分利用了天然地基的承载力。另外,在桩基础和地基加固方面,我国古代也已有广泛运用,如秦代所建的渭桥、隋代郑州的超化寺等都以木桩为基础。

目前,基础工程的关注点之一是在设计计算理论和方法方面的研究和探讨,包括考虑上部结构、基础与地基共同工作的理论和设计方法,概率极限状态设计理论和方法,优化设计方法,数值分析方法和计算机技术的应用等。另外,随着高层建筑和大跨度空间结构的涌现、地下空间的开发等,与之密切相关的两种技术也得到极大的重视。其一是桩基础技术,其中桩土共同工作理论,新的桩基设计控制理论——变形控制理论,桩基非线性分析和设计方法,桩基承载力和沉降的合理估算,新桩型(如大直径成孔灌注桩、预应力管桩、挤扩支盘桩、套筒桩、微型桩等)的研究开发,后注浆技术在桩基工程中的应用,桩基础的环境效应等,都成为研究和开发的热点。其二,深基坑开挖问题,研究的重点放在土、水压力的估算,基坑支护设计理论和方法的深化——优化设计、静态设计和动态设计、考虑时空效应的方法等;新基坑支护方法(如复合土钉墙、作为主体结构应用的地下连续墙、锚杆挡墙等)的开发研究;基坑开挖对环境的影响;逆作法技术的应用等。

我国地域辽阔,由于自然地理环境不同,分布着多种多样的土类。某些土类(如湿陷性黄土、软土、膨胀土、红黏土和多年冻土等)还具有不同于一般土类的特殊性质。作为地基,必须针对这些土的各种特性采取不同的试验方法和处理措施进行分析和研究。此外,由于大量人类工程活动进入山区,还出现了许多山区常见的地基问题。因此,地基基础问题的发生和解决的方法带有明显的区域性特征。

在地基处理方面,进一步完善复合地基理论、对各类地基处理方法和机理的深化研究以及施工及检测技术的改进也是基础工程学科所关注的问题。对于深水和复杂地质条件下的基础工程,如特大型桥梁、水工结构和近海工程等,重要的是深入研究地震、风和波浪冲击的作用以及发展深水基础(超长大型水下桩基、新型沉井等)的设计和施工方法。

0.3　本课程的特点和学习要求

本课程是土力学的后续课程,基础工程的设计中需要根据土的特性对地基进行受力分析、计算地基承载力及地基的变形等。本课程涉及工程地质学、材料力学、弹性力学、结构力学、建筑结构、工程施工等学科领域的知识,内容广泛,综合性、理论性和实践性都很强。要掌握好这些相关课程的基本内容与基本原理,为本课程的学习打好基础。

本课程的特点是根据建筑物对基础功能的特殊要求,首先通过勘探、试验、原位测试等,了解岩土层的工程性质,然后结合实际工程,运用土力学及基础工程的基本原理,综合分析岩土层与基础工程结构物的相互作用及其变形与稳定的规律,制订合理的基础工程方案和施工技术措施,确保建筑物的安全与稳定。原则上是以工程要求和勘探试验为依据,以岩土体与基础共同作用和变形与稳定分析为核心,以优化基础方案与建筑技术为灵魂,以解决工程问题,确保建筑物安全与稳定为目的。

基础工程是一门实践性很强的学科,在学习基础工程课程时,一定要紧密结合工程实际,有条件的可结合工程案例学习,上部结构、基础和地基要综合考虑。前面提到,作用在建筑物上的荷载是通过基础再传递给地基的,基础工程的研究对象是建筑物的基础和地基。在学习某一基础形式时,首先要清楚荷载的传递路线、传递规律,也就是力的传递和力的平衡;然后是相应的地基承载力和地基变形。荷载的传递规律往往比较复杂,要学会抓主要矛盾。基础工程设计就是如何保证在荷载传递过程中建筑物的使用安全、可靠、经济。

第1章　建筑工程地基勘察

岩土工程勘察是建筑工程的先行工作,也是建筑物基础设计和施工前一项非常重要的工作。其目的在于以各种勘察手段和方法,了解和探明建筑物场地和地基的工程地质条件,为建筑物选址、设计和施工提供所需的基本资料,以充分利用有利的自然地质条件,避开或改造不利的地质条件,保证建筑物安全和正常施工。

工程实践中,如果不进行现场勘察就直接设计,有可能造成严重的工程事故。常见的事故原因是贪快求省、勘察不详或分析结论有误,以致延误建设进度,浪费大量资金,甚至遗留后患。从事设计和施工的工程技术人员务必重视建筑场地和地基勘察工作,正确地向勘察单位提出勘察任务和要求,并能正确分析和应用岩土工程勘察报告,防止地基事故的发生,确保工程质量。

1.1　地基勘察的目的和任务

地基基础勘察工作就是综合运用各种勘察手段和技术方法,有效查明建筑场地的工程地质条件,分析评价建筑场地的工程地质条件,分析评价建筑场地可能出现的岩土工程问题,对场地地基的稳定性和适应性作出评价,为工程建设规划设计提供可靠依据。

其具体目的归纳如下:

①充分利用有利的自然地质条件,避开或改造不利的地质因素,保证工程建筑安全稳定、经济合理和使用正常。

②提供整个建筑场地的土性指标,进行技术方案论证,并为工程设计、施工提供所需的地质资料。

③解决和处理工程中涉及的场地利用、选用、整治和改造等问题,为大型工程的可行性研究提供技术资料。

地基勘察的基本任务是按照建筑物或构筑物不同勘察阶段的要求,为工程的设计、施工以及岩土体治理加固、开挖支护和降水等工程提供地质资料和必要的技术参数,对有关岩土工程问题作出论证和评价。其具体任务包括以下3个方面:

①查明工程范围内岩土体的分布、性状和地下水活动条件,提供设计、施工和整治所需的地质资料和岩土技术参数。

②调查建筑场地的工程地质条件,对不良地质的防治工程和地基加固问题提出具体方案及建议,对场地稳定性和适应性作出评价。

③预测工程施工和运行过程中对地质环境和周围建筑物的影响,并提出保护性措施的建议。

1.2 岩土工程勘察等级

不同建筑场地的工程地质不同,不同规模和特征的建筑物对工程地质的条件和要求也不尽相同,所要解决的岩土工程问题也有差异。因此,工程建设所采取的地基基础、上部结构设计方案,以及地基勘察所用的方法、所投入的勘察工作量大小也可能不相同。

根据《岩土工程勘察规范(2009 版)》(GB 50021—2001)规定,建筑勘察等级应根据工程重要性等级、场地复杂程度等级和地基复杂程度等级 3 项因素综合确定。

1)工程重要性等级

根据地基损坏造成建筑物破坏后果的严重性,将建筑物分为 3 个安全等级。实施工程勘察时应视具体情况,按表 1.1 选用。

表 1.1　工程重要性等级划分

重要性等级	工程类型	破坏后果
一级工程	重要工程	很严重
二级工程	一般工程	严重
三级工程	次要工程	不严重

由于涉及各行各业(房屋建筑、地下洞室、电厂及其他工业建筑、废弃物处理等工程),工程重要性等级很难做出统一的划分标准。以住宅和一般公用建筑为例,30 层以上的建筑工程,其重要性等级可以定为一级,7 ~ 30 层的可定为二级,6 层及 6 层以下的可定为三级。目前,对地下洞室、深基坑开挖、大面积岩土处理等尚无重要性等级的具体规定,可根据实际情况划分。对大型沉井和沉箱、超长桩基和墩基、有特殊要求的精密设备和超高压设备、有特殊要求的深基坑开挖和支护工程、大型竖井和平硐、大型基础托换和补强工程以及其他难度较大、破坏后果严重的工程,其工程重要性等级宜为一级。

2)场地复杂程度等级

根据建筑抗震稳定性、不良地质作用发育情况、地质环境破坏程度、地形地貌和地下水等 5 个方面综合考虑,场地复杂程度等级划分详见表 1.2。

表 1.2　场地复杂程度等级划分

场地等级	特征条件	条件满足方式
一级场地 (复杂场地)	对建筑抗震危险的地段	满足其中一条以上者
	不良地质作用强烈发育	
	地质环境已经或可能受到强烈破坏	
	地形地貌复杂	
	有影响工程的多层地下水、岩溶裂隙水或其他复杂的水文地质条件,需专门研究的场地	
二级场地 (中等复杂场地)	对建筑抗震不利的地段	
	不良地质作用一般发育	
	地质环境已经或可能受到一般破坏	
	地形地貌较复杂	
	基础位于地下水位以下的场地	

续表

场地等级	特征条件	条件满足方式
三级场地 （简单场地）	抗震设防烈度等于或小于6度,或位于对建筑抗震有利的地段	满足全部条件
	不良地质作用不发育	
	地质环境基本未受破坏	
	地形地貌简单	
	地下水对工程无影响	

注:①从一级开始,向二级、三级推定,以最先满足为准。
②对建筑抗震有利、不利和危险阶段的划分,应按现行国家标准《建筑抗震设计规范》(GB 50011—2010)的规定确定。

建筑抗震危险地段是指地震时可能发生滑坡、崩塌、地陷、地裂、泥石流及发震断裂带上可能发生地表位错的部位;不利地段是指软弱土和液化土,条状突出的山嘴,高耸孤立的山丘,非岩质的陡坡、河岸和斜坡边缘,平面分布上成因、岩性和性状明显不均匀的土层等;有利地段是指岩石和坚硬土或开阔平坦、密实均匀的中硬土等。

不良地质作用强烈发育是指泥石流沟谷、崩塌、滑坡、土洞、塌陷、岸边冲刷、地下水强烈潜蚀等极不稳定场地,这些不良地质作用直接威胁工程安全;一般发育是指虽有不良地质作用,但并不十分强烈,对工程安全的影响不严重,或者说对工程安全可能有潜在的威胁。

地质环境破坏是指人为因素和自然因素引起的地下采空、地面沉降、地裂缝、化学污染、水位上升等。地质环境的强烈破坏是指由于地质环境破坏,已对工程安全构成直接威胁;一般破坏是指已有或将有上述现象发生,但并不强烈,对工程安全影响不严重。

地形地貌主要是指地形起伏和地貌单元(尤其是微地貌单元)的变化情况。一般地说,山区和丘陵区场地地形起伏大,工程布局较困难,挖填土石方量较大,土层分布较薄且下伏基岩面高低不平,地貌单元分布较复杂,一个建筑场地可能跨越多个地貌单元,因此地形地貌条件复杂或较复杂;平原场地地形平坦,地貌单元均一,土层厚度较大且结构简单,因此地形地貌条件简单。

地下水是影响场地稳定性的重要因素。地下水的埋藏条件、类型和地下水水位等直接影响工程及其建设。

3）地基复杂程度等级

根据地基复杂程度,可按表1.3划分为3个地基等级。

表1.3　地基复杂程度等级划分

地基等级	特征条件	条件满足方式
一级地基 （复杂地基）	岩土种类多,很不均匀,性质变化大,需特殊处理	满足其中一条及以上者
	多年冻土,严重湿陷、膨胀、盐渍、污染的特殊性岩土,以及其他情况复杂、需做专门处理的岩土	
二级地基 （中等复杂场地）	岩土种类较多,不均匀,性质变化较大	
	除一级地基中规定的其他特殊性岩土	
三级地基 （简单地基）	岩土种类单一、均匀,性质变化不大	满足全部条件
	无特殊性岩土	

岩土工程勘察等级划分见表1.4。

表1.4　岩土工程勘察等级划分

岩土工程勘察等级	划分标准
甲级	在工程重要性、场地复杂程度和地基复杂程度等级中，有一项或多项为一级
乙级	除勘察等级为甲级和丙级以外的勘察项目
丙级	工程重要性、场地复杂程度和地基复杂程度等级均为三级

多年冻土情况特殊，勘察经验不多，应列为一级地基。"严重湿陷、膨胀、盐渍、污染的特殊性岩土"是指三级及三级以上的自重湿陷性土、三级膨胀性土等。其他需做专门处理，以及变化复杂的，同一场地上存在多种强烈程度不同的特殊性岩土时，也应列为一级地基。

划分岩土工程勘察等级，目的是突出重点，区别对待，便于管理。岩土工程勘察等级应在工程重要性等级、场地等级和地基等级的基础上划分。一般情况下，勘察等级可在勘察工作开始前，通过搜集已有资料确定。但随着勘察工作的开展，对自然认识的深入，勘察等级也可能发生改变。

对岩质地基而言，场地地质条件的复杂程度是控制因素。建造在岩质地基上的工程，如果场地和地基条件比较简单，勘察工作的难度不是很大，所以即使是一级工程，场地和地基为三级时，岩土工程勘察等级也可定为乙级。

1.3　房屋建筑与构筑物的工程勘察

岩土工程勘察阶段的划分与设计阶段的划分是一致的，一定的设计阶段需要相应的岩土工程勘察工作。在我国建筑工程中，岩土工程勘察阶段分为可行性研究勘察阶段、初步勘察阶段、详细勘察阶段和施工勘察阶段。可行性研究勘察应符合选择场址方案的要求；初步勘察应符合初步设计的要求；详细勘察应符合施工图设计的要求；场地条件复杂或有特殊要求的工程，宜进行施工勘察。

场地较小且无特殊要求的工程可合并勘察阶段。当建筑物平面布置已确定，且场地或其附近已有岩土工程资料时，可根据实际情况，直接进行详细勘察。

每个岩土工程勘察阶段都应具有该阶段的具体任务、拟解决的问题、重点工作内容和工作方法以及工作量等，这在各有关岩土工程勘察规范或工作手册中都有明确规定。本节仅介绍建筑物和岩土工程勘察阶段的基本要求与内容。

1.3.1　可行性研究勘察阶段

可行性研究勘察阶段，也称为选址勘察阶段，该阶段应对各场址的稳定性和建筑的适宜性作出正确的评价。为此，确定建筑场地时，在工程地质条件方面，宜避开下列地区或地段：

①不良地质现象发育且对场地稳定性有直接危害或潜在威胁的。

②地基土性质严重不良的。

③对建（构）筑物抗震有危险的。

④洪水或地下水对建（构）筑物场地有严重不良影响的。

⑤地下有未开采的有价值矿藏或未稳定的地下采空区域的。

本阶段的工程勘察工作要求：

①搜集区域地质、地形地貌、地震、矿产、当地的工程地质、岩土工程和建筑经验等资料。

②在充分搜集和分析已有资料的基础上，通过踏勘了解场地的地层、构造、岩性、不良地质作用和地下水等工程地质条件。

③当拟建场地工程地质条件复杂，已有资料不能满足要求时，应根据具体情况进行工程地质测绘和必要的勘探工作。

④当有两个或两个以上拟选场地时，应进行比较分析。

1.3.2　初步勘察阶段

1)勘察工作内容及要求

初步勘察是在可行性研究勘察基础上、建设场址选定后进行的。要对场地内建筑地段的稳定性作出岩土工程评价，并为确定建筑总平面布置，主要建筑物地基基础方案及对不良地质作用的防治工程方案进行论证，满足初步设计或扩大初步设计的要求。

初步勘察应进行下列主要工作：

①搜集拟建工程的有关文件、工程地质和岩土工程资料以及工程场地范围的地形图。

②初步查明地质构造、地层结构、岩土工程特性、地下水埋藏条件。

③查明场地不良地质作用的成因、分布、规模、发展趋势，并对场地稳定性作出评价。

④对抗震设防烈度等于或大于6度的场地，应对场地和地基的地震效应作出初步评价。

⑤季节性冻土地区，应调查场地土的标准冻结深度。

⑥初步判定水和土对建筑材料的腐蚀性。

⑦高层建筑初步勘察时，应对可能采取的地基基础类型、基坑开挖与支护、工程降水方案进行初步分析评价。

初步勘察的勘察工作应符合下列要求：

①勘探线应垂直地貌单元、地质构造和地层界线布置。

②每个地貌单元均应布置勘探点，在地貌单元交接部位和地层变化较大的地段，勘探点应予以加密。

③在地形平坦地区，可按网格布置勘探点。

④对岩质地基，勘探线和勘探点的布置、勘探孔的深度，应根据地质构造、岩体特征、风化情况等，按地方标准或当地经验确定。

2)勘探线、勘探点间距

勘探线、勘探点间距的布置原则：勘探线应垂直地貌单元、地质构造和地层界线布置；每个地貌单元均应布置勘探点，在地貌单元交接部位和地层变化较大的地段，勘探点应予以加密；在地形平坦地区，可按网格布置勘探点。

初步勘察阶段的勘探线、勘探点的间距可根据岩土工程勘察等级按表1.5取值。

表 1.5　初步勘察勘探线、勘探点的间距　　　　　单位:m

地基复杂程度等级	勘探线间距	勘探点间距
一级(复杂)	50 ~ 100	30 ~ 50
二级(中等复杂)	75 ~ 150	40 ~ 100
三级(简单)	150 ~ 300	75 ~ 200

注:①表中间距不适用于地球物理勘探。
　　②控制性勘探点宜占勘探点总数的 1/5 ~ 1/3,且每个地貌单元均应设有控制性勘探点。

3) 勘探孔深度

勘探孔的深度取决于拟建建筑物的荷载大小、分布及地基土的特性。勘探孔分为一般性勘探孔和控制性勘探孔两类,其深度可根据岩土工程勘察等级和勘探孔类别按表 1.6 确定。

表 1.6　初步勘察勘探孔深度　　　　　单位:m

工程重要等级	一般性勘探孔深度	控制性勘探孔深度
一级(重要工程)	≥15	≥30
二级(一般工程)	10 ~ 15	15 ~ 30
三级(次要工程)	6 ~ 10	10 ~ 20

注:①勘探孔包括钻孔、探井和原位测试孔等。
　　②特殊用途的钻孔除外。

当遇下列情形之一时,应适当增减勘探孔深度:
①当勘探孔的地面标高与预计整平地面标高相差较大时,应按其差值调整勘探孔深度。
②在预定深度内遇基岩时,除控制性勘探孔仍应钻入基岩适当深度外,其他勘探孔达到确认的基岩后即可终止钻进。
③在预定深度内有厚度较大,且分布均匀的坚实土层(如碎石土、密实砂、老沉积土等)时,除控制性勘探孔应达到规定深度外,一般性勘探孔的深度可适当减小。
④当预定深度内有软弱土层时,勘探孔深度应适当增加,部分控制性勘探孔应穿透软弱土层或达到预计控制深度。
⑤对重型工业建筑,应根据结构特点和荷载条件适当增加勘探孔深度。

4) 采取土试样和原位测试数量

初步勘察采取土试样和进行原位测试应符合下列要求:
①采取土试样和进行原位测试的勘探点应结合地貌单元、地层结构和土的工程性质布置,其数量可占勘探点总数的 1/4 ~ 1/2。
②采取土试样的数量和孔内原位测试的竖向间距,应按地层特点和土的均匀程度确定;每层土均应采取土试样或进行原位测试,其数量不宜少于 6 个。

1.3.3　详细勘察阶段

1) 勘察工作内容

在初步设计完成之后进行详细勘察,它为施工图设计提供资料。此时,场地的工程地质条件已基本查明。所以,详细勘察的目的是提出设计所需的工程地质条件的各项技术参数,对建筑地基作出岩土工程评价,为基础设计、地基处理和加固、不良地质现象的防治工程等具体方案作出论证和结论。详细勘察阶段主要应进行下列工作:

①搜集附有坐标及地形的建筑物总平面布置图,场区的地面整平标高,建筑物的性质、规模荷载、结构特点,基础形式、埋置深度,地基允许变形等资料。

②查明不良地质现象的成因、类型、分布范围、发展趋势及危害程度,提出评价与整治所需的岩土技术参数和整治方案建议。

③查明建筑物范围各层岩土的类别、结构、厚度、坡度、工程特性,计算和评价地基的稳定性和承载力。

④对需进行沉降计算的建筑物,提出地基变形计算参数,预测建筑物的沉降、差异沉降或整体倾斜。

⑤查明埋藏的河道、沟浜、墓穴、防空洞、孤石等对工程不利的埋藏物。

⑥查明地下水的埋藏条件,提供地下水位及变化幅度。

⑦在季节性冻土地区,提供场地土的标准冻结深度。

⑧判定水和土对建筑的腐蚀性。

详细勘察针对抗震设防烈度大于或等于6度的场地,应划分场地土类型和场地类别。对抗震设防烈度大于或等于7度的场地,还应分析预测地震效应,判定饱和砂土和粉土地震液化的可能性,并对液化等级作出评价。工程需要时,详细勘察应论证地基土和地下水在建筑施工和使用期间可能产生的变化及其对工程环境的影响,提出防治方案、防水设计水位和抗浮设计水位的建议。

2) 勘探点间距及布置

详细勘察勘探点布置和勘探孔深度,应根据建筑物特性和岩土工程条件确定。对岩质地基,应根据地质构造、岩体特性、风化情况等,结合建筑物对地基的要求,按地方标准或当地经验确定。对土质地基,勘探点的间距应按表1.7确定。

表1.7　详细勘察勘探点间距　　　　　　　　　　　单位:m

地基复杂程度等级	勘探点间距
一级(复杂)	10~15
二级(中等复杂)	15~30
三级(简单)	30~50

勘探点的布置应符合下列规定:

①勘探点宜按建筑物周边线和角点布置,对无特殊要求的其他建筑物可按建筑物或建筑群的范围布置。

②同一建筑范围内的主要受力层或有影响的下卧层起伏较大时,应加密勘探点,查明其变化。

③重大设备基础应单独布置勘探点;重大的动力机器基础和高耸构筑物,勘探点不宜小于3个。

④勘探手段宜采用钻探与触探相配合,在复杂地质条件、湿陷性土、膨胀岩土、风化岩和残积土地区,宜布置适量探井。

⑤单栋高层建筑勘探点的布置,应满足对地基均匀性评价的要求,且不应少于4个;对密集高层建筑群,勘探点可适当减少,但每栋建筑物至少应有一个控制性勘探点。

3)勘探孔深度

详细勘察的勘探深度自基础底面算起,应符合下列规定:

①勘探孔深度应能控制地基主要受力层,当基础底面宽度不大于 5 m 时,勘探孔的深度对条形基础不应小于基础底面宽度的 3 倍,对单独柱基不应小于 1.5 倍,且不应小于 5 m。

②对高层建筑和需作变形验算的地基,控制性勘探孔的深度应超过地基变形计算深度;高层建筑的一般性勘探孔应达到基底以下 0.5 ~ 1.0 倍的基础宽度,并深入稳定分布的地层。

③对仅有地下室的建筑或高层建筑的裙房,当不能满足抗浮设计要求,需设置抗浮桩或锚杆时,勘探孔深度应满足抗拔承载力评价的要求。

④当有大面积地面堆载或软弱地下卧层时,应适当加深控制性勘探孔的深度。

⑤在上述规定深度内遇基岩或厚层碎石土等稳定地层时,勘探孔深度应根据情况进行调整。

详细勘察的勘探孔深度,除应符合上述要求外,还应符合下列规定:

①地基变形计算深度,对中、低压缩性土,可取附加压力等于上覆土层有效自重压力 20% 的深度;对于高压缩性土层,可取附加压力等于上覆土层有效自重压力 10% 的深度。

②建筑总平面内的裙房或仅有地下室部分(或当基底附加压力 $P_0 \leq 0$ 时)的控制性勘探孔的深度可适当减小,但应深入稳定分布地层,且根据荷载和土质条件不宜小于基底下 0.5 ~ 1.0 倍基础宽度。

③当需进行地基整体稳定性验算时,控制性勘探孔深度应根据具体条件满足验算要求。

④当需确定场地抗震类别而邻近无可靠的覆盖层厚度资料时,应布置波速测试孔,其深度应满足确定覆盖层厚度的要求。

⑤大型设备基础勘探孔深度不宜小于基础底面宽度的两倍。

⑥当需进行地基处理时,勘探孔的深度应满足地基处理设计与施工要求;当采用桩基时,勘探孔应满足桩基础勘探相关规范要求。

详细勘察采取土试样和进行原位测试时,应满足岩土工程评价要求:

①采取土试样和进行原位测试的勘探点数量,应根据地层结构、地基土的均匀性和设计要求确定,对地基基础设计等级为甲级的建筑物,每栋不应少于 3 个。

②每个场地、每一主要土层的原状土试样或原位测试数据不应少于 6 件(组)。

③在地基主要受力层内,对厚度大于 0.5 m 的夹层或透镜体,应采取土试样或进行原位测试。

④当土层性质不均匀时,应增加取土试样或原位测试数量。

上述各勘察阶段的勘察任务和要求都不相同。若为单项工程或中小型工程,则往往简化勘察阶段,一次完成详细勘察,以节省时间和费用。

1.3.4 施工勘察阶段

施工勘察不是一个固定的勘察阶段,应根据工程需要而定。它为配合设计、施工或解决施工有关的岩土工程问题而提供相应的岩土工程特性参数。当遇到下列情况之一时,应配合设计、施工进行施工勘察:

①对安全等级为甲级、乙级建筑物应进行验槽。

②基槽开挖后,岩土条件与勘察资料不符时,进行补充勘察。

③在地基处理或深基坑开挖施工中进行过检验和监测。

④地基中有溶洞、土洞时,应查明并提出处理建议。

⑤施工中出现边坡失稳危险时,应查明原因,进行监测并提出处理建议。

1.4 岩土工程勘察方法

1.4.1 测绘与调查

工程地质测绘的基本方法,是在地形图上布置一定数量的观察点和观测线,以便按点和线进行观测和描绘。

工程地质测绘与调查目的是通过对场地的地形地貌、地层岩性、地质构造、地下水、地表水、不良地质现象进行调查研究和测绘,为评价场地工程地质条件及合理确定勘探工作提供依据。对建筑场地的稳定性进行研究,是工程地质调查和测绘的重点。

在选址阶段进行工程地质测绘与调查时,在初勘阶段应搜集、研究已有的地质资料,进行现场踏勘;当地质条件较复杂时,应继续进行工程地质测绘。详勘阶段,仅在初勘测绘基础上,对某些专门地质问题作必要的补充,测绘与调查的范围应包括场地及其附近与研究内容有关的地段。

1.4.2 勘探方法

常用的勘探方法有地球物理勘探、坑探和钻探。地球物理勘探只在弄清某些地质问题时才采用。

地基勘探是采取某种方法去揭示地下岩土体的空间分布和变化的必要手段,主要是可以全面、确切地查明建筑物范围内的地质结构、地貌特征、水文地质条件等地下地质情况;进一步对场地工程地质条件的资料由定性转变成定量评价。

1)坑探

坑探是在建筑场地挖探井、探槽和探洞以取得直观资料和原状土样的勘探方法。当钻探方法难以查明地下情况时,利用坑探可以直观地观察地层的结构和变化,准确可靠,且便于描述,但其缺点是坑探的深度较浅,不能了解深层土质情况,且勘探周期长。坑探类型有探槽、探坑和探井3种。

探槽是地表挖掘成长条状且两壁常为倾斜、上宽下窄的槽,其断面有梯形和阶梯状两种。较深的槽两壁要进行必要的支护以保证安全,探槽一般在覆盖土层厚度小于3 m时使用。它适用于了解地质构造线、断裂破碎带宽度、地层分界线、岩脉宽度及延伸方向和采取原状土试样等。

凡挖掘深度不大且形状不一的坑,或者呈矩形较短的探槽状坑,称为探坑。探坑的深度一般为1~2 m,与探槽的目的相同。

探井的平面形状一般采用1.5 m×1.0 m的矩形或者直径为0.8~1.0 m的圆形,深度根据地层土质和地下水埋藏深度等条件决定,以5~10 m较多,通常不超过20 m,探坑较深时需进行基坑支护。

探井中,取样步骤为:在井底或井壁指定深度挖一土柱,土柱直径应稍大于取土桶直径,将土柱顶面削平,放上两端开口的金属筒并削去筒外多余的土,一边削土一边将筒压入,直到筒已完全套入土柱后切断土柱;削平筒两端的土体,盖上桶盖,用蜡密封后贴上标签,注明土样的上、下方向,如图1.1所示。

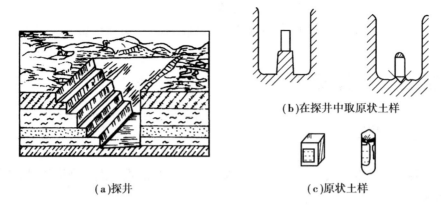

(b)在探井中取原状土样

(a)探井　　　　　　　　　　　　　　(c)原状土样

图 1.1　坑探示意图

2)钻探

钻探是指在地表下用钻头钻进地层的勘探方法。地下钻进成孔,从钻孔中取得岩芯、土样进行物理性质分析,从而判断其地基基础是否满足工程建设的承载力和稳定性要求。它的优点是能直接深入地下取样观察,直观准确地取得一定地点的地质勘察资料;比坑探工效高,破坏性小,能在短时间内了解较大面积的地下情况。

钻孔的直径、深度、方向等,应根据工程要求、地质条件和钻探方法综合确定。为了鉴别和划分地层,终孔直径不宜小于 33 mm;为了采取原状土样,取样段的孔径不宜小于 108 mm;为了采取岩石试样,取样段的孔径对于软岩不宜小于 108 mm,对于硬质岩不宜小于 89 mm。

当需要确定岩石质量指标 RQD 时,采用 75 mm 口径(N 形)双层岩芯管金刚石钻头。钻孔深度可由数米至上百米,钻孔方向一般为垂直的,也有打成倾斜的钻孔,这种孔称为斜钻孔。地下工程中,还有打成水平的,甚至倒直立向的钻孔。定向钻进的钻孔应分段进行孔斜测量,倾角和方位的测量精度应分别为 ±0.1°和 ±0.3°。

钻探方法可根据岩土类别和勘察要求按表 1.8 选用。钻探方法一般分为回转式和冲击式两种。回转式钻机利用钻机的回转器带动钻具旋转,磨削孔底地层而钻进,通常使用管状钻具,能取柱状岩芯样品。冲击式钻机则利用卷扬机使钢丝绳带动有一定质量的钻具上下反复冲击,使钻头击碎孔底地层而形成钻孔后,用抽筒提取岩石碎块或扰动土样。

表 1.8　钻探方法的适用范围

钻探方法		钻进地层					勘察要求	
		黏性土	粉土	砂土	碎石土	岩石	直观鉴别、采取不扰动土样	直观鉴别、采取扰动土样
回转	螺旋钻探	+ +	+	+	−	−	+ +	+ +
	无岩芯钻探	+ +	+ +	+ +	+	+ +	−	−
	岩芯钻探	+ +	+ +	+ +	+	+ +	+ +	+ +
冲击	冲击钻探	−	+	+ +	+ +	−	−	−
	锤击钻探	+ +	+ +	+ +	+	−	+ +	+ +
振动钻探		+ +	+ +	+ +	+	−	+	+ +
冲洗钻探		+	+ +	+ +	−	−	−	−

注: + + 表示适用; + 表示部分适用; − 表示不适用。

3)物探

凡是用地球物理的方法来探测地层岩性、地质构造等地质问题的,统称为物探。物探种类很多,在工程地质勘察中应用最普遍的是电法勘探和地震勘探。

由于地质体具有不同的物理性质(导电性、弹性、磁性、密度、放射性等)和物理状态(含水率、裂隙性、固结程度等),就为利用物探方法研究各种不同的地质体和地质现象提供了物理前提。所探测的地质体各部分之间,以及该地质体与周围地质体之间的物理性质和物理状态差异越大,使用这种方法就越能获得比较满意的结果。

按地质体的不同物理场,物探可分为电法勘探、地震勘探、重力勘探、放射性勘探等。各种地球物理勘探在岩土工程勘察中的用法见表1.9。

表1.9 物理勘探在岩土工程勘察中的用法

类 别	方法名称		探测对象
直流电法	电阻率法	电剖面法	寻找追索断层破碎带和岩溶范围,探察基岩起伏和含水层,探察滑坡体,圈定冻土带,研究金属物抗腐蚀性
		电测探法	探测基岩埋深和风化层厚度、地层水平分层、探测地下水、圈定岩溶发育范围
		充电法	测量地下水流速流向,追索暗河和充水裂隙带,探测废弃金属管道和电缆
		自然电场法	探测地下水流向和补给关系,寻找河床和水库渗漏点
		激发极化法	寻找地下水和含水岩溶
交流电法	电磁法		小比例尺工程地质、水文地质填图
	无线电波透视法		调查岩溶,追索、圈定断层破碎带
	甚低频法		寻找岩溶破碎带、断层破碎带、地裂缝
地震勘探	折射波法		工程地质分层,查明含水埋深,追索断层破碎带,圈定大型滑坡体厚度和范围
	反射波法		工程地质分层
	波速测试		测定地基土动弹性力学参数
	地脉动测量		研究地震场地稳定性与建筑物共振破坏,划分场地类型
磁法勘探	区域磁测		圈定第四系覆盖层下侵入岩界限和裂隙带、接触带
	微磁测		工程地质分区,圈定有含铁磁性沉积物的岩溶
重力勘探			探查地下空洞
声波测量	声幅测量		探查地下洞室工程的岩石应力松弛范围,检查混凝土灌浆质量
	声纳法		河床断面测量
放射性勘探	γ径迹法		寻找地下水、岩石裂隙、地裂缝
	地面放射性测量		区域性工程地质填图
测井	电法测井		确定含水层位置,划分咸、淡水界限,调查溶洞和裂隙破碎带
	放射性测井		调查地层孔隙和确定含水层位置
	声波测井		确定断裂破碎带位置
	井径井斜测量、井壁取芯		了解钻井技术数据

工程物探的作用主要有以下 3 点：

①作为钻探的先行手段，了解隐蔽的地质界线、界面或异常点(如基岩面、风化带、断层破碎带、岩溶洞穴等)。

②作为钻探的辅助手段，在钻孔之间增加地球物理勘探点，为钻探成果的内插、外推提供依据。

③作为原位测试手段，测定岩体的波速、动弹性模量、特征周期、土对金属的腐蚀性等参数。

1.4.3 岩土工程原位测试

岩土工程现场原位测试是在岩土层原来所处的位置上基本保持天然结构、天然含水量以及天然应力的状态下，测定岩土的工程力学性质指标。工程地质现场原位测试的主要方法有静荷载试验、触探试验、剪切试验和地基土动力特性试验等。选择现场原位测试方法应根据建筑类型、岩土条件、设计要求、地区经验和测试方法的适用性等因素选用。

静荷载试验包括平板荷载试验(PLT)和螺旋板荷载试验(SPLT)。平板荷载试验适用于浅部各类地层，螺旋板荷载试验适用于深部或地下水位以下的地层。静荷载试验可用于确定地基土的承载力、变形模量、不排水抗剪强度、基床反弹力系数等。荷载试验应布置在有代表性的地点，每个场地不宜少于 3 个；当场内岩土体不均匀时，应适当增加。浅层平板荷载试验应布置在基础底面标高处。

触探是用静力或动力将探测器的探头贯入土层一定深度，根据土对探头贯入阻力或锤击数来间接判别土层及其性质，其兼有原位测试功能，且可获得全面的贯入曲线，对土层的细微变化反应灵敏。此方法普遍应用于地基的勘探，优点是效率高、成本低，但不能直接观察地层，有时贯入曲线具有多解性，可能发生误判。下面介绍 3 种触探的原理和基本方法。

1)静力触探

静力触探的基本原理就是用准静力将一个内部装有传感器的触探头匀速压入土中，由于地层中各种土的软硬不同，探头所受的阻力也不一样，传感器将这种大小不同的贯入阻力通过电信号输入记录仪表中记录下来，再通过贯入阻力与土的工程地质特征之间的定性关系和统计相关关系，以取得土层剖面、提供浅基承载力、选择桩端持力层和预估单桩承载力等工程地质勘察结果。

静力触探加压方式有机械式、液压式和人力式 3 种。静力触探在现场进行试验，将静力触探所得比贯入阻力 P_s 与载荷试验、土工试验有关指标进行回归分析，可以得到适用于一定地区或一定土性的经验公式，然后通过静力触探所得的计算指标确定土的天然地基承载力。

目前，国内常用的探头有 3 种：单桥探头、双桥探头(图 1.2)以及能同时测量孔隙水压的孔压探头，即在单桥或双桥探头的基础上增加了能量测孔隙水压力的功能。

单桥探头所测为包括锥尖阻力和侧壁摩阻力在内的总贯入阻力 P，通常用比贯入阻力 P_s 表示，计算公式如下：

$$P_s = \frac{P}{A} \tag{1.1}$$

式中　A——探头锥尖底面积，m^2。

双桥探头结构比单桥探头复杂，利用双桥探头可以同时测得总锥尖阻力 Q_c(kN)和总侧壁摩阻力 P_f(kN)。锥尖阻力和侧壁摩阻力计算公式如下：

$$q_c = \frac{Q_c}{A} \tag{1.2}$$

$$f_s = \frac{P_f}{F_s} \tag{1.3}$$

式中 F_s——外套筒的总表面积,m^2。

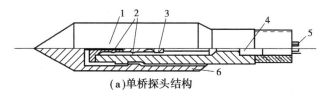

(a)单桥探头结构

1—顶柱;2—电阻应变片;3 传感器;4—密封垫圈套;5—四芯电缆;6—外套筒

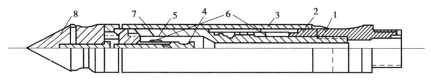

(b)双桥探头结构

1—传力杆;2—摩擦传感器;3—摩擦筒;4—锥尖传感器;5—顶柱;6—电阻应变片;
7—钢珠;8—锥尖头

图 1.2 静力触探探头示意图

根据锥尖阻力和侧壁摩阻力可计算同一深度处的摩阻比:

$$R_f = \frac{f_s}{q_c} \times 100\% \tag{1.4}$$

2)圆锥动力触探

圆锥动力触探是利用一定的锤击动能,将一定规格的圆锥探头打入土中,根据打入土中的阻抗大小判别土层的变化,对土层进行力学分层,并确定土层的物理力学性质,对地基土作出工程地质评价的一种方法。通常,以打入土中一定距离所需的锤击数来表示土的阻抗,也有以动贯入阻力来表示土的阻抗。圆锥动力触探的优点是设备简单、操作方便、工效较高、适应性强,并具有连续贯入的特性。对难以取样的砂土、粉土、碎石土等,圆锥动力触探是十分有效的探测手段。按贯入能量的大小,我国将圆锥动力触探划分为三大类:

①轻型:落锤质量为 10 kg,落锤距离为 50 cm,探头规格为圆锥头、锥角为 60°、锥底直径为 4.0 cm、锥底面积为 12.6 cm^2、触探杆外径为 25 mm。

②重型:落锤质量为 63.5 kg,落锤距离为 76 cm,探头规格为圆锥头、锥角为 60°、锥底直径为7.4 cm、锥底面积为 43 cm^2、触探杆外径为 42 mm。

③超重型:落锤质量为 120 kg,落锤距离为 100 cm,探头规格为圆锥头、锥角为 60°、锥底直径为 7.4 cm、锥底面积为 43 cm^2,触探杆外径为 50 ~ 60 mm。

根据圆锥动力触探试验指标和地区经验,可进行力学分层,评定土的均匀性和物理性质(状态、密实度)、土的强度、变形参数、地基承载力、单桩承载力,查明土洞、滑动面、软硬土层界面,检测地基处理效果等。

3)标准贯入试验

(1)标准贯入试验设备及技术要求

标准贯入试验是动力触探试验类型之一。它利用规定质量的穿心锤,从恒定高度上自由落下,将一定规格的探头打入土中,根据打入土层中的难易程度判别土的性质。

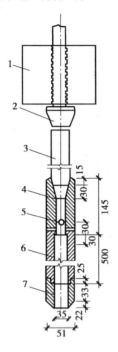

标准贯入试验的设备主要由触探头、触探杆和穿心锤3部分组成(图1.3)。标准贯入试验触探头为两个一定规格的半圆合成圆筒,称为标准贯入器;触探杆国内统一使用直径为42 mm的圆形钻杆,国外有使用直径为50 mm或60 mm的钻杆;标准贯入试验穿心锤质量为63.5 kg,规定自由落距为76 cm。

该试验按上述规定的穿心锤质量和落距,将贯入器连续贯入土中30 cm所需的锤击数,称为标准贯入试验锤击数N。遇到硬土层,贯入击数较大,当锤击数已达50击而仍未贯入30 cm时,可记录50击的实际贯入深度,按式(1.5)换算成相当于30 cm的标准贯入试验锤击数N,并终止试验。

$$N = \frac{30 \times 50}{\Delta S} \tag{1.5}$$

式中 ΔS —— 50击时的贯入度,cm。

(2)标准贯入试验成果的应用

图1.3 标准贯入试验设备(单位:mm)
1—穿心锤;2—锤垫;3—钻杆;
4—贯入器头;5—出水孔;
6—由两半圆形管并合而成的贯入器身;
7—贯入器靴

根据标准贯入试验的锤击数,可以评价砂土的密实程度,结合地区经验可以确定地基土承载力,判定黏性土的物理状态,对土的强度、变形参数、单桩承载力、砂土和粉土的液化、成桩的可能性等作出评价。实际应用时,是否修正和如何修正N,应根据建立统计关系的具体情况确定。

1.5 地基土的野外鉴别与描述

1)碎石类土的描述与鉴别

碎石类土应描述碎屑物的成分,指出碎屑是由哪类岩石组成的;碎屑物的大小,其一般直径和最大直径大小,并估计其含量;碎屑物的形状,其形状可分为圆形、亚圆形或棱角形;碎屑物的碎屑坚固程度。

当碎石类土有填充物时,应描述填充物的成分,并确定填充物的土类,估计其含量。如果没有填充物,应研究其孔隙的大小、颗粒间的接触是否稳定等。

碎石土还应描述其密实度,密实度是反映土颗粒排列的紧密程度。紧密的土,其强度大,结构稳定,压缩性小;反之,若密实度小,则工程性质就相应较差。一般碎石土的密实度分为密实、中密、稍密3种,其野外鉴别方法见表1.10。

表 1.10 碎石土密实度的野外鉴别方法

密实度	骨架颗粒含量及排列	可挖性		可钻性	
		充填物以砂土为主	充填物以黏土为主	充填物以砂土为主	充填物以黏土为主
密实	骨架颗粒含量大于总重的70%,交错排列,连续接触	颗粒间孔隙填充密实或有胶结性,镐、锹挖掘困难,用撬棍方能松动,井壁稳定	颗粒间充填以坚硬和硬塑状态的黏性土为主,开挖较困难	钻进极困难,冲击钻探时,钻杆和吊锤跳动剧烈,孔壁稳定	同左,但碎屑物较易取土
中密	骨架颗粒含量等于总重的60%～70%,交错排列,大部分接触	颗粒间孔隙被填充,镐、锹可挖掘,井壁有掉块现象	颗粒间充填以可塑状黏性土为主,锹可开挖,但不易掉块	钻进极困难,冲击钻探时,钻杆和吊锤有跳动现象,孔壁有时坍塌	同左,但孔壁不易坍塌
稍密	骨架颗粒含量小于总重的60%,排列混乱,大部分不接触	颗粒间孔部分被充填,颗粒有时被填充物隔开,用手一触即松动掉落,锹可挖,井壁易坍落	颗粒间充填以软塑或流塑的黏性土为主,锹可开挖,井壁有坍塌现象	钻进较易,冲击钻探时,钻杆和吊锤跳动不明显,孔隙易坍塌,有时有翻砂现象	同左,但孔壁较稳定

注:①骨架颗粒是指各碎石土相应的粒径颗粒。
②密实度按表列各项要求综合确定。

2)砂土的描述与鉴别

按颗粒的粗细和干湿程度,砂类土可分为砾砂、粗砂、中砂、细砂和粉砂,其特征见表1.11。

表 1.11 砂土的野外鉴别方法

鉴别方法	砂土分类				
	砾 砂	粗 砂	中 砂	细 砂	粉 砂
	鉴别特征				
颗粒粗细	有1/4以上的颗粒比荞麦或高粱大	有一半以上的颗粒比小米粒大	有一半以上的颗粒与砂糖、菜籽近似	大部分颗粒与玉米粉近似	大部分颗粒近似面粉
干燥时状态	颗粒完全分散	颗粒仅个别有胶结	颗粒基本分散,部分胶结,一碰即散	颗粒少量胶结,稍加碰击即散	颗粒大部分胶结,稍压即散
湿润时用手拍的状态	表面无变化	表面无变化	表面偶有水印	表面有水印	表面有显著翻浆现象
黏着程度	无黏着感	无黏着感	无黏着感	偶有轻微黏着感	有轻微黏着感

砂类土应描述其粒径和含量、颗粒的主要矿物成分及有机质和包含物。当含大量有机质时,土呈黑色,含量不多时呈灰色;含大量氧化铁时,土呈红色,含少量时呈黄色或橙黄色;含 SiO_2、$CaCO_3$ 及 $Al(OH)_3$ 和高岭土时,土常呈白色或浅色。

3）黏性土和粉土的描述与鉴别

黏性土与粉土的野外鉴别可按其湿润状态、手捏时的感觉、黏着程度和能否搓条的粗细区分，见表1.12。

表1.12　黏性土与粉土的野外鉴别方法

土　名	干土状态	手搓时感觉	湿土状态	湿土手搓时的情况	小刀切削湿土
黏土	坚硬，用锤才能打碎	极细的均质土块	可塑、滑腻、黏着性大	易搓成 $d < 0.5$ mm 长条，易滚成小土球	切面光滑，不见砂粒
粉质黏土	手压土块可碎散	无均质感，有砂粒感	可塑、略滑、有黏性	能搓成 $d ≈ 1$ mm 长条，能滚成小土球	切面平整，有砂粒
粉土	手压土块散成粉末	土质不均，可见砂粒	稍可塑、不滑腻，黏性弱	难搓成 $d < 2$ mm 长条，能滚成小土球但易裂	切面粗糙

黏性土应描述其颜色、状态、湿度和包含物。描述颜色时，应注意其副色，一般记录时应将副色写在前面，主色写在后面。例如："黄褐色"表示以褐色为主，以黄色为辅。黏性土的状态是指其在含有一定量水分时，所表现出来的黏稠稀薄不同的物理状态。它说明了土的软硬程度，反应土的天然结构受破坏后，土粒之间的联结强度以及抵抗外力所引起的土粒移动的能力。土的状态可分为坚硬、硬塑、可塑、软塑、流塑等。野外测定土状态时，其判定标准见表1.13。

表1.13　黏性土的状态判定标准（野外）

土的状态	鉴别特征
坚硬	手钻很费力，难以钻进，钻头取出土样用手捏不动，加力土不变形，只能捏碎
硬塑	手钻较费劲，钻头取出土样用手捏时，要较大力才略有变形，并即碎散
可塑	钻头取出的土样，手指用力不大就能按入土中，土可捏成各种形状
软塑	钻头取出的土样还能成形，手指按入土中毫不费劲，可把土捏成各种形状
流塑	钻进很容易，钻头不易取出土样，取出的土样已不能成形，放在手中不能成块

4）人工填土及淤泥质土的描述

人工填土应描述其成分、颜色、堆积方式、堆积时间、有机物含量、均匀性及密实度。淤泥质土尚需描述颜色、嗅味等特性。人工填土与淤泥质土的野外鉴别方法见表1.14。

表1.14　人工填土与淤泥质土的野外鉴别方法

鉴别方法	人工填土	淤泥质土
颜色	没有固定颜色，主要决定于夹杂物	灰黑色、有臭味
夹杂物	一般含砖瓦砾块、垃圾、炉灰等	池沼中有半腐朽的细小动植物遗体，如草根、小螺壳等

续表

鉴别方法	人工填土	淤泥质土
构造	夹杂物质显露于外,构造无规律	构造常为层状,但有时不明显
浸入水中的现象	浸水后大部分物质变为稀软的淤泥,其余部分则为砖瓦炉灰渣,在水中单独出现	浸水后外观无明显变化,在水面有时出现气泡
湿土搓条情况	一般情况能搓成 3 mm 的土条,但易折断,遇有灰砖杂质甚多时,即不能搓条	能搓成 3 mm 的土条,但易折断
干燥后的强度	干燥后部分杂质脱落,固态时无定性形态,稍微施加压力即行破碎	干燥体积缩小,强度不大,锤击时即行破碎成粉末,用手指能搓散

5)含有物

土中含有非本层土成分的其他物质称为含有物,如碎砖、炉渣、石灰渣、植物根、有机质、贝壳、氧化铁、氧化锰等。有些地区的粉质黏土或粉土中含有坚硬的姜石,海滨或古池塘往往含有贝壳。记录表中应注明含有物的大小和数量。

6)其他

①碎石土与砂土应描述级配、砾石含量、最大粒径、主要矿物成分。

②黏性土应描述断面形态、孔隙大小、粗糙程度、是否有层理等。

③土中若有特殊气味,如海滨有鱼腥味等,应加以注明。

④邻近设施对土质的影响,如管道漏水使黏性土稠度变软、地下水位抬高。

1.6　高层及超高层建筑岩土工程勘察

高层及超高层建筑与城市紧密相关,它是人口高度集中、土地不足、地价高昂的自然产物。大城市经济飞速发展和世界往来日益频繁,更促进了高层建筑的蓬勃发展。目前,各国对高层建筑划分的标准不一致,但绝大多数都以建筑物的层数和高度作为划分依据。我国根据《民用建筑设计通则》(GB 50352—2005)划分确定:一层至三层为低层,四层至六层为多层,七层至九层为中高层,十层及十层以上为高层;公共建筑及综合性建筑高度超过 24 m 为高层建筑(不包括建筑高度超过 24 m 的单层主体建筑);建筑高度大于 100 m 的民用建筑为超高层建筑。

高层和超高层岩土工程勘察根据《高层建筑岩土工程勘察规程》(JGJ 72—2004)规定,同样需划分岩土工程勘察等级、分阶段做勘察。勘察方法主要还是使用 1.4 节介绍的常用方法。下面介绍高层及超高层建筑在岩土工程勘察方面的重点内容及常见的问题。

1.6.1　高层建筑岩土工程勘察等级划分

高层建筑(包括超高层建筑和高耸构筑物,下同)的岩土工程勘察,应根据场地和地基复杂程度、建筑规模和特征以及破坏后的严重性,将勘察等级分为甲、乙两级。勘察时,根据工程情况划分的勘察等级应符合表 1.15 中的规定。

表 1.15 高层建筑岩土工程勘察等级划分

勘察等级	高层建筑、场地、地基特征及破坏后果的严重性
甲级	符合下列条件之一,破坏后果很严重的勘察工程: ①30 层以上高度或高度超过 100 m 的超高层建筑; ②体形复杂、层数相差超过 10 层的高低层连成一体的高层建筑; ③对地基变形有特殊要求的高层建筑; ④高度超过 200 m 的高耸构筑物或重要的高耸工业构筑物; ⑤位于建筑边坡上或临近边坡的高层建筑和高耸构筑物; ⑥高度低于①、④规定的高层建筑或高耸构筑物,但属于一级复杂场地或一级复杂地基; ⑦对原有工程影响较大的新建高层建筑; ⑧有三层及三层以上地下室的高层建筑或软土地区有二层及二层以上的地下室的高层建筑
乙级	不符合甲级、破坏后果严重的高层建筑勘察工程

注:场地和地基复杂程度的划分应符合现行国家标准《岩土工程勘察规范》(GB 50021—2001,2009 年版)的规定。

1.6.2 高层建筑各勘察阶段要点

对于城市中重点的勘察等级为甲级的高层建筑,勘察阶段宜分为可行性研究、初步勘察、详细勘察三阶段进行。当场地勘察资料缺乏、建筑平面位置未定,或场地面积较大、为高层建筑群时,勘察阶段宜分为初步勘察和详细勘察两个阶段进行。当场地及其附近有一定勘察资料,或勘察等级为乙级的单体建筑且建筑总平面图已定时,可将两阶段合并为一阶段,按详细勘察阶段进行。对一级复杂场地或一级复杂地基的工程,可针对施工中可能出现或已经出现的岩土工程问题,进行施工勘察。地基基础施工时,勘察单位宜参与施工验槽。

进行勘察工作前,应详细了解、研究建筑设计要求,宜取得由委托方提供的相关资料。

1)初步勘察

初步勘察前,宜取得和搜集的资料包括:

①建设场地的建筑红线范围及坐标;初步规划主体建筑与裙房的大致布设情况;建筑群的幢数及大致布设情况。

②建筑的层数、高度以及地下室层数。

③场地拆迁及分期建设等情况。

④勘察场地的地震背景、周边环境条件及地下管线和其他地下设施情况。

⑤设计方的技术要求。

初步勘察阶段应对场地的稳定性和适宜性作出评价,对建筑总图布置提出建议,对地基基础方案和基坑工程方案进行初步论证,为初步设计提供资料,对下一阶段的详勘工作的重点内容提出建议。本阶段需解决的主要问题应符合下列要求:

①充分研究已有勘察资料,查明场地所在的地貌单元。

②判明影响场地和地基稳定性的不良地质作用和特殊岩土有关问题,包括断裂、地裂缝及其活动性,岩溶、土洞及其发育程度,崩塌、滑坡、泥石流、高边坡或岸边稳定性;调查了解古河道、暗浜、暗塘、洞穴或其他人工地下设施;初步判明特殊性岩土对场地、地基稳定性的影响;在抗震设防区应初步评价建筑场地类别,场地属于抗震有利、不利或危险地段,液化、震陷的可能

性,设计需要时应提供抗震设计动力参数。

③初步查明场地地层时代、成因、地层结构和岩土物理力学性质;一、二级建筑场地和地基宜进行工程地质分区。

④初步查明地下水类型,补给、排泄条件和腐蚀性;如地下水位较高,需判明地下水升降幅度时,应设置地下水长期观测孔。

⑤初步勘察阶段的勘探点间距和勘测孔深度应按《岩土工程勘察规范》(GB 50021—2001,2009 年版)的规定布设,并布设判明场地、地基稳定性及不良地质作用和桩基持力层所必需的勘探点和勘探深度。

2) 详细勘察

详细勘察前,宜取得和搜集的资料包括:

①附有建筑红线、建筑坐标、地形、±0.00 m 高程的建筑总平面图。

②建筑结构类型、特点、层数、总高度、荷载及荷载效应组合、地下室层数、埋深等情况。

③预计的地基基础类型、平面尺寸、埋置深度、允许变形要求等。

④勘察场地的地震背景、周边环境条件及地下管线和其他地下设施情况。

⑤设计方的技术要求。

勘察方案包括勘探点布设,应由注册岩土工程师根据委托单位的技术要求,结合场地地质条件复杂程度制订,并对勘察方案的质量、技术经济合理性负责。

详细勘察阶段应采用多种手段查明场地工程地质条件,采用综合评价方法对场地和地基稳定性作出结论,对不良地质作用和特殊性岩土的防治、地基基础形式、埋深、地基处理、基坑工程支护等方案的选型提出建议,提供设计、施工所需的岩土工程资料和参数。

详细勘察阶段需解决的主要问题应符合下列要求:

①查明场地各岩土层的成因、时代、地层结构和均匀性以及特殊性岩土的性质,尤其应查明基础下软弱和坚硬地层的分布,以及各岩土层的物理学性质。对于岩质地基和基坑工程,应查明岩石坚硬程度、岩体完整程度、基本质量等级和风化程度。

②查明地下水类型、埋藏条件、补给及排泄条件、腐蚀性、初见水位及稳定水位;提供季节变化幅度和各主要地层的渗透系数;提供基坑开挖工程应采取的地下水控制措施,当采用降水控制措施时,应分析评价降水对周围环境的影响。

③对地基岩土层的工程特性和地基的稳定性进行分析评价,提出各岩土层的地基承载力特征值;论证采用天然地基基础形式的可能性,对持力层选择、基础埋深等提出建议。

④预测地基沉降、差异沉降和倾斜等变形特征,提供计算变形所需的计算参数。

⑤对复合地基或桩基类型、适宜性、持力层选择提出建议;提供桩的极限侧阻力、极限端阻力和变形计算有关参数;对沉桩可行性、施工时对环境的影响及桩基施工中应注意的问题提出意见。

⑥对基坑工程的设计、施工方案提出意见,提供各侧边地质模型的建议。

⑦对不良地质作用的防治提出意见,并提供所需计算的参数。

⑧对初步勘察中遗留的有关问题提出结论性意见。

高层建筑经勘察后,当条件特别复杂时,宜由具有岩土工程咨询设计资质的单位对高层建筑地基基础方案选型、主楼与裙房差异沉降的计算和处理、深基坑支护方案、降水或截水设计、地下室抗浮设计以及有关设计参数检测的试验设计等岩土工程问题,提供专门的岩土工程咨询报告。

对勘察等级为甲级的高层建筑应进行沉降观测,当地下水水位较高时,宜进行地下水长期观测;当地下室埋置较深,且采取箱形、筏形基础需考虑回弹或回弹再压缩变形时,应进行回弹或回弹再压缩变形测试和观测。对基坑工程应进行基坑位移、沉降和邻近建筑、管线的变形观测。

1.6.3 高层及超高层岩土工程勘察中需注意的问题

1)区域稳定性问题

区域稳定性问题是工程建设中首先必须注意的问题,其直接影响工程建设的安全性和经济性。新构造运动、地震是控制地区稳定性的重要因素,特别是在新地区选择建筑地址时更应注意。在强震区兴建高层建筑时,应着重于场地地震效应的分析与评价。

2)地基稳定性问题

地基稳定性问题主要是研究地基的强度和变形。研究地基稳定性是高层房屋建筑和构筑物岩土工程勘察中最主要的任务。若建筑物荷载超过地基强度,地基的变形过大,则会使建筑物出现裂隙、倾斜,甚至发生破坏。为了保证建筑物的安全稳定性和正常使用,必须研究与评价地基的稳定性,提出合理的地基承载力和变形量,使地基稳定性同时满足强度和变形两方面的要求。

3)斜坡稳定性问题

在斜坡地区兴建高层建筑物时,斜坡稳定是个重要的岩土工程问题。斜坡的变形和破坏会危及建筑物范围内的安全。建筑物的兴建给斜坡施加了外荷载,破坏了其原有的平衡,增加了斜坡的不稳定因素,可能导致其滑动,引起建筑物的破坏。因此,必须对斜坡的稳定性进行评价,对不稳定斜坡提出相应的防治或改良措施。

4)场地水土的腐蚀性问题

混凝土和钢筋是高层房屋建筑的建筑材料,当混凝土和钢筋埋置于地下水位以下时,必须考虑地下水对混凝土或钢结构的腐蚀性问题。大多数地下水不具有腐蚀性,只有当地下水中某些化学成分(如 HCO_3^-、SO_4^{2-}、Cl^-、侵蚀性 CO_2 等)含量过高时,才会对混凝土或钢结构产生腐蚀。

场地水质的形成与岩土生成环境或污染有关,因此在勘察过程中应通过环境地质调查判定有无形成腐蚀性地下水的环境地质条件,并通过采集水、土样进行水质与土质分析,按照《岩土工程勘察规范》(GB 50021—2001,2009 年版)的规定分别进行腐蚀性评价。

5)地基施工条件问题

修建房屋建筑与构筑物基础时,一般都需要进行基坑开挖工作,尤其是高层建筑设置地下室时,基坑开挖的深度更大。在基坑开挖过程中,基坑的施工条件不仅会影响施工期限和建筑物的造价,而且对基础类型的选择起着决定性作用。基坑开挖时,首先遇到的是坑壁采用多大坡角才能稳定、能否放坡、是否需要支护,若采取支护措施,采用何种支护方式较合适,坑底以下有无承压水存在,能否造成基坑板底隆起或被冲溃等问题;若基坑开挖到地下水位以下时,会遇到基坑涌水,出现流沙流土等现象,这时需要采取相应的防治措施,如人工降低地下水位与帷幕灌浆等。影响地基施工条件的主要因素是土体结构特征,土的种类及其特性,水文地质条件,基坑的开挖深度、挖掘方法、施工速度及坑边荷载情况等。

1.7 岩土工程分析、评价和成果报告

通过对建筑场地进行岩土工程测绘和调查、勘探与取样、原位测试与室内试验等岩土工程勘察工作,取得了一系列岩土工程资料、参数。如何运用这些资料和参数进行岩土工程分析与评价,是岩土工程勘察的重要环节之一。通过对建设场地的岩土工程分析与评价,编写合理的岩土工程勘察报告,从而为拟建建筑工程提供技术可行、经济合理的科学依据,是岩土工程勘察的最终目的。

在岩土工程勘察测试结果的基础上进行的岩土工程问题分析评价,是岩土工程勘察报告的精髓和关键部分。对房屋建筑与构筑物而言,地基稳定性(地基承载力和沉降变形)是岩土工程分析评价中的主要问题;对采用桩基或进行深基坑开挖的建筑物,应进行相关的岩土工程问题分析。

1.7.1 岩土工程参数的统计和运用

1)岩土参数的分类

岩土参数的统计与选用是岩土工程分析评价和工程设计的基础。评价是否符合客观实际,设计计算是否可靠,很大程度上取决于岩土参数选定是否合理。岩土工程参数可以分成两大类:一类是评价指标,用以评价岩土的性状,作为划分地基鉴定类别的主要依据;另一类是计算指标,用以设计岩土工程,预测岩土体在荷载和自然因素下的力学行为和变化趋势,并指导施工和检测。

2)岩土参数的基本要求

岩土工程勘察报告应对主要参数的可靠性和适应性进行分析,并在分析的基础上选定参数。岩土参数多取决于工程特点和地质条件作用,并按取样方法、取值方法、取值标准、测试方法、测试结果的离散程度、测试方法与计算模型的配套性和其他因素对实验结果的影响,评价其可靠性和适用性。

3)岩土参数的统计及计算方法

由于岩土体的非均质性和各向异性以及参数测定方法、条件与工程原型之间的差异等原因,岩土参数是随机变量,变异性较大。故在进行岩土工程设计时,应在划分工程地质单元的基础上作统计分析,了解各项指标的概率系数,确定其标准值和设计值。岩土的物理力学指标,应按场地的工程地质单元和层位分别统计,不同工程地质单元的数据不能一起统计,地质单元中的薄夹层也应单独统计。

岩土工程参数主要有平均值、标准差和变异系数,可按下列公式计算:

$$\phi_m = \frac{\sum_{i=1}^{n} \phi_i}{n} \tag{1.6}$$

$$\phi_f = \sqrt{\frac{1}{n-1}\left[\sum_{i=1}^{n} \phi_i^2 - \frac{\left(\sum_{i=1}^{n} \phi_i\right)^2}{n}\right]} \tag{1.7}$$

$$\delta = \frac{\sigma_f}{\phi_m} \tag{1.8}$$

式中　ϕ_m——岩土参数的平均数；

　　　σ_f——岩土参数的标准差；

　　　δ——岩土参数的变异系数；

　　　n——试验组。

分析数据的分布情况并说明数据的取舍标准,常用正负3倍标准差法,即将离差大于$\pm 3\sigma_f$的数据舍弃。

主要参数宜绘制沿深度变化的图表,并按变化特点划分为相关型和非相关型。需要时,应分析参数在水平方向上的变异规律。

相关型参数宜结合岩土参数与深度的经验关系,按下式确定剩余标准差,并用剩余标准差计算变异系数。

$$\sigma_r = \sigma_f\sqrt{1-r^2} \tag{1.9}$$

$$\delta = \frac{\sigma_r}{\phi_m} \tag{1.10}$$

式中　σ_r——剩余标准差；

　　　r——相关系数,对于非相关型,$r = 0$。

在岩土工程勘察报告中,应按下列不同情况提供岩土参数值:

①一般情况下,在岩土工程勘察报告中,应提供岩土参数的平均值、标准差、变异系数、数据分布范围和数据的数量。

②评价岩土性状的指标时,应选用指标的平均值。

③正常使用极限应力状态计算需要的岩土参数指标,宜选用平均值。

④承载力极限状态计算需要的岩土参数,应选用标准值。

⑤荷载试验承载力应取特征值;容许应力法计算需要的岩土指标,可选用平均值,并作适当经验调整。

岩土参数的标准值是岩土工程设计时采用的基本代表值,是岩土参数的可靠性估值。它是在统计学区间估计理论基础上得到的关于参数母体平均值置信区间的单侧置信界限值。

岩土参数的标准值可按下列方法确定:

$$\phi_k = r_s\phi_m \tag{1.11}$$

$$r_s = 1 \pm \left\{\frac{1.704}{\sqrt{n}} + \frac{4.678}{n^2}\right\}\delta \tag{1.12}$$

式中　r_s——统计修正系数。

注意:式(1.12)中正负号按不利组合考虑,如抗剪强度指标的修正系数应取负值。

统计修正系数r_s也可按岩土工程的类型和重要性、参数的变异性和统计数据的个数,根据经验选用。

一般岩土工程勘察报告中只提供岩土参数的标准值,不提供设计值。需要提供设计值时,当用分项系数描述的设计表达式计算,如下式:

$$\phi_d = \frac{\phi_k}{\gamma} \tag{1.13}$$

式中　γ——岩土参数的分项系数,按有关设计规范的规定取值。

【例1.1】某场地进行岩土工程勘察取得10组土样,属于同一土层,其孔隙比及压缩系数的试验结果如表 1.16 所示。

表 1.16　孔隙比及压缩系数试验结果表

编　号	1	2	3	4	5	6	7	8	9	10
孔隙比 e_i	0.987	0.826	0.809	0.893	0.912	0.945	0.930	0.911	0.906	0.889
压缩系数 /(MPa^{-1})	0.442	0.489	0.390	0.404	0.510	0.509	0.403	0.339	0.424	0.497

该土样孔隙比及压缩系数的标准值为(　　)。

A. 0.928,0.478　　B. 0.945,0.465　　C. 0.901,0.447　　D. 0.972,0.473

【解】　(1)计算参数的平均值

$$e_m = \frac{\sum\limits_{i=1}^{n} e_i}{n} = \frac{1}{10} \times (0.987 + 0.826 + 0.809 + 0.893 + 0.912 + 0.945 + 0.930 + 0.911 + 0.906 + 0.889) = 0.900\,8$$

$$a_m = \frac{\sum\limits_{i=1}^{n} a_i}{n} = \frac{1}{10} \times (0.442 + 0.489 + 0.390 + 0.404 + 0.510 + 0.509 + 0.403 + 0.399 + 0.424 + 0.497)\,MPa^{-1} = 0.446\,7\,(MPa^{-1})$$

(2)计算参数的标准差

$$\sum\limits_{i=1}^{n} e_i^2 = 0.987^2 + 0.826^2 + 0.809^2 + 0.893^2 + 0.912^2 + 0.945^2 + 0.930^2 + 0.911^2 + 0.906^2 + 0.889^2 = 8.139\,1$$

$$\sigma_{f(e)} = \left\{ \frac{1}{n-1} \left[\sum\limits_{i=1}^{n} e_i^2 - \frac{1}{n} \left(\sum\limits_{i=1}^{n} e_i \right)^2 \right] \right\}^{\frac{1}{2}} = \left[\frac{1}{n-1} \left(\sum\limits_{i=1}^{n} e_i^2 - n e_m^2 \right) \right]^{\frac{1}{2}}$$

$$= \left[\frac{1}{10-1} \times (8.139\,1 - 10 \times 0.900\,8^2) \right]^{\frac{1}{2}} = 0.052\,4$$

$$\sum\limits_{i=1}^{n} a_i^2 = (0.442^2 + 0.489^2 + 0.390^2 + 0.404^2 + 0.510^2 + 0.509^2 + 0.403^2 + 0.399^2 + 0.424^2 + 0.497^2)\,MPa^{-2} = 2.017\,4\,(MPa^{-2})$$

$$\sigma_{f(a)} = \left\{ \frac{1}{n-1} \left[\sum\limits_{i=1}^{n} a_i^2 - \frac{1}{n} \left(\sum\limits_{i=1}^{n} a_i \right)^2 \right] \right\}^{\frac{1}{2}} = \left[\frac{1}{n-1} \left(\sum\limits_{i=1}^{n} a_i^2 - n a_m^2 \right) \right]^{\frac{1}{2}}$$

$$= \left[\frac{1}{10-1} \times (2.017\,4 - 10 \times 0.446\,7^2) \right]^{\frac{1}{2}} MPa^{-1} = 0.049\,4\,(MPa^{-1})$$

(3)计算参数的变异系数

$$\delta_{(e)} = \frac{\sigma_{f(e)}}{e_m} = \frac{0.052\,4}{0.900\,8} = 0.058$$

$$\delta_{(a)} = \frac{\sigma_{f(a)}}{a_m} = \frac{0.049\,4}{0.446\,7} = 0.111$$

(4)参数的标准值($n = 10$)

$$\gamma_{s(e)} = 1 + \left(\frac{1.704}{\sqrt{n}} + \frac{4.678}{n^2} \right) \delta_{(e)} = 1 + \beta \delta_{(e)} = 1 + 0.586 \times 0.058 = 1.03$$

$$e_k = \gamma_{s(e)} e_m = 1.03 \times 0.900\,8 = 0.928$$

$$\gamma_{s(a)} = 1 + \left(\frac{1.704}{\sqrt{n}} + \frac{4.678}{n^2}\right)\delta_{(a)} = 1 + \beta\delta_{(a)} = 1 + 0.586 \times 0.111 = 1.07$$

$$a_k = \gamma_{s(a)} a_m = 1.07 \times 0.446\,7 = 0.478$$

该土层孔隙比及压缩系数的标准值分别为 0.928 和 0.478 MPa^{-1}，答案：A。

1.7.2　岩土工程勘察报告的编写

岩土工程勘察报告是岩土工程勘察总结性文件，由文字报告和附图表组成。编写岩土工程勘察报告是在岩土工程勘察过程中所形成的各种原始资料编录的基础上进行的。为保证勘察报告的质量，原始资料必须真实、系统、完整。因此，对岩土工程分析所依据的一切原始资料，均应及时整编和检查。

1)岩土工程勘察报告的编写要求

岩工工程勘察报告所依据的原始资料，应进行整理、检查、分析，确认无误后方可使用。

岩土工程勘察报告应资料完整、真实准确、数据无误、图表清晰、结论有据、建议合理、便于使用和适宜长期保存，并应因地制宜，重点突出，有明确的工程针对性。

岩土工程勘察报告应根据任务要求、勘察阶段、工程特点和地质条件等具体情况编写，并应包括下列内容：

①勘察目的、任务要求和依据的技术标准。

②拟建工程概况。

③勘察方法和勘察工作部署。

④场地的地形、地貌、地层、地质构造、岩土性质及其均匀性。

⑤各项岩土性质指标，岩土的强度参数、变形参数、地基承载力的建议值。

⑥地下水埋藏情况、类型、水位及其变化。

⑦土和水对建筑材料的腐蚀性。

⑧可能影响工程稳定性的不良地质作用的描述和对工程危害程度的评价。

⑨场地稳定性和适宜性的评价。

岩土工程勘察报告应对岩土利用、整治和改造的方案进行分析论证，提出建议；对工程施工和使用期间可能发生的岩土工程问题进行预测，提出监控和预防措施的建议。

成果报告应附下列图表：

①勘探点平面布置图。

②工程地质柱状图。

③工程地质剖面图。

④原位测试成果图表。

⑤室内试验成果图表。

当需要时，尚可附综合工程地质图、综合地质柱状图、地下水等水位线图、素描、照片、综合分析图表，以及岩土利用、整治和改造方案的有关图表、岩土工程计算简图及计算成果图表等。

对岩土的利用、整治和改造的建议，宜进行不同方案的技术经济论证，并提出对设计、施工和现场监测要求的建议。

任务需要时，可提交下列专题报告：

①岩土工程测试报告。

②岩土工程检验或监测报告。

③岩土工程事故调查与分析报告。

④岩土利用、整治或改造方案报告。

⑤专门性岩土工程问题的技术咨询报告。

勘察报告的文字、术语、代号、符号、数字、计量单位、标点符号,均应符合国家有关标准的规定。

对丙级岩土工程勘察的成果报告内容可适当简化,采用以图表为主,辅以必要的文字说明;对甲级岩土工程勘察的成果报告,除应符合本节规定外,尚应对专门性的岩土工程问题提交专门的试验报告、研究报告或监测报告。

2)岩土工程勘察报告的内容

岩土工程勘察报告的内容,必须配合相应的勘察阶段,针对建筑场地的工程地质条件、建筑物的规模、性质及设计和施工要求,对场地的适宜性、稳定性进行定性和定量的评价,提出选择建筑物地基基础方案的依据和设计计算参数,指出存在的问题以及解决问题的途径和办法。鉴于岩土工程勘察的类型、规模各不相同以及目的要求、工程特点和自然地质条件等差别很大,因此只能提出报告的基本内容。报告书文字部分的内容一般可分为绪论、通论、专论和结论四大部分,这几个部分是紧密相连的,但也有其各自的具体表述内容。

(1)绪论

绪论的具体内容是介绍委托单位、勘察工作的目的与任务、工作方法、投入具体工作量和取得的工作成果。在绪论中,通常还应说明拟建建筑物的位置、类型、规模、用途、勘察阶段以及重点需要解决的问题。

(2)通论

通论的具体内容是全面系统地阐明工作地区的工程地质条件,包括地形地貌、岩土类型及其工程地质性质、地质构造、水文地质和不良地质作用等内容,并对场地稳定性和适宜性作出评价。对工程地质条件的形成与演化有意义的自然地理概况、环境地质背景等区域资料亦应予以论述。阐述的内容应既能表明建筑地区的工程地质条件特征及其一般规律,又须结合工程实际要求有选择性地表述。

(3)专论

专论部分是报告书的核心,其具体内容是结合工程项目对各种可能出现的岩土工程问题作出论证,并回答勘察任务书中提出的各项要求及问题。包括岩土参数的分析与选用,各项岩土性质指标的测试成果及其可靠性和适宜性,评价其变异性,提出其特征值;地下水埋藏情况、类型、水位及其变化;土和水对建筑材料的腐蚀性;工程施工和运营期间可能发生的岩土工程问题的预测及监控、预防措施建议;根据地质和岩土条件、工程结构特点及场地地质环境情况,提出地基基础方案、不良地质作用整治方案、开挖和边坡加固方案等岩土利用、整治和改造方案的建议,并进行技术经济论证等内容。

(4)结论

作为技术性很强、责任重大的岩土工程勘察报告的结论,其内容应该是在专论基础上对任务书中提出的以及实际工作中所发现的各项岩土工程问题作出简短明确的回答,对建筑结构设计和监测工作的建议,工程施工和使用期间应注意的问题,下一步岩土工程勘察工作的建议等。要做到观点明确、措词简练、评价具体、指标可靠。对各种地基治理方案的建议应做到经济合理、技术可行、效果显著。

1.7.3 岩土工程勘察报告实例

某项目岩土工程详细勘察报告

1) 概况

受×××有限公司的委托,××××勘察设计院承担了某市××××工程拟建场地详勘阶段的岩土工程勘察工作。

(1) 工程概况

建筑为2栋41层(142 m)的高层住宅塔楼和3栋25层(90 m)的住宅、配套会所及景观绿地,正负零标高为5.50 m,设两层地下室,地下室底板标高为-5.15 m。

(2) 勘察目的、任务

依据《岩土工程勘察规范》(GB 50021—2001,2009年版)第3.1节,本工程重要性等级为一级,场地复杂程度等级为二级,地基复杂程度等级为二级,综合确定本工程勘察等级为甲级。本次详勘目的是在初勘的基础上进一步查明拟建场地地层分布特征及土层物理力学性质,为扩初设计及施工图设计提供所需的各类地质参数。

需解决的重点技术问题:

①查明场地地形地貌、地层分布情况,提供各土层物理力学参数。

②查明场地不良地质现象。

③查明地下水类型、水质、埋藏条件、土层的渗透性。

④提供土层剪切波速以及抗震时程分析所需的各土层动力参数,判定场地土类型和场地类别,对场地的地震效应进行分析评价。

⑤评价塔楼、裙房及纯地下室区域适宜的桩基持力层,选择桩型,提供桩基设计参数,估算单桩竖向承载力及沉降量,并进行沉(成)桩可行性分析。

⑥在进行经济技术比选的基础上,对基础选型提出建议。

⑦提供基坑开挖设计所需岩土参数,对围护、降水措施提出建议。

(3) 详勘工作执行依据及技术标准

《岩土工程勘察规范》(GB 50021—2001,2009年版)

《岩土工程勘察安全规范》(GB 50585—2010)

《建筑地基基础设计规范》(GB 50007—2011)

《建筑抗震设计规范》(GB 50011—2010)

《建筑工程抗震设防分类标准》(GB 50223—2008)

《中国地震动参数区划图》(GB 18306—2001)

《土工试验方法标准》(GB/T 50123—1999)

《土的工程分类标准》(GB/T 50145—2007)

《工程测量规范》(GB 50026—2007)

《岩土工程基本术语标准》(GB 50026—2007)

《软土地区岩土工程勘察规程》(JGJ 83—2001)

2) 勘察方法及工作量

本次勘察主要采取了钻探、原位测试和室内土工试验等方法。钻探采用XY-1型液压钻机,原位测试为标准贯入试验、波速测试、地脉动测试、十字板剪切试验、静力触探试验和抽水试验等;室内土工试验主要是常规土工试验、渗透试验、天然休止角试验、三轴剪切试验、固结试验以及水、土质的简易化学分析试验等。本次勘察所完成的工作量见表1.17。

表1.17 工作量计表

序号	工作内容	工作量
1	勘探点测量放样(个)	291
2	钻探总进尺(m/孔)	14 124.8/291
3	标准贯入试验(次)	2 010
4	十字板剪切试验(孔)	8
5	静力触探试验(孔)	6
6	波速测试(孔)	9
7	三轴不固结不排水压缩试验(组)	20
8	渗透试验(件)	13
9	天然休止角试验(件)	13
10	固结试验(件)	20
11	高压固结试验(件)	24
12	次固结试验(件)	16
13	取土样及土工试验(件)	496
14	水质分析	5
15	土质分析	5

3)岩土工程条件

(1)地形地貌

拟建场地位于××市西部,原始地貌属于滩涂、湿地,现经人工填土整平,地势略有起伏,勘察时钻孔孔口地面标高1.765~5.037 m。

(2)地层结构及岩土特性

经勘探查明,钻探深度范围内场地地层自上而下共划分为8个工程地质单元层,依次为人工填土(Q^{ml})、第四系全新统海陆相沉积层(Q_4^{ml})、中更新统海相沉积层(Q_2^{ml})及下更新统海相沉积层(Q_1^{ml}),其岩性特征分述如下:

第①-1层杂填土(Q^{ml}):灰、灰褐、黄褐色,湿~饱和,松散,由砂土、淤泥和建筑垃圾组成,欠固结。部分钻孔揭露,层厚0.40~3.10 m。

第①-2层素填土(Q^{ml}):灰、灰褐色,流塑,以淤泥质土为主,混有砂土,欠固结。各钻孔均有揭露,层厚1.00~7.80 m,层顶埋深0~3.10 m,标高为0.37~5.04 m。

第②层粗砂(Q_4^{ml}):灰、灰黄色,饱和,松散~稍密,石英质,次圆状,以粗粒为主,次为中粒,少量粉细粒,黏粒含量为5%~8%,局部夹淤泥质土薄层。部分钻孔揭露,层厚0.30~7.00 m,层顶埋深1.00~7.00 m,标高为-4.29~2.09 m。

第③层淤泥质黏土(Q_4^{ml}):灰、灰黑色,流塑~软塑,以黏粒、粉粒为主,少量粉细粒,切面稍有光泽,干强度高,韧性高,无摇振反应,局部夹粉细砂薄层。各钻孔均有揭露,层厚1.30~12.50 m,层顶埋深2.50~10.10 m,标高为-6.72~1.02 m。

第④层粉质黏土(Q_1^{ml}):浅黄、灰黄色,可塑,以黏粒、粉粒为主,少量粉细粒,切面稍有光泽,干强度中等,韧性中等,无摇振反应,局部夹粉细砂薄层。部分钻孔揭露,层厚0.40~6.00 m,层顶埋深10.20~16.90 m,标高为-13.80~-6.46 m。

第⑤层中砂(Q_1^{ml})：灰黄、暗红色，饱和，中密，石英质，次圆状，以中粒为主粉质，次为粗、细粒，黏粒含量为6%～12%，局部顶部夹3～10 cm厚的铁质结核硬块。部分钻孔揭露，层厚0.90～7.00 m，层顶埋深9.80～17.40 m，标高为-13.81～-6.58 m。

第⑥层粉砂(Q_1^{ml})：灰黄、粉红、紫红色，饱和，稍密～中密，石英质，亚圆形，以粉粒为主，含中、细粒，黏粒含量为10%～20%，夹黏土薄层，局部顶部夹5～15 cm铁质胶结硬块。各钻孔均有揭露，层厚1.00～15.10 m，层顶埋深10.10～19.90 m，标高为-16.31～-7.04 m。

第⑦层中砂(Q_1^{ml})：浅灰黄、绿黄色，饱和，中密，石英质，次圆状，以中粒为主，次为粗、细粒，黏粒含量为5%～10%，含少量贝壳碎片。部分钻孔揭露，层厚1.10～5.80 m，层顶埋深18.50～24.30 m，标高为-15.20～21.50 m。

第⑧层粉质黏土（N_2^m）：灰、深灰色，可塑～硬塑，局部坚硬，以黏粒、粉粒为主，少量粉细粒，切口稍有光泽，干强度中等，韧性中等，无摇振反应，夹薄层或团状粉细砂，微具页理状，局部夹泥质胶结半成岩硬块。该层未揭穿，各钻孔均有揭露，揭露层顶埋深15.40～40.30 m，标高为-41.14～-12.29 m。

第⑧-1层中砂（N_2^m）：灰、绿灰色，饱和，中密，石英质，次圆状，以中粒为主，次为粗、细粒，黏粒含量为5%～-10%，含较多贝壳碎屑。部分钻孔揭露，层厚1.00～8.70 m，层顶埋深18.60～40.30 m，标高为-37.64～-15.54 m。

（3）气象与水文地质条件

场地所在的海口市地处热带海洋季风湿润气候区，夏季炎热，潮湿多雨，冬季温暖，干燥少雨。据气象资料，年平均气温为23.8 ℃，气温最高月份为6、7、8月（月平均气温达28 ℃），年蒸发量平均为1 825.9 mm，年降雨量平均为1 610 mm，降雨多集中在5月～11月，8月、9月、10月是台风高峰期。

在勘探深度范围内场地地下水赋存于②层粗砂、⑤层中砂、⑥层粉砂、⑦层中砂和⑧-1层中砂中，属孔隙潜水。地下水的补给来源主要是大气降水和侧向径流，排泄途径主要是地表蒸发和侧向径流以及人工开采等，勘察期间测得地下水稳定水位为0.50～2.40 m（标高1.78～2.53 m），根据当地建筑经验，地下水升降波动幅度为2.00 m左右。

4）岩土工程性能分析与评价

（1）场地稳定性和适宜性评价

在勘探深度范围内未发现全新世活动断裂、滑坡、土洞、岩溶等不良地质作用以及暗河道、沟浜、墓穴、防空洞和孤石等对工程不利的地质条件。场地原始地貌属于滩涂、湿地，现为填海区域，分布较厚的欠固结土、软土（淤泥质黏土）和严重液化砂土（在平面和垂直剖面上均见有分布），建议采取必要措施避免产生地面沉降。场地处于滨海地带，应注意常见的崩塌和海水岸坡侵蚀现象。另外，存在有饱和砂土液化和易震陷软弱土层，属抗震不利地段，但当采取合理的地基与基础方案，本场地仍适宜进行本工程的建设。

（2）场地地震效应评价

根据《建筑抗震设计规范》（GB 50011—2010）附录A的划分，拟建场地抗震设防烈度为8度，设计基本地震加速度值为0.30 g，设计地震分组为第一组。

场地原始地貌属于滨海滩涂，地质条件较差，存在有饱和液化砂土和易震陷软弱土层。依据《建筑抗震设计规范》（GB 50011—2010）第4.1.1条规定，建筑抗震地段类别属抗震不利地段。本场地拟建建筑按《建筑工程抗震设防分类标准》（GB 50223—2008）划分其抗震类别为标准设防类（属丙类）。

（3）各土层主要物理力学性质统计分析

在①-2层素填土和③层淤泥质黏土中选取土样进行固结和次固结试验，数理统计结果见表1.18和表1.19；在⑧层粉质黏土选取土样进行高压固结试验，数理统计结果见表1.20和表1.21；进行标准贯入试验2 010次，数理统计结果见表1.22；在8个钻孔的③层淤泥质黏土中进行十字板剪切试验，数理统计结果见表1.23；本次勘察采取土样496件，选做了含水量、比重、密度、孔隙比、液限、塑限、液性指数、塑性指数、压缩、抗剪强度和颗粒分析等试验项目，数理统计结果见表1.24。

表1.18　固结系数统计表

地层	统计指标	固结系数							
		垂直				水平			
		$P=50$	$P=100$	$P=200$	$P=400$	$P=50$	$P=100$	$P=200$	$P=400$
		$\times 10^{-4}$	$\times 10^{-4}$	$\times 10^{-4}$	$\times 10^{-4}$	$\times 10^{-4}$	$\times 10^{-4}$	$\times 10^{-4}$	$\times 10^{-4}$
		C_h	C_h	C_h	C_h	C_v	C_v	C_v	C_v
		cm^2/s	cm^2/s	cm^2/s	cm^2/s	cm^2/s	cm^2/s	cm^2/s	cm^2/s
①-2 素填土	频数	10	10	10	10	10	10	10	10
	最大值	17.50	9.64	12.30	14.80	14.60	7.35	8.76	9.06
	最小值	7.66	6.84	6.66	7.07	3.65	2.72	2.79	3.52
	平均值	11.74	7.84	9.98	9.70	8.70	5.21	5.57	5.52
	标准差	3.73	1.03	1.94	3.11	5.07	2.12	2.33	2.01
	变异系数	0.32	0.13	0.19	0.32	0.58	0.41	0.42	0.36
③ 淤泥质黏土	频数	10	10	10	10	10	10	10	10
	最大值	21.10	12.80	20.60	23.10	33.00	13.30	27.70	33.40
	最小值	5.20	6.49	7.56	7.59	10.80	5.05	10.00	10.10
	平均值	11.15	9.18	11.70	13.88	21.63	9.86	20.75	24.63
	标准差	5.47	2.93	4.97	5.54	8.58	2.77	7.03	8.72
	变异系数	0.49	0.32	0.42	0.40	0.40	0.28	0.34	0.35

表1.19　次固结系数统计表

地层	统计指标	次固结系数							
		$P=25$	$P=50$	$P=100$	$P=200$	$P=25$	$P=50$	$P=100$	$P=200$
		C_a	C_a	C_a	C_a	C_a	C_a	C_a	C_a
		C_V	C_V	C_V	C_V	C_H	C_H	C_H	C_H
		$\times 10^{-3}$	$\times 10^{-3}$	$\times 10^{-3}$	$\times 10^{-3}$	$\times 10^{-3}$	$\times 10^{-3}$	$\times 10^{-3}$	$\times 10^{-3}$
		cm^2/s	cm^2/s	cm^2/s	cm^2/s	cm^2/s	cm^2/s	cm^2/s	cm^2/s
①-2 素填土	频数	8	8	8	8	8	8	8	8
	最大值	9.54	5.80	6.92	8.71	8.21	8.55	8.78	10.20
	最小值	5.09	3.91	4.29	5.50	5.11	4.59	5.20	5.17
	平均值	6.97	4.62	6.03	6.66	6.68	5.99	6.88	6.94
	标准差	1.57	0.81	1.02	1.25	1.22	1.73	1.61	1.91
	变异系数	0.22	0.17	0.17	0.19	0.18	0.29	0.23	0.28

续表

地层	统计指标	次固结系数							
		$P=25$	$P=50$	$P=100$	$P=200$	$P=25$	$P=50$	$P=100$	$P=200$
		C_a	C_a	C_a	C_a	C_a	C_a	C_a	C_a
		C_V	C_V	C_V	C_V	C_H	C_H	C_H	C_H
		$\times 10^{-3}$ cm²/s	$\times 10^{-3}$ cm²/s	$\times 10^{-3}$ cm²/s	$\times 10^{-3}$ cm²/s	$\times 10^{-3}$ cm²/s	$\times 10^{-3}$ cm²/s	$\times 10^{-3}$ cm²/s	$\times 10^{-3}$ cm²/s
③淤泥质黏土	频数	8	8	8	8	8	8	8	8
	最大值	6.30	8.66	13.67	16.51	5.15	8.49	12.30	17.04
	最小值	3.95	6.07	7.26	10.68	3.25	6.86	8.65	11.91
	平均值	4.80	7.48	10.41	13.49	4.14	7.60	10.03	14.12
	标准差	1.16	0.97	2.21	2.14	0.76	0.57	1.48	1.89
	变异系数	0.24	0.13	0.21	0.16	0.18	0.08	0.15	0.13

表 1.20 高压固结试验固结状态表

地层	孔号	土样深度/m	前期固结压力 P_C/kPa	有效自重压力 P_z/kPa	超固结比 $OCR=P_C/P_z$	固结状态
⑧层粉质黏土	ZK4-6	48.10~48.30	990	906.66	1.09	正常固结
	ZK4-7	53.20~53.40	1 105	1 004.16	1.10	正常固结
	ZK4-8	64.10~64.30	1 258	1 220.61	1.03	正常固结
	ZK11-6	48.20~48.40	1 005	906.24	1.11	正常固结
	ZK11-7	56.50~56.70	1 114	1 068.09	1.04	正常固结
	ZK11-8	67.10~67.30	1 400	1 274.79	1.10	正常固结
	ZK13-3	46.10~46.30	1 000	869.26	1.15	正常固结
	ZK16-4	50.30~50.50	1 100	954.09	1.15	正常固结
	ZK22-5	50.40~50.60	1 111.0	962.38	1.15	正常固结
	ZK23-5	47.50~47.70	1 010	908.94	1.11	正常固结
	ZK25-7	46.50~46.70	900.00	881.81	1.02	正常固结
	ZK29-8	47.50~47.70	905.00	901.59	1.00	正常固结
	ZK31-9	68.30~68.50	1 300.00	1 214.92	1.07	正常固结
	ZK31-10	72.30~72.50	1 400.00	1 292.92	1.08	正常固结
	ZK31-11	83.00~83.20	1 680.00	1 501.57	1.12	正常固结
	ZK33-7	67.80~68.00	1 355.00	1 285.14	1.05	正常固结
	ZK33-8	77.80~78.00	1 700.00	1 480.14	1.15	正常固结
	ZK37-6	68.40~68.60	1 333.00	1 305.06	1.02	正常固结
	ZK37-7	72.60~72.80	1 500.00	1 386.96	1.08	正常固结
	ZK37-8	80.50~80.70	1 759.00	1 541.01	1.14	正常固结
	ZK39-7	68.10~68.30	1 455.00	1 298.26	1.12	正常固结
	ZK39-8	72.80~73.00	1 527.00	1 389.91	1.10	正常固结
	ZK41-6	45.20~45.40	1 009.00	852.39	1.18	正常固结
	ZK41-7	50.20~50.40	1 000.00	949.89	1.05	正常固结

注:对于重度 γ,地下水位以上土层取天然重度,地下水位以下取土层有效重度,但在隔水层以下的土层取饱和重度。

表 1.21　高压固结试验成果统计表

项目		压力/kPa	0~50	50~100	100~200	200~400	400~200	200~50	50~200	200~400	400~800	800~1 600	1 600~3 200
⑧层粉质黏土	压缩系数/(MPa⁻¹)	频数	24	24	24	24	24	24	24	24	24	24	24
		最大值	0.97	0.82	0.48	0.21	0.03	0.14	0.03	0.16	0.13	0.09	0.13
		最小值	0.48	0.33	0.21	0.11	0.02	0.06	0.02	0.08	0.06	0.05	0.08
		平均值	0.72	0.52	0.32	0.16	0.02	0.09	0.02	0.13	0.09	0.07	0.11
		标准差	0.16	0.12	0.06	0.03	0.00	0.02	0.00	0.02	0.02	0.01	0.01
		变异系数	0.21	0.23	0.20	0.18	0.20	0.23	0.20	0.18	0.21	0.18	0.11
	压缩模量/MPa	频数	24	24	24	24	24	24	24	24	24	24	24
		最大值	3.65	4.81	8.51	17.86	5.80	27.03	103.45	24.24	25.97	27.63	23.26
		最小值	1.86	2.70	4.26	9.28	3.08	15.00	50.00	10.44	12.84	15.15	12.92
		平均值	2.56	3.54	6.08	12.34	4.12	21.09	75.97	15.48	18.74	20.71	17.73
		标准差	0.59	0.50	1.11	2.42	0.86	3.49	15.62	3.22	4.30	4.62	2.06
		变异系数	0.23	0.14	0.18	0.20	0.21	0.17	0.21	0.21	0.23	0.22	0.12

表 1.22　标贯入试验成果统计表

统计指标 土层名称	实测锤击数 N						修正锤击数 N					
	统计频数	最大值	最小值	平均值	标准差	变异系数	统计频数	最大值	最小值	平均值	标准差	变异系数
①-2 素填土	214	4.0	1.0	2.2	0.88	0.40	214	3.9	0.9	2.0	0.82	0.39
②层粗砂	71	13.0	7.0	9.2	2.09	0.23	71	11.8	5.9	8.2	1.88	0.23
③层淤泥质黏土	333	4.0	2.0	3.3	0.68	0.20	333	3.6	1.5	2.7	0.55	0.20
④层粉质黏土	53	13.0	7.0	10.3	2.06	0.20	53	10.3	5.2	7.8	1.57	0.20
⑤层中砂	37	21.0	15.0	17.5	1.64	0.09	37	15.7	11.3	13.3	1.36	0.10
⑥层粉砂	347	24.0	10.0	16.8	2.98	0.18	347	16.8	7.4	11.9	2.08	0.17
⑦层中砂	33	24.0	16.0	19.6	2.01	0.10	33	16.8	11.2	13.7	1.41	0.10
⑧层粉质黏土	857	51.0	10.0	30.4	8.86	0.29	857	35.7	7.0	21.3	6.20	0.29
⑧-1 层中砂	65	25.0	16.0	19.6	3.18	0.16	65	17.5	11.2	13.7	2.22	0.16

注:统计时,已删除异常值,修正击数为杆长修正值。

表 1.23　软土十字板试验成果统计表

地层名称	统计指标	统计频数	最大值	最小值	平均值	标准差	变异系数
③淤泥质黏土	Cu/kPa	32	14.70	8.90	12.5	1.62	0.13
	Cu'/kPa	32	4.40	2.00	2.97	0.55	0.18
	St	32	6.24	2.98	4.25	0.76	0.18

注:St 结构性分类为灵敏。

表1.24　土的物理力学性质指标统计表

地层编号	统计指标	物理性质指标 含水率 ω_0 /%	重度 γ /(kN/m³)	比重 G_s	孔隙比 e	饱和度 S_r /%	液限 ω_L /%	塑限 ω_P /%	液性指数 I_L	塑性指数 I_P /%	固结 压缩系数 α_{1-2} /MPa⁻¹	压缩模量 E_{s1-2} /MPa	直剪试验快剪 黏聚力 c /kPa	内摩擦角 φ /°	三轴抗剪强度(UU) 黏聚力 c /kPa	内摩擦角 φ /°
①-2层素填土	统计频数	49	49	49	49	49	49	49	49	49	49	49	49	49	7	7
	最大值	85.7	18.5	2.73	2.380	99.9	76.0	45.0	1.22	25.0	1.270	2.59	19.3	9.2	22.4	5.5
	最小值	27.6	15.0	2.70	0.862	86.4	34.4	20.7	1.07	12.0	0.900	1.86	5.6	1.3	5.0	3.4
	平均值	51.3	16.8	2.72	1.460	95.5	48.8	30.1	1.12	18.2	1.089	2.24	12.0	4.8	15.7	4.3
	标准差	11.525	0.842	0.010	0.314	3.267	9.218	6.113	0.035	3.825	0.101	0.187	2.91	1.76	6.46	0.83
	变异系数	0.225	0.050	0.004	0.215	0.034	0.189	0.203	0.031	0.210	0.093	0.084	0.243	0.365	0.410	0.190
	标准值	/	/	/	/	/	/	/	/	/	/	/	11.2	4.4	11.0	3.70
③层淤泥质黏土	统计频数	72	72	72	72	72	72	72	72	72	72	72	72	72	13	13
	最大值	69.8	18.2	2.73	1.934	99.8	65.0	44.0	1.22	25.2	0.81	4.3	18.1	8.9	18.6	4.6
	最小值	32.9	15.8	2.70	0.972	86.4	35.8	19.0	1.04	13.0	0.65	2.9	7.4	2.2	7.9	2.9
	平均值	49.6	16.9	2.72	1.417	95.0	47.8	29.9	1.11	17.8	0.70	3.3	11.4	4.8	13.5	3.8
	标准差	6.845	0.543	0.010	0.179	3.270	6.198	5.730	0.039	3.215	0.09	0.5	2.51	1.39	3.93	0.66
	变异系数	0.138	0.032	0.004	0.126	0.034	0.130	0.192	0.035	0.181	0.133	0.163	0.220	0.289	0.290	0.170
	标准值	/	/	/	/	/	/	/	/	/	/	/	10.8	4.5	11.5	3.5

续表

地层编号	统计指标	物理性质指标									固结		直剪试验快剪		三轴抗剪强度（UU）	
		含水率 ω_0	重度 γ	比重 G_s	孔隙比 e	饱和度 S_r	液限 ω_L	塑限 ω_P	液性指数 I_L	塑性指数 I_P	压缩系数 α_{1-2}	压缩模量 E_{s1-2}	黏聚力 c	内摩擦角 φ	黏聚力 c	内摩擦角 φ
		%	kN/m³			%	%	%		%	MPa⁻¹	MPa	kPa	°	kPa	°
④层粉质黏土	统计频数	12	12	12	12	12	12	12	12	12	12	12	12	12	/	/
	最大值	38.0	20.2	2.73	1.047	99.0	50.0	29.0	0.43	21.0	0.490	7.60	57.6	17.2	/	/
	最小值	16.6	18.0	2.67	0.553	78.3	27.0	15.4	0.10	11.3	0.220	3.88	23.8	12.1	/	/
	平均值	26.2	18.9	2.71	0.816	85.8	37.0	21.4	0.28	15.6	0.344	5.72	35.6	15.1	/	/
	标准差	8.122	0.796	0.027	0.197	7.362	9.396	5.114	0.132	4.569	0.09	1.07	11.87	1.66	/	/
	变异系数	0.310	0.042	0.010	0.242	0.086	0.254	0.239	0.477	0.294	0.25	0.19	0.33	0.11	/	/
	标准值	/	/	/	/	/	/	/	/	/	/	/	25.8	13.7	/	/
⑧层粉质黏土	统计频数	151	151	151	151	151	151	151	151	151	151	151	151	151	/	/
	最大值	42.4	19.7	2.71	1.234	99.1	52.6	35.0	0.49	15.8	0.42	11.3	68.6	25.2	/	/
	最小值	20.0	16.8	2.70	0.645	72.2	28.8	15.3	0.20	12.0	0.21	6.8	11.1	10.3	/	/
	平均值	30.1	18.4	2.70	0.919	89.0	39.0	25.3	0.35	13.4	0.30	8.5	39.2	16.8	/	/
	标准差	4.151	0.583	0.004	0.107	6.010	4.692	3.731	0.058	0.884	0.07	1.8	10.73	4.62	/	/
	变异系数	0.138	0.032	0.002	0.116	0.068	0.120	0.148	0.166	0.066	0.235	0.212	0.274	0.275	/	/
	标准值	/	/	/	/	/	/	/	/	/	/	/	37.5	16.1	/	/

5) 地基与基础方案

(1) 天然地基

从所提供的地质剖面图可以看出,本场地浅部①~③层的分布状态变化属于典型的不均匀地基。①-1 层杂填土,松散,工程性能差;①-2 层素填土,流塑~软塑,工程性能差,存在软土震陷特性;②层粗砂,松散~稍密,工程性能一般,存在严重液化潜势;③层淤泥质黏土,流塑~软塑,工程性能差,存在软土震陷特性。上述各层均不能做基础持力层,因此采用天然地基浅基础是不可行的。

(2) 桩基础方案

根据本场地的地层条件和地基土的工程性能,结合周边建筑经验以及设计院所提供建筑物和纯地库部位设计桩长(详见附件),桩长均大于 40 m,其桩端在⑧层粉质黏土中。本拟建工程适宜采用桩基础,选择高强度混凝土预制桩(PHC)或钻孔灌注桩,以⑧层粉质黏土作为桩端持力层,桩端全断面进入持力层的深度不宜小于 2 倍桩径(有效桩长不宜小于 16 m)。设计部门可根据《建筑桩基技术规范》(JGJ 94—2008)的有关规定进行设计和确定桩基础持力层、桩的直径、桩距和长度,基桩设计时应以单桩载荷试验结果为依据。设计时,应当考虑桩周软土固结沉降引起的下拉荷载以及桩周砂土地震液化和软土震陷对桩侧阻力的降低,高强度混凝土预制桩(PHC)应满足严重液化土层对桩水平力要求。对于桩周承台周围应采用灰土、级配砂石、压实性较好的素土回填,并分层夯实。高强度混凝土预制桩(PHC)或钻孔灌注桩所需的桩基设计参数建议值见表 1.25。设计时,应考虑软土层的负摩擦力和砂土液化折减,其系数建议值见表 1.26。

表 1.25　桩基设计参数建议值

地层编号及名称	预制桩			钻孔灌注桩		
	桩的极限侧阻力标准值 q_{sik}/kPa	桩的极限端阻力标准值 q_{pk}/kPa		桩的极限侧阻力标准值 q_{sik}/kPa	桩的极限端阻力标准值 q_{pk}/kPa	
		16 m < 桩长 $L \leq 30$ m	桩长 $L > 30$ m		15 m ≤ 桩长 $L < 30$ m	桩长 $L \geq 30$ m
①-1 杂填土	22	/	/	20	/	/
①-2 素填土	22	/	/	20	/	/
②层粗砂	50	/	/	48	/	/
③层淤泥质黏土	25	/	/	22	/	/
④层粉质黏土	60	/	/	58	/	/
⑤层中砂	65	7 000	8 000	62	1 600	1 900
⑥层粉砂	50	2 700	3 000	48	700	750
⑦层中砂	70	7 500	8 500	68	1 700	2 000
⑧-1 层中砂	70	7 500	8 500	68	1 700	2 000
⑧层粉质黏土	85	3 000	4 000	82	1 100	1 300

表1.26　砂土液化折减系数和桩侧负摩阻力系数建议值

项目 地层编号及名称	砂土液化折减系数		负摩阻力系数
	$d_s \leqslant 10$ m	10 m $< d_s \leqslant 20$ m	
①-1 杂填土	/	/	0.40
①-2 素填土	/	/	0.20
②层粗砂	0	1/3	0.40
③层淤泥质黏土	/	/	0.20

注:d_s为自地面算起的液化土层的深度。

（3）成桩可行性

施工场地开阔平坦,设备进出场极为便利,但上部分布较厚的欠固结土和软土(淤泥质黏土)会对设备施工带来不便。采用高强度混凝土预制桩(PHC),优点是造价较低,工程质量易控制,工期较短,对环境无污染,但⑤层中砂和⑥层粉砂局部顶部夹有5～15 cm厚的铁质胶结硬块较难穿越,给压桩施工造成困难,必要时辅以引孔法施工,沉桩是可行的。钻孔灌注桩适用于黏性土、粉土、砂土、填土等,施工时的振动、噪声影响和排浆对周边环境影响不大,但②层粗砂、⑤层中砂、⑥层粉砂和⑦层中砂容易产生泥浆渗漏和坍塌现象,应采取维持孔壁稳定的措施。

桩基施工时应注意以下3点:

①钢筋混凝土预制桩的制作、起吊、运输、堆载和接桩等应符合《建筑桩基技术规范》(JGJ 94—2008)及相关规程。

②由于预制桩(半挤土桩)沉桩过程中会产生挤土效应,桩基施工时,应控制好沉桩顺序及沉桩速率,以免产生过大的地面隆起上抬,影响邻桩及周边环境。

③钻孔灌注桩施工时,其单桩承载力与施工质量密切相关,故施工时必须严格执行《建筑桩基技术规范》(JGJ 94—2008)及相关规程,并按国家相关规定进行质量检测。

6) 结论及建议

①拟建场地现状地形相对平坦,地势开阔,未发现全新活动断裂痕迹和滑坡、土洞、岩溶等不良地质作用。场地和地基的稳定性较差,工程适宜性差。

②在勘探深度范围内,自上而下地层的顺序为:①-1层杂填土、①-2层素填土、②层粗砂、③层淤泥质黏土、④层粉质黏土、⑤层中砂、⑥层粉砂、⑦层中砂、⑧-1层中砂和⑧层粉质黏土。

③场地抗震设防烈度为8度,设计基本地震加速度值为0.30 g,设计地震分组为第一组,建筑场地类别为Ⅲ类,设计特征周期为0.45 s。场地存在可震陷饱和软弱土层和具严重液化潜势的饱和砂土层,属于建筑抗震不利地段。拟建建筑物的抗震设防类别为标准设防类(属丙类)。

④根据场地工程地质条件,结合当地与本工地前期工程建筑经验,本拟建工程建议采用高强度混凝土预制桩(PHC)或钻孔灌注桩为宜,以⑧层粉质黏土为桩基础持力层。

⑤场地地下水对混凝土结构、钢筋混凝土结构中的钢筋均具有中等腐蚀性;浅层土对混凝土结构具有微腐蚀性,对钢筋混凝土结构中的钢筋具有中等腐蚀性。

1.7.4 验槽

1)验槽的目的

验槽是建筑物施工第一阶段——基槽开挖后的重要工序,也是一般岩土工程勘察工作最后一个环节。当施工单位挖完基槽并普遍钎探后,由建设单位邀请勘察、设计、施工、监理等相关单位技术负责人,共同到施工工地对基槽进行验收,这个过程简称为验槽。进行验槽的主要目的有:

①检验勘察成果是否符合实际,通常勘探孔的数量有限,布设在建筑物外围轮廓线的四角和边长线上。基槽全面开挖后,地基持力层土层完全暴露出来,首先检验勘察成果与实际情况是否一致,勘察成果报告的结论与建议是否正确和切实可行。如果验槽发现现场地质情况与勘察成果不符,验槽各方应共同研究处理方案,若差别较大应及时开展补充勘察工作。

②解决遗留和新发现的问题。勘察时无法及时解决的问题,如无法正常开展勘察工作的小段场地、场地内的枯井等应在验槽中解决。

2)验槽的内容

①校验基槽开挖的平面位置与槽底标高是否符合勘察、设计要求。

②确认持力层土质与勘察报告是否一致。参加验槽的五方责任主体负责人需下到槽底,依次逐段检验,发现可疑之处,应用铁铲铲出新鲜土面,用野外鉴别方法进行鉴定。

③当发现基槽平面土质显著不均匀,或局部存在古井、菜窖、坟穴、古河沟、防空洞等不良地基时,可用钎探查明其平面范围与深度。

④检查基槽钎探结果。钎探位置:条形基槽宽度不小于 80 cm 时,可沿中心线打一排钎探孔;槽宽大于 80 cm 时,可打两排错开孔,钎探孔间距为 1.5 ~ 2.5 m。深度每 30 cm 为一组,通常为 5 组,1.5 m 深。

钎探工具可采用轻型圆锥动力触探,钎探数据可反映基槽平面土质的均匀性,而且可以校核基底各点的承载力特征值。

3)验槽注意事项

①验槽前,应全部完成合格钎探,提供验槽的定量数据。

②验槽时间要抓紧,基槽开挖好,突击钎探,立即组织验槽。尤其在夏季要避免下雨泡槽,冬季要防止冰冻,不可拖延时间形成隐患。

③槽底设计标高若位于地下水位以下较深时,必须做好基槽排水,保证槽底不泡水。若槽底标高在地下水位以下不深时,可先挖至地下水面验槽,验完槽快挖快填,做好垫层与基础。

④验槽时应看新鲜土面,清除超挖回填的虚土。冬季冻结的表层土看似很坚硬,夏季日晒后干土也很坚硬,应用铁铲铲除表层后再检验。

⑤验槽结果应填写验槽记录,并由参加验槽的各方责任人签字,作为施工处理的依据,验槽记录存档长期保存。若工程发生事故,验槽记录是分析事故原因的重要线索。

习 题

1.1 某土工试验测得土样孔隙比结果如表 1.27 所示。该土样标准值为?(答案:0.909)

表 1.27　习题 1.1 表

序号	1	2	3	4	5	6
孔隙比	0.862	0.931	0.894	0.875	0.902	0.883

1.2　某民用建筑勘察工作中采得黏性土原状土样 16 组,测得含水量平均值 $\alpha_{1\sim2\,m}=0.42$,标准差为 0.06,其标准值为?（答案: 0.423）

1.3　某港口工程的室内试验中压缩系数值如表 1.28 所示。该土层压缩系数的变异系数为?（答案: 0.16）

表 1.28　习题 1.3 表

序号	1	2	3	4	5	6
压缩系数	0.024	0.028	0.019	0.025	0.019	0.027

1.4　某民用建筑工程中对土层采取了 6 组原状土样,直剪试验结果如表 1.29 所示。该土层内聚力及摩擦角的标准值为?（答案: 18.5 kPa、15.3°）

表 1.29　习题 1.4 表

序号	1	2	3	4	5	6
内聚力/kPa	21	25	18	19	22	20
内摩擦角	15°	17°	19°	19°	14°	16°

1.5　某开发公司计划修建一栋 7 层住宅楼,拟建建筑物长度为 90 m,宽度为 14 m,框架结构,柱下独立基础,场地地质条件复杂。试布置钻孔类型、数量、间距和深度。

1.6　某高层建筑物,东西长为 30 m,南北宽为 20 m,地上 18 层,地下 2 层,基础埋深约11 m,地下水位埋深约 6 m,年变化幅度 1 m,筏形基础,试设计勘探工作量。

1.7　某办公楼长度为 50 m,宽度为 15 m,高度为 18 m,5 层框架结构,柱下独立基础。勘探时,在楼房四角与长边中点各布置一个钻孔,各钻孔的地层情况见表 1.30。试绘制工程地质坡面图。

表 1.30　习题 1.7 表　　　　　　　　　　　　　　单位:m

钻孔编号	ZK1	ZK2	ZK3	ZK4	ZK5	ZK6	e	$\omega/\%$	I_L	N	N_10
地面高程	48.62	48.75	48.50	48.80	48.72	48.29					
杂填土厚/m	1.3	1.2	1.25	1.3	1.3	1.0					
粉土厚/m	0.8	1.0	1.5	0.5	0.6	0.5	0.80	20		7	23
粉细砂厚/m	2.5	2.0	1.8	2.2	2.3	2.5	0.69	10.7		12	52
黏土厚/m	2.3	2.1	2.7	2.9	3.0	2.7	0.9	23.3	0.62	7	
粉质黏土厚/m	2.7	3.2	2.8	2.5	2.4	2.1	0.8	23.7	0.75	8	
粉土厚/m	>1.8	>2.0	>2.0	>2.4	>1.5	>1.4	0.7	22		9	
地下水位/m	44.78	45.05	44.95	45.10	44.86	44.87					

第2章　天然地基浅基础设计

地基基础设计是建筑物设计的一个重要组成部分。设计时，要考虑场地的工程地质和水文地质条件，同时也要考虑建筑物的使用要求、上部结构特点和施工条件等因素。为了保证建筑物的安全和正常使用，并充分发挥地基承载力，就必须深入实际，调查研究，因地制宜地确定设计方案。

常见的地基基础形式主要分为：天然地基或人工地基上的浅基础、复合地基、深基础、深浅结合的基础（如桩-筏、桩-箱基础）等。如果地基为良好土层或上部有较厚的良好土层，一般将基础直接设置在天然土层上，此时地基称为天然地基。采用地基处理方法对上部土层进行改良后的地基则称为人工地基。如果基础的埋置深度较小（小于5 m），或者虽然埋置深度超过5 m但小于基础宽度（如筏形基础、箱形基础等大尺寸基础），这类基础称为浅基础。

从建筑物荷载传递过程的角度来分析，浅基础是通过基础底面把荷载扩散分布于浅部地层，如墙下、柱下扩展基础，计算时不考虑基础侧面摩阻力。深基础的埋置深度与基础底面相比则较大，其作用是把承受的荷载相对集中地传递到地基深部，如桩基础。一般而言，天然地基上浅基础埋置深度不深，无须复杂的施工设备，便于施工，且工期短、造价低，在满足地基承载力和变形要求的前提下，应优先选用。若采用简单的浅基础方案难以满足地基承载力和变形要求，则应考虑采用天然地基上的复杂浅基础（如连续基础）、复合地基、人工地基上的浅基础或深基础等地基基础形式。

2.1　浅基础类型与材料选用

2.1.1　浅基础的常见结构类型及适用条件

基础的作用就是把建筑物的荷载安全可靠地传给地基，保证地基不会发生强度破坏或产生过大变形，同时还要充分发挥地基的承载力。因此，基础的结构类型必须根据建筑物的特点（结构形式、荷载的性质和大小等）和地基土层的情况来选定。

浅基础的分类方法有多种，按照基础的形状、大小和使用的材料与性能，可分为无筋扩展基础、扩展基础、柱下条形基础、筏形基础、箱形基础等。习惯上，把柱下条形基础、筏形基础、箱形基础称为连续基础。

1）无筋扩展基础

由砖、毛石、混凝土或毛石混凝土、灰土和三合土等材料组成，且不需要配置钢筋的墙下条形基础或柱下独立基础称为无筋扩展基础，旧称刚性基础，如图2.1所示。其特点是基础材料具有较好的抗压性能，但抗拉、抗剪强度不高。所以，设计要求基础每级台阶的宽度与其高度的比值在一定限度内,以避免发生在基础内的拉应力和剪应力超过其材料强度设计值。在这样的限制下,基础相对高度都比较大。

采用砖或毛石砌筑无筋扩展基础时,在地下水位以上可用混合砂浆;在水下或地基土潮湿时,则应采用水泥砂浆。当荷载较大或要减小基础高度时,可采用素混凝土基础,也可以在素混凝土中掺体积占 25% ~30% 的毛石(石块尺寸不宜超过 300 mm),即做成毛石混凝土基础,以节约水泥。灰土基础宜在比较干燥的土层中使用,多用于我国华北和西北地区。灰土由石灰和土配制而成,作为基础材料用的灰土一般为三七灰土(体积比),即用三分石灰和七分黏性土拌匀后在基槽内分层夯实,夯实合格的灰土承载力可达 250 ~300 kPa。在我国南方地区常用三合土基础。三合土由石灰、砂和骨料(矿渣、碎砖或碎石)加水混合而成。

无筋扩展基础计算简单、材料充足、造价低廉、施工方便,多用于 6 层及 6 层以下(三合土基础不宜超过 4 层)的民用建筑和轻型厂房。

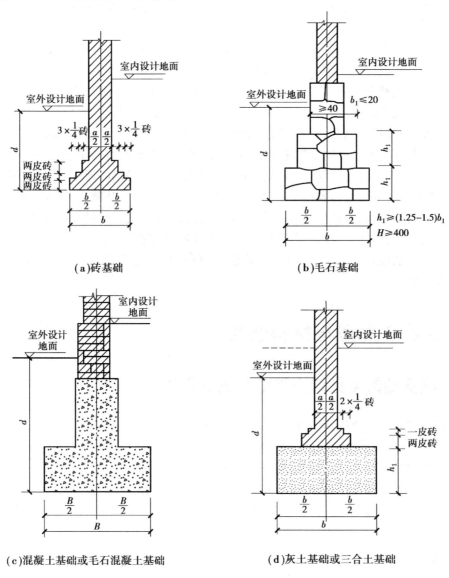

(a)砖基础

(b)毛石基础

(c)混凝土基础或毛石混凝土基础

(d)灰土基础或三合土基础

图 2.1　无筋扩展基础

2）扩展基础

由钢筋混凝土材料建造的扩展基础称为钢筋混凝土扩展基础,简称扩展基础,旧称柔性基础,可分为墙下钢筋混凝土条形基础和柱下钢筋混凝土独立基础。这类基础具有良好的抗弯和抗剪性能,适用于竖向荷载较大、地基承载力不太高、基础底面较大,以及需要浅埋的情况,并能承受一定的水平力和力矩。

现浇柱下钢筋混凝土基础的截面常做成台阶形或角锥形;预制柱下基础一般做成杯形,如图 2.2 所示。墙下钢筋混凝土条形基础一般做成无肋式,如图 2.3(a)所示。当基础延伸方向的墙上荷载及地基土的压缩性不均匀时,为增强基础的整体性和纵向抗弯能力,减小不均匀沉降,常采用带肋的墙下钢筋混凝土条形基础,如图 2.3(b)所示。

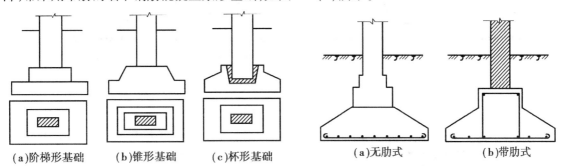

| (a)阶梯形基础 | (b)锥形基础 | (c)杯形基础 | | (a)无肋式 | (b)带肋式 |

图 2.2 柱下钢筋混凝土独立基础   图 2.3 墙下钢筋混凝土条形基础

3）柱下条形基础

如果柱子的荷载较大而地基的承载力较低,需要较大的基础面积,或相邻柱子的荷载有差异、地基土压缩不均匀等情况,可将一个方向的柱下独立基础连成一条,形成柱下条形基础,如图 2.4(a)所示;当单向条形基础的底面积仍不能满足地基承载力要求或不均匀沉降不能满足规定的允许值,可将基础沿纵横方向连接,形成十字交叉条形基础,如图 2.4(b)所示。十字交叉条形基础具有较大的整体刚度,可用于多、高层框架结构和多层厂房。对于无地下室要求时,常根据实际情况选用柱下条形基础或十字交叉条形基础。

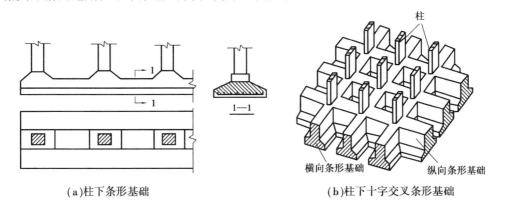

(a)柱下条形基础   (b)柱下十字交叉条形基础

图 2.4 柱下条形基础

4）筏形基础

筏形基础也称为片筏基础、筏板基础。当十字交叉条形基础的底面积仍不能满足地基设计要求,或相邻基槽距离较小以及地下室需要防水时,常将墙或柱下基础连成一片,使整个建筑物的荷载承受在一块整板上,这种满堂式的板式基础称为筏形基础。筏形基础由于基底面积大,可减小基底压力,并能有效地增强基础的整体性,调整地基的不均匀沉降,是高层建筑常用的结构形式。水池、储料仓等构筑物也适合采用筏形基础。

筏形基础在构造上像倒置的钢筋混凝土楼盖,可分为平板式和梁板式两种。平板式筏形基础是在地基上做一块钢筋混凝土底板,柱子通过柱脚支撑在底板上[图2.5(a)]或柱脚尺寸局部放大[图2.5(b)]。梁板式基础分为上梁板式[图2.5(c)]和下梁板式[图2.5(d)],下梁板式基础底板顶面平整,可作为建筑物底层地面。

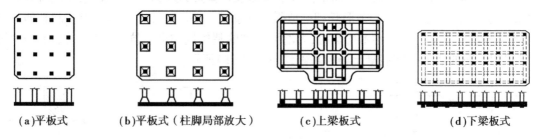

(a)平板式　　　(b)平板式(柱脚局部放大)　　　(c)上梁板式　　　(d)下梁板式

图2.5　筏形基础

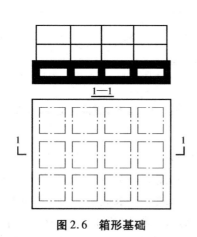

图2.6　箱形基础

5)箱形基础

箱形基础是由顶、底板和纵、横墙板组成的盒式结构,如图2.6所示,具有极大的整体刚度,能有效地扩散上部结构传下的荷载,并调整地基的不均匀沉降。一般有较大的基础宽度和埋深,能显著提高地基的承载力,增强整体稳定性。箱形基础具有很大的地下空间,代替被挖除的土,因此具有补偿作用,有利于减少基础沉降和满足地基的承载力要求。剪力墙结构等落地墙体较多、分布比较均匀的结构可考虑采用箱形基础。

2.1.2　基础材料要求

基础是建筑物的根基,必须保证基础材料具有足够的强度和耐久性。根据地基潮湿程度和气候条件的不同,基础用砖、石料和砂浆允许的最低强度等级如表2.1所示。

表2.1　地面以下或防潮层以下的砌体、潮湿房间墙所用材料的最低强度等级

地基的潮湿程度	烧结普通砖	混凝土普通砖、蒸压普通砖	混凝土砌块	石材	水泥砂浆
稍潮湿的	MU15	MU20	MU7.5	MU30	M5
很潮湿的	MU20	MU20	MU10	MU30	M7.5
含水饱和的	MU20	MU25	MU15	MU40	M10

注:①在冻胀地区,地面以下或防潮层以下的砌体,不宜采用多孔砖,如采用时,其孔洞应用不低于M10的水泥砂浆预先灌实。当采用混凝土空心砌体时,其孔洞应采用强度等级不低于Cb20的混凝土预先灌实。(Cb:混凝土砌块灌孔混凝土的强度等级)

②对安全等级为一级或设计使用年限大于50年的房屋,表中材料强度应至少提高一级。

1)砖

砖必须用黏土砖或蒸压灰砂砖,用石灰及砂所制成的灰砂砖和其他轻质砖均不得用于基础。按照《砌体结构设计规范》(GB 50003—2011)的规定,地面以下或防潮层以下的砖砌体,所用的材料强度不得低于表2.1所规定的数值。

2)石料

石料包括毛石、块石和经过加工平整的料石,均应选用不易风化的硬岩石,石料的厚度不宜小于150 mm。基础石料的强度等级应根据地基的潮湿程度在 MU30、MU40 中选用。

3)砂浆

石灰、水泥混合砂浆不得用于基础工程。水泥砂浆强度等级应根据地基的潮湿程度在 M5、M7.5、M10 中选用。

4)混凝土

混凝土的强度、耐久性与抗冻性都优于砖,且刚性角大,便于机械化施工和预制。但混凝土基础的水泥用量大,造价稍高,因此混凝土常用于砖、石材料不满足刚性角要求的基础、地下水位以下的工程以及基础下找平的垫层。混凝土强度等级常用C10。体积大的混凝土基础,可以掺入20% ~30%毛石,称为毛石混凝土,以节约水泥。

5)钢筋混凝土

这种材料不仅抗压而且具有抗弯与抗剪性能,是基础的最优材料。高层建筑、重型设备或软弱地基以及地下水位以下的基础,宜采用钢筋混凝土材料。钢筋按计算配置,混凝土强度等级不低于C15。需检验水泥的质量和工地存放的防水措施,严格按质量配合比制备。

6)灰土

我国采用灰土作基础材料或垫层,已有1 000多年历史,效果良好。中小工程可用灰土材料做基础,常用三七灰土(体积比石灰:黏性土 =3:7),搅拌均匀,分层压实。所用石灰在使用前加水,闷成熟石灰粉末,并需过5 mm筛子。土料宜就地取材,以粉质黏土为好,应过15 mm筛子,含水率接近最优含水率。拌和好的灰土,可以"捏紧成团,落地开花"为合格。灰土的强度与夯实密度有关,施工质量要求最小干密度 $\rho_d \geq 1.45 \sim 1.55$ t/m³。

灰土施工方法:每层虚铺灰土220 ~250 mm,夯实后为150 mm,称为"一步灰土"。根据工程需要,可设计二步灰土或三步灰土,即厚度为300 mm 或450 mm。夯实合格的灰土的承载力可达250 ~300 kPa。灰土的缺点是早期强度低、抗水性差、抗冻性也较差,尤其在水中硬化很慢。因此,灰土作为基础材料,通常只适用于地下水位以上。

2.2 地基基础设计的原则

2.2.1 地基基础设计等级

根据地基复杂程度、建筑物规模和功能特征以及由于地基问题可能造成建筑物破坏或影响正常使用的程度,地基基础设计分为3个设计等级,设计时应根据具体情况,按表2.2选用。

表 2.2　地基与基础设计等级

设计等级	建筑和地基类型
甲级	重要的工业与民用建筑 30 层以上的高层建筑 体型复杂、层数相差超过 10 层的高低层连成一体的建筑物 大面积的多层地下建筑物(如地下车库、商场、运动场等) 对地基变形有特殊要求的建筑物 复杂地质条件下的坡上建筑物(包括高边坡) 对原有工程影响较大的新建建筑物 场地和地基条件复杂的一般建筑物 位于复杂地质条件及软土地区的二层及二层以上地下室的基坑工程 开挖深度大于 15 m 的基坑工程 周边环境条件复杂、环境保护要求高的基坑工程
乙级	除甲级、丙级以外的工业与民用建筑物 除甲级、丙级以外的基坑工程
丙级	场地和地基条件简单、荷载分布均匀的 7 层及 7 层以下民用建筑及一般工业建筑 次要的轻型建筑物 非软土地区且场地地质条件简单、基坑周边环境条件简单、环境保护要求不高且开挖深度小于 5.0 m 的基坑工程

在地基基础设计等级为甲级的建筑物中,30 层以上的高层建筑,不论其体型复杂与否均列入甲级,这是考虑到其高度和重量对地基承载力和变形均有较高要求,采用天然地基往往不能满足设计需要,而需考虑桩基或进行地基处理。

体型复杂、层数相差超过 10 层的高低层连成一体的建筑物是指在平面上和立面上高度变化较大,体型变化复杂,且建于同一整体基础上的高层宾馆、办公楼、商业建筑等建筑物。由于上部荷载大小相差悬殊、结构刚度和构造变化复杂,很容易出现地基不均匀变形。为使地基变形不超过建筑物的允许值,地基基础设计的复杂程度和计算难度均较大,有时需要采用多种地基和基础类型,或考虑采用地基与基础和上部结构共同作用的变形分析计算来解决不均匀沉降对基础和上部结构的影响问题。

大面积的多层地下建筑物存在深基坑开挖的降水、支护和对邻近建筑物可能造成严重不良影响等问题,增加了地基基础设计的复杂性,有些地面以上没有荷载或荷载很小的大面积多层地下建筑物,如地下停车场、商场、运动场等,还存在抗地下水浮力的设计问题。

复杂地质条件下的坡上建筑物是指坡体岩土的种类、性质、产状和地下水条件变化复杂等对坡体稳定性不利的情况,此时应作坡体稳定性分析,必要时应采取整治措施。

对原有工程有较大影响的新建建筑物是指在原有建筑物旁和在地铁、地下隧道、重要地下管道上或旁边新建的建筑物。当新建建筑物对原有工程影响较大时,为保证原有工程的安全和正常使用,增加了地基基础设计的复杂性和难度。

场地和地基条件复杂的建筑物是指不良地质现象强烈发育的场地,如泥石流、崩塌、滑坡、岩溶土洞塌陷等,或地质环境恶劣的场地,如地下采空区、地面沉降区、地裂缝地区等;复杂地基是指地基岩土种类和性质变化很大、有古河道或暗浜分布、地基为特殊性岩土(如膨胀土、湿陷性土)等,以及地下水对工程影响很大需特殊处理等情况,上述情况均增加了地基基础设计的复杂程度和技术难度。

对在复杂地质条件和软土地区开挖较深的基坑工程,基坑支护、开挖和地下水控制等技术复杂,难度较大。

挖深大于 15 m 的基坑以及基坑周边环境条件复杂、环境保护要求高时,对基坑支挡结构的位移控制严格,也列入甲级。

表 2.2 所列的设计等级为丙级的建筑物是指建筑场地稳定,地基岩土均匀良好、荷载分布均匀的 7 层及 7 层以下的民用建筑和一般工业建筑物以及次要的轻型建筑物。由于情况复杂,设计时应根据建筑物和地基的具体情况参照上述说明确定地基基础的设计等级。

2.2.2 地基基础设计的一般规定

根据建筑物地基基础设计等级及长期荷载作用下地基变形对上部结构的影响程度,地基基础设计应符合下列规定:

①所有建筑物的地基计算均应满足承载力计算的有关规定。

②设计等级为甲级、乙级的建筑物,均应按地基变形设计。

③设计等级为丙级的建筑物有下列情况之一时,应作变形验算:

* 地基承载力特征值小于 130 kPa,且体型复杂的建筑;

* 在基础上及其附近有地面堆载或相邻基础荷载差异较大,可能引起地基产生过大的不均匀沉降时;

* 软弱地基上的建筑物存在偏心荷载时;

* 相邻建筑距离近,可能发生倾斜时;

* 地基内有厚度较大或厚薄不均的填土,其自重固结未完成时。

④对经常受水平荷载作用的高层建筑、高耸结构和挡土墙等,以及建造在斜坡上或边坡附近的建筑物和构筑物,尚应验算其稳定性。

⑤基坑工程应进行稳定性验算。

⑥建筑地下室或地下构筑物存在上浮问题时,尚应进行抗浮验算。

⑦表 2.3 所列范围内设计等级为丙级的建筑物可不作变形验算。

表 2.3　可不作地基变形验算的设计等级为丙级的建筑物范围

地基主要受力层情况	地基承载力特征值 f_{ak}/kPa			$80 \leqslant f_{ak} < 100$	$100 \leqslant f_{ak} < 130$	$130 \leqslant f_{ak} < 160$	$160 \leqslant f_{ak} < 200$	$200 \leqslant f_{ak} < 300$
	各土层坡度/%			≤5	≤10	≤10	≤10	≤10
建筑类型	砌体承重结构、框架结构(层数)			≤5	≤5	≤6	≤6	≤7
	单层排架结构(6 m 柱距)	单跨	吊车额定起重量/t	10~15	15~20	20~30	30~50	50~100
			厂房跨度/m	≤18	≤24	≤30	≤30	≤30
		多跨	吊车额定起重量/t	5~10	10~15	15~20	20~30	30~75
			厂房跨度/m	≤18	≤24	≤30	≤30	≤30
	烟囱		高度/m	≤40	≤50	≤75		≤100

续表

地基主要受力层情况	地基承载力特征值 f_{ak}/kPa	$80 \leqslant f_{ak} < 100$	$100 \leqslant f_{ak} < 130$	$130 \leqslant f_{ak} < 160$	$160 \leqslant f_{ak} < 200$	$200 \leqslant f_{ak} < 300$
	各土层坡度/%	≤5	≤10	≤10	≤10	≤10
建筑类型	水塔 高度/m	≤20	≤30	≤30		≤30
	水塔 容积/m³	50~100	100~200	200~300	300~500	500~1 000

注:①地基主要受力层是指条形基础底面下深度为3b(b为基础底面宽度),独立基础下为1.5 b,且厚度均不小于5 m的范围(二层以下一般的民用建筑除外)。

②地基主要受力层中如有承载力特征值小于130 kPa的土层,表中砌体承重结构的设计,应符合《建筑地基基础设计规范》(GB 50007—2011)第7章的有关要求。

③表中砌体承重结构和框架结构均指民用建筑,对于工业建筑可按厂房高度、荷载情况折合成与其相当的民用建筑层数。

④表中吊车额定起重量、烟囱高度和水塔容积的数值是指最大值。

2.2.3　设计原则与两种极限状态

1)设计原则

为保证地基基础在设计使用年限内能满足功能要求,地基基础设计应遵循以下3项基本原则:

①对防止地基土体剪切破坏和丧失稳定性方面,应具有足够的安全度;

②应控制地基的特征变形量,使之不超过建筑物的地基特征变形允许值;

③基础的形式、构造和尺寸,除应能适应上部结构、符合使用需要、满足地基承载力(稳定性)和变形要求外,还应满足对基础结构的强度、刚度和耐久性的要求。

地基基础的设计遵循《结构可靠性总原则》(ISO 2394),采用以概率理论为基础的极限状态设计方法。以结构的可靠度指标(或失效概率)来度量结构的可靠度,并建立结构可靠度与结构极限状态方程关系,这种设计方法就是以概率论为基础的极限状态设计方法。该方法一般要已知基本变量的统计特征,然后根据预先规定的可靠度指标求出所需的结构抗力平均值,并选择截面,能比较充分地考虑各有关影响因素的客观变异性。但是,对一般常见的结构使用这种方法设计工作量很大,尤其是在地基基础设计中,其中有些参数因为统计资料不足,在很大程度上还要凭经验确定。

2)两种极限状态

整个结构或结构的一部分(构件)超过某一特定状态就不能满足设计规定的某一功能要求,这一特定状态称为该功能的极限状态。对于结构的极限状态,均应规定明确的标志及限值。极限状态可分为正常使用极限状态和承载能力极限状态。正常使用极限状态对应于结构或构件达到正常使用或耐久性能的某项规定限值,如影响建筑物正常使用或外观的地基变形。承载能力极限状态对应于结构或构件达到最大承载能力或不适于继续承载大变形,如地基丧失承载能力而失稳破坏(整体剪切破坏)。

(1)正常使用极限状态下

①标准组合的设计值 S_k 应按下式确定:

$$S_k = S_{Gk} + S_{Q1k} + \psi_{c2} S_{Q2k} + \cdots + \psi_{ci} S_{Qik} \tag{2.1}$$

式中　S_{Gk}——永久作用标准值 G_k 的效应;

S_{Qik}——第 i 个可变作用标准值 Q_{ik} 的效应;

ψ_{ci}——第 i 个可变作用 Q_i 的组合值系数,按《建筑结构荷载规范》(GB 5009—2012)的规定取值。

②准永久组合的效应设计值 S_k 应按下式确定:

$$S_k = S_{Gk} + \psi_{q1}S_{Q1k} + \psi_{q2}S_{Q2k} + \cdots + \psi_{qi}S_{Qik} \tag{2.2}$$

式中 ψ_{qi}——第 i 个可变作用的准永久值系数,按《建筑结构荷载规范》(GB 5009—2012)的规定取值。

(2)承载能力极限状态下

①由可变荷载控制的基本组合的效应设计值 S_d,应按下式确定:

$$S_d = \gamma_G S_{Ck} + \gamma_{Q1}S_{Q1k} + \gamma_{Q2}\psi_{c2}S_{Q2k} + \cdots + \gamma_{Qi}\psi_{ci}S_{Qik} \tag{2.3}$$

式中 γ_G——永久作用的分项系数,按现行国家标准《建筑结构荷载规范》(GB 5009—2012)的规定取值;

γ_{Qi}——第 i 个可变作用的分项系数,按现行国家标准《建筑结构荷载规范》(GB 5009—2012)的规定取值。

②对永久作用控制的基本组合,也可采用简化规则,基本组合的效应设计值 S_d 可按下式确定:

$$S_d = 1.35S_k \tag{2.4}$$

式中 S_k——标准组合的作用效应设计值。

2.2.4 作用效应与相应抗力限值

地基基础设计时,所采用的作用效应与相应的抗力限值应符合下列规定:

①按地基承载力确定基础底面积及埋深或按单桩承载力确定桩数时,传至基础或承台底面上的作用效应应按正常使用极限状态下作用的标准组合;相应的抗力应采用地基承载力特征值或单桩承载力特征值。

②计算地基变形时,传至基础底面上的作用效应应按正常使用极限状态下作用的准永久组合,不应计入风荷载和地震作用;相应的限值应为地基变形允许值。

③计算挡土墙、地基或滑坡稳定以及基础抗浮稳定时,作用效应应按承载能力极限状态下作用的基本组合,但其分项系数均为 1.0。

④在确定基础或桩基承台高度、支挡结构截面、计算基础或支挡结构内力、确定配筋和验算材料强度时,上部结构传来的作用效应和相应的基底反力、挡土墙压力以及滑坡推力,应按承载能力极限状态下作用的基本组合,采用相应的分项系数;当需要验算基础裂缝宽度时,应按正常使用极限状态下作用的标准组合。

⑤基础设计安全等级、结构设计使用年限、结构重要性系数应按有关的规定采用,但结构重要性系数 r_0 不应小于 1.0。

2.3 基础埋置深度

基础埋置深度的确定对建筑物的安全、正常使用、施工工期及建筑物造价影响很大。大量的中小型建筑物一般都采用浅埋基础。工程实践中,土质地基上的基础,考虑基础的稳定性、基础大放脚的要求、动植物活动的影响、耕土层的厚度以及习惯做法等因素,其埋置深度一般不宜小于 0.5 m;对于岩石地基,则可不受此限。

建筑物基础的埋置深度应根据建筑物本身特点(如使用要求、结构形式),荷载的类型、大小和性质,建筑物周围的条件(如地质条件、相邻建筑物基础埋深的影响等因素)全面分析来确定。必要时,还应通过多方案综合比较来确定。

2.3.1　确定基础埋置深度的主要因素

1)建筑物的类型和用途

如果建筑物对不均匀沉降很敏感,应将基础埋置在比较好的土层上(即使较好的土层埋藏较深)。当有地下室、地下管道和设备基础时,则往往要求建筑物基础局部加深或整个加深。有时,基础形式也决定基础埋深。例如,采用无筋扩展基础(刚性基础),当基础底面积确定后,由于要满足基础台阶宽高比(刚性角)的构造要求,因而规定了基础的最小高度,也影响了基础的埋深。

2)作用在地基上的荷载大小和性质

同一土层,对于荷载小的基础,可能是很好的持力层,而对荷载大的基础,则可能不适宜作为持力层。承受较大水平荷载的基础,应有足够的埋置深度以保证足够的稳定性。例如:高层建筑由于受风力和地震力等水平荷载作用,其基础埋深一般不小于 1/15 的地面以上建筑物高度;某些承受上拔力的基础,如输电塔基础,也往往要较大的埋置深度以保证其有必需的抗拔阻力;某些土,如饱和疏松的细、粉砂等在动荷载作用下,容易产生液化现象,造成基础过大的沉降,甚至失去稳定,故在确定受振动荷载的基础埋置深度时,不宜选这类土层作为持力层。同样,在地震区,不宜将可液化土层直接作为基础的持力层。

3)工程地质和水文地质条件

当上层土较好时,一般宜选上层土作为持力层。当下层土的承载力大于上层土时,应经过方案比较后,再确定基础放在哪一层土上。此外,还应考虑地基在水平方向是否均匀。必要时,同一建筑物的基础可以分段采取不同的埋置深度,以调整基础的不均匀沉降,使之减小到允许范围以内。在遇到地下水时,基础一般应尽量浅埋,放在地下水位以上,避免施工排水的麻烦。如果必须将基础埋在地下水位以下时,基坑开挖施工应采取排水措施,以保护地基土不受扰动。对有侵蚀性的地下水,应将基础放在水位以上,否则应采取防止基础受侵蚀破坏的措施。当基础位于江河湖海岸边时,其埋置深度应在流水的冲刷作用深度以下。有些新近沉积的软弱土层、松散的填土以及年代较新的人工吹填土,承载力往往很低,基础一般不宜设置在这类土层上。

4)相邻房屋和构筑物的基础埋置深度

为保证相邻原有房屋在施工期间的安全和正常使用,一般宜使所设计基础的埋深小于或等于相邻原有建筑物基础。当必须深于原有建筑物基础时,则应使两基础间保持一定净距。根据荷载大小和土质情况,这个距离为相邻基础底面高差的 1~2 倍,否则须采取相应的施工措施(如分段施工、设临时基坑支撑、打板桩、地下连续墙等),以避免当新基础基坑开挖时,使原有基础的地基松动甚至破坏。

2.3.2 季节性冻土上的基础埋置深度

冻土分为两大类:多年冻土和季节性冻土。多年冻土是指连续保持冻结状态3年以上的土层;季节性冻土则为每年都有冻融交替的土层,且冻层下的土常年处于正温状态。季节性冻土在我国分布面积很广,东北、西北、华北都有,且有些地方其厚度达3 m。

1)地基土冻胀性分类及分类指标

土冻结后体积增大的现象称为冻胀,冻土融化后产生的沉陷现象则称为融陷。季节性冻土在冻融过程中所产生的冻胀或融陷,对冻土上的建筑物有不良影响,故设计时还必须考虑地基土冻胀和融陷对基础埋置深度的影响。

季节性冻土的融陷性大小和它的冻胀性大小有关,故通常以冻胀性来代表融陷性。《建筑地基基础设计规范》(GB 50007—2011)按冻胀量及对建筑物的危害程度将土的冻胀性分为5类。

①不冻胀——冻结时没有水分转移,地面有时反而呈现冻缩。即使对变形很敏感的砖拱围墙等也不产生冻害。在不冻胀的地基上,基础的埋置深度与冻深无关。

②弱冻胀——冻结时水分转移极少。土中的冰一般呈晶粒化。地表或散水坡无明显隆起,道路无翻浆现象。对基础浅埋的建筑物一般也无危害,只是在最不利情况下,有时建筑物可能出现细微裂缝,但不影响建筑物的安全和使用。

③冻胀——冻结时有水分转移并形成冰夹层。地表或散水坡明显隆起,道路翻浆。埋深过浅的建筑物将产生裂缝。在冻深较大的地区,非采暖建筑物还会因基础侧面的切向冻胀力而遭到破坏。

④强冻胀——冻结时有较多的水分转移,形成较厚或较密的冰夹层。道路翻浆严重,基础浅埋的建筑物可能产生严重破坏。在冻深较大的地区,即使基础埋在冻深以下,也会因切向冻胀力而使建筑物严重破坏。

⑤特强冻胀——冻结时有大量水分转移,形成很厚或很密的冰夹层。道路翻浆很严重,基础浅埋的建筑物会受到严重破坏。在冻深较大的地区,即使基础埋在冻深以下,也会因切向冻胀力而使建筑物严重破坏。

土在冻胀时体积增大的现象称为冻胀。冻胀的原因有两种:

①由于土中水在变成冰时,体积增大(约为水体积的9%),但不是主要原因;

②由于冻结过程中土中水分转移和重新分布,形成冰夹层使体积增大,这是冻胀的主要原因。

由前一原因引起的冻胀大致为土的总体积的1%左右,而后一原因引起的冻胀可达土的总体积的10% ~20%或更大。对于没有或很少有结合水的土(如砂砾和含水量小于塑限的黏性土),由于没有水分转移,而土中原有水冻结所产生的体积膨胀,又往往被冻土的冷缩和干缩所抵消,所以实际上并不呈现冻胀。

土冻胀的大小,取决于当地气温、土的类别、冻前含水量与地下水位等因素,详见表2.4。但应注意以下3点:

①生产或生活用水的侵入,使冻深范围内土的含水量显著增加时,应按有地下水补给考虑;

②冻深与冻结期间的地下水位都随时间变化,表2.4中的最小距离应为冻结期间二者的最小差值;

③冻深范围内,地基土由不同冻胀性土层组成,基础最小埋深可按下层土确定,不宜浅于下层土的顶面。

表 2.4　地基土的冻胀性分类

土的名称	冻前天然含水率 $\omega/\%$	冻结期间地下水位距冻结面的最小距离 h_w/m	平均冻胀率 $\eta/\%$	冻胀等级	冻胀类别
砾(卵)石,砾砂,粗、中砾（粒径小于 0.075 mm 颗粒含量大于15%）,细砾（粒径小于 0.075 mm 颗粒含量大于10%）	$\omega \leqslant 12$	>1.0	$\eta \leqslant 1$	I	不冻胀
		$\leqslant 1.0$	$1 < \eta \leqslant 3.5$	II	弱冻胀
	$12 < \omega \leqslant 18$	>1.0			
		$\leqslant 1.0$	$3.5 < \eta \leqslant 6$	III	冻胀
	$\omega > 18$	>0.5			
		$\leqslant 0.5$	$6 < \eta \leqslant 12$	IV	强冻胀
粉砂	$\omega \leqslant 14$	>1.0	$\eta \leqslant 1$	I	不冻胀
		$\leqslant 1.0$	$1 < \eta \leqslant 3.5$	II	弱冻胀
	$14 < \omega \leqslant 19$	>1.0			
		$\leqslant 1.0$	$3.5 < \eta \leqslant 6$	III	冻胀
	$19 < \omega \leqslant 23$	>1.0			
		$\leqslant 1.0$	$6 < \eta \leqslant 12$	IV	强冻胀
	$\omega > 23$	不考虑	$\eta > 12$	V	特强冻胀
粉土	$\omega \leqslant 19$	>1.5	$\eta \leqslant 1$	I	不冻胀
		$\leqslant 1.5$	$1 < \eta \leqslant 3.5$	II	弱冻胀
	$19 < \omega \leqslant 22$	>1.5			
		$\leqslant 1.5$	$3.5 < \eta \leqslant 6$	III	冻胀
	$22 < \omega \leqslant 26$	>1.5			
		$\leqslant 1.5$	$6 < \eta \leqslant 12$	IV	强冻胀
	$26 < \omega \leqslant 30$	>1.5			
		$\leqslant 1.5$	$\eta > 12$	V	特强冻胀
	$\omega > 30$	不考虑			
黏性土	$\omega \leqslant \omega_p + 2$	>2.0	$\eta \leqslant 1$	I	不冻胀
		$\leqslant 2.0$	$1 < \eta \leqslant 3.5$	II	弱冻胀
	$\omega_p + 2 < \omega \leqslant \omega_p + 5$	>2.0			
		$\leqslant 2.0$	$3.5 < \eta \leqslant 6$	III	冻胀
	$\omega_p + 5 < \omega \leqslant \omega_p + 9$	>2.0			
		$\leqslant 2.0$	$6 < \eta \leqslant 12$	IV	强冻胀
	$\omega_p + 9 < \omega \leqslant \omega_p + 15$	>2.0			
		$\leqslant 2.0$	$\eta > 12$	V	特强冻胀
	$\omega > \omega_p + 15$	不考虑			

注:①ω_p——塑限含水量（%）;ω——在冻土层内冻前天然含水量的平均值（%）。

②盐渍化冻土不在表列。

③塑性指数大于 22 时,冻胀性降低一级。

④粒径小于 0.005 mm 的颗粒含量大于60%时,为不冻胀土。

⑤碎石类土当充填物大于全部质量的40%时,其冻胀性按充填物土的类别判断。

⑥碎石土、砾砂、粗砂、中砂（粒径小于 0.075 mm 颗粒含量不大于15%）、细砂（粒径小于 0.075 mm 颗粒含量不大于10%）均按不冻胀考虑。

2)地基冻胀对建筑物的危害及对基础设计的要求

当基础埋深浅于冻深时,在基础侧面作用着切向冻胀力 T,在基底作用着法向冻胀力 P(图2.7)。如果基础上的荷载 F 和自重 G 不足以平衡法向和切向冻胀力,基础会被向上抬起。融化时,冻胀力消失,冰变成水,土的强度降低,基础会下沉。研究资料表明,冻深发展的不平衡以及土层在水平方向的不均匀性,会导致建筑物各部分基础的隆起或下沉不等,基底接触压力重新分布。图2.8(a)所示为浅埋的采暖房屋纵墙基底压力在冻融过程中的变化,这种变化使纵墙因受

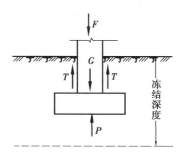

图2.7 作用在基础上的冻胀力

剪和受弯而出现斜裂缝和垂直裂缝。图2.8(b)所示为基础两侧基底压力在冻融时的变化。由图2.8(b)可知,由于墙内、外侧的切向冻胀力不等和基底反力不均匀分布,墙身受纵向弯曲并可能产生水平裂缝。

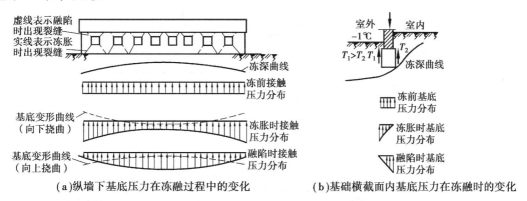

（a）纵墙下基底压力在冻融过程中的变化　（b）基础横截面内基底压力在冻融时的变化

图2.8 采暖建筑物在地基冻融时接触压力的变化

为使建筑物免遭冻害,在设计冻胀性地基上的基础时,应注意以下两点:

①保证基础有相应的最小埋置深度 d_{min},以消除基底的法向冻胀力;

②在冻深与地基的冻胀性都较大时,还应采取减小或消除切向冻胀力的措施。例如,在基础侧面回填中、粗砂等不冻胀材料,这对不采暖的轻型结构,如仓库、管墩、管道支架等尤为重要。

对于埋置在冻胀土中的基础,其最小埋深可按下式计算:

$$d_{min} = z_d - h_{max} \tag{2.5}$$

式中 d_{min}——基础最小埋深,m;

　　　z_d——场地冻结深度,m,按式(2.6)确定;

　　　h_{max}——基础底面下允许冻土层最大厚度,m,按表2.5查取。

季节性冻土地基的场地冻结深度应按下式进行计算:

$$z_d = z_0 \cdot \psi_{zs} \cdot \psi_{zw} \cdot \psi_{ze} \tag{2.6}$$

式中 z_d——场地冻结深度,m,当有实测资料时按 $z_d = h' - \Delta z$ 计算;

　　　h'——最大冻深出现时场地最大冻土厚度,m;

　　　Δz——最大冻深出现时场地地表冻胀量,m;

　　　z_0——标准冻结深度,m,采用在地表平坦、裸露,城市之外的空旷场地中不少于10年实测最大冻深的平均值。当无实测资料时,按《建筑地基基础设计规范》(GB 50007—2011)附录F"中国季节性冻土标准冻深线图"查得;

ψ_{zs}——土的类别对冻结深度的影响系数,按表2.6采用;

ψ_{zw}——土的冻胀性对冻结深度的影响系数,按表2.7采用;

ψ_{ze}——环境对冻结深度的影响系数,按表2.8采用。

表2.5 建筑基础底面下允许冻土层最大厚度 h_{max} 单位:m

冻胀性	基础形式	采暖情况	基础底面平均压力/kPa					
			110	130	150	170	190	210
弱冻胀土	方形基础	采暖	0.90	0.95	1.00	1.10	1.15	1.20
		不采暖	0.70	0.80	0.95	1.00	1.05	1.10
	条形基础	采暖	>2.50	>2.50	>2.50	>2.50	>2.50	>2.50
		不采暖	2.20	2.50	>2.50	>2.50	>2.50	>2.50
冻胀土	方形基础	采暖	0.65	0.70	0.75	0.80	0.85	—
		不采暖	0.55	0.60	0.65	0.70	0.75	—
	条形基础	采暖	1.55	1.80	2.00	2.20	2.50	—
		不采暖	1.15	1.35	1.55	1.75	1.95	—

注:①本表只计算法向冻胀力,如基侧存在切向冻胀力,应采取防切向力措施。

    ②基础宽度小于0.6 m时不适用,矩形基础取短边尺寸按方形基础计算。

    ③表中数据不适用于淤泥、淤泥质土和欠固结土。

    ④计算基底平均压力时,取永久作用的标准组合值乘以0.9,可以内插。

表2.6 土的类别对冻结深度的影响系数

土的类别	影响系数 ψ_{zs}	土的类别	影响系数 ψ_{zs}
黏性土	1.00	中、粗、砾砂	1.30
细砂、粉砂、粉土	1.20	大块碎石土	1.40

表2.7 土的冻胀性对冻结深度的影响系数

冻胀性	影响系数 ψ_{zw}	冻胀性	影响系数 ψ_{zw}
不冻胀	1.00	强冻胀	0.85
弱冻胀	0.95	特强冻胀	0.80
冻胀	0.90		

表2.8 环境对冻结深度的影响

周围环境	影响系数 ψ_{ze}
村、镇、旷野	1.00
城市近郊	0.95
城市市区	0.90

注:环境影响系数一项,当城市市区人口为20万~50万时,按城市近郊取值;当城市市区人口大于50万小于或
    等于100万时,只计入市区影响;当城市市区人口超过100万时,除计入市区影响外,尚应考虑5 km以内的
    郊区近郊影响系数。

建筑物建造后,地基的实际冻深将有所变化。由于热量从地板及基础传入土中,采暖建筑物的地基冻深比天然条件下的冻深要小,而且外墙的中段比角端冻的浅。因此,基础的埋置深度在外墙中段与角端可以采用不同的值。对于不采暖建筑物,由于北墙受不到日照,实际深度比标准冻深还大些,设计中要予以充分注意。

地基的总冻胀量随冻深的增大而增加,但冻深发展到一定深度以后,地表总冻胀量就不再增加或增加得很少。这是因为要使弱结合水转移与冻结,需要一定的负温度梯度,否则结合水摆脱不了土粒的吸力而形成冰晶。而负温度梯度愈往深处则越小(图2.9),故从工程观点出发,可以认为冻胀只在深度范围内负温度梯度较大的部分发生。这部分厚度称为有效冻胀区。基础的埋置深度只要超过有效冻胀区即可。这样,基底下虽残留某个厚度的冻土层,但其冻胀量很小,可为上部结构所容许。显然,冻胀性大的土中含有较多的结合水,水膜边缘的水分子受土粒的吸力不大,只要较小的负温度梯度就可使土冻胀。因此,容许残留冻土层应较薄。对冻胀性小的土,容许残留冻土层最大厚度值,是根据不同冻胀性土的实测资料和我国浅埋基础的实际经验综合确定的。

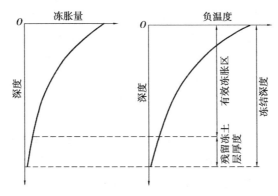

图2.9 地面下土的负温度及冻胀量

【例2.1】 拟在某城市近郊建造多层厂房,冬季采暖,采用柱下钢筋混凝土独立基础,按永久荷载标准组合计算的基底平均压力为145 kPa。场地土层依次为:①填土,厚度0.8 m;②黏性土,厚度3.3 m,含水量$\omega = 22\%$,塑限$\omega_p = 18\%$,液限$\omega_L = 38\%$,地基承载力特征值$f_{ak} = 170$ kPa;③淤泥质土,厚度10 m;④中密细砂,地下水位在地表下1.5 m处,标准冻深为2 m。试按土的冻胀性确定基础埋置深度。

【解】 考察黏性土层,$\omega_p + 2 = 20 < \omega = 22 < \omega_p + 5 = 23$,地下水位距冻结面的距离小于2.0 m,查表2.4可知属冻胀土。

分别查表2.6~表2.8,得:

$$\psi_{zs} = 1.00, \quad \psi_{zw} = 0.90, \quad \psi_{ze} = 0.95$$

场地冻结深度为:

$$z_d = z_0 \cdot \psi_{zs} \cdot \psi_{zw} \cdot \psi_{ze} = 2.0 \text{ m} \times 1.0 \times 0.9 \times 0.95 = 1.71 \text{ (m)}$$

按冻胀土、方形基础、采暖、基底平均压力为$145 \times 0.9 = 130.5$ kPa,查表2.5,得基底下允许残留冻土层厚度$h_{max} = 0.70$ m。

基础的最小埋深:

$$d_{min} = z_d - h_{max} = 1.71 \text{ m} - 0.70 \text{ m} = 1.01 \text{ (m)}$$

可初步确定基础埋置深度为$d = 1.01$ m。

2.4 地基承载力特征值的确定

2.4.1 地基承载力特征值及其影响因素

地基承载力特征值 f_{ak}，是指由载荷试验测定的地基土压力变形曲线线性变形阶段内规定的变形所对应的压力值，其最大值为比例限值。不同地区、不同成因、不同土质的地基承载力特征值差别很大。例如：密实的卵石，f_{ak} 可高达 $800 \sim 1\ 000\ kPa$；而淤泥或淤泥质土，当天然含水率 $\omega = 75\%$ 时，地基承载力特征值仅为 $40\ kPa$，两者相差 20 多倍。影响地基承载力特征值的主要因素有 4 个方面。

①地基土的成因与堆积年代。通常，冲积土和洪积土的承载力比坡积土的承载力大，风积土的承载力最小。同类土，堆积年代越久，地基承载力特征值越高。

②地基土的物理力学性质。这是重要的因素。例如：碎石土和砂土的粒径越大，孔隙比越小，则密度越大，则地基承载力特征值也越大；前已提及，密实卵石 $f_{ak} = 800 \sim 1\ 000\ kPa$，而密实角砾 $f_{ak} = 400 \sim 600\ kPa$，粒径减小，$f_{ak}$ 约降低 50%；稍密卵石 $f_{ak} = 300 \sim 500\ kPa$，同为卵石，密度减小，$f_{ak}$ 降低为 38% ~ 50%；粉土和黏性土的含水率越大，孔隙比越大，则密度越小，地基承载力特征值越小。又如，粉土孔隙比 $e = 0.5$，含水率 $\omega = 10\%$，承载力特征值 $f_{ak} = 410\ kPa$；若 $e = 1.0，\omega = 35\%$，则其 $f_{ak} = 105\ kPa$，几乎降低为 1/4。

③地下水。当地下水上升，地基土受地下水的浮托作用，土的天然重度减小为浮重度，即 $\gamma \rightarrow \gamma'$；同时，土的含水率增高，则地基承载力降低。尤其对湿陷性黄土，地下水上升会导致湿陷。膨胀土遇水膨胀，失水收缩，对地基承载力影响都很大。

④建筑物情况。通常，上部结构体型简单，整体刚度大，对地基不均匀沉降适应性好，则地基承载力可取大值。基础宽度大，埋置深度深，地基承载力相应提高。

2.4.2 地基承载力的确定

地基承载力特征值可由载荷试验或其他原位测试、公式计算，并结合工程实践经验等方法综合确定。

1）按载荷试验 p-s 曲线确定

对于设计等级为甲级建筑物或地质条件复杂、土质很不均匀的情况，采用现场载荷试验法，可以取得较精确可靠的地基承载力数值。

地基承载力特征值应符合下列要求：

①当载荷试验 p-s 曲线上有比例界限时，取该比例界限所对应的荷载值；

②当极限荷载小于对应比例界限的荷载值 2 倍时，取极限荷载值的 1/2；

③当不能按上述要求确定时，当压板面积为 $0.25 \sim 0.50\ m^2$，取 $s/b = 0.01 \sim 0.015$ 所对应的荷载，但其值不应大于最大加载量的 1/2。

【例 2.2】 在某 8 m 深的大型基坑底中央做载荷试验，土层为砂土，承压板为方形，面积为 $0.5\ m^2$，各级荷载和对应的沉降量见表 2.9，试求砂土层的承载力特征值。

表2.9　例2.2表

p/kPa	25	50	75	100	125	150	175	200	225	250	275
s/mm	0.88	1.76	2.65	3.53	4.41	5.30	6.13	7.05	8.50	10.54	15.80

【解】　根据表2.9中数值绘制 p-s 曲线(图2.10)。

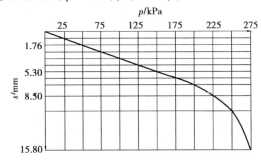

图2.10　例2.2图

由图2.10可知,比例界限为200 kPa,最大加载为275 kPa。

因比例界限大于最大加载量的1/2,所以砂层承载力特征值 $f_{ak}=275/2=137.5$(kPa)。

2)根据土的抗剪强度指标计算

当偏心距 $e\leqslant0.033b$ 时,根据土的抗剪强度指标确定地基承载力特征值可按下式计算:

$$f_a = M_b\gamma b + M_d\gamma_m d + M_c c_k \tag{2.7}$$

式中　f_a——由土的抗剪强度指标确定的地基承载力特征值,kPa;

　　　M_b,M_d,M_c——承载力系数,按表2.10确定;

　　　γ——基础底面以下土的重度,kN/m³,位于地下水位以下取浮重度;

　　　b——基础底面宽度,m,大于6 m时按6 m取值,对于砂土小于3 m时按3 m取值;

　　　γ_m——基础底面以上土的加权平均重度,kN/m³,位于地下水位以下的土层取浮重度;

　　　d——基础埋置深度,m;

　　　c_k——基底下一倍短边宽度的深度范围内土的黏聚力标准值,kPa。

表2.10　承载力系数 M_b、M_d、M_c

土的内摩擦角标准值 φ_k/(°)	M_b	M_d	M_c
0	0	1.00	3.14
2	0.03	1.12	3.32
4	0.06	1.25	3.51
6	0.10	1.39	3.71
8	0.14	1.55	3.93
10	0.18	1.73	4.17
12	0.23	1.94	4.42
14	0.29	2.17	4.69
16	0.36	2.43	5.00
18	0.43	2.72	5.31

续表

土的内摩擦角标准值 φ_k/(°)	M_b	M_d	M_c
20	0.51	3.06	5.66
22	0.61	3.44	6.04
24	0.80	3.87	6.45
26	1.10	4.37	6.90
28	1.40	4.93	7.40
30	1.90	5.59	7.95
32	2.60	6.35	8.55
34	3.40	7.21	9.22
36	4.20	8.25	9.97
38	5.00	9.44	10.80
40	5.80	10.84	11.73

注：φ_k——基底下一倍短边宽度的深度范围内土的内摩擦角标准值(°)。

式(2.7)在中心荷载下导出，而偏心距 $e \leqslant 0.033b$ 时，偏心荷载下地基承载力条件 $p_{k\ max} \leqslant 1.2 f_a$（$f_a$ 为宽度和深度修正后的地基承载力）与中心荷载下的条件 $p_k \leqslant f_a$ 所确定的基础底面积相同。因此，《建筑地基基础设计规范》(GB 50007—2011)规定，式(2.7)可以用于偏心距 $e \leqslant 0.033b$ 的情况。

【例2.3】 偏心距 $e < 0.01$ m 的条形基础底面宽 $b = 3$ m，基础埋深 $d = 1.5$ m，土层为粉质黏土，基础底面以上土层平均重度 $\gamma_m = 18.5$ kN/m³，基础底面以下土层重度 $\gamma = 19$ kN/m³，饱和重度 $\gamma_{sat} = 20$ kN/m³，内摩擦角标准值 $\varphi_k = 20°$，黏聚力标准值 $c_k = 10$ kPa，当地下水从基底下很深处上升至基底面时（不考虑地下水位对抗剪强度参数的影响），地基承载力有什么变化？

【解】 偏心距 $e < 0.01$ m $< 0.033b = 0.033 \times 3 = 0.099$ m，可根据地基土抗剪强度计算地基承载力特征值。

由 $\varphi_k = 20°$ 查表2.10可得，$M_b = 0.51$，$M_d = 3.06$，$M_c = 5.66$，根据式(2.7)得：

$$f_{a1} = M_b \gamma b + M_d \gamma_m d + M_c c_k$$
$$= 0.51 \times 19 \times 3 + 3.06 \times 18.5 \times 1.5 + 5.66 \times 10$$
$$= 29.07 + 84.92 + 56.6 = 170.6 \text{(kPa)}$$

当地下水位上升至基础底面时，其基底浮重度 $\gamma' = \gamma_{sat} - 10 = 20 - 10 = 10 \text{(kN/m}^3\text{)}$，承载力特征值为：

$$f_{a2} = 0.51 \times 10 \times 3 + 3.06 \times 18.5 \times 1.5 + 5.66 \times 10$$
$$= 15.3 + 84.92 + 56.6 = 156.8 \text{(kPa)}$$

$$\frac{f_{a1} - f_{a2}}{f_{a1}} = \frac{170.6 - 156.8}{170.6} = 0.0809 = 8.09\%$$

地下水位上升至基底后，其地基承载力特征值降低8.09%。

3)当地经验系数法

对于设计等级为丙级中的次要、轻型建筑物，可根据临近建筑物的经验确定地基承载力特征值。

4)地基承载力特征值的深宽修正

当基础宽度大于 3 m 或埋置深度大于 0.5 m 时,从载荷试验或其他原位测试、经验值等方法确定的地基承载力特征值,尚应按下式修正:

$$f_a = f_{ak} + \eta_b \gamma (b - 3) + \eta_d \gamma_m (d - 0.5) \tag{2.8}$$

式中　f_a——修正后的地基承载力特征值,kPa;

f_{ak}——地基承载力特征值,kPa;

η_b , η_d——基础宽度和埋置深度的地基承载力修正系数,按基底下土的类别查表 2.11 取值;

γ——基础底面以下土的重度,kN/m³,位于地下水位以下取浮重度;

b——基础底面宽度,m,当基础底面宽度小于 3 m 时按 3 m 取值,大于 6 m 时按 6 m 取值;

γ_m——基础底面以上土的加权平均重度,kN/m³,位于地下水位以下的土层取浮重度;

d——基础埋置深度,m,宜自室外地面标高算起。在填方平整区,可自填土地面标高算起,但填土在上部结构施工后完成时,应从天然地面标高算起。对于地下室,当采用箱形基础或筏形基础时,基础埋置深度自室外地面标高算起;当采用独立基础或条形基础时,应从室内地面标高算起。

表 2.11　承载力修正系数

土的类别		η_b	η_d
淤泥和淤泥质土		0	1.0
人工填土		0	1.0
e 或 I_L 大于或等于 0.85 的黏性土			
红黏土	含水比 $\alpha_w > 0.8$	0	1.2
	含水比 $\alpha_w \leqslant 0.8$	0.15	1.4
大面积压实填土	压实系数大于 0.95,黏粒含量 $\rho_c \geqslant 10\%$ 的粉土	0	1.5
	最大干密度大于 2 100 kg/m³ 的级配砂石	0	2.0
粉土	黏粒含量 $\rho_c \geqslant 10\%$ 的粉土	0.3	1.5
	黏粒含量 $\rho_c < 10\%$ 的粉土	0.5	2.0
e 及 I_L 均小于 0.85 的黏性土		0.3	1.6
粉砂、细砂(不包括很湿与饱和时的稍密状态)		2.0	3.0
中砂、粗砂、砾砂和碎石土		3.0	4.4

注:①强风化和全风化的岩石,可参照所风化成的相应土类取值,其他状态下的岩石不修正。

②地基承载力特征值按《建筑地基基础设计规范》(GB 50007—2011)附录 D"深层平板载荷试验"确定时,η_d 取 0。

③含水比是指土的天然含水量与液限的比值。

④大面积压实填土是指填土范围大于 2 倍基础宽度的填土。

【例 2.4】　某住宅楼为 6 层。经岩土工程勘察的地基承载力特征值 $f_{ak} = 170$ kPa。设基础宽度为 1.2 m,埋深 4.8 m,试求经宽度修正后的地基承载力特征值 f_a。已知该地基土为黏性土,孔隙比 e 为 0.716,液性指数 I_L 为 0.66。基底以上土的加权平均重度 γ_m 为 15.2 kN/m³。

【解】 根据公式(2.8)计算。因基础宽度 $b = 1.2\ \text{m} < 3.00\ \text{m}$,故只进行基础深度修正。

$$f_a = f_{ak} + \eta_d \gamma_m (d - 0.5)$$

由表 2.11 查得 $\eta_d = 1.6$,故:

$$f_a = 170 + 1.6 \times 15.2 \times (4.8 - 0.5) = 274.6\,(\text{kPa})$$

5)岩石地基承载力特征值的确定

对于完整、较完整、较破碎的岩石地基承载力特征值,可按《建筑地基基础设计规范》(GB 50007—2011)附录 H"岩石地基载荷试验方法"确定;对破碎、极破碎的岩石地基承载力特征值,可根据平板载荷试验确定。对完整、较完整和较破碎的岩石地基承载力特征值,也可根据室内饱和单轴抗压强度按下式进行计算:

$$f_a = \psi_r \cdot f_{rk} \tag{2.9}$$

式中 f_a——岩石地基承载力特征值,kPa;

f_{rk}——岩石饱和单轴抗压强度标准值,kPa,可按《建筑地基基础设计规范》(GB 50007—2011)附录 J 确定;

ψ_r——折减系数。

ψ_r 根据岩体完整程度以及结构面的间距、宽度、产状和组合,由地方经验确定。无经验时,对完整岩体可取 0.5;对较完整岩体可取 0.2 ~ 0.5;对较破碎岩体可取 0.1 ~ 0.2。

注意:①上述折减系数值未考虑施工因素及建筑物使用后风化作用的继续;

②对于黏土质岩,在确保施工期及使用期不被水浸泡时,也可采用天然湿度的试样,不进行饱和处理。

【例 2.5】 某场地作为地基的岩体为完整岩体,室内 9 个饱和单轴抗压强度的平均值为 26.5 MPa,变异系数为 0.2,试确定岩石地基承载力特征值。

【解】 统计修正系数 ψ:

$$\psi = 1 - \left(\frac{1.704}{\sqrt{n}} + \frac{4.678}{n^2}\right)\delta = 1 - \left(\frac{1.704}{\sqrt{9}} + \frac{4.678}{9^2}\right) \times 0.2$$

$$= 1 - (0.568 + 0.057\,8) \times 0.2 = 1 - 0.125 = 0.875$$

岩石饱和单轴抗压强度标准值:

$$f_{rk} = \psi \cdot f_{rm} = 0.875 \times 26.5 \times 1\,000 = 23\,187.5\,(\text{kPa})$$

对于完整岩体,由饱和单轴抗压强度计算岩石地基承载力特征值的折减系数 $\psi_r = 0.5$。

则岩石地基承载力特征值为:

$$f_a = \psi_r \cdot f_{rk} = 0.5 \times 23\,187.5 = 11\,595\,(\text{kPa})$$

2.5 基础底面尺寸的确定

初步选择基础类型和埋置深度后,就可以根据修正后的持力层承载力特征值计算基础底面尺寸。若持力层下存在软弱下卧层时,尚需对软弱下卧层进行承载力验算;其次,对部分建(构)筑物,仍需进行地基变形和稳定性的验算。

2.5.1 按地基持力层承载力计算基底尺寸

一般柱、墙的基础通常为矩形基础或条形基础,且对称布置。按荷载对基底形心的偏心情况,上部结构作用在基础顶面处的荷载可以分为轴心荷载和偏心荷载。

1)轴心荷载作用

当基础承受轴心荷载作用时(图2.11),地基反力为均匀分布,按基底压力的简化计算,可按下列公式计算:

$$p_k = \frac{F_k + G_k}{A} \tag{2.10}$$

$$G_k = \gamma_G \bar{d} A \tag{2.11}$$

式中　p_k——相应于荷载效应标准组合时,基础底面处的平均压力值,kPa;

F_k——相应于荷载效应标准组合时,上部结构传至基础顶面的竖向力值,kN;

G_k——基础自重和基础上的土重,kN;

γ_G——基础与回填土的平均重度,一般取20 kN/m³,地下水位面以下取10 kN/m³(浮重度);

$\bar{d}$——基础自重计算高度,m,外墙、外柱基础应从室内设计地面与室外设计地面平均标高处算起,内墙、内柱基础应从室内设计地面标高处算起;

A——基础底面面积,m²。

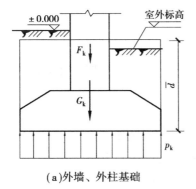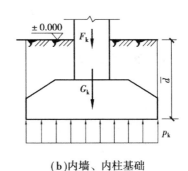

(a)外墙、外柱基础　　　　　　　　　(b)内墙、内柱基础

图2.11　轴心受压基础

在轴心荷载作用下,按地基持力层承载力计算基底尺寸时,要求作用在基础底面上的压力不超过修正后的地基承载力特征值,即

$$p_k \leqslant f_a \tag{2.12}$$

式中　f_a——修正后的地基承载力特征值,kPa。

把式(2.10)、式(2.11)代入式(2.12),整理后,得到轴心荷载作用下基础底面积的计算公式:

$$A \geqslant \frac{F_k}{f_a - \gamma_G \bar{d}} \tag{2.13}$$

对于独立基础,按上式计算出基础底面积后,先选定一边长度,再计算另一边长,一般取两边长之比为1.0~2.0。

对于条形基础,F_k为沿墙长方向1 m范围内上部结构传至基础顶面的竖向力值,由式(2.13)求得的A就等于条形基础的宽度b。即

$$b \geqslant \frac{F_k}{f_a - \gamma_G \bar{d}} \tag{2.14}$$

必须指出,在按式(2.13)计算A时,需要先确定修正后的地基承载力特征值f_a。而对地基承载力特征值进行修正时,需要用基底尺寸,此时基底尺寸是未知的。因此,可能要通过反复试

算确定。计算时,可先对地基承载力只进行深度修正,计算 f_a 值;然后按式(2.13)求得基础底面尺寸;再考虑是否需要进行宽度修正,使得地基承载力特征值修正时所用的基底尺寸和计算所得的基底尺寸协调一致。

【**例2.6**】 某宾馆为框架结构,独立基础,按荷载效应的标准组合计算,传至±0.000处的竖向力 $F_k = 2\,800$ kN,基础埋深为3 m,地基土分4层,如图2.12所示。计算基础底面积。

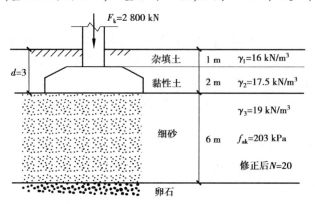

图2.12 例2.6图

【**解**】 ①进行地基承载力深度宽度修正。

查表2.11,得细砂承载力的修正系数 $\eta_b = 2.0$,$\eta_d = 3.0$,基础埋深范围内地基土的加权平均重度 γ_m 为:

$$\gamma_m = (16 \times 1.0 + 17.5 \times 2.0)/(1 + 2) = 17.0(\text{kN/m}^3)$$

先假设基底宽度 $b \leqslant 3$ m,由式(2.8)得经深度修正后的地基承载力特征值为:

$$f_a = f_{ak} + \eta_b\gamma(b - 3) + \eta_d\gamma_m(d - 0.5)$$
$$= 203 + 3.0 \times 17 \times (3 - 0.5)$$
$$= 330.5(\text{kPa})$$

②基础底面积初算。

$$A_0 \geqslant \frac{F_k}{f_a - \gamma_G d} = \frac{2\,800}{330.5 - 20 \times 3} = 10.35(\text{m}^2)$$

采用正方形基础,基础底边边长3.2 m。因基底宽度超过3 m,地基承载力特征值还需要重新进行宽度修正。

③地基承载力特征值宽度修正。

$$f_a = f_{ak} + \eta_b\gamma(b - 3) + \eta_d\gamma_m(d - 0.5)$$
$$= 203 + 2.0 \times 19 \times (3.2 - 3.0) + 3.0 \times 17 \times (3 - 0.5)$$
$$= 210.6 + 127.5 = 338.1(\text{kPa})$$

④基础底面面积。

$$A_0 = \frac{F_k}{f_a - \gamma_G d} = \frac{2\,800}{338.1 - 20 \times 3} = 10.1(\text{m}^2)$$

实际采用基底面积为 $3.2 \times 3.2 = 10.24$ m² > 10.1 m²。

2) 偏心荷载作用下的基础

当作用在基底形心处的荷载既有竖向荷载,又有力矩或水平荷载存在时,为偏心受压基础。偏心荷载作用下,基底压力分布仍假设为线性分布。

当偏心距 $e_k < l/6$，基底地基反力呈梯形分布（图 2.13），$p_{k\,min} > 0$，基础底面的最大与最小压力值，可按下列公式确定：

$$p_{k\,max} = \frac{F_k + G_k}{A} + \frac{M_k}{W} \qquad (2.15)$$

$$p_{k\,min} = \frac{F_k + G_k}{A} - \frac{M_k}{W} \qquad (2.16)$$

$$e_k = \frac{M_k}{F_k + G_k} \qquad (2.17)$$

式中　$p_{k\,max}$——相应于荷载效应标准组合时，基础底面边缘的最大压力值，kPa；

$p_{k\,min}$——相应于荷载效应标准组合时，基础底面边缘的最小压力值，kPa；

M_k——相应于荷载效应标准组合时，作用于基础底面的力矩值，kN·m；

e_k——偏心距，m；

W——基础底面的抵抗矩，m^3。

对于矩形基础，把 $W = bl^2/6$ 代入式(2.16)（l 为偏心距方向基础底面边长，b 为垂直于力矩作用方向的基础底面边长），得：

$$p_{k\,min}^{k\,max} = p_k\left(1 \pm \frac{6e_k}{l}\right) \qquad (2.18)$$

当偏心距 $e_k > l/6$ 时，基础一侧底面与地基土脱开，荷载作用点在截面核心外，基底地基反力呈三角形分布（图 2.14），$p_{k\,min} < 0$，$p_{k\,max}$ 应按式(2.19)计算：

$$p_{k\,max} = \frac{2(F_k + G_k)}{3ba} \qquad (2.19)$$

式中　a——合力作用点至基础底面最大压力边缘的距离，m，$a = \dfrac{1}{2} - e_k$。

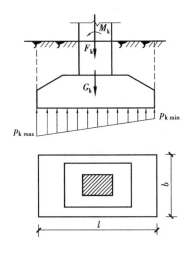

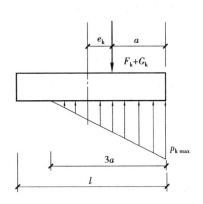

图 2.13　偏心荷载 $e_k < l/6$ 作用下的基础　　　　图 2.14　偏心荷载 $e_k < l/6$ 下基底压力计算示意

偏心荷载作用下，基底压力除满足 $p_k \leqslant f_a$ 的要求外，尚应符合式(2.20)要求：

$$p_{k\,max} \leqslant 1.2f_a \qquad (2.20)$$

其中，

$$p_k = \frac{p_{k\,max} + p_{k\,min}}{2} \qquad (2.21)$$

必须指出的是，设计时应尽量避免由于基底压力分布不均匀（即 $p_{k\,min}/p_{k\,max}$ 之值很小）所引起的过大不均匀沉降而导致基础倾斜,因此,$p_{k\,max}$ 和 $p_{k\,min}$ 相差不宜过于悬殊。一般认为,在高、中压缩性地基土上的基础,或有起重机的厂房柱基础,偏心距 e_k 不宜大于 $l/6$;对低压缩性地基土的基础,当考虑短期作用的偏心荷载时,对偏心距 e_k 的要求可适当放宽,但也应控制在 $l/4$ 以内;对高层建筑的箱形基础和筏形基础,还要求 $p_{k\,min} \geq 0$。若考虑地震组合,则允许基础底面可以局部与地基土脱离,但零应力区面积不应超过基础底面积的 15%,高耸结构的基础设计也有类似要求。若上述条件不能满足时,应调整基础底面尺寸,或采用梯形底面形状的基础,使基础底面形心与荷载重心尽量重合。

根据上述按承载力计算的要求,在计算偏心荷载作用下基底尺寸时,通常按试算法进行:

①先不考虑偏心影响,按轴心荷载作用下计算基底面积 A_0,即满足式(2.12)。

②考虑偏心荷载的影响,加大 A。一般可根据偏心距的大小把 A 增大 10% ~ 40%,使 $A = (1.1 \sim 1.4)A_0$。对矩形底面的基础,按 A 初步选择相应的基础长度 l 和宽度 b,一般取 $l/b = 1.0 \sim 2.0$。

③计算偏心荷载作用下的 $p_{k\,max}$ 和 $p_{k\,min}$,验算是否满足式(2.20)。如不满足要求或压力过小,地基承载力未能充分发挥,应调整基础底面尺寸 l 和 b,再验算。如此反复一二次,便能定出合适的基础底面尺寸。

【例2.7】 某工厂厂房为框架结构,独立基础,上部荷载 $F_k = 1\,600$ kN,$M_k = 400$ kN·m,水平荷载 $V_k = 50$ kN(图2.15)。地基土分3层:表层人工填土,天然重度 $\gamma_1 = 17.2$ kN/m³,层厚 0.8 m;第二层为粉土,$\gamma_2 = 17.7$ kN/m³,层厚 1.2 m;第三层为黏土,孔隙比 $e = 0.85$,液性指数 $I_L = 0.60$,$\gamma_3 = 18.0$ kN/m³,层厚 8.6 m。基础埋深 $d = 2.0$ m,位于第三层黏土顶面。试设计柱基底面尺寸。

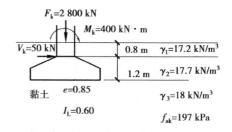

图2.15 例2.7图

【解】 ①按中心荷载初算 A_1。

查表2.11知 $e = 0.85$ 的黏性土承载力修正系数 $\eta_b = 0$,$\eta_d = 1.0$。基础埋深范围地基土的加权平均重度 γ_m 为:

$$\gamma_m = \frac{17.2 \times 0.8 + 17.7 \times 1.2}{0.8 + 1.2} = 17.5(\text{kN/m}^3)$$

先假设基底宽度 $b \leq 3$ m,经深度修正后的地基承载力特征值 f_a 为:

$$f_a = f_{ak} + \eta_d \gamma_m (d - 0.5) = 197 + 1.0 \times 17.5 \times (2 - 0.5) = 223(\text{kPa})$$

$$A_1 = \frac{N}{f_a - \gamma_G d} = \frac{1\,600}{223 - 20 \times 2} = 8.74(\text{m}^2)$$

②考虑偏心荷载不利影响。

加大基础底面积10%,$A = 1.1 A_1 = 1.1 \times 8.74 = 9.61$ m²,取 $3.0 \times 3.2 = 9.6$ m²,基础宽度不大于 3 m。

$$G_k = dA\gamma_G = 2 \times 9.6 \times 20 = 384(\text{kN})$$

$$W = bl^2/6 = 3.0 \times 3.2^2/6 = 5.12(\text{m}^2)$$

计算基底边缘最大与最小应力:

$$p_{min}^{max} = \frac{F_k + G_k}{A} \pm \frac{M_k + 1.2 V_k}{W} = \frac{1\,600 + 384}{9.60} \pm \frac{400 + 1.2 \times 50}{5.12} = 206.7 \pm 89.8 = \frac{296.5}{116.9}(\text{kPa})$$

③验算基底应力。

$p_k = (p_{max} + p_{min})/2 = (296.5 + 116.9) kPa/2 = 206.7 \ kPa < f_a = 223 \ kPa$，安全。

$p_{max} = 296.5 \ kPa > 1.2f_a = 1.2 \times 223 \ kPa = 267.6 \ kPa$，不安全。

因此，需重新设计基底尺寸。

加大基础底面积20%，$A = 1.2A_1 = 1.2 \times 8.74 \ m^2 = 10.48 \ m^2$，取 $3.0 \ m \times 3.6 \ m = 10.8 \ m^2$，基础宽度不大于 3 m。

$$G_k = dA\gamma_G = 2 \times 10.8 \times 20 = 432 (kN)$$
$$W = bl^2/6 = 3.0 \times 3.6^2/6 = 6.48 (m^3)$$

计算基底边缘最大与最小应力：

$$p_{min}^{max} = \frac{F_k + G_k}{A} \pm \frac{M_k + 1.2V_k}{W} = \frac{1\ 600 + 432}{10.8} \pm \frac{400 + 60}{6.48} = 188.1 \pm 71.0 = \frac{259.1}{117.1} (kPa)$$

验算基底应力：

$p_k = (p_{max} + p_{min})/2 = (259.1 + 117.1) kPa/2 = 188.1 \ kPa < f_a = 223 \ kPa$，安全。

$p_{max} = 259.1 \ kPa < 1.2f_a = 1.2 \times 223 \ kPa = 267.6 \ kPa$，满足要求。

2.5.2 软弱下卧层的承载力验算

软弱下卧层是指在持力层下面，地基土受力范围内，强度相对软弱的土层。设计时，除满足上面持力层承载力的要求外，还必须对软弱下卧层的承载力进行验算。

软弱下卧层的承载力应满足：

$$p_z + p_{cz} \leqslant f_{az} \tag{2.22}$$

式中　p_z——相应于荷载效应标准组合时，软弱下卧层顶面处的附加应力值，kPa；

　　　p_{cz}——软弱下卧层顶面处土的自重压力值，kPa；

　　　f_{az}——软弱下卧层顶面处经深度修正后的地基承载力特征值，kPa。

确定分布在软弱下卧层顶面处的附加应力，通常有两种方法。第一种方法为理论解法，按双层地基的不同变形性质求双层地基中的应力分布；第二种方法假定基底附加压力按一定的扩散角 θ 向下传播，由于荷载总值是不变的，于是软弱下卧层顶面上的荷载分布减少了。《建筑地基基础设计规范》(GB 50007—2011)采用后者，并综合理论计算和实测结果分析，对矩形基础或条形基础，提出地基附加压力扩散角的大小如表2.12所示。

表2.12　地基压力扩散角 θ

E_{s1}/E_{s2}	$z = 0.25b$	$z = 0.5b$
3	6°	23°
5	10°	25°
10	20°	30°

注：①E_{s1} 为上层土压缩模量，E_{s2} 为下层土压缩模量。

②$z/b < 0.25$ 时取 $\theta = 0°$，必要时，宜由试验确定；$z/b > 0.50$ 时 θ 值不变。

③z/b 在 0.25 与 0.50 之间可插值使用。

④当上下两层土压缩模量的比值小于 3.0 时，可按均匀土层考虑应力分布，不应使用表中的压力扩散角值。

因此，当持力层与软弱下卧土层的压缩模量比值 $E_{s1}/E_{s2} \geqslant 3$ 时，对矩形和条形基础，假设基底处的附加压力 ($p_0 = p_k - \gamma_m d$) 向下传递时按某一角度向外扩散分布于较大面积上（图2.16）。

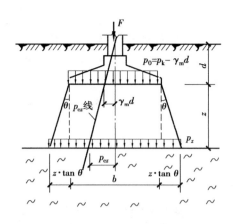

图 2.16 软弱下卧层顶面附加应力计算

根据基底与软弱下卧层顶面处扩散面积上的附加压力合力相等的条件可得式(2.22)中的 p_z 值,按下式简化计算:

条形基础:

$$p_z = \frac{b(p_k - \gamma_m d)}{b + 2z \tan \theta} \tag{2.23}$$

矩形基础:

$$p_z = \frac{bl(p_k - \gamma_m d)}{(l + 2z \tan \theta)(b + 2z \tan \theta)} \tag{2.24}$$

式中 b——矩形基础或条形基础底面的宽度,m;

l——矩形基础底面的长度,m;

γ_m——基础以上土的加权平均重度,地下水位以下取浮重度,kN/m^3;

z——基础底面至软弱下卧层顶面的距离,m;

θ——地基压力扩散线与垂直线的夹角(°),可按表 2.12 选用。

由式(2.24)可知,如要减小作用于软弱下卧层表面的附加应力 p_z,可以采取加大基底面积或减小基础埋深的措施。前一措施虽然可以有效地减小 p_z,但却可能使基础的沉降量增加。因为附加应力的影响深度会随着基底面积的增加而加大,从而可能使软弱下卧层的沉降量明显增加。反之,减小基础埋深可以增加基底到软弱下卧层的距离,使附加应力在软弱下卧层中的影响减小,因而基础沉降随之减小。因此,当存在软弱下卧层时,基础宜浅埋,这样不仅可使"硬壳层"充分发挥应力扩散作用,同时也减小了基础沉降。

【例 2.8】   某柱下独立基础的底面尺寸为 3 m×4.8 m,持力层为黏土,f_{ak} =155 kPa;下卧层为淤泥质土,f_{ak} =60 kPa,地下水位在天然地面下 1 m 深处,荷载效应表中组合值及其他有关数据如图 2.17 所示。试验算该矩形基础底面尺寸是否满足承载力要求。

【解】   ①持力层承载力验算。

按 e =0.86 的黏土查表 2.11,得 η_b =0,η_d =1.0。基础底面以上土的加权平均重度为 γ_m = $\frac{18.2 \times 1.0 + 8.9 \times 1.0}{2}$ =13.55(kN/m^3)。

修正后地基承载力特征值:

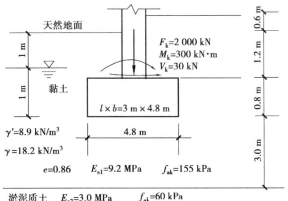

图2.17　例2.8图

$$f_a = f_{ak} + \eta_b \gamma (b - 3) + \eta_d \gamma_m (d - 0.5)$$
$$= 155 + 1.0 \times 13.55 \times (2.0 - 0.5)$$
$$= 175.3 (\text{kPa})$$

基础自重计算高度为:

$\overline{d} = \dfrac{1.0 + 1.6}{2} = 1.3(\text{m})$, 则基础及回填土重 G_k 为:

$$G_k = [20 \times 1.3 + (20 - 10) \times 1.0] \times 3 \times 4.8 = 518.4(\text{kN})$$

基底处总弯矩:

$$M_k = 300 + 30 \times 0.8 = 324(\text{kN} \cdot \text{m})$$

偏心距:

$$e_k = \frac{M_k}{F_k + G_k} = \frac{324}{2\,000 + 518.4} = 0.129(\text{m}) < \frac{l}{6} = \frac{4.8}{6} = 0.8(\text{m})$$

则 $\qquad\qquad\qquad\qquad\qquad P_{k\,\min} > 0$

基底平均压力:

$$p_k = \frac{F_k + G_k}{A} = \frac{2\,000 + 518.4}{3 \times 4.8} = 174.9(\text{kPa}) < f_a = 175.3(\text{kPa})(满足)$$

基底最大压力:

$$p_{k\,\max} = p_k \left(1 + \frac{6e_k}{l}\right) = 174.9 \times \left(1 + \frac{6 \times 0.129}{4.8}\right)$$
$$= 203.1(\text{kPa}) < 1.2f_a = 1.2 \times 175.3 = 210.4(\text{kPa})$$

则持力层承载力满足要求。

②软弱下卧层承载力验算。

软弱下卧层埋深 $d = 5.0$ m。

软弱下卧层顶面处土的自重应力:

$$p_{cz} = 18.2 \times 1.0 + 8.9 \times 4.0 = 53.8(\text{kPa})$$

软弱下卧层顶面处土的加权平均重度:

$$\gamma_m = \frac{8.9 \times 4 + 18.2 \times 1.0}{2.0 + 3.0} = 10.76(\text{kN/m}^3)$$

查表2.11,得淤泥质土 $\eta_b = 0$, $\eta_d = 1.0$。

按深度修正后软弱下卧层的承载力特征值:

$$f_{az} = f_{ak} + \eta_d \gamma_m (d - 0.5) = 60 + 1.0 \times 10.76 \times (5.0 - 0.5) = 108.4 (\text{kPa})$$

由 $E_{s1}/E_{s2} = 9.2/3.0 \approx 3$，$z = 3.0 \text{ m} > 0.5b$，查表 2.12 得 $\theta = 23°$。

$$p_z = \frac{bl(p_k - \gamma_m d)}{(l + 2z \tan \theta)(b + 2z \tan \theta)} = \frac{3 \times 4.8 \times (174.9 - 13.55 \times 2.0)}{(4.8 + 2 \times 3 \tan 23°)(3 + 2 \times 3 \tan 23°)} = 52.2 (\text{kPa})$$

$$p_z + p_{cz} = 52.2 + 53.8 = 106.0 (\text{kPa}) < f_{az} = 108.4 (\text{kPa})$$

则软弱下卧层承载力满足要求。

2.6 地基变形和稳定性验算

2.6.1 地基变形验算

1)地基变形特征

地基基础设计中,除保证地基的强度、稳定性要求外,还需保证地基的变形控制在允许的范围内,以保证上部结构不因地基变形过大而丧失其使用功能。《建筑地基基础设计规范》(GB 50007—2011)规定:设计等级为甲级、乙级以及表 2.3 所列范围以外的丙级建筑物,除满足地基承载力要求外,均应按地基变形设计。建筑物的地基变形计算值 Δ 不应大于地基变形允许值[Δ],即:

$$\Delta \leqslant [\Delta] \tag{2.25}$$

地基的允许变形值,按其变形特征一般分为沉降量、沉降差、倾斜和局部倾斜。

①沉降量:独立基础或刚性特别大的基础中心的沉降量。

②沉降差:两相邻独立基础中心点沉降量之差。

③倾斜:基础在倾斜方向两端点的沉降差与其距离的比值。

④局部倾斜:砌体承重结构沿纵向 6 ~ 10 m 内基础两点的沉降差与其距离的比值。

表 2.13 列出了建筑物的地基变形允许值。对表 2.13 中未包括的建筑物,其地基变形允许值应根据上部结构对地基变形的适应能力和使用上的要求确定。

表 2.13 建筑物的地基变形允许值

变形特征		地基土类别	
		中、低压缩性土	高压缩性土
砌体承重结构基础的局部倾斜		0.002	0.003
工业与民用建筑相邻柱基的沉降差	框架结构	0.002l	0.003l
	砌体墙填充的边排柱	0.000 7l	0.001l
	当基础不均匀沉降时,不产生附加应力的结构	0.005l	0.005l
单层排架结构(柱距为 6 m)柱基的沉降量/mm		(120)	200
桥式吊车轨面的倾斜(按不调整轨道考虑)	纵向	0.004	
	横向	0.003	

续表

变形特征		地基土类别	
		中、低压缩性土	高压缩性土
多层和高层建筑的整体倾斜	$H_g \leq 24$	0.004	
	$24 < H_g \leq 60$	0.003	
	$60 < H_g \leq 100$	0.002 5	
	$H_g > 100$	0.002	
体型简单的高层建筑基础的平均沉降量/mm		200	
高耸结构基础的倾斜	$H_g \leq 20$	0.008	
	$20 < H_g \leq 50$	0.006	
	$50 < H_g \leq 100$	0.005	
	$100 < H_g \leq 150$	0.004	
	$150 < H_g \leq 200$	0.003	
	$200 < H_g \leq 250$	0.002	
高耸结构基础的沉降量 /mm	$H_g \leq 100$	400	
	$100 < H_g \leq 200$	300	
	$200 < H_g \leq 250$	200	

注:①本表数值为建筑物地基实际最终变形允许值。
②有括号者仅适用于中压缩性土。
③l 为相邻柱基的中心距离,mm;H_g 为自室外地面起算的建筑物高度,m。

从表 2.13 可见,地基的变形允许值对于不同类型的建(构)筑物、不同的建(构)筑物结构特点和使用要求、不同的上部结构对不均匀沉降的敏感程度以及不同的结构安全储备要求,而有不同的要求。

对砌体承重结构,房屋的损坏主要是由于墙体挠曲引起的局部弯曲引起,故由局部倾斜控制。混合结构房屋对地基的不均匀沉降很敏感,墙体极易产生与水平线呈 45°左右的斜裂缝。如果中部沉降大,墙体发生正向弯曲,裂缝与主拉应力垂直,裂缝呈正八字形开展,如图 2.18(a)所示;反之,两端沉降大,墙体反向弯曲,则裂缝呈倒八字形,如图 2.18(b)所示。墙体在门窗洞口处刚度削弱,角隅应力集中,故裂缝首先在此处产生。

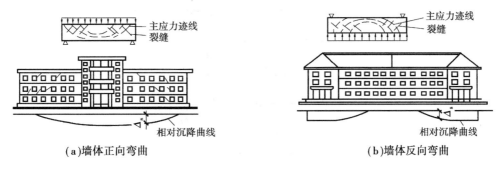

(a)墙体正向弯曲　　　　　　　　　　　　(b)墙体反向弯曲

图 2.18　混合结构外墙上的裂缝

对于框架结构和单层排架结构、砌体墙填充的边柱，主要由于相邻柱基的沉降差使构件受剪扭曲破坏，所以应由沉降差来控制，并要求沉降量不宜过大。

对于高耸结构物及多、高层建筑物，控制地基特征变形的主要是整体倾斜。这类结构物的重心高，基础倾斜使重心移动引起的附加偏心矩，不仅使地基边缘压力增加而影响其倾覆稳定性，而且还会导致结构本身的附加弯矩。另一方面，高层建筑物、高耸结构物的整体倾斜将引起视觉上的注意，造成心理恐慌，甚至心理压抑。意大利的比萨斜塔和我国苏州的虎丘塔就是因为过大的倾斜而不得不进行地基加固。如果地基土质均匀，且无相邻荷载的影响，对高耸结构，只要基础中心沉降量不超过允许值，便可不作倾斜验算。

必要时，还需要分别预估建筑物在施工期间和使用期间的地基变形值，以便预留建筑物有关部分之间的净空，选择连接方法和施工顺序。一般多层建筑物在施工期间完成的沉降量，对于砂土可认为其最终沉降量已完成 80% 以上；对于其他低压缩性土可认为已完成最终沉降量的 50% ~ 80%；对于中压缩性土可认为已完成 20% ~ 50%；对于高压缩性土可认为已完成 5% ~ 20%。

2）地基变形量计算

（1）计算公式

计算地基变形时，地基内的应力分布可采用各向同性均质线性变形体理论。其最终变形量可按下式进行计算：

$$s = \psi_s s' = \psi_s \sum_{i=1}^{n} \frac{p_0}{E_{si}}(z_i \overline{\alpha_i} - z_{i-1} \overline{\alpha_{i-1}}) \tag{2.26}$$

式中　s——《建筑地基基础设计规范》（GB 50007—2011）规范法计算所得的地基最终变形量，mm；

　　　s'——按分层总和法计算出的地基变形量，mm；

　　　ψ_s——沉降计算经验系数，根据地区沉降观测资料及经验确定，无地区经验时可采用表2.14 的数值；

　　　n——地基变形计算深度范围内所划分的土层数，如图 2.19 所示；

　　　p_0——对应于荷载效应准永久组合时的基础底面处的附加压力，kPa；

　　　E_{si}——基础底面下第 i 层土的压缩模量，MPa，按实际应力范围取值；

　　　z_i, z_{i-1}——分别为基础底面至第 i 层土、第 $i-1$ 层土底面的距离，m；

　　　$\overline{\alpha_i}, \overline{\alpha_{i-1}}$——分别为基础底面计算点至第 i 层土、第 $i-1$ 层土底面范围内平均附加应力系数，可按《建筑地基基础设计规范》（GB 50007—2011）附录 K 采用。

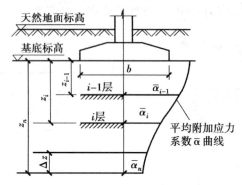

图 2.19　基础沉降计算的分层示意图

表 2.14　沉降计算经验系数 Ψ_s

$\overline{E}_s$/MPa 基底附加压力	2.5	4.0	7.0	15.0	20.0
$P_0 \geqslant f_{ak}$	1.4	1.3	1.0	0.4	0.2
$P_0 \leqslant 0.75 f_{ak}$	1.1	1.0	0.7	0.4	0.2

注:$\overline{E}_s$ 为沉降计算深度范围内压缩模量的当量值,应按下式计算:$\overline{E}_s = \dfrac{\sum A_i}{\sum \dfrac{A_i}{E_{si}}}$,其中 A_i 为第 i 层土附加应力系数沿土层

厚度的积分值。

（2）地基变形计算深度

地基变形计算深度 z_n 应符合下式要求:

$$\Delta s_n' \leqslant 0.025 \sum_{i=1}^{n} \Delta s_i' \tag{2.27}$$

式中　$\Delta s_i'$——在计算深度范围内,第 i 层土的计算变形值;

　　　$\Delta s_n'$——在由计算深度向上取厚度为 Δz 的土层计算变形值,Δz 见图 2.19 并按表 2.15 确定。

表 2.15　Δz 取值

b/m	$b \leqslant 2$	$2 < b \leqslant 4$	$4 < b \leqslant 8$	$8 < b$
Δz/m	0.3	0.6	0.8	1.0

当无相邻荷载影响,基础宽度 b 在 1～30 m 范围内时,基础中点的地基变形计算深度也可按下列简化公式计算:

$$z_n = b(2.5 - 0.4 \ln b) \tag{2.28}$$

在计算深度范围内存在基岩时,z_n 可取至基岩表面;当存在较厚的坚硬黏性土层,其孔隙比小于 0.5、压缩模量大于 50 MPa 或存在较厚的密实砂卵石层,其压缩模量大于 80 MPa 时,z_n 可取至该层土表面。

计算地基变形时,应考虑相邻荷载影响,其值可按应力叠加原理,采用角点法计算。

当建筑物地下室基础埋置较深时,需要考虑开挖基坑地基土的回弹,该部分回弹变形量可按下式计算:

$$s_c = \Psi_c \sum_{i=1}^{n} \frac{p_c}{E_{ci}} (z_i \overline{\alpha}_i - z_{i-1} \overline{\alpha}_{i-1}) \tag{2.29}$$

式中　s_c——地基的回弹变形量,mm;

　　　Ψ_c——回弹量计算的经验系数,无地区经验时可取 1.0;

　　　p_c——基坑底面以上土的自重压力,kPa,地下水以下应扣除浮力;

　　　E_{ci}——土的回弹模量,kPa,按现行国家标准《土工试验方法标准》(GB/T 50123)中土的固结试验回弹曲线的不同应力段计算。

在同一整体大面积基础上建有多栋高层和低层建筑,应按照上部结构、基础与地基的共同作用变形计算。

【例 2.9】　某独立基础尺寸为 4 m×4 m,基础底面处的附加压力为 130 kPa,地基承载力特

征值 $f_{ak} = 180$ kPa,其允许沉降量为 120 mm。根据表 2.16 提供的数据,采用分层总和法计算独立基础的地基变形量,变形计算深度为基础底面下 6.0 m,沉降计算经验系数取 $\Psi_s = 0.9$,根据以上条件试计算地基最终变形量是否在允许范围内。

表 2.16　例 2.9 表

第 i 土层	基底至第 i 土层距离	$\bar{\alpha}$	E_{si}/MPa
1	1.6	0.974 4	16
2	3.2	0.775 6	11
3	6.0	0.547 6	25
4	30	—	60

【解】　基础中心点的最终变形量计算见表 2.17。

表 2.17　基础中心点的最终变形量计算

z/cm	$\bar{\alpha}$	$z\bar{\alpha}$	$z_i\bar{\alpha}_i - z_{i-1}\bar{\alpha}_{i-1}$	E_{si}/MPa	$\Delta s'$/mm	$\sum \Delta s'$/mm
1.6	0.974 4	1.559 0	1.559 0	16	12.67	12.67
3.2	0.775 6	2.481 9	0.922 9	11	10.91	23.58
6.0	0.547 6	3.285 6	0.803 7	25	4.179	27.76

$$\sum \Delta s' = \sum \frac{p_0}{E_{si}}(z_i\bar{\alpha}_i - z_{i-1}\bar{\alpha}_{i-1})$$

$s = \Psi_s \sum \Delta s' = 0.9 \times 27.76$ mm $= 24.98$ mm < 120 mm,满足。

【例 2.10】　某厂房为框架结构,基础位于高压缩性地基土,横断面 A、B 轴间距 9.0 m,B、C 轴间距 12 m,C、D 轴间距 9.0 m,A、B、C、D 轴的边柱沉降分别为 50 mm、30 mm、12 mm、23 mm,试问建筑物的地基变形是否在允许范围内。

【解】　根据表 2.13,框架结构地基变形允许值是控制相邻柱基的沉降差,对于高压缩性土,其值为 0.003l,其中 l 为相邻柱基中心距离。

A、B 轴边柱沉降差:50 mm $-$ 30 mm $=$ 20 mm。

$\frac{20}{9\ 000} = 0.002\ 2 < 0.003$,满足。

B、C 轴边柱沉降差:30 mm $-$ 12 mm $=$ 18 mm。

$\frac{18}{12\ 000} = 0.001\ 5 < 0.003$,满足。

C、D 轴边柱沉降差:23 mm $-$ 12 mm $=$ 11 mm。

$\frac{11}{9\ 000} = 0.001\ 2 < 0.003$,满足。

2.6.2　地基稳定性验算

某些建筑物的独立基础,当承受较大的水平荷载和偏心荷载时,有可能发生沿基础底面的滑动、倾斜或与深层土层一起滑动。因此,对经常受水平荷载作用的高层建筑物和高耸结构物以及建在斜坡上的建筑物,尚应进行稳定性验算。

地基稳定性计算可采用圆弧滑动面法计算。最危险的滑动面上所有力对滑动圆弧的圆心所产生的抗滑力矩和滑动力矩应符合下式要求:

$$\frac{M_R}{M_S} \geq 1.2 \qquad (2.30)$$

式中　M_S——滑动力矩,kN·m;

　　　M_R——抗滑力矩,kN·m。

关于建造在斜坡上的建筑物的地基稳定性问题,理论计算比较复杂,且难以全部求解。对于建筑物基础较小的情况,通过对地基中附加应力的分析,给出了保证其稳定的限定范围。位于稳定土坡坡顶上的建筑物,当垂直于坡顶边缘线的基础底面边长≤3 m 时,其基础底面外边缘线至坡顶的水平距离(图2.20)应符合下式要求,且不得小于2.5 m。

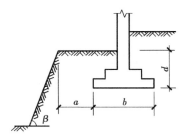

图 2.20　基础底面外边缘线至坡顶的水平距离示意图

条形基础:

$$a \geq 3.5b - \frac{d}{\tan \beta} \qquad (2.31)$$

矩形基础:

$$a \geq 2.5b - \frac{d}{\tan \beta} \qquad (2.32)$$

式中　a——基础底面外边缘线至坡顶的水平距离,m;

　　　b——垂直于坡顶边缘线的基础底面边长,m;

　　　d——基础埋置深度,m;

　　　β——边坡坡角,(°)。

当基础底面外边缘线至坡顶的水平距离不满足式(2.31)、式(2.32)的要求时,可根据基底平均压力按公式(2.30)确定距坡顶边缘的距离和基础埋深。当边坡坡角大于45°、坡高大于8 m时,尚应按式(2.30)验算坡体稳定性。

【例2.11】　某稳定土坡的坡角为30°,坡高3.5 m,现拟在坡顶部建一幢办公楼,该办公楼拟采用墙下钢筋混凝土条形基础,如图2.21所示。上部结构传至基础顶面的竖向力 $F_k = 300$ kN/m,基础埋置深度在室外底面以下1.8 m,地基土为粉土,其黏粒含量 $\rho_c = 11.5\%$,重度 $\gamma = 20$ kN/m³,$f_{ak} = 150$ kPa,场区无地下水。根据以上条

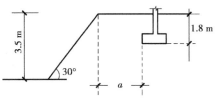

图 2.21　例 2.11 图

件,为确保地基基础的稳定性,试求基础底面外缘距离坡顶的最小水平距离 a。

【解】　经深、宽修正后的地基承载力特征值为:

$$f_a = f_{ak} + \eta_b \gamma(b - 3) + \eta_d \gamma_m(d - 0.5)$$

根据表 2.11,粉土黏粒含量 $\rho_c \geqslant 10\%$ 时,$\eta_b = 0.3$,$\eta_d = 1.5$。

设基础宽度 $b < 3$ m,则有:

$$f_a = 150 + 0.3 \times 20 \times (3 - 3) + 1.5 \times 20 \times (1.8 - 0.5) = 150 + 39 = 189(kPa)$$

$$p_k = \frac{F_k + G_k}{A} \leqslant f_a,\ \frac{F_k + b \times 1.8 \times 20}{b \times 1.0} \leqslant f_a$$

$$\frac{F_k}{b} + 36 \leqslant f_a,\ \frac{F_k}{b} \leqslant f_a - 36 = 189 - 36 = 153$$

$$b \geqslant \frac{F_k}{153} = \frac{300}{153} = 1.96(m)$$

根据公式(2.31):

$$a \geqslant 3.5 \times b - \frac{d}{\tan \beta} = 3.5 \times 1.96 - \frac{1.8}{\tan 30°} = 6.86 - 3.12 = 3.74(m)$$

2.7 浅基础结构设计与计算

2.7.1 无筋扩展基础设计

由砖、毛石、灰土、混凝土等材料按台阶逐级向下扩展(大放脚)形成的基础称为无筋扩展基础,也称为刚性基础。其优点是施工技术简单,材料可就地取材,造价低廉,在地基条件许可的情况下,是多层民用建筑和轻型厂房的浅基础的适用类型。

刚性基础所用材料的抗压强度较高,抗拉、抗剪强度低,稍有挠曲变形,基础内拉应力就会超过材料的抗拉强度而产生裂缝。如图 2.22 所示,基础一侧的大放脚,在基底反力作用下,如同倒置的短悬臂板;当设计的台阶根部高度过小时,就会弯曲拉裂或剪裂。

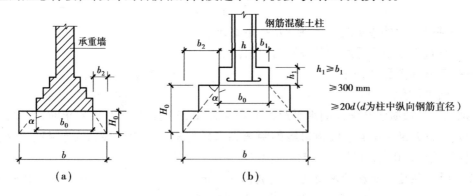

图 2.22 无筋扩展基础构造示意图

因此,为保证基础不发生弯曲破坏或剪切破坏,通常都是限制台阶的宽高比以满足一定的刚度和强度要求,即:

$$b_2/H_0 \leqslant \tan \alpha \tag{2.33}$$

式中 b_2——基础台阶宽度,m;

H_0——基础高度,m;

α——无筋扩展基础的刚性角,而 $\tan \alpha$ 即为台阶宽高比的允许值,其值可按表 2.18 采用。

表 2.18 无筋扩展基础台阶宽高比的允许值

基础材料	质量要求	台阶宽高比的允许值		
		$p_k \leqslant 100$	$100 < p_k \leqslant 200$	$200 < p_k \leqslant 300$
混凝土基础	C15 混凝土	1:1.00	1:1.00	1:1.25
毛石混凝土基础	C15 混凝土	1:1.00	1:1.25	1:1.50
砖基础	砖不低于 Mu10 砂浆不低于 M5	1:1.50	1:1.50	1:1.50
毛石基础	砂浆不低于 M5	1:1.25	1:1.50	—
灰土基础	体积比为 3:7 或 2:8 的灰土,其最小干密度:粉土 1 550 kg/m³,粉质黏土 1 500 kg/m³,黏土 1 450 kg/m³	1:1.25	1:1.50	
三合土基础	体积比为 1:2:4~1:3:6(石灰:砂:骨料),每层约虚铺 220 mm,夯至 150 mm	1:1.50	1:2.00	—

注:①p_k 为作用的标准组合时基础底面处的平均压力值,kPa。

②阶梯形毛石基础的每阶伸出宽度,不宜大于 200 mm。

③基础由不同材料叠合组成时,应对接触部分作抗压验算。

④混凝土基础单侧扩展范围内基础底面处的平均压力值超过 300 kPa 时,尚应进行抗剪验算;对基底反力集中于立柱附近的岩石地基,应进行局部受压承载力验算。

可见,基础底面宽度 b 应符合下式要求:

$$b \leqslant b_0 + 2H_0 \tan \alpha \tag{2.34}$$

式中 b_0——基础顶面的台阶宽度或柱脚宽度,m。

尚需指出,当基础抗压强度低于墙或柱结构强度时,或者基础由不同材料叠合组成时,还需进行接触面上的抗压验算。对砖和灰土两种材料组成的叠合基础进行抗压验算时,灰土抗压强度值一般取 250 kPa。

采用无筋扩展基础的钢筋混凝土柱,其柱脚高度 h_1 不得小于 b_1(图 2.22),并不应小于 300 mm 且不小于 $20d$。当柱纵向钢筋在柱脚内的竖向锚固长度不满足锚固要求时,可沿水平方向弯折,弯折后的水平锚固长度不应小于 $10d$,也不应大于 $20d$(d 为柱中的纵向钢筋的最大直径)。

【例 2.12】 某 6 层住宅楼,东西向长为 72.30 m,南北向宽为 12.36 m,6 层,总高 17.55 m。地基为粉土,土质良好,经深宽修正的地基承载力特征值为 $f_a = 250$ kPa。上部结构传至室外地面处的荷载为 $F = 200$ kN/m。室内地坪 ±0.00 高于室外地面 0.45 m,基底高程为 -1.60 m。试设计此刚性条形基础。

【解】①基础埋深 d。

由室外地面标高算起:

$$d = 1.60 - 0.45 = 1.15(\text{m})$$

②条形基础底宽。

$$b \geqslant \frac{F}{f_a - \gamma_G d} = \frac{200}{250 - 20 \times 1.15} = 0.88(\text{m})$$

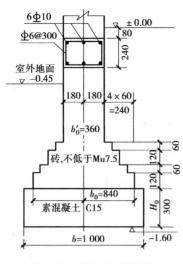

图 2.23　例 2.12 基础图

取 $b = 1.00$ m。

③基础材料设计。

基础底部用素混凝土,强度等级为 C15,高度 $H_0 = 300$ mm。其上用砖,质量要求不低于 Mu7.5,高度360 mm,4 级台阶,每级台阶宽度 60 mm,如图 2.23 所示。

④刚性角验算。

a.砖基础验算。采用 M5 砂浆,由表 2.18 查得基础台阶宽高比允许值 $\tan \alpha' = 1 : 1.50 = 0.667$。

设计上部砖墙宽度为 $b'_0 = 360$ mm。4 级台阶高度分别为 60 mm,120 mm,60 mm,120 mm。

则砖基础底部实际宽度:
$$b_0 = b'_0 + 2 \times 4 \times 60 = 360 + 480 = 840 (\text{mm})$$

根据公式(2.34)得砖基础允许底宽:
$$b'' \leqslant b'_0 + 2H'_0 \tan \alpha' = 360 + 2 \times 360 \times 0.667 = 840 (\text{mm}) = b_0$$

设计宽度正好满足要求。

b.混凝土基础验算。

根据基底平均压力 $p = \dfrac{F + G}{A} = \dfrac{200 + 20 \times 1 \times 1 \times 1.15}{1 \times 1} = 223 (\text{kPa})$,查表 2.18 得混凝土基础台阶宽高比允许值 $\tan \alpha = 1 : 1.25 = 0.8$。

由设计尺寸 $b_0 = 840$ mm、$H_0 = 300$ mm、基底宽 $b = 1\,000$ mm,并结合式(2.34)得混凝土基础允许宽度:
$$b_0 + 2H_0 \tan \alpha = 840 + 2 \times 300 \times 0.8 = 1\,320 \text{ mm} > b = 1\,000 \text{ mm}$$

因此,设计基础宽度安全。

2.7.2　扩展基础设计

扩展基础是配筋扩展基础的简称,是指柱下钢筋混凝土独立基础和墙下钢筋混凝土条形基础。在荷载作用下,这种钢筋混凝土构件采用钢筋承担弯曲产生的拉应力,因此其高度不受刚性角的限制,构造高度可以较小,但需要满足抗弯、抗剪和抗冲切破坏的要求。在进行扩展基础结构计算、确定基础配筋和验算材料强度时,上部结构传来的作用效应应按承载能力极限状态下作用的基本组合计算;相应的基底反力为净反力(不计基础与上覆土重所引起的反力)。

1)墙下钢筋混凝土条形基础设计

(1)构造要求

①剖面形式。墙下钢筋混凝土条形基础剖面形式及构造要求如图 2.24 所示。基础高度按剪切计算确定,但不应小于 200 mm。当底板厚度不大于 250 mm 时,基础高度可以做成等厚度;当底板厚度大于 250 mm 时,基础高度可以做成变厚度;锥形基础的边缘高度不宜小于 200 mm,且两个方向坡度不宜大于 1 : 3。带肋条形基础适用于荷载沿墙长分布不均匀或地基中有局部软弱土层时。

②底板配筋。底板受力钢筋面积由计算确定,最小配筋率不应小于 0.15%。钢筋的最小直径不宜小于 10 mm,间距不宜大于 300 mm,也不宜小于 100 mm。纵向分布钢筋的直径不小于 8 mm,间距不大于 300 mm;每延米分布钢筋的面积应不小于受力钢筋面积的 15%,底板钢筋

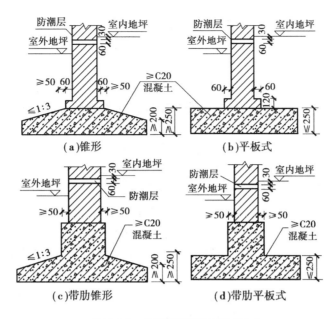

图 2.24 墙下条形基础剖面形式

如图 2.25 所示。

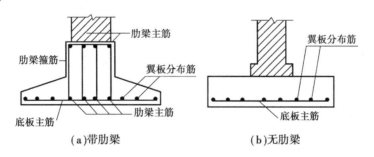

图 2.25 墙下条形基础配筋

基础底板在 T 形及十字形交接处,底板横向受力钢筋仅沿一个主要受力方向通长布置,另一方向的横向受力钢筋可布置到主要受力方向底板宽度 1/4 处,如图 2.26(a)、(b)所示。在拐角处底板横向受力钢筋应沿两个方向布置,如图 2.26(c)所示。

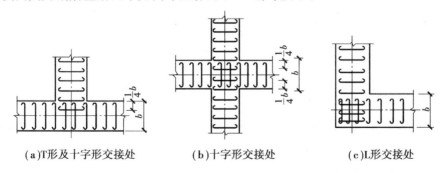

图 2.26 墙下条形基础示意图

③混凝土强度等级。《建筑地基基础设计规范》(GB 50007—2011)规定,混凝土强度等级不应低于 C20。而《混凝土结构设计规范》(GB 50010—2010)规定,在室内潮湿环境下,混凝土强度最低等级不应低于 C25。基础埋于地下,应属于室内潮湿环境,综合以上两个规范,混凝土强度等级不应低于 C20,不宜低于 C25。垫层一般采用 C10。

④钢筋保护层。有垫层时,钢筋保护层的厚度不小于 40 mm;无垫层时,不小于 70 mm。

⑤垫层要求。垫层的厚度一般取 100 mm,每边伸出 50 ~ 100 mm。

(2)轴心荷载作用下墙下条形基础的计算

墙下钢筋混凝土条形基础受力如图 2.27 所示。它的受力情况如同一倒置的悬臂梁。这个悬臂梁在基础底面净反力设计值作用下,使基础底板发生向上的弯曲变形,在截面 Ⅰ—Ⅰ 将产生弯矩 M。如果 M 过大,配筋不足,基础底板就会沿截面 Ⅰ—Ⅰ 裂开。

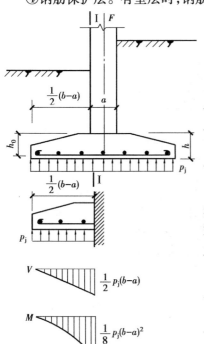

图 2.27 墙下条形基础受轴心荷载作用的计算

此外,在基底净反力设计值作用下,在截面 Ⅰ—Ⅰ 将产生剪力 V,使截面 Ⅰ—Ⅰ 右边这段基础板发生向上错动的趋势。底板在剪力 V 作用下,如果基础板厚度不够,将使底板发生斜裂缝。

根据上面的分析,为了防止基础板破坏,基础板应具有足够的厚度和配筋。

①基础高度的确定。墙下钢筋混凝土条形基础的内力计算一般按平面应变问题处理,计算时沿墙长度方向取 1 m 作为计算单元,则:

$$p_j = \frac{F}{b} \qquad (2.35)$$

截面 Ⅰ—Ⅰ 剪力设计值为:

$$V = \frac{1}{2}p_j(b - a) \qquad (2.36)$$

式中　p_j——相应于荷载效应基本组合时的地基净反力设计值,kPa;

　　　F——相应于荷载效应基本组合时上部结构传至基础顶面的竖向力设计值,kN/m;

　　　a——当墙体材料为混凝土时,a 为墙体厚度;当为砖墙且放脚[图 2.24(a)、(b)]不大于 1/4 砖长时,a 为墙体厚度加上 0.12 m;

　　　b——墙下钢筋混凝土条形基础宽度,m。

墙下钢筋混凝土条形基础内不配箍筋和弯起钢筋,基础高度应满足混凝土的剪切条件:

$$V \leqslant 0.7\beta_{hs}f_t h_0 \qquad (2.37)$$

则

$$h_0 \geqslant \frac{V}{0.7\beta_{hs}f_t} \qquad (2.38)$$

式中　f_t——混凝土轴心抗拉强度设计值,kPa;

　　　β_{hs}——受剪切承载力截面高度影响系数,$\beta_{hs} = (800/h_0)^{\frac{1}{4}}$,当 $h_0 < 800$ mm 时,取 $h_0 = 800$ mm;当 $h_0 > 2\,000$ mm 时,取 $h_0 = 2\,000$ mm;

　　　h_0——基础有效高度,m。

②基础底板配筋计算。截面 Ⅰ—Ⅰ 的弯矩设计值为:

$$M = \frac{1}{8}p_j(b - a)^2 \qquad (2.39)$$

墙下条形基础底板配筋应符合《混凝土结构设计规范》(GB 50010—2010)正截面受弯承载力计算公式,也可按简化矩形截面单向板进行计算。当取 $\xi = x/h_0 = 0.2$ 时,按下式简化计算:

$$A_s = \frac{M}{0.9f_y h_0} \qquad (2.40)$$

式中 f_y——钢筋抗拉强度设计值,kPa;

A_s——每米长基础底板受力钢筋截面积,mm^2。

(3)偏心荷载作用下墙下条形基础的计算

偏心荷载作用下,基底净反力的偏心距 e_{j0} 为:

$$e_{j0} = \frac{M}{F} \qquad (2.41)$$

式中 M——上部结构传至基础顶面的弯矩设计值,kN·m。

为防止基底出现拉应力区而在基础顶面设置负筋,要求 $e_{j0} \leqslant b/6$;若 $e_{j0} > b/6$,一般通过调节基础尺寸,使之满足要求。

此时,基础边缘处的最大和最小地基净反力为:

$$p_{j\,min}^{j\,max} = \frac{F}{b} \pm \frac{6M}{b^2} \qquad (2.42)$$

或

$$p_{j\,min}^{j\,max} = \frac{F}{b}\left(1 \pm \frac{6e_{j0}}{b}\right) \qquad (2.43)$$

截面 I—I 处的净反力 $p_{j,\,I-I}$ 为:

$$p_{j,\,I-I} = p_{j\,min} + \frac{b+a}{2b}(p_{j\,max} - p_{j\,min}) \qquad (2.44)$$

偏心受压条形基础高度计算与中心受压基础基本相同,但式(2.36)中 p_j 应以基底边缘最大净反力 $p_{j\,max}$ 和截面 I—I 处的净反力 $p_{j,\,I-I}$ 的平均值代换(图 2.28)。

偏心受压条形基础截面 I—I 处弯矩设计值可按下式计算:

$$M = \frac{1}{24}(b-a)^2(2p_{j\,max} + p_{j,\,I-I}) \qquad (2.45)$$

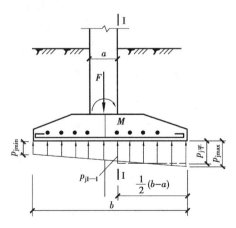

图 2.28 墙下条形基础受偏心荷载作用的计算

【例2.13】 某多层住宅的承重砖墙厚240 mm,上部结构作用于基础顶面的荷载标准值 $F_k = 240$ kN/m,荷载设计值 $F = 324$ kN/m,基础埋深 $d = 0.8$ m,经深度修正后的地基承载力特征值 $f_a = 150$ kPa。试设计钢筋混凝土条形基础。

【解】 ①选择基础材料。拟采用混凝土为 C25($f_t = 1.27$ N/mm^2),钢筋 HRB335 级($f_y = 300$ N/mm^2),并设置 100 mm 厚的 C10 混凝土垫层。

②确定条形基础宽度。

$$b \geq \frac{F_k}{f_a - \gamma_G d} = \frac{240}{150 - 20 \times 0.8} = 1.79(\text{m}), \text{取 } b = 1.8 \text{ m}_\circ$$

③确定基础高度。

地基净反力：

$$p_j = F/b = 324/1.8 = 180(\text{kPa})$$

控制截面剪力设计值：

$$V = p_j \frac{b-a}{2} = 180 \times \left(\frac{1.8 - 0.24}{2}\right) = 140.4(\text{kN/m})$$

根据经验假设 $h = b/8 = 1\,800/8 = 225(\text{mm})$，条形基础构造要求基础最小高度≥200 mm，取 $h = 300$ mm，则 $h_0 = 300 - 40 - 10/2 = 255(\text{mm})$（底板受力钢筋按 HRB335 级 10 mm 直径估计）。

混凝土抗剪承载力验算：

$0.7\beta_{hs}f_t h_0 = 0.7 \times 1 \times 1.27 \times 255 = 226.7$ kN/m $> V = 140.4$ kN/m，满足要求。

④计算底板配筋。

控制截面弯矩：

$$M = \frac{1}{8}p_j(b-a)^2 = \frac{1}{8} \times 180 \times (1.8 - 0.24)^2 = 54.8(\text{kN} \cdot \text{m})$$

底板配筋：

$$A_s = \frac{M}{0.9f_y h_0} = \frac{54.8 \times 10^6}{0.9 \times 300 \times 255} = 796(\text{mm}^2)$$

选 HRB335 级钢筋，$\Phi 10@180$，实际配 $A_s = 863$ mm^2；分布钢筋选 HRB335 级钢筋，直径 $\Phi 8@250$。

基础配筋如图 2.29 所示。

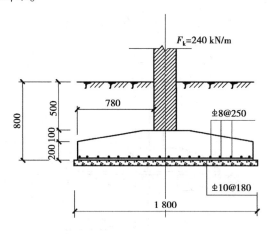

图 2.29　例 2.13 图

2)柱下钢筋混凝土独立基础的设计

柱下钢筋混凝土独立基础的底面积由地基承载力确定后，应进行基础的截面设计。基础截面设计包括基础高度和基础配筋计算。

（1）构造要求

①平面形式。轴心受压基础底板一般宜用正方形，偏心受压基础一般采用矩形（弯矩方向为长边），长短边之比不宜大于3。

②剖面形式。基础剖面形式分锥形和阶梯形两种。锥形基础的边缘高 H_1 不宜小于

82

200 mm,且两个方向的坡度不宜大于1：3(图2.30)；阶梯形基础的每阶高度,宜为300～500 mm(图2.31)。

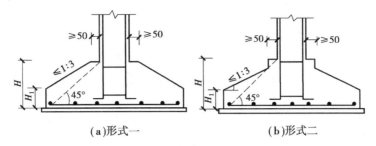

(a)形式一　　　　　(b)形式二

图2.30　锥形基础剖面形式

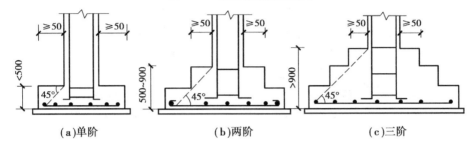

(a)单阶　　　　　(b)两阶　　　　　(c)三阶

图2.31　阶形基础剖面形式

阶梯形基础底边外边线应在45°以外,阶高与阶宽可参照下述要求选用(图2.32)。

$$1 < \frac{b_3}{h_3} \leq 2.5, 1 < \frac{b_2 + b_3}{h_2 + h_3} \leq 2.5, 1 < \frac{b_1 + b_2 + b_3}{h_1 + h_2 + h_3} \leq 2.5 \qquad (2.46)$$

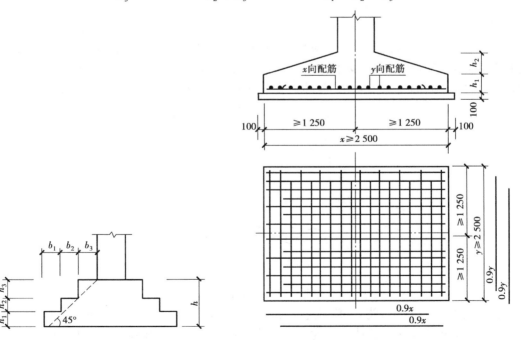

图2.32　基础阶高与阶宽　　　　　图2.33　独立基础底板配筋长度减短10%构造

③底板配筋。底板受力钢筋的面积由计算确定,最小配筋率不应小于0.15%。沿长边和短边方向均匀布置,长边方向的钢筋设置在下排。钢筋最小直径不宜小于10 mm,间距不宜大于200 mm,也不宜小于100 mm。当独立基础底板长度≥2 500 mm时,除外侧钢筋外,底板配筋

长度可取相应方向底板长度的 0.9 倍(图 2.33)。

④插筋。现浇柱的基础,其插筋的数量、直径及钢筋种类应与柱内纵向受力钢筋相同。一般应伸至基础底面。插筋的下端宜做成直钩放在基础底板钢筋网上,并满足锚入基础长度大于锚固长度 l_a[l_a 应符合《混凝土结构设计规范》(GB 50010—2010)的规定]。当基础高度 h 较大时,可仅将四角的插筋伸至底板钢筋网上,其余插筋锚固在基础顶面下 l_a 处。

当基础高度小于 l_a 时,纵向受力钢筋的最小直锚段的长度不应小于 20d,弯折段的长度不应小于 150 mm。

箍筋直径、间距应与上部柱内的箍筋相同,有抗震设防要求时,在柱的根部及首层地面处的箍筋应按规定加密,在基础内箍筋不少于两个箍筋。

柱下独立基础插筋构造如图 2.34 所示。

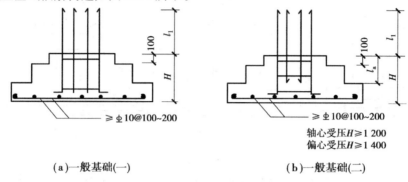

(a)一般基础(一)　　　　　　　　(b)一般基础(二)

图 2.34　插筋构造

⑤其他。混凝土强度等级、钢筋保护层及垫层要求与墙下钢筋混凝土条形基础相同。

(2)轴心荷载作用下柱下独立基础计算

①基础高度的确定。基础高度及变阶处的高度,应根据抗剪及抗冲切的公式计算确定。对于钢筋混凝土单独基础,其抗剪验算一般均能满足要求,故基础高度主要根据冲切要求确定,必要时才进行抗剪验算。在柱中心荷载 F 作用下,如果基础底板面积较大而高度(或阶梯高度)不足,基础将沿柱周边(或阶梯高度变化处)产生冲切破坏,形成 45°斜裂面的角锥体,如图 2.35 所示。

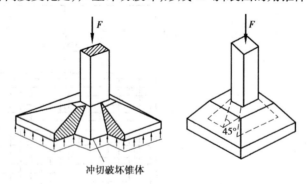

图 2.35　冲切破坏

为保证基础不发生冲切破坏,必须使冲切破坏锥体以外的由地基净反力所产生的冲切力小于或等于冲切面处混凝土的抗冲切承载力。当冲切破坏锥体落在基础底面以内时(图 2.35),基础高度由受冲切承载力控制。对于矩形基础,柱短边一侧破坏较长边一侧危险。所以,一般只需根据短边一侧的冲切破坏条件确定基础高度,即要求对矩形截面柱的矩形基础,应验算柱与基础交接处[图 2.36(a)]以及基础变阶处[图 2.36(b)]的受冲切承载力,按以下公式验算:

$$F_l \leqslant 0.7\beta_{hp}f_t a_m h_0 \tag{2.47}$$

$$a_m = (a_t + a_b)/2 \tag{2.48}$$

$$F_1 = p_j A_1 \tag{2.49}$$

$$p_j = \frac{F}{bl} \tag{2.50}$$

$$A_1 = \left(\frac{l}{2} - \frac{a_c}{2} - h_0\right)b - \left(\frac{b}{2} - \frac{b_c}{2} - h_0\right)^2 \tag{2.51}$$

式中 F_1——相应于荷载效应基本组合时作用在 A_1 上的地基土净反力设计值,kN;

β_{hp}——受冲切承载力截面高度影响系数,当承台高度 $h \leqslant 800$ mm 时,$\beta_{hp} = 1.0$;当 $h \geqslant$ 2 000 mm 时,$\beta_{hp} = 0.9$,其间按线性内插法取用;

f_t——混凝土轴心抗拉强度设计值,kPa;

h_0——基础冲切破坏锥体的有效高度,m;

a_m——冲切破坏锥体最不利一侧计算长度,m;

a_t——冲切破坏锥体最不利一侧斜截面的上边长,m:当计算柱与基础交接处的受冲切承载力时,取柱宽[图 2.36(a)];当计算基础变阶处的受冲切承载力时,取上阶宽[图 2.36(b)];

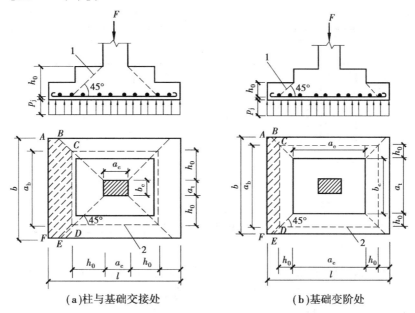

图 2.36   中心受压柱下独立基础冲切破坏验算
1—冲切破坏锥体最不利一侧的斜截面;2—冲切破坏锥体的底面线

a_b——冲切破坏锥体最不利一侧斜截面在基础底面积范围内的下边长,m:当冲切破坏锥体的底面落在基础底面以内,计算柱与基础交接处的受冲切承载力时,取柱宽加两倍基础有效高度[图 2.36(a)];计算基础变阶处的受冲切承载力时,取上阶宽加两倍基础有效高度[图 2.36(b)];

p_j——扣除基础自重及其上土重后相应于作用的基本组合的地基土单位面积净反力,kPa;

A_1——冲切验算时取用的部分基底面积,图 2.36(a)、(b)中的阴影面积 $ABCDEF$,m²;

a_c——图 2.36(a)中为柱长,图 2.36(b)中为上阶长,m;

b_c——图 2.36(a)中为柱宽,图 2.36(b)中为上阶宽,m。

②柱下独立基础的受剪切验算。当冲切破坏锥体落在基础底面以外时,即基础底面短边尺寸小于或等于柱宽加两倍基础有效高度时,柱与基础(或阶形基础上阶与下阶)交接处不存在受冲切问题,仅需对基础进行斜截面受剪承载力验算(图2.37),基础高度由受剪切承载力控制,按下式验算:

$$V_s \leq 0.7\beta_{hs}f_tA_0 \tag{2.52}$$

式中 V_s——相应于荷载效应基本组合时,柱与基础交接处的剪力设计值,kN,图2.37中的阴影面积乘以基底净反力;

A_0——验算截面处基础的有效截面面积,m^2,当验算截面为阶形或锥形时,可将其截面折算成矩形截面,截面的折算宽度和截面的有效高度计算方法见式(2.53)、式(2.54);

其余符号同前。

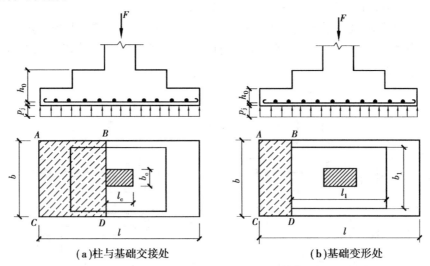

图2.37 中心受压柱下独立基础剪切破坏验算

设计时,一般先按经验假定基础高度得出 h_0,再代入式(2.47)或式(2.52)进行验算,直到受冲切或受剪切满足要求为止。

对于阶梯形基础,计算变阶处 A_1—A_1 截面的斜截面受剪承载力时(图2.38),截面有效高度为 h_{01},截面折算宽度 b_{y1};计算柱边截面 A_2—A_2 的斜截面受剪承载力时,截面有效高度为 $(h_{01} + h_{02})$,截面折算宽度按式(2.53)进行计算,其本质是阶形截面的面积与高度为 $(h_{01} + h_{02})$ 的矩形面积相等。

$$b_{y0} = \frac{b_{y1}h_{01} + b_{y2}h_{02}}{h_{01} + h_{02}} \tag{2.53}$$

对于锥形基础,计算 A—A 截面的斜截面受剪承载力时(图2.39),截面有效高度为 h_0,截面的折算宽度按式(2.54)计算,其本质是锥形截面的面积与高度为 h_0 的矩形面积相等。

$$b_{y0} = \left[1 - 0.5\frac{h_1}{h_0}\left(1 - \frac{b_{y2}}{b_{y1}}\right)\right]b_{y1} \tag{2.54}$$

③基础底板配筋。基础底板在地基净反力作用下,如同固定于台阶根部或柱边的倒置悬臂板,基础沿柱的周边向上弯曲[图2.40(a)]。当地基净反力产生的弯矩超过基础的截面抗弯强度时,就会发生弯曲破坏,呈"井"字形[图2.40(b)]。因此,基础底板应配置足够的钢筋以抵抗弯曲变形。

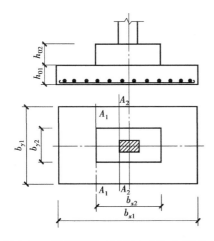

图 2.38 阶梯形基础折算宽度和有效高度

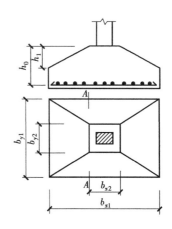

图 2.39 锥形基础折算宽度和有效高度

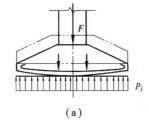

（a）

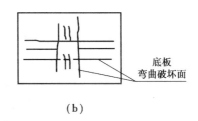

（b）

图 2.40 独立柱基弯曲破坏

a. 独立柱基础底面长短边之比 $\omega < 2$。一般矩形基础的长宽比小于 2，属于双向受弯构件，弯矩控制截面在柱边缘处或变阶处，所以两个方向都要配受力钢筋，钢筋面积按两个方向的最大弯矩分别计算。配筋计算时，应符合《混凝土结构设计规范》（GB 50010—2010）正截面受弯承载力计算公式，也可按式（2.40）简化计算。

当基础台阶的宽高比≤2.5 时，图 2.41 中各种情况的最大弯矩可按下列公式计算：

柱边（Ⅰ—Ⅰ 截面）
$$M_{\text{Ⅰ}} = \frac{p_j}{24}(l - l_c)^2(2b + b_c) \tag{2.55}$$

柱边（Ⅱ—Ⅱ 截面）
$$M_{\text{Ⅱ}} = \frac{p_j}{24}(b - b_c)^2(2l + l_c) \tag{2.56}$$

阶梯高度变化处（Ⅲ—Ⅲ 截面）
$$M_{\text{Ⅲ}} = \frac{p_j}{24}(l - l_1)^2(2b + b_1) \tag{2.57}$$

阶梯高度变化处（Ⅳ—Ⅳ 截面）
$$M_{\text{Ⅳ}} = \frac{p_j}{24}(b - b_1)^2(2l + l_1) \tag{2.58}$$

注意，当基础台阶的宽高比大于 2.5 时，基底反力不呈线性分布，上述公式不再适用。为此，可在保持基底尺寸不变的基础上，调整基础台阶宽度或增大基础高度，使之满足要求。

b. 独立柱基础底面长短边之比 $2 \leq \omega \leq 3$。此时，基础底板以长边受力为主。基础底板短边钢筋应按下述方法布置：将短边全部钢筋面积乘以 λ 后求得的钢筋，均匀分布在柱中心线重合的宽度等于基础短边的中间宽度范围内（图 2.42），其余的短边钢筋则均匀分布在中间带宽的两侧。长边配筋应均匀分布在基础全宽范围内。λ 按下式计算：

$$\lambda = 1 - \frac{\omega}{6} \tag{2.59}$$

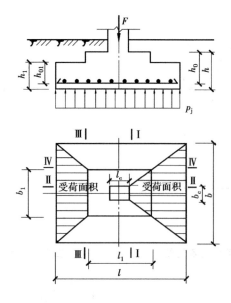

图2.41 轴心受压时阶梯性基础底板弯矩计算

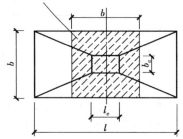

图2.42 基础底板短边钢筋布置示意图

（3）偏心荷载作用下柱下独立基础计算

①基础高度的确定。偏心荷载作用下,基础底面净反力呈梯形分布（图2.43）。为保证基底净反力呈线性分布且基础底面与地基土不出现零应力区,必须使基础台阶的宽高比不大于2.5且偏心距不大于1/6基础长度。此时,基础边缘处的最大和最小地基净反力为:

$$p_{j\,min}^{j\,max} = \frac{F}{A}\left(1 \pm \frac{6e_{j0}}{l}\right) \tag{2.60}$$

偏心受压基础高度计算与轴心受压情况基本相同。只需在基础受冲切和剪切验算时,将公式 $F_1 = p_j A_1$ 中的 p_j 用 $p_{j\,max}$（偏于安全）代替即可。

②基础底板配筋计算。

柱边（Ⅰ—Ⅰ截面）:

$$M_{\mathrm{I}} = \frac{(l-l_{\mathrm{c}})^2}{48}\left[(2b+b_{\mathrm{c}})(p_{j\,max}+p_{j,\,\mathrm{I}-\mathrm{I}})+(p_{j\,min}-p_{j,\,\mathrm{I}-\mathrm{I}})b\right] \tag{2.61}$$

柱边（Ⅱ—Ⅱ截面）:

$$M_{\mathrm{II}} = \frac{1}{48}(b-b_{\mathrm{c}})^2(2l+l_{\mathrm{c}})(p_{j\,max}+p_{j\,min}) \tag{2.62}$$

阶梯高度变化处（Ⅲ—Ⅲ截面）:

$$M_{\mathrm{III}} = \frac{(l-l_1)^2}{48}\left[(2b+b_1)(p_{j\,max}+p_{j,\,\mathrm{III}-\mathrm{III}})+(p_{j\,min}-p_{j,\,\mathrm{III}-\mathrm{III}})b\right] \tag{2.63}$$

阶梯高度变化处（Ⅳ—Ⅳ截面）：

$$M_{\text{IV}} = \frac{1}{48}(b - b_1)^2(2l + l_1)(p_{j\max} + p_{j\min}) \tag{2.64}$$

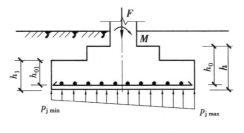

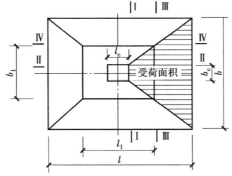

图 2.43 偏心荷载作用下基底净反力分布

此外，当扩展基础的混凝土强度等级小于柱的混凝土强度等级时，尚应验算柱下扩展基础顶面的局部受压承载力。

【例 2.14】 如图 2.44 所示，某多层框架结构柱截面尺寸为 $400 \text{ mm} \times 600 \text{ mm}$，传至地面处的竖向荷载标准组合值 $F_k = 560 \text{ kN}$，$M_k = 55 \text{ kN} \cdot \text{m}$，$H_k = 40 \text{ kN}$；基本组合设计值 $F = 785 \text{ kN}$，$M = 77 \text{ kN} \cdot \text{m}$，$Q = 56 \text{ kN}$。已知基础埋深 1.8 m，采用 C25 混凝土（$f_t = 1.27 \text{ N/mm}^2$）和 HPB300 级钢筋（$f_y = 270 \text{ N/mm}^2$），设置 C10 厚 100 mm 的混凝土垫层。已知经深度修正后的地基承载力特征值 $f_a = 145 \text{ kPa}$，试设计该柱基础。

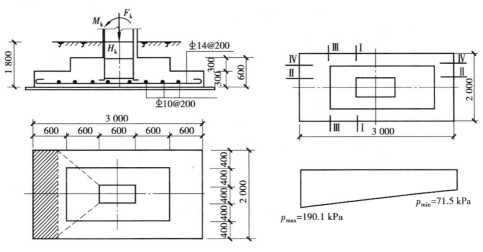

图 2.44 例 2.14 图

【解】 ①确定基础底面积。

$$A = (1.1 \sim 1.4) \frac{F_k}{f_a - \gamma_G d} = (1.1 \sim 1.4) \times \frac{560}{145 - 20 \times 1.8} = (5.7 \sim 7.2) \text{m}^2$$

取 $b = 2.0$ m, $l = 3.0$ m。

因为 $b = 2.0$ m < 3.0 m, 故无须对 f_a 重新修正。

②验算地基承载力。

$$p_{k\,max} = \frac{F_k + G_k}{A} + \frac{M_k}{W} = \frac{560 + 20 \times 2 \times 3 \times 1.8}{3 \times 2} + \frac{55 + 40 \times 1.8}{2 \times 3^2/6}$$

$$= 129.3 + 42.3 = 171.6 \text{ kPa} < 1.2 f_a = 174 \text{ kPa}$$

$$p_{k\,min} = \frac{F_k + G_k}{A} - \frac{M_k}{W} = \frac{560 + 20 \times 2 \times 3 \times 1.8}{3 \times 2} - \frac{55 + 40 \times 1.8}{2 \times 3^2/6}$$

$$= 129.3 - 42.3 = 87 \text{ kPa} > 0$$

$$p_k = \frac{F_k + G_k}{A} = \frac{560 + 20 \times 2 \times 3 \times 1.8}{3 \times 2} = 129.3 \text{ kPa} < f_a (满足要求)$$

③确定基础高度。拟取基础高度 $h = 600$ mm, 初步拟定采用二级台阶形基础, 如图 2.44 所示。

④柱基础抗冲切验算。基底净反力为:

$$p_{j\,min}^{j\,max} = \frac{F}{bl} \pm \frac{M}{W} = \frac{785}{3 \times 2} \pm \frac{77 + 56 \times 1.8}{2 \times 3^2/6}$$

$$= 130.8 \pm 59.3 = \frac{190.1}{71.5} (\text{kPa})$$

a. 验算柱边冲切。

$$h_0 = 600 - 40 - 10 = 550(\text{mm}) = 0.55(\text{m}), a_t = 0.4(\text{m})$$

$$a_b = a_t + 2h_0 = 0.4 + 2 \times 0.55 = 1.50 \text{ m} < b = 2 \text{ m}$$

$$a_m = (a_t + a_b)/2 = (0.4 + 1.5)/2 = 0.95(\text{m})$$

则:

$$F_l = p_{j\,max}A_1 = 190.1 \times [(1.5 - 0.3 - 0.55) \times 2 - (1 - 0.2 - 0.55)^2]$$

$$= 190.1 \times (1.3 - 0.062\,5) = 235.2(\text{kN})$$

$$0.7\beta_{hp}f_t a_m h_0 = 0.7 \times 1.0 \times 1.27 \times 10^3 \times 0.95 \times 0.55$$

$$= 464.5 \text{ kN} > F_l = 235.2 \text{ kN}(满足要求)$$

b. 验算台阶处的冲切。

$$h_{01} = 300 - 40 - 10 = 250(\text{mm}) = 0.25(\text{m}), a_t = 1.2(\text{m})$$

$$a_b = a_t + 2h_0 = 1.2 + 2 \times 0.25 = 1.70(\text{m}) < b = 2(\text{m})$$

$$a_m = (a_t + a_b)/2 = (1.2 + 1.7)/2 = 1.45(\text{m})$$

则:

$$F_l = p_{j\,max}A_1 = 190.1 \times [(1.5 - 0.9 - 0.25) \times 2 - (1 - 0.6 - 0.25)^2]$$

$$= 190.1 \times (0.7 - 0.02) = 129.3(\text{kN})$$

$$0.7\beta_{hp}f_t a_m h_{01} = 0.7 \times 1.0 \times 1.27 \times 10^3 \times 1.45 \times 0.25$$

$$= 322.3 \text{ kN} > 129.3 \text{ kN}(满足要求)$$

⑤基础底板配筋。柱边处阶宽高比为 $1.2/0.6 = 2 < 2.5$, 变阶处宽高比为 $0.6/0.3 = 2 < 2.5$, 且 $p_{j\,max} > 0$, 满足要求。

a. 基础长边方向。

I—I 截面(柱边)的净反力:

$$p_{j,\,I-I} = p_{j\,\min} + \frac{l + a_c}{2l}(p_{j\,\max} - p_{j\,\min}) = 71.5 + \frac{3 + 0.6}{2 \times 3} \times (190.1 - 71.5) = 142.7(\text{kPa})$$

I—I 截面(柱边)的边矩:

$$M_{I} = \frac{(l - l_c)^2}{48}[(2b + b_c)(p_{j\,\max} + p_{j,\,I-I}) + (p_{j\,\max} - p_{j,\,I-I})b]$$

$$= \frac{(3 - 0.6)^2}{48} \times [(2 \times 2 + 0.4)(190.1 + 142.7) + (190.1 - 142.7) \times 2] = 187(\text{kN} \cdot \text{m})$$

III—III截面(阶梯高度变化处)的净反力:

$$M_{III} = \frac{(l - l_1)^2}{48}[(2b + b_1)(p_{j\,\max} + p_{j,\,III-III}) + (p_{j\,\max} - p_{j,\,III-III})b]$$

$$= \frac{(3 - 1.8)^2}{48} \times [(2 \times 2 + 1.2)(190.1 + 166.4) + (190.1 - 166.4) \times 2] = 57(\text{kN} \cdot \text{m})$$

$$A_{s\,I} = \frac{M_{I}}{0.9h_0 f_y} = \frac{187 \times 10^6}{0.9 \times 550 \times 270} = 1\,400(\text{mm}^2)$$

$$A_{s\,III} = \frac{M_{III}}{0.9h_{01} f_y} = \frac{55.6 \times 10^6}{0.9 \times 250 \times 270} = 939(\text{mm}^2)$$

比较 $A_{s\,I}$ 和 $A_{s\,III}$,应按 $A_{s\,I}$ 配置钢筋,实际配Φ14@200。

钢筋根数为 $n = \frac{2\,000}{200} + 1 = 11$, $A_s = 1\,692\ \text{mm}^2 > A_{s\,I}$。

b. 短边方向。因该基础受单向偏心荷载作用,所以在基础短边方向的基底反力可按均布荷载计算:

$$p_j = \frac{p_{j\,\max} + p_{j\,\min}}{2} = \frac{190.1 + 71.5}{2} = 130.8(\text{kPa})$$

$$h_0 = 600 - 40 - 14 - 10 = 536(\text{mm})$$

$$h_{01} = 300 - 40 - 14 - 10 = 236(\text{mm})$$

II—II 截面(柱边):

$$M_{II} = \frac{p_j}{24}(b - b_c)^2(2l + a_c) = \frac{130.8}{24} \times (2 - 0.4)^2 \times (2 \times 3 + 0.6) = 92(\text{kN} \cdot \text{m})$$

$$A_{s\,II} = \frac{M_{II}}{0.9h_0 f_y} = \frac{92 \times 10^6}{0.9 \times 536 \times 270} = 707(\text{mm}^2)$$

IV—IV 截面(变阶处):

$$M_{IV} = \frac{p_j}{2A}(b - b_1)^2(2l + a_1) = \frac{130.8}{24} \times (2 - 1.2)^2 \times (2 \times 3 + 1.8) = 27.2(\text{kN} \cdot \text{m})$$

$$A_{s\,IV} = \frac{M_{IV}}{0.9h_{01} f_y} = \frac{27.2 \times 10^6}{0.9 \times 236 \times 270} = 475(\text{mm}^2)$$

比较 $A_{s\,II}$ 和 $A_{s\,IV}$,应按 $A_{s\,IV}$ 配置钢筋,实际配Φ10@200。

钢筋根数为 $n = \frac{3\,000}{200} + 1 = 16$, $A_s = 1\,256\ \text{mm}^2 > A_{s\,II}$。

【例2.15】　某钢筋混凝土柱下独立基础,已知混凝土柱截面尺寸为400 mm×700 mm,根据地基承载力计算的基础底面尺寸为 $l \times b = 4.5\ \text{m} \times 2\ \text{m}$。相应于荷载效应基本组合时,作用于

基础顶面的竖向力 $F = 2\ 250\ \mathrm{kN}$, $H = 80\ \mathrm{kN}$, $M = 450\ \mathrm{kN \cdot m}$。基础采用混凝土等级为 C25($f_t =$ $1.27\ \mathrm{N/mm^2}$),下设垫层。初拟基础高度 $h = 900\ \mathrm{mm}$。试验算基础高度能否满足设计要求? 如基础底板钢筋等级采用 HRB335 级($f_y = 300\ \mathrm{N/mm^2}$),试对该基础底板进行配筋计算并画出基础配筋图。

【解】 已知基础高度 $h = 900\ \mathrm{mm}$,分为两个台阶,每阶高度为 450 mm,基础平面及剖面尺寸如图 2.45 所示。

①基础底板净反力计算。作用于基础底面形心的力矩设计值:

$$\sum M = 450 + 80 \times 0.9 = 522(\mathrm{kN \cdot m})$$

基底净反力设计值:

$$p_{j\ min}^{j\ max} = \frac{F}{A} \pm \frac{\sum M}{W} = \frac{2\ 250}{2 \times 4.5} \pm \frac{522}{2 \times 4.5^2/6} = \frac{327.33}{172.67}(\mathrm{kPa})$$

平均净反力:

$$p_j = \frac{F}{A} = \frac{2\ 250}{2 \times 4.5} = 250(\mathrm{kPa})$$

基底净反力如图 2.46 所示。

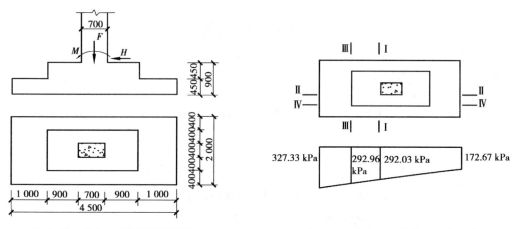

图 2.45 例 2.15 基础平剖面图   图 2.46 例 2.15 基底净反力示意图

②验算基础高度。$h_0 = 900 - 50 = 850(\mathrm{mm})$,因为基础短边:

$$a_t + 2h_0 = 0.4 + 2 \times 0.85 = 2.10\ \mathrm{m} > b = 2.0\ \mathrm{m}$$

所以,冲切破坏锥体落在基础底面以外,基础高度应按抗剪承载力要求进行验算。

a. Ⅰ—Ⅰ截面受剪承载力验算(柱边与基础交接处截面)。$b_{y1} = 2\ 000\ \mathrm{mm}$, $h_{01} = 850 - 450 = 400\ \mathrm{mm}$, $b_{y2} = 400 \times 3 = 1\ 200\ \mathrm{mm}$, $h_{02} = 450\ \mathrm{mm}$。

截面计算宽度:

$$b_{y0} = \frac{b_{y1}h_{01} + b_{y2}h_{02}}{h_{01} + h_{02}} = \frac{2\ 000 \times 400 + 1\ 200 \times 450}{400 + 450} = 1\ 576.47(\mathrm{mm})$$

剪力设计值:

$$V_s = p_j A = 250 \times 1.9 \times 2 = 950(\mathrm{kN})$$

$h_0 = 850\ \mathrm{mm} > 800\ \mathrm{mm}$, $\beta_{hs} = \left(\dfrac{800}{850}\right)^{1/4} = 0.98$,则:

$$0.7\beta_{hs}f_t A_0 = 0.7 \times 0.98 \times 1.27 \times 1\ 576.47 \times 850 \times 10^{-3}$$
$$= 1\ 167.43\ \mathrm{kN} > V_s = 950\ \mathrm{kN}(满足要求)$$

b. Ⅲ—Ⅲ截面受剪承载力验算(变阶处截面)。截面计算宽度 $b_{y0} = b_{y1} = 2\,000$ mm,截面计算高度 $h_{01} = 450 - 50 = 400$ (mm)。

剪力设计值:

$$V_s = p_j A = 250 \times 1 \times 2 = 500 (\text{kN})$$

$h_{01} = 400$ mm < 800 mm,$\beta_{hs} = 1$,则:

$$0.7\beta_{hs} f_t A_0 = 0.7 \times 1.0 \times 1.27 \times 2\,000 \times 400 \times 10^{-3}$$
$$= 711.2 \text{ kN} > V_s = 500 \text{ kN}(\text{满足要求})$$

所以,基础高度 $h = 900$ mm 满足要求。

③基础底板配筋计算。

a. 基础长边方向配筋计算。

对Ⅰ—Ⅰ截面,该截面处基底净反力设计值:

$$p_{j,\text{Ⅰ}-\text{Ⅰ}} = 172.67 + \frac{4.5 - 1.9}{4.5} \times (327.33 - 172.67) = 262.03 (\text{kPa})$$

该截面弯矩设计值:

$$M_{\text{Ⅰ}} = \frac{(l - l_c)^2}{48} \left[(2b + b_c)(p_{j\,\text{max}} + p_{j,\text{Ⅰ}-\text{Ⅰ}}) + (p_{j\,\text{max}} - p_{j,\text{Ⅰ}-\text{Ⅰ}})b \right]$$
$$= \frac{(4.5 - 0.7)^2}{48} \times \left[(2 \times 2 + 0.4)(327.33 + 262.03) + (327.33 - 262.03) \times 2 \right]$$
$$= 819.4 (\text{kN} \cdot \text{m})$$

截面计算高度 $h_0 = 900 - 50 = 850$ (mm)

所需钢筋 $A_{s\text{Ⅰ}} = \dfrac{M_{\text{Ⅰ}}}{0.9 h_0 f_y} = \dfrac{819.4 \times 10^6}{0.9 \times 300 \times 850} = 3\,570 (\text{mm}^2)$

最小配筋率 $A_{s\text{Ⅰ},\text{min}} = 0.15\% \times (2\,000 \times 450 + 1\,200 \times 450) = 2\,160$ mm$^2 < A_{s\text{Ⅰ}}$ (满足要求)

对Ⅲ—Ⅲ截面,该截面处基底净反力设计值:

$$p_{j,\text{Ⅲ}-\text{Ⅲ}} = 172.67 + \frac{4.5 - 1}{4.5} \times (327.33 - 172.67) = 292.96 (\text{kPa})$$

该截面弯矩设计值:

$$M_{\text{Ⅲ}} = \frac{(l - l_1)^2}{48} \left[(2b + b_1)(p_{j\,\text{max}} + p_{j,\text{Ⅲ}-\text{Ⅲ}}) + (p_{j\,\text{max}} - p_{j,\text{Ⅲ}-\text{Ⅲ}})b \right]$$
$$= \frac{(4.5 - 2.5)^2}{48} \times \left[(2 \times 2 + 1.2)(327.33 + 292.96) + (327.33 - 292.96) \times 2 \right]$$
$$= 276.3 (\text{kN} \cdot \text{m})$$

所需钢筋:

$$A_{s\text{Ⅲ}} = \frac{M_{\text{Ⅲ}}}{0.9 h_0 f_y} = \frac{276.3 \times 10^6}{0.9 \times 300 \times 400} = 2\,558 (\text{mm}^2)$$

比较以上Ⅰ—Ⅰ截面和Ⅲ—Ⅲ截面计算结果,长边方向配筋面积取 $A_{s\text{长边}} = A_{s\text{Ⅰ}} = 3\,570$ mm^2,分布在 $b = 2$ m 范围内。选用 HRB335 级钢筋Φ 18@150,则钢筋根数 $n = \dfrac{2\,000}{150} + 1 = 15$,实配钢筋 $A_s = 254.5 \times 15 = 3\,817$ mm$^2 > 3\,570$ mm^2

b. 基础短边方向配筋计算。

对Ⅱ—Ⅱ截面,该截面弯矩设计值:

$$M_{\text{Ⅱ}} = \frac{1}{48}(b - b_c)^2 (2l + a_c)(p_{j\,\text{max}} + p_{j\,\text{min}})$$

$$= \frac{1}{48} \times (2 - 0.4)^2 \times (2 \times 4.5 + 0.7) \times (327.33 + 172.67) = 258.7 (\text{kN} \cdot \text{m})$$

截面计算高度：

$$h_0 = 900 - (40 + 20 + 10) = 830 (\text{mm})$$

所需钢筋：

$$A_{s\text{II}} = \frac{M_{\text{II}}}{0.9 h_0 f_y} = \frac{258.7 \times 10^6}{0.9 \times 300 \times 830} = 1\ 154 (\text{mm}^2)$$

最小配筋率：

$$A_{s\text{II} \cdot \min} = 0.15\% \times (4\ 500 \times 450 + 2\ 500 \times 450) = 4\ 725 (\text{mm}^2) > A_{s\text{II}}$$

取 $A_{s\text{II}} = A_{s\text{II} \cdot \min} = 4\ 725\ \text{mm}^2$。

对 IV—IV 截面，该截面弯矩设计值：

$$M_{\text{IV}} = \frac{1}{48}(b - b_1)^2 (2l + a_1)(p_{j\max} + p_{j\min})$$

$$= \frac{1}{48} \times (2 - 1.2)^2 \times (2 \times 4.5 + 2.5) \times (327.33 + 172.96) = 76.7 (\text{kN} \cdot \text{m})$$

截面计算高度 $h_{01} = 450 - 70 = 380 (\text{mm})$。

所需钢筋：

$$A_{s\text{IV}} = \frac{M_{\text{IV}}}{0.9 h_{01} f_y} = \frac{76.7 \times 10^6}{0.9 \times 300 \times 380} = 748 (\text{mm}^2)$$

短边方向配筋面积取 $A_{s短边} = A_{s\text{II}} = 4\ 725\ \text{mm}^2$。

基础长短边之比 $\omega = l/b = 2.25$，因为 $2 < \omega < 3$，在与柱中心线重合且宽度为 $b = 2$ m 的板带范围内配筋面积为 $\lambda A_{s短边}$，其中 $\lambda = 1 - \frac{\omega}{6} = 0.625$，故：

$$\lambda A_{s短边} = 0.625 \times 4\ 725 = 2\ 953 (\text{mm}^2)$$

选用 HRB335 级钢筋 Φ 16@150，则钢筋根数 $n = \frac{2\ 000}{150} + 1 = 15$，实配钢筋面积：

$$A_{s\text{I}} = 201.1 \times 15 = 3\ 016.5\ \text{mm}^2 > 2\ 953\ \text{mm}^2$$

该板带两侧的配筋面积：

$$A_{s短边} - \lambda A_{s短边} = 4\ 725 - 2\ 953 = 1\ 772 (\text{mm}^2)$$

选用 HRB335 级钢筋 Φ 14@200，则钢筋根数 $n = \frac{4\ 500 - 2\ 000}{200} + 1 = 14$，实配钢筋面积：

$$A_{s2} = 153.9 \times 14 = 2\ 154\ \text{mm}^2 > 1\ 772\ \text{mm}^2$$

基础配筋大样如图 2.47 所示。

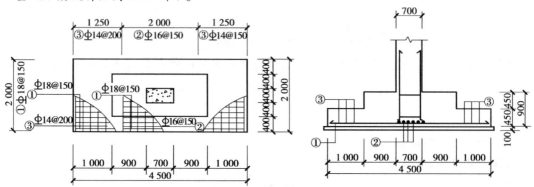

图 2.47　例 2.15 基础配筋大样

2.7.3 独立基础加防水板基础设计

独立基础加防水板是近年来伴随基础设计与施工发展而形成的一种新的基础形式(图2.48),其传力简单、明确且费用较低,在工程中应用相当普遍。

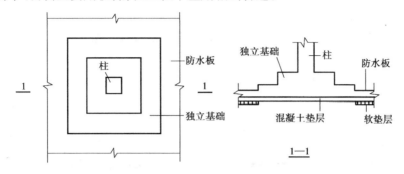

图2.48 独立基础加防水板基础的组成

1)构造要求

(1)软垫层特点

为实现结构设计构想,防水板下应采取设置软垫层(图2.48)的相应构造措施,确保防水板不承担或承担最少量的地基反力。软垫层应具有以下两方面的特点:

①软垫层应具有一定的承载能力,至少应能承担防水板混凝土浇筑时的重量及其施工荷载,并确保在混凝土达到设计强度前不致产生过大的压缩变形。

②软垫层应具有一定的变形能力,避免防水板承担过大的地基反力,以保证防水板的受力状况与设计相符。

(2)软垫层做法

①防水板下设置焦渣垫层。在防水板下设置焦渣垫层,利用焦渣垫层所具有的承载力承担防水板的自重及其施工荷载,并确保在防水板施工期间不致发生过大的压缩变形,同时在底板混凝土达到设计强度后,具有恰当的可压缩性。受焦渣材料供应及其价格因素的影响,焦渣垫层的应用正逐渐减少。

②防水板下设置聚苯板。近年来随着独立柱基加防水板基础应用的普及,聚苯板的应用也相当广泛。聚苯板来源稳定,施工方便快捷且价格低廉,在工程应用中获得了比较满意的技术经济效果。聚苯板应具有一定的强度和弹性模量,以能承担基础底板的自重及施工荷载。

当防水板的配筋由水浮力控制时,防水板受力钢筋的最小配筋率按《混凝土结构设计规范》(GB 50010—2010)第8.5.1条确定;为其他情况时,防水板受力钢筋的最小配筋率按《混凝土结构设计规范》(GB 50010—2010)第8.5.2条确定,不小于0.15%。

2)受力特点

①在独立基础加防水板中,防水板一般只用来抵抗水浮力,不考虑防水板的地基承载能力。独立基础承担全部结构荷载并考虑水浮力的影响。

②作用在防水板上的荷载有:地下水浮力 q_w、防水板自重 q_s 及其上建筑做法重量 q_a。在建筑物使用过程中,由于地下水水位变化,作用在防水板底面的地下水浮力也在不断改变,根据防水板所承担的水浮力的大小,可将独立柱基加防水板基础分为以下两种不同情况:

a. 当 $q_w \leq q_s + q_a$ 时(q_w、q_s 和 q_a 均为作用的基本组合时的设计值),建筑物的重量将全部由独立基础传给地基[图2.49(a)]。

b. 当 $q_w > q_s + q_a$ 时(q_w、q_s 和 q_a 均为作用的基本组合时的设计值),防水板对独立基础底面的地基反力起一定的分担作用,使独立基础底面的部分地基反力转移至防水板,并以水浮力的形式直接作用在防水板底面,这种地基反力的转移对独立基础的底部弯矩及剪力有加大的作用,并随水浮力的加大而增加[图2.49(b)]。

③在独基加防水板基础中,防水板是一种随荷载情况变化而变换支承情况的复杂板类构件。当 $q_w \leqslant q_s + q_a$ 时[图2.49(a)],防水板及其上部重量直接传给地基土,独立基础对其不起支承作用;当 $q_w > q_s + q_a$ 时[图2.49(b)],防水板在水浮力的作用下,将净水浮力[即 $q_w - (q_s + q_a)$]传给独立基础,并加大了独立基础的弯矩数值。

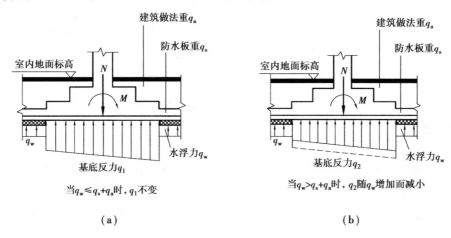

图2.49 独立基础加防水板基础的受力特点

3)计算原则

在独立基础加防水板基础中,独立基础及防水板一般可单独计算。

(1)防水板计算

①防水板的支承条件的确定。防水板可以简化成四角支承在独立基础上的双向板(支承边的长度与独立基础的尺寸有关,防水板属于以独立基础为支承的复杂受力双向板),如图2.50所示。

②防水板的设计荷载,如图2.49所示。

a. 重力荷载。防水板的重力荷载一般包括:防水板自重、防水板上部的填土重量、建筑地面重量、地下室地面的固定设备重量等。

b. 活荷载。防水板上的活荷载一般包括:地下室地面的活荷载、地下室地面的非固定设备重量等。

c. 水浮力。防水板的水浮力可按抗浮设计水位确定。

③荷载分项系数的确定。当地下水水位变化剧烈时,水浮力荷载分项系数按可变荷载分项系数确定,取1.4。

当地下水水位变化不大时,水浮力荷载分项系数按永久荷载分项系数确定,取1.35。

注意:防水板计算时,应根据重力荷载效应对防水板的有利或不利情况,合理取用永久荷载的分项系数。当防水板由水浮力效应控制时应取1.0。

④防水板应采用相关计算程序按复杂楼板计算,也可按无梁楼盖双向板计算。

⑤无梁楼盖双向板计算的经验系数法。

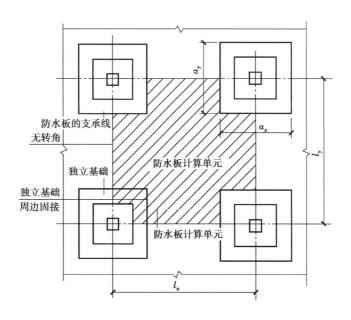

图 2.50　防水板的支承条件

a.防水板柱下板带及跨中板带弯矩的确定。按图2.51确定防水板的柱下板带和跨中板带。

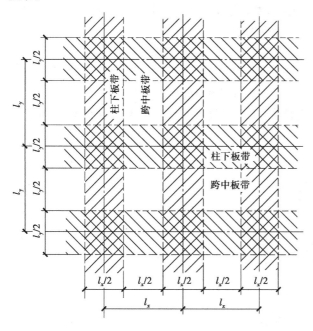

图 2.51　无梁楼盖的板带划分

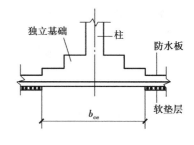

图 2.52　独立基础的有效宽度

b.防水板柱下板带及跨中板带弯矩的确定。按经验系数法计算时,应先算出垂直荷载产生的板的总弯矩设计值 M(即 M_x、M_y),然后按表2.19确定柱下板带和跨中板带的弯矩设计值。

对 x 方向板的总弯矩设计值,按下式计算:

$$M_x = q l_y (l_x - 2b_{ce}/3)^2/8 \qquad (2.65)$$

对 y 方向板的总弯矩设计值,按下式计算:

$$M_y = q l_x (l_y - 2b_{ce}/3)^2/8 \qquad (2.66)$$

式中　q——相应于作用的基本组合时,按竖向荷载设计时,kN/m²;

l_x, l_y——等代框架梁的计算跨度,即柱子中心线之间的距离,m;

b_{ce}——独立基础在计算弯矩方向的有效宽度(图 2.52),m。

表 2.19　柱下板带和跨中板带弯矩分配值(表中系数乘以 M)

截面位置		柱下板带	跨中板带
端跨	边支座截面负弯矩	0.33	0.04
	跨中正弯矩	0.26	0.22
	第一内支座截面负弯矩	0.50	0.17
内跨	支座截面负弯矩	0.50	0.17
	跨中正弯矩	0.18	0.15

注:①在总弯矩 M 不变的条件下,必要时允许将柱下板带负弯矩的10%分配给跨中板带。

　　②表中数值为无悬挑板时的经验系数,有较小悬挑板时仍可采用;当悬挑较大且负弯矩大于边支座截面负弯矩时,须考虑悬臂弯矩对边支座及内跨的影响。

(2)独立基础的计算

合理考虑防水板水浮力对独立基础的影响,是独立基础计算的关键。在结构设计中可采用包络设计的原则,按下列步骤计算。

①$q_w \leqslant q_s + q_a$ 时的独立基础计算。

此时的独立基础可直接按扩展基础相关规定计算,此部分的计算主要用于地基承载力的控制,相应的基础内力一般不起控制作用,仅可作为结构设计的比较计算。

②$q_w > q_s + q_a$ 时的独立基础计算。

a. 将防水板的支承反力(取最大水浮力计算),按四角支承的实际长度(也就是防水板与独立基础的交接线长度,当各独立基础平面尺寸相近或相差不大时,可近似取图 2.53 中的独立基础的底边总长度)转化为沿独立基础周边线性分布的等效线荷载 q_e 及等效线弯矩 m_e(图 2.53),并按下列公式计算:

沿独立基础周边均匀分布的线荷载:

$$q_e \approx \frac{q_{wj}(l_x l_y - a_x a_y)}{2(a_x + a_y)} \tag{2.67}$$

沿独立基础边缘均匀分布的线弯矩:

$$m_e \approx k q_{wj} l_x l_y \tag{2.68}$$

式中　q_{wj}——相应于作用的基本组合时,防水板的水浮力扣除防水板自重及其上地面重最后的数值,kN/m^2;

　　　l_x, l_y——x 向、y 向柱距,m;

　　　a_x, a_y——独立基础在 x 向、y 向的底面边长,m;

　　　k——防水板的平均固端弯矩系数,可按表 2.20 取值;其中 $a = \sqrt{a_x a_y}$,$l = \sqrt{l_x l_y}$。

表 2.20　防水板的平均固端弯矩系数

a/l	0.20	0.25	0.30	0.35	0.40	0.45	0.50	0.55	0.60	0.65	0.70	0.75	0.80
k	0.110	0.075	0.059	0.048	0.039	0.031	0.025	0.019	0.015	0.011	0.008	0.005	0.003

b. 根据矢量叠加原理,进行在普通均布荷载及周边线荷载共同作用下的独立基础计算,即在独立基础内力计算公式(2.61)、式(2.62)的基础上增加由防水板荷载(q_e、m_e)引起的内力,

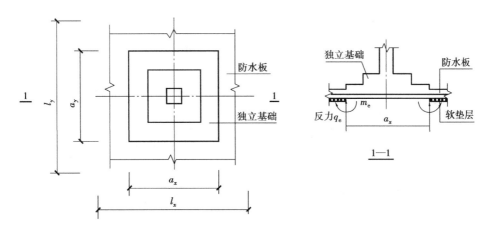

图 2.53　防水板传给独立基础的等效荷载

计算简图见图 2.54,计算过程如下:

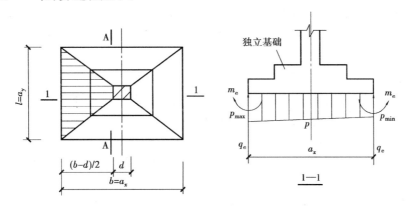

图 2.54　独立基础计算图

- 独立基础基底反力引起的内力计算。按本章扩展基础设计相关规定,进行普通均布荷载作用下独立基础的内力计算,注意此处均布荷载中应扣除防水板分担的水浮力,以图 2.54 柱边缘 A—A 为例,按公式(2.61)计算弯矩 M_{A1}、剪力 V_{A1}。

- 防水板对独立基础的基底边缘反力引起的附加内力计算。根据结构力学原理,结合独立基础底面反力的分块原则,进行周边线荷载作用下独立基础的内力计算。以图 2.54 柱边缘剖面 A—A 为例,计算弯矩为 $M_{A2} = [q_e(b-d)/2 + m_e]l$,剪力为 $V_{A2} = q_e l$。

- 将两部分内力叠加,进行独立基础的各项设计计算,以图 2.54 柱边缘剖面 A—A 为例,计算总弯矩为 $M_A = M_{A1} + M_{A2}$、总剪力为 $V_A = V_{A1} + V_{A2}$。

取上述①和②的大值进行独立基础的包络设计。

【例 2.16】　某办公楼,地下 1 层,地上 5 层,钢筋混凝土框架结构,轴网尺寸为 8 m × 8 m。采用独立基础加防水板基础:防水板及独立基础的混凝土强度等级均为 C30;防水板下设聚苯板垫层,厚度为 20 mm,强度不低于 15 kPa;柱下独立基础如图 2.55 所示,混凝土强度等级为 C30,受力钢筋采用 HRB400 级。相应于作用的基本组合时,作用在基础顶面的柱底轴向压力值 $N = 6\,480$ kN,基础及其以上填土的平均重度 $\gamma = 20$ kN/m³,地下水位高出地下室地面 1.8 m,基础做法如图 2.55 所示。试设计此基础(本例地基承载力验算、独基的抗冲切承载力验算等过程略)。

【解】　(1)防水板荷载的计算

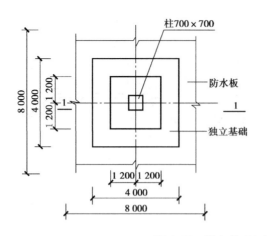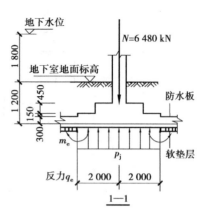

图 2.55 独立基础加防水板基础

防水板及其以上土重标准值 $q_{s1} = 20 \times 1.2 = 24 (\text{kN/m}^2)$。

防水板的水浮力标准值 $q_{sw} = 10 \times (1.2 + 1.8) = 30 (\text{kN/m}^2)$。

在地下水浮力控制的内力组合时,防水板的荷载设计值 $q_{wj} = 1.4 \times 30 - 1.0 \times 24 = 18 (\text{kN/m}^2)$。

(2)防水板传给独立基础的等效荷载计算

①沿独立基础周边均匀分布的等效线荷载设计值按公式(2.67)计算。

$$q_e \approx \frac{q_{wj}(l_x l_y - a_x a_y)}{2(a_x + a_y)} = \frac{18 \times (8 \times 8 - 4 \times 4)}{2 \times (4 + 4)} = 54 (\text{kN/m})$$

②沿独立基础边缘均匀分布的线弯矩设计值按公式(2.68)计算。$a = 4$ m,$a/l = 4/8 = 0.5$,查表 2.20,得 $k = 0.025$,则:

$$m_e \approx k q_{wj} l_x l_y = 0.025 \times 18 \times 8 \times 8 = 28.8 (\text{kN} \cdot \text{m/m})$$

(3)独立基础的其他荷载

①上部结构传给基础的相应于作用的基本组合时,作用在基础顶面的柱底轴向压力值 $N = 6\,480$ kN,则作用在基础底面的平均净反力值 $p_j = \dfrac{6\,480}{4 \times 4} = 405 (\text{kN/m}^2)$。

②水浮力较小($q_w \leqslant q_s + q_a$ 或无水浮力作用)时,相应于作用的基本组合时,独立基础底面的平均净反力值 $p_j = 405 (\text{kN/m}^2)$。

③水浮力较大($q_w > q_s + q_a$)时,用于基础设计的独立基础底面的平均压力设计值 $p_j = 405 - \dfrac{54 \times 4 \times 4}{4 \times 4} = 351 (\text{kN/m}^2)$。

(4)独立基础沿柱边缘截面的基础底面弯矩设计值计算

水浮力较大($q_w > q_s + q_a$)时,独立基础的基础底面弯矩分为两部分:一是由防水板抵抗水浮力引起的弯矩 M_{11},二是由 p_j 引起的弯矩 M_{12},即 $M_1 = M_{11} + M_{12}$。

①M_{11} 按矢量叠加原理计算,$M_{11} = 4 \times 54 \times (2 - 0.35) + 4 \times 28.8 = 471.6 (\text{kN} \cdot \text{m})$。

②M_{12} 按公式(2.55)计算。

$$M_{12} = \frac{p_j}{24}(l - l_c)^2(2b + b_c) = \frac{351}{24}(4 - 0.7)^2(2 \times 4 + 0.7) = 1\,385.6 (\text{kN} \cdot \text{m})$$

$$M_1 = M_{11} + M_{12} = 471.6 + 1\,385.6 = 1\,857.2 (\text{kN} \cdot \text{m})$$

(5)独立基础变阶处截面的基础底面弯矩设计算

同上,有 $M_2 = M_{21} + M_{22}$。

$$M_{21} = 4 \times 54 \times (2 - 1.2) + 4 \times 28.8 = 288 (\mathrm{kN \cdot m})$$

$$M_{22} = \frac{p_j}{24}(l - l_c)^2(2b + b_c) = \frac{351}{24}(4 - 2.4)^2(2 \times 4 + 2.4) = 389.4 (\mathrm{kN \cdot m})$$

$$M_2 = M_{21} + M_{22} = 288 + 389.4 = 677.4 (\mathrm{kN \cdot m})$$

(6)水浮力较小($q_w \leqslant q_s + q_a$ 或无水浮力作用)

此时,独立基础柱根截面的基础底面弯矩设计值计算,用于基础设计的独立基础底面的平均压力设计值 $p_j = 405$ kN/m²。

按公式(2.55)计算:

$$M_1 = \frac{p_j}{24}(l - l_c)^2(2b + b_c) = \frac{405}{24}(4 - 1.4)^2(2 \times 4 + 0.35) = 1\ 599\ \mathrm{kN \cdot m} < 1\ 857.2\ \mathrm{kN \cdot m}$$

(7)无地下水浮力作用

此时独立基础变阶处截面的基础底面弯矩设计值按公式(2.58)计算。

$$M_2 = \frac{p_j}{24}(l - l_c)^2(2b + b_c) = \frac{405}{24}(4 - 2.4)^2(2 \times 4 + 2.4) = 449.3\ \mathrm{kN \cdot m} < 677.4\ \mathrm{kN \cdot m}$$

(8)独立基础的配筋

按公式(2.40)计算柱边缘截面基础底面的配筋。

①柱边缘截面:

$$A_s \approx M_1 / (0.9 h_0 f_y) = 1\ 857.2 \times 10^6 / (0.9 \times 850 \times 360) = 6\ 744 (\mathrm{mm}^2)$$

②基础变阶处截面:

$$A_s \approx M_2 / (0.9 h_0 f_y) = 677.4 \times 10^6 / (0.9 \times 400 \times 360) = 5\ 277 (\mathrm{mm}^2)$$

基础底板的最小配筋率为0.15%,即 $A_{s\,\min} = 0.15\% \times 1\ 000 \times 900 = 1\ 350 (\mathrm{mm}^2)$。

在基础全宽度4 m范围内,配HRB400级钢筋 Φ 20@180(配筋面积为6 982 mm² > 6 744 mm² > $A_{s\,\min}$,满足)。

(9)防水板按无梁楼盖设计

已知 $b_{ce} = 4$ m,$l_x = l_y = 8$ m,$q = q_{wj} = 18$ kN/m²,按式(2.65)计算。

$$M_x = M_y = q l_y (l_x - 2 b_{ce} / 3)^2 / 8 = 18 \times 8(8 - 2 \times 4/3)^2 / 8 = 512 (\mathrm{kN \cdot m})$$

按表2.19的分配系数确定各截面的弯矩,并按公式(2.40)计算防水板的配筋,计算结果见表2.21。

表2.21　防水板各截面的弯矩及计算配筋

截面位置		柱下板带		跨中板带	
		弯矩 /kN · m	计算配筋 /(mm² · m⁻¹)	弯矩 /kN · m	计算配筋 /(mm² · m⁻¹)
端跨	边支座截面负弯矩	169.0	522	20.5	63
	跨中正弯矩	133.1	411	122.6	348
	第一内支座截面负弯矩	256.0	790	87.0	269.0
内跨	支座截面负弯矩	256.0	790	87.0	269.0
	跨中正弯矩	92.2	285	76.8	237

防水板(配筋由水浮力控制)单位宽度的构造配筋面积 $A_{s\,\min} = 0.2\% \times 1\ 000 \times 300 = 600$ mm²,柱下板带底面配HRB400级钢筋直径 Φ 12@140($A_s = 808$ mm² > 790 mm²,满足),其

余均按构造配筋要求配 HRB400 级钢筋直径Φ 12@180($A_s = 628$ mm^2 > $A_{s\min}$,满足)。

2.7.4　条基加防水板设计

条基加防水板基础是近年来随着基础设计与施工发展而形成的一种新的基础形式(图 2.56)。相对于独基加防水板基础,条基加防水板基础的受力更加直接,计算更加简单明确,因此在工程中应用相当普遍。条基加防水板基础与独基加防水板基础在受力特点及设计原则等方面有诸多相似之处,可对照 2.7.3 节。

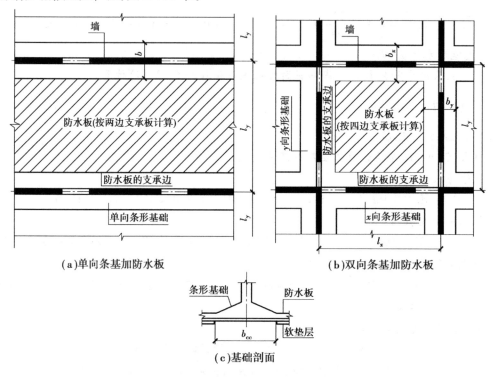

(a)单向条基加防水板　　　(b)双向条基加防水板

(c)基础剖面

图 2.56　条基加防水板基础的组成

1)构造要求

为实现结构设计构想,防水板下应采取设置软垫层的相应结构的构造措施(图 2.56)。软垫层的相关技术要求同 2.7.3 节的构造要求。

2)受力特点

在条基加防水板基础中,防水板的作用有两个:一是将自重及其上部填土重量直接或通过其下部设置的软垫层传给防水板下部的地基土;二是用来抵抗水浮力。由于防水板下设置软垫层,可不考虑防水板下的地基土对上部结构荷载的分担作用,条基承担上部结构的全部荷重。当水浮力达到某一量值时,防水板和条基共同承担水浮力(在条基加防水板基础中,条基及防水板一般可各自单独计算)。

考虑施工流程(降水施工)及建筑物使用过程中地下水水位变化的影响。当防水板不承担地下水浮力或承担的水浮力设计值 q_w 不大于防水板自重 q_s 及其上建筑做法重量 q_a 时(即 $q_w \leq q_s + q_a$,q_w、q_s 和 q_a 均为作用的基本组合时的设计值,即水浮力起控制作用时的荷载设计值,而不是荷载标准值),上部建筑物的重量将全部由条基传给地基[图 2.57(a)];当防水板承担地

下水浮力设计值 q_w 大于防水板自重 q_s 及其上建筑做法重量 q_a 时(即 $q_w > q_s + q_a$，q_w、q_s 和 q_a 含义同上)，防水板对条基底面的地基反力起一定的分担作用，使条基底面的部分地基反力转移至防水板，并以水浮力的形式直接作用在防水板底面，这种地基反力的转移对条基的底部弯矩有加大的作用，并随水浮力的加大而增加[图2.57(b)]。

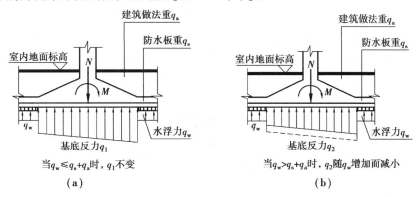

图2.57　条基加防水板基础的受力特点

在条基加防水板基础中，防水板是一种随荷载情况变化而变换支承情况的复杂板类构件。当 $q_w \leqslant q_s + q_a$ 时[图2.57(a)]，防水板及其上部重量直接传给地基土，条基对其不起支承作用；当 $q_w > q_s + q_a$ 时[图2.57(b)]，防水板在水浮力的作用下，将净水浮力[即 $q_w - (q_s + q_a)$]传给条基，并加大了条基的弯矩及剪力数值。

3)防水板计算

(1)单向条基时防水板的支承条件

单向条基时的防水板可以简化成两边支承在条基上的单向板，防水板按两端固定在条基上的单向板计算，防水板的计算跨度 l_0 可取防水板的净跨度 l_n(即相邻条基边缘之间的距离)，$l_0 = l_n$[图2.58(a)]。

(2)双向条基时防水板的支承条件

双向条基时的防水板可以简化成周边支承在条基上的双向板，防水板按周边固定在条基上的双向板计算，防水板的计算跨度 l_0 可取防水板的净跨度 l_n(即相邻条基边缘之间的距离)，$l_0 = l_n$[图2.58(b)]。

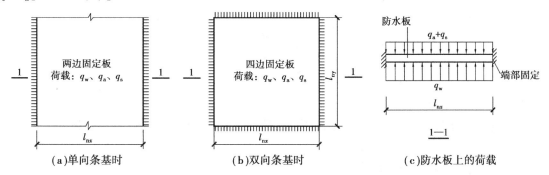

图2.58　防水板支承条件

(3)防水板的设计荷载

防水板的设计荷载如图2.58(c)所示。

①重力荷载。防水板上的重力荷载一般包括:防水板自重、防水板上部的填土重量、建筑地面重量、地下室地面的固定设备重量等。

②活荷载。防水板上的活荷载一般包括:地下室地面的活荷载、地下室地面的非固定设备重量等。

③水浮力。防水板的水浮力根据抗浮设计水位确定。

(4)荷载分项系数的确定

①当地下水水位变化剧烈时,水浮力荷载分项系数按可变荷载分项系数确定,取1.4。

②当地下水水位变化不大时,水浮力荷载分项系数按永久荷载分项系数确定,取1.35。

③防水板计算时,应根据重力荷载效应对防水板的有利或不利情况,合理取用永久荷载的分项系数,当防水板由水浮力效应控制时取1.0。

(5)防水板的设计计算

①单向条基之间的防水板按两端固接在条基上的单向板计算。

支座弯矩设计值:

$$M' = \frac{q(l-b)^2}{12} \tag{2.69}$$

跨中弯矩设计值:

$$M_0 = \frac{q(l-b)^2}{24} \tag{2.70}$$

支座剪力设计值:

$$V = \frac{q(l-b)}{2} \tag{2.71}$$

式中　q——垂直荷载设计值,kN/m^2;

　　　l——条基中心线之间的距离,m;

　　　b——条形基础的宽度(图2.56),m。

考虑防水板与条形基础在交接处并非完全固接的实际受力状态,防水板的跨中弯矩可适当放大,一般可取放大系数1.1。

②双向条基之间的防水板按周边固接在条基上的双向板计算。防水板的固端及跨中弯矩设计值,根据防水板的计算跨度 $l_{0x} = l_{nx} = l_x - b_y$、$l_{0y} = l_{yn} = l_y - b_x$,按《建筑结构静力计算手册(第二版)》表4-19计算。考虑防水板与条形基础在交接处并非完全固接实际受力状态,防水板的跨中弯矩可适当放大,一般可取放大系数1.1。

支座剪力设计值:

$$V = \frac{ql_n}{2} \tag{2.72}$$

式中　l_n——防水板的净跨度,m,取 l_{xn}、l_{yn} 的较小值。

4)条形基础计算

恰当考虑防水板水浮力对条形基础的影响,是条形基础计算的关键。在结构设计中可采用包络设计的原则,按下列步骤计算。

(1)$q_w \leq q_s + q_a$ 时的条形基础计算

此时的条形基础可直接按本章扩展基础设计相关规定进行计算。

(2)$q_w > q_s + q_a$ 时的条形基础计算

①将防水板的支承反力(取最大水浮力效应控制的组合计算),转化为沿条形基础边缘线性分布的等效线荷载 q_e 及等效线弯矩 m_e [图2.59(b)],并按下列公式计算:

a.沿单向条形基础边缘均匀分布的线荷载:

$$q_e = \frac{q(l-b)}{2} \tag{2.73}$$

b. 沿单向条形基础边缘均匀分布的线弯矩:

$$m_e = \frac{q(l-b)^2}{12} \tag{2.74}$$

式中 q——相应于作用的基本组合时防水板的荷载值,kN/m^2,荷载分项系数根据有利(或不利)原则,按《建筑结构荷载规范》(GB 50009—2012)第 3.2.4 条取值;

b——条形基础的底面宽度,m。

c. 沿双向条形基础边缘均匀分布的线荷载 q_e,采用等效方法计算,两方向线荷载数值相同,与防水板传给条形基础的剪力数值相等,方向相反,可按下式计算:

$$q_e = \frac{q l_n}{2} \tag{2.75}$$

式中 l_n——防水板的净跨度,m,取 l_{xn}、l_{yn} 的较小值。

当防水板为正方形板时,q_e 可取一定基础长度范围内的平均值,将式(2.75)的计算结果乘以小于 1 的折减系数,一般情况下可取 0.75。

d. 沿双向条形基础边缘均匀分布的线荷载 m_e 与防水板的固端弯矩数值相等,方向相反。当防水板为正方形板时,两个方向的 m_e 数值相同;当为矩形板时,两个方向的 m_e 数值不相同,按《建筑结构静力计算手册(第二版)》表 4-19 计算。

② 根据矢量叠加原理,进行在边缘线荷载[图 2.59(b)]及普通均布荷载[图 2.59(c)]共同作用下的条形基础计算,即在条形基础内力计算公式的基础上增加由防水板引起的内力。现以图 2.59(a)中墙根截面 Ⅰ—Ⅰ 为例,说明计算过程。

a. 防水板对条基的基底边缘反力引起的附加内力计算[图 2.59(b)],根据结构力学原理,进行边缘线荷载作用下条基的内力计算。

弯矩设计值为:

$$M_{I1} = \frac{q_e a_1^2}{2} + m_e a_1 \tag{2.76}$$

剪力设计值:

$$V_{I1} = q_e a_1 \tag{2.77}$$

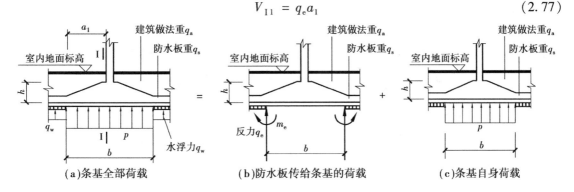

图 2.59 条形基础的荷载

b. 条形基础基底反力 p 引起的内力计算。按本章扩展基础设计相关规定,进行普通均布荷载作用下条形基础的内力计算[图 2.59(c)]。此处均布荷载中应扣除防水板分担的水浮力,弯矩设计值为 M_{I2}[按式(2.39)或式(2.45)计算]、剪力为 V_{I2}[按式(2.36)计算]。

c. 将两部分内力叠加,进行条形基础的各项设计计算,计算总弯矩为 $M_I = M_{I1} + M_{I2}$、总

剪力为 $V_{\text{I}} = V_{\text{I1}} + V_{\text{I2}}$。

（3）包络设计

取上述（1）和（2）的不利值进行条形基础的包络设计。

【例 2.17】 某会议楼采用条基加防水板基础，基础的混凝土强度等级为 C30，持力层的地基承载力特征值 $f_{\text{ak}} = 180\ \text{kPa}$。上部结构传给条形基础的相应于作用的基本组合时，墙厚度为 300 mm，底轴向压力 $N = 726\ \text{kN/m}$，基础及其上部填土的平均重度 $\gamma = 20\ \text{kN/m}^2$，地下水位高出地下室底面 1.5 m，基础平面见图 2.60。试设计此基础（本例地基承载力验算等过程略）。

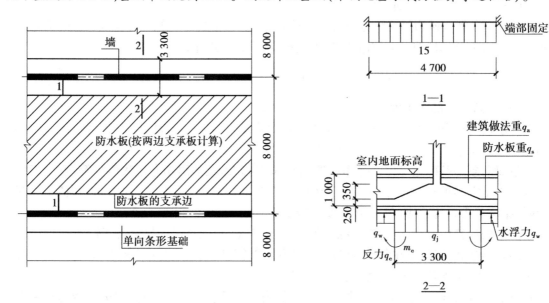

图 2.60 钢筋混凝土墙下单向条基加防水板基础设计

【解】 （1）防水板的荷载

防水板及其上部土重标准值 $q_{\text{s1}} = 20 \times 1.0 = 20(\text{kN/m}^2)$。

防水板的水浮力标准值 $q_{\text{sw}} = 10 \times (1.0 + 1.5) = 25(\text{kN/m}^2)$。

当由地下水浮力控制的内力组合时，防水板的荷载设计值 $q_{\text{wj}} = 1.4 \times 25 - 1.0 \times 20 = 15(\text{kN/m}^2)$。

（2）防水板设计

防水板计算简图见图 2.60 中剖面 1—1，支座弯矩设计值按式（2.69）计算：

$$M' = \frac{q(l-b)^2}{12} = \frac{15 \times (8-3.3)^2}{12} = 27.6(\text{kN} \cdot \text{m})$$

跨中弯矩按式（2.70）计算：

$$M_0 = \frac{q(l-b)^2}{24} = \frac{15 \times (8-3.3)^2}{24} = 13.8(\text{kN} \cdot \text{m})$$

考虑防水板与条形基础的实际支撑情况，跨中弯矩可乘放大系数 1.1，则 $M_0 = 1.1 \times 13.8 = 15.2(\text{kN} \cdot \text{m})$。

按式（2.40）计算防水板的纵向钢筋，得：

支座钢筋（板底钢筋）$A'_{\text{s}} = 27.6 \times 10^6/(0.9 \times 200 \times 360) = 426(\text{mm}^2)$。

跨中钢筋（板顶钢筋）$A_{\text{s}} = 15.2 \times 10^6/(0.9 \times 200 \times 360) = 235(\text{mm}^2)$。

防水板构造钢筋 $A_{\text{s min}} = 0.2\% \times 1\ 000 \times 250 = 500\ \text{mm}^2 > 426\ \text{mm}^2$。

构造钢筋：

板底按构造配筋,配 HRB400 级钢筋,直径 Φ 12@200($A'_s = 565\ \text{mm}^2 > 500\ \text{mm}^2$,满足)。

板顶按构造配筋,配 HRB400 级钢筋,直径 Φ 12@200($A'_s = 565\ \text{mm}^2 > 500\ \text{mm}^2$,满足)。

(3)防水板传给条形基础边缘的等效荷载设计值

防水板传给条形基础边缘的等效线荷载设计值按式(2.73)计算,$q_e = q(l-b)/2 = 15 \times (8-3.3)/2 = 35.3(\text{kN/m})$;传给条形基础边缘的等效线弯矩设计值按式(2.74)计算,$m_e = 27.6(\text{kN·m/m})$。

(4)条形基础上的其他荷载

①上部结构传给条形基础的相应于作用的基本组合时,墙底轴向压力设计值 $N = 726(\text{kN/m})$。

②基础及其以上土重标准值 $q_{F1} = 20 \times 1.0 = 20(\text{kN/m}^2)$。

③水浮力较小($q_w \leq q_s + q_a$ 或无水浮力作用)时,相应于作用的基本组合时,独立基础底面的净平均压力值 $p_j = \dfrac{726}{1 \times 3.3} = 220(\text{kN/m}^2)$。

④水浮力较大($q_w > q_s + q_a$)时,用于基础设计的独立基础底面的平均压力设计值 $p_j = 220 - \dfrac{2 \times 35.3}{3.3} = 198.6(\text{kN/m}^2)$。

(5)条形基础的最大弯矩截面

基础最大弯矩截面位于墙边缘,即 $a_1 = \dfrac{3.3-0.3}{2} = 1.5(\text{m})$,$h_0 = h - a = 600 - 50 = 550(\text{mm})$。

(6)墙根截面的基础底面弯矩设计值计算

条形基础的基础底面弯矩分为两部分:一是由防水板抵抗水浮力引起的弯矩 M_1,二是由 q_j 引起的弯矩 M_2,即 $M = M_1 + M_2$。

①M_1 按矢量叠加原理计算,$M_1 = 35.3 \times (3.3-0.3)/2 + 27.6 = 80.6(\text{kN·m})$。

②M_2 按式(2.39)计算,$M_2 = 1/8 p_j (b-a)^2 = 1/8 \times 198.6 \times (3.3-0.3)^2 = 223.4(\text{kN·m})$。
$$M = M_1 + M_2 = 80.6 + 223.4 = 304(\text{kN·m})$$

(7)水浮力较小($q_w \leq q_s + q_a$ 或无水浮力作用)时,条形基础墙根截面的基础底面弯矩设计值计算

此情况下,条形基础底面的弯矩全部由地基净反力(及条基下的水浮力)引起,按式(2.39)计算:

$$M = \frac{1}{8} p_j (b-a)^2 = 1/8 \times 220 \times (3.3-0.3)^2 = 247.5\ \text{kN·m/m} < 304\ \text{kN·m/m}。$$

(8)条形基础的最大弯矩及配筋

条形基础的最大弯矩 $M = 304(\text{kN·m/m})$,基础底面配筋按式(2.40)计算:

$$A_s = 304 \times 10^6 / (0.9 \times 360 \times 550) = 1\ 706(\text{mm}^2)$$

基础构造钢筋 $A_{s\,\min} = 0.15\% \times 1\ 000 \times 600 = 900(\text{mm}^2)$。

每延米基础配 HRB400 级钢筋,Φ 16@100($A_s = 2\ 011\ \text{mm}^2 > 1\ 706\ \text{mm}^2$,满足)。

(9)最大剪力截面及截面验算

最大剪力计算部位位于墙边缘,最大剪力由两部分组成:一是防水板传给基础边缘的线荷载 q_e,二是由均布荷载 q_j 引起的,则 $V_{\max} = 35.3 + 198.6 \times 1.5 = 333.2(\text{kN/m})$。

每延米基础的抗剪承载力按式(2.37)计算:

$$[V_s] = 0.7\beta_h f_t A_0 = 0.7 \times 1.0 \times 1.43 \times 1\,000 \times 550 = 550\,550\ \text{N}$$
$$= 550.55\ \text{kN} > 333.2\ \text{kN}(满足)$$

2.8 减轻不均匀沉降危害的措施

通常地基会产生一些不均匀沉降,对建筑物安全影响不大,可以通过预留沉降标高加以解决。但地基不均匀沉降超过限度时,会使建筑物损坏或影响其使用功能。特别是高压缩性土、膨胀土、湿陷性黄土以及软硬不均等不良地基上的建筑物,由于总沉降量大,相应的不均匀沉降也较大。因此,如果设计时考虑不周,就更易因不均匀沉降而开裂损坏。

1)不均匀沉降产生的原因

根据地基沉降计算公式 $s = \dfrac{\sigma h}{E_s}$ 分析可知:

①附加应力 σ 相差悬殊,如建筑物高低层交界处,上部荷载突变,将产生不均匀沉降。

②地基压缩层厚度 h 相差悬殊,或软弱土层厚薄变化大,如苏州虎丘塔,因地基压缩层厚度两侧相差一倍多,导致塔身严重倾斜与开裂。

③地基土的压缩模量 E_s 相差悬殊。地基持力层水平方向软硬交界处,产生不均匀沉降。

2)不均匀沉降引起墙体裂缝的形态

不均匀沉降常引起砌体承重结构开裂,尤其是在墙体窗口门洞的角位处。裂缝的位置和方向与不均匀沉降的状况有关。不均匀沉降引起墙体开裂的一般是斜裂缝下的基础(或部分基础)沉降较大。如果墙体中间部分的沉降比两端部大("碟形沉降"),则墙体两端部的斜裂缝将呈"八"字形。墙体长度大时,还在墙体中部下方出现近乎竖直的裂缝。如果墙体两端部的沉降大("倒碟形沉降"),则斜裂缝将呈倒置"八"字形。当建筑物各部分的荷载或高度差别较大时,重、高部分的沉降也常较大,并导致轻、低部分产生斜裂缝。

对框架等超静定结构来说,各柱的沉降差必将在梁柱等构件中产生附加内力。当这些附加内力与设计荷载作用下的内力之和超过构件的承载能力时,梁、柱端和楼板将会出现裂缝。

防止和减轻不均匀沉降造成的损害,一直是建筑设计中的重要课题。通常可从两个方面考虑:一是采取措施增强上部结构和基础对不均匀沉降的适应能力;二是采取措施减少不均匀沉降或总沉降量。具体的措施有:

①采用柱下条形基础、筏形基础或箱形基础等连续基础,以减少地基的不均匀沉降。

②采用桩基或其他深基础,以减少总沉降量和不均匀沉降。

③对地基进行人工处理后采用浅基础方案。

④从地基、基础、上部结构相互作用的观点出发,在建筑、结构和施工等方面采取措施,以增强上部结构对不均匀沉降的适应能力。

前3类措施造价偏高,有的需要具备一定的施工条件才能采用。因此,对于一般的中小型建筑物,应首先考虑在建筑、结构和施工方面采取减轻不均匀沉降危害的措施,必要时才采用其他的地基基础方案。

2.8.1 建筑措施

1)建筑物的体型应力求简单

体型简单的建筑物,整体刚度大,抵抗变形的能力强。因此,在满足使用要求的前提下,软弱地基上的建筑物应尽量采用简单的体型,如等高的"一"字形。实践表明,这样的建筑物地基受荷均匀,能减少开裂。

平面形状复杂的建筑物,如"L""T""H"形等建筑物,由于基础密集、地基附加应力互相重叠,在建筑物转折处的沉降比别处大。这类建筑物的整体性又差,各部分的刚度不对称,因而很容易因地基不均匀沉降而开裂。容易开裂部位如图 2.61 所示。

建筑物高低变化太大,在高度突变部位,由于荷载不一而产生过量的不均匀沉降。例如,软土地基上紧连的高差超过一层的砌体承重结构房屋,低者很容易开裂(图 2.62)。因此,当地基软弱时,建筑物相连接的部位高差以不超过一层为宜。

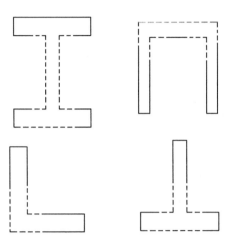

图 2.61　建筑平面复杂,易因不均匀沉降产生
开裂的部位示意(虚线处)

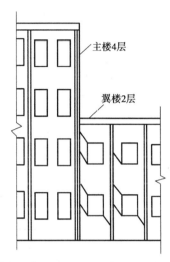

图 2.62　建筑物因高差太大而开裂

建筑物在平面上的长度和从基础底面起算的高度之比,称为建筑物的长高比。长高比大的砌体承重房屋,其整体刚度差,纵墙很容易因挠曲过度而开裂(图 2.63)。调查结果表明,当预估的最大沉降量超过 120 mm 时,对 3 层和 3 层以上的房屋,长高比不宜大于 2.5;对平面简单、内外墙贯通、横墙间隔较小的房屋,长高比的控制可适当放宽,但一般不大于 3.0。不符合上述要求时,一般要设置沉降缝。

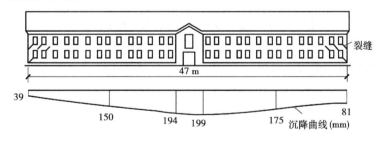

图 2.63　建筑物因长高比过大而开裂

合理布置纵横墙,是增强砌体承重结构房屋整体刚度的重要措施之一。当地基不良时,应尽量使内外纵墙不转折或少转折,内横墙间距不宜过大,且与纵墙之间的连接应牢靠,必要时还应增强基础的刚度和强度。

2)设置沉降缝

当建筑物的体型复杂或长高比过大时,宜根据其平面形状和高度差异情况,在适当部位用沉降缝将建筑物(包括基础)分割成两个或多个独立的沉降单元。一般每个单元应体型简单、长高比小、结构类型相同以及地基比较均匀。这样的沉降单元具有较大的整体刚度,沉降比较均匀,一般不会再开裂。

建筑物的下列部位,宜设置沉降缝:

①建筑物平面的转折部位。

②建筑物高度或荷载差异处。

③长高比过大的砌体承重结构或钢筋混凝土框架结构的适当部位。

④地基土的压缩性有显著差异处。

⑤建筑结构或基础类型不同处。

⑥分期建造房屋的交界处。

⑦拟设置伸缩缝处(沉降缝可兼作伸缩缝)。

沉降缝应有足够的宽度,以防止缝两侧的结构相向倾斜而相互挤压。缝内一般不得填塞材料(寒冷地区需填松软材料)。沉降缝的宽度按现行规范规定采用(表2.22)。

表2.22　房屋沉降缝的宽度

房屋层数	沉降缝宽度/mm
二~三	50~80
四~五	80~120
五层以上	不小于120

如果沉降缝两侧的结构可能发生严重的相向倾斜,可以考虑将两者拉开一段距离,其间另外用能自由沉降的静定结构连接。对于框架结构,还可以选取其中两跨(一个开间)改成简支或悬挑跨,使建筑物分为两个独立的沉降单元,如图2.64所示。

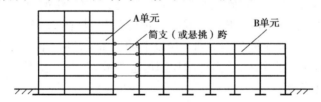

图2.64　用简支(或悬挑)跨分割沉降单元示意图

有防渗要求的地下室一般不宜设置沉降缝。因此,对于具有地下室和裙房的高层建筑,为减少高层部分与裙房间的不均匀沉降,常在施工时采用后浇带将两者断开,待两者间的后期沉降差能满足设计要求时再连接成整体。

3)合理确定相邻建筑物的间距

当两基础相邻过近时,由于地基附加应力扩散和叠加影响,会使两基础的沉降比各自单独存在时增大很多。因此,在软弱地基上,两建筑物的距离太近时,相邻影响产生的附加不均匀沉降可能造成建筑物的开裂或互倾。这种相邻影响主要表现为:

①同期建造的两相邻建筑物之间会彼此影响,特别是当两建筑物自重(或高低)差别较大时,轻者受重者的影响较大。

②原有建筑物受邻近新建重型或高层建筑物的影响。

相邻建筑物基础之间所需的净距,应按现行规范规定选用(表2.23)。表2.23说明,决定基础间净距的主要指标是被影响建筑的刚度和影响建筑的预估平均沉降量。后者综合反映了地基的压缩性、建筑的规模和自重等因素的影响。

表 2.23　相邻建筑物基础间的净距

被影响建筑的长高比 影响建筑的预估平均沉降量 s/mm	$2.0 \leqslant L/H_f < 3.0$	$3.0 \leqslant L/H_f < 5.0$
70~150	2~3	3~6
160~250	3~6	6~9
260~400	6~9	9~12
>400	9~12	≥12

注：①表中 L 为建筑物长度或沉降缝分割的单元长度，m；H_f 为自基础底面标高算起的建筑物高度，m。

②当被影响建筑的长高比为 $1.5 < L/H_f < 2.0$ 时，其间净距可适当缩小。

4）建筑物标高的控制与调整

沉降改变了建筑物原有的标高，严重时将影响建筑物的使用功能，应根据可能产生的不均匀沉降采取以下措施进行调整：

①室内地坪或地下设施的标高，应根据预估的沉降量予以提高。建筑物各部分（或设备之间）有联系时，可将沉降较大者的标高提高。

②建筑物与设备之间应留有净空。当建筑物有管道穿过时，应采用柔性的管道接头等。

2.8.2　结构措施

1）减轻建筑物的自重

建筑物的自重（包括基础及上覆土重）在基底压力中所占的比例很大，据估计，工业建筑为 1/2 左右，民用建筑可达 3/5 以上。因此，减轻建筑物自重可以有效地减少地基沉降量。具体措施有：

①采用空心砌块、多孔砖或其他轻质墙体以减轻墙体自重。

②选用轻型结构，如采用预应力混凝土结构、轻钢结构及各种轻型空间结构。

③减少基础及其上回填土的重量，可以选用覆土少、自重轻的基础形式，如壳体基础、空心基础等；如室内地坪较高，可采用架空地板代替室内填土。

2）设置圈梁

圈梁可以提高砌体结构抵抗弯曲的能力，即增强建筑物的抗弯刚度，这对防止砖墙出现裂缝和阻止裂缝开展是一项有效的措施。当建筑物产生碟形沉降时，墙体产生正向挠曲，下层的圈梁将起作用；反之，墙体产生反向挠曲时，上层的圈梁则起作用。由于不容易正确估计墙体的挠曲方向，故通常在房屋的上、下方都设置圈梁。

圈梁的设置，可在多层房屋的基础面附近和顶层门窗顶处各设置一道，其他各层隔层设置，必要时也可在窗顶或楼板下面层设置。对于单层工业厂房、仓库，可结合基础梁、连系梁、过梁等酌情设置。

圈梁应设置在外墙、内纵墙及主要内横墙上，并宜在平面内连成封闭系统。当无法连通（如某些楼梯间的窗洞处）时，应按图 2.65 所示的要求利用搭接圈梁进行搭接。如果墙体因开洞过大而受到严重削弱,且地基又很柔软时,还可考虑在削弱部位适当配筋,或利用钢筋混凝土边框加强。

圈梁有两种。一种是钢筋混凝土圈梁[图 2.66(a)]。梁宽一般同墙厚,梁高不应小于 120 mm。混凝土强度等级为 C20,纵向钢筋不宜少于 4 Φ 8,绑扎接头的搭接长度按受力钢筋考虑,箍筋间距不宜大于 300 mm,兼作跨度较大的门窗过梁时按过梁计算另加钢筋。另一种是钢筋砖圈梁[图 2.66(b)],即在水平灰缝内夹筋形成钢筋砖带,高度为 4 ~ 6 皮砖,用 M5 砂浆砌筑,水平通长钢筋不宜少于 6 Φ 6,水平间距不宜大于 120 mm,分上、下两层设置。

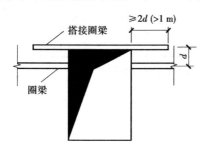

图 2.65　圈梁被墙洞中断时的搭接

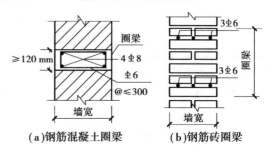

(a)钢筋混凝土圈梁　　(b)钢筋砖圈梁

图 2.66　圈梁截面示意

3)设置基础梁

钢筋混凝土框架结构对不均匀沉降很敏感,很小的沉降差异就足以引起较大的附加应力。对于采用单独柱基的框架结构,基础间应设置基础梁(图 2.67)以加大结构刚度、减少不均匀沉降。基础梁的设置常带有一定经验性(仅起承重墙作用时例外),其底面一般置于基础表面(或略高些),过高则作用下降,过低则施工不便。基础梁的截面高度可取柱距的 1/14 ~ 1/8,上下均匀通长配筋,每侧配筋率为 0.4% ~ 1.0%。

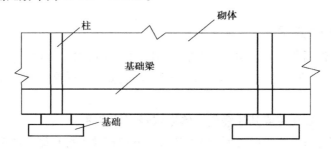

图 2.67　支承墙体的基础梁

4)减小或调整基底附加压力

①设置地下室或半地下室,其作用之一是以挖除的土重去补偿一部分甚至全部的建筑物自重,从而达到减小基底附加压力和沉降的目的。地下室(或半地下室)还可以只设置于建筑物荷载特别大的部位,通过这种方法可以使建筑物各部分的沉降趋于均匀。

②调整基底尺寸。为了减小沉降差异,可以将荷载大的基础的底面积适当加大。

5)采用对不均匀沉降欠敏感的结构形式

砌体承重结构、钢筋混凝土框架结构对不均匀沉降很敏感,而排架、三铰拱(架)等铰接结构则对不均匀沉降有很大的顺从性,支座发生相对位移时不会引起很大的附加应力,故可以避免不均匀沉降的危害。铰接结构通常只适用于单层的工业厂房、仓库和某些公共建筑。必须注意,严重的不均匀沉降仍会对这类结构的屋盖系统、围护结构、吊车梁及各种纵、横联系构件造成损害。因此,应采取相应的防范措施,如避免用连续吊车梁及刚性屋面防水层、墙面加设圈梁等。

油罐、水池等构筑物的基础底板常采用柔性底板,以便更好地适应不均匀沉降。

图 2.68 所示为建造在软土地基上的某仓库所用的三铰门架结构,使用效果良好。

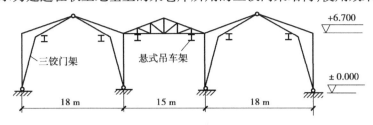

图 2.68　某仓库三铰门架结构

2.8.3　施工措施

在软弱地基上施工,采用合理的施工顺序和施工方法至关重要,这也是减小或调整不均匀沉降的有效措施。

1)遵照先重(高)后轻(低)的施工程序

当拟建的相邻建筑物之间轻重(或低高)悬殊时,一般应按照先重高后轻(低)的程序进行施工,必要时还应在重建筑物竣工后间歇一段时间,再建造轻的邻近建筑物。如果重的主体建筑物与轻的附属部分相连时,也应按上述原则处理。

2)注意堆载、沉桩和降水等对邻近建筑物的影响

在已建成的建筑物周围,不宜堆放大量的建筑材料或土方等重物,以免地面堆载引起建筑物产生的附加沉降。

拟建的密集建筑群内如有采用桩基础的建筑物,桩的设置应首先进行,并应注意采用合理的沉桩顺序。

在进行降低地下水水位及开挖深基坑时,应密切注意对邻近建筑物可能产生的不利影响,必要时可以采用设置截水帷幕、控制基坑变形量等措施。

3)注意保护坑底土(岩)体

在淤泥及淤泥质土地基上开挖基坑时,要注意尽可能不扰动土的原状结构。在雨期施工时,要避免坑底土体受雨水浸泡。通常的做法是:在坑底保留大约厚 300 mm 的原土层,待施工混凝土垫层时才用人工临时挖去。如发现坑底软土被扰动,可挖去扰动部分,用砂、碎石(砖)等回填处理。

当基础埋置在易风化的岩层上,施工时应在基坑开挖后立即铺筑垫层。

习　题

2.1　某柱下独立基础,基础宽度 $b=1.5$ m,埋深 $d=1.6$ m,基底反力的偏心距 $e=0.01$ m。地基土为粉土,基础底面上下土重度 $\gamma=17.8$ kN/m³,内摩擦角标准值 $\varphi_k=22°$,黏聚力标准值 $c_k=1.2$ kPa,试确定地基承载力特征值。(答案:121.5 kPa)

2.2　某住宅采用墙下条形基础,建于粉质黏土地基上,未见地下水。由载荷试验确定的地基承载力特征值为 220 kPa,基础埋深 $d=1.0$ m,基础底面以上土的平均重度 $\gamma_m=18$ kN/m³,天

然孔隙比 $e = 0.70$,液性指数 $I_L = 0.80$,基础底面以下土的平均重度 $\gamma = 18.5 \text{ kN/m}^3$,基底荷载标准值 $P_k = 300 \text{ kN/m}^2$,试计算修正后的地基承载力。(答案:$f_a = 234.4 \text{ kPa}$)

2.3 某中砂土的重度 $\gamma = 18.0 \text{ kN/m}^3$,地基承载力标准值为 $f_{ak} = 280 \text{ kPa}$。试设计一方形截面柱的基础,作用在基础顶面的轴心荷载标准值 $F_k = 1.05 \text{ MN}$,基础埋深为 1.0 m。试确定方形基础底面尺寸。(答案:1.9 m × 1.9 m)

2.4 某柱下独立基础底面尺寸为 3 m × 5 m,$F_{k1} = 1\ 500 \text{ kN}$,$F_{k2} = 300 \text{ kN}$,$M_k = 90 \text{ kN·m}$,$V_k = 20 \text{ kN}$,如图 2.69 所示。基础埋深为 1.5 m,基础及填土自重 $\gamma_G = 20 \text{ kN/m}^3$。试计算基础底面偏心距和基底最大压力。若 $F_{k1} = 300 \text{ kN}$,$F_{k2} = 1\ 500 \text{ kN}$,$M_k = 900 \text{ kN·m}$,$V_k = 200 \text{ kN}$,则基础底面偏心距和基底最大压力为多少?(答案:0.127 m,172.9 kPa;0.871 m,306.9 kPa)

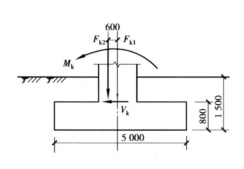
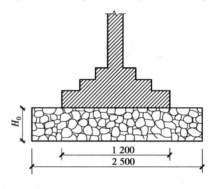

图 2.69 习题 2.4 图   图 2.70 习题 2.5 图

2.5 某毛石基础如图 2.70 所示,荷载效应标准组合时基础底面处的平均压力值为 110 kPa,基础中砂的强度等级为 M5,试问基础高度 H_0 至少应取多少?(答案:975 mm)

2.6 已知某承重外墙,墙体传至室内外设计地坪平均标高处的荷载 $F_k = 160 \text{ kN/m}$,$M_k = 16 \text{ kN·m}$。基础埋置深度 $d = 1.0 \text{ m}$,基础宽度为 1.3 m,地基土层情况如图 2.71 所示。试验算基础宽度是否满足承载力要求。(答案:基底平均压力 $P_k = 147.6 \text{ kPa} < f_a = 173.125 \text{ kPa}$,持力层承载力满足要求;$P_z + P_{cz} = 100.84 \text{ kPa} < f_{az} = 120.5 \text{ kPa}$,软弱下卧层承载力满足要求)

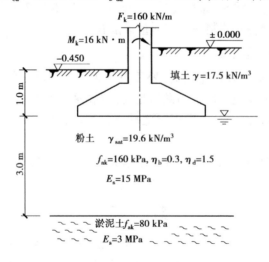

图 2.71 习题 2.6 图

2.7 如图 2.72 所示,某建筑采用柱下独立基础,基础底面尺寸为 3.7 m × 2.2 m,柱截面尺寸为 0.7 m × 0.4 m。作用在基础顶面的荷载效应基本组合值 $F = 1\ 900 \text{ kN}$,弯矩 $M = 80 \text{ kN·m}$,水平力 $H = 20 \text{ kN}$,锥形基础高 800 mm。试计算基础弯矩设计值。(答案:

96 kN·m)

2.8 某锥形基础如图 2.73 所示,底面尺寸为 2.5 m×2.5 m,采用 C20 混凝土,作用在基础顶面的荷载效应基本组合值为 $F=556$ kN,$M=80$ kN·m,柱截面尺寸为 0.4 m×0.4 m,基础高 0.5 m。试验算基础抗冲切承载力能否满足要求?(答案:$F_1=182.6$ kN $\leqslant 0.7\beta_{hp}f_ta_mh_0=304.6$ kN,满足)

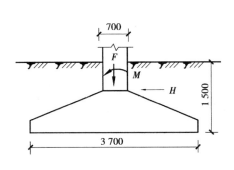

图 2.72　习题 2.7 图

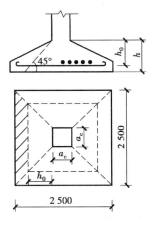

图 2.73　习题 2.8 图

第 3 章　连续基础

柱下条形基础、筏形基础和箱形基础称为连续基础。采用这类基础,一般是为了满足建筑物(如干船坞、电厂冷却塔和干贮油库等)特定用途的需求,大多数则是为了扩大基础底面面积,以满足地基承载力和变形的要求,并依靠基础的连续性和刚度来加强建筑物的整体刚度,有利于减小地基变形对上部构造的影响和沉降,从而改善建筑物的抗震性能。对于箱形基础和筏形基础,当埋置深度较大时,基底以上被挖除土的重量对建筑物传来的荷载具有补偿作用,从而使地基的附加应力及沉降减小。

连续基础在地基平面上一个或两个方向的尺度与其竖截面高度相比较大,一般可以看作是地基上的受弯构件——梁或板。它们的挠曲特征、基底反力和截面内力分布,都与地基、基础以及上部结构的相对刚度特征有关。因此,应该从三者相互作用的观点出发,采用适当的方法进行地基上梁或板的分析与设计。

3.1　地基、基础和上部结构共同作用

目前,地基基础的常规设计方法仍以力学分析中的隔离体法为主,即上部结构、基础和地基三者分开考虑,视为彼此相互独立的结构单元(图 3.1)。这种方法忽略了地基、基础和上部结构在接触部位的变形协调条件,其后果是底层和边跨梁柱的实际内力大于计算值,而基础的实际内力则比计算值小得多。因此,合理的设计方法应该将地基、基础和上部结构视为整体,考虑接触部分的变形协调条件来计算其内力和变形。该方法称为地基基础与上部结构的共同作用分析。

共同作用地基基础设计时,应根据地基、基础和上部结构的各自刚度进行变形协调计算,使在外荷载作用下,上部结构与基础间、基础与地基间的接触面处变形一致,从而求出接触面处的内力分布。然后把三者独立分开,以外荷载和接触面的内力作为外力,分别计算各自的应力和变形。了解地基、基础与上部结构相互作用的概念,有助于掌握各类基础的性能和特性,更好地设计地基基础方案。尤其是在地基比较复杂时,如果能从上部结构方面配合采取适当的建筑、结构、施工等不同措施,往往会取得合理、经济的效果。

3.1.1　地基与基础的相互作用

1)基底反力分布规律

建筑物基础的沉降、内力以及地基反力分布,除与地基因素有关外,还受基础及上部结构的制约。为了便于分析基底反力分布规律,这里只限于考虑基础本身刚度的作用而忽略上部结构的影响。为了建立基本概念,先讨论柔性基础和刚性基础两种情况。

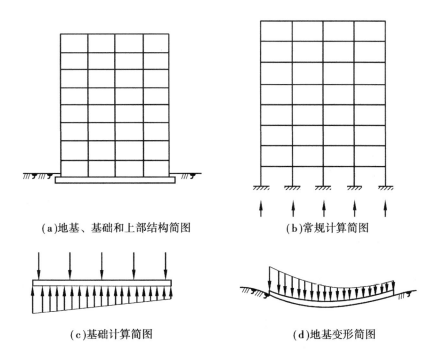

(a)地基、基础和上部结构简图 　　　　　(b)常规计算简图

(c)基础计算简图 　　　　　　　　　　(d)地基变形简图

图3.1　不考虑共同作用的地基基础设计

（1）柔性基础

抗弯刚度很小的基础可视为柔性基础。柔性基础可随着地基变形而任意弯曲,因其缺乏刚度,不能调整基底不均匀沉降,因此柔性基础不能扩散应力,基底反力分布与基础上的荷载分布完全一致(图3.2)。

按弹性半空间理论得到的计算结果以及工程实践经验都表明,均布荷载下柔性基础的沉降呈碟形,即中部大、边缘小,如图3.2(a)所示。缺乏刚度的基础,由于无力调整基底的不均匀沉降,就不可能使传至基底的荷载改变其原来的分布情况。显然,要使柔性基础沉降趋于均匀,需要增大基础边缘的荷载,相应减小中间荷载。这样荷载和反力就变成图3.2(b)所示的非均匀荷载。

（2）刚性基础

刚性基础的抗弯刚度极大,受荷后基础不挠曲,因此是平面的基底,沉降后仍然保持平面。如基础的荷载合力通过基底形心,刚性基础将使得基底各点同步、均匀下沉。图3.3(a)所示为中心荷载下刚性基础反力图,基底反力边缘大、中间小,在基底边缘处,其值趋于无穷大。图3.3(b)实线为偏心荷载下刚性基础反力图。实际上,由于地基土的抗剪强度有限,基础边缘处的土体将首先发生剪切破坏,此时应力将会重新分布,部分应力将向中间转移,最终的反力可呈图3.3虚线所示,为马鞍形。此处刚性基础能跨越基底中部,将所承受的荷载相对集中地传至基底边缘,这种现象称为"架越作用"。由此可见,在基础的架越作用及由于土中塑性区开展而发生应力重分布两方面的综合影响下,基底反力的分布规律变得更加复杂。基底塑性区发展的范围与荷载大小、土的抗剪强度、基础埋深以及基底尺寸等因素有关。随着荷载的增大,反力图由马鞍形逐渐变为抛物线。但是,一般来说,无论黏性土还是无黏性土地基,只要刚性基础埋深和基础面积足够大而荷载又不太大时,基础反力就均为马鞍形分布。

（3）基础相对刚度的影响

图3.4(a)为黏性土地基上相对刚度很大的基础,如土中不存在塑性区或其范围相对很小时,则基础的架越作用很强。当荷载不太大时,地基中的塑性区很小,基础的架越作用很明显;

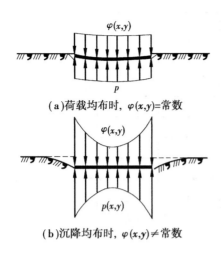

（a）荷载均布时，$\varphi(x,y)$=常数

（b）沉降均布时，$\varphi(x,y) \neq$ 常数

图 3.2　柔性基础的基底反力和沉降

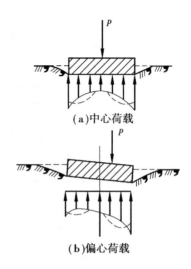

（a）中心荷载

（b）偏心荷载

图 3.3　刚性基础

随着荷载的增加，塑性区不断增大，基础反力将逐渐趋于均匀。在接近液态的软土中，反力近乎直线分布。图 3.4（c）为岩石地基上相对刚度较小的基础，扩散能力很低，基底出现反力集中的现象，此时基础的内力很小。图 3.4（b）为一般黏性土地基上相对刚度中等的基础，其情况介于上述两者之间。由此可见，基础架越作用的强弱取决于基础的相对刚度、土的压缩性以及荷载大小。一般来说，基础的相对刚度越大，沉降就越均匀，但基础的内力也相应越大。故当地基局部软硬变化较大时，可采用整体刚度较大的连续基础；而当地基为岩石或压缩性很低的土层时，宜优先考虑采用扩展基础，或采用抗弯刚度不大的连续基础，这样才可以取得较为经济的效果。

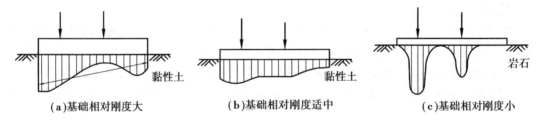

（a）基础相对刚度大　　　　（b）基础相对刚度适中　　　　（c）基础相对刚度小

图 3.4　基础相对刚度与作用能力

（4）邻近荷载的影响

以上有关基底反力分布规律是在无邻近荷载影响情况下得出的。如果基础受到相邻荷载的影响，受影响一侧的沉降量会增大，从而引起反力卸载，并使反力向基础中部转移，此时基底反力分布呈现为中间大、两端小的向下凸的双拱形，显著地有别于无邻近荷载影响时的马鞍形分布。

2）地基非均质及荷载大小的影响

当地基压缩性显著不均匀时，按实用简化设计求得的基础内力可能与实际情况相差很大。图 3.5 表示地基压缩性不均匀的两种相反情况，两基础的柱荷载相同。但其挠曲情况和弯矩图则截然不同。柱荷载分布情况不同也会对基础内力造成不同的影响。在图 3.5 中，当地基土中部坚硬、两侧软弱时，上部荷载 $P_1 \leqslant P_2$，对基础受力有利，如图 3.5（a）所示；当基础土中部软弱、两侧坚硬时，上部荷载 P_1 远小于 P_2，对基础有利，如图 3.5（b）所示；反之，图 3.5（c）、（d）对基础受力是不利的。

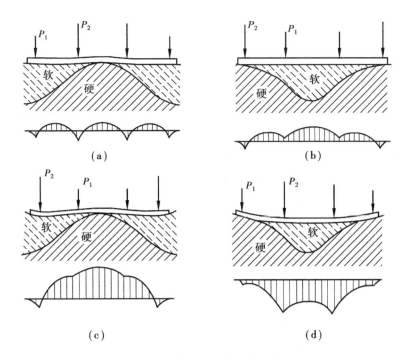

图 3.5　不均匀地基上条形基础柱荷载分布影响

3.1.2　地基变形对上部结构影响

整个上部结构对基础不均匀沉降或挠曲的抵抗能力,称为上部结构刚度,或称为整体刚度,包括水平刚度、竖向刚度和抗弯刚度。随着建筑物层数的增加,水平刚度和抗弯刚度只是在最初几层增加较快,继而迅速减缓,趋于定值;竖向刚度也有同样规律,但减缓较慢,可见上部结构刚度的贡献是有限的。在共同作用分析时,需要考虑刚度的形成方式和大小。按整体刚度的大小,可将上部结构分为柔性结构、敏感性结构和刚性结构。

1)柔性结构

以屋架-柱-基础为承重体系的木结构和排架结构是典型的柔性结构。上部柔性结构的变形与地基的变形一致。地基的变形对上部结构不产生附加应力,上部结构没有调整地基不均匀变形的能力,对基础的挠曲没有制约作用,即上部结构不参与地基、基础的共同工作,基础间的沉降差不会引起主体结构的次应力。但是,高压缩性地基上的排架结构会因柱基不均匀沉降而出现围护结构的开裂损害,以及其他结构使用功能上的问题。因此,对这类结构的地基变形限制虽然要求不高,但仍然不允许基础出现过量的沉降或沉降差。

2)敏感性结构

不均匀沉降会引起较大次应力的结构,称为敏感性结构,如砖石砌体承重结构和钢筋混凝土框架结构。敏感性结构对基础间的沉降差较为敏感,很小的沉降差异就能引起可观的次应力,结构容易出现开裂现象。

结构对不均匀沉降的敏感性受与其体形性质有关的刚度以及建筑物材料强度两方面因素控制。因此,上部结构的刚度越大,其调整不均匀沉降的能力就越强。在实际中,可以通过加大或加强结构的整体刚度以及在设计和施工等方面采取适当的措施,以防止不均匀沉降对建筑物的损害。基础刚度越大,其挠曲越小,上部结构的次应力也越小。因此,对高压缩性地基上的框架结构,基础刚度一般宜刚不宜柔;而对柔性结构,在满足容许沉降值的前提下,基础的刚度宜小不宜大。

3)刚度结构

烟囱、水塔、高炉、筒仓这类刚度很大的高耸结构物,其下配置的独立基础与上部结构一体,使得整个体系具有很大的刚度。当地基不均匀或在邻近建筑物荷载或地面大面积堆载影响下,基础转动倾斜,但几乎不会发生相对挠曲。

此外,体形简单、长高比很小,通常采用框架、剪力墙或筒体结构的高层建筑,其下常配置相对挠曲很小的箱形基础、桩基及其他形式的深基础,也可以看作刚性结构。对天然地基上的刚性结构的基础,应验算其整体倾斜和沉降量。

3.1.3　上部结构刚度对基础的影响

建筑物上部结构的刚度对基础受力状况影响很大。为了便于说明概念,以绝对刚性和完全柔性的两种上部结构对条形基础的影响进行对比。

图3.6(a)中的上部结构假设为绝对刚性,因而当地基变形时,各个柱子同时下沉。对条形基础的变形来说,相当于在柱位处提供了不动支座;在地基反力作用下,犹如倒置的连续梁。图3.6(b)中的上部结构假想是完全柔性的,它除了传递荷载外,对条形基础的变形无制约作用,即上部结构不参与相互作用。在上部结构为绝对刚性和完全柔性这两种相反的情况下,条形基础的挠曲形式与相应的内力图形差别很大。除了像烟囱、高炉等整体结构可以认为是绝对刚性外,绝大多数建筑物的实际刚度介于绝对刚性和完全柔性之间,目前还难以定量计算。在实践中,只能定性地判断其比较接近哪一种极端情况。例如,剪力墙体系和筒状结构的高层建筑是接近绝对刚性的,单层排架和静定结构是接近完全柔性的。这些判断将有助于地基基础的设计工作。

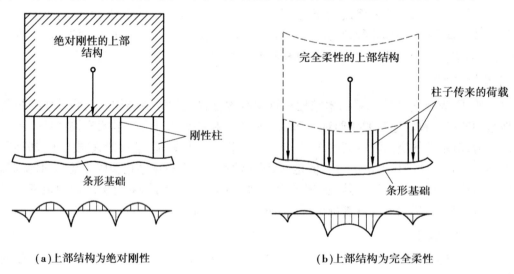

(a)上部结构为绝对刚性　　　　　　　(b)上部结构为完全柔性

图3.6　上部结构刚度对基础受力状况的影响

增大上部结构刚度,将减小基础挠曲和内力。上部结构刚度增大,会自动将上部均匀荷载和自重向沉降小的部位传递,使地基变形的曲率减小。同时,底板的内力也将随着上部结构刚度的增大而减小。

如果地基上的压缩性很低,基础的不均匀沉降很小,则考虑地基-基础-上部结构三者相互作用的意义就不大。因此在相互作用中,起主导作用的是地基,其次是基础,而上部结构则是压缩性地基上基础整体刚度有限时起重要作用的因素。

3.2　地基计算模型

基础设计最大的难点是如何描述地基对基础作用的反应,即确定基底反力与地基变形之间的关系,这种关系可以用连续的或离散化形式的特征函数表示,这就是地基计算模型。目前,地基计算模型很多,依其对地基土变形特征的描述可分为三大类:线弹性地基模型、非线性弹性地基模型和弹塑性地基模型。本节简要介绍较简单、常用的线弹性地基模型。

3.2.1　文克勒地基模型

该模型由捷克工程师文克勒(Winkler)提出,是最简单的线弹性模型,其假定是地基上任一点的压力 p 与该点的竖向位移(沉降)s 成正比,文克勒地基模型如图 3.7 所示,即:

$$p = ks \tag{3.1}$$

式中　k——地基抗力系数,也称基床系数,kN/m^3。

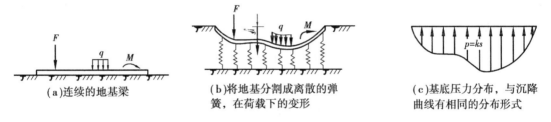

|(a)连续的地基梁|(b)将地基分割成离散的弹簧,在荷载下的变形|(c)基底压力分布,与沉降曲线有相同的分布形式|

图 3.7　文克勒地基模型

文克勒地基模型实质上是把连续的地基分割为侧面无摩擦联系的独立土柱,每一土柱的变形仅与作用在土柱上的竖向荷载有关,并与之成正比,即相当于一个弹簧的受力变形。由此,文克勒地基上基底压力的分布与地基沉降具有相同的形式,地基中不存在应力的扩散。

文克勒假定的依据是材料不传递剪应力,水是最具有这种特征的材料。因此,当土的性质越接近于水,如流态的软土,或在荷载作用下土中出现较大范围的塑性区时,越符合文克勒的假定。当土中剪应力很小时,如较大基础下的薄压缩层情况,也较符合文克勒假定。

3.2.2　弹性半无限空间地基模型

弹性半无限空间地基模型将地基视为均质的线性变形半空间,并用弹性力学公式求解地基中的附加应力或位移。此时,地基上任意点的沉降与整个基底反力以及邻近荷载的分布有关。

根据布辛奈斯克(Boussinesq)解,在弹性半空间表面上作用一个竖向集中力时,半空间表面上离竖向集中作用点距离为 r 处的地基表面沉降 s 为:

$$s = \frac{p(1 - \mu^2)}{\pi E_0 r} \tag{3.2}$$

式中　E_0——地基土的变形模量,kPa;

　　　μ——泊松比。

对于均布矩形荷载 p_0 作用下矩形面积中心点的沉降,可以通过对式(3.2)积分求得:

$$s = \frac{2(1-\mu^2)}{\pi E_0}\left[l\ln\frac{b+\sqrt{l^2+b^2}}{l}+b\ln\frac{\sqrt{l^2+b^2}}{b}\right]p_0 \tag{3.3}$$

式中　l,b——矩形荷载面的长度和宽度,m。

设地基表面作用着任意分布的荷载,把基底平面划分为 n 个矩形网格(图 3.8),作用于各网格面积($f_1,f_2,\cdots,f_n$)上的基底压力($p_1,p_2\cdots,p_n$)可以近似地认为是均布的。

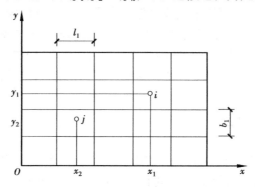

图 3.8　基底网格的划分

以沉降系数 δ_{ij} 表示网格 i 的中点由作用于网格 j 上的均布压力 $p_j=1/f_j$(此时面积 f_j 上的总压力 $R_j=1$,$R_j=p_jf_j$ 称为集中基底反力)引起的沉降。按叠加原理,网格 i 中点的沉降应为所有 n 个网格上的基底反力分别引起的沉降之总和,即:

$$s_i = \delta_{i1}p_1A_1 + \delta_{i2}p_2A_2 + \cdots + \delta_{in}p_nA_n = \sum_{j=1}^{n}\delta_{ij}R_j \qquad (i=1,2,\cdots,n) \tag{3.4}$$

对于整个基础,式(3.4)可用矩阵形式表示为:

$$\begin{Bmatrix} s_1 \\ s_2 \\ \vdots \\ s_n \end{Bmatrix} = \begin{bmatrix} \delta_{11} & \delta_{12} & \cdots & \delta_{1n} \\ \delta_{21} & \delta_{22} & \cdots & \delta_{2n} \\ \vdots & \vdots & & \vdots \\ \delta_{n1} & \delta_{n2} & \cdots & \delta_{nn} \end{bmatrix} \begin{Bmatrix} R_1 \\ R_2 \\ \vdots \\ R_n \end{Bmatrix} \tag{3.5}$$

简写为:

$$\{s\} = [\delta]\{R\} \tag{3.6}$$

式中　$[\delta]$——地基柔度矩阵。

弹性半无限空间地基模型具有扩散应力和变形的优点,可以反映邻近荷载的影响,但它的扩散能力往往超过地基的实际情况,所以计算所得的沉降量和地表的沉降范围,通常比实测结果大,同时该模型未能考虑地基的成层性、非均质性以及土体应力应变关系的非线性等重要因素。

3.2.3　有限压缩层地基模型

有限压缩层地基模型是把计算沉降的分层总和法应用于地基上梁和板的分析,地基沉降等于沉降计算深度范围内计算分层在侧限条件下的压缩量之和。这种模型能较好地反映地基土扩散应力和应变的能力,可以反映邻近荷载的影响,考虑了土层沿深度和水平方向的变化,但仍无法考虑土的非线性和基底压力的塑性重分布。

有限压缩层地基模型的表达式与式(3.6)相同,但式中的柔度矩阵[δ]需按分层总和法计算。如图 3.9 所示,有限压缩层地基模型将基底划分成 n 个矩形网格,并将其下面的地基分割成截面与网格相同的棱柱体,其下端到达硬层顶面或沉降计算深度。各棱柱体按照天然土层界

面和计算精度要求分成若干计算层。于是,沉降系数 δ_{ij} 计算公式可以写成:

$$\delta_{ij} = \sum_{i=1}^{n_c} \frac{\delta_{tij} h_{ti}}{E_{sti}} \tag{3.7}$$

式中　h_{ti}, E_{sti} ——第 i 个棱柱体中第 t 分层的厚度(m)和压缩模量(kPa);

　　　　n_c ——第 i 个棱柱体的分层数;

　　　　δ_{tij} ——第 i 个棱柱体中第 t 分层由 $p_j = 1/f_j$ 引起的竖向附加应力的平均值,可用该层中点处的附加应力值来代替,kN/m^2。

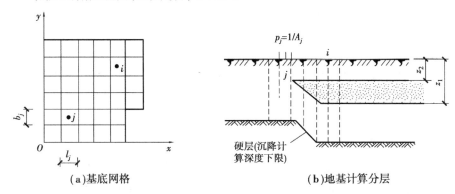

(a)基底网格　　　　　　　　　　(b)地基计算分层

图 3.9　有限压缩层地基模型

有限压缩层地基模型原理简明,适应性也较好,具有分层总和法的优点,但计算工作操作烦琐,工作量很大,推广使用较难。

3.2.4　相互作用分析的基本条件和常用方法

在基础梁板分析中,要选用合适的地基计算模型,同时还应满足两个基本条件:静力平衡条件和变形协调条件。

1)静力平衡条件

作用在基础上的外荷载和地基反力相平衡,即:

$$\begin{cases} \sum F = 0 \\ \sum M = 0 \end{cases} \tag{3.8}$$

式中　F ——作用在基础上的竖向荷载和地基反力,kN;

　　　　M ——外荷载和地基反力对任一点的力矩,$kN \cdot m^2$。

2)变形协调条件

基础底面任一点的挠度 ω_i 等于该点地基的竖向变形 s_i,即:

$$\omega_i = s_i \tag{3.9}$$

这表明基础受力后,基础底面和地基表面保持接触,无脱开现象。根据这两个基本条件和地基计算模型,可列出解答问题必需的方程组,然后结合必要的边界条件求解。但是,这只有在简单情况下才能获得微分方程的解析解[以函数 $y = f(x)$ 或 $z = f(x, y)$ 的形式表达出来的解]。而在一般情况下,只能用数值分析方法求得近似解。随着计算机计算技术的发展与普及,现已可用有限元法或有限差分法等数值分析方法来解各种复杂的问题,甚至可以求解考虑上部结构刚度和地基土非线性应力-应变关系的分析。

3.3 文克勒地基上梁的计算

3.3.1 文克勒地基上梁计算的基本原理

弹性地基上梁的解法中较为典型的计算方法是假定地基为文克勒地基上梁的计算方法（也称为基床系数法），具体计算方法有解析法、有限差分法和有限单元法。现通过解析法说明计算的基本原理。

如图 3.10(a) 所示，文克勒地基上宽度为 b 的梁，在位于梁主平面内的分布荷载 q 和基底反力 p 的作用下发生挠曲。从梁上截取微元 dx，如图 3.10(b) 所示，其上作用着分布荷载 q 和基底反力 bp 以及截面上的弯矩 M 和剪力 V。

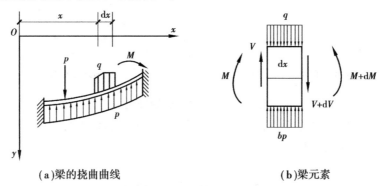

(a)梁的挠曲曲线　　　　　(b)梁元素

图 3.10　文克勒地基上梁的计算图式

由竖向静力平衡条件可得：

$$V - (V + dV) + bpdx - qdx = 0 \qquad (3.10)$$

由此得：

$$\frac{dV}{dx} = bp - q \qquad (3.11)$$

由材料力学可知，梁的挠曲曲线微分方程为：

$$EI\frac{d^2\omega}{dx^2} = -M \qquad (3.12)$$

将上式连续对 x 取两次导数后，由关系 $V = dM/dx$ 可得：

$$EI\frac{d^4\omega}{dx^4} = -\frac{d^2M}{dx^2} = -\frac{dV}{dx} = -bp + q \qquad (3.13)$$

根据接触条件，沿梁全长的地基沉降应与梁的挠度相等，即 $s = \omega$。

因此，由式(3.1)可得：

$$p = ks = k\omega \qquad (3.14)$$

代入式(3.13)即得到：

$$EI\frac{d^4\omega}{dx^4} = -bk\omega + q \qquad (3.15)$$

假设梁上荷载 $q = 0$，则式(3.15)可变为：

$$EI\frac{d^4\omega}{dx^4} + bk\omega = 0 \qquad (3.16)$$

这就是文克勒地基上梁的挠曲微分方程。式(3.16)还可以写成如下形式:

$$\frac{d^4\omega}{dx^4} + 4\lambda^4\omega = 0 \tag{3.17}$$

式(3.17)中:

$$\lambda = \sqrt[4]{\frac{kb}{4EI}} \tag{3.18}$$

λ 是反映梁挠曲刚度和地基刚度之比的系数,量纲为 m^{-1},所以其倒数 $1/\lambda$ 称为特征长度。$1/\lambda$ 值越大,梁对地基的刚度越大。故 λ 值是影响梁挠曲线形状的一个重要因素。

以上四阶常系数线性微分方程的通解为:

$$\omega = e^{\lambda x}(C_1\cos\lambda x + C_2\sin\lambda x) + e^{-\lambda x}(C_3\cos\lambda x + C_4\sin\lambda x) \tag{3.19}$$

式中 C_1, C_2, C_3, C_4——待定的积分常数,可根据荷载和边界条件确定;

$\quad\quad$ λx——无量纲数,当 $x = L$(L 为基础长度),λL 称为柔性指数,反映相对刚度对内力分布的影响。

文克勒地基上的梁,按柔性指数 λL 的不同可划分为 3 类:

①$\lambda L \leqslant \dfrac{\pi}{4}$,短梁(或刚性梁)。

②$\dfrac{\pi}{4} < \lambda L < \pi$,有限长梁(或有限刚度梁)。

③$\lambda L \geqslant \pi$,无限长梁(或柔性梁)。

下面分情况讨论无限长梁、半无限长梁以及有限长梁在文克勒地基上受到集中力或集中力偶作用时的解答。

1)文克勒地基上无限长梁的解

梁的挠度随加荷点的距离增大而减小,当梁端距加荷点距离为无限时,两端挠度为零,此时,地基梁称为无限长梁。实际上,当梁端与荷载作用点距离足够大时,即满足 $\lambda L \geqslant \pi$ 时,均可按无限长梁计算。

(1)无限长梁受集中力 P_0 的作用(向下为正)

一竖向集中力作用在无限长梁上,以 P_0 的作用点为坐标原点 O。当 $x \to \infty$ 时,$\omega \to 0$,由式(3.19)可得:$C_1 = C_2 = 0$。则梁的右半部挠度为:

$$\omega = e^{-\lambda x}(C_3\cos\lambda x + C_4\sin\lambda x) \tag{3.20}$$

考虑荷载和地基反力关于原点的对称性,则当 $x = 0$ 时,该点的挠曲线的斜率为零,所以有:$(d\omega/dx)_{x=0} = 0$,由此得:$(C_3 - C_4) = 0$。令 $C_3 = C_4 = C$,则式(3.20)变为:

$$\omega = Ce^{-\lambda x}(\cos\lambda x + \sin\lambda x) \tag{3.21}$$

在原点处紧靠 P_0 的右边($x = 0 + \varepsilon$,ε 为一无限小量)将梁断开,则作用在梁右半部截面上的剪力 V 应等于地基反力的一半,其值为 $\dfrac{P_0}{2}$,并指向下方,即:

$$V = -EI\left(\frac{d^3\omega}{dx^3}\right)_{x=0+\varepsilon} = -\frac{P_0}{2} \tag{3.22}$$

由此可得 $C = P_0\lambda/2kb$,代入式(3.21)可得:

$$\omega = \frac{P_0\lambda}{2kb}e^{-\lambda x}(\cos\lambda x + \sin\lambda x) \tag{3.23}$$

将式(3.23)分别对 x 取一阶、二阶和三阶导数,就可求得 $x > 0$ 时梁截面的转角 $\theta = d\omega/dx$,

弯矩 $M = -EI(d^2\omega/dx^2)$ 和剪力 $V = -EI(d^3\omega/dx^3)$,结果归纳如下:

$$\omega = \frac{P_0\lambda}{2kb}A_x, \theta = -\frac{P_0\lambda^2}{kb}B_x, M = -\frac{P_0}{4\lambda}C_x, V = -\frac{P_0}{2}D_x, p = k\omega = \frac{P_0\lambda}{2b}A_x \quad (3.24)$$

式中:

$$A_x = e^{-\lambda x}(\cos\lambda x + \sin\lambda x), B_x = e^{-\lambda x}\sin\lambda x,$$

$$C_x = e^{-\lambda x}(\cos\lambda x - \sin\lambda x), D_x = e^{-\lambda x}\cos\lambda x \quad (3.25)$$

将 A_x, B_x, C_x, D_x 制成表格,见表 3.1。

表 3.1 A_x, B_x, C_x, D_x 计算系数

λ_x	A_x	B_x	C_x	D_x
0.0	1.000	0.000 0	1.000 0	1.000 0
0.1	0.990 7	0.090 3	0.810 0	0.900 3
0.5	0.823 1	0.290 8	0.241 5	0.532 8
1.0	0.508 3	0.309 6	−0.110 8	0.198 8
1.5	0.238 4	0.222 6	−0.206 8	0.015 8
2.0	0.066 7	0.123 1	−0.179 4	−0.056 3
3.0	−0.042 3	0.007 0	−0.056 3	−0.049 3
4.0	−0.025 8	−0.013 9	0.001 9	−0.012 0
5.0	−0.004 5	−0.006 5	0.008 4	0.001 9
6.0	0.001 7	−0.000 7	0.003 1	0.002 4
7.0	0.001 3	0.000 6	0.001 1	0.000 7
8.0	0.000 3	0.000 3	−0.000 4	0.000 0
9.0	0.000 0	0.000 0	−0.000 1	−0.000 0

对 P_0 左边的截面,x 取距离的绝对值,ω 和 M 的正负号与式(3.24)相同,但 θ 与 V 需取相反的符号。基底反力按式(3.14)计算。ω, θ, M, V 的分布如图 3.11(a)所示。

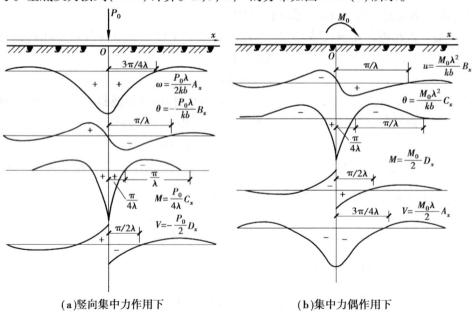

(a)竖向集中力作用下   (b)集中力偶作用下

图 3.11   文克勒地基上无限长梁的挠度和内力

（2）无限长梁受集中力偶 M_0 的作用（顺时针方向为正）

集中力偶 M_0 作用于无限长梁时，以 M_0 的作用点为坐标原点 O。按同样的分析方法，当 $x \rightarrow 0$ 时，$\omega \rightarrow 0$，则可得 $C_1 = C_2 = 0$。由于荷载和地基反力关于原点反对称，故当 $x = 0$ 时，有 $\omega = 0$，所以 $C_3 = 0$。在紧靠 M_0 的作用点的右边把梁断开，则作用在梁右半部截面上的 $M = -EI(\mathrm{d}^2\omega/\mathrm{d}x^2)_{x=0+\varepsilon} = M_0/2$，由此可得 $C_4 = M_0\lambda^2/kb$。其挠度、转角、弯矩和剪力分布如图 3.11(b) 所示。公式为：

$$\omega = \frac{M_0\lambda^2}{kb}B_x, \theta = \frac{M_0\lambda^3}{kb}C_x, M = \frac{M_0}{2}D_x, V = -\frac{M_0\lambda}{2}A_x, p = \frac{M_0\lambda^2}{b}B_x \tag{3.26}$$

对梁的左半部 $(x<0)$，式 (3.26) 中 x 取绝对值，ω 和 M 应取与其相反的符号。对于其他类型的荷载，也可按上述方法求解。对于受多种荷载作用的无限长梁，可分别求解，然后用叠加原理求和。

2）半无限长梁解

在实际工程中，基础梁还存在一端为有限梁端，另一端为无限长，此种基础梁称为半无限长梁。以条形基础的梁端作用有集中力 P_0 和集中力偶 M_0 的情况为例（图 3.12），坐标原点取在受力端，对半无限长梁，当 $x \rightarrow \infty$，$\omega = 0$，式 (3.20) 中 $C_1 = C_2 = 0$，得到式 (3.21)。当 $x = 0$ 时，则：

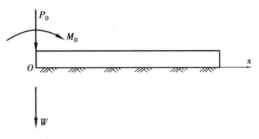

图 3.12　文克勒地基上半无限长梁

$$M = -EI\frac{\mathrm{d}^2\omega}{\mathrm{d}x^2} = M_0, V = -EI\frac{\mathrm{d}^3\omega}{\mathrm{d}x^3} = -P \tag{3.27}$$

可求得：

$$C_3 = \frac{2\lambda}{kb}P_0 - \frac{2\lambda^2}{kb}M_0, C_4 = \frac{2\lambda^2}{kb}M_0 \tag{3.28}$$

代入式 (3.21)，可得文克勒地基上半无限长梁的变形和内力计算公式：

$$\omega = \frac{2\lambda}{kb}(P_0D_x - M_0\lambda C_x), \theta = \frac{-2\lambda^2}{kb}(P_0A_x - 2M_0\lambda D_x)$$

$$M = -\frac{1}{\lambda}(P_0B_x - M_0\lambda A_x), V = -(P_0C_x + 2M_0\lambda B_x) \tag{3.29}$$

3）有限长梁解

$\frac{\pi}{4} < \lambda l < \pi$ 为有限长梁，这时荷载作用对梁端的影响不可忽略。此时，梁可利用无限长梁解和叠加原理求解。如图 3.13 所示，把受有荷载的有限长梁 I 由 A、B 两端向外延伸到无限，形成无限长梁 II。

在外荷载作用下，可求得无限长梁 II 的 A 点处的 M_a 和 V_a 以及在 B 点处 M_b、V_b，然而，实际上梁 I 的 A、B 两端是自由界面，不存在任何内力。为了利用无限长梁 II 求得相应于原有限长梁 I 的解答，就必须设法消除发生在梁 II 中 A、B 两截面的弯矩和剪力。为此，在梁 II

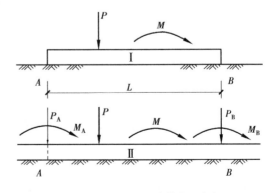

图 3.13　用叠加法计算有限长梁

的 A、B 两点外侧,分别施加一对虚拟的集中荷载 M_A、P_A 和 M_B、P_B,其方向如图 3.13 所示,并要求这两对附加荷载在 A、B 两截面中产生的内力分别为 $-M_a$、$-V_a$ 和 $-M_b$、$-V_b$,以抵消 A、B 两端内力,按这一条件可列出方程组:

$$\begin{cases} \dfrac{P_A}{4\lambda} + \dfrac{P_B}{4\lambda}C_L + \dfrac{M_A}{2} - \dfrac{M_B}{2}D_L = -M_a \\[3mm] -\dfrac{P_A}{2} + \dfrac{P_B}{2}D_L - \dfrac{\lambda M_A}{2} - \dfrac{\lambda M_B}{2}A_L = -V_a \\[3mm] \dfrac{P_A}{4\lambda}C_L + \dfrac{P_B}{4\lambda} + \dfrac{M_A}{2}D_L - \dfrac{M_B}{2} = -M_b \\[3mm] -\dfrac{P_A}{2}D_L + \dfrac{P_B}{2} - \dfrac{\lambda M_A}{2}A_L - \dfrac{\lambda M_B}{2} = -V_b \end{cases} \qquad (3.30)$$

解方程组式(3.30)得:

$$\begin{cases} P_A = (E_L + F_L D_L)V_a + \lambda(E_L - F_L A_L)M_a - (F_L + E_L D_L)V_b + \lambda(F_L - E_L A_L)M_b \\[3mm] M_A = -(E_L + F_L C_L)\dfrac{V_a}{2\lambda} - (E_L - F_L D_L)M_a + (F_L + E_L C_L)\dfrac{V_b}{2\lambda} - (F_L - E_L D_L)M_b \\[3mm] P_B = (F_L + E_L D_L)V_a + \lambda(F_L - E_L A_L)M_a - (E_L + F_L D_L)V_b + \lambda(E_L - F_L A_L)M_b \\[3mm] M_B = (F_L + E_L C_L)\dfrac{V_a}{2\lambda} + (F_L - E_L D_L)M_a - (E_L + F_L C_L)\dfrac{V_b}{2\lambda} + (E_L - F_L D_L)M_b \end{cases} \qquad (3.31)$$

式(3.31)中:

$$\begin{cases} E_L = \dfrac{2e^{\lambda L}\text{sh }\lambda L}{\text{sh}^2 \lambda L - \sin^2 \lambda L} \\[4mm] F_L = \dfrac{2e^{\lambda L}\sin \lambda L}{\sin^2 \lambda L - \text{sh}^2 \lambda L} \end{cases} \qquad (3.32)$$

sh λL 为双曲正弦函数,$\text{sh}\lambda L = \dfrac{e^{\lambda L} - e^{-\lambda L}}{2}$。

当在无限长梁 Ⅱ 的 A、B 两截面外侧施加了附加荷载 P_A、M_A 和 P_B、M_B 后,正好抵消了无限长梁 Ⅱ 在外荷载作用下 A、B 两截面处的内力 M_a、V_a 和 M_b、V_b,其效果相当于把梁 Ⅱ 在 A、B 处切断。因此,有限长梁 Ⅰ 的内力与无限长梁 Ⅱ 在外荷载和附加荷载作用下叠加的效果相当。

当作用在有限长梁的外荷载对称时,则相应的无限长梁 Ⅱ 在外荷载作用下 A、B 两截面处的内力 M_a、V_a 和 M_b、V_b 有如下关系:

$$V_a = -V_b, M_a = M_b$$

这样,式(3.32)简化为:

$$P_A = P_B = (E_L + E_L)\left[(1 + D_L)V_a + \lambda(1 - A_L)M_a\right]$$

$$M_A = -M_B = -(E_L + F_L)\left[(1 + C_L)\dfrac{V_a}{2\lambda} + (1 + D_L)M_a\right] \qquad (3.33)$$

具体计算步骤如下:

①把有限长梁 Ⅰ 延长到无限长,计算无限长梁 Ⅱ 上相应于梁 Ⅰ 的两端的 A、B 截面由于外荷载引起的内力 M_a、V_a 和 M_b、V_b。

②按式(3.31)计算梁端附加荷载 P_A、M_A 和 P_B、M_B。

③再按叠加原理计算在已知荷载和虚拟荷载共同作用下梁 Ⅱ 上相当于梁 Ⅰ 各点的内力,这就是有限长梁 Ⅰ 的解。实际工程中,经常遇到的基础梁是有限长梁,上述计算较为烦琐,Hetenyi 给出了集中荷载 P_0 作用下有限长梁计算公式,计算简图如图 3.14 所示。

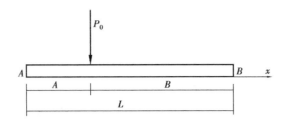

图 3.14 Hetenyi 方法计算简图

$$\omega = \frac{P_0\lambda}{kb}\overline{\omega}, M = \frac{P_0}{2\lambda}\overline{M}, V = P_0\overline{V} \tag{3.34}$$

式中 b——基础宽度,m;

       P_0——有限长梁上集中荷载,kN;

       $\overline{\omega},\overline{M},\overline{V}$——分别为梁的挠度、弯矩和剪力系数。

对于 $\lambda L \leqslant \dfrac{\pi}{4}$ 的短梁,此时可视基础梁为绝对刚性。假定地基反力呈线性变化,其截面弯矩和

剪力可由静力平衡条件求得短梁的内力;当 $\dfrac{\pi}{4} < \lambda L < \pi$ 时,可以认为是有限长梁;$\lambda L \geqslant \dfrac{\pi}{4}$ 可认为是

无限长梁,可利用无限长梁或半无限长梁的有关解答进行分析。具体应用时,除按 λL 值的大小划
分梁的类型外,还需要考虑各个荷载的大小和作用位置来选择计算方法。对于柔度较大的梁,有
时可以直接按无限长梁进行简化计算。例如,当梁上的一个集中荷载(竖向力或力偶)与梁端的最
小距离 $x > \pi/\lambda$ 时,按无限长梁计算挠度、弯矩、剪力的误差一般不超过4.3%;而对于梁长为 π/λ,
但荷载作用于梁中间位置的情况而言(即荷载两端距离 $x < \pi/\lambda$),则按有限长梁计算。

【例3.1】   按文克勒理论计算地基梁(图3.15),已知梁长40.0 m,宽1.0 m,高0.6 m,梁
的弹性模量 $E = 2.1 \times 10^7$ kN/m²,作用 $P_0 = 150$ kN。试求当地基基床系数 $k = 2.0 \times 10^3$ kN/m³ 以
及 $k = 5.0 \times 10^3$ kN/m³ 时,梁的内力。

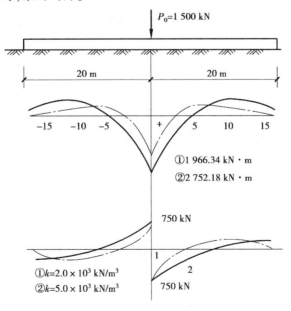

图 3.15   例 3.1 图

【解】   ①当 $k = 2.0 \times 10^3$ kN/m³ 时,梁 $I = 0.018$ m⁴。

$$\lambda = \sqrt[4]{\frac{kb}{4EI}} = \sqrt[4]{\frac{1.0 \times 2.0 \times 10^3}{4 \times 2.1 \times 10^7 \times 0.018}} = 0.1907$$

$$\lambda L = 0.1907 \times 40 = 7.628 > \pi$$

按无限长梁计算。利用式(3.26)得：

$$M = \frac{P_0}{4\lambda} C_x = \frac{1500}{4 \times 0.1907} C_x = 1966.44 C_x$$

$$V = \frac{-P_0}{2} D_x = -750 D_x$$

②当 $k = 5.0 \times 10^3 \ kN/m^3$ 时，$\lambda = 0.1349$，$\lambda L = 5.396 > \pi$，应按无限长梁计算，本处作为练习，按有限长梁计算。首先，求 A、B 两点的附加力：

$$L = 40 \ m，\lambda L = 5.396，A_L = -0.0092，C_L = 0.06303$$

$$D_L = 0.00269，E_L = 4.00041，F_L = 0.02897$$

$$M_A = M_B = \frac{P_0}{4\lambda} C_L = \frac{1500}{4 \times 0.1349} \times 0.06303 = 175.213(kN \cdot m)$$

解出 $P_A = P_B = 86.9(kN)$，$M_A = -M_B = -671.6(kN \cdot m)$。

然后，按基础梁上作用 P_0、P_A、P_B、M_A、M_B 时内力计算。

按对称于 O 点计算：

对于左半段，$x = 0$ 处距梁端 20 m，即 $\lambda x = 2.698$，$C_{20} = -0.08985$，$D_{20} = -0.06085$，$A_{20} = -0.03192$。

P_0、P_A、P_B、M_A、M_B 单独作用时：

$$M_{OPO} = \frac{P_0}{4\lambda} C_0 = \frac{P_0}{4\lambda} \times 1 = 2780(kN \cdot m)$$

$$V_{OPO} = -\frac{P_0}{2} D_0 = -\frac{P_0}{2} \times 1 = -750(kN)$$

$$M_{OPA} = \frac{P_A}{4\lambda} C_{20} = -\frac{86.9}{4 \times 0.1349} \times 0.08985 = -14.47(kN \cdot m)$$

$$V_{OPA} = -\frac{P_A}{2} D_{20} = -43.5 \times (-0.06085) = 2.64(kN)$$

$$M_{OMA} = -\frac{M_A}{2} D_{20} = -\frac{671.6}{2} \times (-0.06085) = -20.43(kN \cdot m)$$

$$V_{OMA} = -\frac{M_A \lambda}{2} A_{20} = -\frac{671.6}{2} \times 0.1349 \times (-0.03192) = 1.45(kN)$$

其余根据对称性确定。

叠加得：

$$M_0 = M_{OPA} + M_{OMA} + M_{OPB} + M_{OMB} + M_{OPO} = 14.47 - 20.43 - 14.47 + 20.43 + 2780\text{?}$$
$$= 2780(kN \cdot m)$$

$$V_0 = V_{OPA} + V_{OPB} + V_{OMA} + V_{OMB} + V_{OPO} = 2.64 - 2.64 + 1.45 - 1.45 - 750 = -750(kN)$$

同理可得：

$$x = 5(m)，M_5 = 265.27(kN \cdot m)，V_5 = -282.93(kN)$$

$$x = 10(m)，M_{10} = -391.23(kN \cdot m)，V_{10} = -15.66(kN)$$

$$x = 15(m)，M_{15} = -208.13(kN \cdot m)，V_{15} = 62.23(kN)$$

弯矩及剪力图见图 3.15。

3.3.2 基床系数的确定

基床系数 k 是基础与地基相互作用中反映地基性质的参数,与地基土变形性质、作用力面积大小和形状、基础埋置深度及基础刚度有关。基床系数 k 值可通过现场载荷试验等方法确定。

1) 按基础预估沉降量确定

对于某个特定的地基和基础条件,可用下式估算基床系数:

$$k = \frac{p_0}{s_\mathrm{m}} \tag{3.35}$$

式中 p_0——基底平均附加应力,kN/m^2;

s_m——基础的平均沉降量,m。

对于厚度为 h 的薄压缩层地基,地基平均沉降量 s_m 可用下式计算:

$$s_\mathrm{m} = \frac{\sigma_z h}{E_\mathrm{s}} \approx \frac{p_0 h}{E_\mathrm{s}} \tag{3.36}$$

将 s_m 代入式(3.35),得:

$$k = \frac{E_\mathrm{s}}{h} \tag{3.37}$$

式中 E_s——压缩模量,kPa。

如薄压缩层地基由若干分层组成,则上式写成:

$$k = \frac{1}{\sum \dfrac{h_i}{E_{si}}} \tag{3.38}$$

式中 h_i,E_{si}——第 i 层土的厚度(m)和压缩模量(kPa)。

2) 按荷载试验成果确定

如果地基压缩范围内的土质均匀,则可利用荷载试验成果估算基床系数,即在 $p\text{-}s$ 曲线上,用对应于基底平均反力 p 的刚性载荷板沉降值 s 来计算载荷板下的基床系数 k_p。对黏性土地基,实际基础下的基床系数按下式确定:

$$k = \frac{b_\mathrm{p}}{b} k_\mathrm{p} \tag{3.39}$$

式中 b_p,b——分别为载荷板和基础的宽度,m;

k_p——荷载板下的基床系数,kN/m^3。

国外常按 K·太沙基建议的方法,采用 $1\ \mathrm{ft} \times 1\ \mathrm{ft}$($305\ \mathrm{mm} \times 305\ \mathrm{mm}$)的方形载荷板进行试验。对于砂土,考虑到砂土的变形模量随深度逐渐增大的影响,采用下式计算:

$$k = k_\mathrm{p} \left(\frac{b + 0.3}{2b} \right)^2 \frac{b_\mathrm{p}}{b} \tag{3.40}$$

式(3.40)中,基础宽度的单位为 m,基础和载荷板下的基床系数 k 和 k_p 单位均取 kN/m^3。对黏性土,考虑基础长宽比 $m = l/b$ 的影响,采用下式计算:

$$k = k_\mathrm{p} \frac{m + 0.5}{1.5m} \cdot \frac{b_\mathrm{p}}{b} \tag{3.41}$$

3) 查表法

在没有试验条件或实验数据不可靠时,常用查表方法确定基床系数,表3.2列出基床系数的常用取值范围。每种土的基床系数都有一定的变化范围,应根据地基、基础和荷载的实际情况适当选用,软弱土地基以及基础宽度较大时宜选用低值。

表3.2 基床系数 k 值

土的分类		土的状态	$k/(\text{kN} \cdot \text{m}^{-3})$
天然地基	淤泥质土、有机质土或新填土	—	$0.1 \times 10^4 \sim 0.5 \times 10^4$
	软弱黏性土	—	$0.5 \times 10^4 \sim 1.0 \times 10^4$
	粉土、粉质黏土	软塑	$1.0 \times 10^4 \sim 2.0 \times 10^4$
		可塑	$2.0 \times 10^4 \sim 4.0 \times 10^4$
		硬塑	$4.0 \times 10^4 \sim 10.0 \times 10^4$
	砂土	松散	$1.0 \times 10^4 \sim 1.5 \times 10^4$
		中密	$1.5 \times 10^4 \sim 2.5 \times 10^4$
		密实	$2.5 \times 10^4 \sim 4.0 \times 10^4$
	砾土	中密	$2.5 \times 10^4 \sim 4.0 \times 10^4$
	黄土及黄土类粉质黏土	—	$4.0 \times 10^4 \sim 5.0 \times 10^4$

【例3.2】 图3.16中的条形基础抗弯刚度 $EI = 4.3 \times 10^3 \text{ MPa} \cdot \text{m}^4$,长 $l = 17$ m,底面宽 $b = 2.5$ m,预估平均沉降 $s_m = 39.7$ mm。试计算基础中点 C 处的挠度、弯矩和基底净反力。

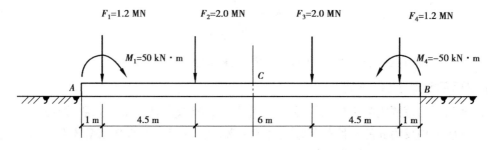

图3.16 例3.2图

【解】 ①确定基床系数 k 和梁的柔度指数 λl,设基底附加压力 p_0 约等于基底平均净反力 p_j。

$$p_0 = \frac{\sum F}{lb} = \frac{(1\,200 + 2\,000) \times 2}{17 \times 2.5} = 150.6 (\text{kPa})$$

按式(3.36),得基床系数:

$$k = \frac{p_0}{S_m} = \frac{0.150\,6}{0.039\,7} = 3.8 \times 10^3 (\text{kN/m}^3)$$

柔度指数:

$$\lambda = \sqrt[4]{\frac{kb}{4EI}} = \sqrt[4]{\frac{3.8 \times 2.5}{4 \times 4.3 \times 10^3}} = 0.153\,3 (\text{m}^{-1})$$

$$\lambda l = 0.153\,3 \times 17 = 2.606$$

B 点计算结果表3.3。

表 3.3　B 点计算结果

外荷载	x/m	λx	A_x	C_x	D_x	M_B	V_B
$F_1 = 1\,200(kN)$	16.0	2.453	—	−0.121 1	−0.066 4	−237.0	39.8
$M_1 = 50(kN \cdot m)$	16.0	2.453	−0.011 7	—	−0.066 4	−1.7	0.04
$F_2 = 2\,000(kN)$	11.5	1.763	—	−0.121 1	−0.032 7	−655.9	32.7
$F_3 = 2\,000(kN)$	5.5	0.843	—	−0.034 9	0.286 8	−113.4	−284.4
$F_4 = 1\,200(kN)$	1.0	0.153	—	0.714 7	0.848 1	1 403.9	−508.9
$M_4 = −50(kN \cdot m)$	1.0	0.153	0.976 9	—	0.848 1	−21.2	3.7
总　计						374.3	−719.1

②计算无限长梁上相应于基础右端 B 处的弯矩 M_B 和剪刀 V_B。

按式(3.29)和式(3.36)计算无限长梁上相应于基础右端 B 处由外荷载引起的弯矩 M_B 和剪力 V_B，计算结果列于表 3.3 中。在每一次计算时，均需把坐标原点移到相应的集中荷载作用点处。由于存在对称性，故 $M_A = M_B = 374.3(kN \cdot m)$，$V_A = -V_B = -719.1(kN)$。

③计算梁端边界条件力 F_A、M_A 和 F_B、M_B。

由 $\lambda l = 2.606$ 查表得：$A_1 = -0.025\,79$，$C_1 = -0.101\,17$，$D_1 = -0.063\,48$，$E_1 = 4.045\,22$，$F_1 = -0.306\,66$。得：

$$F_A = F_B = (4.045\,22 - 0.306\,66) \times [(1 - 0.063\,48) \times 719.1 + 0.153\,3 \times$$
$$(1 + 0.025\,79) \times 374.3]$$
$$= 2\,737.8(kN)$$

$$M_A = M_B = -(4.045\,22 - 0.306\,66) \times [(1 - 0.101\,17) \times \frac{719.1}{2 \times 0.153\,3} +$$
$$(1 + 0.063\,48) \times 374.3]$$
$$= -9\,369.5(kN \cdot m)$$

④计算基础中点 C 的弯矩 M_C、挠度 ω_C 和基底净反力 p_C。

计算外荷载与梁端边界条件力同时作用于无限长梁时，基础中点 C 的弯矩 M_C、挠度 ω_C 和基底净反力 p_C，计算结果列于表 3.4 中。由于对称，只计算 C 点左半部荷载的影响，然后将结果乘 2。若将例题中的基床系数减小一半，即取 $k = 1.9 \times 10^3$ kN/m³，则可算得 $M_C = -1\,217.6$ kN·m、$\omega_C = 77.5$ mm、$p_C = 147.3$ kPa，这些数值分别比原结果增加了 8.1%、103.8% 和 2%。由此可见，基床系数 k 的计算误差对弯矩影响不大，但对基础沉降影响很大。

表 3.4　C 点计算结果

外荷载和边界条件	x	λx	Ax	B_x	C_x	D_x	$M_C/2$	$\omega_C/2$
$F_1 = 1\,200(kN)$	7.5	1.150	0.418 4	—	−0.159 7	—	−312.5	4.1
$M_1 = 50(kN \cdot m)$	7.5	1.150	—	0.289 0	—	0.129	3.2	0.04
$F_2 = 2\,000(kN)$	3.0	0.460	0.845 8	—	0.285 7	—	931.8	13.6
$F_A = 2\,737.8(kN)$	8.5	1.303	0.334 0	—	−0.191 0	—	−848.8	7.4
$M_A = −9\,369.5(kN \cdot m)$	8.5	1.303	—	0.262 0	—	0.072	−336.8	−6.1
总　计							−563.1	19.0
$M_C = 2 \times (-563.1) = -1\,126.2(kN \cdot m)$，$\omega_C = 2 \times 19.0 = 38.0(mm)$								
$p_C = k\omega_C = 3\,800 \times 0.038 = 144.4(kPa)$								

3.4 柱下条形基础

柱下条形基础是常用于软弱地基框架或排架结构的一种基础类型。它具有刚度大、调整不均匀沉降能力强的特点,但造价高。因此,在一般情况下,柱下优先考虑设置扩展基础,如遇到下列情况可以考虑采用条形基础:

①当基础较软弱、承载力较低、荷载较大,或地基压缩性不均匀(如地基中有局部软弱土层、土洞)时。

②当荷载分布不均匀,且有可能产生较大的不均匀沉降时。

③当上部结构对基础沉降比较敏感,有可能产生较大的次应力而影响使用功能时。

条形基础可以沿柱列单向平行布置,也可以双向相交于柱位处形成交叉条形基础。它们的共同特点是:每个长条形结构单元都承受柱的集中荷载,设计时必须考虑各单元纵向和横向的弯曲应力和剪应力,并配置受力钢筋。

3.4.1 构造要求

①梁高视柱距和荷载大小,由受剪承载力计算确定,一般取柱距的 1/8 ~ 1/4(通常取柱距的 1/6)。

②条形基础翼板的构造要求同墙下条形基础。当翼板厚度为 200 ~ 250 mm 时,宜采用等厚翼板;当翼板厚度大于 250 mm 时,采用变厚翼板,其坡度不大于 1/3。

③在基础平面布置条件容许的情况下,条形基础的端部应向外伸出,以调整地基形心位置,使地基反力分布合理,但不宜伸出太长,以免基础梁在立柱处正弯矩过大,故长度宜为第一跨距的0.25 倍。当荷载不对称时,两端伸出长度可不相等,以使地基形心与荷载合力作用点尽量一致。

④现浇柱与条形基础的连接处,其平面尺寸不应小于图 3.17 的规定。

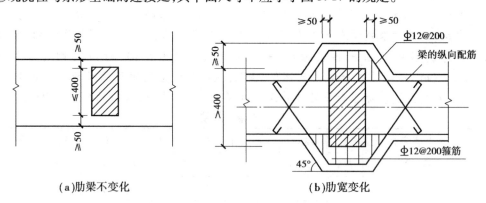

(a)肋梁不变化　　　　　　　　(b)肋宽变化

图 3.17 现浇柱与肋梁的平面连接和构造配筋

⑤柱下条形基础的配筋,在纵向一般均配双筋,基础顶面和底面的纵向受力钢筋,应有 2 ~ 4 根通长配置,且面积不得小于纵向钢筋总面积的 1/3。梁上部和下部的纵向受力筋的配筋率各不小于 0.2%。当基础梁的腹板高度≥450 mm 时,在梁的两侧应沿高度配置纵向构造钢筋,每侧构造钢筋面积不应小于腹板截面面积的 0.1%,且间距不宜大于 200 mm。梁两端的纵向构造钢筋,宜采用拉筋连接,拉筋直径与箍筋相同,间距为 500 ~ 700 mm,一般为 2 倍的箍筋间距。箍筋采用封闭式,其直径一般为 6 ~ 12 mm。梁高大于 700 mm 时,因在梁两端加设腰筋,其直径不小于 10 mm。

⑥在距离支座轴线为$(0.25 \sim 0.3)L(L$ 为柱距)的一段长度内箍筋宜加密配置,翼板内的受力箍筋由计算确定,用以承载底板部分的横向弯矩,直径不宜小于 10 mm,间距 100 ~ 200 mm。非肋部分的纵向钢筋直径可用 8 ~ 10 mm,间距不大于 300 mm。

⑦柱下条形基础的混凝土强度等级不应低于 C20。

3.4.2　柱下条形基础梁纵向内力计算

柱下条形基础在埋置深度确定后,和扩展基础一样,需要确定基础底面面积、基础高度以及进行截面强度计算。基础底面积按地基承载力计算确定,必要时还需验证地基变形。基础高度按冲切、剪应力公式计算确定。进行截面强度计算时,首先要求出基础各截面内力值。

如前所述,条形基础的地基反力与内力计算应考虑上部结构、地基及基础三者共同作用方法分析,或用弹性地基梁法计算。在某些条件下,可采用简化计算方法。此类计算方法的依据是:柱下条形基础可视为作用有若干集中荷载并置于地基上的梁,同时受到地基反力的作用。梁的变形会引起梁内产生弯矩和剪力。目前,在实际应用中,按上部结构刚度、荷载分布状况及地基土压缩性,分别采用刚性基础法(又称为连续梁法)和弹性地基梁法。

1) 连续梁法

此法视条形基础为倒置的连续梁,假定地基反力按直线分布,在基底反力及梁上荷载作用下,计算梁的内力。在比较均匀的地基上,上部结构刚度较大,荷载分布均匀,且条形基础高度不小于 1/6 平均柱距时,用此法计算比较接近实际。

大量设计经验指出,当相邻两柱荷载及相邻两柱距之差不大于较大值的 20% 时。若 $\lambda l_\mathrm{m} \leqslant$ 1.75(l_m 为柱列下条形基础中两相邻柱距的平均值),则基础可认为是刚性的,地基反力可按直线分布计算。由于确定弹性地基梁的特征系数取决于基床系数 k 值,而符合实际的 k 值往往不易确定,因此将不同柱距 l 代入分析。当基础高跨比大于 1/6 时,对一般柱距及中等压缩性地基都可认为地基反力为直线分布。在实际中,用梁高大于 1/6 柱距作为采用刚性法的条件之一比较简便;当柱距较大,地基土的压缩变形很小时,宜用 $\lambda l_\mathrm{m} \leqslant 1.75$ 作为确定采用刚性法计算的条件。还需指出,在考虑地基基础相互作用时,反力在端部仍按直线变化。故实际设计时,在条形基础两端边跨宜增加 15% ~ 20% 的地基反力以计算内力,增加受力钢筋面积。

(1)确定基础底面尺寸

将条形基础视为一狭长的矩形基础,其长度 l 主要按构造要求决定(只要决定伸出边柱的长度),并尽量使荷载合力作用点与基础底面形心相重合。

当轴心荷载作用时,基础宽度 b 为:

$$b \geqslant \frac{\sum F_\mathrm{k} + G_\mathrm{wk}}{(f_\mathrm{a} - 20d + 10h_\mathrm{w})l} \tag{3.42}$$

当偏心荷载作用时,先按式(3.42)初定基础宽度并适当增大,然后按下式验算基础边缘压力:

$$p_\max = \frac{\sum F_\mathrm{k} + G_\mathrm{k} + G_\mathrm{wk}}{bl} + \frac{6\sum M_\mathrm{k}}{bl^2} \leqslant 1.2f_\mathrm{a} \tag{3.43}$$

式中　　$\sum F_\mathrm{k}$ ——相应于荷载效应标准组合时,各柱传来的竖向力之和,kN;

G_k ——基础自重和基础上的土重,kN;

G_wk ——作用在基础梁上墙的自重,kN;

$\sum M_k$—— 各荷载对基础梁中点的力矩代数和，kN·m；

d—— 基础平均埋深，m；

h_w—— 当基础埋深范围内有地下水时，基础底面至地下水位的距离；无地下水时，$h_w = 0$，m；

f_a—— 修正后的地基承载力特征值，kN。

（2）基础底板计算

柱下条形基础底板的计算方法与墙下钢筋混凝土条形基础相同。在计算基底净反力设计值时，荷载沿纵向与横向的偏心都要予以考虑。当各跨的净反力相差较大时，可依次对各跨底板进行计算，净反力可取本跨内的最大值。

（3）基础梁内力计算

①计算基础净反力设计值。沿基础纵向分布的基底边缘最大和最小线性净反力设计值可按下式计算：

$$b p_{j\,min}^{j\,max} = \frac{\sum F}{l} \pm \frac{6 \sum M}{l^2} \qquad (3.44)$$

式中　$\sum F$—— 各柱传来的竖向力设计值之和，kN；

　　　$\sum M$—— 各荷载对基础梁中点的力矩设计值代数和，kN·m。

②内力计算。当上部结构刚度很小时，可按静定分析法计算。用基础各截面的静力平衡条件求解内力的方法称为静力平衡法。由于基础自重不会引起基础内力，故基础内力分析应用净反力。基础梁任意截面的弯矩和剪力可取脱离体按静力平衡条件求得。

若上部结构刚度较大，则按倒梁法计算。肋梁的配筋计算与一般的钢筋混凝土 T 形截面梁相仿，即对跨中按 T 形、对支座按矩形截面计算。当柱荷载对单向条形基础有扭力作用时，应作抗扭计算。

需要特别指出的是，静定分析法和倒梁法实际上代表了两种极端情况，且有诸多前提条件。因此，对条形基础进行截面设计时，切不可拘泥于计算结果，而应结合实际情况，配筋时作某些必要的调整。这一原则对其他梁板式基础也适用，现介绍两种常用的计算方法。

2）倒梁法

基本假定：基底压力呈直线分布，基础梁与地基土相比为绝对刚性，基础梁的挠曲不改变地基土应力的重分布。

倒梁法认为上部结构是刚性的，各柱脚之间没有差异沉降，因而把柱脚视为条形基础的铰支座，支座间无相对竖向位移。以柱子作为固定铰支座，基底净反力作为荷载，将基础视为倒置的多跨连续梁，以线性分布的基底净反力作为荷载，按弯矩分配法或经验弯矩系数法计算其内力。所以，倒梁法仅考虑基础梁出现于柱间的局部弯曲。忽略基础全长的整体弯曲，因而计算所得的柱脚处截面的正弯矩与柱间最大负弯矩相比较，比其他方法均衡，所以基础中不利截面的弯矩较小。当基础或上部结构的刚度较大，柱距不大且接近等间距，相邻柱荷载相差不大时，用倒梁法计算内力比较接近于实际。

（1）计算基底净反力

基底净反力可按下式计算：

$$p_{j\,min}^{j\,max} = \frac{\sum F}{bl} \pm \frac{\sum M}{W} \qquad (3.45)$$

$$W = \frac{bl^2}{6} \tag{3.46}$$

式中　$p_{j\max}$、$p_{j\min}$——相应于荷载效应基本组合时基底最大和最小净反力，kN；

　　　$\sum F$——相应于荷载效应基本组合时各竖向荷载总和，kN；

　　　$\sum M$——外荷载对基底形心的弯矩总和，kN·m；

　　　W——基底面积的抵抗矩。

（2）画出计算简图，用弯矩分配法计算连续梁的弯矩

以柱脚作为不动铰支，应以基底净反力为荷载，绘制多跨连续梁计算简图，如图 3.18 所示。用弯矩分配法计算连续梁的弯矩分布，进而求得支座剪力，绘制弯矩图和剪力图。

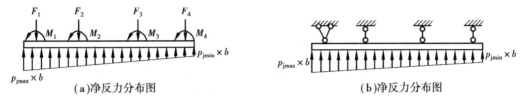

图 3.18　倒梁法计算简图

（3）调整支座的不平衡力

倒梁法计算的支座反力一般不等于柱荷载，主要是由于没有考虑土与基础以及上部结构的共同作用，只考虑出现于柱间的局部弯曲，而略去基础全长发生的整体弯曲，假设地基反力按直线分布与事实不符所致。为了消除这个矛盾，可用逐次渐近的方法调整。具体做法如下：

①根据柱荷载 F_i 和支座反力 P_i，求得不平衡力 ΔP_i。

$$\Delta P_i = F_i - P_i \tag{3.47}$$

②计算不平衡力折算的均布荷载。

对边跨支座：

$$q_i = \frac{\Delta p_i}{l_0 + \dfrac{l_i}{3}} \tag{3.48}$$

对中间跨支座：

$$q_i = \frac{\Delta p_i}{\dfrac{l_{i-1}}{3} + \dfrac{l_i}{3}} \tag{3.49}$$

式中　q_i——不平衡力折算的均布荷载，kN；

　　　l_0——边跨长度，m；

　　　l_{i-1}、l_i——支座左右跨长度，m。

将计算的不平衡力折算的均布荷载，均匀分布在本支座左右两侧 1/3 跨度范围内，如图 3.19 所示。

③用阶梯形分布的地基反力进行连续梁计算。用阶梯形分布的地基反力，再次采用弯矩分配法计算，求得支座处的弯矩和剪力，并将其叠加到原支座反力上。

重复步骤①～③，直到不平衡力在允许的误差范围内，一般不超过柱荷载的 20%。即：

$$\Delta p_i \leqslant 20\% \cdot F_i \tag{3.50}$$

一般调整 1～3 次就可满足要求。

④叠加逐次计算结果，求得多跨连续梁的内力和弯矩。

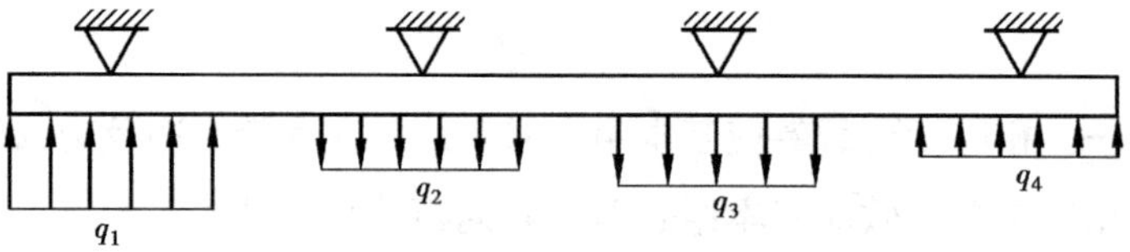

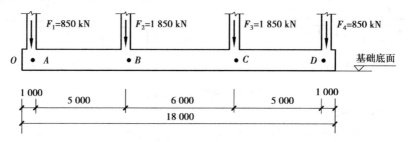

图 3.19　倒梁法不平衡力的调整简图

考虑到实际地基反力沿梁长方向并非均匀分布,一般端部的反力略大于地基土平均反力。边跨跨中弯矩及第一支座内的弯矩宜乘以系数 1.2,然后进行受剪及配筋计算。

【例 3.3】　图 3.20 中的柱下条形基础,基础埋深为 1.5 m,修正后的地基承载力特征值为 126.5 kPa,柱荷载均为设计值,标准值可近似取为设计值的 0.74 倍。试确定基础底面尺寸,并用倒梁法计算基础梁的内力。

图 3.20　柱下条形基础尺寸图

【解】　(1)确定基础底面尺寸

设基础端部外伸长度为边跨跨距的 0.2 倍,即 1.0 m,则基础总长度 $l = 2 \times (1 + 5) + 6 = 18(\mathrm{m})$。则是基底宽度为:

$$b = \frac{\sum F}{l(f - 20d)} = \frac{2 \times (850 + 1\,850) \times 0.74}{18 \times (126.5 - 20 \times 1.5)} = 2.3(\mathrm{m})$$

(2)用弯矩分配法计算肋梁弯矩(图 3.21)

沿基础梁纵向的地基净反力为:

$$bp_{\mathrm{j}} = \frac{\sum F}{l} = \frac{5\,400}{18} = 300(\mathrm{kN/m})$$

边跨固端弯矩为:

$$M_{\mathrm{BA}} = \frac{1}{12}bp_{\mathrm{j}}l_1^2 = \frac{1}{12} \times 300 \times 5^2 = 625(\mathrm{kN} \cdot \mathrm{m})$$

中跨固端弯矩为:

$$M_{\mathrm{BA}} = \frac{1}{12}bp_{\mathrm{j}}l_2^2 = \frac{1}{12} \times 300 \times 6^2 = 900(\mathrm{kN} \cdot \mathrm{m})$$

A 截面(左边)伸出端弯矩:

$$M'_{\mathrm{A}} = \frac{1}{2}bp_jl_0^2 = \frac{1}{2} \times 300 \times 1^2 = 150(\mathrm{kN} \cdot \mathrm{m})$$

(3)肋梁剪力计算

A 截面左边的剪力为:

$$V'_{\mathrm{A}} = bp_jl_0 = 300 \times 1 = 300(\mathrm{kN})$$

取 OB 段作脱离体,计算 A 截面的支座反力(图 3.21):

$$R_A = \frac{1}{l_1}\left[\frac{1}{2}bp_j(l_0 + l_1)^2 - M_B\right] = \frac{1}{5}\left(\frac{1}{2} \times 300 \times 6^2 - 886\right) = 902.8(\text{kN})$$

A 截面右边的剪力为:

$$V'_A = bp_jl_0 - R_A = 300 \times 1 - 902.8 = -602.8(\text{kN})$$

$$R'_B = bp_j(l_0 + l_1) - R_A = 300 \times 6 - 902.8 = 897.2(\text{kN})$$

取 BC 段作为脱离体:

$$R''_B = \frac{1}{l_2}\left[\frac{1}{2}bp_jl_2^2 + M_B - M_C\right] = \frac{1}{6}\left(\frac{1}{2} \times 300 \times 6^2 + 886 - 886\right) = 900(\text{kN})$$

$$R_B = R'_B + R''_B = 897.2 + 900 = 1\,797.2(\text{kN})$$

按跨中剪力为零的条件来求跨中最大负弯矩:

OB 段:

$$bp_jx - R_A = 300x - 902.8 = 0$$

$$x = \frac{902.8}{300} \approx 3.0(\text{m})$$

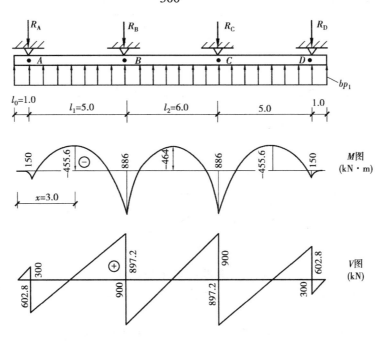

图 3.21　例题 3.3 附图

所以,

$$M_1 = \frac{1}{2}bp_jx^2 - R_A \times 2 = \frac{1}{2} \times 300 \times 3^2 - 902.8 \times 2 = -455.6(\text{kN} \cdot \text{m})$$

BC 段对称,最大负弯矩在中间截面:

$$M_2 = -\frac{1}{8}bp_jl_2^2 + M_B = -\frac{1}{8} \times 300 \times 6^2 + 886 = -464(\text{kN} \cdot \text{m})$$

由以上结果可作出条形基础的弯矩图和剪力图(图 3.21)。

3)静力平衡法(静定分析法)

用基础各截面的静定平衡条件求解内力的方法称为静力平衡法。求得地基净反力后,基础上的所有受力都已确定,任意截面的弯矩和剪力可取隔离体按静力平衡条件求得。

静力平衡法未考虑上部结构刚度对地基变形的影响,因而在荷载按直线分布的基底反力作用下基础产生整体弯曲。与其他方法相比较,计算所得的基础不利截面上的弯矩绝对值一般较大。对于上部结构为刚度较小的柔性结构、自身刚度较大的柱下钢筋混凝土条形基础和联合基础,可近似用静力平衡法计算其内力。

【例3.4】 条形基础的荷载和柱距如图3.22(a)所示。基础的埋深 $D = 1.5$ m,持力层土的地基承载力设计值 $f = 150$ kN/m²,试确定基础底面尺寸并用静力平衡法计算基础内力。

【解】 (1)确定基础底面尺寸

各柱轴向力的合力点到 A 点的距离为:

$$x = \frac{\sum P_i x_i}{\sum P_i} = \frac{960 \times 14.7 + 1\ 754 \times 10.2 + 1\ 740 \times 4.2}{960 + 1\ 754 + 1\ 740 + 554} = \frac{39\ 311}{5\ 008} = 7.85(\text{m})$$

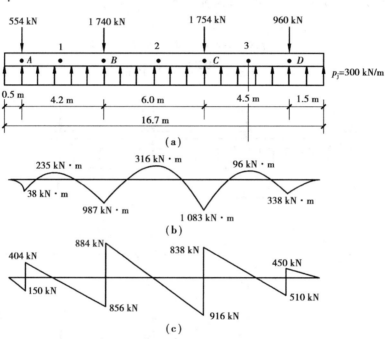

图 3.22 条形基础的荷载、柱距

为了使荷载的合力点与基底形心重合,条形基础左端伸出去的悬臂长度为 0.5 m,则右端伸出长度为:

$$l_0 = (7.85 + 0.5) \times 2 - (14.7 + 0.5) = 1.5(\text{m})$$

于是,基础的总长度为:

$$L = 14.7 + 0.5 + 1.5 = 16.7(\text{m})$$

按地基承载力设计值计算基础底面积:

$$A = \frac{\sum P}{f - r_G D} = \frac{5\ 008}{150 - 20 \times 1.5} = 41.7(\text{m}^2)$$

故基础宽度为:

$$b = \frac{41.7}{16.7} = 2.5(\text{m})$$

(2)基础梁内力分析

沿基础每米长度的净反力为:

$$p_j = \frac{\sum P}{L} = \frac{5\ 008}{16.7} = 300(\text{kN/m})$$

按静力平衡条件计算各截面内力：

$$M_A = \frac{1}{2} \times 300 \times 0.5^2 = 38(\text{kN} \cdot \text{m})$$

$$左：V_A = 300 \times 0.5 = 150(\text{kN})$$

$$右：V_A = 150 - 554 = -404(\text{kN})$$

AB 跨内最大负弯矩截面 1 离 A 点的距离为：

$$x = \frac{554}{300} - 0.5 = 1.35(\text{m})$$

$$M_1 = \frac{1}{2} \times 300 \times 1.85^2 - 554 \times 1.35 = -235(\text{kN} \cdot \text{m})$$

$$M_B = \frac{1}{2} \times 300 \times 4.7^2 - 554 \times 4.2 = 987(\text{kN} \cdot \text{m})$$

$$左：V_B = 300 \times 4.7 - 554 = 856(\text{kN})$$

$$右：V_B = 856 - 1\,740 = -884(\text{kN})$$

BC 跨内最大负弯矩的截面 2 离 B 点的距离为：

$$x_2 = \frac{554 + 1\,740}{300} - 4.7 = 2.95(\text{m})$$

$$M_2 = \frac{1}{2} \times 300 \times 7.65^2 - 554 \times 7.15 - 1\,740 \times 2.95 = -316(\text{kN} \cdot \text{m})$$

$$M_C = \frac{1}{2} \times 300 \times 10.7^2 - 554 \times 10.2 - 1\,740 \times 6 = 1\,083(\text{kN} \cdot \text{m})$$

$$左：V_C = 300 \times 10.7 - 554 - 1\,740 = 916(\text{kN})$$

$$右：V_C = 916 - 1\,754 = -838(\text{kN})$$

CD 跨内最大负弯矩的截面 3 离 D 点的距离为：

$$x_3 = \frac{960}{300} - 1.5 = 1.7(\text{m})$$

$$M_3 = \frac{1}{2} \times 300 \times 3.2^2 - 960 \times 1.7 = -96(\text{kN} \cdot \text{m})$$

$$M_D = \frac{1}{2} \times 300 \times 1.5^2 = 338(\text{kN} \cdot \text{m})$$

$$左：V_D = -450 + 960 = 510(\text{kN})$$

$$右：V_D = -300 \times 1.5 = -450(\text{kN})$$

4) 弹性地基梁法

将柱下条形基础看成是地基上的梁，采用合适的地基计算模型（最常用的是线弹性地基模型，这时便成为弹性地基上的梁）。考虑地基与基础的共同作用，即满足地基与基础之间的静力平衡和变形协调条件，建立方程。可以用解析法、近似解析法和数值分析法等直接或近似求解基础内力。

采用弹性地基梁法计算基础梁时，计算比较麻烦，计算工作量大。另外，由于地基土性质复杂多变，无论采用文克勒假定或是半无限弹性体假定，均不能很好地反映地基的实际情况，计算结果往往与实际情况有出入。所以，在中小型工程中，为便于计算，多采用简化的内力计算方法。

3.5　十字交叉条形基础

十字交叉条形基础是空间受力体系,应按照地基基础共同作用进行计算,通常采用有限元法计算。本节仅介绍简化计算法。

十字交叉条形基础的构造与条形基础基本相同,实践中需补充以下几点:

①为了调整结构荷载重心与基底平面形心相重合,同时改善角柱与边柱下地基的受力条件,在转角和边柱处做构造性延伸。

②十字交叉基础梁的断面通常取为 T 形。

③在交叉处翼板双向主受力钢筋重叠布置。

④基础梁若有扭矩作用时,纵筋应按计算配置受弯和受扭钢筋。

3.5.1　节点荷载分配的简化方法

内力分析方法的关键在于如何进行交叉点处柱荷载的分配,一旦确定了柱荷载的分配值,交叉条形基础就可分别按纵、横两个方向的条形基础进行计算。

如图 3.23 所示的交叉条形基础,每个交叉点处都作用有从上部结构传来的竖向荷载 P 和 x、y 方向的力矩 M_x 和 M_y。假设略去扭转变形的影响,即一个方向的条形基础有转角时,不引起另一个方向条形基础的内力,则 M_x 全部由 x 向基础承担,M_y 全部由 y 向基础承担。

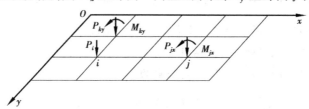

图 3.23　十字交叉条形基础节点荷载分配

对任意节点荷载分配必须满足静力平衡条件和变形协调条件。静力平衡条件即交叉点 i 分配在 x 方向的竖向荷载 P_{ix} 与 y 方向的竖向荷载 P_{iy} 之和等于节点荷载 P_i;变形协调条件即基础在交叉处 x 方向的沉降量 ω_{ix} 和 y 方向的沉降量 ω_{iy} 相等。即:

$$P_i = P_{ix} + P_{iy}, \omega_{ix} = \omega_{iy} \tag{3.51}$$

根据文克勒地基上无限长梁受集中荷载作用的解可知,随着与集中力作用点距离 x 的增加,梁的挠度迅速减少。当 $x = \pi/\lambda$ 时,该处的挠度为集中力作用点($x=0$)挠度的 4.3%。因此,实际上当柱距大于 π/λ 时,就可以忽略相邻柱荷载的影响。根据无限长梁和半无限长梁的解,推导出各种类型节点竖向荷载分配的计算公式,方法简单,也称为节点性状分配系数法。节点类型如图 3.24 所示。

1)内柱节点

内柱节点如图 3.24(a)所示,根据无限长梁受集中荷载作用的解,可得 x 向基础梁在 P_{ix} 作用下 i 节点产生的沉降为:

$$\omega_{ix} = \frac{P_{ix}\lambda_x}{2kb_x} = \frac{P_{ix}}{2kb_xS_x} \tag{3.52}$$

式中　k——地基上的基床系数,kN/m³;

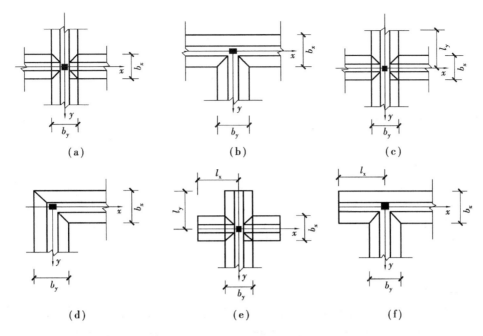

（a）　　　　　　　（b）　　　　　　　（c）

（d）　　　　　　　（e）　　　　　　　（f）

图3.24　交叉条形基础节点类型

b_x——x 向的基底宽度，m；

S_x——x 向的弹性特征长度，$S_x = \dfrac{1}{\lambda_x}$。

同理，可得 y 向基础梁在 P_{iy} 作用下 i 节点的沉降为：

$$\omega_{iy} = \frac{P_{iy}\lambda_y}{2kb_y} = \frac{P_{iy}}{2kb_yS_y} \tag{3.53}$$

式中　b_y——y 向的基底宽度，m；

S_y——y 向的弹性特征长度，$S_y = \dfrac{1}{\lambda_y}$。

由节点变形协调条件得：

$$\frac{P_{ix}}{2kb_xS_x} = \frac{P_{iy}}{2kb_yS_y} \tag{3.54}$$

求解方程组（3.51）和式（3.54），得：

$$P_{ix} = P_i \cdot \frac{b_xS_x}{b_xS_x + b_yS_y} \tag{3.55}$$

$$P_{iy} = P_i \cdot \frac{b_yS_y}{b_xS_x + b_yS_y} \tag{3.56}$$

2）边柱节点

边柱节点如图3.24（b）所示，节点荷载可分解为作用在无限长梁上的 P_{ix} 和作用在半无限长梁上的 P_{iy}，同理得：

$$P_{ix} = P_i \cdot \frac{4b_xS_x}{4b_xS_x + b_yS_y} \tag{3.57}$$

$$P_{iy} = P_i \cdot \frac{b_yS_y}{4b_xS_x + b_yS_y} \tag{3.58}$$

对于边柱有伸出悬臂长度的情况，如图3.24（c）所示，悬臂长度 $l_y = (0.6 - 0.75)S_y$，节点的分配荷载可按下式计算：

$$P_{ix} = P_i \cdot \frac{\alpha b_x S_x}{\alpha b_x S_x + b_y S_y} \qquad (3.59)$$

$$P_{iy} = P_i \cdot \frac{b_y S_y}{\alpha b_x S_x + b_y S_y} \qquad (3.60)$$

系数 α 由表 3.5 查得。

表 3.5　α 和 β 取值

l/S	0.60	0.62	0.64	0.65	0.66	0.67	0.68	0.69	0.70	0.71	0.73	0.75
α	1.43	1.41	1.38	1.36	1.35	1.34	1.32	1.31	1.30	1.29	1.26	1.24
β	2.80	2.84	2.91	2.94	2.97	3.00	3.03	3.05	3.08	3.10	3.18	3.23

注：l,S 分别为 x（或 y）方向的悬挑长度和相应方向的弹性特征长度。

3）角柱节点

对于如图 3.24(d) 所示的角柱节点，柱荷载可分解为作用在两个半无限长梁上的荷载 P_{ix} 和 P_{iy}。根据半无限长梁的解，同理可推导出节点荷载的分配公式同内柱节点［图 3.24(a)］相同，即式(3.55)和式(3.56)。

为减缓角柱节点处地基反力过于集中，常在两个方向伸出悬臂，如图 3.24(e) 所示。当 $l_x = \xi S_x$，同时 $l_y = \xi S_y$，$\xi = 0.6 \sim 0.75$，节点荷载分配计算公式同内柱节点［图 3.24(a)］相同，即式(3.55)和式(3.56)。

当角柱节点仅在一个方向伸出悬臂时，如图 3.24(f) 所示，节点荷载分配公式为：

$$P_{ix} = P_i \cdot \frac{\beta b_x S_x}{\beta b_x S_x + b_y S_y} \qquad (3.61)$$

$$P_{iy} = P_i \cdot \frac{b_y S_y}{\beta b_x S_x + b_y S_y} \qquad (3.62)$$

系数 β 由表 3.5 查得。

3.5.2　节点分配荷载的调整

按照以上方法进行柱荷载分配后，可分别按纵、横两个方向的条形基础计算。但这样计算，在交叉点处基底重叠部分的面积重复计算了一次，结果使地基反力减少，致使计算结果偏于不安全，故在节点荷载分配后还需进行调整。调整方法如下：

设调整前的地基平均反力为：

$$P = \frac{\sum P}{\sum A + \sum \Delta A} \qquad (3.63)$$

式中　　$\sum P$——交叉条形基础上竖向荷载总和，kN；

　　　　$\sum A$——交叉条形基础支承总面积，m²；

　　　　$\sum \Delta A$——交叉条形基础节点处重复面积之和，m²。

调整后地基平均反力 p' 为：

$$p' = \frac{\sum P}{\sum A} \tag{3.64}$$

或将 p' 表示为:

$$p' = mp \tag{3.65}$$

式中　m——修正系数。

由以上 3 式得:

$$m = 1 + \frac{\sum \Delta A}{\sum A} \tag{3.66}$$

$$p' - \left(1 + \frac{\sum \Delta A}{\sum A}\right)p = p + \Delta p \tag{3.67}$$

式中　Δp——地基反力增量，$\Delta p = \dfrac{\sum \Delta A}{\sum A}p$。

将 Δp 按节点分配荷载和节点荷载的比例折算成分配荷载增量,对任意节点 i,分配的荷载增量为:

$$\begin{cases} \Delta p_{ix} = \dfrac{p_{ix}}{p_i} \cdot \Delta A_i \cdot \Delta p \\ \Delta p_{iy} = \dfrac{p_{iy}}{p_i} \cdot \Delta A_i \cdot \Delta p \end{cases} \tag{3.68}$$

式中　$\Delta p_{ix},\Delta p_{iy}$——节点 i 在 x 方向和 y 方向的分配荷载增量;

ΔA_i——节点 i 的基础重叠面积。

于是,调整后节点荷载在 x、y 方向的分配荷载分别为:

$$\begin{cases} P'_{ix} = P_{ix} + \Delta P_{ix} \\ P'_{iy} = P_{iy} + \Delta P_{iy} \end{cases} \tag{3.69}$$

【例 3.5】　如图 3.25 所示的十字交叉基础,混凝土等级为 C20,$E_c = 2.6 \times 10^7$ kN/m²。已知结点集中荷载 $F_1 = 1\,500$ kN,$F_2 = 2\,100$ kN,$F_3 = 2\,400$ kN,$F_4 = 1\,700$ kN,基床系数 $k = 4\,000$ kN/m。试求各结点荷载的分配。

【解】　(1)刚度计算

梁 L_1:

$$E_0 I_1 = 2.6 \times 10^7 \times 2.90 \times 10^{-2} = 7.54 \times 10^5 (\text{kN} \cdot \text{m}^2)$$

$$S_1 = \frac{\sqrt[4]{4E_c I}}{\sqrt[4]{kb_1}} = \frac{\sqrt[4]{4 \times 7.54 \times 10^5}}{\sqrt[4]{4 \times 10^3 \times 1.4}} = 4.82(\text{m})$$

梁 L_2:

$$E_0 I_2 = 2.6 \times 10^7 \times 1.14 \times 10^{-2} = 2.96 \times 10^5 (\text{kN} \cdot \text{m}^2)$$

$$S_2 = \frac{\sqrt[4]{4E_c I}}{\sqrt[4]{kb_2}} = \frac{\sqrt[4]{4 \times 2.96 \times 10^5}}{\sqrt[4]{4 \times 10^3 \times 0.85}} = 4.32(\text{m})$$

(2)荷载分配

由角柱节点公式算得:

$$F_{1x} = \frac{b_1 S_1}{b_1 S_1 + b_2 S_2} F_1 = \frac{1.4 \times 4.82}{1.4 \times 4.82 + 0.85 \times 4.32} \times 1\,500 = 971(\text{kN})$$

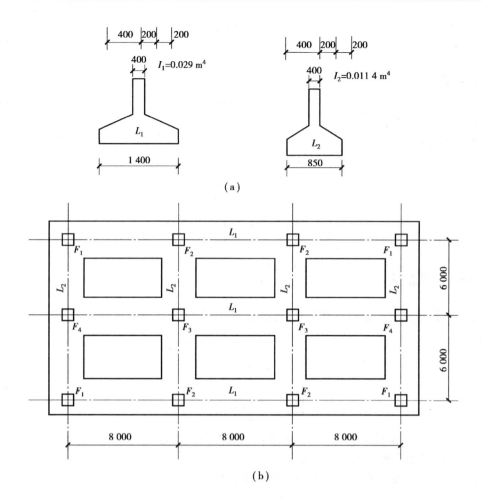

图 3.25 例 3.5 图

于是:

$$F_{1y} = F_1 - F_{1x} = 529(\text{kN})$$

由边柱节点公式算得:

$$F_{2x} = \frac{4b_1 S_1}{4b_1 S_1 + b_2 S_2} F_2 = \frac{4 \times 1.4 \times 4.82}{4 \times 1.4 \times 4.82 + 0.85 \times 4.32} \times 2\,100 = 1\,849(\text{kN})$$

于是:

$$F_{2y} = F_2 - F_{2x} = 251(\text{kN})$$

同理得:

$$F_{4x} = \frac{b_1 S_1}{4b_2 S_2 + b_1 S_1} F_2 = \frac{1.4 \times 4.82}{4 \times 0.85 \times 4.32 + 1.4 \times 4.82} \times 1\,700 = 535(\text{kN})$$

于是:

$$F_{4y} = F_4 - F_{4x} = 1\,165(\text{kN})$$

由中柱节点公式得:

$$F_{3x} = \frac{b_1 S_1}{b_1 S_1 + b_2 S_2} F_3 = \frac{1.4 \times 4.82}{1.4 \times 4.82 + 0.85 \times 4.32} \times 2\,400 = 1\,554(\text{kN})$$

于是:

$$F_{3y} = F_3 - F_{3x} = 846(\text{kN})$$

3.6　筏形基础

3.6.1　筏形基础的特点

上部结构荷载较大,地基承载力较小,采用一般基础不能满足要求时,可在建筑物的柱、墙下方做成一块满堂的基础,即筏形基础。筏形基础不仅能减少地基上的单位面积压力、提高地基承载力,还能有效增强基础的整体性,调整不均匀沉降。常用于多层、高层建筑和某些工业建筑。

筏形基础在构造上好像倒置的钢筋混凝土楼盖,可分为梁板式和平板式两种。当柱荷载较大且不均匀、柱距又较大时,为避免产生较大的弯曲应力,可以加大柱下的板厚,即沿柱轴线纵横向设肋梁,成为梁板式筏形基础(或称肋梁式筏形基础),如图3.26(a)、(b)所示。平板式筏形基础为一块等厚(0.5~1.5 m)的钢筋混凝土板,如图3.26(c)、(d)所示,适用于柱荷载不大、柱距较小且等柱距的情况。筏形基础选型应根据工程地质、上部结构体系、柱距、荷载大小以及施工条件等因素确定,大多采用梁板式结构形式。梁板式筏形基础的肋梁布置类型有两种:一种是按柱网形式布置;另一种是在柱网单元中加设肋梁的形式。筏形基础的设计一般包括基础梁设计与板设计两部分。筏形基础梁的设计计算主要包括地基计算、内力分析、强度计算以及构造要求等。

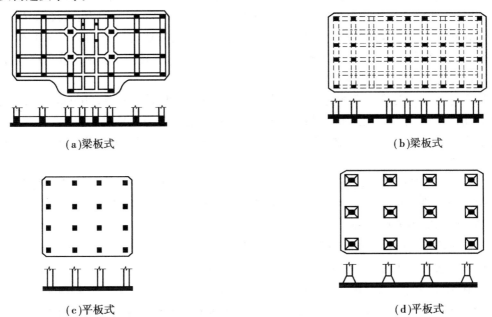

(a)梁板式　　　　　　　　　　　　　　　(b)梁板式

(c)平式　　　　　　　　　　　　　　　(d)平板式

图3.26　筏形基础

梁板式筏形基础的肋梁可设在板上也可设在板下,布置纵向和横向肋梁时,应使其交点位于柱下。肋梁向下凸出时[图3.26(b)],其断面可做成梯形的,施工时利用土模浇筑混凝土,以节省模板,且底板上部是平整的,使用方便,但施工质量不易检查。通常采用的还是肋梁向上凸出的形式,如图3.26(a)所示。为使其平整以作为室内地面,可在肋梁间填土或填筑低等级混凝土。如果肋的间距不大时,也可以铺设预制钢筋混凝土板。

3.6.2　筏形基础的构造

①筏形基础和桩箱、桩筏基础的混凝土等级不应低于 C30。当采用防水混凝土时,防水混凝土的抗渗等级应按表 3.6 选用。对重要建筑,宜采用自防水并设置架空排水层。

表 3.6　防水混凝土的抗渗等级

埋置深度 d/m	设计抗渗等级
$d < 10$	P6
$10 \leqslant d < 20$	P8
$20 \leqslant d < 30$	P10
$30 \leqslant d$	P12

②筏形基础底板的厚度应满足下列要求:

a. 除应符合受弯、受冲切和受剪承载力的要求,梁板式筏形基础底板的厚度尚应满足柱边缘处或梁柱连接面八字角边缘处基础梁斜截面受剪承载力的要求,且不应小于 400 mm;板厚与最大双向板格的短边净跨之比尚不应小于 1/4。梁板式筏形基础梁的高跨比不宜小于 1/6。

b. 平板式筏形基础的板厚除应符合受弯承载力的要求外,尚应符合受冲切承载力的要求。验算时,应计入作用在冲切临界截面重心上的不平衡弯矩所产生的附加剪力。筏板的最小厚度不应小于 500 mm。对基础的边柱和角柱进行冲切验算时,其冲切力应分别乘以 1.1 和 1.2 的增大系数。当柱荷载较大时,可在筏板上面增设柱墩或在筏板下局部增加板厚或采用抗冲切钢筋等措施满足受冲切承载能力要求。

③地下室筏板基础的外墙厚度不应小于 250 mm,内墙厚度不宜小于 200 mm。墙体内应设置双面钢筋,钢筋不宜采用光面圆钢筋,钢筋配置除应满足承载力要求外,还应考虑变形、抗裂以及外墙防渗等要求。水平钢筋的直径不应小于 12 mm,竖向钢筋的直径不应小于 12 mm,间距不应大于 200 mm。

a. 梁板式筏形基础的底板和基础梁的配筋除应满足计算要求外,基础梁和底板的顶部跨中钢筋应按实际配筋全部连通,纵横方向的底部支座钢筋尚应有 1/3 贯通全跨。底板上下贯通钢筋的配筋率均不应小于 0.15%。

b. 平板式筏板基础柱下板带和跨中板带的底部支座钢筋应有不少于 1/3 贯通全跨,顶部钢筋应按计算配筋全部连通,上下贯通钢筋的配筋率不应小于 0.15%。当筏板的厚度大于 200 mm 时,宜在板厚中间部位设置直径不小于 12 mm、间距不大于 300 mm 的双向钢筋。

④地下室底层柱、剪力墙与梁板式筏形基础的基础梁连接的构造应符合下列规定:

a. 当交叉基础梁的宽度小于柱截面的边长时,交叉基础梁连接处宜设置八字角,柱角和八字角之间的净距不宜小于 50 mm[图 3.27(a)]。

b. 当单向基础梁与柱连接、且柱截面的边长大于 400 mm 时,可按图 3.27(b)、(c)采用,柱角和八字角之间的净距不宜小于 50 mm;当柱截面的边长 ≤400 mm 时,可按图 3.27(d)采用。

c. 当基础梁与剪力墙连接时,基础梁边至剪力墙边的距离不宜小于 50 mm[图 3.27(e)]。

⑤带裙房高层建筑筏形基础的沉降缝和后浇带设置应符合下列要求:

a. 当高层建筑与相连的裙房之间设置沉降缝时,高层建筑的基础埋深应大于裙房基础的埋

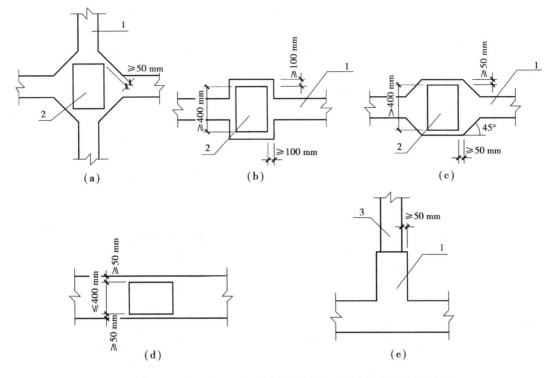

图 3.27 地下室底层柱和剪力墙与梁板式筏形基础的基础梁连接构造
1—基础梁;2—柱;3—墙

深,其值不应小于 2 m;地面以下沉降缝的缝隙应用粗砂填实[图 3.28(a)]。

b. 当高层建筑与相连的裙房之间不设置沉降缝时,宜在裙房一侧设置用于控制沉降差的后浇带。当高层建筑基础面积满足地基承载力和变形要求时,后浇带宜设在与高层建筑相邻裙房的第一跨内。当需要满足高层建筑地基承载力、降低高层建筑沉降量,减小高层建筑与裙房间的沉降差而增大高层建筑基础面积时,后浇带可设在距主楼边柱的第二跨内,此时应满足下列条件:

● 地基土质应较均匀;

● 裙房结构刚度较好且基础以上的地下室和裙房结构层数不应少于两层;

● 后浇带一侧与主楼连接的裙房基础底板厚度应与高层建筑的基础底板厚度相同[图 3.28(b)]。根据沉降实测值和计算值确定的后期沉降差满足设计要求后,后浇带混凝土方可进行浇筑。

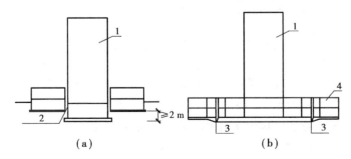

图 3.28 后浇带(沉降缝)示意图
1—高层;2—室外地坪以下用粗砂填实;3—后浇带;4—裙房及地下室

c. 当高层建筑与相连的裙房之间不设沉降缝和后浇带时,高层建筑及与其紧邻一跨裙房的筏板应采用相同厚度,裙房筏板的厚度宜从第二跨裙房开始逐渐变化,应同时满足主、裙楼基础整体性和基础板的变形要求;应进行地基变形和基础内力的验算,验算时应分析地基与结构间变形的相互影响,并应采取有效措施防止产生由不利影响的差异沉降。带裙房的高层建筑下的大面积整体筏形基础,其主楼下筏板的整体挠曲值不应大于0.5‰,主楼与相邻的裙房柱的差异沉降不应大于跨度的差异沉降。

⑥当地下室的四周外墙与土层紧密接触时,上部结构的嵌固部位按下列规定确定:

a.上部结构为剪力墙结构,地下室为单层或多层箱形基础地下室,地下一层结构顶板可作为上部结构的嵌固部位。

b.上部结构为框架、框架-剪力墙或框架-核心筒结构时:

● 地下室为单层箱形基础,箱形基础的顶板可作为上部结构的嵌固部位[图3.29(a)]。

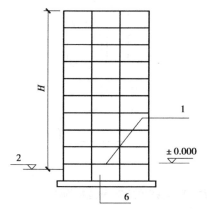

(a)地下室为箱基、上部结构为框架-剪力墙结构时的嵌固部位

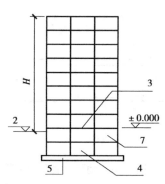

(b)采用筏基或箱基的多层地下室,$K_B \geqslant 1.5F_F$ 上部结构为框架或框架-剪力墙结构时的嵌固部位

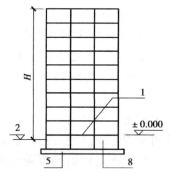

(c)采用筏基的单层地下室,$K_B \geqslant 1.5K_F$ 上部结构为框架或框架-剪力墙结构时的嵌固部位

图3.29 上部结构的嵌固部位示意图

1—嵌固部位:地下室顶板;2—室外地坪;3—嵌固部位:地下一层顶板;4—地下二层(或地下二层为箱形基础);5—筏形基础;6—地下室为箱形基础;7—地下一层;8—单层地下室

● 对采用筏形基础的单层或多层地下室以及采用箱形基础的多层地下室,当地下一层的结构侧向刚度 K_B 大于或等于与其相连的上部结构底层楼层侧向刚度 K_F 的1.5倍时,地下一层结构顶板可作为结构上部结构的嵌固部位[图3.29(b)、(c)]。

c.对大底盘整体筏形基础,当地下室内、外墙与主体结构墙体之间的距离符合表3.7的要求时,地下一层的结构侧向刚度可计入该范围内的地下室内、外墙刚度,但此范围内的侧向刚度不能重复使用于相邻塔楼。当 $K_B < 1.5K_F$ 时,建筑物的嵌固部位可设在筏形基础或箱形基础的顶部,结构整体计算分析时宜考虑基底土和基侧土的阻抗,可在地下室与周围土层之间设置适

当的弹簧和阻尼器来模拟。

表 3.7　地下室墙与主体结构墙之间的最大间距 d　　　单位:mm

非抗震设计	抗震设防烈度		
	6 度、7 度	8 度	9 度
$d \leqslant 50$	$d \leqslant 40$	$d \leqslant 30$	$d \leqslant 20$

3.6.3　筏形基础的地基计算

筏形基础的平面尺寸应根据地基上的承载力、上部结构的布置及荷载分布等因素确定。为满足地基承载力的要求而扩大底板面积时,扩大部位宜设置在建筑物的宽度方向。筏形基础的地基应进行承载力验算和变形验算,必要时应验算地基的稳定性。

1)地基承载能力验算

筏形基础的基底压力应满足下式:

$$\left. \begin{array}{l} p_k \leqslant f_a \\ p_{k\,max} \leqslant 1.2f_a \\ p_{k\,min} > 0 \end{array} \right\} \tag{3.70}$$

式中　$p_k, p_{k\,max}, p_{k\,min}$——相应于荷载效应标准组合时,基底平均压力、基底边缘的最大压力和最小压力值,kN/m²;

f_a——修正后的地基承载力特征值,kN/m²。

基底压力按下式计算:

$$p(x,y) = \frac{G_k + \sum F_k}{A} \pm \frac{M_x y}{I_x} \pm \frac{M_y x}{I_y} \tag{3.71}$$

式中　G_k——筏形基础自重和其上的土重之和,kN;

$\sum F_k$——相应于荷载效应组合时上部结构传至基础顶面的竖向力之和,kN;

A——筏形基础的平面面积,m²;

M_x, M_y——相应于荷载效应标准组合时竖向荷载通过底面形心 x 轴和 y 轴的力矩;

I_x, I_y——底面积对 x 轴和 y 轴的惯性矩;

x, y——计算点的坐标。

当基础埋置较深、地下水位较高时,式(3.71)中的基底压力应减去基础底面处的浮力。如果基底下存在软弱下卧层,应进行软弱下卧层承载力验算。

对于抗震设防的建筑,筏形基础基底压力除应满足式(3.70)要求外,尚应验算抗震承载力。

【例 3.6】　某多层建筑,上部结构为框架结构,如图 3.30 所示,荷载效应标准组合时柱的轴力如下(单位:kN):

A:2 600,3 200,3 600,3 600,2 800

B:3 100,4 200,4 600,4 600,3 500

C:2 600,3 200,3 600,3 600,2 800

上层土为素填土,厚度 0.7 m,重度 $\gamma = 16.5$ kN/m³,孔隙比 $e = 1.039$,液性指数 $I_L = 0.925$,压缩模量 $E_s = 5.71$ MPa,$f_{ak} = 103$ kPa,地下水位在地表下 0.7 m 处。根据上部结构的形式,经综合比较,确定采用梁板式筏形基础,基础埋深 2.0 m。设计该基础的尺寸。

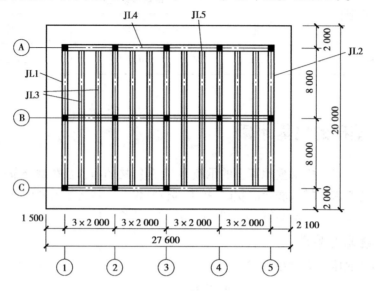

图 3.30　例题 3.6 图

【解】　柱的总荷载 $\sum F_i = 51\ 600$(kN),其作用点距左边缘柱中心线的距离为:

$$x_1 = \frac{\sum (x_i F_i)}{\sum F_i} = \frac{1}{51\ 600}[(3\ 200 \times 2 + 4\ 200) \times 6 +(3\ 600 \times 2 + 4\ 500) \times 12 +$$

$$(3\ 600 \times 2 + 4\ 600) \times 18 +(2\ 800 \times 2 + 3\ 500) \times 24] = 12.3(\text{m})$$

基础左边缘外伸长度确定为 1.5 m,为使合力作用点与基础形心重合,基础的总长度应为 $L = (12.3 + 1.5) \times 2 = 27.6$(m)。

根据持力层粉质黏土的参数,承载力修正系数为 $\eta_b = 0, \eta_d = 1.0$。

基底以上土的加权平均重度为:

$$\gamma_m = \frac{16.5 \times 0.7 + (18 - 10) \times 1.3}{2} = 11.0(\text{kN/m}^3)$$

$$f_a = f_{ak} + \eta_b \gamma(b - 3) + \eta_d \gamma_m(d - 0.5) = 103 + 1.0 \times 11.0 \times (2.0 - 0.5) = 119.5(\text{kPa})$$

基底面积为:

$$A = \frac{\sum F_i}{f_a - \gamma_G d} = \frac{51\ 600}{119.5 - (20 \times 0.7 + 10 \times 1.3)} = 557.8(\text{m}^2)$$

$$B = \frac{A}{L} = \frac{557.8}{27.6} = 20.2(\text{m})$$

取基础宽度 $B = 20.0$ m,两边柱中心线间距为 16.0 m,则基础在宽度方向应从边柱各方向外悬挑 $(20.0 - 16.0)/2 = 2.0$ m,如图 3.30 所示。

2）地基变形验算

筏形基础和箱形基础底面积大，荷载也大，地基土被压缩的土层也深，应力扩散的范围大，因此，筏形基础地基的变形对周围建筑物必然要产生影响。反之，周围建筑物较大的荷载，也会对筏形基础的沉降产生影响。

筏形基础过大的沉降量对周围建筑物的影响不能忽视。若筏形基础沉降过大，将引起室外道路凹凸不平，造成雨水积水、下水管道污水倒流、管道变形，甚至断裂，从而可能发生漏水、漏气等灾害。因此，在设计多层、高层建筑时，对沉降量要有一个控制值。筏形基础的允许沉降量应根据建筑物的使用要求和可能产生的对相邻建筑物的影响按地区经验确定，也可参考《建筑地基基础设计规范》(GB 50007—2011)中的高耸结构取用。

目前，计算较大埋深的筏板及箱形基础的沉降主要有压缩模量法和变形模量法两种方法。

（1）压缩模量法

筏形基础和箱形基础面积大，埋深也大，基础底部的土由于开挖和后继加载与回填，其沉降变形包括回弹与再压缩变形以及由附加应力产生的固结沉降变形两部分。筏形基础和箱形基础的最终沉降量可按式(3.72)计算：

$$s = \sum_{i=1}^{n} \left(\psi' \frac{p_c}{E'_{si}} + \psi_s \frac{p_0}{E_{si}} \right) (z_i \bar{a}_i - z_{i-1} \bar{a}_{i-1}) \tag{3.72}$$

式中　　s——最终沉降量，m；

ψ'——考虑回弹影响的沉降计算经验系数，无经验时取 1.0；

ψ_s——沉降计算经验系数，按地区经验采用；

p_c——基础底面处地基土的自重应力标准值，kN/m^2；

p_0——长期效应组合下的基础底面处的附加应力标准值，kN/m^2；

E'_{si}, E_{si}——基础底面下第 i 层土的回弹再压缩模量和压缩模量，kPa；

n——沉降计算深度范围内所划分的地基土层数；

z_i, z_{i-1}——基础底面至第 i 层、第 $i-1$ 层底面的距离，m；

$\bar{a}_i, \bar{a}_{i-1}$——基础底面计算点至第 i 层、第 $i-1$ 层底面范围内平均附加应力系数。

（2）变形模量法

变形模量法是以现场原位实验取得的参数为基础并考虑三向应力的计算方法，与室内压缩实验为计算参数的最终沉降量计算方法相比较，失真程度较小，结果比较可靠，尤其对土的回弹再压缩性质可在试验中有所反映。但现场试验工作量大，有其局限性，其深层土的试验比较困难，特别是在勘察阶段，基坑尚未开挖，深层试验往往难以实现。

箱形基础和筏形基础的最终沉降量可按式(3.73)计算：

$$s = p_k b \eta \sum_{i=1}^{n} \frac{\delta_i - \delta_{i-1}}{E_{0i}} \tag{3.73}$$

式中　　p_k——相应于荷载效应的准永久组合时的平均基底压力值，kN；

b——基础底面宽度，m；

δ_i, δ_{i-1}——与基础长宽比 l/b 及基础底面至第 i 层土和第 $i-1$ 层土底面的深度 z 有关的无因次系数，可按《高层建筑箱形与筏形基础技术规范》(JGJ 6—2011)附录 B 确定；

E_{0i}——基础底面下第 i 层土的变形模量，通过试验或按地区经验确定，kPa；

η——修正系数，可按表3.8确定。

表 3.8　修正系数

m	$0 < m \leqslant 0.5$	$0.5 < m \leqslant 1$	$1 < m \leqslant 2$	$2 < m \leqslant 3$	$3 < m \leqslant 5$	$m > 5$
η	1.00	0.95	0.90	0.80	0.75	0.7

注:$m = 2z/b$,z 为基础底面至该层土底面的距离。

沉降计算深度 z_n 应按下式计算:

$$z_n = (z_m + \xi b)\beta \tag{3.74}$$

式中　z_m——与基础长宽比有关的经验值,按表 3.9 确定;

　　　ξ——折减系数,按表 3.9 确定;

　　　β——调整系数,按表 3.10 确定。

表 3.9　z_m 值和折减系数 ξ

l/b	$\leqslant 1$	2	3	4	$\geqslant 5$
z_m	11.6	12.4	12.5	12.7	13.2
ξ	0.42	0.49	0.53	0.60	1.00

表 3.10　调整系数 β

土类	碎石	砂石	粉土	黏性土	软土
β	0.30	0.50	0.60	0.75	1.00

3)整体倾斜验算

必须特别注意筏形基础在水平荷载作用下的稳定性。因此,除严格控制荷载的偏心距外,宜增加基础的埋深,使建筑在抵抗倾覆和滑移等方面具有一定的安全度。目前,还没有统一的整体倾斜的计算方法,比较简单易行的方法是按分层总和法计算各点的沉降,再根据各点的沉降差估算整体倾斜值。一般情况下,常控制横向整体倾斜。例如,对矩形的箱形基础和筏形基础,以分层总和法计算基础纵向边缘中点的沉降值,两点的沉降差除以基础的宽度,即得横向整体倾斜值。

确定横向整体倾斜允许值的主要依据是保证建筑物的稳定性和正常使用。与此有关的主要因素是建筑物的高度 H_g(室外地面至檐口的高度)和基础底板的宽度 b,在非地震区横向整体倾斜值 α 应符合下式要求:

$$\alpha \leqslant \frac{b}{100 H_g} \tag{3.75}$$

也可根据地区经验确定。有些地区的经验认为 α 值可控制在 0.3% ~ 0.4%。对于地震区,目前还没有明确的横向整体倾斜允许值,可按地区经验并参考一些工程的实测值确定。

3.6.4　筏形基础内力的简化计算

筏形基础的内力计算属于高次超静定问题,目前有 3 种方法:不考虑共同作用的简化计算方法,将地基净反力视为线性分布;考虑基础、地基共同作用的弹性地基上梁板分析方法;考虑上部结构、基础、地基共同作用的分析方法。

刚性板条法和倒楼盖法均是简化计算方法,简化方法都存在不同的缺陷,在采用时应对其适用范围、误差大小等问题有正确认识。《建筑地基基础设计规范》(GB 50007—2011)规定:"当地基土比较均匀、地基压缩层范围内无软弱土层或可液化土层、上部结构刚度较好,柱网和荷载较均匀、相邻柱荷载及柱间距的变化不超过20%,且梁板式筏形基础梁的高跨比或平板式筏形基础板的厚跨比不小于1/6时,筏板基础可仅考虑局部弯曲作用。筏板基础的内力,可按基底反力直线分布进行计算,计算时基底反力应扣除底板自重及其上填土的自重。当不满足上述要求时,筏形基础内力可按弹性地基梁板方法进行分析计算。"

1)刚性板条法

在柱荷载比较均匀(或相邻柱荷载变化不超过20%)及柱距比较一致的情况下,当柱距小于$1.75/\lambda$时,可认为筏板为刚性板,受荷后基底仍保持平面,筏板基础内力可采用刚性板条法计算。λ由下式确定:

$$\lambda = \sqrt[4]{\frac{k_s b}{4 E_c I}} \tag{3.76}$$

式中　k_s——基础基床系数,kN/m^3;

　　　b——相邻两行柱间的中心距,m;

　　　E_c——混凝土的弹性模量,kPa;

　　　I——宽度为b的条带的惯性矩。

计算内力时,先计算柱荷载合力的位置,并假定地基反力呈直线分布,采用静力学方法求得地基净反力。

$$p_j = \sum F \cdot \left(\frac{1}{A} \pm \frac{e_x x}{I_y} \pm \frac{e_y y}{I_x} \right) \tag{3.77}$$

式中　　$\sum F$——基础上竖向荷载的总和,kN;

　　　e_x, e_y——合力$\sum F$对于x, y轴的偏心距。

将筏板划分为互相垂直的条带,条带以相邻柱间的中线作为分界线。假定各条带彼此互不影响,条带上面作用着柱荷载,底面作用着地基净反力,如图3.31(a)所示。从而得到一系列纵向、横向条带,然后用静定分析方法计算各条带截面内力。

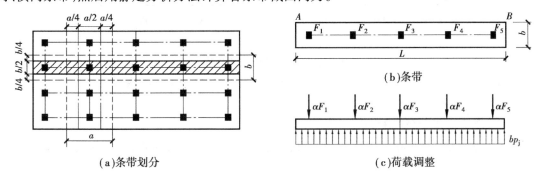

(a)条带划分　　　　　　　　　　　　　(c)荷载调整

图3.31　刚性条板法分析筏形基础

计算时,纵向条带和横向条带都采用每个条带上面作用的全部柱荷载和地基净反力,而不考虑纵横向条带对公用柱荷载的分担作用,内力计算结果偏大,偏于保守。同时,由于板条法没有考虑相邻板条之间的剪力传递,因此会出现地基净反力与其上的荷载不平衡的问题。应根据实际情况,按经验方法,将荷载按适当的比例进行分配,合理修正竖向力的平衡。

一种简单的条带荷载不平衡调整方法如下。

如图 3.31(b)所示,条带的荷载总和为:

$$\sum F = F_1 + F_2 + F_3 + F_4 + F_5 \tag{3.78}$$

基底压力平均值为:

$$\overline{p_j} = \frac{1}{2}(p_{jA} + p_{jB}) \tag{3.79}$$

式中 p_{jA},p_{jB}——A,B 点的基底净反力,kN/m^3。

对于宽度为 b、长度为 L 的板条,基底净反力总和 $p_j bL$ 与柱荷载总和 $\sum F$ 往往不相等,二者平均值为:

$$\overline{F} = \frac{1}{2}(\sum F + p_j bL) \tag{3.80}$$

柱荷载修正系数为:

$$\alpha = \overline{F} / \sum F \tag{3.81}$$

各柱荷载的修正值分别为 αF_1,αF_2,……。

基底平均净反力的修正值为:

$$p_j' = \overline{F} / (bL) \tag{3.82}$$

【例3.7】 某框架结构平板式筏形基础平面尺寸为 25.6 m×16.6 m,柱距和荷载效应基本组合时的柱荷载如图 3.32 所示。基础埋深 1.5 m,板厚 1.0 m,计算筏形基础的内力。

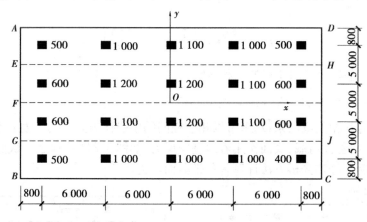

图 3.32 筏基柱距和柱荷载

【解】 将筏板基础沿 x 轴方向划分为 4 个条带,y 方向划分为 5 个条带。

(1)计算柱荷载合力的偏心距

上部荷载基本组合值之和为:

$$\sum F = 500 \times 3 + 400 + 600 \times 4 + 1\ 000 \times 5 + 1\ 100 \times 4 + 1\ 200 \times 3 = 17\ 300(\text{kN})$$

基底面积:

$$A = 25.6 \times 16.6 = 424.96(\text{m}^2)$$

惯性矩:

$$I_x = \frac{25.6 \times 16.6^3}{12} = 9\ 758.5(\text{m}^4), I_y = \frac{16.6 \times 25.6^3}{12} = 23\ 208.48(\text{m}^4)$$

上部荷载合力距筏板左边缘的距离为:

$$x_1 = \left[(500 \times 2 + 600 \times 2) \times 0.8 + (1\,000 \times 2 + 1\,200 + 1\,100) \times 6.8 + \right.$$
$$(1\,200 \times 2 + 1\,000 + 1\,100) \times 12.8 + (1\,000 \times 2 + 1\,100 \times 2) \times 18.8 +$$
$$\left. (500 + 600 \times 2 + 400) \times 24.8 \right] / \sum F = 12.70 (\mathrm{m})$$

上部荷载合力距筏板上边缘的距离为:

$$y_1 = \left[(500 \times 2 + 1\,000 \times 2 + 1\,100) \times 0.8 + (600 \times 2 + 1\,200 \times 2 + 1\,100) \times 5.8 + \right.$$
$$(600 \times 2 + 1\,100 \times 2 + 1\,200) \times 10.8 + (500 + 1\,000 \times 3 + 400) \times 15.8 \left. \right] / \sum F$$
$$= 141\,840 / 17\,300 = 8.20 (\mathrm{m})$$

偏心距:

$$e_x - x_1 - \frac{B}{2} = 12.70 - \frac{25.6}{2} - -0.10(\mathrm{m})$$

$$e_y = \frac{L}{2} - y_1 = \frac{16.6}{2} - 8.20 = 0.10(\mathrm{m})$$

(2)计算基底净反力

$$M_y = e_x \sum F = 0.10 \times 17\,300 = 1\,730(\mathrm{kN \cdot m})$$

$$M_x = e_y \sum F = 0.10 \times 17\,300 = 1\,730(\mathrm{kN \cdot m})$$

基底平均净反力为:

$$\overline{p}_j = \frac{\sum F}{A} = \frac{17\,300}{424.96} = 40.7(\mathrm{kPa})$$

(3)计算各点的地基净反力

A 点:

$$p_{jA} = 40.7 + \frac{1\,730 \times 12.8}{23\,208.48} + \frac{1\,730 \times 8.3}{9\,758.5} = 40.7 + 0.074\,5 \times 12.8 + 0.177\,3 \times 8.3 = 43.14(\mathrm{kPa})$$

B 点:

$$p_{jB} = 40.7 + 0.074\,5 \times 12.8 - 0.177\,3 \times 8.3 = 40.18(\mathrm{kPa})$$

C 点:

$$p_{jC} = 40.7 - 0.074\,5 \times 12.8 - 0.177\,3 \times 8.3 = 38.27(\mathrm{kPa})$$

D 点:

$$p_{jD} = 40.7 - 0.074\,5 \times 12.8 + 0.177\,3 \times 8.3 = 41.22(\mathrm{kPa})$$

E 点:

$$p_{jE} = 40.7 + 0.074\,5 \times 12.8 + 0.177\,3 \times 5 = 42.54(\mathrm{kPa})$$

F 点:

$$p_{jH} = 40.7 + 0.074\,5 \times 12.8 - 0.177\,3 \times 5 = 40.77(\mathrm{kPa})$$

(4)计算条带 $AEHD$ 的内力

条带尺寸为 3.3 m×25.6 m,基底净反力平均值为(43.14 + 41.22)/2 = 42.18(kPa)。

条带上柱荷载总和:

$$\sum F = 500 \times 2 + 1\,000 \times 2 + 1\,100 = 4\,100(\mathrm{kPa})$$

基底净反力总和与柱荷载总和的平均值为:

$$\overline{F} = \frac{1}{2}\left(\sum F + p_j bL \right) = \frac{1}{2} \times (4\,100 + 42.18 \times 3.3 \times 25.6) = 3\,831.68(\mathrm{kPa})$$

柱荷载修正系数为:

$$\alpha = \frac{\overline{F}}{\sum F} = \frac{3\ 831.68}{4\ 100} = 0.934\ 6$$

各柱荷载修正后的基本组合值为：

$$F_1 = 0.934\ 6 \times 500 = 467.3(\text{kN}), F_2 = 934.6(\text{kN}), F_3 = 1\ 028.1(\text{kN})$$
$$F_4 = 934.6(\text{kN}), F_5 = 467.3(\text{kN})$$

基底平均净反力的修正值为：

$$p'_j b = \frac{\overline{F}}{l} = \frac{3\ 831.68}{25.6} = 149.68(\text{kN/m})$$

采用静力平衡法计算条带 $AEHD$ 各截面的剪力和弯矩，如图 3.33 所示。其他条带计算从略。

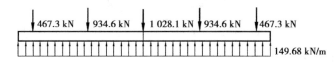

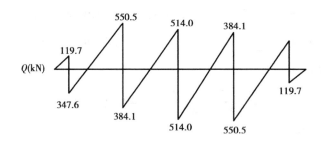

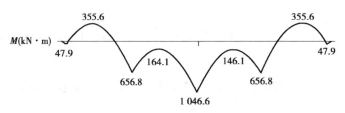

图 3.33 条带 AEHD 内力

2)倒楼盖法

倒楼盖法是目前国内应用较多的一种筏形基础内力简化计算方法。它是将筏形基础视为倒置在地基上的楼盖，柱、墙视为楼盖的支座，地基净反力视为作用在该楼盖上的外荷载，按混凝土结构中的单向或双向梁板的肋梁楼盖、无肋梁楼盖的方法计算。倒楼盖法由于假定柱端为不动支座，在地基反力作用下，基础只产生局部弯曲，不产生整体弯曲，相当于结构整体挠曲变形的情况。

对于平板式筏形基础，将筏板在纵横两个方向上划分为柱下板带和柱间板带，柱下板带计算宽度为柱两侧各 1/4 跨度，柱间板带计算宽度取柱距的 1/2。柱下板带与柱形成框架，柱间板带为支承在另一方向的柱下板带上的连续梁。假定基底净反力呈直线分布，按多跨连续双向板计算板带的内力，可仿无肋梁楼盖的计算方法计算其内力。

对于梁板式筏形基础，可将地基净反力按 45° 线划分范围，如图 3.34 所示，分别由纵梁和横梁承担。当纵横梁的跨度不相等时，则沿纵横两个方向的梁，荷载分别为梯形分布和三角形分布。然后，按多跨连续梁分别计算纵梁和横梁的内力，底板按双向连续板计算。如果柱网间设置有肋梁,则将底板划分为长边和短边之比大于2的矩形区格,底板按单向板计算,纵横梁仍按多跨连续梁计算。

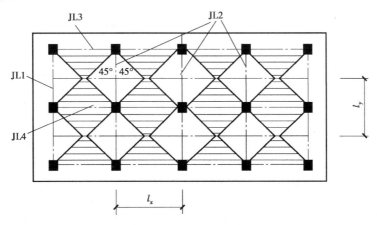

图3.34 肋梁荷载分布

用倒楼盖法计算的支座反力与原柱荷载不等,二者存在一个差值。可采用与柱下条形基础"倒梁法"类似的方法进行调整。

(1)双向连续板的计算

双向连续板的内力计算,可从板中取出两个相互垂直、单位宽度的板条,近似地按板条在板中心处挠度相等的变形协调条件,把板承受的地基净反力 p_j 沿 x,y 两个方向上分配。对于筏形基础,底板可分为单列、双列和三列双向板,如图3.35所示。共分为5种情况:

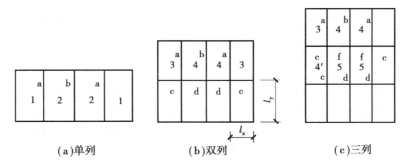

(a)单列   (b)双列   (c)三列

图3.35 双向板示意图

区格1:一边固定,三边简支;

区格2:两对边固定,两对边简支;

区格3:两邻边固定,两邻边简支;

区格4:三边固定,一边简支;

区格5:四边固定。

上述情况已制成表格,见表3.11～表3.15。

以区格4为例,说明其内力计算方法。

表 3.11　一边固定三边简支系数表

$$\lambda = l_y/l_x$$
$$p_x = x_{2x}p_i$$
$$p_y = (1-x_{2x})p_i$$

第2种情况

λ	φ_{2x}	φ_{2y}	x_{2x}
0.5	0.007 3	0.080 1	0.238
0.52	0.008 1	0.076 5	0.267
0.54	0.008 9	0.072 9	0.298
0.56	0.009 8	0.069 3	0.330
0.58	0.010 5	0.065 6	0.361
0.60	0.011 4	0.062 0	0.393
0.62	0.012 3	0.058 9	0.424
0.64	0.013 1	0.055 7	0.454
0.66	0.014 0	0.052 6	0.485
0.68	0.014 8	0.049 4	0.516
0.70	0.015 7	0.046 3	0.546
0.72	0.016 5	0.043 8	0.574
0.74	0.017 3	0.041 3	0.600
0.76	0.018 2	0.038 8	0.626
0.78	0.019 0	0.035 3	0.649
0.80	0.019 8	0.033 8	0.671
0.82	0.020 5	0.032 0	0.693
0.84	0.021 3	0.030 1	0.714
0.86	0.022 0	0.028 3	0.732
0.88	0.022 8	0.026 4	0.750
0.90	0.023 5	0.024 6	0.766
0.92	0.024 1	0.023 3	0.781
0.94	0.024 8	0.021 9	0.795
0.96	0.025 4	0.020 5	0.809
0.98	0.026 1	0.019 2	0.821
1.00	0.026 7	0.017 9	0.833
1.02	0.027 2	0.017 0	0.843
1.04	0.027 7	0.016 1	0.853
1.06	0.028 3	0.015 1	0.862
1.08	0.028 8	0.014 2	0.871
1.10	0.029 3	0.013 3	0.880
1.12	0.029 7	0.012 6	0.887
1.14	0.030 1	0.011 9	0.893
1.16	0.030 5	0.011 2	0.900
1.18	0.030 9	0.010 5	0.906
1.20	0.031 3	0.009 8	0.912

λ	φ_{2x}	φ_{2y}	x_{2x}
1.20	0.031 3	0.009 8	0.912
1.22	0.031 6	0.009 3	0.917
1.24	0.032 0	0.008 8	0.922
1.26	0.032 3	0.008 4	0.926
1.28	0.032 7	0.007 9	0.931
1.30	0.033 0	0.007 4	0.935
1.32	0.033 3	0.007 1	0.938
1.34	0.033 5	0.006 7	0.941
1.36	0.033 8	0.006 4	0.945
1.38	0.034 0	0.006 0	0.948
1.40	0.034 3	0.005 7	0.950
1.42	0.034 5	0.005 4	0.953
1.44	0.034 7	0.005 2	0.956
1.46	0.034 9	0.004 9	0.958
1.48	0.035 1	0.004 7	0.960
1.50	0.035 3	0.004 4	0.962
1.52	0.035 5	0.004 2	0.964
1.54	0.035 7	0.004 0	0.966
1.56	0.035 8	0.003 9	0.967
1.58	0.036 0	0.003 7	0.969
1.60	0.036 2	0.003 5	0.970
1.62	0.036 3	0.003 4	0.972
1.64	0.036 5	0.003 2	0.973
1.66	0.036 6	0.003 1	0.975
1.68	0.036 8	0.002 9	0.976
1.70	0.036 9	0.002 8	0.977
1.72	0.037 0	0.002 7	0.978
1.74	0.037 1	0.002 6	0.979
1.76	0.037 2	0.002 4	0.980
1.78	0.037 3	0.002 5	0.981
1.80	0.037 4	0.002 2	0.981
1.82	0.037 5	0.002 1	0.982
1.84	0.037 6	0.002 0	0.983
1.86	0.037 7	0.002 0	0.984
1.88	0.037 8	0.001 9	0.984
1.90	0.037 9	0.001 8	0.985
1.92	0.038 0	0.001 7	0.985
1.94	0.038 1	0.001 7	0.986
1.96	0.038 1	0.001 6	0.987
1.98	0.038 2	0.001 6	0.987
2.00	0.038 5	0.001 5	0.988

表 3.12　两对边固定两对边简支板系数表

$\lambda = l_y/l_x$

$p_x = x_{1x}p_i$

$p_y = (1-x_{1x})p_i$

第1种情况

λ	φ_{1x}	φ_{1y}	x_{1x}
0.50	0.007 0	0.086 5	0.135
0.52	0.008 0	0.083 9	0.155
0.54	0.008 9	0.081 2	0.176
0.56	0.009 9	0.078 4	0.197
0.58	0.010 8	0.075 7	0.220
0.60	0.011 7	0.073 0	0.245
0.62	0.012 7	0.070 0	0.275
0.64	0.013 8	0.067 1	0.299
0.66	0.014 8	0.064 1	0.322
0.68	0.015 9	0.061 2	0.347
0.70	0.016 9	0.058 2	0.375
0.72	0.018 0	0.055 7	0.403
0.74	0.019 1	0.053 1	0.430
0.76	0.020 2	0.050 6	0.456
0.78	0.021 3	0.048 0	0.481
0.80	0.022 4	0.045 5	0.506
0.82	0.023 5	0.043 4	0.529
0.84	0.024 6	0.041 4	0.553
0.86	0.025 8	0.039 3	0.578
0.88	0.026 9	0.037 3	0.600
0.90	0.028 0	0.035 2	0.621
0.92	0.029 1	0.033 6	0.641
0.94	0.030 2	0.032 0	0.661
0.96	0.031 2	0.030 4	0.680
0.98	0.032 3	0.028 8	0.697
1.00	0.033 4	0.027 2	0.714
1.02	0.034 4	0.026 0	0.729
1.04	0.035 4	0.024 7	0.744
1.06	0.036 4	0.023 5	0.759
1.08	0.037 4	0.022 2	0.772
1.10	0.038 4	0.021 0	0.785
1.12	0.039 3	0.020 1	0.798
1.14	0.040 2	0.019 1	0.809
1.16	0.041 1	0.018 2	0.819
1.18	0.042 0	0.017 2	0.829
1.20	0.042 9	0.016 3	0.838

λ	φ_{1x}	φ_{1y}	x_{1x}
1.20	0.042 9	0.016 3	0.838
1.22	0.043 7	0.015 6	0.847
1.24	0.044 4	0.014 9	0.855
1.26	0.045 2	0.014 1	0.863
1.28	0.045 9	0.013 4	0.870
1.30	0.046 7	0.012 7	0.877
1.32	0.047 3	0.012 2	0.884
1.34	0.048 0	0.011 6	0.890
1.36	0.048 6	0.011 1	0.895
1.38	0.049 3	0.010 5	0.901
1.40	0.049 9	0.010 0	0.906
1.42	0.050 4	0.009 5	0.910
1.44	0.051 0	0.009 2	0.915
1.46	0.051 5	0.008 7	0.919
1.48	0.052 1	0.008 3	0.923
1.50	0.052 6	0.007 9	0.926
1.52	0.053 0	0.007 6	0.930
1.54	0.053 4	0.007 3	0.933
1.56	0.053 8	0.006 9	0.937
1.58	0.054 2	0.006 6	0.940
1.60	0.054 6	0.006 3	0.942
1.62	0.055 0	0.006 1	0.945
1.64	0.055 4	0.005 8	0.948
1.66	0.055 9	0.005 6	0.950
1.68	0.056 3	0.005 3	0.952
1.70	0.056 7	0.005 1	0.954
1.72	0.057 1	0.004 9	0.956
1.74	0.057 5	0.004 7	0.958
1.76	0.057 3	0.004 6	0.960
1.78	0.058 2	0.004 4	0.962
1.80	0.058 5	0.004 2	0.953
1.82	0.058 9	0.004 1	0.965
1.84	0.059 2	0.003 9	0.966
1.86	0.059 4	0.003 8	0.968
1.88	0.059 7	0.003 6	0.969
1.90	0.060 0	0.003 4	0.970
1.92	0.060 1	0.003 3	0.971
1.94	0.060 2	0.003 2	0.972
1.96	0.060 4	0.003 0	0.973
1.98	0.060 5	0.002 9	0.974
2.00	0.060 6	0.002 8	0.976

表 3.13　两邻边固定两邻边简支板系数表

$$\lambda = l_y/l_x$$
$$p_x = x_{3x}p_i$$
$$p_y = (1 - x_{3x})p_i$$

第3种情况

λ	φ_{3x}	φ_{3y}	x_{3x}	λ	φ_{3x}	φ_{3y}	x_{3x}
				1.20	0.037 0	0.017 8	0.675
				1.22	0.037 9	0.117 1	0.689
				1.24	0.038 8	0.016 5	0.702
				1.26	0.039 60	0.015 8	0.715
0.50	0.003 7	0.058 9	0.059	1.28	0.040 5	0.015 2	0.728
0.52	0.004 3	0.057 7	0.068	1.30	0.041 4	0.014 5	0.741
0.54	0.005 0	0.056 5	0.078	1.32	0.042 2	0.014 0	0.752
0.56	0.005 6	0.055 3	0.089	1.34	0.042 9	0.013 4	0.765
0.58	0.006 3	0.054 1	0.101	1.36	0.043 7	0.012 9	0.773
0.60	0.006 9	0.052 9	0.115	1.38	0.044 4	0.012 3	0.783
0.62	0.007 7	0.051 6	0.129	1.40	0.045 2	0.011 8	0.793
0.64	0.008 6	0.050 2	0.143	1.42	0.045 9	0.011 4	0.802
0.66	0.009 4	0.048 9	0.159	1.44	0.046 5	0.010 9	0.812
0.68	0.010 3	0.047 5	0.176	1.46	0.047 2	0.010 5	0.820
0.70	0.011 1	0.046 2	0.194	1.48	0.047 8	0.010 0	0.827
0.72	0.012 1	0.044 8	0.211	1.50	0.048 5	0.009 6	0.835
0.74	0.013 1	0.043 4	0.230	1.52	0.049 1	0.009 2	0.842
0.76	0.014 1	0.042 1	0.249	1.54	0.049 6	0.008 9	0.849
0.78	0.015 1	0.040 7	0.270	1.56	0.050 2	0.008 5	0.855
0.80	0.016 1	0.039 3	0.291	1.58	0.050 1	0.008 2	0.862
0.82	0.017 2	0.038 0	0.312	1.60	0.051 3	0.007 8	0.868
0.84	0.018 3	0.036 7	0.332	1.62	0.051 8	0.007 5	0.875
0.86	0.019 3	0.034 5	0.353	1.64	0.052 3	0.007 2	0.879
0.88	0.020 4	0.034 0	0.375	1.66	0.052 7	0.007 0	0.884
0.90	0.021 5	0.037 7	0.396	1.68	0.053 2	0.006 7	0.889
0.92	0.022 6	0.031 5	0.417	1.70	0.053 7	0.006 4	0.893
0.94	0.023 7	0.030 4	0.437	1.72	0.054 1	0.006 2	0.897
0.96	0.024 7	0.029 2	0.458	1.74	0.054 5	0.006 0	0.901
0.98	0.025 8	0.028 1	0.478	1.76	0.054 9	0.005 7	0.905
1.00	0.026 9	0.026 9	0.500	1.78	0.055 3	0.005 5	0.909
1.02	0.028 0	0.025 9	0.521	1.80	0.055 7	0.005 3	0.913
1.04	0.029 0	0.024 9	0.540	1.82	0.056 0	0.005 1	0.916
1.06	0.030 1	0.024 0	0.559	1.84	0.056 2	0.004 9	0.919
1.08	0.031 1	0.023 0	0.576	1.86	0.056 7	0.004 8	0.922
1.10	0.032 2	0.022 0	0.594	1.88	0.057 1	0.004 6	0.925
1.12	0.033 2	0.021 2	0.611	1.90	0.057 4	0.004 4	0.929
1.14	0.034 1	0.020 3	0.628	1.92	0.057 7	0.004 3	0.931
1.16	0.035 1	0.019 5	0.644	1.94	0.058 0	0.004 1	0.933
1.18	0.036 0	0.018 6	0.659	1.96	0.058 5	0.003 9	0.936
1.20	0.037 0	0.017 8	0.673	1.98	0.058 6	0.003 8	0.938
				2.00	0.058 9	0.003 5	0.941

表 3.14　三边固定一边简支板系数表

$\lambda = l_y/l_x$

$p_x = x_{4x}p_i$

$p_y = (1-x_{4x})p_i$

第4种情况

λ	φ_{4x}	φ_{4y}	x_{4x}	λ	φ_{4x}	φ_{4y}	x_{4x}
				1.20	0.028 3	0.011 9	0.806
				1.22	0.028 7	0.011 4	0.816
				1.24	0.029 2	0.010 8	0.825
				1.26	0.029 6	0.010 3	0.834
				1.28	0.030 1	0.009 7	0.843
				1.30	0.030 5	0.009 2	0.851
				1.32	0.030 8	0.008 8	0.859
				1.34	0.031 2	0.008 1	0.866
				1.36	0.031 5	0.008 0	0.872
				1.38	0.031 9	0.007 6	0.878
				1.40	0.032 2	0.007 2	0.885
0.50	0.003 8	0.056 0	0.111	1.42	0.032 5	0.006 9	0.890
0.52	0.004 5	0.054 5	0.127	1.44	0.032 8	0.006 6	0.896
0.54	0.005 2	0.052 9	0.144	1.46	0.033 1	0.006 3	0.901
0.56	0.005 8	0.051 4	0.163	1.48	0.033 4	0.006 0	0.906
0.58	0.006 5	0.049 8	0.183	1.50	0.033 7	0.005 7	0.910
0.60	0.007 2	0.048 3	0.206	1.52	0.033 9	0.005 5	0.914
0.62	0.008 0	0.046 7	0.228	1.54	0.034 1	0.005 3	0.918
0.54	0.008 7	0.045 0	0.252	1.56	0.034 4	0.005 0	0.922
0.66	0.009 5	0.043 4	0.276	1.58	0.034 6	0.004 8	0.926
0.68	0.010 2	0.041 7	0.300	1.60	0.034 8	0.004 6	0.929
0.70	0.011 0	0.040 1	0.324	1.62	0.035 0	0.004 4	0.932
0.72	0.011 8	0.038 5	0.349	1.64	0.035 2	0.004 2	0.935
0.74	0.012 6	0.037 0	0.373	1.66	0.035 3	0.004 1	0.938
0.76	0.013 5	0.035 4	0.400	1.68	0.035 5	0.003 9	0.941
0.78	0.014 3	0.035 0	0.425	1.70	0.035 7	0.003 7	0.943
0.80	0.015 1	0.032 3	0.450	1.72	0.035 9	0.003 5	0.946
0.82	0.015 9	0.030 9	0.476	1.74	0.036 0	0.003 4	0.948
0.84	0.016 7	0.029 5	0.500	1.76	0.036 2	0.003 3	0.950
0.86	0.017 4	0.028 2	0.522	1.78	0.036 3	0.003 1	0.952
0.88	0.018 2	0.026 8	0.545	1.80	0.036 5	0.003 0	0.954
0.90	0.019 0	0.025 4	0.567	1.82	0.036 6	0.002 9	0.956
0.92	0.019 7	0.024 3	0.580	1.84	0.036 7	0.002 8	0.958
0.94	0.020 4	0.023 2	0.610	1.86	0.036 9	0.002 6	0.960
0.96	0.021 2	0.022 0	0.630	1.88	0.037 0	0.002 5	0.962
0.98	0.021 9	0.020 9	0.648	1.90	0.037 1	0.002 4	0.963
1.00	0.022 6	0.019 8	0.667	1.92	0.037 2	0.002 3	0.965
1.02	0.023 2	0.018 9	0.684	1.94	0.037 3	0.002 2	0.966
1.04	0.023 8	0.018 0	0.699	1.96	0.37 5	0.002 2	0.967
1.06	0.024 5	0.017 1	0.715	1.98	0.037 6	0.002 1	0.968
1.08	0.025 1	0.016 2	0.731	2.00	0.037 7	0.002 0	0.970
1.10	0.025 7	0.015 3	0.745				
1.12	0.026 2	0.014 6	0.760				
1.14	0.026 7	0.013 9	0.773				
1.16	0.027 3	0.013 3	0.785				
1.18	0.027 8	0.012 6	0.796				
1.20	0.028 3	0.011 9	0.806				

表 3.15　四边固定板系数表

$\lambda = l_y/l_x$

$p_x = x_{5x} p_i$

$p_y = (1-x_{5x}) p_i$

第5种情况

λ	φ_{5x}	φ_{5y}	x_{5x}
0.50	0.002 3	0.036 7	0.059
0.52	0.002 7	0.036 1	0.068
0.54	0.003 1	0.035 5	0.078
0.56	0.003 6	0.034 8	0.089
0.58	0.004 0	0.034 2	0.101
0.60	0.004 4	0.033 6	0.115
0.62	0.005 0	0.032 9	0.129
0.64	0.005 5	0.032 1	0.143
0.66	0.006 1	0.031 4	0.159
0.68	0.006 6	0.030 6	0.176
0.70	0.007 2	0.029 9	0.194
0.72	0.007 9	0.029 1	0.211
0.74	0.008 6	0.028 5	0.230
0.76	0.009 2	0.027 4	0.249
0.78	0.009 9	0.026 6	0.270
0.80	0.010 6	0.025 8	0.291
0.82	0.011 3	0.025 0	0.312
0.84	0.012 1	0.024 2	0.332
0.86	0.012 8	0.023 3	0.353
0.88	0.013 6	0.022 5	0.375
0.90	0.014 3	0.021 7	0.396
0.92	0.015 0	0.021 0	0.417
0.94	0.015 8	0.020 2	0.437
0.96	0.016 5	0.019 5	0.458
0.98	0.017 3	0.018 7	0.478
1.00	0.018 0	0.018 0	0.500
1.02	0.018 7	0.017 3	0.521
1.04	0.019 4	0.016 6	0.540
1.06	0.020 0	0.016 0	0.559
1.08	0.020 7	0.015 3	0.576
1.10	0.021 4	0.014 6	0.594
1.12	0.022 0	0.014 0	0.611
1.14	0.022 6	0.013 5	0.628
1.16	0.023 2	0.012 9	0.644
1.18	0.023 8	0.012 4	0.659
1.20	0.024 4	0.011 8	0.675

λ	φ_{5x}	φ_{5y}	x_{5x}
1.20	0.024 4	0.011 8	0.675
1.22	0.024 9	0.011 3	0.689
1.24	0.025 5	0.010 9	0.702
1.26	0.026 0	0.010 4	0.715
1.28	0.026 6	0.010 0	0.728
1.30	0.027 1	0.009 5	0.741
1.32	0.027 5	0.009 1	0.752
1.34	0.028 0	0.008 7	0.763
1.36	0.028 4	0.008 4	0.773
1.38	0.028 9	0.008 0	0.783
1.40	0.029 3	0.007 6	0.793
1.42	0.029 7	0.007 3	0.802
1.44	0.030 1	0.007 0	0.812
1.46	0.030 4	0.006 8	0.820
1.48	0.030 8	0.006 5	0.827
1.50	0.031 2	0.006 2	0.835
1.52	0.031 5	0.006 0	0.842
1.54	0.031 8	0.005 7	0.849
1.56	0.032 1	0.005 5	0.855
1.58	0.032 4	0.005 2	0.862
1.60	0.032 7	0.005 0	0.868
1.62	0.033 0	0.004 8	0.873
1.64	0.033 2	0.004 6	0.879
1.66	0.033 5	0.004 5	0.884
1.68	0.033 7	0.004 3	0.889
1.70	0.034 0	0.004 1	0.893
1.72	0.034 2	0.003 9	0.897
1.74	0.034 4	0.003 8	0.901
1.76	0.034 7	0.003 6	0.905
1.78	0.034 9	0.003 5	0.909
1.80	0.035 1	0.003 3	0.913
1.82	0.035 3	0.003 2	0.916
1.84	0.035 5	0.003 1	0.919
1.86	0.035 6	0.003 0	0.922
1.88	0.035 8	0.002 9	0.925
1.90	0.036 0	0.002 8	0.928
1.92	0.036 1	0.002 7	0.931
1.94	0.036 3	0.002 6	0.933
1.96	0.036 4	0.002 5	0.936
1.98	0.036 6	0.002 4	0.938
2.00	0.036 7	0.002 3	0.941

从区格 4 的板中取单位宽度的板带,计算简图如图 3.36 所示。

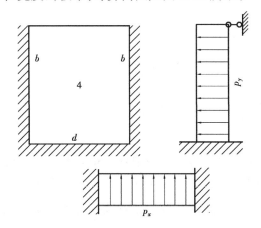

图 3.36　区格 4 计算简图

在 $x = \dfrac{1}{2}l_x$ 处,板带沿 x 方向的挠度为:

$$\omega_x = \frac{p_x l_x^4}{384EI} \tag{3.83}$$

在 $y = \dfrac{1}{2}l_y$ 处,沿 y 方向的挠度为:

$$\omega_y = \frac{p_y l_y^4}{192EI} \tag{3.84}$$

式中　EI——板的刚度;

l_x, l_y——x 和 y 方向的跨度,m;

p_x, p_y——均布荷载 p_j 在 x 和 y 方向分配的荷载,kN。

根据 $p_j = p_x + p_y$ 和中心处 $\omega_x = \omega_y$ 的条件,可求得:

$$p_x = x_{4x} p_j, p_y = x_{4y} p_j, x_{4x} = \frac{2\lambda^4}{1 + 2\lambda^4}, x_{4y} = 1 - x_{4x}, \lambda = \frac{l_y}{l_x} \tag{3.85}$$

板中最大弯矩为:

$$M_{4x} = -\varphi_{4x} p_j l_x^2, M_{4y} = -\varphi_{4y} p_j l_y^2 \tag{3.86}$$

根据 λ 值可制成表 3.14。支座弯矩取两板交接支座处固端弯矩的平均值,分别为:

单列双向板:

$$M_a = \left(\frac{x_{1x}}{16} + \frac{x_{2x}}{24}\right) p_j l_x^2, M_b = \frac{x_{2x}}{12} p_j l_x^2 \tag{3.87}$$

双列双向板:

$$\left.\begin{array}{l} M_a = \left(\dfrac{x_{3x}}{16} + \dfrac{x_{4x}}{24}\right) p_j l_x^2 \\[2ex] M_b = \dfrac{x_{4x}}{12} p_j l_x^2 \\[2ex] M_c = \dfrac{1 - x_{3x}}{8} p_j l_y^2 \\[2ex] M_d = \dfrac{1 - x_{4x}}{8} p_j l_y^2 \end{array}\right\} \tag{3.88}$$

三列双向板：

$$M_a = \left(\frac{x_{3x}}{16} + \frac{x_{4x}}{24}\right)p_j l_x^2, \quad M_b = \frac{x_{4x}}{12}p_j l_x^2$$

$$M_c = \left(\frac{x'_{4x}}{16} + \frac{x_{5x}}{24}\right)p_j l_x^2, \quad M_d = \frac{x_{5x}}{12}p_j l_x^2 \qquad (3.89)$$

$$M_e = \left(\frac{1 - x_{3x}}{16} + \frac{1 - x'_{4x}}{24}\right)p_j l_y^2, \quad M_f = \left(\frac{1 - x_{4x}}{16} + \frac{1 - x_{5x}}{24}\right)p_j l_y^2$$

（2）支座弯矩的调整

不同区格板的跨中弯矩，可从相应的表格中查得相应的系数后代入上面的公式直接计算。但对于底板支座弯矩，当基础梁的宽度 b 较大时，以上计算结果偏于保守，应对此进行调整。板在支座处的集中反力可近似认为是 $\frac{1}{2}p_j$，支座弯矩的调整值 $\Delta M = \frac{1}{2}p_j \cdot \frac{1}{2}b$，在 x 和 y 方向分别为：

$$\Delta M_{ix} = \frac{1}{4}p_{ix}l_x b = \frac{1}{4}x_{ix}p_j l_x b$$

$$\Delta M_{iy} = \frac{1}{4}p_{iy}l_y b = \frac{1}{4}(1 - x_{ix})p_j l_y b \qquad (3.90)$$

式中，$i = 1,2,3,4,5$。

调整后的支座弯矩为：

$$M_{ix} = M_i - \Delta M_{ix}, \quad M_{iy} = M_j - \Delta M_{iy} \qquad (3.91)$$

式中，$i = a,b,c,d; j = c,d,e,f$。

（3）纵横梁内力分析

四周支撑在基础梁上的板，按三角形及梯形面积将地基净反力传给基础梁，梁承受三角形或梯形荷载。当 $l_y > l_x$ 时，x 方向上的梁承受三角形荷载，y 方向上的梁承受梯形荷载，如图3.37所示。下面仅取 $l_y > l_x$ 进行分析。

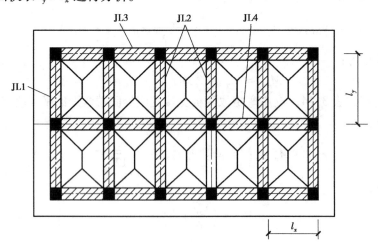

图 3.37　纵横梁荷载分布图

①当量荷载。在三角形或梯形面积内作用有向上的地基净反力 p_j，等效于在横、纵梁上分别作用有向上三角形或梯形分布的荷载，最大荷载为 q，则：

$$q = \frac{1}{2}l_x \cdot p_j \qquad (3.92)$$

根据对应的固定端弯矩相等的条件,三角形荷载的当量荷载(图3.38)为:

$$p_1 = \frac{5}{8}q = 0.625q \qquad (3.93)$$

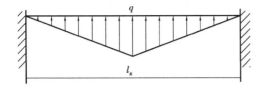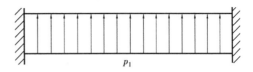

图3.38 三角形当量荷载计算简图

梯形荷载的当量荷载(图3.39)为:

$$p_1 = (1 - 2\alpha^2 + \alpha^3)q, \alpha = \frac{l_x}{2l_y} \qquad (3.94)$$

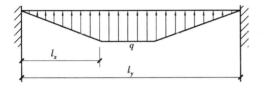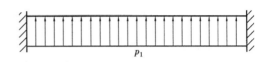

图3.39 梯形当量荷载计算简图

②纵横梁受力分析。对于如图3.40所示的纵横梁结构,受力情况为:

边缘横梁JL1:边缘悬臂板的均布地基净反力 $q_1 = p_j a$(单位:kN/m,a 为悬臂板的宽度即JL1 的中心线至底板边缘的距离);单侧作用的梯形荷载,如图3.40所示。

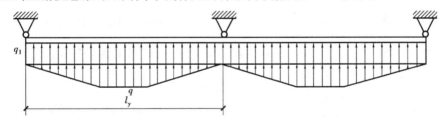

图3.40 边缘横梁JL1 荷载简图

中间横梁JL2:两侧作用的梯形荷载。

边缘纵梁JL3:边缘悬臂板的均布地基净反力 $q_3 = p_j b$(单位:kN/m,b 为悬臂板的宽度);单侧作用的三角形荷载,如图3.41所示。

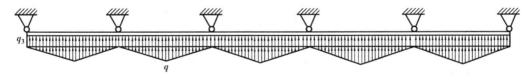

图3.41 边缘纵梁JL3 荷载简图

中间纵梁JL4:两侧作用的三角形荷载。

根据纵横梁荷载分布,易求得连续梁的剪力和弯矩。

a. 三角形分布荷载与均布荷载联合作用下连续梁跨中最大弯矩。边缘纵梁 JL3 就是这种情况。设均布荷载为 q_1,三角形分布荷载最大值为 q,左右两端的支座反力分别为 R_{n-1} 和 R_n,固端弯矩分别为 M_{n-1} 和 M_n,如图3.42所示。

可求的左支座反力为:

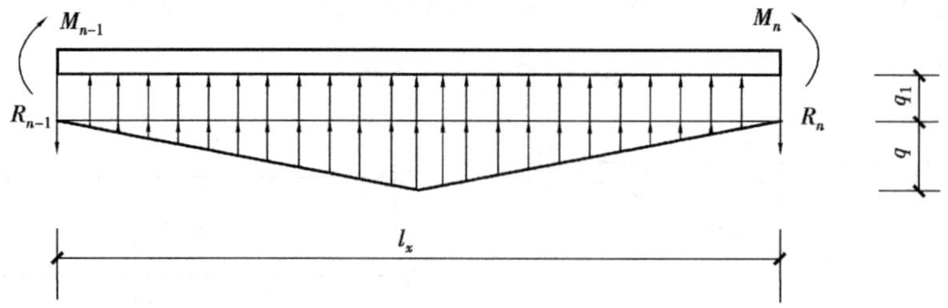

图 3.42　纵梁 JL3 计算简图

$$R_{n-1} = \frac{1}{4}(2q_1 + q)l_x - \frac{M_n - M_{n-1}}{l_x} \tag{3.95}$$

当 $M_n \geqslant M_{n-1}$ 时,如左侧第一跨,$M_{n-1} = 0$,自左至右取长度 x 小于 $l/2$(l 为梁的跨度)的一段梁进行受力分析,剪力 $Q(x)$ 为:

$$Q(x) = -\frac{1}{4}(2q_1 + q)l + q_1 x + \frac{q}{l}x^2 + \frac{M_n - M_{n-1}}{l} \tag{3.96}$$

弯矩最大值在 $Q(x) = 0$ 处,得:

$$x_0 = -cl + \sqrt{\left(\frac{1}{2} + c\right)^2 l^2 - \frac{M_n - M_{n-1}}{q}} \qquad (M_n \geqslant M_{n-1}, x \leqslant l/2) \tag{3.97}$$

$$c = \frac{q_1}{2q}$$

把 x_0 代入下列弯矩公式,即可求得跨中最大弯矩 $M_{\max}$。

$$M(x) = \frac{q_1}{2}x^2 - \frac{q_1}{2}lx + \frac{q}{3l}x^3 - \frac{q}{4}lx + \frac{M_n - M_{n-1}}{l}x + M_{n-1} \tag{3.98}$$

当 $M_n \leqslant M_{n-1}$,即左端固端弯矩大于右端固端弯矩时,自右固定端至左取长度 x 小于 $l/2$ 的一段梁进行受力分析,同样得到剪力为 0 的点:

$$x_0 = -cl + \sqrt{\left(\frac{1}{2} + c\right)^2 l^2 - \frac{M_{n-1} - M_n}{q}} \qquad (M_{n-1} \geqslant M_n, x \leqslant l/2) \tag{3.99}$$

把 x_0 代入下列弯矩公式,即可求得跨中最大弯矩 $M_{\max}$。

$$M(x) = \frac{q_1}{2}x^2 - \frac{q_1}{2}lx + \frac{q}{3l}x^3 - \frac{q}{4}lx + \frac{M_{n-1} - M_n}{l}x + M_n \tag{3.100}$$

写成统一的式子:

$$x_0 = -cl + \sqrt{\left(\frac{1}{2} + c\right)^2 l^2 - \left|\frac{M_n - M_{n-1}}{q}\right|} \tag{3.101}$$

当左端固端弯矩小于右端固端弯矩时,用式(3.98)计算最大弯矩;当左端固端弯矩大于右端固端弯矩时,用式(3.100)计算最大弯矩。二者仅在后面弯矩项不同。

支座剪力为:

$$Q_{n-1}^{右} = -R_{n-1} \tag{3.102}$$

$$Q_n^{左} = Q_{n-1}^{右} + q_1 l_x + \frac{1}{2}q l_x \tag{3.103}$$

式中　$Q_{n-1}^{左}, Q_{n-1}^{右}$——从连续梁中取出一跨的左、右端支座剪力,kN。

若仅有三角形分布荷载而无均布荷载的作用,如中间纵梁 JL4,则令 $q_1 = 0$ 即可求得跨中最大弯矩。

b. 梯形分布荷载与均布荷载联合作用下连续梁跨中最大弯矩。由于计算比较繁琐,可采用叠加方法,分别按均布荷载单独作用下及梯形荷载单独作用下求得跨中最大弯矩,然后叠加求和。

梁的跨度为 l_y,受梯形荷载 q 作用,靠近两个固端分别分布着 $l_x/2$ 范围的三角形荷载,中间部分为矩形均布荷载,如图 3.34 所示 JL1 和 JL2 的情况。跨中最大弯矩一般在跨中附近。假设跨中最大弯矩距左固定端的距离为 x,$l_x/2 \leq x \leq l_y - l_x/2$,仿照三角形荷载的处理办法,得到 $Q(x) = 0$ 的点 x_0 为:

$$x_0 = \frac{l_y}{2} - \frac{M_n - M_{n-1}}{q l_y} \qquad (3.104)$$

在梯形荷载作用下跨中最大弯矩为:

$$M_{max} = -\frac{1}{2} q l_y x_0 + \frac{1}{2} q x_0^2 + \frac{1}{24} q l_x^2 + \frac{M_{n-1} - M_n}{l_y} x_0 + M_{n-1} \qquad (3.105)$$

令 $x_0 = l_y/2$,代入式(3.105),简化为下列近似公式:

边跨:

$$M_{max} = -\frac{q}{24}(3l_y^2 - l_x^2) + 0.4 M_n \qquad (3.106)$$

中间跨:

$$M_{max} = -\frac{q}{24}(3l_y^2 - l_x^2) + \frac{M_{n-1} + M_n}{2} \qquad (3.107)$$

【例 3.8】 如图 3.34 所示的梁板式筏形基础,x 方向梁的跨度 $l_x = 6.0$ m,y 方向梁的跨度 $l_y = 7.2$ m,基础板四周均从基础梁轴线向外悬挑 $a = 1.0$ m,基础梁的宽度 $b = 0.5$ m,荷载效应基本组合的地基平均净反力 $p_j = 150$ kPa,计算筏形基础的内力。

【解】 已知 $l_x = 6.0$ m,$l_y = 7.2$ m,$l_y/l_x = 1.2$。

(1)基础底板计算

由于 $l_y/l_x = 1.2 < 2$,底板按双列双向板计算。

①弯矩计算。

$$p_j l_x^2 = 150 \times 6.0^2 = 5\,400(\text{kN})$$
$$p_j l_y^2 = 150 \times 7.2^2 = 7\,776(\text{kN})$$

查表 3.13 和表 3.14 的弯矩系数:

$$\varphi_{3x} = 0.037\,0, \varphi_{3y} = 0.017\,8, x_{3x} = 0.675$$
$$\varphi_{4x} = 0.028\,3, \varphi_{4y} = 0.011\,9, x_{4x} = 0.806$$

边缘区格3:

$$M_{3x} = -\varphi_{3x} p_j l_x^2 = -0.037\,0 \times 5\,400 = -200(\text{kN} \cdot \text{m})$$
$$M_{3y} = -\varphi_{3y} p_j l_y^2 = -0.017\,8 \times 7\,776 = -138(\text{kN} \cdot \text{m})$$

中间区格4:

$$M_{4x} = -\varphi_{4x} p_j l_x^2 = -0.028\,3 \times 5\,400 = -153(\text{kN} \cdot \text{m})$$
$$M_{4y} = -\varphi_{4y} p_j l_y^2 = -0.011\,9 \times 7\,776 = -93(\text{kN} \cdot \text{m})$$

支座弯矩:

$$M_a = \left(\frac{x_{3x}}{16} + \frac{x_{4x}}{24}\right) p_j l_x^2 = \left(\frac{0.675}{16} + \frac{0.806}{24}\right) \times 5\,400 = 409(\text{kN} \cdot \text{m})$$

$$M_b = \frac{x_{4x}}{12} p_j l_x^2 = \frac{0.806}{12} \times 5\,400 = 363(\text{kN} \cdot \text{m})$$

$$M_c = \frac{1 - x_{3x}}{8} p_j l_y^2 = \frac{1 - 0.675}{8} \times 7\,776 = 316(\text{kN} \cdot \text{m})$$

$$M_d = \frac{1 - x_{4x}}{8} p_j l_y^2 = \frac{1 - 0.806}{8} \times 7\,776 = 189(\text{kN} \cdot \text{m})$$

②基础底板支座弯矩调整。

基础梁宽 $b = 0.5\text{m}$，根据式（3.83）进行调整。

$$M_{ax} = M_a - \frac{1}{4} x_{3x} p_j l_x b = 409 - 0.25 \times 0.675 \times 150 \times 6 \times 0.5 = 333(\text{kN} \cdot \text{m})$$

$$M_{bx} = M_b - \frac{1}{4} x_{4x} p_j l_x b = 363 - 0.25 \times 0.806 \times 150 \times 6 \times 0.5 = 272(\text{kN} \cdot \text{m})$$

$$M_{cy} = M_c - \frac{1}{4}(1 - x_{3x}) p_j l_y b = 316 - 0.25 \times (1 - 0.675) \times 150 \times 7.2 \times 0.5 = 272(\text{kN} \cdot \text{m})$$

$$M_{dy} = M_d - \frac{1}{4}(1 - x_{4x}) p_j l_y b = 189 - 0.25 \times (1 - 0.806) \times 150 \times 7.2 \times 0.5 = 163(\text{kN} \cdot \text{m})$$

③悬臂板弯矩。

本题基础板四周从基础梁轴线向外悬挑 1.0 m，减去 $\frac{1}{2}$ 倍基础梁宽，即为悬臂板带的宽度。

$$M = \frac{1}{2} p_j l'^2 = \frac{1}{2} \times 150 \times \left(1.0 - \frac{0.5}{2}\right)^2 = 42.2(\text{kN} \cdot \text{m})$$

（2）基础梁的计算

三角形或梯形面积内作用有向上的地基净反力 p_j，等效于在横、纵梁上分别作用有向上三角形或梯形分布的荷载，最大值为：

$$q = \frac{1}{2} l_x p_j = 0.5 \times 6 \times 150 = 450(\text{kN/m})$$

①边缘横梁 JL1。

梁长 $B = 2 \times 7.2 = 14.4(\text{m})$，荷载由两部分组成，边缘悬臂板传来的均布荷载：

$$q_1 = p_j a = 150 \times 1.0 = 150(\text{kN/m})$$

梯形荷载，最大值为 $q = 450$ kN/m，转化为均布的当量荷载 p_1：

$$\alpha = \frac{l_x}{2l_y} = \frac{6}{2 \times 7.2} = 0.416\,7$$

$$p_1 = (1 - 2\alpha^2 + \alpha^3)q = (1 - 2 \times 0.416\,7^2 + 0.416\,7^3) \times 450 = 326.3(\text{kN/m})$$

两跨连续梁，受均布荷载 $p = q_1 + p_1 = 150 + 326.3 = 476.3$ kN/m 作用。

a. 支座弯矩：

$$M_B = 0.125 p l_y^2 = 0.125 \times 476.3 \times 7.2^2 = 3\,086.4(\text{kN} \cdot \text{m})$$

b. 跨中最大弯矩。跨中最大弯矩分别由均布荷载 q_1 及梯形荷载 q 叠加求出。

对均布荷载：

$$M_{1\max} = -0.070 q_1 l_y^2 = -0.070 \times 150 \times 7.2^2 = -544.3(\text{kN} \cdot \text{m})$$

对梯形荷载（边跨，共两跨）：

$$M_{2\max} = -\frac{1}{24} q(3l_y^3 - l_x^2) + 0.4 M_B$$

$$= -\frac{450}{24} \times (3 \times 7.2^2 - 6.0^2) + 0.4 \times 3\,086.4 = -1\,006.4(\text{kN} \cdot \text{m})$$

$$M_{\max} = M_{1\max} + M_{2\max} = -544.3 - 1\,006.4 = -1\,550.7(\text{kN} \cdot \text{m})$$

c.支座剪力。剪力由3部分荷载产生:均布荷载 q_1、梯形荷载 q 和支座弯矩 M_B,即

$$Q_A = -0.375q_1l_y - \frac{1}{2}\left(l_y - \frac{1}{2}l_x\right)q + \frac{M_B}{l_y}$$

$$= -0.375 \times 150 \times 7.2 - 0.5 \times (7.2 - 0.5 \times 6) \times 450 + \frac{3\,086.4}{7.2} = -921.3(\text{kN})$$

$$Q_B^{左} = -Q_B^{右} = 0.625q_1l_y + \frac{1}{2}\left(l_y - \frac{1}{2}l_x\right)q + \frac{M_B}{l_y}$$

$$= 0.625 \times 150 \times 7.2 + 0.5 \times (7.2 - 0.5 \times 6) \times 450 + \frac{3\,086.4}{7.2} = 2\,048.7(\text{kN})$$

内力如图3.43所示。

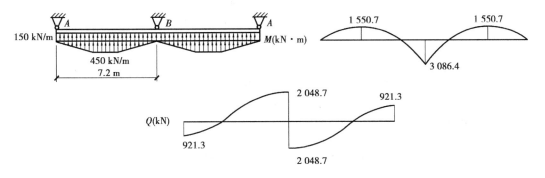

图3.43 JL1 内力图

②中间横梁JL2。

JL2承受两侧传来的梯形荷载 q,$q = 2 \times 450 = 900(\text{kN/m})$,均布当量荷载 p_1 为:

$$p_1 = 2 \times 326.3 = 652.6(\text{kN/m})$$

a.支座弯矩:

$$M_B = 0.125p_1l_y^2 = 0.125 \times 652.6 \times 7.2^2 = 4\,228.8(\text{kN} \cdot \text{m})$$

b.跨中最大弯矩。跨中最大弯矩近似由下式求得(边跨):

$$M_{max} = -\frac{1}{24}q(3l_y^2 - l_x^2) + 0.4M_B$$

$$= -\frac{900}{24} \times (3 \times 7.2^2 - 6.0^2) + 0.4 \times 4\,228.8 = -2\,790.5(\text{kN} \cdot \text{m})$$

c.支座剪力。剪力由两部分荷载产生,梯形荷载 q 和支座弯矩 M_B,即

$$Q_A = -\frac{1}{2}\left(l_y - \frac{1}{2}l_x\right)q + \frac{M_B}{l_y} = -0.5 \times (7.2 - 0.5 \times 6) \times 900 + \frac{4\,228.8}{7.2} = -1\,302.7(\text{kN})$$

$$Q_B^{左} = -Q_B^{右} = \frac{1}{2}\left(l_y - \frac{1}{2}l_x\right)q + \frac{M_B}{l_y} = 0.5 \times (7.2 - 0.5 \times 6) \times 900 + \frac{4\,228.8}{7.2} = 2\,477.3(\text{kN})$$

内力如图3.44所示。

③边缘纵梁JL3。

梁长 $L = 5 \times 6 = 30(\text{m})$,荷载由两部分组成:

边缘悬臂板传来的均布荷载 $q_1 = p_jb = 150 \times 1.0 = 150(\text{kN/m})$。

三角形分布荷载,最大值 $q = 450(\text{kN/m})$,转化为均布的当量荷载 p_1 为:

$$p_1 = 0.625q = 0.625 \times 450 = 281.3(\text{kN/m})$$

均布荷载:

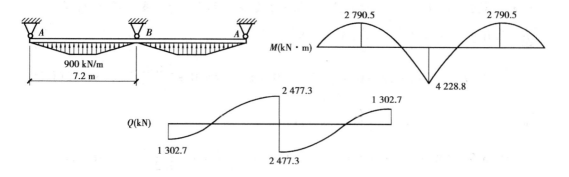

900 kN/m
7.2 m

图 3.44 JL2 内力图

$$p = q_1 + p_1 = 150 + 281.3 = 431.3(\text{kN/m})$$

a. 支座弯矩：

利用 5 跨连续梁系数表，支座弯矩为：

$$M_B = 0.105pl_x^2 = 0.105 \times 431.3 \times 6^2 = 1\,630.3(\text{kN} \cdot \text{m})$$

$$M_C = 0.079pl_x^2 = 0.079 \times 431.3 \times 6^2 = 1\,226.6(\text{kN} \cdot \text{m})$$

b. 跨中最大弯矩：

$$c = \frac{q_1}{2q} = \frac{150}{2 \times 450} = 0.166\,7$$

边跨：

$$x_0 = -cl_x + \sqrt{\left(\frac{1}{2} + c\right)^2 l_x^2 - \frac{M_B}{q}} = -0.166\,7 \times 6 + \sqrt{(0.5 + 0.166\,7)^2 \times 6^2 - \frac{1\,630}{450}} = 2.52(\text{m})$$

$$M_{\max} = \frac{1}{2}q_1(x_0^2 - l_x x_0) + \frac{q}{3l_x}x_0^3 - \frac{q}{4}l_x x_0 + \frac{M_B}{l_x}x_0$$

$$= \frac{1}{2} \times 150 \times (2.52^2 - 6 \times 2.52) + \frac{450}{3 \times 6} \times 2.52^3 - \frac{450}{4} \times 6 \times 2.52 + \frac{1\,630.3}{6} \times 2.52$$

$$= -1\,273.9(\text{kN} \cdot \text{m})$$

第二跨：

$$x_0 = -cl_x + \sqrt{\left(\frac{1}{2} + c\right)^2 l_x^2 + \frac{M_C - M_B}{q}}$$

$$= -0.166\,7 \times 6 + \sqrt{(0.5 + 0.166\,7)^2 \times 6^2 + \frac{1\,226.6 - 1\,630.3}{450}} = 2.89(\text{m})$$

$$M_{\max} = \frac{1}{2}q_1(x_0^2 - l_x x_0) + \frac{q}{3l_x}x_0^3 - \frac{q}{4}l_x x_0 + M_C - \frac{M_C - M_B}{l_x}x_0$$

$$= \frac{150}{2} \times (2.89^2 - 6 \times 2.89) + \frac{450}{3 \times 6} \times 2.89^3 - \frac{450}{4} \times 6 \times 2.89 +$$

$$1\,226.6 - \frac{1\,226.6 - 1\,630.3}{6} \times 2.89 = -600.4(\text{kN} \cdot \text{m})$$

中间跨:

$$x_0 = 3(\text{m})$$

$$M_{\max} = \frac{1}{2}q_1(x_0^2 - l_x x_0) + \frac{q}{3l_x}x_0^3 - \frac{q}{4}l_x x_0 + M_C$$

$$= \frac{150}{2} \times (3^2 - 6 \times 3) + \frac{450}{3 \times 6} \times 3^3 - \frac{450}{4} \times 6 \times 3 + 1\,226.6 = -798.4(\text{kN} \cdot \text{m})$$

c. 支座剪力:

$$Q_A = -\frac{1}{4}(2q_1 + q)l_x + \frac{M_B}{l_x} = -\frac{1}{4} \times (2 \times 150 + 450) \times 6 + \frac{1\,630.3}{6}$$

$$= -1\,125 + 271.72 = -853.3(\text{kN})$$

$$Q_B^{左} = Q_A + q_1 l_x + \frac{1}{2}ql_x = -853.3 + 150 \times 6 + \frac{1}{2} \times 450 \times 6$$

$$= -855.3 + 2\,250 = 1\,396.7(\text{kN})$$

$$Q_B^{右} = -\frac{1}{4}(2q_1 + q)l_x + \frac{M_C - M_B}{l_x} = -1\,125 + \frac{1\,226.6 - 1\,630.3}{6} = -1\,192.3(\text{kN})$$

$$Q_C^{左} = Q_B^{右} + q_1 l_x + \frac{1}{2}ql_x = -1\,192.3 + 2\,250 = 1\,057.7(\text{kN})$$

$$Q_C^{右} = -\frac{1}{4}(2q_1 + q)l_x = -1\,125(\text{kN})$$

剪力和弯矩如图 3.45 所示。

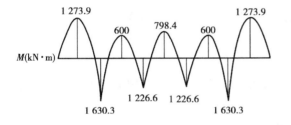
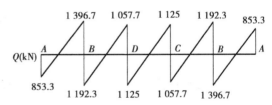

图 3.45　JL3 内力图

④中间纵梁 JL4。

作用在 JL4 上的是三角形荷载,梁的两边都是荷载,故:

$$q = 2 \times 450 = 900(\text{kN/m})$$

转化为均布的当量荷载 p:

$$p = 0.625q = 0.625 \times 900 = 562.5(\text{kN/m})$$

a. 支座弯矩:

利用 5 跨连续梁系数表,支座弯矩为:

$$M_B = 0.105pl_x^2 = 0.105 \times 562.5 \times 6^2 = 2\,126.3(\text{kN} \cdot \text{m})$$

$$M_C = 0.079pl_x^2 = 0.079 \times 562.5 \times 6^2 = 1\,599.8(\text{kN} \cdot \text{m})$$

b. 跨中最大弯矩:

边跨:

$$x_0 = \sqrt{\frac{1}{4}l_x^2 - \frac{M_B}{q}} = \sqrt{0.25 \times 6^2 - \frac{2\,126.3}{900}} = 2.58(\text{m})$$

$$M_{\max} = \frac{q}{3l_x}x_0^3 - \frac{q}{4}l_x x_0 + \frac{M_B}{l_x}x_0$$

$$= \frac{900}{3 \times 6} \times 2.58^3 - \frac{900}{4} \times 6 \times 2.58 + \frac{2126.3}{6} \times 2.58 = -1710.0(\text{kN} \cdot \text{m})$$

第二跨：

$$x_0 = \sqrt{\frac{1}{4}l_x^2 + \frac{M_C - M_B}{q}} = \sqrt{0.25 \times 6^2 + \frac{1599.8 - 2126.3}{900}} = 2.90(\text{m})$$

$$M_{\max} = \frac{q}{3l_x}x_0^3 - \frac{q}{4}l_x x_0 + M_C - \frac{M_C - M_B}{l_x}x_0$$

$$= \frac{900}{3 \times 6} \times 2.9^3 - \frac{900}{4} \times 6 \times 2.9 + 1599.8 - \frac{1599.8 - 2126.3}{6} \times 2.9 = -841.3(\text{kN} \cdot \text{m})$$

中间跨：

$$x_0 = 3(\text{m})$$

$$M_{\max} = \frac{q}{3l_x}x_0^3 - \frac{q}{4}l_x x_0 + M_C = \frac{900}{3 \times 6} \times 3^3 - \frac{900}{4} \times 6 \times 3 + 1599.8 = -1100(\text{kN} \cdot \text{m})$$

c. 支座剪力：

$$Q_A = -\frac{1}{4}ql_x + \frac{M_B}{l_x} = -\frac{1}{4} \times 900 \times 6 + \frac{2126.3}{6} = -1350 + 354.38 = -995.6(\text{kN})$$

$$Q_B^{左} = Q_A + \frac{1}{2}ql_x = -995.6 + \frac{1}{2} \times 900 \times 6 = 1704.4(\text{kN})$$

$$Q_B^{右} = -\frac{1}{4}ql_x + \frac{M_C - M_B}{l_x} = -1350 + \frac{1599.8 - 2126.3}{6} = -1437.8(\text{kN})$$

$$Q_C^{左} = Q_B^{右} + \frac{1}{2}ql_x = -1437.8 + 2700 = 1262.2(\text{kN})$$

$$Q_C^{右} = -\frac{1}{4}ql_x = -1350(\text{kN})$$

各梁板内力计算完毕后，可根据《钢筋混凝土结构设计规范》(GB 50010—2010)进行配筋计算。

(4)柱网间设置肋梁的双向肋基础梁简化分析

前面对肋梁荷载的分配，是基础板所受的地基净反力按45°线划分范围，传递给纵横梁，是比较常用的内力计算方法。若在柱网间增设肋梁，计算比较烦琐。下面讨论从柱下条形基础"倒梁法"的基础上发展起来的，在柱网间设置肋梁的双向肋梁筏形基础内力简化计算方法，即粗略地按基础梁受荷面积来分配荷载。

前面把基础梁称为纵横梁，为了便于区分，下面称之为主肋和次肋。若柱网之间设置肋梁，一般增设次肋。地基净反力传给底板，底板传给次肋，次肋传给主肋。设计时，底板则根据其区格的长宽比，按单向或双向连续板计算。

设地基净反力为p_j，底板跨中及支座弯矩可按下式计算：

$$M = \frac{1}{10}p_j l_0^2 \tag{3.108}$$

基础梁轴线外侧底板的悬臂部分，其弯矩按下式计算：

$$M_1 = \frac{1}{2}p_j a^2 \tag{3.109}$$

式中　l_0——板的跨长，即相邻两次肋中心线的间距，m；

　　　a——底板边缘的悬挑宽度，m。

如图3.46所示的双向肋梁筏形基础，JL1 和 JL2 是次肋，其中 JL1 是边缘次肋，JL2 是中间次肋；JL3 和 JL4 是主肋，其中 JL3 是边缘主肋，JL4 是中间主肋。地基净反力通过底板传给次肋，通过主、次肋交叉点，次肋再传给主肋。

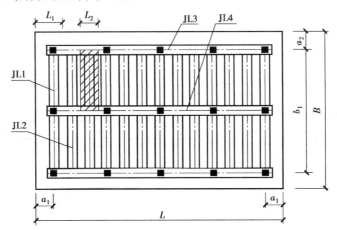

图 3.46　双向肋梁基础

边缘次肋 JL1 的受荷面积为 $A_1 = b_1 L_1$。其中，b_1 为次肋的长度，L_1 为边缘次肋所负担荷载的宽度。作用在边缘次肋上的地基净反力合力为 $R_1 = p_j A_1$。

中间次肋 JL2 的受荷面积为 $A_2 = b_1 L_2$。其中，L_2 为每个次肋负担荷载的宽度。作用在中间次肋上的地基净反力合力为 $R_2 = p_j A_2$。

设 $\beta = \dfrac{R_1}{R_2} = \dfrac{L_1}{L_2}$，即 $R_1 = \beta R_2$，说明一根边缘次肋所承担的地基净反力相当于 β 根中间次肋承担的地基净反力。假设中间次肋有 n 根，边缘次肋只有两根，将边缘次肋所承担的荷载折算为中间次肋所承担的荷载，共有 $(n + 2\beta)$ 根中间次肋。

设作用在中间主肋 JL4 上柱子传来的总轴力为 $\sum N$，此荷载由 $(n + 2\beta)$ 根中间次肋所承担，则每根中间次肋在中间主肋交叉点处的作用力 F_1 为：

$$F_1 = \frac{\sum N}{n + 2\beta} \tag{3.110}$$

对于中间次肋 JL2，作用的地基净反力合力为 R_2。R_2 减去中间主肋作用在 JL2 上的力，该差值由两端的两根边缘主肋 JL3 和 JL2 相互作用共同承担。对于本例，只有一根中间主肋，则中间次肋 JL2 与边缘主肋 JL3 的相互作用 F_2 为：

$$F_2 = \frac{R_2 - F_1}{2} \tag{3.111}$$

在基础转角处，面积为 $a_1 a_2$ 的地基净反力尚未考虑，a_1、a_2 分别为两个方向的悬挑长度。一般将其作为集中力 $F_5 = p_j a_1 a_2$，作用在边缘主肋的端部，方向向上。设计时，对边缘次肋来说，视其反作用力作用在与边缘主肋的交叉点处，方向向下。

各肋梁的受力如图 3.47 所示。

中间次肋 JL2 上的作用力由 3 部分组成：与中间主肋 JL4 交叉点的作用力 F_1；与边缘主肋 JL3 交叉点的作用力 F_2，作用在两端；向上的均布地基净反力 $p_2 = p_j L_2$。

边缘次肋 JL1 上的作用力由 4 部分组成：与中间主肋 JL4 交叉点的作用力 $F_3 = \beta F_1$；与边缘主肋 JL3 交叉点的作用力 $F_4 = \beta F_2$ 以及 $F_5 = p_j a_1 a_2$，作用在两端；向上的均布地基净反力 $p_1 = p_j L_1$。

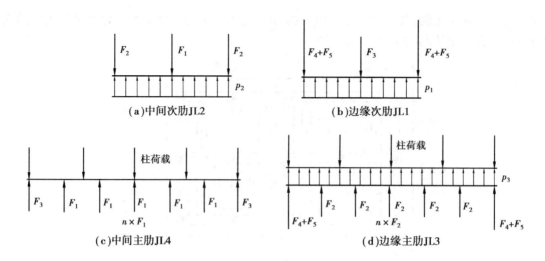

图 3.47 基础梁荷载分布

中间主肋的作用力由 3 部分组成:向下的柱荷载,作用在柱脚;与中间次肋 JL2 交叉点处, F_1 的反作用力,方向向上;与边缘次肋 JL2 交叉点处, F_3 的反作用力,方向向上。

边缘主肋 JL3 的作用力由 5 部分组成:向下的柱荷载,作用在柱脚;在与中间次肋 JL2 交叉点处, F_2 的反作用力,方向向上;在与边缘次肋 JL1 的交叉点处, F_4 的反作用力以及 $F_5 = p_j a_1 a_2$,方向向上;底板边缘由地基净反力产生的均布荷载 $p_3 = p_j a_2$ 。

以面分析得到的肋梁荷载分布,如果上下荷载不平衡,需要用"倒梁法"对其调整。对次肋的调整可将其与主肋的交叉点视为柱脚,然后按连续梁计算其内力。

3) 弹性地基上的梁板分析

当筏形基础不符合简化计算条件时,可按弹性地基上的梁板方法计算。由于筏板的厚度通常远小于其他两个方向的尺寸,因此常采用薄板理论分析。

先作如下假设:

①由剪应力引起的变形忽略不计,变形前垂直于中面的法线,变形后仍垂直于中面;

②垂直于中面的正应变忽略不计,挠度 $\omega = \omega(x,y)$ 与竖向坐标 z 无关;

③板中面内各点不发生平行于中面的位移。

对于各向同性基础板,按 Kirchhoff 的薄板小挠度经典理论,根据静力平衡条件,得到弹性曲面(中面)挠度的微分方程:

$$D\left(\frac{\partial^4 \omega}{\partial x^4} + 2\frac{\partial^4 \omega}{\partial x^2 \partial y^2} + \frac{\partial^4 \omega}{\partial y^4}\right) = q(x,y) - p(x,y) \tag{3.112}$$

$$D = \frac{Eh^3}{12(1 - \mu^2)}$$

式中　$q(x,y)$——基础板的面荷载;

　　　$p(x,y)$——基础板的基底反力,对于文克勒地基上的板, $p = k\omega$ (k 为地基的基床系数);

　　　D——基础板的抗弯刚度;

　　　E, μ——基础板材料的弹性模量和泊松比;

　　　h——基础板的厚度。

在薄板内取一微小的六面体,如图 3.48 所示,单元体在 x 和 y 方向的宽度分别为 dx 和 dy ,厚度为板的厚度。单元体上的合力可写为:

$$M_x = -D\left(\frac{\partial^2 \omega}{\partial x^2} + \mu \frac{\partial^2 \omega}{\partial y^2}\right)$$

$$M_y = -D\left(\frac{\partial^2 \omega}{\partial y^2} + \mu \frac{\partial^2 \omega}{\partial x^2}\right)$$

$$M_{xy} = M_{yx} = -D(1-\mu)\frac{\partial^2 \omega}{\partial x \partial y}$$

$$V_x = -D\left(\frac{\partial^3 \omega}{\partial x^3} + \frac{\partial^3 \omega}{\partial x \partial y^2}\right)$$

$$V_y = -D\left(\frac{\partial^3 \omega}{\partial y^3} + \frac{\partial^3 \omega}{\partial x^2 \partial y}\right)$$

(3.113)

式中 M_x,M_y——在垂直于 x,y 轴的截面上,薄板单位宽度上的弯矩;

M_{xy},M_{yx}——在垂直于 x,y 轴的截面上,薄板单位宽度上的扭矩;

V_x,V_y——在垂直于 x,y 轴的截面上,薄板单位宽度上的剪力。

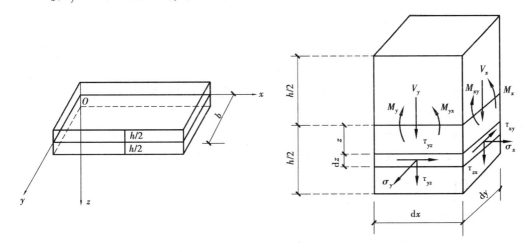

图 3.48 薄板单元体上的内力

应用有限差分法或有限元法,并利用相应的边界条件求解式(3.112)后,就可按式(3.113)求得板的内力。对于有限差分法,沿 x 轴和 y 轴方向将板分割,划分成网格,以各网格节点的挠度 ω 为未知量。根据不同类型节点的特点,把微分方程用差分方程代替,列出与节点数目相同的差分方程,求解方程组,得到全部节点的挠度,进而计算节点的内力。

差分法的求解精度主要取决于板分割网格的粗细程度,为获得较理想的计算精度,一般可将网格细化,但运算量增加,在网格划分时,靠近柱附近的网格应细些,以取得可靠的计算精度。

3.6.5 筏形基础抗冲切和抗剪验算

筏形基础除应根据上述方法计算其弯矩和剪力并满足相应的强度要求外,尚应进行筏形基础的抗冲切及抗剪承载力的验算。包括梁板式筏形基础底板的抗冲切抗剪,平板式筏形基础柱下冲切、内筒冲切及筏板的受剪验算。

1)梁板式筏形基础底板的抗冲切及抗剪验算

除计算正截面受弯承载力外,梁板式筏形基础底板厚度尚应满足受冲切承载力、受剪切承载力的要求。对 12 层以上建筑的梁板式筏形基础,其底板厚度与最大双向板格的短边净跨之比不应小于 1/14,且板厚不应小于 400 mm。

(1)底板受冲切承载力计算

底板受冲切承载力应按下式计算:

$$F_t \leq 0.7\beta_{hp}f_t u_m h_0 \qquad (3.114)$$

式中　F_t——作用于图 3.49 中阴影部分面积上的基底平均净反力设计值,kN;

　　　u_m——距基础梁边 $h_0/2$ 处冲切临界截面的周长(图 3.49),m。

当底板区格为矩形双向区格时,底板受冲切所需的厚度 h_0 应按下式计算:

$$h_0 = \frac{(l_{n1} + l_{n2}) - \sqrt{(l_{n1} + l_{n2})^2 - \dfrac{4p_j l_{n1} l_{n2}}{p_j + 0.7\beta_{hp}f_t}}}{4} \qquad (3.115)$$

式中　l_{n1}, l_{n2}——计算板格的短边和长边的净长度,m;

　　　p_j——相应于荷载效应基本组合时的基底平均净反力设计值,kPa。

(2)底板受剪切承载力计算

底板斜截面受剪切承载力应按下式计算:

$$V_s \leq 0.7\beta_{hs}f_t(l_{n2} - 2h_0)h_0 \qquad (3.116)$$

$$\beta_{hs} = (800/h_0)^{\frac{1}{4}} \qquad (3.117)$$

式中　V_s——距梁边缘 h_0 处,作用在图 3.50 中阴影部分面积上的基底平均净反力产生的剪力
　　　　设计值,kN;

　　　β_{hs}——受剪切时截面高度影响系数,当按式(3.117)计算时,板的有效高度 h_0 小于
　　　　800 mm 时,h_0 取 800 mm;h_0 大于 2 000 mm 时,h_0 取 2 000 mm。

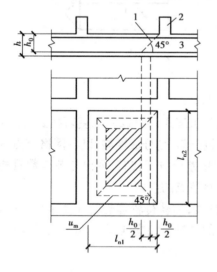

图 3.49　底板冲切计算示意图
1—冲切破坏锥体的斜截面;
2—梁;3—底板

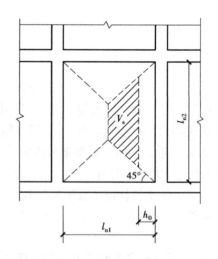

图 3.50　底板剪切计算示意图

实际工程中,梁板式筏形基础底板的厚跨比一般取 $\frac{1}{14} \sim \frac{1}{6}$,其下土反力存在墙下集中的现象。一般情况下,双向板的跨中土反力约为墙下土反力的 85%,底板的受剪承载力不同于梁的受剪承载力。况且,基础底面与土之间的摩擦力使底板实际上处在压弯受力状态,不能将其等同于一般承受均布荷载的楼板。验算时,将距支座边缘 h_0 处体形受荷面积上的平均净反力分

摊在$(l_{n2} - 2h_0)$上进行计算,混凝土强度设计值按《混凝土结构设计规范》(GB 50010—2010)取值。

(3)基础局部受压承载力计算

目前,高强度混凝土已逐渐用于上部结构竖向构件中,由于基础结构的混凝土体积较大,为防止混凝土硬化过程中产生的水化热以及混凝土收缩引起的裂缝,基础结构一般都采用强度等级较低的混凝土。当基础的混凝土强度等级低于底层柱子的混凝土强度等级时,应按《混凝土结构设计规范》(GB 50010—2010)对底层柱下基础梁顶面局部受压承载力进行验算。验算时,局部受压的底面积,可根据局部受压面积与计算底面积同心、对称的原则确定。当不能满足时,应适当扩大承压面积,如扩大柱角和基础梁八字角之间的净距,或在柱下基础梁内配置钢筋网,或采取提高基础梁混凝土强度等级等有效措施。

需要说明的是,局部受压承载力验算,由于按《混凝土结构设计规范》(GB 50010—2010)进行,所需的地基净反力是荷载效应标准组合值,而底板剪切及冲切验算则采用荷载效应基本组合值。

【例3.9】　双向肋梁筏形基础的基础底板厚度为0.5 m,柱截面尺寸为500 mm×500 mm,混凝土强度等级为C60,荷载效应基本组合的最大荷载柱的轴力$F = 4\,700$ kN,基础梁混凝土强度等级为C35。由于基础梁的宽度$b = 500$ mm,把柱与基础梁连接处设计成如图3.51所示的八字角。试验算柱下基础梁顶面的局部受压承载力、底板受剪和受冲切承载力(柱网尺寸6 m × 7.2 m,荷载效应基本组合地基净反力$p = 150$ kPa,荷载效应标准组合地基净反力为150/1.35 = 111 kPa)。

【解】　(1)验算柱下基础梁顶面的局部受压承载力

根据《混凝土结构设计规范》(GB 50010—2010),局部受压面积与计算底面积同心、对称原则,以半径为$\left(\dfrac{b}{\sqrt{2}} + a\right)$的圆面积作为局部受压计算面积。其中,$a$为柱角至基础梁八字角之间的距离,本例$a = 50$ mm。

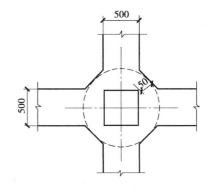

图3.51　柱与基础梁连接处

局部受压面积为:
$$A_1 = 500 \times 500 = 2.5 \times 10^5 (\text{mm}^2)$$

局部受压计算面积为:
$$A_h = 3.14 \times \left(\frac{500}{\sqrt{2}} + 50\right)^2 = 5.114 \times 10^5 (\text{mm}^2)$$

混凝土局部受压时的强度提高系数为:
$$\beta_1 = \sqrt{\frac{A_h}{A_1}} = \sqrt{\frac{5.114 \times 10^5}{2.5 \times 10^5}} = 1.43$$

C35混凝土轴心抗压强度设计值为16.7 MPa,则素混凝土轴心抗压强度设计值为:
$$f_{cc} = 0.85 f_c = 0.85 \times 16.7 = 14.2 (\text{MPa})$$

受压面上局部压力设计值为:
$$F_1 = \frac{F}{1.35} = \frac{4\,700}{1.35} = 3\,841.5 (\text{kN})$$

基础顶面局部受压承载力为:
$$\omega \beta_1 f_{cc} A_1 = 1.0 \times 1.43 \times 14.2 \times 2.5 \times 10^5 = 5.077 \times 10^6 = 5\,077 \text{ kN} > F_1$$

筏形基础基础梁满足局部受压承载力要求。

(2)基础底板受冲切承载力验算

基础底板厚为 0.5 m,布置双排钢筋,上下保护层总计 70 mm,底板有效高度为 0.43 mm,计算板格的短边和长边净长度 $l_{n1} = 6.0 - 0.5 = 5.5$ m, $l_{n2} = 7.2 - 0.5 = 6.7$ m,受冲切承载力截面高度影响系数 $\beta_{hp} = 1.0$,C35 混凝土轴心抗拉强度设计值 $f_t = 1.57$ MPa。

$$h_0 = \frac{1}{4}\left[(l_{n1} + l_{n2}) - \sqrt{(l_{n1} + l_{n2})^2 - \frac{4pl_{n1}l_{n2}}{p_j + 0.7\beta_{hp}f_t}} \right]$$

$$= \frac{1}{4}\left[(5.5 + 6.7) - \sqrt{(5.5 + 6.7)^2 - \frac{4 \times 150 \times 5.5 \times 6.7}{150 + 0.7 \times 1.0 \times 1\,570}} \right] = 0.187 (\text{m})$$

满足局部受压承载力要求。

(3)验算距基础梁边缘 $h_0 = 0.43$ m 处底板斜截面受剪承载力

$$V_s = p\left(l_{n2} - \frac{l_{n1}}{2} - h_0 \right)\left(\frac{l_{n1}}{2} - h_0 \right) = 150 \times \left(6.7 - \frac{5.5}{2} - 0.43 \right)\left(\frac{5.5}{2} - 0.43 \right) = 1\,225 (\text{kN})$$

受剪切时截面高度影响系数 $\beta_{hs} = 1.0$。

$0.7\beta_{hs}f_t(l_{n2} - 2h_0)h_0 = 0.7 \times 1.0 \times 1\,570 \times (6.7 - 2 \times 0.43) \times 0.43 = 2\,760$ kN $> V_s$

满足底板斜截面受剪承载力要求。

2)平板式筏形基础抗冲切及抗剪验算

(1)受冲切承载力计算

①柱的冲切临界截面的最大剪应力。

平板式筏形基础设计时,首先需要按冲切要求确定筏板的厚度。验算距柱边 $h_0/2$ 处(h_0 为筏板的有效高度)的冲切临界截面的最大剪应力 τ_{max},除需要考虑竖向荷载产生的剪应力外,还应考虑作用在冲切临界截面重心上的不平衡弯矩所产生的附加剪应力,即

$$\tau_{max} = \frac{F_l}{u_m h_0} + \alpha_s \frac{M_{unb}c_{AB}}{I_s} \quad (3.118)$$

$$\tau_{max} \leq 0.7(0.4 + 1.2/\beta_s)\beta_{hp}f_t \quad (3.119)$$

$$\alpha_s = 1 - \frac{1}{1 + \frac{2}{3}\sqrt{c_1/c_2}} \quad (3.120)$$

式中　F_l——相应于荷载效应基本组合时的集中力设计值,kN, $F_l = F - p_j A_b$,其中,F 为柱轴力设计值,p_j 为相应于荷载效应组合时的基底净反力设计值,A_b 为筏板冲切破坏锥体的底面积(对于内柱)、筏板冲切临界范围内的底面面积(对于边柱和角柱);

　　　u_m——距柱边 $h_0/2$ 处冲切临界截面的周长,m;

　　　h_0——筏板的有效高度,m;

　　　M_{unb}——作用在冲切临界截面重心上的不平衡弯矩设计值,kN·m;

　　　c_{AB}——沿弯矩作用方向,冲切临界截面重心至冲切临界截面最大剪应力点的距离;

　　　I_s——冲切临界截面对其重心的极惯性矩;

　　　β_s——柱截面长边与短边的比值,当 $\beta_s < 2$ 时,β_s 取2;当 $\beta_s > 4$ 时,β_s 取4;

　　　β_{hp}——受冲切承载力截面高度影响系数,当 $h \leq 800$ mm 时,取 $\beta_{hp} = 1.0$, $h \geq 2\,000$ mm 时,取 $\beta_{hp} = 0.9$,其间按线性内插法取值;

　　　f_t——混凝土轴心抗拉强度设计值,kPa;

　　　c_1——与弯矩作用方向一致的冲切临界截面的边长,m;

　　　c_2——垂直于 c_1 的冲切临界截面的边长,m;

　　　α_s——不平衡弯矩通过冲切临界截面上的偏心剪力来传递的分配系数。

式(3.118)右端第一项是根据我国《混凝土结构设计规范》(GB 50010—2010)在集中力作用下的冲切承载力计算公式换算得到的,第二项是引用美国 ACI 318 规范中的有关计算规定。M_{unb}是指作用在距柱边 $h_0/2$ 处冲切临界截面重心上的弯矩,对边柱它包括由柱根处轴力设计值 N 和该处筏板冲切临界截面范围内相应的地基反力 P 对临界截面重心产生的弯矩。由于设计中筏板和上部结构是分别计算的,因此,计算 M_{unb} 时应包括柱子根部弯矩 M_c,如图 3.52 所示。

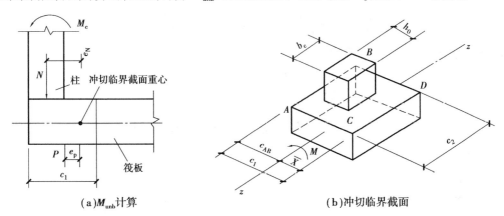

(a)M_{unb}计算　　　　　　(b)冲切临界截面

图 3.52　冲切计算示意图

$$M_{unb} = Ne_N - Pe_p \pm M_c \tag{3.121}$$

对于内柱,由于对称关系,柱截面形心与冲切临界截面重心重合,$e_N = e_p = 0$。因此,冲切临界截面重心上的弯矩,取柱根弯矩。

当柱荷载较大,等厚度筏板的冲切承载力不能满足要求时,可在筏板上面增设柱墩或在筏板下局部增加板厚或采用抗冲切箍筋来提高受冲切承载力。但需验算筏板变厚度处的冲切承载力。

冲切临界截面的周长 u_m 以及冲切临界截面对其形心的极惯性矩 I_s 应根据柱所处的位置来确定。

a. 对边柱[图 3.53(a)]:

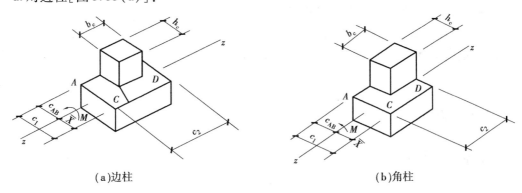

(a)边柱　　　　　　　　　(b)角柱

图 3.53　冲切计算示意图

$$c_1 = h_c + \frac{h_0}{2}, c_2 = b_c + h_0 \tag{3.122}$$

冲切临界截面周长:

$$u_m = 2c_1 + c_2 \tag{3.123}$$

冲切临界截面重心位置：

$$\overline{X} = \frac{c_1^2}{2c_1 + c_2} \tag{3.124}$$

平行于弯矩作用方向的极惯性矩：

$$I_{xx} + I_{yy} = 2 \times \left[\frac{1}{12} c_1 h_0^3 + \frac{1}{12} c_1^3 h_0 + c_1 h_0 \left(\frac{c_1}{2} - \overline{X} \right)^2 \right]$$

垂直于弯矩作用方向的极惯性矩：

$$I = c_2 h_0 \overline{X}^2$$

冲切临界截面对其形心的极惯性矩：

$$I_s = I_{xx} + I_{yy} + I = \frac{1}{6} c_1 h_0^3 + \frac{1}{6} c_1^3 h_0 + 2c_1 h_0 \left(\frac{c_1}{2} - \overline{X} \right)^2 + c_2 h_0 \overline{X}^2 \tag{3.125}$$

b. 对内柱[图 3.53(b)]：

$$c_1 = h_c + h_0, c_2 = b_c + h_0 \tag{3.126}$$

冲切临界截面周长：

$$u_m = 2(c_1 + c_2) \tag{3.127}$$

平行于弯矩作用方向的极惯性矩：

$$I_{xx} + I_{yy} = 2 \left(\frac{1}{12} c_1 h_0^3 + \frac{1}{12} c_1^3 h_0 \right) \tag{3.128}$$

垂直于弯矩作用方向的极惯性矩：

$$I = 2 \times c_2 h_0 \left(\frac{c_1}{2} \right)^2$$

冲切临界截面对其形心的极惯性矩：

$$I_s = I_{xx} + I_{yy} + I = \frac{1}{6} c_1 h_0^3 + \frac{1}{6} c_1^3 h_0 + \frac{1}{2} c_2 h_0 c_1^2 \tag{3.129}$$

$$c_{AB} = \frac{c_1}{2} \tag{3.130}$$

式中　h_c——与弯矩作用方向一致的柱截面的边长；

　　　b_c——垂直于 h_c 的柱截面的边长。

c. 对角柱[图 3.53(b)]：

$$c_1 = h_c + \frac{h_0}{2}, c_2 = b_c + \frac{h_0}{2} \tag{3.131}$$

冲切临界截面周长：

$$u_m = c_1 + c_2 \tag{3.132}$$

冲切临界截面重心位置：

$$\overline{X} = \frac{c_1^2}{2c_1 + 2c_2} \tag{3.133}$$

平行于弯矩作用方向的极惯性矩：

$$I_{xx} + I_{yy} = \frac{1}{12} c_1 h_0^3 + \frac{1}{12} c_1^3 h_0 + c_1 h_0 \left(\frac{c_1}{2} - \overline{X} \right)^2 \tag{3.134}$$

垂直于弯矩作用方向的极惯性矩：

$$I = c_2 h_0 \overline{X}^2$$

冲切临界截面对其形心的极惯性矩：

$$I_s = I_{xx} + I_{yy} + I = \frac{1}{12}c_1h_0^3 + 12c_1^3h_0 + c_1h_0\left(\frac{c_1}{2} - \overline{X}\right)^2 + c_2h_0\overline{X}^2 \tag{3.135}$$

$$c_{AB} = c_1 - \overline{X} \tag{3.136}$$

②内筒的冲切承载力。

高层建筑在楼梯、电梯间大多设置内筒,平板式筏形基础内筒线的板厚也应满足冲切承载力的要求。按下式计算：

$$F_1/(u_mh_0) \leqslant 0.7\beta_{hp}f_t/\eta \tag{3.137}$$

式中　F_1——相应于荷载效应基本组合时,内筒所承受的轴力设计值减去筏板冲切破坏锥体范围内的地基反力设计值,地基反力值应扣除板的自重,kN;

　　　u_m——距内筒外表面$h_0/2$处冲切临界截面的周长,m;

　　　h_0——距内筒外表面$h_0/2$处筏板的有效厚度,m;

　　　η——内筒冲切临界截面周长影响系数,取1.25。

当需要考虑内筒根部弯矩的影响时,距内筒外表面$h_0/2$处冲切临界截面的最大剪应力可按式(3.118)计算,此时$\tau_{max} \leqslant 0.7\beta_{hp}f_t/\eta$。

(2)受剪承载力计算

平板式筏形基础除满足受冲切承载力要求外,尚应验算距内筒边缘或距内柱边缘h_0处筏板的受剪承载力[图3.54(a)]。按下试验算：

$$V_s \leqslant 0.7\beta_{hs}f_tb_wh_0 \tag{3.138}$$

式中　V_s——荷载效应组合下,地基土净反力平均值产生的距内筒或柱边缘h_0处筏板单位宽度的剪力设计值,kN;

　　　b_w——筏板计算截面单位宽度,m;

　　　h_0——距内筒或柱边缘h_0处筏板的截面有效高度,m。

角柱下验算筏板受剪的部位取距柱角h_0处,如图3.54(b)所示。V_s为作用在3.54(b)中阴影面积上的地基净反力平均设计值除以距角柱角点h_0处45°斜线的长度。

当筏板厚度变化时,尚应验算厚度变化处筏板的受剪承载力。

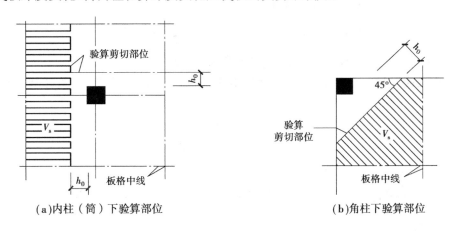

图3.54　筏板剪切验算部位

【例3.10】　一框剪结构底层内柱,截面尺寸为500 mm×500 mm,混凝土强度等级为C60,荷载效应标准组合时,柱的轴力为8 140 kN,弯矩为90 kN·m。柱网尺寸为7 200 mm×6 000 mm,采用平板式筏形基础,荷载效应标准组合时的地基净反力为205 kPa,筏板的混凝土强度等级为 C30。试按受冲切承载力确定筏板厚度。

【解】 ①初步选定筏板厚度 $h = 0.8$ m,有效厚度 $h_0 = 0.73$ m,验算筏板受冲切承载力。

$$h_c = b_c = 0.5(m)$$

$$c_1 = c_2 = h_c + h_0 = 0.5 + 0.73 = 1.23(m)$$

冲切临界截面周长:

$$u_m = 2(c_1 + c_2) = 2 \times (1.23 + 1.23) = 4.92(m)$$

冲切临界截面对其形心的极惯性矩:

$$I_s = \frac{1}{6}c_1 h_0^3 + \frac{1}{6}c_1^3 h_0 + \frac{1}{2}c_2 h_0 c_1^2$$

$$= \frac{1.23 \times 0.73^3}{6} + \frac{1.23^3 \times 0.73}{6} + \frac{1.23 \times 0.73 \times 1.23^2}{2} = 0.985\,4(m^4)$$

$$c_{AB} = \frac{c_1}{2} = \frac{1.23}{2} = 0.615(m)$$

相应于荷载效应基本组合时的集中力设计值:

$$F_1 = 1.35[N_k - p_k(h_c + 2h_0)(b_c + 2h_0)]$$

$$= 1.35 \times [8\,140 - 205 \times (0.5 + 2 \times 0.73)^2] = 9\,925.8(kN)$$

作用在冲切临界截面重心上的不平衡弯矩设计值:

$$M_{unb} = 1.35 \times 90 = 121.5(kN \cdot m)$$

平衡弯矩通过冲切临界截面上的偏心剪力来传递的分配系数:

$$\alpha_s = 1 - \frac{1}{1 + \frac{2}{3}\sqrt{c_1/c_2}} = 1 - \frac{1}{1 + \frac{2}{3}\sqrt{1.23/1.23}} = 0.4$$

冲切临界截面的最大剪应力:

$$\tau_{max} = F_1/(u_m h_0) + \alpha_s M_{unb} c_{AB}/I_s = \frac{9\,925.8}{4.92 \times 0.73} + \frac{0.4 \times 121.5 \times 0.615}{0.985\,4} = 2\,794(kPa)$$

柱截面边长相等,$\beta_s = 1$,按规定取 $\beta_s = 2$,$h = 800$ mm,受冲切承载力截面高度影响系数 $\beta_{hp} = 1.0$。受冲切混凝土剪应力设计值为:

$$\tau_c = 0.7 \times (0.4 + 1.2/\beta_s)\beta_{hp} f_t = 0.7 \times \left(0.4 + \frac{1.2}{2}\right) \times 1.0 \times 1\,430 = 1\,001(kPa)$$

显然,τ_c 远小于 τ_{max},筏板厚度太小,不满足底板受冲切承载力要求。

②为了满足受冲切承载力要求,应在柱下加厚底板。如图 3.55 所示,验算柱边受冲切承载力。

$$h = 1.4(m), h_2 = 1.33(m)$$

$$c_1 = c_2 = 0.5 + 1.33 = 1.83(m)$$

$$u_m = 2(c_1 + c_2) = 2 \times (1.83 + 1.83) = 7.32(m)$$

$$I_s = \frac{1}{6}c_1 h_0^3 + \frac{1}{6}c_1^3 h_0 + \frac{1}{2}c_2 h_0 c_1^2 = \frac{1.83 \times 1.33^3}{6} + \frac{1.83^3 \times 1.33}{6} + \frac{1.83 \times 1.33 \times 1.83^2}{2}$$

$$= 6.151\,5(m^4)$$

$$c_{AB} = \frac{c_1}{2} = \frac{1.83}{2} = 0.915(m)$$

$$F_1 = 1.35[N_k - p_k(h_c + 2h_0)(b_c + 2h_0)] = 1.35 \times [8\,140 - 205 \times (0.5 + 2 \times 1.33)^2]$$

$$= 8\,825.5(kN)$$

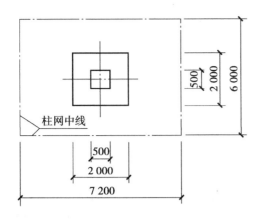

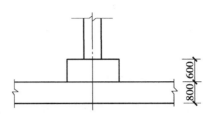

图 3.55　柱下加厚底板(单位:mm)

$$\tau_{\max} = F_1(u_{\mathrm{m}} \times h_0) + \alpha_{\mathrm{s}} M_{\mathrm{unb}} c_{\mathrm{AB}}/I_{\mathrm{s}} = \frac{8\ 825.5}{7.32 \times 1.33} + \frac{0.4 \times 121.5 \times 0.915}{6.151\ 5} = 913.7(\mathrm{kPa})$$

$$\alpha_{\mathrm{s}} = 0.4, \beta_{\mathrm{s}} = 2$$

受冲切承载力截面高度影响系数为:

$$\beta_{\mathrm{hp}} = 1.0 - \frac{1.4 - 0.8}{1.2} \times 0.1 = 0.95$$

$$\begin{aligned}
\tau_{\mathrm{c}} &= 0.7 \times (0.4 + 1.2/\beta_{\mathrm{s}})\beta_{\mathrm{hp}} f_{\mathrm{t}} \\
&= 0.7 \times \left(0.4 + \frac{1.2}{2}\right) \times 0.95 \times 1\ 430 = 951\ \mathrm{kPa} > \tau_{\max} = 913.7\ \mathrm{kPa}
\end{aligned}$$

柱边受冲切承载力满足要求。

③验算筏板变厚度处的受冲切承载力。

$$h = 0.8(\mathrm{mm}), h_0 = 0.73(\mathrm{m}), h_{\mathrm{c}} = b_{\mathrm{c}} = 2.0(\mathrm{m})$$

$$c_1 = c_2 = h_{\mathrm{c}} + h_0 = 2.0 + 0.73 = 2.73(\mathrm{m})$$

$$u_{\mathrm{m}} = 2(c_1 + c_2) = 2 \times (2.73 + 2.73) = 10.92(\mathrm{m})$$

$$\begin{aligned}
I_{\mathrm{s}} &= \frac{1}{6}c_1 h_0^3 + \frac{1}{6}c_1^3 h_0 + \frac{1}{2}c_2 h_0 c_1^2 \\
&= \frac{2.73 \times 0.73^3}{6} + \frac{2.73^3 \times 0.73}{6} + \frac{2.73 \times 0.73 \times 2.73^3}{2} = 10.079(\mathrm{m}^4)
\end{aligned}$$

$$c_{\mathrm{AB}} = \frac{c_1}{2} = \frac{2.73}{2} = 1.365(\mathrm{m})$$

$$\begin{aligned}
F_1 &= 1.35 \times [N_{\mathrm{k}} - p_{\mathrm{k}}(h_{\mathrm{c}} + 2h_0)(b_{\mathrm{c}} + 2h_0)] \\
&= 1.35 \times [8\ 140 - 205 \times (2 + 2 \times 0.73)^2] = 7\ 675.9(\mathrm{kN})
\end{aligned}$$

$$M_{\mathrm{unb}} = 121.5(\mathrm{kN} \cdot \mathrm{m}), \alpha_{\mathrm{s}} = 0.4$$

$$\tau_{\max} = F_1/(u_{\mathrm{m}} \times h_0) + \alpha_{\mathrm{s}} M_{\mathrm{unb}} c_{\mathrm{AB}}/I_{\mathrm{s}} = \frac{7\ 675.9}{10.92 \times 0.73} + \frac{0.4 \times 121.5 \times 1.365}{10.79} = 970(\mathrm{kPa})$$

$$\beta_{\mathrm{s}} = 2, \beta_{\mathrm{hp}} = 1.0$$

$$\tau_{\mathrm{c}} = 0.7 \times (0.4 + 1.2/\beta_{\mathrm{s}})\beta_{\mathrm{hp}} f_{\mathrm{t}} = 1\ 001\ \mathrm{kPa} > \tau_{\max} = 970\ \mathrm{kPa}$$

筏板厚度变化处的受冲切承载力满足要求。

④验算筏板厚度变化处的受剪切承载力。

地基净反力平均值产生的单位宽度的剪力设计值为:

$$V_s = 1.35 \times 205 \times \left(\frac{7.2 - 2.0}{2} - 0.73 \right) = 517.5 (\text{kN/m})$$

$$\beta_{hs} = \left(\frac{800}{h_0} \right)^{1/4} = \left(\frac{800}{800} \right)^{1/4} = 1.0$$

$0.7\beta_{hs} f_t b_w h_0 = 0.7 \times 1.0 \times 1430 \times 1.0 \times 0.73 = 730 \text{ kN/m} > V_s = 517.5 \text{ kN/m}$
筏板厚度变化处的受剪承载力满足要求。

3.7 箱形基础

高层建筑由于其使用功能上的需要,以及为充分利用地下空间,一般都设有地下室。根据需要,地下室可以是单层的,也可以是多层的。对于多层地下室,按其构造可分为非基础部分和基础部分。非基础部分除外围挡土作用外,其内部的结构布置基本与上部结构相同。基础部分则成为箱形基础。箱形基础是由顶板、底板、内墙、外墙等组成的一种空间整体结构,一般由钢筋混凝土整体浇筑而成,空间部分可结合建筑物的使用功能设计成地下室、地下车库或地下设备层等,如图3.56所示。

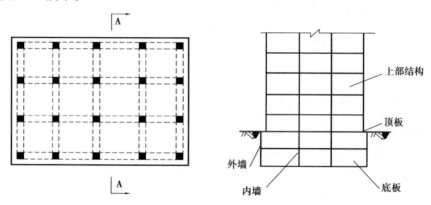

图 3.56 箱形基础组成示意图

3.7.1 箱形基础的特点

(1)具有很大的刚性和整体性

箱形基础能有效地调整基础的不均匀沉降,常用于上部结构荷载较大、地基软弱且分布不均匀的情况。当地基特别软弱且复杂时,也可采用箱形基础与桩基础相结合,即桩箱基础。

(2)抗震效果好

由于箱形基础将上部结构较好地嵌固于基础上,并具有较大的埋深,土体对其具有良好的嵌固与补偿效应,同时可有效地降低建筑物的重心,从而增加建筑物的整体性,因而具有较好的抗震性能。在地震区,对抗震、人防和地下室有较高要求的高层建筑,可优先考虑采用箱形基础。

(3)具有较好的补偿性

与筏形基础一样,箱形基础具有较好的补偿性。箱形基础的埋置深度一般比较大,基础底面处的土体自重应力和水压力,在很大程度上补偿由于建筑物的自重和荷载产生的基底接触应力,基底附加压力接近于零,因而在地基中就不会产生附加应力,也就不会产生地基沉降,也不存在地基承载力问题,按照这种概念进行地基基础设计则称为补偿性设计。但实际施工过程中,基坑开挖解除了土的自重,使坑底发生回弹。当建造上部结构和基础时,土体会因再度受荷而发生沉降。在这一过程中,地基中的应力将发生一系列的变化。因此,实际上不存在完全不引起沉降和强度问题的理想情况。但如果能精心设计、合理施工,就能有效地发挥箱形基础的补偿作用。

工程实测资料表明,对于符合构造要求、整体刚度较好的箱形基础,其相对挠度值很低。在软土地区一般小于0.3‰,在一般第四纪黏性土地区小于0.1‰。

箱形基础存在的问题是:内隔墙相对较多,支模和绑扎钢筋都需要时间,因而施工工期相对较长;使用上也因隔墙较多而受到一定的限制。

3.7.2 箱形基础的构造与设计要求

1)箱形基础的构造

①箱形基础的平面尺寸应根据地基承载力和上部结构的布局及荷载分布等条件综合确定。与筏形基础一样,平面上应尽量使箱形基础底面形心与结构竖向永久荷载合力作用点重合。当偏心距较大时,可通过调整箱形基础底板外伸悬挑跨度的办法进行调整。不同的边缘部位,采用不同的悬挑跨度、尽量使其偏心效应最小为好。根据设计经验,控制偏心距不大于偏心方向基础边长的1/60。

②箱形基础底板底面到顶板顶面的外包尺寸即为箱形基础的高度。箱形基础的高度应满足结构强度、刚度和使用要求,其值不宜小于箱形基础长度(不包括底板悬挑部分)的1/20,且不小于3 m。

③箱形基础的墙体是保证箱形基础整体强度和刚度的重要构件。外墙应沿建筑物四周布置,内墙宜按上部结构柱网和剪力墙位置纵、横交叉布置。一般每平方米基础面积上墙体长度不小于400 mm或墙体水平截面面积不小于基础面积的1/10(不包括底板悬挑部分面积),同时纵墙配置量不少于墙体总配置量的3/5。箱形基础的墙体厚度应根据实际受力情况确定,外墙不应小于250 mm,常用250~400 mm;内墙不宜小于200 mm,常用200~300 mm。墙体一般采用双向、双层配筋,无论竖向、横向其配筋均不宜小于Φ10@200;除上部结构为剪力墙外,箱形基础墙顶部均应配置两根以上不小于Φ20的通长构造钢筋。

④箱形基础顶、底板配筋数量除满足局部弯曲的要求外,纵横方向的支座弯矩尚应有1/3~1/2贯通全跨,且贯通钢筋的配筋率分别不应小于0.15%和0.10%;跨中钢筋应按实际配筋全部贯通。

⑤箱形基础上尽量不开洞或少开洞口,应避免开偏洞和边洞、高度大于2 m的高洞和宽度大于1.2 m的宽洞,一个柱距内不宜开洞两个以上,也不宜在内力最大的断面上开洞。两相邻洞口最小净间距不宜小于1 m,否则洞间墙体应按柱计算,并采取构造措施。开口系数γ应符合下式要求:

$$\gamma = \sqrt{\frac{S_k}{S_q}} \leq 0.4 \tag{3.139}$$

式中 S_k——开口面积,m²;

S_q——墙体面积,指柱距与箱形基础全高的乘积,m²。

设计必须开设洞口时,门洞应设在柱间居中位置,洞边至柱中心的距离不宜小于1.2 m,洞口上过梁的高度不宜小于层高的1/5,洞口面积不宜大于柱距与箱形基础全高乘积的1/6,墙体洞口周围按计算设置加强钢筋。洞口四周附加钢筋面积应不小于洞口内被切断钢筋面积的一半,且不少于两根直径为 14 mm 的钢筋。此钢筋应从洞口边缘外延长 40 倍钢筋直径。

⑥在底层柱与箱形基础交接处,应验算墙体的局部承压强度,当承压强度不能满足时,应增加墙体的承压面积,且墙边与柱边或柱角与八字角之间的净距不宜小于 50 mm。

底层柱主筋应伸入箱形基础一定的深度,三面或四面与箱形基础墙相连的内柱,除四角钢筋直通基底外,其余钢筋伸入顶板底皮以下的长度,不小于其直径的 40 倍,外柱、与剪力墙相连的柱及其他内柱主筋应直通到基础底板的底面。

⑦箱形基础的混凝土强度等级不应低于 C20。当地下水位高于箱形基础底面时,其外墙体和底板应采用密实混凝土刚性防水,混凝土抗渗要求宜根据水压确定。当要求较高时,可采用架空隔水方案或柔性防水方案。

⑧箱形基础施工缝构造要求如图 3.57 所示,一般相距 40 m 左右应设置一道,钢筋贯通并局部加密。施工缝应设于柱距三等分的中间范围内并贯通箱形基础全断面。

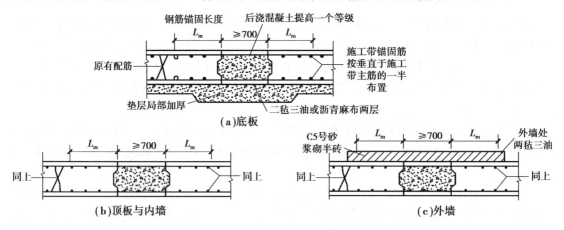

图 3.57　箱形基础施工缝构造示意图

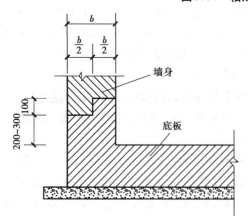

图 3.58　底板与墙身间的施工缝

底板与墙身之间的施工缝构造如图 3.58 所示。当箱形基础内力计算中考虑了上部结构的刚度时,上部框架结构纵横梁与柱相交节点必需称为刚性节点。

2)箱形基础的施工要求

箱形基础大多埋深较深,其深基坑开挖工程应在认真分析拟建场地工程地质与水文地质资料的基础上,进行详细的施工组织设计,施工操作必须严格按照有关规范进行。

①进行基坑开挖时,应验算边坡稳定性,并注意基坑开挖对相邻建筑物的影响。验算时,应考虑坡顶堆载,地表积水和邻近建筑物影响等不利因素,必要时应采取支护或板桩措施。当采用机械开挖时,应注意保护坑底土的结构不受破坏,并在基坑底面设计标高以上保留厚 30 cm 土层,用人工挖除。基坑不得长期暴露,更不得积水,经验收后,应立即进行基础施工。

②箱形基础施工完毕后,也不得长期暴露,要抓紧时间进行基坑回填工作。基坑回填时,必须先清除回填土及基坑中的杂物,在相对的两侧或四周同时均匀进行,分层夯实。

③箱形基础的底板、内外墙和顶板宜连续浇筑,并按照设计要求做好后浇带。如果必须设置施工缝时,要保证施工质量。

④在可能产生流砂现象的地区,开挖箱形基础深基坑时,应采取井点降水措施。井点类型的选择以及井点系统的布置、深度、间距、滤层质量、机械设备等关键问题应符合规定,并宜设置水位降低观测孔。在基坑开挖前地下水位应降至设计坑底标高以下至少50 cm。停止降水时应验算箱形基础的抗浮稳定性;地下水对箱形基础的浮力,不考虑折减,抗浮安全系数宜取1.2,停止降水阶段的抗浮力包括已建成的箱形基础自重、当时的上层结构净重以及箱形基础上的施工材料的堆重。计算浮力时,应考虑相应施工阶段期间的最高地下水位;当不能满足时,必须采取有效措施。

⑤高层建筑应严格进行沉降观测,要求水准点及观测点应根据设计要求及时埋设,并注意保护。

3) 箱形基础的防水要求

①箱形基础面积大,埋深也大,防水要求很高。箱形基础的防水是箱形基础设计中的一个重要问题,不可掉以轻心。特别是雨水、地下水位高的地区,应予以特别关注。一旦出现事故,往往难以补救,甚至将造成建筑物不能使用的严重后果。

②若回填土较疏松,大气降水及地表其他水源补给的水,也会长期潜存于箱形基础四周,对箱形基础产生静水压力,因此也需设防。

③设计时,应根据地下水的情况及箱形基础周围土质的组成情况,考虑箱形基础是否需要防水以及防水层的高度。不同的地基,防水要求也不同,应根据地基土的透水能力进行基础设防。

④箱形基础的防水措施常采用刚性防水方案,即箱形基础采用防水混凝土捣制,防水工程与箱形基础本体一次完成。

3.7.3　箱形基础的地基计算

箱形基础的地基计算包括地基承载力验算、地基变形计算、整体倾斜验算等。方法基本同筏板基础。

在箱形基础的设计中,基底反力的确定甚为关键。其分布规律和大小不仅影响箱形基础内力的数值,还可能改变内力的正负号。影响基底反力的因素很多,主要有土的性质、上部结构和基础的刚度、荷载的分布和大小、基础的埋深、基底尺寸和形状以及相邻基础的影响等。要精确确定箱形基础的基底反力是一个非常复杂和困难的问题,过去曾将箱形基础看成是置于文克勒地基或弹性半空间地基上的空心梁或板,用弹性地基上的梁板理论计算,其结果与实际差别较大,至今尚没有一个可靠而又实用的计算方法。

《高层建筑箱形与筏形基础技术规范》(JGJ 6—2011)在对北京、上海地区的一般黏性土和软土的大量实测资料整理统计的基础上,提出了计算箱形基础的基底反力的实用方法。

对于地基压缩层范围内的土体在竖向和水平方向比较均匀,且上部结构和荷载比较均匀的框架结构,基础底板悬挑部分不超出0.8 m,可以不考虑相邻建筑物的影响以及满足各项构造要求的单幢建筑物箱形基础,其顶、底板可仅按局部弯曲计算。

将基础底面划分成40个区格(纵向8格,横向5格),i区格的基底反力按下式确定:

$$p_i = \frac{\sum P}{BL} a_i \qquad (3.140)$$

式中　　$\sum P$——上部结构竖向荷载加箱形基础自重,kN;

　　　　B,L——箱形基础的宽度和长度,m;

　　　　a_i——相应于i区格的地基反力系数,根据L/B值的大小查表3.16和表3.17。表3.16仅给出$L/B = 2 \sim 3$时的地基反力系数,其余情况下的系数见《高层建筑箱形与筏形基础技术规范》(JGJ 6—2011)。

表3.16　一般第四纪黏性土地基反力系数 a_i

$L/B = 2 \sim 3$							
1.265	1.115	1.075	1.061	1.061	1.075	1.115	1.265
1.073	0.904	0.865	0.853	0.853	0.865	0.904	1.073
1.046	0.875	0.835	0.822	0.822	0.835	0.875	1.046
1.073	0.904	0.865	0.853	0.853	0.865	0.904	1.073
1.265	1.115	1.075	1.061	1.061	1.075	1.115	1.265

表3.17　软土地区地基反力系数 a_i

0.906	0.966	0.814	0.738	0.738	0.814	0.966	0.906
1.124	1.197	1.009	0.914	0.914	1.009	1.197	1.124
1.235	1.134	1.109	1.006	1.006	1.109	1.314	1.235
1.124	1.197	1.009	0.914	0.914	1.009	1.197	1.124
0.906	0.966	0.814	0.738	0.738	0.814	0.966	0.906

当纵、横向荷载不是很均匀时,应分别求出由于荷载偏心产生的纵、横向力矩引起的不均匀基底反力,并将该不均匀反力与由反力系数表计算的反力进行叠加。力矩引起的基底不均匀反力按直线变化计算。实践表明,由基底反力系数计算的箱基整体弯曲的结果比较符合实际。对上述地区有一定的实用价值,但对其他地区的适用性还有待进一步检验。

对不符合地基反力系数法适用条件的箱形基础,如刚度不对称或变刚度结构(如框剪体系)、地基土层分布不均匀等,应采用其他有效方法,如考虑地基与基础共同作用的方法计算。

3.7.4　箱形基础的内力分析

箱形基础的内力计算比较复杂。从整体来看,箱形基础承受着上部结构荷载和地基反力的作用在基础内产生整体弯曲应力,可以将箱形基础看作一空心厚板,用静定分析法计算任一截面的弯矩和剪力,弯矩使顶板、底板轴向受压或受拉,剪力由横墙或纵墙承受。

另一方面,箱形基础的顶板、底板还分别由于顶板荷载和地基反力的作用产生局部弯曲应力,可以将顶板、底板按周边固定的连续板计算内力。合理的分析方法应该考虑上部结构、基础和土的共同作用。根据共同作用的理论研究和实测资料表明,上部结构刚度对基础内力有较大影响。由于上部结构参与共同作用,分担了整个体系的整体弯曲应力,基础内力将随上部结构刚度的增加而减少。但这种共同作用分析方法距实际应用还有一定距离,故目前工程上应用的是考虑上部结构刚度的影响(采用上部结构等效刚度),按不同结构体系采用不同的分析方法。

上部结构大致可分为框架、剪力墙、框剪和筒体4种结构体系,可根据不同体系来选择不同的计算方法。

1)局部弯曲计算

当地基压缩层深度范围内的土层在竖向和水平向较均匀,且上部结构为平、立面布置较规则的框架、剪力墙、框架剪力墙体系时,箱形基础的顶、底板可仅按局部弯曲计算,计算时底板反力应扣除板的自重。顶板按实际荷载、底板按均布基底反力作用的周边固定双向连续板分析。考虑整体弯曲可能的影响,钢筋配置量除符合计算要求外,纵、横向支座钢筋尚应有 1/3 ~ 1/2 贯通全跨,并应分别有不少于 0.10% 和 0.15% 配筋率连通配置,跨中钢筋按实际配筋率全部连通。

2)同时考虑整体弯曲和局部弯曲计算

对不符合按局部弯曲计算的箱形基础,箱形基础的整体弯曲比较明显,箱形基础的内力应同时考虑整体弯曲和局部弯曲作用。计算整体弯曲产生的弯矩时,将上部结构的刚度折算成等效抗弯刚度,然后将整体弯曲产生的弯矩按基础刚度占总刚度的比例分配到基础。基底反力按基底反力系数法或其他有效方法确定。由局部弯曲产生的弯矩应乘以 0.8 的折减系数,并叠加到整体弯曲的弯矩中去。

（1）上部结构等效抗弯刚度

1953 年,梅耶霍夫(Meyerhof)首次提出了框架结构等效抗弯刚度计算公式,后经过修改,列入我国《高层建筑箱形与筏形基础技术规范》(JGJ 6—2011)中。对于图 3.59 所示的框架结构,等效抗弯刚度计算公式如下:

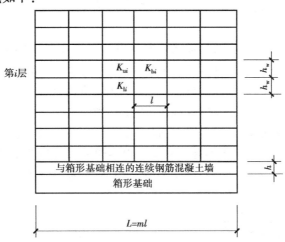

图 3.59　框架结构的抗弯刚度

$$E_{\mathrm{B}}I_{\mathrm{B}} = \sum_{i=1}^{n}\left[E_{\mathrm{b}}I_{\mathrm{b}i}\left(1 + \frac{K_{\mathrm{u}i} + K_{\mathrm{l}i}}{2K_{\mathrm{b}i} + K_{\mathrm{u}i} + K_{\mathrm{l}i}} \cdot m^2\right)\right] + E_{\mathrm{w}}I_{\mathrm{w}} \tag{3.141}$$

式中　$E_{\mathrm{B}}I_{\mathrm{B}}$——上部结构折算的等效抗弯刚度;

E_{b}——梁、柱的混凝土弹性模量;

$I_{\mathrm{b}i}$——第 i 层梁的截面惯性矩;

$K_{\mathrm{u}i}$,$K_{\mathrm{l}i}$,$K_{\mathrm{b}i}$——第 i 层上柱、下柱和梁的线刚度;

n——建筑物层数;

m——上部结构在弯曲方向的节间数,$m = L/l$,L 上部结构弯曲方向的总长度;

E_w,I_w——在弯曲方向与箱形基础相连的连续钢筋混凝土墙的弹性模量和惯性矩，$I_w =$

$$\frac{b_w h_w^3}{12}（b_w,h_w 分别为墙的厚度总和和高度）。$$

上柱、下柱和梁的线刚度分别按下列各式计算：

$$K_{ui} = \frac{I_{ui}}{h_{ui}}, K_{li} = \frac{I_{li}}{h_{li}}, K_{bi} = \frac{I_{bi}}{l} \tag{3.142}$$

式中　I_{ui},I_{li},I_{bi}——第 i 层上柱、下柱和梁的截面惯性矩；

　　　h_{ui},h_{li}——上柱、下柱的高度；

　　　l——框架结构的柱距。

式(3.142)适用于等柱距的框架结构，对柱距相差不超过20%的框架结构也可适用。

（2）箱形基础的整体弯曲弯矩

从整个体系来看，上部结构和基础是共同作用的，因此箱形基础所承担的弯矩 M_F 可以将整体弯曲产生的弯矩 M 按基础刚度占总刚度的比例分配，即

$$M_F = \frac{E_F I_F}{E_F I_F + E_B I_B} M \tag{3.143}$$

式中　M——由建筑物整体弯曲产生的弯矩，可按静定梁分析或采用其他有效方法计算；

　　　$E_B I_B$——上部结构总折算刚度，按式(3.141)计算；

　　　$E_F I_F$——箱形基础的刚度。

其中，E_F 为混凝土弹性模量，I_F 为箱形基础横截面的惯性矩。按工字形截面计算，上、下翼缘宽度分别为箱形基础顶、底板宽度，腹板厚度为箱形基础在弯曲方向的墙体厚度总和。

（3）局部弯曲弯矩

顶板按实际承受的荷载，底板按扣除地板自重后的基底反力作为局部弯曲计算的荷载，并将顶、底板视作周边固定的双向连续板计算局部弯曲弯矩。顶、底板的总弯矩为局部弯曲弯矩乘以0.8折减系数后与整体弯曲弯矩叠加。在箱形基础顶、底板配筋时，应综合考虑弯曲的钢筋与局部弯曲的配置部位，以充分发挥各截面钢筋的作用。

【例3.11】　设一箱形基础置于黏性土地基上，$f_{ak} = 300 \text{ kPa}$，其横剖面、上部结构及上部结构荷重如图3.60(a)、(b)所示。上部结构总重为48 480 kN，箱形基础自重为18 000 kN。箱形基础及设备层采用C20混凝土，上部结构梁、柱采用C30混凝土。求箱形基础纵向跨中的整体弯矩。

【解】　（1）计算箱形基础刚度

箱形基础混凝土弹性模量：

$$E_F = 2.6 \times 10^7 (\text{kPa})$$

箱形基础横截面惯性矩：

$$I_F = \frac{1}{12} \times [12.5 \times 3.55^3 - (12.5 - 0.8) \times 2.77^3] = 26.3260(\text{m}^4)$$

箱形基础刚度：

$$E_F I_F = 2.6 \times 10^7 \times 26.3260 = 6.84 \times 10^8$$

（2）计算上部结构刚度

设备层连续钢筋混凝土墙的混凝土弹性模量：

$$E_w = 2.6 \times 10^7 (\text{kPa})$$

纵向连续钢筋混凝土墙的截面惯性矩：

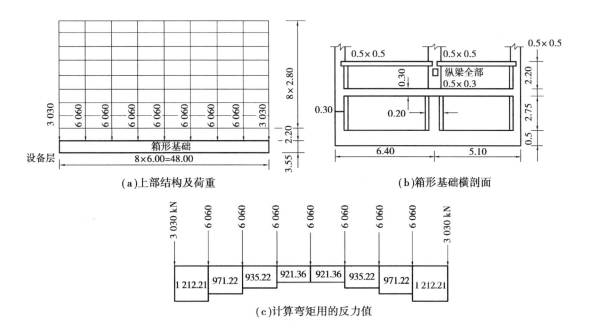

(a)上部结构及荷重

(b)箱形基础横剖面

(c)计算弯矩用的反力值

图3.60 例3.11图

(图中长度以 m 计,荷载以 kN 计,反力值以 kN/m 计)

$$I_w = 2 \times \frac{1}{12} \times 0.30 \times 2.20^3 = 0.532\,4(\text{m}^4)$$

各层上、下柱的截面惯性矩:

$$I_{ui} = I_{li} = 3 \times \frac{1}{12} \times 0.50 \times 0.50^3 = 0.015\,6(\text{m}^4)$$

各层纵梁的截面惯性矩:

$$I_{bi} = 3 \times \frac{1}{12} \times 0.30 \times 0.50^3 = 0.009\,4(\text{m}^4)$$

各层上、下柱,纵梁的线刚度:

$$K_{ui} = K_{li} = \frac{0.015\,6}{2.8} = 0.005\,6$$

$$K_{bi} = \frac{0.009\,4}{6} = 0.001\,6$$

$$E_b = 3.0 \times 10^7(\text{kPa})$$

上部结构总折算刚度:

$$E_B I_B = 7 \times \left\{ 3.0 \times 10^7 \times 0.009\,4 \times \left[1 + \frac{0.005\,6 + 0.005\,6}{2 \times 0.001\,6 + 0.005\,6 + 0.005\,6} \times \left(\frac{48.0}{6}\right)^2 \right] \right\} +$$

$$\left\{ 3.0 \times 10^7 \times 0.009\,4 \times \left[1 + \frac{0.005\,6}{2 \times 0.001\,6 + 0.005\,6} \times \left(\frac{48.0}{6}\right)^2 \right] \right\} +$$

$$2.6 \times 10^7 \times 0.532\,4 = 125\,844\,800$$

(3)按实测基底反力系数法计算基底反力

由 $\dfrac{L}{B} = \dfrac{48.00}{12.5} = 3.84$,查《高层建筑箱形与筏形基础技术规范》(JGJ 6—2011)中附录 C 的基底反力系数。

由于要计算纵向反力分布,故横向反力系数取平均值,则各区段的反力系数为:

$$\overline{p}_1 = 0.936, \overline{p}_2 = 0.946, \overline{p}_3 = 0.972, \overline{p}_4 = 1.146$$

各区段的反力为：

$$p_1 = \overline{p}_1 \times \frac{48\ 480 + 18\ 000}{48.00} = 1\ 296.36(\text{kN/m})$$

$$p_2 = \overline{p}_2 \times \frac{48\ 480 + 18\ 000}{48.00} = 1\ 310.22(\text{kN/m})$$

$$p_3 = \overline{p}_3 \times \frac{48\ 480 + 18\ 000}{48.00} = 1\ 346.22(\text{kN/m})$$

$$p_4 = \overline{p}_4 \times \frac{48\ 480 + 18\ 000}{48.00} = 1\ 587.21(\text{kN/m})$$

箱形基础总重作为均布荷载，为计算方便，可在反力中将其均匀扣除：

$$p_1' = 1\ 296.36 - \frac{18\ 000}{48.00} = 921.36(\text{kN/m})$$

$$p_2' = 1\ 310.22 - \frac{18\ 000}{48.00} = 935.22(\text{kN/m})$$

$$p_3' = 1\ 346.22 - \frac{18\ 000}{48.00} = 971.22(\text{kN/m})$$

$$p_4' = 1\ 587.21 - \frac{18\ 000}{48.00} = 1\ 212.21(\text{kN/m})$$

计算弯矩用的反力值如图 3.60(c)所示。

(4)计算箱形基础跨中弯矩

按例图 3.60(c)计算跨中总弯矩 M：

$$\begin{aligned} M = &1\ 212.21 \times 6.00 \times 21.00 + 971.22 \times 6.00 \times 15.00 + 935.22 \times 6.00 \times 9.00 + \\ &921.36 \times 6.00 \times 3.00 - 3\ 030.0 \times 24.00 - 6\ 060.0 \times 18.00 - 6\ 060.0 \times \\ &12.00 - 6\ 060.0 \times 6.00 = 16\ 354(\text{kN} \cdot \text{m}) \end{aligned}$$

箱形基础承担的跨中整体弯矩：

$$M_g = M \frac{E_F I_F}{E_F I_F + E_B I_B} = 16\ 354 \times \frac{684\ 476\ 000}{684\ 476\ 000 + 125\ 844\ 800} = 13\ 814(\text{kN} \cdot \text{m})$$

3.7.5 箱形基础强度计算

1)顶板与底板

箱形基础顶板、底板厚度除根据荷载与跨度大小按正截面抗弯强度决定外，其斜截面抗剪强度应符合下式要求：

$$V_s \leqslant 0.7\beta_{hs} f_t (b - 2h_0) h_0 \tag{3.144}$$

式中　V_s——扣除底板自重后基底净反力产生的板支座边缘处的总剪力设计值，为板面荷载或
　　　　　　板底净反力与图 3.61 中阴线部分面积的乘积；

　　　f_t——混凝土轴心抗拉强度设计值；

　　　b——支座边缘处板的净宽；

　　　h_0——板的有效高度。

箱形基础底板应满足受冲切承载力的要求。当底板区格为矩形双向板时，底板的有效高度按下式计算(图 3.62)：

$$h_0 \geq \frac{(l_{n1} + l_{n2}) - \sqrt{(l_{n1} + l_{n2})^2 - \dfrac{4 p_n l_{n1} l_{n2}}{p_n + 0.7 \beta_{hp} f_t}}}{4} \tag{3.145}$$

式中　p_n——相应于荷载效应基本组合的扣除底板自重后的基底平均净反力设计值,地基反力系数参照《高层建筑箱形与筏形基础技术规范》(JGJ 6—2011)附录 C。

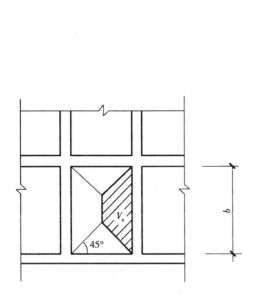

图 3.61　V_s 计算方法

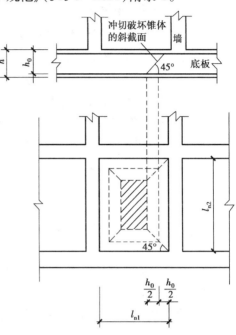

图 3.62　底板冲切强度计算的截面位置

2) 内墙、外墙强度验算

(1) 墙身斜截面受剪承载力计算

箱形基础的内、外墙,除与剪力墙连接的外,由柱根轴力传给各片墙的竖向剪力设计值,理论上应根据地基刚度、墙的刚度以及上部结构的刚度,按变形协调原则进行分配。

一种简化计算方法是:将箱形基础视作静定梁,按柱轴力和基底反力系数求得土反力,然后求出各支座截面左、右侧的总剪力,再按同一截面各道纵墙的墙厚和柱轴力之和的一半的比值,将各支座截面左、右侧的总剪力分配到各道纵墙上,扣除计算截面处横墙所承担的剪力后(按 45°线划分的底板反力),即为该道纵墙所承担的剪力。

这种计算方法虽然和整体弯矩计算配套,但存在支座反力不等于柱轴力以及各道纵墙之间分配关系不尽完善的问题,因此结果也是近似的,且实际操作略显烦琐。基底反力是土的性质、基础刚度以及上部结构刚度在基底接触面的反映。既然计算基底反力分布图时已经采用了基于实测的基底反力系数,那么一般情况下基底反力分布图已反映了地基、基础和上部结构共同作用以及地基的非线性变形的影响。因此,可直接将土反力系数确定的基底反力按 45°线划分到纵、横基础墙上,并假设柱子为不动支点,近似按连续梁计算基础墙上各点的剪力设计值。

具体计算时,纵墙的剪力可按以下方法计算。

箱形基础可以看作一根在外荷载和基底净反力作用下的静定梁,如图 3.63 所示。图 3.63 中,横线为纵墙,竖线为横墙,第 j 道横墙左侧总剪力 Q_j^L 分配到第 i 道纵墙的剪力 $\overline{Q_{ij}^L}$ 可按下式计算:

$$\overline{Q}_{ij}^L = \frac{Q_j^L}{2}\left(\frac{b_i}{\sum b_i} + \frac{N_{ij}}{\sum N_{ij}}\right) \tag{3.146}$$

式中　b_i——第 i 道纵墙的宽度；

　　　$\sum b_i$——纵墙宽度之和；

　　　N_{ij}——第 i 道纵墙在 j 支座处的轴向力；

　　　$\sum N_{ij}$——第 j 列柱轴向压力之和。

由于 $\overline{Q}_{ij}^L$ 包含了横墙在左侧和右侧承担的剪力，因此左墙截面实际承受的剪力 $\overline{Q}_{ij}^L$ 为：

$$Q_{ij}^L = \overline{Q}_{ij}^L - p_j(A_1 + A_2) \tag{3.147}$$

式中　p_j——计算区格的基底净反力；

　　　A_1,A_2——将基底净反力按 45°线分配后如图 3.64 所示的阴影面积。

横墙上下截面的剪力等于底板分配的面积与地基净反力的乘积，如图 3.64 所示。节点 (i,j) 上下截面剪力 Q_{ij}^u 和 Q_{ij}^d 分别为：

$$Q_{ij}^u = p_j(A_1 + A_1') \tag{3.148}$$

$$Q_{ij}^d = p_j(A_2 + A_2') \tag{3.149}$$

式中　A_1,A_2,A_1',A_2'——将基底净反力按 45°线分配后如图 3.64 所示的阴影面积，其中 A_1 和 A_2 与式(3.147)相同。

求得墙体受剪截面的剪力后，可根据《钢筋混凝土设计规范》(GB 50010—2010)进行斜截面受剪承载力验算。

对于承受水平荷载的内、外墙，在进行受弯计算时，将墙身视为顶、底板固定的多跨连续板，作用于外墙上的水平荷载包括土压力、水压力以及由于地面堆载引起的侧向压力。

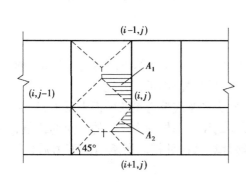

图 3.63　纵墙剪力计算简图

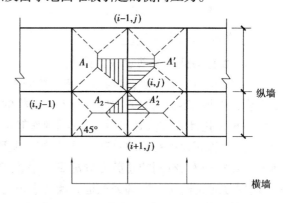

图 3.64　横墙截面与底面积的对应关系

(2)受水平荷载的墙身抗弯计算

墙身承受的水平荷载是指作用在外墙墙面上的土压力、水压力以及由室外地面均布荷载转换的当量侧压力。对用作人防地下室的箱形基础，还应根据人防规范的要求，考虑作用在外墙和楼梯间临空内墙墙面上的冲击荷载。外墙的受弯计算应根据工程的具体情况，按多跨连续板进行计算。当墙板的长短边的比值小于或等于 2 时，外墙可按连续双向板计算。计算时，墙身与顶、底板的连接可分别假定为铰接和固接。

3)墙体洞口过梁截面的设计

(1)洞口上、下过梁斜截面受剪承载力计算

单层箱基墙身洞口上、下过梁的受剪承载力应分别按下式计算：

$$V_1 \leq 0.25 f_c A_1 \tag{3.150}$$

$$V_2 \leq 0.25 f_c A_2 \tag{3.151}$$

$$V_1 = \mu V + \frac{q_1 l}{2} \tag{3.152}$$

$$V_2 = (1 - \mu) V + \frac{q_2 l}{2} \tag{3.153}$$

$$\mu = \frac{1}{2} \left(\frac{h_1}{h_1 + h_2} + \frac{h_1^3}{h_1^3 + h_2^3} \right) \tag{3.154}$$

式中　V_1, V_2——上、下过梁的剪力设计值;

V——洞口中点处的剪力设计值,按洞口所处的位置以及洞口两侧基础墙所承担的剪力来确定,kN;

q_1, q_2——作用在上、下过梁的均布荷载,对下过梁应扣除底板,kN/m²;

l——洞口的净宽,m;

A_1, A_2——上、下过梁的有效面积,可分别取图3.65(a)、(b)的阴影部分面积,并取其中较大值,m²;

μ——剪力分配系数。

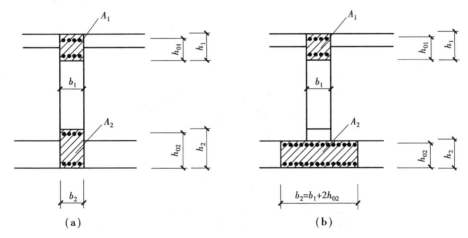

图3.65　洞口上、下过梁的有效截面积

多层箱形基础墙身洞口过梁的剪力设计值可参照上述公式进行计算。

(2)洞口上、下过梁的受弯计算

单层箱形基础墙身洞口过梁受弯计算时,作以下假设:

①在整体弯曲状态下,过梁的变形以剪切变形为主,并假定梁的反弯点在跨中。

②在局部荷载作用下,按两端固定梁计算。洞口上、下过梁截面的顶部和底部纵向钢筋分别按式(3.155)、式(3.156)求得的弯矩设计值进行配筋。

$$M_1 = \mu V \frac{l}{2} + \frac{q_1 l^2}{12} \tag{3.155}$$

$$M_2 = (1 - \mu) V \frac{l}{2} + \frac{q_2 l^2}{12} \tag{3.156}$$

式中　M_1, M_2——上、下过梁的弯矩设计值,kN·m。

4)箱形基础墙体的局部受压承载力计算

当箱形基础的混凝土强度等级低于底层柱时,应对柱下墙体的局部受压承载力进行验算。

验算时,局部受压的计算底面积,可根据局部受压面积与计算底面积同心、对称的原则确定。不能满足时,应适当扩大墙体的承压面积,如扩大柱角和墙体八字角之间的净距,或在柱下墙体内配置钢筋网,或采取提高墙体混凝土强度等级等有效措施。

习　题

3.1　如图 3.66 所示,某条形基础的抗弯刚度 $EI = 4.3 \times 10^6$ kN·m²,长度 $l = 17$ m,宽度 $b = 2.5$ m,基床系数 $k = 3.8 \times 10^3$ kN/m³。条形基础上作用集中荷载 $F_1 = F_4 = 1.2 \times 10^3$ kN,$F_2 = F_3 = 2 \times 10^3$ kN,以及集中力偶 $M_1 = -M_4 = 50$ kN·m。试计算基础的中点 C 处的挠度、弯矩和基底净反力。(答案:梁柔度特征值 $\lambda = 0.153$ m⁻¹;$M_a = M_b = 374.3$ kN·m,$V_a = -V_b = 719.1$ kN;$F_A = F_B = 2737.8$ kN,$M_A = -M_B = -9369.5$ kN·m;$\omega_c = 19 \times 2 = 38$ mm,$M_c = -1126.2$ kN·m,$p_c = k\omega_c = 3.8 \times 10^3 \times 38 \times 10^{-3} = 144.4$ kPa)

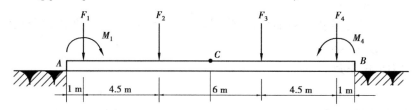

图 3.66　习题 3.1 图

3.2　图 3.67 中受集中荷载的钢筋混凝土条形基础的抗弯刚度 $EI = 2 \times 10^6$ kN·m²,梁长 $l = 10$ m,底面宽度 $b = 2$ m,基床系数 $k = 4199$ kN/m³,试计算基础中点 C 的挠度、弯矩和基底净反力。(答案:$\omega_C = 13.4$ mm,$M_C = 1232.6$ kN·m,$p_C = 56.3$ kPa)

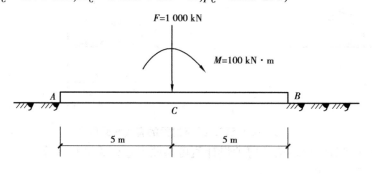

图 3.67　习题 3.2 图

3.3　图 3.68 中柱下条形基础,选取基础埋深为 1.5 m,修正后的地基承载力特征值为 126.5 kPa,柱荷载均为设计值。标准值可近似取为设计值的 0.74 倍。试确定基础底面尺寸,并用倒梁法计算基础梁的内力。(答案:$b = 2.3$ m,$M_1 = -455$ kN·m,$M_2 = -464$ kN·m,$M_A = 150$ kN·m,$M_B = M_C = 886$ kN·m)

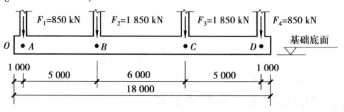

图 3.68　习题 3.3 图

3.4 某交叉条形基础如图 3.69 所示,已知节点竖向荷载 $F_1 = 1\ 300\ \text{kN}$, $F_2 = 2\ 000\ \text{kN}$, $F_3 = 2\ 200\ \text{kN}$, $F_4 = 1\ 500\ \text{kN}$, 地基基床系数 $k = 5\ 000\ \text{kN/m}^3$, 基础梁 L_1 和 L_2 的抗弯刚度分别为 $EI_1 = 7.40 \times 10^5\ \text{kN} \cdot \text{m}^2$、$EI_2 = 2.93 \times 10^5\ \text{kN} \cdot \text{m}^2$。试对各节点进行荷载分配。(答案:角柱节点 $F_{1x} = 875\ \text{kN}$, $F_{1y} = 425\ \text{kN}$;边柱节点 $F_{2x} = 1\ 569\ \text{kN}$, $F_{2y} = 431\ \text{kN}$, $F_{4x} = 762\ \text{kN}$, $F_{4y} = 738\ \text{kN}$; $F_{3x} = 1\ 422\ \text{kN}$, $F_{3y} = 778\ \text{kN}$)

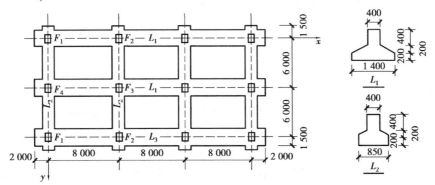

图 3.69 习题 3.4 图

3.5 筏形基础平面尺寸为 $16.5\ \text{m} \times 21\ \text{m}$, 厚 $0.8\ \text{m}$, 柱距和柱荷载如图 3.70 所示, 试计算基础内力。(答案:修正的基底平均净反力 $p_j = 38.768\ \text{kPa}$)

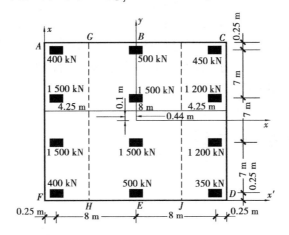

图 3.70 习题 3.5 图

第4章 桩基础与沉井基础

当建筑场地浅层地基土质不良,不能满足建筑物对地基承载力、变形和稳定性要求,也不宜采用地基处理等措施时,可以利用深部较为坚实的土层或岩层作为地基持力层,即采用深基础方案。深基础主要有桩基础、沉井基础、墩基础和地下连续墙等,其中以桩基础的形式最为悠久,其应用也十分广泛。近年来,随着生产力水平的提高和科学技术的发展,桩的形式和种类、施工器具、施工工艺以及桩基础设计理论方法等,都在高速发展。目前,我国桩基础的桩身混凝土强度可达 C80 以上,最大直径超过 5 m,最大入土长度已达 107 m。

《建筑桩基技术规范》(JGJ 94—2008)把桩基概念设计视为桩基设计的核心。桩基概念设计的内涵是指综合工程地质条件、上部结构类型、施工技术条件与环境等因素制订工程桩基设计的总体构思,包括桩型、成桩工艺、桩端持力层、桩径、桩长、单桩承载力、布桩、承台形式、是否设置后浇带等,它是施工图设计的基础。概念设计应在规范框架内,考虑桩、土、承台、上部结构相互作用对于承载力和变形的影响,既满足荷载与抗力的整体平衡,又兼顾荷载与抗力的局部平衡,以优化桩型和布桩为重点,力求减少变形差异,降低承台内力和上部结构的次应力,实现节约资源、增强可靠性和耐久性。

4.1 桩基础分类与选型

4.1.1 桩的类型

桩基中的桩可以是竖直或倾斜,工业与民用建筑大多以承受竖向荷载为主而多采用竖直桩。目前,桩主要从承载性状、成桩方法、桩身材料以及桩的直径等方面划分。

1)按桩身材料分类

(1)木桩

承重木桩的材料需要坚固耐久,常用松木、柏木、橡木和杉木等硬质木材,一般桩径为180~260 mm,桩长一般为4~10 m。木桩制作和运输方便、打桩设备简单。木桩曾经在历史上大规模应用,随着建筑业的发展,木桩因其长度小、不易接桩、承载力较低、易腐烂等缺点而受到很大限制。目前应用项目很少,只在少数临时或应急工程中采用。

(2)混凝土桩

混凝土桩是当代建筑中最常使用的一种桩,可分为素混凝土桩、钢筋混凝土桩以及预应力混凝土桩 3 种。

素混凝土桩仅由混凝土制作而成。由于混凝土的抗压强度较高而抗拉强度低,一般仅在桩承压条件下采用,不适于荷载条件复杂多变的情况,因此在桩基方面的应用很少。不过,近年来随着复合地基理论发展,素混凝土桩已广泛用作复合地基中的竖向增强体。另外,素混凝土桩也可以用于基坑工程中混凝土支护桩之间的咬合桩。

钢筋混凝土桩由混凝土与钢筋或钢丝制成,其桩体具有较高的抗压和抗拉强度,可适应于较复杂的荷载情况,因而其应用相当广泛。此类桩的长度主要受到设桩方法的限制,其截面形状可以是方形、圆形、管形、三角形等,也有T形、H形等异形;可以是实心或空心的。此类桩一般做成等截面,也有因土层性质变化而采用变截面桩体,如支盘桩等。

预应力钢筋混凝土桩,由于在预制过程中对桩体施加预应力,使得桩体在抗弯、抗拉及抗裂等方面比普通的钢筋混凝土桩有更大优越性,抗裂性能显著提升,尤其适用冲击与振动荷载情况,在海港、码头等工程中普遍使用,在工业与民用建筑工程中逐渐推广。

（3）钢桩

采用各种型钢制作,常用的有钢管桩、H型钢桩等。钢管桩常用截面为400～1 000 mm,壁厚为9,12,14,16,18 mm,桩端分敞口与闭口两种。工字型钢桩分带端板与不带端板两种。钢桩长度根据需要而定,可用对焊连接。钢桩的主要特点是:

①桩身抗压、抗弯强度高,自重轻,特别适用于桩身自由度大的高桩码头结构。

②贯入性能好,能穿越相当厚的土层,以及提供很高的竖向承载力。

③钢桩施工较方便,易于接长,工艺质量比较稳定,施工速度快。

④价格昂贵,目前只在特别重大工程中或特殊项目中应用。

⑤钢桩尚存在环境腐蚀等问题,在设计与施工中需特殊考虑。

2)按承载性状分类

按桩的承载性状分为摩擦型和端承型桩,如图4.1所示。

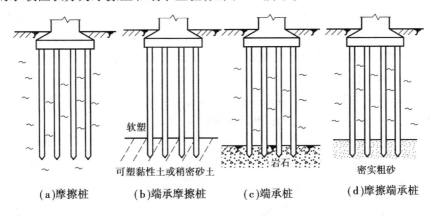

软塑

可塑黏性土或稍密砂土 岩石 密实粗砂

（a）摩擦桩　　（b）端承摩擦桩　　（c）端承桩　　（d）摩擦端承桩

图4.1 摩擦型桩和端承型桩

（1）摩擦型桩

①摩擦桩:在承载力极限状态下,桩顶竖向荷载全部或主要由桩侧阻力承受,桩端阻力小到可以忽略不计。下列桩可以视为摩擦桩:桩的长径比很大,桩顶极限荷载只通过桩身相对土的位移产生的桩侧阻力传给桩周土;桩端下无较坚实土层;桩端出现脱空的打入桩等。

②端承摩擦桩:在承载能力极限状态下,桩顶竖向荷载主要由桩侧阻力承受。这类桩一般置于较为坚实的土层,桩侧阻力分担比例大。桩的长径比较大时,桩端持力层是较为坚实的黏性土、粉土和砂土时,除了侧阻力外,还有一定的桩端阻力。这类桩在工程中所占的比例大。

（2）端承型桩

①端承桩:在承载能力极限状态下,桩顶竖向荷载由桩端阻力承受,桩侧阻力小到可以忽略不计。桩的长径比较小(一般小于10),桩端设置在密实砂类、碎石类土层中的桩以及位于中、

微风化及新鲜基岩中的嵌岩桩为端承桩。如果桩长径比很小,桩端设置在密实砂类、碎石类土层中或位于微风化及新鲜基岩中。

②摩擦端承桩:在承载能力极限状态下,桩顶竖向荷载主要由桩端阻力承受,桩侧阻力不可忽略。此类桩通常进入中密以上砂类、碎石类土层中或位于中、微风化及新鲜基岩顶面。

3)按施工方法分类

根据桩施工方法的不同,主要可分为预制桩和灌注桩两人类。

(1)预制桩

预制桩是桩体在工厂或施工现场预制好,然后运至工地,再经锤击、振动、静压或旋入等方式设置就位。沉桩方法分为锤击法、振动沉桩法、静压法等。

①锤击法。锤击法是利用桩锤下落时产生的冲击力,使桩产生冲击能,克服土体对桩的阻力,使桩体下沉,反复锤击桩头,桩身不断地沉入土中,直至最终标高。这种施工方式适用于桩径较小,地基土质为可塑黏性土、砂土、粉土、细砂及松散的不含大卵石或漂石的碎石类土。锤击时的振动和噪声较大,对周围环境影响较大。

②振动沉桩法。振动沉桩法是将大功率的振动打桩机安装在桩顶,一方面利用振动减小土对桩的阻力;另一方面用向下的振动力使桩沉入土中。振动下沉桩适用于可塑的黏性土和砂土,因对周围影响较大,目前已较少采用。

③静压法。静压法沉桩是借助桩架自重和配重通过压梁或压柱将整个桩架自重和配重以卷扬机或液压泵方式施加在桩顶或桩身上,桩在自重和静压力作用下逐渐被压入地基土中。静压法沉桩具有无噪声、无振动、无冲击力等优点,适用于均质软土地基。

沉桩深度一般应根据地质资料及结构设计要求估算。施工时,以最后贯入度和桩端设计标高控制。最后贯入度是指桩沉至某一标高时,每次锤击的沉入量,通常以最后每阵的平均贯入度表示。锤击法以 10 次锤击为一阵,振动法以 1 min 为一阵。最后贯入度根据地区或试桩经验确定,一般可取最后两阵的平均贯入度为 20 ~ 50 mm 为一阵。对于静压管桩,施工时以最终压值和桩端设计标高控制。

预制桩可以是木桩、钢桩或钢筋混凝土桩等,目前大量应用的是钢筋混凝土桩。其中,钢筋混凝土预制桩有方形、八边形、中空方形和圆形截面等,截面边长一般为 300 ~ 500 mm,如图 4.2 所示。中空型桩更适合摩擦桩,因为单位体积混凝土可提供更大的接触面。圆形中空桩基运用离心原理浇制而成,钢筋的作用是抵抗起吊和运输中产生的弯矩、竖向荷载和由水平荷载引起的弯矩。这类桩按预定的长度预制并养护,然后运往施工现场。

(a)方形 　　　(b)八边形 　　　(c)中空方形 　　　(d)中空圆形

图 4.2　混凝土预制桩形状

目前,工厂预制的桩限于运输和起吊能力不超过 12 m,现场制作的长度可大些,但限于桩架高度,一般在 25 ~ 30 m。桩长度不够时,需要在成桩过程中接长。

预制钢筋混凝土桩桩身质量易于保证和控制,承载力较高,能根据需要制成多种尺寸和形状。桩身混凝土密实,抗腐蚀能力强。桩身制作方便,成桩速度快,适于大面积施工。沉桩过程中的挤土效应可使松散土层承载力提高。

预制钢筋混凝土桩也有一些缺点,如由于运输、起吊、打桩,为避免损坏桩体需要配置较多钢筋,选用较高强度等级的混凝土,使得预制桩造价较高。打桩时,噪声大,对周围土层扰动大;不易穿透较厚的坚硬土层达到设计标高,往往需要通过射水或预钻孔等辅助措施来沉桩,还常因桩打不到设计标高而截桩,造成浪费;挤土效应有时会使地面隆起及道路、管线损坏,桩产生水平位移或挤断、相邻桩上浮等,因此需要合理确定沉桩顺序。

(2)灌注桩

灌注桩通过在工地现场机械钻孔、钢管挤入或人力挖掘在地基中形成桩孔,并在其中放置钢筋笼、灌注混凝土而成的桩。按照成孔方法不同,灌注桩常有以下3种类型。

①沉管灌注桩。沉管灌注桩是利用锤击打桩设备或振动沉桩设备,将带有钢筋混凝土的桩尖或带有活瓣式桩靴的钢套管沉入土中成孔,然后放入钢筋笼,并边浇筑混凝土边拔钢套管而形成的灌注桩,其施工顺序如图4.3所示。沉管灌注桩一般可分为单打、复打(浇灌混凝土并拔管后,立即在原位再次沉入及浇灌混凝土)和反插法(灌满混凝土后,先振动后再拔管,一般拔0.5~1.0 m,再反插0.3~0.5 m)3种。复打后的桩横截面积增大,承载力提高,但其造价也相应提高。

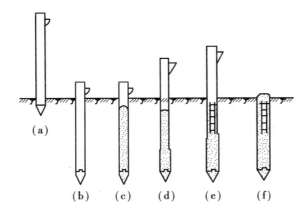

图4.3 沉管灌注桩施工顺序示意图

②钻(冲)孔灌注桩。钻(冲)孔灌注桩是指用钻机钻土成孔,然后消除孔底残渣,安放钢筋笼,最后浇筑混凝土而成桩。有的钻机成孔后,可撑开钻头的扩孔刀刃使之旋转切土扩大桩孔,浇灌混凝土后在底端形成扩大桩端,但扩底直径不宜大于3倍桩身直径。钻(冲)孔桩在桩径选择上比较灵活,常用桩径为800 mm、1 000 mm、1 300 mm等,其最大优点是入土深,几乎适用于任何复杂土层。尤其是可以穿透地基中的坚硬夹层进入岩层,刚度大,承载力高,桩身变形小,并可方便地进行水下施工。

③挖孔灌注桩。挖孔灌注桩是指采用人工或机械挖掘孔而成孔,逐段边开挖边支护,达到所需深度后再进行扩孔、安装钢筋笼及浇灌混凝土而成的桩。挖孔桩一般内径应大于800 mm,开挖直径大于1 000 mm,护壁厚度大于100 mm,分节支护,每节高500~1 000 mm,可用混凝土浇筑或砖砌筑,桩身长度宜限制在40 m以内。

挖孔的优点是:可直接观察桩土层情况,孔底易清除干净,设备简单,噪声小,场区各桩可同时施工,桩径大,适应性强,又较经济。但挖孔施工时,由于工人下到桩孔中的操作,可能遇到流砂、塌孔、有害气体、缺氧、触电和地面掉下重物等危险而造成伤亡事故,因此要严格执行有关安全生产规定。

4）按成桩对地基土的影响分类

桩的成桩方法（打入或钻孔成桩等）不同，桩周土所受到的扰动和排挤程度也很不相同。排挤作用会引起桩周土天然结构、应力状态和性质变化，从而影响土的性质和桩的承载力。桩按成桩工艺可分为3类。

（1）非挤土桩

非挤土桩主要采用钻孔、挖孔等方式将与桩体积相同的土体排出，对周围土体基本没有扰动。但废泥浆、弃土等可能会对环境造成影响。主要包括干作业法钻（挖）孔灌注桩、泥浆护壁法钻（挖）孔灌注桩、套管护壁法钻（挖）孔灌注桩。

（2）部分挤土桩

部分挤土桩在成桩过程中，引起部分挤土效应，使桩周土受到一定程度的扰动。主要包括长螺旋压灌灌注桩、冲孔灌注桩、钻孔挤扩灌注桩、搅拌劲芯桩、预钻孔打入（静压）预制桩、打入（静压）式敞口钢管桩、敞口预应力混凝土空心桩和H型钢桩。

（3）挤土桩

挤土桩是在成桩过程中造成大量挤土，且施工时常使地面隆起和土体侧移，常伴有噪声，对周围土体性质和环境影响较大的桩。主要包括沉管灌注桩、沉管夯筑灌注桩、打入（静压）预制桩、闭口预应力混凝土空心桩和闭口钢管桩等。

成桩过程的挤土效应在饱和黏性土中是负面的，会引发灌注桩断桩、缩颈等质量事故。对于挤土预制混凝土桩和钢桩会导致桩体上浮，降低承载力，增大沉降；挤土效应还会造成周边房屋、市政设施受损。在松散和非饱和填土中则是正面的，会起到加密、提高承载力的作用。

5）按桩的使用功能分类

按桩的使用功能，可分为竖向抗压桩（抗压桩）、竖向抗拔桩（抗拔桩）、水平受荷桩（主要承受水平荷载）和复合受荷桩（竖向、水平荷载较大）。

（1）竖向抗压桩

竖向抗压桩为主要承受压力荷载的桩，通过桩与土的接触面将轴向力传给桩周和桩端土体，根据土体提供给桩侧表面的摩阻力与桩端的端阻力来承载。建筑物的桩基主要为此类桩，应进行竖向承载力计算。必要时，还需计算桩基沉降，验算软弱下卧层的承载力以及负摩阻力产生的下拉荷载。

（2）侧向受荷桩

港口码头工程中的桩、基坑工程中的桩等，都主要承受作用在桩上的侧向荷载。

（3）竖向抗拔桩

竖向抗拔桩为主要承受上拔荷载的桩，其抗拔力主要由土对桩向下的侧摩阻力提供。抗拔桩在输电线塔、码头结构物、地下抗浮结构中有较多应用，应进行桩身强度和抗裂计算以及抗拔承载力验算。

（4）复合受荷桩

复合受荷桩为承受竖向、水平荷载均较大的桩，应按竖向抗压（或抗拔）桩及水平受荷桩的要求进行验算。在桥梁工程中，桩除了要承担较大的竖向荷载外，往往由于波浪、风、地震、船舶的撞击力以及车辆荷载的制动力等使桩承受较大的侧向荷载，从而导致桩的受力条件更为复杂。尤其是大跨径桥梁更是如此，这一类桩基就是典型的复合受荷桩。

6）按桩径大小分类

按桩径大小，基桩可分为3类：小直径桩（$d \leqslant 250$ mm）、中等直径桩（250 mm $< d <$

800 mm)、大直径桩($d \geqslant 800$ mm)。

小直径桩的施工机械、施工现场及施工方法比较简单,在基础托换、支护结构、地基处理等工程中得到广泛应用。

中等直径桩大量应用于工业与民用建筑的基础,成桩方法和工艺很多。

大直径桩多为钻、冲、挖孔灌注桩,还有大直径钢管桩等,通常用于高重型结构物基础,单桩承载力高,可实现柱下单桩形式,多为端承型桩。

桩径大小影响桩的承载力性状。大直径(挖、钻)孔桩成孔过程中,孔壁的松弛变形导致桩侧阻力降低的效应随桩径增大而增大,桩端阻力则随直径增大而减小。这种尺寸效应与土的性质有关,黏性土、粉土与砂土、碎石土相比,尺寸效应相对减弱。

4.1.2 高层建筑桩基的常见形式

桩基础的结构形式主要取决于上部结构的形式与布置、地质条件和桩型等方面。由于高层建筑结构体系多种多样,地基条件千变万化,桩基施工技术不断进步,从而使得高层建筑桩基础的形式也灵活多样。归纳起来,高层建筑桩基常见形式主要有:桩柱基础、桩梁基础、桩墙基础、桩筏基础和桩箱基础。

(1)桩柱基础

桩柱基础即柱下独立桩基础,可采用一柱一桩或一柱数桩基础。采用桩柱基础时,通常要在各个桩柱基础之间设置拉梁,或将地下室底板适当加强,其目的是加强基础结构的整体性,特别是提高桩基抵御水平荷载的能力。桩柱基础可应用于框架结构或框剪、框支剪、框筒等结构,且造价较低,但它的适用条件比较严格。

单桩柱基一般只适用于端承桩。因为各个基础之间只有拉梁相连,几乎没有调整差异沉降的能力,而框架结构又对差异沉降很敏感。例如,深圳蛇口金融中心,框架结构,21层,高76.6 m,由12根大柱和10根小柱支承在22根人工挖孔桩基础上,桩径为1 200~2 800 mm,桩端嵌入硬质基岩风化层,十分稳固。

(2)桩梁基础

桩梁基础是指框架柱荷载通过基础梁(或承台梁)传递给桩的桩基础。此时,沿柱网轴线布置一排或多排桩,桩梁基础具有较高的整体刚度和稳定性,且在一定程度上具有调整不均匀沉降的能力。

桩梁基础一般只适用于端承型桩的情况。这主要考虑了端承型桩承载力高,桩数可以较少,承台梁不必过宽,否则就失去了经济性;若用摩擦型桩,为了调整不均匀沉降则需要加大基础梁断面,不经济。

(3)桩墙基础

桩墙基础是指剪力墙或实腹筒壁下的单排或多排桩基础。剪力墙可视为深梁,因其巨大的刚度足以把荷载较均匀地传给各支承桩,故无须再设置基础梁;但因剪力墙厚度较小(一般为200~800 mm),筒壁厚度也不大(一般为500~1 000 mm),而桩径一般大于墙的厚度。为保证与墙体或筒体很好地共同工作,通常需在桩顶做一条形承台,其尺寸按构造要求设计。

桩墙基础也常用于筒体结构。一般做法是沿筒壁轴线布桩,桩顶不设承台梁,而是通过整块筏板与筒壁相连;或在桩顶之间设拉梁,并与地下室顶板及筒壁浇成整体。

(4)桩筏基础

当受地质条件限制,单桩承载力不是很高,必须满堂布桩或局部满堂布桩才足以支承建筑荷载时,常在其上设置整块钢筋混凝土筏板,以便把柱、墙(筒)荷载分配给各桩,这种桩基础称为桩筏基础。

桩筏基础主要适用于软土地基上的筒体结构、框剪结构和剪力墙结构。因为这些结构的高层建筑刚度巨大,可弥补基础刚度的不足。另外,若为端承桩基,也可用于框架结构。例如,天津凯悦饭店,20 层,高 71.8 m,框架-剪力墙结构,采用钢筋混凝土预制方桩 350 mm × 350 mm,长 21 m,支承于 26 m 深处的粉质黏土中,单桩允许承载力 882.5 kN,满堂布桩,框架柱和剪力墙均往下延伸到底板,地下室不设内隔墙,底板厚 2 000 mm。

(5)桩箱基础

桩箱基础体是由底、顶板、外墙和若干纵、横墙构成的箱形结构把上部荷载传递给桩的基础形式。由于其刚度很大,具有调整各桩受力和沉降的良好性能,因此在软弱地基上建造高层建筑较多采用桩箱基础。它适用于包括框架在内的任何结构形式。采用桩箱基础的框剪结构高层建筑的高度可达 100 m 以上。可以说,桩箱基础是一种适合于任何地基的"万能式桩基"。但其造价高昂,在以上介绍的桩基础形式中可以说是最贵的,因此必须在全面技术经济分析的基础上作出选择。

4.2 单桩的工作原理

4.2.1 单桩轴向荷载传递机理

了解单桩和群桩在竖向荷载作用下的受力性状特性,是进行桩基研究、设计及复杂问题处理的基础。虽然桩基在不同地质条件下有各种桩型、各种规格及多种施工方式,其受力性状也各不相同,但有一点是相同的,都是基于在桩顶作用的竖向荷载,经桩身通过桩侧土与桩端土向下传递荷载,通过研究桩身应力和位移的变化规律来反映桩的承载力和变形性状。

在轴向荷载作用下,桩身将发生弹性压缩,同时桩顶部分荷载通过桩身传递到桩底,致使桩底土层发生压缩变形,这两者之和构成桩顶轴向位移。桩与桩周土紧密接触,当桩相对于土向下位移时,土对桩产生向上作用的桩侧摩阻力。在桩顶荷载沿桩身向下传递过程中,必须不断克服这种阻力,故桩身截面轴向力随深度增加逐渐减小,传至桩底截面的轴向力为桩顶荷载减去全部桩侧阻力,并与桩底支承反力(即桩端阻力)大小相等、方向相反。桩通过桩侧阻力和桩端阻力将荷载传递给土体。或者说,土对桩的支承力由桩侧阻力和桩端阻力两部分组成。

如图 4.4 所示,竖向单桩在桩顶轴向力 $N_0 = Q$ 的作用下,桩身任一深度 z 处横截面上所引起的轴力 N_z 将使该截面向下位移 δ_z,桩端下沉 δ_1,导致桩身侧面与桩周土之间相对滑移,其大小制约着土对桩侧向上作用的摩阻力 τ_z 的发挥程度。由深度 z 处,周长为 u_p 的微桩段上 dz 上力的平衡条件:

$$N_z - \tau_z \cdot u_p \cdot dz - (N_z + dN_z) = 0 \qquad (4.1)$$

可得桩侧摩阻力 τ_z 与桩身轴力 N_z 的关系为:

$$\tau_z = -\frac{1}{u_p} \cdot \frac{dN_z}{dz} \qquad (4.2)$$

式中 τ_z——桩侧单位面积上的荷载传递量。

由于桩顶轴力 Q 沿桩身向下通过桩侧摩阻力逐步传给桩周土,因此轴力 N_z 随深度递减。桩底的轴力 N_1 即为桩端阻力 $Q_p = N_1$,而桩侧总阻力 $Q_s = Q - Q_p$。

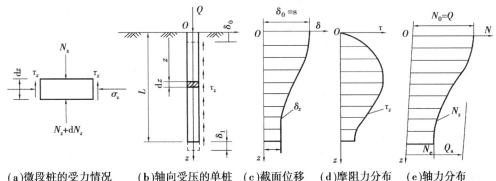

(a)微段桩的受力情况　(b)轴向受压的单桩　(c)截面位移　(d)摩阻力分布　(e)轴力分布

图4.4　桩身荷载传递示意图

根据微段桩 dz 的桩身压缩变形 δ_z 与桩身轴力 N_z 之间的关系 $d\delta_z = -N_z \dfrac{dz}{A_p E_p}$，可得到：

$$N_z = -A_p E_p \frac{d\delta_z}{dz} \qquad (4.3a)$$

式中　A_p, E_p——桩身横截面面积和弹性模量。

将式(4.3a)代入式(4.2)有：

$$\tau_z = \frac{A_p E_p}{u_p} \cdot \frac{d^2 \delta_z}{dz^2} \qquad (4.3b)$$

式(4.2)为单桩轴向荷载传递的基本微分方程。它表明桩侧阻力 τ 是桩截面对桩周土相对位移 δ 的函数，其大小制约着土对桩侧表面向上作用的正摩阻力 τ 的发挥程度。

由图4.4可知，任一深度 z 处的桩身轴力 N_z 应为桩顶荷载 $N_0 = Q$ 与 z 深度范围内桩侧总阻力之差：

$$N_z = Q - \int_0^z u_p \, \tau_z dz \qquad (4.3c)$$

由于桩身截面位移 δ_z 应为桩顶位移 $\delta_0 = s$ 与深度范围内的桩身压缩量之差，所以：

$$\delta_z = s - \frac{1}{A_p E_p} \int_0^z N_z \cdot dz \qquad (4.3d)$$

若取 $z = l$，则式(4.3d)变为桩端位移(即桩的刚体位移)表达式。

4.2.2　桩侧摩阻力和桩端阻力

从式(4.3b)中可以看出，桩侧摩阻力 τ 是桩截面对桩周土相对位移 δ 的函数。其极限值 τ_u 可用类似于土的抗剪强度的库仑公式表达：

$$\tau_u = c_a + \sigma_x \tan \varphi_a \qquad (4.4)$$

式(4.4)中，c_a 和 φ_a 为侧表面与土之间的附着力和摩擦角，σ_x 为深度 z 处作用于桩侧表面的法向压力，它与桩侧土的竖向有效应力 σ'_v 成正比，即

$$\sigma_x = K_s \sigma'_v \qquad (4.5)$$

式(4.5)中，K_s 为桩侧土的侧压力系数，对挤土桩 $K_0 < K_s < K_p$；对非挤土桩，因桩孔中土被清除而使 $K_a < K_s < K_0$。其中，K_a, K_0, K_p 分别为主动、静止和被动土压力系数。

由此可见，桩的侧阻随深度呈线性增大。但砂土中模型桩试验表明，当桩入土深度达到某一临界值后，侧阻就不再随深度增加，该现象称为侧阻的深度效应。维西克认为，桩周竖向有效

应力 σ_i' 不一定等于覆盖应力,其线性增加到临界深度 z_c 时达到某一限值,其原因就是土的"拱作用"。

综上所述,桩侧极限摩阻力与所在深度、土的类别和性质、成桩方法等多种因素有关。而桩侧阻力 τ_u 达到所需的桩土相对滑移极限值。δ_u 基本上只与土的类别有关,根据实验资料,一般黏性土为 4~6 mm,砂土为 6~10 mm。

随着桩顶荷载的逐级增加,桩截面的轴力、位移和桩侧摩阻力不断变化。起初 Q 值较小,桩身截面位移主要发生在桩身上段,Q 主要由上段桩侧阻力承担。当 Q 增大到一定数值时,桩端产生位移,桩端阻力开始发挥,直到桩底持力层发生破坏,无力支承更大的桩顶荷载,即桩处于承载力极限状态。

桩端阻力的发挥不仅滞后于桩侧阻力,而且其充分发挥所需的桩底位移值比桩侧摩阻力到达极限所需的桩身截面位移值大得多。根据小型桩实验结果,砂类土的桩底极限位移值为 $(0.08~0.1)d$,一般黏性土为 $0.25d$,硬黏土为 $0.1d$。因此,在工作状态下,单桩桩端阻力的安全储备一般大于桩侧阻力的安全储备。

模型和原型桩试验研究均表明,与侧阻的深度效应类似。当桩端入土深度小于某一临界深度时,极限端阻随深度线性增加,而大于该深度后则保持恒值不变。

此外,桩长也对荷载的传递有着重要影响。当桩长较大(如 $l/d>25$)时,因桩身压缩变形大,桩身反力尚未发挥,桩顶位移实际已经超过实用所要求的范围,此时传递到桩端的荷载极为微小。因此,很长的桩实际上总是摩擦桩,用扩大桩端直径来提高承载力是徒劳的。

4.3 桩的负摩阻力

4.3.1 桩侧负摩阻力的定义和形成

桩土之间的相对位移决定了桩侧摩阻力的方向。当桩周土层相对于桩侧向下位移时,桩侧摩阻力方向向下,称为负摩阻力。

桩的负摩阻力发生将使桩侧土的部分重力传给桩。因此,负摩阻力不但不能成为桩承载力的一部分,反而变成施加在桩上的外荷载。外荷载加大,桩的承载力相对降低,桩基沉降加大,这在确定桩的承载力和桩基设计中应予以注意。

桩负摩阻力产生的原因有:
①在桩附近地面大量堆载,引起地面沉降。
②土层中抽取地下水或其他原因,地下水位降低,使土层产生自重固结下沉。
③桩穿过欠压密土层(如填土)进入硬持力层,土层产生自重固结下沉。
④桩数很多的密集群桩打桩时,使桩周土中产生很大的超孔隙水压力,打桩停止后桩周土的再固结作用引起下沉。
⑤在黄土、冻土中的桩,因黄土湿陷、冻土融化产生地面下沉。

上述情况下,土的自重和地面上的荷载都将通过负摩阻力传递给桩。由此可见,桩的负摩阻力问题必定与地基内软弱土或湿陷性土的存在有关。这种土层越厚,负摩阻力影响越大。

桩表面负摩阻力的主要影响后果是,增加桩内轴向荷载,从而使桩轴向压缩,并在摩擦桩情况下也可能引起桩的沉降有较大的增加。群桩承台下,填土沉降可使承台底部和土之间形成脱空的间隙。这样就把承台全部的重力及其上荷载加到了桩上,并可以改变承台内的弯矩和其他应力情况。

4.3.2 中性点

桩身负摩阻力并不一定发生于整个压缩土层中,而是在桩周土相对于桩产生下沉的范围内。假设地面土沉降量为 S_e、桩尖下沉量为 S_p、桩身材料压缩量 S_s。当 $S_e = S_p + S_s$ 时,二者没有相对位移,也就没有摩擦力作用,这个点称为中性点。中性点以上,土的下沉量大于桩身的向下位移量,为负摩擦区;中性点以下,土的沉降量小于桩身各点的向下位移量,为正摩擦区。在该断面桩土位移相等、摩阻力为 0、桩身轴力最大。如图 4.5 所示,在计算中自桩顶算起的中性点深度 l_n 和桩周软弱土层下限深度 l_0 成一定的比例关系,在黏性土、粉土中为 0.5 ~ 0.6,中密以上砂为 0.7 ~ 0.8,砂石、卵石为 0.9,基岩为 1。

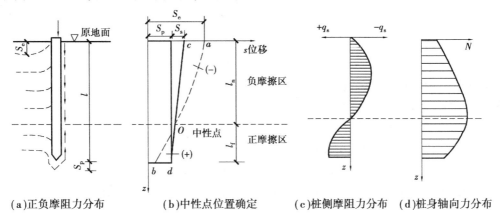

(a)正负摩阻力分布　　(b)中性点位置确定　　(c)桩侧摩阻力分布　　(d)桩身轴向力分布

图 4.5　桩的负摩阻力分布和中性点

4.3.3 负摩阻力的计算

要精确计算负摩阻力十分困难,国内外大都采用近似的经验公式估算。根据实测结果分析,认为采用有效应力法比较符合实际。《建筑桩基技术规范》(JGJ 94—2008)规定,桩侧负摩阻力及其引起的下拉荷载,当无实测资料时可按下列规定计算。

①中性点以上单桩桩周第 i 层土负摩阻力标准值,可按下列公式计算:

$$q_{si}^n = \xi_{ni}\sigma_i' \tag{4.6}$$

当填土、自重湿陷性黄土湿陷、欠固结土产生固结或地下水降低时:

$$\sigma_i' = p + \sigma_{\gamma i}' \tag{4.7}$$

当地面分布大面积荷载时:

$$\sigma_{\gamma i}' = \sum_{e=1}^{i-1} \gamma_e \Delta z_e + \frac{1}{2}\gamma_i \Delta z_i \tag{4.8}$$

式中　q_{si}^n——第 i 层土桩侧负摩阻力标准值,当按公式计算负摩阻力标准值时,计算值大于正摩阻力标准值,取正摩阻力标准值设计;

　　　ξ_{ni}——桩周第 i 层土负摩阻力系数,按表 4.1 取值;

　　　$\sigma_{\gamma i}'$——由土自重引起的桩周第 i 层土平均竖向有效应力,桩群外围桩自地面算起,桩群内部桩自承台底算起;

γ_i,γ_e——桩周第 i 层计算土层和其上第 e 土层的重度,地下水位以下取浮重度,kN/m³;

Δz_i,Δz_e——第 i 层土和第 e 层土厚度,m;

p——地面均布荷载,kPa。

表 4.1 负摩阻力系数 ξ_n

桩周土类	饱和软土	黏性土、粉土	砂土	自重失陷性黄土
ξ_n	0.15 ~ 0.25	0.25 ~ 0.40	0.35 ~ 0.50	0.20 ~ 0.35

注:①在同一类土中,对于挤土桩取表中较大值;对于非挤土桩,取表中较小值。

②填土按其组成取表中同类土的较大值。

②考虑群桩效应基桩下拉荷载可按下式计算:

$$Q_g^n = \eta_n u \sum_{i=1}^{n} q_{si}^n l_i \tag{4.9}$$

$$\eta_n = s_{ax} s_{ay} / \left[\pi d \left(\frac{q_s^n}{\gamma_m} + \frac{d}{4} \right) \right] \tag{4.10}$$

式中　n——中性点以上土层数;

l_i——中性点以上第 i 层土的厚度,m;

η_n——负摩阻力群桩效应系数,$\eta > 1$ 时,取 1;

s_{ax},s_{ay}——纵、横向桩的中心距,m;

q_s^n——中性点以上桩周土层厚度加权平均负摩阻力标准值,kPa;

γ_m——中性点以上桩周土层厚度加权平均土重(地下水位以下取浮重度),kN/m³;

d——桩直径。

4.3.4　减轻负摩阻力的措施

在桩基础设计中,遇到负摩阻力的情况时一定要慎重处理,下面介绍几种处理负摩阻力的方法。

①当桩穿过较薄欠固结的软黏土、新填黏性土或砂性土层及松砂时,可使桩端支承在岩层上或坚硬岩层上,并用增大桩断面的方法来承受负摩阻力,此法为端承法。承载力可靠,但消耗材料多,造价高。

②当桩穿过较厚的欠固结软黏土、新填黏性土层,可采用增加桩数,利用群桩效应,使桩的负摩阻力降低,此法为群桩法。

③当桩穿过较厚的欠固结软黏土,新填黏性土层或砂性土层及松砂时,可先将套管打入土中,再在套管内下钢筋笼浇筑混凝土成型,类似沉管灌注桩,但不往外拔套管,或先将套管打入土中再把预制桩插入管内,利用套管来承受负摩阻力。此法称为套管法。

当然减轻负摩阻力的方法还有很多,请读者自行翻阅有关资料。

【例 4.1】　某桩为钻孔灌注桩,桩径 $d = 850$ mm,桩长 $l = 22$ m,如图 4.6 所示。由于大面积堆载引起负摩阻力,试计算下拉荷载标准值(已知中性点 $l_n/l_0 = 0.8$,淤泥质土负摩阻力系数 $\xi_n = 0.2$,负摩阻力群桩效应系数 $\eta_n = 1.0$)。

【解】　①已知 $l_n/l_0 = 0.8$,其中 $l_0 = 15$ m,中性点深度 $l_n = 12$ m。

②中性点以上单桩桩周第 i 层土负摩阻力标准值 q_{si}^n 为:

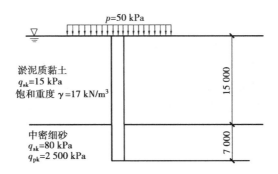

图4.6 例4.1图

$$\sigma'_{\gamma i} = \sum_{e=1}^{i-1} \gamma_e \Delta z_e + \frac{1}{2} \gamma_i \Delta z_i = 0 + \frac{1}{2} \times (17 - 10) \times 12 = 42(\text{kPa})$$

$$\sigma'_i = p + \sigma'_{\gamma i} = 50 + 42 = 92(\text{kPa})$$

$q_{si}^n = \xi_{ni} \sigma'_i = 0.2 \times 92 = 18.4 \text{ kPa} > q_{sk} = 15 \text{ kPa}$，故 q_{si}^n 取 15 kPa。

③基桩下拉荷载 $Q_g^n = \eta_n u \sum_{i=1}^n q_{si}^n l_i = 1.0 \times 0.85 \times 3.14 \times 15 \times 12 = 480.4(\text{kN})$。

4.3.5 单桩的破坏模式

单桩在竖向荷载作用下,其破坏模式主要有 3 种:屈曲破坏、整体剪切破坏、刺入破坏。其破坏模式主要取决于桩周土的抗剪强度、桩端支承情况、桩的类型等条件。

1)屈曲破坏

当桩底支承在坚硬的土层或岩层上,桩周土层极为软弱,桩身无约束或侧向抵抗力。桩在轴向荷载作用下,如细长压杆出现挠曲破坏,荷载沉降关系曲线为"急剧破坏"的陡降型。其沉降量很小,具有明确的破坏荷载。桩的承载力取决于桩身的材料强度,如穿越深厚淤泥质土层中的小直径端承桩或嵌岩桩,长的木桩多属于此破坏[图4.7(a)]。

2)整体剪切破坏

当具有足够的强度的桩穿过抗剪强度较低的土层达到强度较高的土层,且桩的长度不大时,桩在竖向荷载作用下,桩端压力超过持力层极限承载力,桩端土中将形成完整的剪切滑动面而出现整体剪切破坏。Q-S 曲线为陡降型,呈现明显的破坏荷载。桩的承载能力主要取决于桩端土的支承力。一般打入式短桩、钻孔短桩均属于此种破坏[图4.7(b)]。

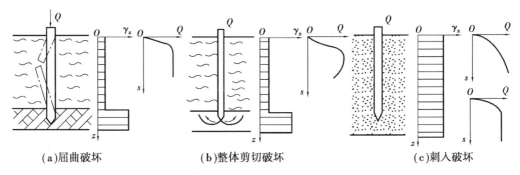

(a)屈曲破坏   (b)整体剪切破坏   (c)刺入破坏

图4.7 桩的破坏模式

3) 刺入破坏

当桩的入土深度较大或桩周土层抗剪强度较为均匀时,桩在竖向荷载作用下将出现刺入破坏。此时,桩顶荷载主要由桩侧摩阻力承受,桩端阻力极微,桩的沉降量较大。一般当桩周土较软弱时,Q-S 曲线为"渐进破坏"的缓变形,无明显拐点,极限荷载难以判断,桩的承载力主要由上部结构所能承受的极限沉降量确定;当桩周土的抗剪强度较高时,Q-S 曲线可能为陡降型,有明显拐点,桩的承载力主要取决于桩周土强度。一般情况下的钻孔灌注桩多属于此种情况[图 4.7(c)]。

4.4 单桩竖向承载力

4.4.1 单桩竖向极限承载力

作用于桩顶的竖向荷载主要由桩侧和桩端土体承担。单桩在竖向荷载作用下,达到破坏状态前或出现不适用于继续承载的变形时所对应的最大荷载,称为单桩竖向极限承载力。为满足上部结构的正常使用,显然单桩竖向极限承载力不能直接用于设计中,必须有一定的安全保证。为此,《建筑桩基技术规范》(JGJ 94—2008)规定,设计时单桩竖向承载力应采用正常使用极限状态下的单桩承载力特征值,即单桩竖向极限承载标准值除以安全系数后的承载力值。

单桩竖向承载力特征值 R_a 用公式表达如下:

$$R_a = \frac{1}{K}Q_{uk} \tag{4.11}$$

式中　Q_{uk}——单桩竖向承载力标准值,kN;

　　　K——安全系数,取 $K = 2$。

在进行桩基设计时,以此作为确定桩数和布桩的依据。

4.4.2 单桩竖向极限承载力标准值的确定

由单桩的破坏模式可知,单桩竖向极限承载力取决于桩本身的材料强度和地基土对桩的支承能力。一般情况下,桩的承载力由土的支承能力所控制,桩材料强度往往不能充分发挥。只有对端承桩、超长桩以及桩身质量有缺陷的桩,桩身材料强度才起控制作用。此外,当桩的入土深度较大、桩周土质软弱、桩端沉降量较大,对高层建筑或对沉降有特殊要求时,还应按上部结构对沉降的要求来确定单桩竖向承载力。

《建筑桩基技术规范》(JGJ 94—2008)指出,单桩竖向极限承载力标准值应符合下列规定:

①设计等级为甲级的建筑桩基,应通过单桩静载试验确定。

②设计等级为乙级的建筑桩基,当地质条件简单时,可参照地质条件相同的试桩资料,结合静力触探等原位测试和经验参数综合确定;其余均应通过单桩静载试验确定。

③设计等级为丙级的建筑桩基,可根据原位测试和经验参数确定。

上述规定明确了静载试验是确定单桩竖向承载力的基本标准,其他方法是静载试验的补充。现将《建筑桩基技术规范》(JGJ 94—2008)中的单桩承载力标准值的确定方法予以介绍。

1) 按材料强度确定

按材料强度确定单桩承载力时,可将桩视为轴心受压构杆件。按《建筑桩基技术规范》

（JGJ 94—2008），桩顶以下 $5d$ 范围内的桩身螺旋式箍筋间距不大于 100 mm，且符合《建筑桩基技术规范》（JGJ 94—2008）4.1.1 条规定时：

$$N \leqslant \psi_{\mathrm{c}} f_{\mathrm{c}} A_{\mathrm{ps}} + 0.9 f'_{\mathrm{y}} A'_{\mathrm{s}} \qquad (4.12\mathrm{a})$$

当桩身配筋不符合上述规定时：

$$N \leqslant \psi_{\mathrm{c}} f_{\mathrm{c}} A_{\mathrm{ps}} \qquad (4.12\mathrm{b})$$

式中　N——荷载效应基本组合下的桩顶轴向压力设计值，kN；

　　　ψ_{c}——基桩成桩工艺系数，混凝土预制桩、预应力空心桩，取 0.85；泥浆护壁和套管护壁非挤土灌注桩、部分挤土灌注桩、挤土灌注桩，取 $0.7 \sim 0.8$；软土地区挤土灌注桩，取 0.6，干作业非挤土灌注桩，取 0.9；

　　　f_{c}——混凝土轴心抗压强度设计值，kPa；

　　　f'_{y}——纵向主筋的抗压强度设计值，kPa；

　　　A_{ps}——桩身的横截面积，m^2；

　　　A'_{s}——纵向主筋横截面积，m^2。

【例 4.2】　承重柱下采用干作业钻孔桩独立基础，其桩长、桩径、承台尺寸及工程地质情况如图 4.8 所示。建筑桩基安全等级为一级。桩和混凝土强度等级为 C20。桩基承台和承台土上自重设计值 $G = 520$ kN。要求按《建筑桩基技术规范》（JGJ 94—2008）进行计算，当桩身采用构造配筋时，按桩身强度确定的桩顶轴向压力设计值 N。

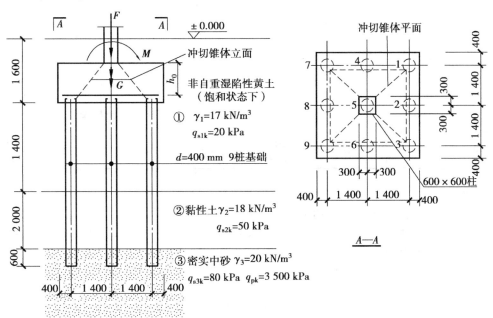

图 4.8　例 4.2 图

【解】　根据《建筑桩基技术规范》（JGJ 94—2008）5.8.2-2 条规定：

$$N \leqslant \psi_{\mathrm{c}} f_{\mathrm{c}} A_{\mathrm{ps}} = 0.9 \times 9.6 \times 10^{-3} \times \frac{\pi \times 400^2}{4} = 1\,085 (\mathrm{kN})$$

对于高承台基桩、桩身，可穿越液化土或不排水抗剪强度小于 10 kPa（地基承载力特征值小于 25 kPa）的软弱土层的基桩，应考虑压屈影响。可根据式(4.12a)、式(4.12b)计算所得到的桩身正截面受压承载力乘以 φ 折减。稳定系数 φ 可根据桩身压屈计算长度 l_{c} 和桩的设计直径 d（或矩形桩短边直径 b）确定。桩身压屈计算长度可根据桩顶约束情况、桩身露出地面的自由长度 l_0、桩的入土长度h、桩侧和桩底的土质条件按表4.2确定。桩的稳定系数可按表4.3确定。

表4.2　桩身压屈计算长度

桩顶铰接			
桩底支于非岩石土中		桩底嵌于岩石内	
$h < \dfrac{4.0}{\alpha}$	$h \geqslant \dfrac{4.0}{\alpha}$	$h < \dfrac{4.0}{\alpha}$	$h \geqslant \dfrac{4.0}{\alpha}$
$l_c = 1.0 \times (l_0 + h)$	$l_c = 0.7 \times \left(l_0 + \dfrac{4.0}{\alpha}\right)$	$l_c = 0.7 \times (l_0 + h)$	$l_c = 0.7 \times \left(l_0 + \dfrac{4.0}{\alpha}\right)$
桩顶固接			
桩底支于非岩石土中		桩底嵌于岩石内	
$h < \dfrac{4.0}{\alpha}$	$h \geqslant \dfrac{4.0}{\alpha}$	$h < \dfrac{4.0}{\alpha}$	$h \geqslant \dfrac{4.0}{\alpha}$
$l_c = 0.7 \times (l_0 + h)$	$l_c = 0.5 \times \left(l_0 + \dfrac{4.0}{\alpha}\right)$	$l_c = 0.5 \times (l_0 + h)$	$l_c = 0.5 \times \left(l_0 + \dfrac{4.0}{\alpha}\right)$

注:①表中 $\alpha = \sqrt[5]{\dfrac{mb_0}{EI}}$。

②l_0 为高承台基桩露出地面的长度,对于低承台桩基,$l_0 = 0$。

③h 为桩的入土长度,当桩侧有厚度为 d_1 的液化土层时,桩露出地面长度 l_0 和桩的入土长度 h 分别调整为 $l_0' = l_0 + (1 - \psi_1)d_1$,$h' = h - (1 - \psi_1)d_1$,$\psi_1$ 按表4.4取值。

④当存在 $f_{ak} < 25$ kPa 的软弱土时,按液化土处理。

表4.3　桩身稳定系数 φ

l_c/d	$\leqslant 7$	8.5	10.5	12	14	15.5	17	19	21	22.5	24
l_c/b	$\leqslant 8$	10	12	14	16	18	20	22	24	26	28
φ	1.00	0.98	0.95	0.92	0.87	0.81	0.75	0.70	0.65	0.60	0.56
l_c/d	26	28	29.5	31	33	34.5	36.5	38	40	41.5	43
l_c/b	30	32	34	36	38	40	42	44	46	48	50
φ	0.52	0.48	0.44	0.40	0.36	0.32	0.29	0.26	0.23	0.21	0.19

注:b 为矩形短边尺寸,d 为桩直径。

表 4.4　土层液化影响折减系数 ψ_1

$\lambda_N = \dfrac{N}{N_{cr}}$	自地面算起的液化土层深度 d_L	ψ_1
$\lambda_N \leqslant 0.6$	$d_L \leqslant 10$	0
	$10 < d_L \leqslant 20$	1/3
$0.6 < \lambda_N \leqslant 0.8$	$d_L \leqslant 10$	1/3
	$10 < d_L \leqslant 20$	2/3
$0.8 < \lambda_N \leqslant 1.0$	$d_L \leqslant 10$	2/3
	$10 < d_L \leqslant 20$	0

注:①N 为饱和土标贯击数实测值,N_{cr} 为液化判别标贯击数临界值。

②对于挤土桩桩距不大于 $4d$,且桩的排数不少于 5 排总桩数不少于 25 根时,土层液化影响折减。

③系数可按表列提高一档取值;桩间土标贯击数达到 N_{cr} 时,取 $\psi_1 = 1$。

【例 4.3】　某灌注桩直径为 800 mm,桩身露出地面长度为 10 m,桩入土长度为 20 m,桩端嵌入较完整岩石,桩的水平变形系数 $\alpha = 0.520$。桩顶铰接,桩顶以下 6 m 范围内,箍筋间距为 200 mm,该桩轴心受压,桩顶设计值为 6 800 kN,成桩工艺系数 $\psi_c = 0.8$。按《建筑桩基技术规范》(JGJ 94—2008),试问混凝土轴心受压强度不应小于多少。

【解】　根据表 4.2 及式(4.12a)和式(4.12b),对于高承台桩计算稳定系数,$\alpha = 0.520$,桩底嵌固于岩石中桩顶铰接,可得:

$$l_c = 0.7 \times \left(l_0 + \frac{4.0}{\alpha} \right) = 0.7 \times \left(10 + \frac{4}{0.520} \right) = 12.38(\text{m})$$

根据 $l_c/d = 15.5$ 查表 4.2 得 $\varphi = 0.81$,又因为箍筋间距不满足式(4.12a)的要求,故采用式(4.12b)。

$$f_c \geqslant \frac{N}{\psi_c A_{ps} \varphi} = \frac{6\ 800}{0.8 \times \dfrac{\pi \times 0.8^2}{4} \times 0.81} = 20.9(\text{MPa})$$

2) 按单桩竖向抗压静载试验确定

《建筑桩基技术规范》(JGJ 94—2008)规定,单桩竖向抗压静载试验应按《建筑基桩检测技术规范》(JGJ 94—2008)执行。该规范规定:在同一条件下的试桩数量不宜少于总桩数的 1% 且不应少于 3 根。当工程总桩数在 50 根以内时,不应小于 2 根。

开始时间一般为:预制桩在砂土中入土 7 天后;黏性土不得少于 15 天;对于饱和软黏土不得少于 25 天;灌注桩达到桩身设计强度后,才能进行。

(1)试验装置

单桩竖向抗压静荷载实验装置主要由荷载系统和观测系统两部分组成。加载反力装置常用压重平台反力装置(堆载法)和锚桩横梁反力装置(锚桩法)两种,如图 4.9 所示。

荷载测量可用放置在千斤顶上的荷重传感器直接测定,或根据并联于千斤顶油路的压力表或压力传感器测定油压,根据千斤顶率定曲线换算荷载。

沉降测量宜采用位移传感器或大量程百分表。对直径或边宽大于 500 mm 的桩,应在其两方向对称安置 4 个位移测量仪表,直径或边宽大于或等于 500 mm 的桩可对称安置 2 个位移测量仪表。沉降测量平面宜在桩顶 200 mm 以下位置,测点应牢固地固定于桩身。基准梁应具有一定的刚度,梁的一端固定在基准桩上,另一端简支于基准桩上。固定和支承位移测量表的夹具及基准梁应避免气温、振动及其他外界因素的影响。

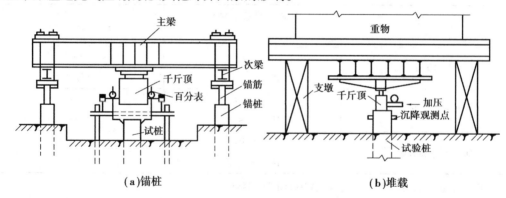

（a）锚桩　　　　　　　　　　　（b）堆载

图4.9　单桩静载试验示意图

（2）测试方法

为设计提供依据的试验桩，应加载至破坏；当桩的承载力以桩身强度控制时，可按设计要求的加载量进行；工程桩抽样检测时，加载量不应小于设计要求的单桩承载力特征值的两倍。

试验加载方式为：加载应分级进行，采用逐级等量加载；分级荷载宜为最大加载量或预估极限承载力的1/10，其中第一级荷载可取分级荷载的两倍。

为设计提供依据的竖向抗压静荷载试验应采用慢速维持荷载法（慢维法），即每级加载后，按每第5 min、10 min、15 min、30 min、45 min、60 min测读一次桩顶沉降量，以后每隔60 min测读一次。在每级荷载作用下，桩的沉降量连续两次（从分级荷载施加后第30 min开始，按1.5 h连续3次每30 min的沉降观测值计算）在每小时内小于0.1 mm时，可视为试桩沉降相对稳定，然后施加下一级荷载，符合下列条件之一，则终止加载：

①当荷载-沉降（Q-s）曲线上有可判定极限承载力的陡降段，且桩顶总沉降量超过40 mm。

②$\dfrac{\Delta s_{n+1}}{\Delta s_n} \geq 2$，且24 h尚未达到稳定。

③25 m以上的非嵌岩桩，Q-s曲线呈缓变形时，桩顶总沉降量大于60～80 mm。

④在特殊条件下，可根据具体要求加载至桩顶总沉降量大于100 mm。

注意：ΔS_{n+1}为第$n+1$级荷载的沉降量；ΔS_n为第n级荷载的沉降量；桩底支承在坚硬岩土层上，桩的沉降量很小时，最大加载量不应小于设计荷载的两倍。

（3）确定单桩极限承载力

单桩极限承载力应按下列方法确定：

①作荷载沉降（Q-s）曲线和其他辅助分析所需要的曲线。

②对陡降段明显的Q-s曲线，取相应于陡降段起点的荷载值，如图4.10所示。

③出现$\Delta S_{n+1}/\Delta S_n$，且24 h尚未达到稳定情况时取前一级荷载值。

④Q-s曲线呈缓变型时，取桩顶总沉降量$s=40$ mm所对应的荷载值，当桩长大于40 m时，宜考虑桩身的弹性压缩（图4.10）。

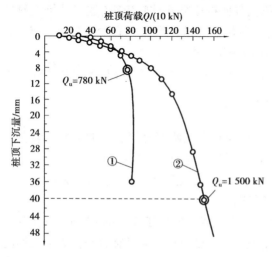

图4.10　单桩Q-s曲线

⑤按照上述方法判断有困难时,可结合其他辅助分析方法综合判定。

⑥参加统计的试桩,当满足其极差不超过平均值的30%时,可取平均值作为单桩竖向极限承载力;极差超过平均值的30%时,宜增加试桩数量并分析极差过大原因,结合工程具体情况确定极限承载力。对桩数为3根及3根以下的柱下桩台,取最小值。

⑦将单桩竖向承载力除以安全系数2,即得单桩竖向承载力特征 R_a。

【例4.4】 某工程的钢筋混凝土灌注桩,静载试验桩数为6根,$Q\text{-}s$ 曲线略。经计算,6根试桩的极限承载力 Q_{ui} 分别为:2 880 kN、2 580 kN、2 940 kN、3 060 kN、3 530 kN、3 360 kN。试求单桩竖向抗压承载力特征值标准值 R_a。

【解】 $Q_{um} = \dfrac{1}{n}\sum\limits_{i=1}^{n}Q = \dfrac{1}{6} \times (2\,880 + 2\,580 + 2\,940 + 3\,060 + 3\,530 + 3\,360) = 3\,058.3(kN)$

$$极差\ \Delta_m = 3\,530 - 2\,580 = 950(kN)$$

$$\frac{\Delta_m}{Q_{um}} = \frac{950}{3\,058.3} = 0.31 > 0.3$$

不符合规范要求。

删除最大值,重新统计。

$$Q_{um} = \frac{1}{n}\sum_{i=1}^{n}Q_{ui} = \frac{2\,880 + 2\,580 + 2\,940 + 3\,060 + 3\,360}{5} = 2\,964(kN)$$

$$极差\ \Delta_m = 3\,360 - 2\,580 = 780(kN)$$

$$\frac{\Delta_m}{Q_{um}} = \frac{780}{2\,964} = 0.26 < 0.3$$

符合规范要求。

则 $Q_{uk} = Q_{um} = 2\,964(kN)$,单桩承载力特征值 $R_a = \dfrac{Q_{uk}}{2} = \dfrac{2\,964}{2} = 1\,482(kN)$。

3)按静力触探法确定

(1)按单桥探头静力触探试验确定

当根据单桥探头静力触探确定预制混凝土单桩竖向极限承载力标准值时,如无当地经验可按下式计算:

$$Q_{uk} = Q_{sk} + Q_{pk} = u\sum q_{sik}l_i + \alpha p_{sk}A_p \tag{4.13}$$

当 $p_{sk1} \leqslant p_{sk2}$ 时:

$$p_{sk} = \frac{1}{2}(p_{sk1} + \beta \cdot p_{sk2}) \tag{4.14a}$$

当 $p_{sk1} > p_{sk2}$ 时:

$$p_{sk} = p_{sk2} \tag{4.14b}$$

式中　Q_{uk},Q_{sk},Q_{pk}——单桩极限承载力标准值、总极限侧阻力标准值和总极限端阻力标准值,kN;

　　　　u——桩身周长,m;

　　　　q_{sik}——用静力触探法比贯入阻力值估算的桩周第 i 层土的极限侧阻力标准值,kPa;

l_i——桩周第 i 层土的厚度，m；

α——桩端阻力修正系数，可按表 4.5 取值；

p_{sk1}——桩端附近的静力触探比贯入阻力标准值平均值，kPa；

A_p——桩端面积，m^2；

p_{sk1}——桩端全截面以上 8 倍桩径范围内的比贯入阻力平均值，kPa；

p_{sk2}——桩端全截面以下 4 倍桩径范围内的比贯入阻力平均值，如桩端持力层为密实的砂土层，其贯入阻力平均值超过 20 MPa 时，则需乘以表 4.6 中系数 C 予以折减后，再计算 p_{sk}，kPa；

β——折减系数，按表 4.7 选用。

表 4.5　桩端阻力修正系数 α 值

桩长(m)	$l<15$	$15 \leqslant l \leqslant 30$	$30<l \leqslant 60$
α	0.75	0.75~0.90	0.90

注：桩长 15 m$\leqslant l \leqslant$30 m，α 值按 l 值直线内插；l 为桩长（不包括桩尖高度）。

表 4.6　系数 C

p_{sk}(MPa)	20~30	35	>40
系数 C	5/6	2/3	1/2

表 4.7　折减系数 β

p_{sk2}/p_{sk1}	$\leqslant 5$	12.5	$\geqslant 15$
β	1	2/3	1/2

注：表 4.6 与表 4.7 均可按内插取值。

（2）按双桥探头静力触探确定

当根据双桥探头静力触探资料确定混凝土预制桩竖向极限承载力标准值时，对于粉土、砂土、黏性土，可按下式计算：

$$Q_{uk} = Q_{sk} + Q_{pk} = u \sum l_i \beta_i f_{si} + \alpha q_c A_p \tag{4.15}$$

式中　f_{si}——第 i 层土的探头平均侧阻力，kPa；

q_c——桩端平面上、下探头阻力，kPa，取桩端平面以上 $4d$（d 为桩的直径或边长）范围内按上层厚度的探头阻力加权平均值，然后再和桩端平面以下 d 范围内的探头阻力进行平均；

α——桩端阻力修正系数，对黏性土、粉土取 2/3，饱和砂土取 1/2；

β_i——第 i 层桩侧综合修正系数，对于黏性土、粉土，$\beta_i = 10.04(f_{si})^{-0.55}$；对于砂性土，$\beta_i = 5.05(f_{si})^{-0.45}$。

【例 4.5】　某工程双桥静探资料见表 4.8，拟采用饱和粉砂层为持力层，采用混凝土方桩，桩断面尺寸为 400 mm×400 mm，桩长 $l=13$ m，承台埋深为 2.0 m，桩端进入饱和粉砂层 2.0 m，试计算单桩竖向极限承载力标准值。

表4.8　例4.5表

层序	土的名称	层底深度/m	探头平均侧阻力 f_{si}/kPa	探头阻力 q_c/kPa
1	填土	1.5	—	—
2	淤泥质填土	13	12	600
3	饱和粉砂	20	110	12 000

【解】　计算公式为 $Q_{uk} = Q_{sk} + Q_{pk} = u\sum l_i\beta_i f_{si} + \alpha q_c A_p$。

进入桩端饱和粉砂层2.0 m,桩边长 $d = 0.4$ m,$4d = 4\times0.4 = 1.6$ m<2 m,则 $q_c = 12\,000$ kPa。对于饱和粉砂,$\alpha = 0.5$。

$$A_p = 0.4\times0.4 = 0.16(\text{m}^2)$$

对于黏性土、粉土,$\beta = 10.04 f_{si}^{-0.55} = 10.04\times12^{-0.55} = 2.56$。

对于砂土,$\beta_i = 5.05 f_{si}^{-0.45} = 5.05\times110^{-0.45} = 0.61$。

由双桥探头静力触探资料计算预制桩的单桩竖向极限承载力标准值为:

$$\begin{aligned}
Q_{uk} &= Q_{sk} + Q_{pk} = u\sum l_i\beta_i f_{si} + \alpha q_c A_p \\
&= 0.4\times4\times(11\times2.56\times12 + 2\times0.61\times110) + 0.5\times12\,000\times0.16 \\
&= 755.4 + 960 = 1\,715.4(\text{kN})
\end{aligned}$$

4)按工程经验确定

(1)单桩竖向承载力特征值估算

初步设计时,单桩竖向承载力特征值可按下列公式进行估算($d\leqslant800$ mm):

$$Q_{uk} = Q_{sk} + Q_{pk} = u\sum q_{sik}l_i + q_{pk}A_p \tag{4.16}$$

式中　Q_{sk},Q_{pk}——单桩极限承载力标准值、总极限侧阻力标准值和总极限端阻力标准值;

　　　q_{sik}——桩周阻力特征值,桩端阻力特征值,可按表4.9取值,kPa;

　　　u——桩身的周长,m;

　　　l_i——第 i 层持力层厚度,m;

　　　q_{pk}——桩端极限阻力标准值,可按表4.10取值,kPa。

【例4.6】　有一钢筋预制方桩,边长为30 cm,桩的入土深度 $L = 13$ m。桩顶与地面平齐,地层第一层为杂填土,厚1 m;第二层为淤泥质土,液性指数0.9,厚5 m;第三层为黏土,厚2 m,液性指数为0.50;第四层为粗砂,标准贯入击数为17击,该层厚度较大,未击穿。确定单桩竖向极限承载力标准值。

【解】　①根据表4.9确定各土层的桩侧摩阻力标准值 q_{sik}。

第一层杂填土不计侧摩阻力,$q_{s1k} = 0$。

第二层淤泥质土,取 $q_{s2k} = 22$ kPa。

第三次黏土,$q_{s3k} = 70$ kPa。

第四层粗砂由标准击数得 $q_{s4k} = 74$ kPa。

②根据表4.10确定桩端极限端阻力标准值 q_{pk}。

桩端持力层为中密粗砂,取 $q_{pk} = 7\,500$ kPa。

$$Q_{uk} = Q_{sk} + Q_{pk} = u\sum q_{sik}l_i + q_{pk}A_p$$

$$= 4 \times 0.3 \times (0 \times 1 + 22 \times 5 + 70 \times 2 + 74 \times 5) + 7\,500 \times 0.3 \times 0.3$$
$$= 1\,419(\text{kN})$$

表 4.9　桩的极限侧阻力标准值 q_{sik}(kPa)

土的名称	土的状态		混凝土预制桩	水下钻(冲)孔桩	干作业钻孔桩
填土	—		22 ~ 30	20 ~ 28	20 ~ 28
淤泥	—		14 ~ 30	12 ~ 18	12 ~ 18
淤泥质土	—		22 ~ 30	20 ~ 28	20 ~ 28
黏性土	流塑	$I_L > 1$	24 ~ 40	21 ~ 38	21 ~ 38
	软塑	$0.75 < I_L \leq 1$	40 ~ 55	38 ~ 53	38 ~ 53
	可塑	$0.50 < I_L \leq 0.75$	55 ~ 70	53 ~ 68	53 ~ 66
	硬可塑	$0.25 < I_L \leq 0.50$	70 ~ 86	68 ~ 84	66 ~ 82
	硬塑	$0 < I_L \leq 0.25$	86 ~ 98	84 ~ 96	82 ~ 94
	坚硬	$I_L \leq 0$	98 ~ 105	96 ~ 102	94 ~ 104
红黏土	$0.7 < \alpha_w \leq 1$		13 ~ 32	12 ~ 30	12 ~ 30
	$0.5 < \alpha_w \leq 0.7$		32 ~ 74	30 ~ 70	30 ~ 70
粉土	稍密	$e > 0.9$	26 ~ 46	24 ~ 42	24 ~ 42
	中密	$0.75 \leq e \leq 0.9$	46 ~ 66	42 ~ 62	42 ~ 62
	密实	$e \leq 0.75$	66 ~ 88	62 ~ 82	62 ~ 82
粉细砂	稍密	$10 \leq N \leq 15$	24 ~ 48	22 ~ 46	22 ~ 46
	中密	$15 < N \leq 30$	48 ~ 66	46 ~ 64	46 ~ 64
	密实	$N > 30$	66 ~ 88	64 ~ 86	64 ~ 86
中砂	中密	$15 < N \leq 30$	54 ~ 74	53 ~ 72	24 ~ 48
	密实	$N > 30$	74 ~ 95	72 ~ 94	24 ~ 48
粗砂	中密	$15 < N \leq 30$	74 ~ 95	74 ~ 95	24 ~ 48
	密实	$N > 30$	95 ~ 116	95 ~ 116	24 ~ 48
砾砂	稍密	$5 < N_{63.5} \leq 15$	70 ~ 110	50 ~ 90	60 ~ 100
	中密(密实)	$N_{63.5} > 15$	116 ~ 138	116 ~ 130	112 ~ 130
圆砾、角砾	中密、密实	$N_{63.5} > 10$	160 ~ 200	135 ~ 150	135 ~ 150
碎石、卵石	中密、密实	$N_{63.5} > 10$	200 ~ 300	140 ~ 170	150 ~ 170
全风化软质岩	—	$0 < N \leq 50$	100 ~ 120	80 ~ 100	80 ~ 100
全风化硬质岩	—	$30 < N \leq 50$	140 ~ 160	120 ~ 140	120 ~ 150
强风化软质岩	—	$N_{63.5} > 10$	160 ~ 240	140 ~ 200	140 ~ 220
强风化硬质岩	—	$N_{63.5} > 10$	220 ~ 300	160 ~ 240	160 ~ 260

注:①对于尚未完成自重固结的填土和以生活垃圾为主的填土,不计算其侧阻力。

②α_w 为含水比,$\alpha_w = \omega/\omega_L$,$\omega$ 为天然含水量,ω_L 为土的液限。

③N 为标准贯入击数;$N_{63.5}$ 为重型圆锥动力触探次数。

④全风化、强风化软质岩和全风化、强风化硬质岩系指其母岩分别为 $f_{rk} \leq 15$ MPa、$f_{rk} > 30$ MPa 的岩石。

表 4.10　桩端的极限端阻力标准值 q_{pk}(kPa)

土名称	桩型 / 土的状态		混凝土预制桩桩长 l/m				泥浆护壁钻(冲)孔桩桩长 l/m				干作业钻孔桩桩长 l/m		
			$l \leqslant 9$	$9 < l \leqslant 16$	$16 < l \leqslant 30$	$l > 30$	$5 \leqslant l < 10$	$10 \leqslant l < 15$	$15 \leqslant l < 30$	$30 \leqslant l$	$5 \leqslant l < 10$	$10 \leqslant l < 15$	$15 \leqslant l$
黏性土	软塑	$0.75 < I_L \leqslant 1$	210 ~ 850	650 ~ 1 400	1 200 ~ 1 800	1 300 ~ 1 900	150 ~ 250	250 ~ 300	300 ~ 450	300 ~ 450	200 ~ 400	400 ~ 700	700 ~ 950
	可塑	$0.50 < I_L \leqslant 0.75$	850 ~ 1 700	1 400 ~ 2 200	1 900 ~ 2 800	2 300 ~ 3 600	350 ~ 450	450 ~ 600	600 ~ 750	750 ~ 800	500 ~ 700	800 ~ 1 100	1 000 ~ 1 500
	硬可塑	$0.25 < I_L \leqslant 0.50$	1 500 ~ 2 300	2 300 ~ 3 300	2 700 ~ 3 600	3 600 ~ 4 400	800 ~ 900	900 ~ 1 000	1 000 ~ 1 200	1 200 ~ 1 400	850 ~ 1 100	1 500 ~ 1 700	1 700 ~ 1 900
	硬塑	$0 < I_L \leqslant 0.25$	2 500 ~ 3 800	3 800 ~ 5 500	5 500 ~ 6 000	6 000 ~ 6 800	1 100 ~ 1 200	1 200 ~ 1 400	1 400 ~ 1 600	1 600 ~ 1 800	1 600 ~ 1 800	2 200 ~ 2 400	2 600 ~ 2 800
粉土	中密	$0.75 \leqslant e \leqslant 0.9$	950 ~ 1 700	1 400 ~ 2 100	1 900 ~ 2 700	2 500 ~ 3 400	300 ~ 500	500 ~ 650	650 ~ 750	750 ~ 850	850 ~ 1 200	1 200 ~ 1 400	1 400 ~ 1 600
	密实	$e < 0.75$	1 500 ~ 2 600	2 100 ~ 3 000	2 700 ~ 3 600	3 600 ~ 4 400	650 ~ 900	750 ~ 950	900 ~ 1 100	1 100 ~ 1 200	1 200 ~ 1 700	1 400 ~ 1 900	1 600 ~ 2 100
粉砂	稍密	$10 < N \leqslant 15$	1 000 ~ 1 600	1 500 ~ 2 300	1 900 ~ 2 700	2 100 ~ 3 000	350 ~ 500	450 ~ 600	600 ~ 700	650 ~ 750	1 300 ~ 950	1 500 ~ 1 600	1 500 ~ 1 700
	中密、密实	$N > 15$	1 400 ~ 2 200	2 100 ~ 3 000	3 000 ~ 4 500	3 800 ~ 5 500	600 ~ 750	750 ~ 900	900 ~ 1 100	1 100 ~ 1 200	900 ~ 1 000	1 700 ~ 1 900	1 700 ~ 1 900
细砂	中密、密实	$N > 15$	2 500 ~ 4 000	3 600 ~ 5 000	4 400 ~ 6 000	5 300 ~ 7 000	650 ~ 850	900 ~ 1 200	1 200 ~ 1 500	1 500 ~ 1 800	1 200 ~ 1 600	2 000 ~ 2 400	2 400 ~ 2 700
中砂			4 000 ~ 6 000	5 500 ~ 7 000	6 500 ~ 8 000	7 500 ~ 9 000	850 ~ 1 050	1 100 ~ 1 500	1 500 ~ 1 900	1 900 ~ 2 100	1 800 ~ 2 400	2 800 ~ 3 800	3 600 ~ 4 400
粗砂			5 700 ~ 7 500	7 500 ~ 8 500	8 500 ~ 10 000	9 500 ~ 11 000	1 500 ~ 1 800	2 100 ~ 2 400	2 400 ~ 2 600	2 600 ~ 2 800	2 900 ~ 3 600	4 000 ~ 4 600	4 600 ~ 5 200
砾砂	中密、密实	$N > 15$	6 000 ~ 9 500		9 000 ~ 10 500		1 400 ~ 2 000		2 000 ~ 3 200		3 500 ~ 5 000		
角砾、圆砾		$N_{63.5} > 10$	7 000 ~ 10 000		9 500 ~ 11 500		1 800 ~ 2 200		2 200 ~ 3 600		4 000 ~ 5 500		
碎石、卵石		$N_{63.5} > 10$	8 000 ~ 11 000		10 500 ~ 13 000		2 000 ~ 3 000		3 000 ~ 4 000		4 500 ~ 6 500		
全风化软质岩		$30 < N \leqslant 50$	4 000 ~ 6 000				1 000 ~ 1 600				1 200 ~ 2 000		
全风化硬质岩		$30 < N \leqslant 50$	5 000 ~ 8 000				1 200 ~ 2 000				1 400 ~ 2 400		
强风化软质岩		$N_{63.5} > 10$	6 000 ~ 9 000				1 400 ~ 2 200				1 600 ~ 2 600		
强风化硬质岩		$N_{63.5} > 10$	7 000 ~ 11 000				1 800 ~ 2 800				2 000 ~ 3 000		

注：①砂土和碎石土取值时，宜综合考虑土的密实度、桩端进入持力层深径比 h_b/d，土越密实、h_b/d 越大，取值越高。

②预制桩的岩石极限端阻力指桩端承于中、微风化基岩表面或进入强风化岩、软质岩一定深度条件下的极限端阻力。

③全风化、强风化软质岩和风化、强风化硬质岩母岩分比为 $f_{rk} \leqslant 15$ MPa、$f_{rk} > 30$ MPa 的岩石。

（2）大直径桩（$d \geqslant 800$ mm）

桩径不小于 800 mm 的桩和中小直径桩相比，其最大区别是极限侧阻力标准值、极限端阻力标准值随桩径增大而降低。主要原因是桩成孔后产生应力释放，孔壁出现松弛变形，导致侧阻力有所降低。对于桩端支承在完整基岩的大直径桩，端阻力不折减。

大直径单桩竖向极限承载力标准值可按下式计算：

$$Q_{uk} = Q_{sk} + Q_{pk} = u \sum \psi_{si} q_{si} l_i + \psi_p q_{pk} A_p \tag{4.17}$$

式中　q_{sik}——桩侧第 i 层土的极限侧阻力标准值，可按表 4.9 取值，对于扩底桩及变截面以上 $2d$ 长度范围不计侧阻力；

ψ_{si}, ψ_p——大直径桩侧阻、端阻尺寸效应系数,按表 4.11 取值;

q_{pk}——桩径为 800 mm 的极限端阻力标准值,对于干作业挖孔(清底干净)可采用深层载荷板试验确定;当不能进行深层载荷板板试验时可按表 4.12 取值。

表 4.11　大直径桩侧阻尺寸效应系数 ψ_{si}、端阻尺寸效应系数 ψ_p

土类型	黏性土、粉土	砂土、碎石土	土类型	黏性土、粉土	砂土、碎石土
ψ_{si}	$(0.8/d)^{1/5}$	$(0.8/d)^{1/3}$	ψ_p	$(0.8/D)^{1/4}$	$(0.8/D)^{1/3}$

注:表中 d 为桩径,D 为桩端直径。为等直径桩时,表中 $D = d$。

表 4.12　干作业挖孔桩极限端阻力标准值 q_{pk}(kPa)(清底干净,$D = 800$ mm)

名称		状态		
黏性土		$0.25 < I_L \leq 0.75$	$0 < I_L \leq 0.25$	$I_L \leq 0$
		800 ~ 1 800	1 800 ~ 2 400	2 400 ~ 3 000
粉土		—	$0.75 \leq e \leq 0.9$	$e < 0.75$
		—	1 000 ~ 1 500	1 500 ~ 2 000
砂土、碎石土		稍密	中密	密实
	粉砂	500 ~ 700	800 ~ 1 100	1 200 ~ 2 000
	细砂	700 ~ 1 100	1 200 ~ 1 800	2 000 ~ 2 500
	中砂	1 000 ~ 2 000	2 200 ~ 3 200	3 500 ~ 5 000
	粗砂	1 200 ~ 2 200	2 500 ~ 3 500	4 000 ~ 5 500
	砾砂	1 400 ~ 2 400	2 600 ~ 4 000	5 000 ~ 7 000
	圆砾、角砾	1 600 ~ 3 000	3 200 ~ 5 000	6 000 ~ 9 000
	卵石、碎石	2 000 ~ 3 000	3 300 ~ 5 000	7 000 ~ 11 000

注:①当桩进入持力层深度 h_b 分别为:$h_b \leq D$,$D < h_b \leq 4D$,$h_b > 4D$ 时,q_{pk} 可相应取低、中、高值。

②砂土密实度可根据标准贯击数判定,$N \leq 10$ 为松散,$10 < N \leq 15$ 为稍密,$15 < N \leq 30$ 为中密,$N > 30$ 为密实。

③当桩的长径比 $l/d \leq 8$ 时,q_{pk} 宜取较小值。

④当对沉降要求不严时,q_{pk} 可取高值。

【例 4.7】　某桩基础采用泥浆护壁水下钻孔扩底灌注桩,桩身设计直径为 0.8 m,桩端扩底直径为 1.4 m,桩端入土深度为 21 m。桩身承台埋深 2 m。第一层黏性土 7 m 深,$q_{sik} = 50$ kPa。第二层粉土 8 m 深,$q_{sik} = 65$ kPa。第三层黏性土 4 m 深,$q_{sik} = 80$ kPa。有 1 m 变截面范围。试按《建筑桩基技术规范》(JGJ 94—2008)计算单桩的单桩竖向极限承载力。

【解】　由表 4.11 可得:

$$\psi_{si} = (0.8/d)^{\frac{1}{5}} = (0.8/0.8)^{\frac{1}{5}} = 1$$

$$\psi_p = (0.8/D)^{\frac{1}{4}} = (0.8/1.4)^{\frac{1}{4}} = 0.869$$

代入式(4.17)可得:

$$Q_{uk} = Q_{sk} + Q_{pk} = u \sum \psi_{si} q_{sik} l_i + \psi_p q_{pk} A_p$$

$$= 0.8 \times [1 \times 7 \times 50 + 1 \times 8 \times 65 + 1 \times (4 - 1 - 2 \times 0.8) \times 80] +$$

$$0.869 \times 900 \times \frac{3.14 \times 1.4^2}{4}$$

$$= 3\ 671.37(\text{kN})$$

（3）钢管桩

钢管桩的单桩竖向极限承载力标准值可按式（4.18）计算：

$$Q_{\text{uk}} = Q_{\text{sk}} + Q_{\text{pk}} = u \sum q_{\text{sik}} l_i + \lambda_p q_{\text{pk}} A_p \qquad (4.18)$$

式中　$q_{\text{sik}}, q_{\text{pk}}$——分别按表4.9、表4.10取与混凝土预制桩相同值；

$\quad\quad h_b$——桩端进入持力层深度；

$\quad\quad d$——钢管桩外径；

$\quad\quad \lambda_p$——桩端土塞效应系数。

对于闭口钢管桩 $\lambda_p = 1$。对于敞口钢管桩，当 $h_b/d < 5$ 时，$\lambda_p = 0.16 h_b/d$；当 $h_b/d \geqslant 5$ 时，$\lambda_p = 0.8$。其中，h_b 为桩端进入持力层深度，d 为钢管桩外径。对于带隔板的半敞口钢管桩，应以等效直径 d_e 代替 d 确定 λ_p，$d_e = d/\sqrt{n}$。

【例4.8】　某工程采用直径为700 mm的钢管桩，壁厚10 mm，桩端带隔板开口桩，$n=2$，桩长26.5 m，承台埋深1.5 m。土层分布情况：0～3 m为填土，$q_{\text{sk}} = 25$ kPa；3～8.5 m为黏土层，$q_{\text{sk}} = 50$ kPa；8.5～25 m为粉土层，$q_{\text{sk}} = 65$ kPa；25～30 m为中砂，$q_{\text{sk}} = 75$ kPa；$q_{\text{pk}} = 7\ 000$ kPa。试计算单桩竖向极限承载力。

【解】　$n = 2$，则 $d_e = d/\sqrt{n} = 0.7/\sqrt{2} = 0.495$，$h_b = 3$ m，$h_b/d = 3/0.495 = 6.061 > 5$，故取 $\lambda_p = 0.8$。根据式（4.18）可得：

$$Q_{\text{uk}} = Q_{\text{sk}} + Q_{\text{pk}} = u \sum q_{\text{sik}} l_i + \lambda_p q_{\text{pk}} A_p$$

$$= [\pi \times 0.7 \times (1.5 \times 25 + 5.5 \times 50 + 16.5 \times 65 + 3 \times 75)] + 0.8 \times 7\ 000 \times \pi \times 0.7^2/4$$

$$= 5\ 695.7(\text{kN})$$

（4）混凝土空心桩

敞口混凝土空心桩的单桩竖向极限承载力标准值可按下式计算：

$$Q_{\text{uk}} = Q_{\text{sk}} + Q_{\text{pk}} = u \sum q_{\text{sik}} l_i + q_{\text{pk}}(A_j + \lambda_p A_{p1}) \qquad (4.19)$$

式中　$q_{\text{sik}}, q_{\text{pk}}$——分别按表4.9和表4.10取与混凝土预制桩相同值，kPa；

$\quad\quad \lambda_p$——桩端土塞效应系数，当 $h_b/d < 5$ 时，$\lambda_p = 0.16 h_b/d_1$；当 $h_b/d \geqslant 5$ 时，$\lambda_p = 0.8$；

$\quad\quad A_j$——空心桩桩端净面积：管桩 $A_j = \dfrac{\pi}{4}(d^2 - d_1^2)$，空心方桩 $A_j = b^2 - \dfrac{\pi}{4} d_1^2$，$m$；

$\quad\quad A_{p1}$——空心敞口面积：$A_{p1} = \dfrac{\pi}{4} d_1^2$；

$\quad\quad d, b$——空心桩外径、边长；

$\quad\quad d_1$——空心桩内径。

【例4.9】　某建筑物地基基础设计等级为乙级，其柱下桩基采用预应力高强度混凝土管桩PHC桩，桩外直径400 mm，壁厚95 mm，桩尖为敞口形式。有关地基土各层分布情况、桩的布置、承台尺寸等如图4.11所示。不考虑地震作用，根据土的物理指标与桩承载力参数间的经验关系。按《建筑桩基技术规范》（JGJ 94—2008）计算单桩竖向极限承载力。

【解】　根据《建筑桩基技术规范》（JGJ 94—2008）的规定，空心桩内径为：

$$d_1 = 0.4 - 2 \times 0.095 = 0.21(\text{m})$$

桩端进入持力层深度与桩径的比值为：

$$\frac{h_b}{d_1} = \frac{2\ 000}{210} = 9.5$$

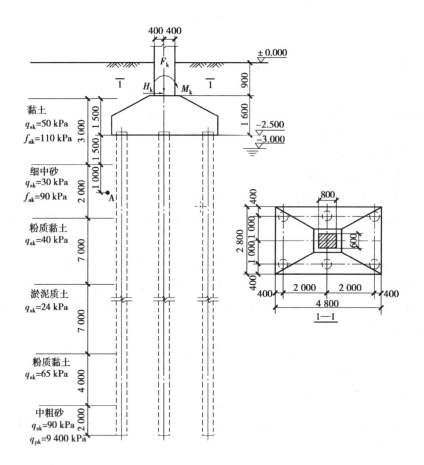

图 4.11 例 4.9 图

则有 $\lambda_p = 0.8$。

空心桩桩端净面积为：

$$A_j = \frac{3.14}{4} \times (0.4^2 - 0.21^2) = 0.091(\mathrm{m}^2)$$

空心桩敞口面积为：

$$A_{pl} = \frac{3.14}{4} \times 0.21^2 = 0.035(\mathrm{m}^2)$$

根据式(4.19)有：

$$\begin{aligned}
Q_{uk} &= Q_{sk} + Q_{pk} = u \sum q_{sik} l_i + q_{pk}(A_j + A_{pl}) \\
&= 3.14 \times 0.4 \times (50 \times 1.5 + 30 \times 20 + 40 \times 7 + 24 \times 7 + 65 \times 4 + 90 \times 2) + \\
&\quad 9\,400 \times (0.091 + 0.8 \times 0.035) = 2\,404(\mathrm{kN})
\end{aligned}$$

(5)嵌岩桩

桩端置于完整、较完整基岩的嵌岩桩的单桩竖向极限承载力,由桩周土总极限侧阻力和嵌岩段总极限阻力组成。当根据岩石单轴抗压强度确定单桩竖向极限承载力标准值时,可按下式计算:

$$Q_{uk} = Q_{sk} + Q_{rk} = u \sum q_{sik} l_i + \zeta_r f_{rk} A_p \qquad (4.20)$$

式中　Q_{sk}, Q_{rk}——分别为桩的总极限侧阻力、嵌岩段总极限阻力;

　　　q_{sik}——桩周土第 i 层土的极限侧阻力;

f_{rk}——岩石饱和单轴抗压强度标准值,黏土岩取天然湿度单轴抗压强度标准值;

ζ_r——嵌岩段侧阻和端阻综合系数。ζ_r 与嵌岩深径比 h_r/d、岩石软硬程和成桩工艺有关,可按表 4.13 采用表中数值适用于泥浆护壁成桩,对于干作业成桩(清底干净)和泥浆护壁成桩后注浆,ζ_r 应取表中值的 1.2 倍。

表 4.13 嵌岩段侧阻和端阻综合系数

嵌岩深径比 h_r/d	0	0.5	1.0	2.0	3.0	4.0	5.0	6.0	7.0	8.0
极软岩、软岩	0.60	0.80	0.95	1.18	1.35	1.48	1.57	1.63	1.66	1.70
较硬岩、坚硬岩	0.45	0.65	0.81	0.90	1.00	1.04	—	—	—	—

注:①极软岩、软岩指 $f_{rk} \leq 15$ MPa,较硬岩、坚硬岩 $f_{rk} > 30$ MPa,介于二者之间可内插取值。

②h_r 为桩身嵌岩深度,当岩面倾斜时,以坡下嵌岩深度为准;当 h_r/d 为非列表值时,ζ_r 可内插取值。

【例4.10】 某工程采用泥浆护壁钻孔灌注桩,桩径 1 200 mm,桩端进入中等风化岩1.0 m,中等风化岩体较完整,饱和单轴抗压强度标准值为 41.5 MPa。桩顶下土层参数:黏土厚 13.7 m,$q_{sik} = 32$ kPa,粉质黏土厚 2.3 m,$q_{sik} = 40$ kPa,粗砂厚 2 m,$q_{sik} = 75$ kPa;强风化岩厚 8.85 m,$q_{sik} = 180$ kPa,$q_{pk} = 2\ 500$ kPa;中等风化岩层厚 8 m。估算单桩极限竖向荷载承载力。(取桩嵌岩段侧阻和端阻综合系数 $\zeta_r = 0.76$)

【解】 根据式(4.20),土的总极限侧阻力标准值为:

$$Q_{sk} = u \sum q_{sik} l_i = \pi \times 1.2 \times (32 \times 13.7 + 40 \times 2.3 + 75 \times 2 + 180 \times 8.85) = 8\ 566.2 (kN)$$

$$Q_{rk} = \zeta_r f_{rk} A_p = 0.76 \times 41.5 \times 10^3 \times \pi \times 0.6^2 = 35\ 652.8 (kN)$$

$$Q_{uk} = Q_{sik} + Q_{rk} = 8\ 566.2 + 35\ 652.8 = 44\ 219 (kN)$$

(6)后注浆灌注桩

后注浆灌注桩的单桩极限承载力,应通过静载试验确定,也可按下式估算:

$$Q_{uk} = Q_{sk} + Q_{gsk} + Q_{gpk} = u \sum q_{sjk} l_j + u \sum \beta_{si} q_{sik} l_{gi} + \beta_p q_{pk} A_p \qquad (4.21)$$

式中 Q_{sk}——后注浆非竖向增强段的总极限侧阻力标准值;

Q_{gsk}——后注浆竖向增强段的总极限侧阻力标准值;

Q_{gpk}——后注浆总极限端阻力标准值;

u——桩身周长;

l_j——后注浆非竖向增强段第 j 层土厚度;

l_{gi}——后注浆竖向增强段内第 i 层土厚度:对于泥浆护壁成孔灌注桩,当为单一桩端后注浆时,竖向增强段为桩端以上 12 m;当为桩端、桩侧复式注浆时,竖向增强段为桩端以上 12 m 及各桩侧注浆断面以上 12 m,重叠部分应扣除;对于干作业灌注桩,竖向增强段为桩端以上、桩侧注浆断面上下各 6 m;

q_{sik}, q_{sjk}, q_{pk}——分别为后注浆竖向增强段第 i 土层初始极限侧阻力标准值、非竖向增强段第 j 土层初始极限侧阻力标准值、初始极限端阻力标准值,可查表 4.9得;

β_{si}, β_p——分别为后注浆侧阻力、端阻力增强系数。无当地经验时,可按表 4.14 取值。对于桩径大于 800 mm 的桩,应按表 4.14 进行侧阻和端阻尺寸效应修正。

表 4.14 后注浆侧阻力增强系数 β_{si}、端阻力增强系数 β_p

土层名称	淤泥 淤泥质土	黏性土 粉土	粉砂 细砂	中砂	粗砂 砂砾	砾石 卵石	全风化岩 强风化岩
β_{si}	1.2~1.3	1.4~1.8	1.6~2.0	1.7~2.1	2.0~2.5	2.4~3.0	1.4~1.8
β_p	—	2.2~2.5	2.4~2.8	2.6~3.0	3.0~3.5	3.2~4.0	2.0~2.4

注:干作业钻、挖孔桩,β_p 按表列值乘以小于 1.0 的折减系数。当桩端持力层为黏性土或粉土时,折减系数取 0.6;为砂土或碎石土时,取 0.8。

【例 4.11】 某建筑使用年限 50 年,地基基础设计等级为乙级,桩直径为 800 mm。为提高桩的承载力及减少沉降,灌注桩采用桩端后注浆工艺,且施工满足《建筑桩基技术规范》(JGJ 94—2008)的相关规定,承台及其上土的加权平均土重 $\gamma_0 = 20\ kN/m^2$。地下土层分布情况如图 4.12 所示,试估算单桩的极限承载力。

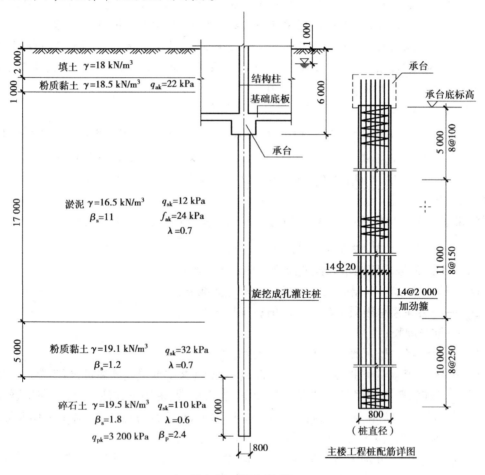

图 4.12 例 4.11 图

【解】 根据式(4.21):

$$Q_{uk} = u\sum q_{sjk}l_j + u\sum \beta_{si}q_{sik}l_{gi} + \beta_p q_{pk}A_p$$

桩身直径为 800 mm,侧阻和端阻尺寸效应都为 1,桩注浆后影响深度取 12 m。则:

$$Q_{uk} = 3.14 \times 0.8 \times 12 \times 14 + 3.14 \times 0.8 \times (1.0 \times 1.2 \times 32 \times 5 + 1.0 \times 1.8 \times 110 \times 7) +$$

$$2.4 \times 3\ 200 \times \frac{3.14}{4} \times 0.8^2 = 8\ 244.38(kN)$$

4.4.3　单桩竖向抗拔承载力特征值

对于高耸结构物桩基(如高压输电塔、电视塔、微波通信塔)、承受巨大浮托力作用的基础(如地下室、地下油罐),以及承受巨大水平荷载的桩基础(如码头、桥台、挡土墙),桩侧部分或全部承受上拔力,此时尚需验算桩的抗拔承载力。

《建筑桩基技术规范》(JGJ 94—2008)规定,对于设计等级为甲级和乙级建筑桩基,基桩的抗拔极限承载力应通过现场单桩上拔承载力载荷试验确定。单桩上拔静载荷试验及抗拔极限承载力标准值取值可按《建筑基桩检测技术规范》(JGJ 106—2014)进行。

如无当地经验时,群桩基础及设计等级为丙级建筑桩基,基桩的抗拔极限承载力取值按下列规定计算:

①群桩呈非整体破坏时,基桩的抗拔极限承载力标准值可按下式计算:

$$T_{uk} = \sum \lambda_i u q_{sik} l_i \tag{4.22}$$

式中　T_{uk}——基桩抗拔极限承载力标准值,kN;

u_i——桩身周长,m,对于等直径桩取 $u = \pi d$,对于扩底桩按表4.15取值;

λ_i——抗拔系数,可按表4.16取值。

表4.15　扩底桩破坏表面周长 u

自桩底起算的长度 l_i	$\leq (4 \sim 10) d$	$> (4 \sim 10) d$
u	πD	πd

注:l_i 对于软土取低值,对于卵石、砾石取高值;l_i 取值按内摩擦角增大而增大。

表4.16　抗拔系数 λ

土类	λ 值
砂土	$0.50 \sim 0.70$
黏性土、粉土	$0.70 \sim 0.80$

注:桩长 l 与桩径 d 之比小于20时,λ_i 取小值。

②群桩呈整体破坏时,基桩的抗拔极限承载力标准值可按下式计算:

$$T_{gk} = \frac{1}{n} u_L \sum \lambda_i q_{sik} l_i \tag{4.23}$$

式中　u_L——桩群外围周长,m;

n——桩基中的桩数。

③桩基竖向抗拔承载力验算。

承受上拔力的桩,应同时验算群桩基础呈整体破坏和呈非整体破坏时的基桩抗拔承载力。

整体破坏:

$$N_k \leq \frac{T_{gk}}{2} + G_{gp} \tag{4.24a}$$

非整体破坏:

$$N_k \leq \frac{T_{uk}}{2} + G_p \tag{4.24b}$$

式中　N_k——按荷载效应标准组合的基桩上拔力,kN;

　　　G_{gp}——群桩基础所包围体积桩土总自重设计值除以总桩数,地下水位以下取浮重度;

　　　G_p——基桩自重,地下水位以下取浮重度,kN。

式(4.24a)针对于整体破坏即群桩整体拔出,式(4.24b)针对于非整体破坏即单桩拔出。

【例4.12】　桩径为600 mm,扩底直径$D=1\,200$ mm,桩长10 m,桩侧土质如图4.13所示。地下水位在地面以下5 m处,水位以上土的重度取19 kN/m³,水位以下土的饱和重度取20.5 kN/m³,承台及底土的平均重度为20 kN/m³,桩身混凝土重度为25 kN/m³,采用干作业钻孔灌注工艺成桩。自桩底起5倍桩径内周长按扩大端直径计算。(其余所需数据按表4.17取值)

试估算呈非整体破坏和呈整体破坏时的基桩上拔承载力标准值。

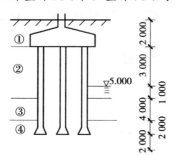
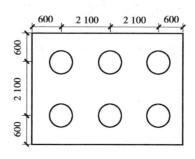

图4.13　例4.12图

表4.17　例4.12表

层号	土的名称	q_{sik}/kPa	厚度/m
①	人工填土	35	2
②	粉质黏土	50	4
③	黏质粉土	60	4
④	中砂	70	4

【解】　①呈非整体破坏时,$5d=3$ m。

$$T_{uk}=\sum \lambda_i q_{sik} u_i l_i$$

对$\lambda_i(l/d=10/0.6=16.7<20)$均取小值,第2、3层土取$\lambda_i=0.7$,第4层土取$\lambda_i=0.5$。

$T_{uk}=3.14\times0.6\times(0.7\times50\times4+0.7\times60\times3)+3.14\times1.2\times(0.7\times60\times1+0.5\times70\times2)$

　　　$=923.1(kN)$

$G_p=\dfrac{1}{6}\times(3.3\times5.4\times2\times20)+\dfrac{1}{4}\times3.14\times0.6^2\times[3\times25+4\times(25-10)]+$

　　　$\dfrac{1}{4}\times3.14\times1.2^2\times3\times(25-10)$

　　　$=207.9(kN)$

　　　$T_{uk}/2+G_p=923.1/2+207.9=669.45(kN)$

②群桩呈整体破坏时:

$T_{gk}=\dfrac{1}{n}u_L\sum \lambda_i q_{sik} l_i$

　　　$=\dfrac{1}{6}\times2\times(2.1+0.6+2\times2.1+0.6)\times(0.7\times50\times4+0.7\times60\times4+0.5\times70\times2)$

$$= 945(\text{kN})$$

$$G_{gp} = \frac{1}{6} \times [(3.3 \times 5.4 \times 2 \times 20) + (4.8 \times 2.7 \times 3 \times 20 + 4.8 \times 2.7 \times 7 \times 10)] = 400(\text{kN})$$

$$T_{gk}/2 + G_{gp} = 945/2 + 400 = 872.5(\text{kN})$$

【例 4.13】　某建筑物扩底抗拔灌注桩桩径 $d = 1.0$ m,桩长 12 m,扩底直径 $D = 1.8$ m,扩底段高度 $h_c = 1.2$ m,桩周土性参数如图 4.14 所示。试按《建筑桩基技术规范》(JGJ 94—2008)计算基坑的抗拔承载力标准值。(抗拔系数:粉质黏土 $\lambda = 0.7$,砂土 $\lambda = 0.5$)

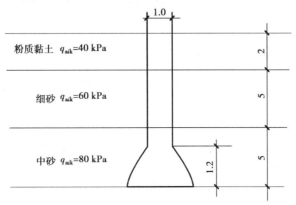

图 4.14　例 4.13 图

【解】　单桩抗拔承载力标准值为:

$$T_{uk} = \sum \lambda_i q_{sik} u_i l_i$$

根据《建筑桩基技术规范》(JGJ 94—2008),自桩底起算的长度 $l_i \leqslant (4 \sim 8)d$ 时,$u_i = \pi D$。l_i 对于软土取低值,对于卵石、砾石取高值,该桩扩底位于中砂,取 $l_i = 8d = 8 \times 1.0 = 8(\text{m})$。

$$u_i = \pi D = \pi \times 1.8 = 5.65(\text{m})$$

$$T_{uk} = 0.7 \times 40\pi d \times 2 + 0.5 \times 60\pi d \times 2 + 0.5 \times 60\pi D \times 3 + 0.5 \times 80\pi D \times 5$$

$$= 175.8 + 188.4 + 508.7 + 1\ 130.4 = 2\ 003.3(\text{kN})$$

4.5　单桩水平承载力与位移

4.5.1　影响水平承载力的因素

单桩水平承载力取决于桩的材料强度、截面刚度、入土深度、桩侧土质条件、桩顶嵌固情况等因素。对于受水平荷载较大的一级建筑桩基,单桩水平承载力设计值,应通过单桩水平荷载试验确定。在很多工程中,可以设置斜桩来抵抗水平荷载。

4.5.2　单桩水平静荷试验

单桩水平静荷试验是目前确定单桩水平承载力的主要方法,按《建筑地基基础设计规范》(GB 50007—2011)进行介绍。

①实验装置:采用千斤顶顶推或牵引法施加水平力。为保证作用力的方向始终水平和通过桩轴线,千斤顶和试验桩接触处应安置球形铰支座。

②加荷方法:单桩水平荷载试验宜采用多循环加卸载试验法。当需要测量桩身应力或应变时,宜采用慢速维持荷载法。

③实验要点:施加水平作用力的作用点宜与实际工程承台地面标高一致。试桩的竖向垂直度偏差不宜大于1%。

④试验方法:采用千斤顶顶推或采用牵引法施加水平力。

⑤实验过程:多循环加载时,荷载分级宜取设计或预估极限水平承载力的1/15～1/10。每级荷载施加后,维持恒载4 min测读水平位移,然后卸载至零,停2 min测读水平残余位移,至此完成一个加载循环,如此循环5次即完成一级荷载的试验观测。试验不得中途停歇。

⑥试验中止条件:

a. 在恒定荷载条件下,水平位移急剧增加;

b. 水平位移超过30～40 mm(软土或大直径桩时取大值);

c. 桩身折断。

⑦桩水平极限荷载 H_u 可按下列方法综合确定:

a. 取水平-时间-位移(H_0-t-X_0)曲线明显陡变的前一级荷载为极限荷载,慢速维持荷载法取 H_0-X_0 曲线明显产生陡变的起始点对应的荷载为极限荷载;

b. 取水平位移梯度(H_0-$\Delta X_0/\Delta H_0$)曲线第二直线段中点对应的荷载为极限荷载;

c. 取桩身折断的前一级荷载为极限荷载(图4.15)。

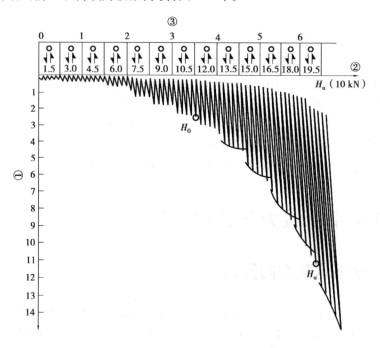

图4.15 单桩水平静载试验成果曲线

4.5.3 单桩水平承载力特征值

按《建筑桩基技术规范》(JGJ 94—2008),单桩水平承载力特征值的确定应符合下列规定:

①对于水平荷载较大的设计等级为甲级、乙级的建筑桩基,单桩水平承载力特征值应通过单桩水平荷载试验确定。

②对于钢筋混凝土预制桩、钢桩、桩身配筋率不小于 0.65% 的灌注桩,可根据静载试验结果,取地面水平位移为 10 mm(对于水平位移敏感的建筑物取水平位移 6 mm)所对应荷载的 75% 为单桩水平承载力特征值。

③对于桩身配筋率小于 0.65% 的灌注桩,可取单桩水平静载试验的临界荷载的 75% 为单桩水平承载力特征值。

④当缺少单桩水平静载试验资料时,可按下列公式估算桩身配筋率小于 0.65% 的灌注桩的单桩水平承载力特征值:

$$R_{ha} = \frac{0.75\alpha\gamma_m f_t W_0}{\nu_M}(1.25 + 22\rho_g)\left(1 \pm \frac{\zeta_N N_k}{\gamma_m f_t A_n}\right) \tag{4.25}$$

式中　α——桩的水平变形系数;

　　　R_{ha}——单桩水平承载力特征值,正负号根据桩顶竖向力性质确定,压力取"+",拉力取"−",kN;

　　　γ_m——桩截面模量塑性系数,圆形截面取 2,矩形截面取 1.75;

　　　f_t——桩身混凝土抗拉强度设计值,kPa;

　　　ν_M——桩身最大弯矩系数,按表 4.18 取值。当单桩基础和单排桩基纵向轴线与水平力方向垂直时,按桩顶铰接考虑;

　　　ρ_g——桩身配筋率;

　　　A_n——桩身换算面积,m^2,圆形截面:$A_n = \frac{\pi d^2}{4}[1 + (\alpha_E - 1)\rho_E]$,方形截面为:$A_n = b^2[1 + (\alpha_E - 1)\rho_E]$;

　　　ζ_N——桩顶竖向影响系数,竖向压力取 0.5,竖向拉力取 1.0;

　　　N_k——在荷载效应标准组合下桩顶竖向力,kN。

　　　W_0——桩身换算截面受拉边缘的截面模量,圆形截面为:$W_0 = \frac{\pi d}{32}[d^2 + 2(\alpha_E - 1)\rho_g d_0^2]$,

　　　　　方形截面为:$W_0 = \frac{b}{6}[b^2 + 2(\alpha_E - 1)\rho_g b_0^2]$。

其中,d 为桩的直径,d_0 为扣除保护层厚度的桩直径;b 为方形截面边长,b_0 为扣除保护层厚度的桩截面宽度;α_E 为钢筋弹性模量与混凝土弹性模量比值。

表 4.18　桩顶(身)最大弯矩系数 ν_M 和桩顶水平位移 ν_x

桩顶约束情况	桩的换算埋深(αh)	ν_M	ν_x
铰接、自由	4.0	0.768	2.441
	3.5	0.750	2.502
	3.0	0.703	2.727
	2.8	0.675	2.905
	2.6	0.639	3.163
	2.4	0.601	3.526
固接	4.0	0.926	0.940
	3.5	0.934	0.970
	3.0	0.967	1.028
	2.8	0.990	1.055
	2.6	1.018	1.079
	2.4	1.045	1.095

注:当 $\alpha h > 4$ 时,取 $\alpha h = 4$。

⑤当桩的水平承载力由水平位移控制,且缺少单桩水平静载资料时,可按下式估算预制桩、钢桩、桩身配筋率不小于0.65%的灌注桩单桩水平承载力特征值:

$$R_{ha} = 0.75 \times \frac{\alpha^3 EI}{\nu_x} \chi_{0a} \tag{4.26}$$

式中 EI ——桩身抗弯刚度,对于钢筋混凝土桩,$EI = 0.85 E_c I_0$;其中 E_c 为混凝土弹性模量,I_0 为桩身换算截面惯性矩:圆形截面 $I_0 = W_0 d_0/2$,矩形截面 $I_0 = W_0 b_0/2$;

χ_{0a} ——桩顶允许水平位移;

ν_x ——桩顶水平位移系数,按表4.18取值。

⑥验算永久荷载控制的桩基水平承载力时,应将上述方法确定的单桩水平承载力特征值乘以调整系数0.80;验算地震作用桩基的水平承载力时,应将上述方法确定的单桩水平承载力特征值乘以调整系数1.25。

【例4.14】 直径为800 mm的混凝土灌注桩,桩长 $L = 10$ m,桩身混凝土为C25,其 $E_c = 2.8 \times 10^4$ MPa,桩内配 12 ⚲ 20 钢筋,保护层厚 75 mm,$E_s = 2 \times 10^5$ MPa,桩侧土的 $m = 20$ MN/m^4,桩顶与承台固接。试确定在桩顶容许水平位移为 6 mm 时的单桩水平承载力特征值。

【解】 配筋率 $\rho_g = \dfrac{3.14 \times 12 \times 10^2}{3.14 \times 400^2} = 0.0075 = 0.75\% > 0.65\%$。

$$W_0 = \frac{\pi d}{32} [d^2 + 2(\alpha_E - 1)\rho_g d_0^2]$$

$$= \frac{3.14 \times 0.8}{32} \times [0.8^2 + 2 \times (\frac{2 \times 10^5}{2.8 \times 10^4} - 1) \times 0.0075 \times (0.8 - 0.075 \times 2)^2]$$

$$= 0.053 (m^3)$$

$$I_0 = \frac{d_0 W_0}{2} = \frac{(0.8 - 2 \times 0.075) \times 0.053}{2} = 0.01732 (m^4)$$

$$EI = 0.85 E_c I_0 = 0.85 \times 2.8 \times 10^4 \times 0.01732 = 4.122 \times 10^5 (kN \cdot m^2)$$

$$b_0 = 0.9 \times (1.5d + 0.5) = 0.9 \times (1.5 \times 0.8 + 0.5) = 1.53 (m)$$

$$\alpha = \sqrt[5]{\frac{mb_0}{EI}} = \sqrt[5]{\frac{20 \times 10^3 \times 1.53}{4.122 \times 10^5}} = 0.59$$

$$\alpha h = 0.59 \times 10 = 5.9 > 4$$

所以,$\nu_x = 0.94$。

所以,$R_{ha} = 0.75 \dfrac{\alpha^3 EI}{\nu_x} \chi_{0a} = 0.75 \times \dfrac{0.59^3 \times 4.122 \times 10^5}{0.94} \times 6 \times 10^{-3} = 405.3 (kN)$。

4.5.4 水平受荷桩的理论分析与位移

研究桩在水平方向的工作性能,需要理解桩的破坏机理,通常有两种情况。

①当桩径较大、入土深度较小或周围土松软,即桩的刚度远大于土层刚度,桩的相对刚度较大时,受水平力作用时桩身挠曲变形不明显,如同刚体一样围绕桩轴某一点转动。若不断增大横向荷载,则可能由于桩侧土强度不够而失稳,使桩丧失承载力或破坏。因此,在这种情况下,桩的水平承载力可能由桩侧土强度决定。

②当桩径较小、入土深度较大或周围土层较坚实,即桩的相对刚度较小时,由于桩侧土有足

够大的抗力,桩身发生挠曲变形,其侧向位移随着入土深度增加而逐渐减小,以致达到一定深度后几乎不受荷载影响。如果不断增加荷载,可使桩身在较大弯矩处发生断裂或使桩发生过大的侧向位移。因此,在这种情况下,桩的水平承载力由桩身材料的抗剪强度或侧向变形条件决定。

由于桩土相互作用机理非常复杂,根据《建筑桩基技术规范》(JGJ 94—2008)中的相关条文来说明水平受荷桩的内力与位移的计算。

将土体视为弹性体用梁的弯曲理论来求解桩的水平抗力 p_x,并假设 p_x 与桩的水平位移成正比,且不考虑桩土之间的摩擦力以及邻桩对水平抗力的影响,即:

$$p_x = k_h x b_0 \tag{4.27}$$

式中 b_0——桩身的计算宽度,m,按表 4.19 取值;

k_h——地基水平抗力系数,kN/m^3。

$k_h = mz^n$,m 为地基土水平抗力系数的比例系数,MN/m^4,宜通过单桩水平载荷试验确定,当无实测资料时,按表 4.20 取值。z 为地面以下任意深度,m、n 为待定指数。

表 4.19　桩身截面计算宽度 b_0

截面形状 截面宽度 b 或直径 d	圆形桩	方形桩
>1 m	$0.9(d+1)$	$b+1$
≤ 1 m	$0.9(1.5d+0.5)$	$1.5b+0.5$

表 4.20　地基水平抗力系数的比例系数 m 值

序号	地基土类别	预制桩、钢桩 m /(MN·m^{-4})	预制桩、钢桩 相应单桩在地面处水平位移 /mm	灌注桩 m /(MN·m^{-4})	灌注桩 相应单桩在地面处水平位移 /mm)
1	淤泥;淤泥质土;饱和湿陷性黄土	2~4.5	2~4.5	2~4.5	2~4.5
2	流塑($I_L>1$)、软塑($0.75<I_L\leq1$)状黏性土;$e>0.9$ 粉土;松散粉细砂;松散、稍密的填土	4.5~6.0	10	6~14	4~8
3	可塑($0.25<I_L\leq0.75$)状黏性土;$e=0.75~0.9$ 粉土;中密填土;稍密细砂	6.0~10	10	14~35	3~6
4	硬塑($0<I_L\leq0.25$)、坚硬($I_L\leq0$)状黏性土;$e<0.75$ 粉土;中密的中粗砂;密实老填土	6.0~10	10	35~100	2~5
5	中密、密实的砂砾、碎石类土	—	—	100~300	1.5~3

注:①当桩顶水平位移大于表列数值或灌注桩配筋率(≥0.65%)时,m 值应适当降低;当预制桩的水平向位移小于 10 mm 时,m 值可适当提高。

②当水平荷载为长期或经常出现的荷载时,应按表数值乘以 0.4 降低采用。

③当地基土为液化土层时,也应将表列数值按照液化土层影响进行折减。

对 n 值的假设不同有了许多不同的计算位移变形方法,如"k"法、"m"法、"c"法。实测资料表明,当桩的位移较大时,"m"法比较接近实际,在我国也应用较多,故对"m"法作简要介绍。

（1）桩的挠曲方程的建立及解

单桩挠曲微分方程水平受荷弹性桩在荷载作用下产生挠曲,其挠曲方程为:

$$\frac{\mathrm{d}^4 x}{\mathrm{d}z^4} + \frac{mb_0}{EI} zx = 0 \tag{4.28}$$

令

$$\alpha = \sqrt[5]{\frac{mb_0}{EI}} \tag{4.29}$$

式中 m——桩侧土水平抗力系数的比例系数;

   EI——桩身抗弯刚度;

   b_0——桩身的计算宽度,m。

对圆形桩:当直径 $d \leq 1$ m 时,$b_0 = 0.9(1.5d + 0.5)$;当直径 $d > 1$ m 时,$b_0 = 0.9(d + 1)$。

对方形桩:当直径 $b \leq 1$ m 时,$b_0 = 1.5b + 0.5$;当直径 $b > 1$ m 时,$b_0 = b + 1$。

则式(4.28)变成:

$$\frac{\mathrm{d}^4 x}{\mathrm{d}z^4} + \alpha^5 zx = 0 \tag{4.30}$$

式中 α——桩的水平变异系数,m^{-1}。

α 反映了桩的相对刚度。桩的刚度与入土深度不同,其受力破坏特性也不同。为此,水平受荷桩可根据 αh(h 为桩的入土深度)将桩分为刚性短桩($\alpha h \leq 2.5$)、弹性中长桩($2.5 < \alpha h < 4.0$)和弹性长桩($\alpha h \geq 4.0$)。

对于弹性长桩采用幂级数求解,可得桩身的位移、转角、弯矩、剪力、土抗力表达式。本书将给出具体推导,读者可自行阅读。

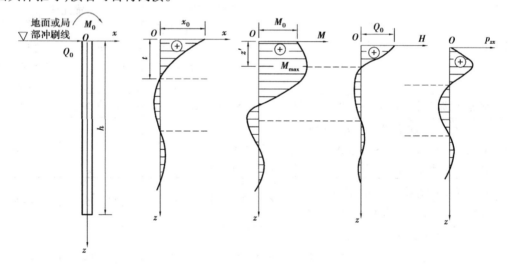

图 4.16　桩身受力示意图

如图 4.16 所示,桩的入土深度为 h,桩的宽度为 b,桩的计算宽度为 b_1。桩顶若与地面平齐,且已知桩顶在荷载为水平力 Q_0 及弯矩 M_0 作用下,产生横向位移 x_0、转角 φ_0。对桩因外力 x_0、M_0 作用,在不同深度 z 处产生的 φ_z, M_z, Q_z, x_z 的符号规定为:横向位移 x_z 顺 x 轴方向为正值;转角 φ_z 逆时针方向为正值;当 M_z 左侧纤维受拉时为正;横向力 Q_z 顺 x 轴正方向为正值。

在此情况下,桩产生弹性挠曲,由材料力学的微分方程可知,梁的挠曲与梁上分布荷载 q 之间的关系式,即梁的挠曲微分方程为:

$$EI \frac{\mathrm{d}^4 x}{\mathrm{d}z^4} = -q \tag{4.31}$$

在深度 z 处 $q = p_{zx} \cdot b_1$，而 $p_{zx} = Cx_z$，且假定地基系数 $C = mz$，代入式(4.31)则得出下式：

$$EI \frac{\mathrm{d}^4 x_z}{\mathrm{d}z^4} = -q = -p_{zx} \cdot b_1 = -mzx_z b_1 \qquad (4.32)$$

将上式整理可得：

$$\frac{\mathrm{d}^4 x_z}{\mathrm{d}z^4} + \frac{mb_1}{EI} zx_z = 0 \qquad (4.33)$$

因为 $\alpha = \sqrt[5]{\dfrac{mb_1}{EI}}$，将其带入式(4.33)得：

$$\frac{\mathrm{d}^4 x_z}{\mathrm{d}z^4} = -\alpha^5 zx_z \qquad (4.34)$$

并且知道当 $z = 0$，即地面处(或局部冲刷线)：

$$x_{(z=0)} = x_0 \qquad (4.35a)$$

$$\frac{\mathrm{d}x}{\mathrm{d}z}_{(z=0)} = \varphi_0 \qquad (4.35b)$$

$$EI \frac{\mathrm{d}^2 x}{\mathrm{d}z^2}_{(z=0)} = M_0 \qquad (4.35c)$$

$$EI \frac{\mathrm{d}^3 x}{\mathrm{d}z^3}_{(z=0)} = Q_0 \qquad (4.35d)$$

式(4.34)为四阶线性变系数常微分方程，可以利用高等数学幂级数展开的方法求解。假设：

$$x_z = \sum_{i=0}^{\infty} a_i z^i \left(= a_0 + a_1 z + a_2 z^2 + \cdots + a_i z^i\right) \qquad (4.36)$$

式中，a_i 为待定系数。

对式(4.36)求一阶导数，得：

$$\frac{\mathrm{d}x_z}{\mathrm{d}z} = \sum_{i=1}^{\infty} a_i \cdot i \cdot z^{i-1} \qquad (4.37)$$

对式(4.37)连续求四阶导数，得

$$\frac{\mathrm{d}^4 x_z}{\mathrm{d}z^4} = \sum_{i=4}^{\infty} a_i \cdot i \cdot (i-1)(i-2)(i-3) z^{i-4} \qquad (4.38)$$

假定方程式(4.34)的解为一幂级数，因此可将式(4.36)及式(4.38)代入式(4.34)而得如下恒等式：

$$\sum_{i=4}^{\infty} (i-3)(i-2)(i-1)i \cdot a_i z^{i-4} \equiv -\alpha^5 z \sum_{i=0}^{\infty} a_i z^i \equiv -\alpha^5 \sum_{i=0}^{\infty} a_i zx_z \qquad (4.39)$$

将式(4.39)展开：

$1 \times 2 \times 3 \times 4 a_4 z^0 + 2 \times 3 \times 4 \times 5 a_5 z + 3 \times 4 \times 5 \times 6 a_6 z^2 + 4 \times 5 \times 6 \times 7 a_7 z^3 + \cdots + (n+1)(n+2)(n+3)(n+4) a_{n+4} z^n + \cdots = -\alpha^5 (a_0 z + a_1 z^2 + a_2 z^3 + a_3 z^4 + \cdots + a_n z^{n+1} + \cdots)$

上述恒等式两边 z 的幂相同的项，其系数应该相等。因此，比较两边系数可得：

$$a_4 = 0, \quad a_5 = -\alpha^5 \frac{1}{5!} a_0, \quad a_6 = -\alpha^5 \frac{2}{6!} a_1$$

$$a_7 = -\alpha^5 \frac{3!}{7!} a_2, \quad a_8 = -\alpha^5 \frac{4!}{8!} a_3, \quad a_9 = -\alpha^5 \frac{5!}{9!} a_4 \qquad (4.40)$$

$$\vdots$$

由此可见,除 $a_4 = 0$ 外,其他各系数的通式为:

$$a_{n+4} = -\alpha^5 \frac{a_{n-1}}{(n+4)(n+3)(n+2)(n+1)} \qquad (4.41)$$

式中,$n = 1, 2, 3, 4, \cdots\cdots$

根据式(4.40)及式(4.41),各系数可改写成:

$a_{5k-1} = 0$(因为 a_{5k-1} 是 a_4 的倍数,而 $a_4 = 0$,故 a_{5k-1} 也等于0)

a_{5k} 是 a_0 的倍数,如 $a_5 = -\alpha^5 \dfrac{a_0}{5!}$,故当 $k = 2$ 时,则 $a_{10} = -\alpha^5 \dfrac{6}{6 \times 7 \times 8 \times 9 \times 10}$,将 a_5 代入则得:

$$a_{10} = -\alpha^5 \frac{6}{6 \times 7 \times 8 \times 9 \times 10} a_5 = (-1)^2 (\alpha^5)^2 \frac{6}{10!} a_0$$

又如当 $k = 3$ 时,

$$a_{15} = -\alpha^5 \frac{1}{15 \times 14 \times 13 \times 12} a_{10}$$

将 a_{10} 代入则得:

$$a_{15} = (-1)^2 (\alpha^5)^3 \left(\frac{6 \times 11}{15!} a_0 \right)$$

同理,a_{5k+1} 是 a_1 的倍数,a_{5k+2} 是 a_2 的倍数,a_{5k+3} 是 a_3 的倍数。若用通式来表示,则各系数可写为:

$$a_{5k} = (-1)^k (\alpha^5)^k \frac{(5k-4)!!}{(5k)!} a_0$$

$$a_{5k+1} = (-1)^k (\alpha^5)^k \frac{(5k-3)!!}{(5k+1)!} a_1$$

$$a_{5k+2} = (-1)^k (\alpha^5)^k \frac{2(5k-2)!!}{(5k+2)!} a_2$$

$$a_{5k+3} = (-1)^k (\alpha^5)^k \frac{6(5k-1)!!}{(5k+3)!} a_3 \qquad (4.42)$$

式中,$k = 1, 2, 3, 4, 5, \cdots\cdots$

式(4.42)中的 $(5k-4)!!$、$(5k-3)!!$、$(5k-2)!!$ 及 $(5k-1)!!$ 等均作为一种符号,它所表示的意义如下:

$(5k-4)!! = [5k-4][5(k-1)-4][5(k-2)-4]\cdots(5 \times 2-4)(5 \times 1-4)$

假定 $k = 4$,则:

$(5k-4)!! = (5 \times 4-4)(5 \times 3-4)(5 \times 2-4)(5 \times 1-4) = 16 \times 11 \times 6 \times 1$

由式(4.36)和式(4.42)可得:

$$x_z = \sum_{i=0}^{\infty} a_i z^i = a_0 + a_1 z + a_2 z^2 + a_3 z^3 + a_4 z^4 + \cdots$$

$$= a_0 + a_1 z + a_2 z^2 + a_3 z^3 + \sum_{k=1}^{\infty} a_{5k-1} \cdot z^{5k-1} + \sum_{k=1}^{\infty} a_{5k} \cdot z^{5k} +$$

$$\sum_{k=1}^{\infty} a_{5k+1} \cdot z^{5k+1} + \sum_{k=1}^{\infty} a_{5k+2} \cdot z^{5k+2} + \sum_{k=1}^{\infty} a_{5k+3} \cdot z^{5k+3}$$

$$= a_0 + a_1 z + a_2 z^2 + a_3 z^3 + 0 + \sum_{k=1}^{\infty} (-1)^k (\alpha^5)^k \times \frac{(5k-4)!!}{(5k)!} a_0 z^{5k} +$$

$$\sum_{k=1}^{\infty}(-1)^k(\alpha^5)^k \cdot \frac{(5k-3)!!}{(5k+1)!}a_1z^{5k+1} + \sum_{k=1}^{\infty}(-1)^k(\alpha^5)^k \cdot \frac{2(5k-2)!!}{(5k+2)!}a_2z^{5k+2} +$$

$$\sum_{k=1}^{\infty}(-1)^k(\alpha^5)^k \cdot \frac{6(5k-1)!!}{(5k+2)!}a_3z^{5k+3}$$

$$= a_0\Big[1 + \sum_{k=1}^{\infty}(-1)^k(\alpha^5)^k \cdot \frac{(5k-4)!!}{(5k)!}z^{5k}\Big] +$$

$$a_1\Big[z + \sum_{k=1}^{\infty}(-1)^k(\alpha^5)^k \cdot \frac{(5k-3)!!}{(5k+1)!}z^{5k+1}\Big] + a_2\Big[z^2 + \sum_{k=1}^{\infty}(-1)^k(\alpha^5)^k \cdot \frac{2(5k-2)!!}{(5k+2)!}z^{5k+2}\Big] +$$

$$a_3\Big[z^3 + \sum_{k=1}^{\infty}(-1)^k(\alpha^5)^k \cdot \frac{6(5k-1)!!}{(5k+3)!}z^{5k+3}\Big]$$

$$= a_0X_0(z) + a_1X_1(z) + a_2X_2(z) + a_3X_3(z) \tag{4.43}$$

式(4.43)中：

$$X_0(z) = 1 + \sum_{k=1}^{\infty}(-1)^k(\alpha^5)^k \cdot \frac{(5k-4)!!}{(5k)!}z^{5k} \tag{4.44}$$

同理，$X_1(z)$、$X_2(z)$、$X_3(z)$ 分别对应于上式。

将初始条件代入式(4.43)便可得到系数 a_0,a_1,a_2,a_3。

当 $z=0$ 时，由式(4.43)得：

$$x_0 = a_0X_0(0) + a_1X_1(0) + a_2X_2(0) + a_3X_3(0)$$

由式(4.44)可得：

$$X_0(0) = 1$$
$$X_1(0) = 0$$
$$X_2(0) = 0$$
$$X_3(0) = 0$$

故：

$$a_0 = x_0$$

将式(4.44)中每一式子求一次导数，并将 $z=0$ 代入，显然除了 $X_1(z)$ 导数中第一项不为零外，其余皆等于零。故从式(4.44)可得：

$$\frac{\mathrm{d}x}{\mathrm{d}z}_{(z=0)} = a_1$$

根据式(4.35)可知，$\frac{\mathrm{d}x}{\mathrm{d}z}_{(z=0)} = \varphi_0$，所以 $a_1 = \varphi_0$，同理可得：

$$\frac{\mathrm{d}^2x}{\mathrm{d}z^2}_{(z=0)} = \frac{M_0}{EI} = 2a_2$$

$$a_2 = \frac{1}{2} \cdot \frac{M_0}{EI}$$

$$\frac{\mathrm{d}^3x}{\mathrm{d}z^3}_{(z=0)} = \frac{Q_0}{EI} = 6a_3$$

$$a_3 = \frac{1}{6} \cdot \frac{Q_0}{EI}$$

将 a_0,a_1,a_2,a_3 各值代入式(4.43)，则得深度为 z 处桩的横向位移（挠度）值为：

$$x_z = x_0X_0(z) + \varphi_0X_1(z) + \frac{1}{2} \cdot \frac{M_0}{EI}X_2(z) + \frac{1}{6} \cdot \frac{Q_0}{EI}X_3(z) \tag{4.45}$$

由此得到桩的轴线挠曲方程：

$$x_z = x_0 A_1 + \frac{\varphi_0}{\alpha} B_1 + \frac{M_0}{\alpha^2 EI} C_1 + \frac{Q_0}{\alpha^3 EI} D_1 \qquad (4.46)$$

由基本假定，已知 $p_{zx} = Cx_z = mzx_z$，将式(4.46)代入此式，则在深度 z 处的桩侧土的弹性抗力计算式：

$$p_{zx} = mz \left(x_0 A_1 + \frac{\varphi_0}{\alpha} B_1 + \frac{M_0}{\alpha^2 EI} C_1 + \frac{Q_0}{\alpha^3 EI} D_1 \right) \qquad (4.47)$$

式(4.47)中：

$$A_1 = X_0(z) = 1 + \sum_{k=1}^{\infty} (-1)^k \cdot \frac{(5k-4)!!}{(5k)!} (\alpha z)^{5k}$$

$$= 1 - \frac{(\alpha z)^5}{5!} + \frac{1 \times 6}{10!} (\alpha z)^{10} - \frac{1 \times 6 \times 11}{15!} (\alpha z)^{15} + \frac{1 \times 6 \times 11 \times 16}{20!} (\alpha z)^{20} -$$

$$\frac{1 \times 6 \times 11 \times 16 \times 21}{25!} (\alpha z)^{25} + \cdots$$

$$B_1 = \alpha X_1(z) = \alpha \left[z + \sum_{k=1}^{\infty} (-1)^k \frac{(5k-3)!!}{(5k+1)!} \cdot \frac{1}{\alpha} (\alpha z)^{5k+1} \right]$$

$$= \alpha z - \frac{2}{6!} (\alpha z)^6 + \frac{2 \times 7}{11!} (\alpha z)^{11} - \cdots$$

$$C_1 = \frac{\alpha}{2} X_2(z) = \frac{\alpha}{2} \left[z^2 + \sum_{k=1}^{\infty} (-1)^k \frac{(5k-2)!!}{(5k+2)!} \cdot \frac{2}{\alpha^2} (\alpha z)^{5k+2} \right]$$

$$= \frac{1}{2!} (\alpha z)^2 - \frac{3}{7!} (\alpha z)^7 + \frac{3 \times 8}{12!} (\alpha z)^{12} - \cdots$$

$$D_1 = \frac{\alpha^3}{6} X_3(z) = \frac{\alpha^3}{6} \left[z^3 + \sum_{k=1}^{\infty} (-1)^k \frac{(5k-1)!!}{(5k+3)!} \cdot \frac{6}{\alpha^3} (\alpha z)^{5k+3} \right]$$

$$= \frac{1}{3!} (\alpha z)^3 - \frac{4}{8!} (\alpha z)^8 + \frac{4 \times 9}{13!} (\alpha z)^{13} - \frac{4 \times 9 \times 14}{18!} (\alpha z)^{18} + \cdots$$

将式(4.46)求一次导数则得：

$$\frac{\mathrm{d}x_z}{\mathrm{d}z} = \varphi_z = x_0 \alpha A_2 + \frac{\varphi_0}{\alpha} \alpha B_2 + \frac{M_0}{\alpha^2 EI} \alpha C_2 + \frac{Q_0}{\alpha^3 EI} \alpha D_2$$

$$\frac{\varphi_z}{\alpha} = x_0 A_2 + \frac{\varphi_0}{\alpha} B_2 + \frac{M_0}{\alpha^2 EI} C_2 + \frac{Q_0}{\alpha^3 EI} D_2 \qquad (4.48)$$

其中，A_2, B_2, C_2, D_2 分别是将 A_1, B_1, C_1, D_1 求一次导数并除以 α 而得：

$$A_2 = -\frac{(\alpha z)^4}{4!} + \frac{6}{9} (\alpha z)^9 - \frac{6 \times 11}{14!} (\alpha z)^{14} + \frac{6 \times 11 \times 16}{19!} (\alpha z)^{19} - \cdots$$

$$B_2 = 1 - 2 \frac{(\alpha z)^5}{5!} + \frac{2 \times 7}{10!} (\alpha z)^{10} - \frac{2 \times 7 \times 12}{15!} (\alpha z)^{15} + \cdots$$

$$C_2 = \alpha z - \frac{3}{6!} (\alpha z)^6 + \frac{3 \times 8}{11!} (\alpha z)^{11} - \frac{3 \times 8 \times 13}{16!} (\alpha z)^{16} + \cdots$$

$$D_2 = \frac{1}{2!} (\alpha z)^2 - \frac{4}{7!} (\alpha z)^7 + \frac{4 \times 9}{12!} (\alpha z)^{12} - \frac{4 \times 9 \times 14}{17!} (\alpha z)^{17} + \cdots$$

将式(4.48)求一次导数得：

$$\frac{\mathrm{d}^2 x_z}{\mathrm{d}z^2} = x_0 \alpha^2 A_3 + \frac{\varphi_0}{\alpha} B_3 + \frac{M_3}{\alpha^2 EI} \alpha^2 C_3 + \frac{Q_0}{\alpha^3 EI} D_3 \qquad (4.49)$$

由材料力学可知：

$$\frac{\mathrm{d}^2 x_z}{\mathrm{d}z^2} = \frac{M_z}{EI}$$

故式(4.49)可改写为：

$$\frac{M_z}{\alpha^2 EI} = x_0 A_3 + \frac{\varphi_0}{\alpha} B_3 + \frac{M_0}{\alpha^2 EI} \alpha^2 C_3 + \frac{Q_0}{\alpha^3 EI} D_3 \qquad (4.50)$$

其中，A_3, B_3, C_3, D_3 分别是将 A_2, B_2, C_2, D_2 求一次导数并除以 α 而得：

$$A_3 = -\frac{(\alpha z)^3}{3!} + \frac{6}{8!}(\alpha z)^8 - \frac{6 \times 11}{13!}(\alpha z)^{13} + \frac{6 \times 11 \times 16}{18!}(\alpha z)^{18} - \cdots$$

$$B_3 = -2\frac{(\alpha z)^4}{4!} + \frac{2 \times 7}{9!}(\alpha z)^9 - \frac{2 \times 7 \times 12}{14!}(\alpha z)^{14} + \cdots$$

$$C_3 = 1 - \frac{3}{5!}(\alpha z)^5 + \frac{3 \times 8}{10!}(\alpha z)^{10} - \frac{3 \times 8 \times 13}{15!}(\alpha z)^{15} + \cdots$$

$$D_3 = \alpha z - \frac{4}{6!}(\alpha z)^6 + \frac{4 \times 9}{11!}(\alpha z)^{11} - \frac{4 \times 9 \times 14}{16!}(\alpha z)^{16} + \cdots$$

再将式(4.50)求一次导数则得：

$$\frac{\mathrm{d}^3 x_z}{\mathrm{d}z^3} = x_0 \alpha^3 A_4 + \frac{\varphi_0}{\alpha} \alpha^3 B_4 + \frac{M_0}{\alpha^2 EI} \alpha^3 C_4 + \frac{Q_0}{\alpha^3 EI} \alpha^3 D_4 \qquad (4.51)$$

又根据材料力学可知：

$$\frac{\mathrm{d}^3 x_z}{\mathrm{d}z^3} = \frac{Q}{EI}$$

故式(4.51)可改写为：

$$\frac{Q_z}{\alpha^3 EI} = x_0 A_4 + \frac{\varphi_0}{\alpha} B_4 + \frac{M_0}{\alpha^2 EI} C_4 + \frac{Q_0}{\alpha^3 EI} D_4 \qquad (4.52)$$

其中，A_4, B_4, C_4, D_4 分别是将 A_3, B_3, C_3, D_3 求一次导数并除以 α 而得：

$$A_4 = -\frac{(\alpha z)^2}{2!} + \frac{6}{7!}(\alpha z)^7 - \frac{6 \times 11}{12!}(\alpha z)^{12} + \frac{6 \times 11 \times 16}{17!}(\alpha z)^{17} - \cdots$$

$$B_4 = -2\frac{(\alpha z)^3}{3!} + \frac{2 \times 7}{8!}(\alpha z)^8 - \frac{2 \times 7 \times 12}{13!}(\alpha z)^{13} + \cdots$$

$$C_4 = -\frac{3}{4}(\alpha z)^4 + \frac{3 \times 8}{9!}(\alpha z)^9 - \frac{3 \times 8 \times 13}{14!}(\alpha z)^{14} + \cdots$$

$$D_4 = 1 - \frac{4}{5!}(\alpha z)^5 + \frac{4 \times 9}{10!}(\alpha z)^{10} - \frac{4 \times 9 \times 14}{15!}(\alpha z)^{15} + \cdots$$

式(4.46)、(4.47)、(4.48)、(4.50)、(4.52)中，$A_1, B_1, C_1, \cdots, C_4, D_4$ 为 16 个无量纲系数，也称影响函数。可以根据不同的换算深度 $\bar{\alpha z} = \bar{z}$ 汇成表格，这样就便于计算 $\alpha z > 4.0$ 处，M_z, Q_z, p_{zx} 可以认为等于零。

分析式(4.46)、(4.48)、(4.50)、(4.52)4 个基本公式可知，当 x_0, φ_0, M_z, Q_z 为已知值时，桩在地面下各处的 x_z, φ_z, M_z, Q_z 就有确定的数值。其中，M_0, Q_0 可以根据桩顶受力情况确定，而另外两个参数 x_0, φ_0 需要根据边界条件确定。由于不同类型的桩，其桩底边界条件不同，现根据不同边界条件求解 x_0, φ_0。

（2）摩擦桩、柱桩 x_0、φ_0 的计算

摩擦桩、柱桩在外荷载作用下，柱底将产生位移 x_h，φ_h，如图 4.17 所示。当柱底产生转角位移 φ_h 时，与之相应的桩底弯矩值 M_h 为：

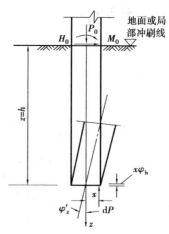

$$M_h = \int_{A_0} x \mathrm{d}P_x = -\int_{A_0} x \cdot x \cdot \varphi_h \cdot C_0 \mathrm{d}A_0$$

$$= -\varphi_h C_0 \int_{A_0} x^2 \mathrm{d}A_0 = -\varphi_h C_0 I_0$$

式中 A_0——桩底面积；

       I_0——桩底面积对其重心轴的惯性矩；

       C_0——基底土的竖向地基系数，$C_0 = m_0 h_0$。

这是一个边界条件。此外，忽略桩与桩底土之间的摩擦阻力，所以认为 $Q_h = 0$，这是另一个边界条件。

图 4.17 桩底土抗力情况

将 $M_h = -\varphi_h C_0 I_0$ 及 $Q_h = 0$ 分别代入式（4.50）和式（4.52）中得：

$$M_h = \alpha^2 EI\left(x_0 A_3 + \frac{\varphi_0}{\alpha}B_3 + \frac{M_0}{\alpha^2 EI}C_3 + \frac{Q_0}{\alpha^3 EI}\right) = -C_0 \varphi_h I_0$$

$$Q_h = \alpha^3 EI\left(x_0 A_4 + \frac{\varphi_0}{\alpha}B_3 + \frac{M_0}{\alpha^2 EI}C_4 + \frac{Q_0}{\alpha^3 EI}D_4\right) = 0$$

又

$$\varphi_h = \alpha\left(x_0 A_2 + \frac{\varphi_0}{\alpha}B_2 + \frac{M_0}{\alpha^2 EI} + \frac{Q_0}{\alpha^3 EI}D_2\right)$$

联立以上方程求解，并令 $\dfrac{C_0 I_0}{\alpha EI} = K_h$，则得：

$$x_0 = \frac{Q_0}{\alpha^3 EI}A_x^0 + \frac{M_0}{\alpha^2 EI}B_x^0$$

$$\varphi_0 = -\left(\frac{Q_0}{\alpha^3 EI}A_\varphi^0 + \frac{M_0}{\alpha EI}B_\varphi^0\right) \tag{4.53}$$

式（4.53）中：

$$A_x^0 = \frac{(B_3 D_4 - B_4 D_3) + K_h(B_2 D_4 - B_4 D_2)}{(A_3 B_4 - A_4 B_3) + K_h(A_2 B_4 - A_4 B_2)}$$

$$B_x^0 = \frac{(B_3 C_4 - B_4 C_3) + K_h(B_2 D_4 - B_4 D_2)}{(A_3 B_4 - A_4 B_3) + K_h(A_2 B_4 - A_4 B_2)}$$

$$A_\varphi^0 = \frac{(A_3 D_4 - A_4 D_3) + K_h(A_2 D_4 - A_4 D_2)}{(A_3 B_4 - A_4 B_3) + K_h(A_2 B_4 - A_4 B_2)}$$

$$B_\varphi^0 = \frac{(AC - AC) + K_h(A_2 C_4 - A_4 C_2)}{(AB - AB) + K_h(A_2 B_4 - A_4 B_2)}$$

根据分析，摩擦桩且 $\alpha h > 2.5$ 或柱桩且 $\alpha h \geqslant 3.5$ 时，φ_h 甚小，M_h 几乎为零。此时，K_h 对以上函数影响极小，可以认为 $K_h = 0$。则式（4.53）简化为：

$$x_0 = \frac{Q_0}{\alpha^3 EI}A_{x_0} + \frac{M_0}{\alpha^2 EI}B_{x_0}$$

$$\varphi_0 = -\left(\frac{Q_0}{\alpha^2 EI}A_{\varphi_0} + \frac{M_0}{\alpha^2 EI}B_{\varphi_0}\right) \tag{4.54}$$

式(4.54)中：

$$A_{x_0} = \frac{B_3 D_4 - B_4 D_3}{A_3 B_4 - A_4 B_3}, B_{x_0} = \frac{B_3 C_4 - B_4 C_3}{A_3 B_4 - A_4 B_3}$$

$$A_{\varphi_0} = \frac{A_3 D_4 - A_4 D_3}{A_3 B_4 - A_4 B_3}, B_{\varphi_0} = \frac{A_3 C_4 - A_4 C_3}{A_3 B_4 - A_4 B_3}$$

(3)嵌岩桩 x_0、φ_0 的计算

如果桩底嵌固于风化岩层内有足够深度，可根据桩底 x_h、φ_h 等于零这两个边界条件，将式(4.46)、(4.48)写成：

$$x_h = x_0 A_1 + \frac{\varphi_0}{\alpha} B_1 + \frac{M_0}{\alpha^2 EI} C_1 + \frac{Q_0}{\alpha^3 EI} D_1 = 0$$

$$\varphi_h = \alpha \left(X_0 A_2 + \frac{\varphi_0}{\alpha} B_2 + \frac{M_0}{\alpha^2 EI} C_2 + \frac{Q_0}{\alpha^3 EI} D_2 \right) = 0$$

联立解得：

$$x_0 = \frac{Q_0}{\alpha^3 EI} A_{x_0}^0 + \frac{M_0}{\alpha^2 EI} B_{x_0}^0$$

$$\varphi_0 = -\left(\frac{Q_0}{\alpha^2 EI} A_{x_0}^0 + \frac{M_0}{\alpha EI} B_{\varphi_0}^0 \right) \tag{4.55}$$

式(4.55)中：

$$A_{x_0}^0 = \frac{B_2 D_1 - B_1 D_2}{A_2 B_1 - A_1 B_2}, B_{x_0}^0 = \frac{B_2 C_1 - B_1 C_2}{A_2 B_1 - A_1 B_2}$$

$$A_{\varphi_0}^0 = \frac{A_2 D_1 - A_1 D_2}{A_2 B_1 - A_1 B_2}, B_{\varphi_0}^0 = \frac{A_2 C_1 - A_1 C_2}{A_2 B_1 - A_1 B_2}$$

大量计算表明，当 $\alpha h \geq 4.0$ 时，桩身在底面处的位移 x_0、转角 φ_0 与桩底边界条件无关。因此当 $\alpha h \geq 4.0$ 时，嵌岩桩与摩擦桩计算公式均可以通用。求得 x_0，φ_0 后，便可以连同已知的 M_0，Q_0 一起代入式(4.46)、(4.48)、(4.50)、(4.52)，从而求得桩在地面以下任意深度的内力、位移及桩侧土抗力。

(4)计算桩身内力及位移的无量纲法

按照上述各式计算，用基本公式计算 x_z，φ_z，M_z，Q_z 时，计算工作很烦琐。若桩的支承条件及深度符合一定要求，可采用无量纲法进行计算，即直接由已知的 M_0，Q_0 求解。

①对于 $\alpha h > 2.5$ 的摩擦桩及 $\alpha h \geq 3.5$ 的柱桩，将式(4.54)代入式(4.46)得：

$$x_z = \left(\frac{Q_0}{\alpha^3 EI} A_{x_0} + \frac{M_0}{\alpha^2 EI} B_{x_0} \right) A_1 - \frac{B_1}{\alpha} \left(\frac{Q_0}{\alpha^2 EI} A_{\varphi_0} + \frac{M_0}{\alpha EI} B_{\varphi_0} \right) + \frac{M_0}{\alpha^2 EI} + \frac{Q_0}{\alpha^3 EI} D_1$$

$$= \frac{Q_0}{\alpha^3 EI} (A_1 A_{x_0} - B_1 A_{\varphi_0} + D_1) + \frac{M_0}{\alpha^2 EI} (A_1 B_{x_0} - B_1 B_{\varphi_0} + C_1)$$

$$= \frac{Q_0}{\alpha^3 EI} A_x + \frac{M_0}{\alpha^2 EI} B_x \tag{4.56a}$$

式中，$A_x = A_1 A_{x_0} - B_1 A_{\varphi_0} + D_1$，$B_x = A_1 B_{x_0} - B_1 B_{\varphi_0} + C_1$。

同理，将式(4.54)别代入式(4.48)、(4.50)、(4.52)再经整理归纳即可得：

$$\varphi_z = \frac{Q_0}{\alpha^2 EI} A_\varphi + \frac{M_0}{\alpha EI} B_\varphi \tag{4.56b}$$

$$M_z = \frac{Q_0}{\alpha} A_M + M_0 B_M \tag{4.56c}$$

$$Q_z = Q_0 A_Q + \alpha M_0 B_Q \tag{4.56d}$$

②对于 $\alpha h > 2.5$ 的嵌岩桩,将式(4.55)分别代入式(4.46)、(4.48)、(4.50)、(4.52)再经整理得:

$$x_z = \frac{Q_0}{\alpha^2 EI} A_x^0 + \frac{M_0}{\alpha EI} B_x^0 \tag{4.57a}$$

$$\varphi_z = \frac{Q_0}{\alpha^3 EI} A_x^0 + \frac{M_0}{\alpha EI} B_\varphi^0 \tag{4.57b}$$

$$M_z = \frac{Q_0}{\alpha} A_M^0 + M_0 B_M^0 \tag{4.57c}$$

$$Q_z = Q_0 A_Q^0 + \alpha M_0 B_Q^0 \tag{4.57d}$$

式(4.56)、(4.57)即为桩在地面下位移及内力的无量纲计算公式。其中,无量纲系数 A_x,B_x,A_φ,B_φ,A_M,B_M,A_Q,B_Q 及 A_x^0,B_x^0,A_φ^0,B_φ^0,A_M^0,B_M^0,A_Q^0,B_Q^0,已制成表格。使用时根据不同的桩底支承条件,选择不同的计算公式。

(5)桩身最大弯矩位置 $z_{M_{max}}$ 和最大弯矩 M_{max} 的确定

确定桩身各截面处弯矩 M_z,主要用于检验桩的截面强度和配筋计算。为此要找出弯矩最大截面所在的位置 $z_{M_{max}}$ 及相应的最大弯矩 M_{max} 值。一般可将各深度 z 处的 M_z 值求出后绘制 z-M_z 图,即可从图中求得,也可以用解析法求得 $z_{M_{max}}$ 和 M_{max} 值。

在弯矩最大截面处其剪力为零,因此 $Q = 0$ 处的截面即为弯矩最大位置截面。由式(4.57d)令 $Q_z = Q_0 A_Q + \alpha M_0 B_Q = 0$,则:

$$\frac{\alpha M_0}{Q_0} = -\frac{A_Q}{B_Q} = C_Q \tag{4.58}$$

式中,C_Q 是与 αz 有关的系数,可由规范附表求得。查出 C_Q 后,已知 $\alpha = \sqrt[5]{\dfrac{mb_1}{EI}}$,所以最大弯矩所在位置 $z = z_{M_{max}}$ 值即可求得。

由式(4.58)可得:

$$M_0 = \frac{Q_0}{\alpha} C_Q \tag{4.59}$$

将式(4.59)代入式(4.57c)则得:

$$M_{max} = \frac{M_0}{C_Q} A_M + M_0 B_M = M_0 K_M \tag{4.60}$$

式中,$K_M = \dfrac{A_M}{C_Q} + B_M$,为无量纲系数,同样可由相应规范附表查取。

4.6 群桩承载力与沉降

4.6.1 群桩效应

对于群桩基础,作用于承台上的荷载实际是由桩和地基土共同承担的。承台、桩、地基土的相互作用情况不同,使桩端、桩侧阻力和地基土的阻力因桩基类型而异。

1)端承型桩基础

由于端承型桩基持力层坚硬,桩顶沉降较小,桩侧摩阻力不容易发挥,桩顶荷载基本通过桩身直接传到桩端土层上。而桩端处承压面积很小,各桩端的压力彼此互不影响,因此可以近似认为端承型群桩的基桩工作性状基本与单桩类似;同时,由于桩的变形很小,桩间土基本不受影响,此时的群桩承载力就等于各单桩承载力之和,群桩沉降量也基本与单桩沉降相同(图4.18)。

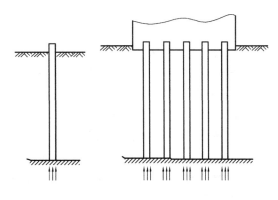

图4.18　端承型桩基础

2)摩擦型桩基础

各桩均匀受荷。与独立单桩相同,桩顶荷载 Q 主要通过桩侧阻力将上部荷载传递到桩周土层中。桩侧摩阻力在土中引起的附加应力 σ 按某一角度 α 沿桩长向下扩散分布,至桩端平面处,压力分布如图4.19(a)所示。当桩数少,单桩间距大,当 $S_a > 6d$,桩端平面处传来的压力互不重叠或重叠不多[图4.19(a)],此时群桩的承载力等于各单桩承载力之和。当桩数较多,桩距较小时,如常用桩距 $S_a = (3 \sim 4)d$,桩端传来的压力将相互叠加,如图4.19(b)所示。

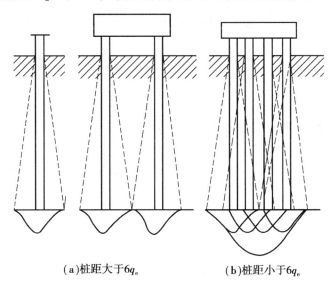

(a)桩距大于 $6q_e$ 　　　　　(b)桩距小于 $6q_e$

图4.19　摩擦型桩基础

桩端处压力比单桩时大得多,桩端以下压缩土层的厚度也要比单桩要深,此时群桩的工作状态与单桩相比迥然不同,其承载力小于各单桩承载力之和,沉降量则大于单桩沉降量,即所谓群桩效应。通常,砂土和粉土中的桩基,群桩效应使桩的侧摩阻力提高;而黏性土中的桩基,在常见桩距下,群桩效应往往使侧阻力降低。考虑群桩效应后,桩端平面处应力增加较多,极限桩端阻力相应提高。故群桩效率系数可能大于1,也可能小于1。

4.6.2　承台效应

摩擦型群桩在竖向荷载作用下,由于桩土相对位移,桩间土对承台产生一定竖向抗力,成为桩基竖向承载力的一部分而分担荷载,称为承台效应(图4.20)。承台底地基土承载力特征值发挥率称为承台效应系数。考虑承台效应,即由基桩和承台地基土共同承担荷载的桩基础,称为复合桩基;单桩及其对应面积的承台下地基土组成的复合承载基桩称为复合基桩。

大量室内研究和现场试验实测表明:对于摩擦型桩基,除承台底面存在几类特殊性质土层和动力作用的情况外,承台下桩间土均参与承担承台部分外荷载,且承担比例随桩距增大而增大。

设计复合桩基时,承台分担荷载是以桩基的整体下沉为前提,所以只有在桩基沉降不会危及建筑安全和正常使用,且承台底不与软土直接接触时,才宜于开发承台底土抗力的潜力。因此,对于端承型桩基、桩数少于4根的摩擦型柱下独立桩基,以及下列情况时,不能考虑承台效应:

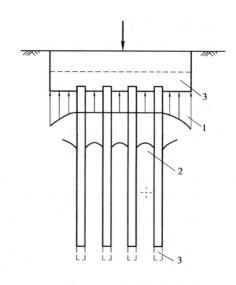

图4.20 承台底反力图示
1—承台底土反力;2—土层位移;3—桩端位移

①承受经常出现的动力作用,如铁路桥梁桩基;

②承台下存在可能产生负摩阻力的土层,如湿陷性黄土、欠固结土、新填土、高灵敏软土以及可液化土,或由于降低地下水位地基土固结而与承台脱开;

③在饱和软土中密集桩群,引起超孔隙水压力和土体隆起,随着时间推移,桩间土逐渐固结下沉而与承台脱开等。

对于建在一般土层上,桩长较短而桩距较大,或承台外区(桩群外包络线以外范围)面积较大的桩基,承台下桩间土对荷载的分担效应比较显著。

4.6.3 基桩和复合基桩的竖向承载力

《建筑桩基技术规范》(JGJ 94—2008)在考虑了承台效应的作用下,给出一般基桩和复合基桩的竖向承载力计算方式。

单桩竖向承载力特征值 R_a 应按下式确定:

$$R_a = \frac{1}{K} Q_{uk} \tag{4.61}$$

式中 Q_{uk}——单桩竖向极限承载力标准值;

K——安全系数,取 $K = 2$。

对于端承型桩基、桩数少于4根的摩擦型柱下独立桩基、或由于地层土性、使用条件因素不宜考虑承台效应时,基桩竖向承载力特征值应取单桩竖向承载力特征值。

对于符合以下条件的摩擦型桩基础,宜考虑承台效应确定其复合基桩的竖向承载力特征值:

①上部结构整体刚度较好、体型简单的建(构)筑物;

②对差异沉降适应性较强的排架结构和柔性构筑物;

③按变刚度调平原则设计的桩基刚度相对弱化区;

④软土地基的减沉复合疏桩基础。

考虑承台效应的复合基桩竖向承载力特征值可按下列公式确定:

不考虑地震作用时:

$$R = R_a + \eta_c f_{ak} A_c \qquad (4.62)$$

考虑地震作用时：

$$R = R_a + \frac{\zeta_a}{1.25} \eta_c f_{ak} A_c \qquad (4.63)$$

$$A_c = (A - n A_{ps})/n \qquad (4.64)$$

式中　η_c——承台效应系数，可按表 4.21 取值；

f_{ak}——承台下 1/2 承台宽度且不超过 5 m 深度范围内各层土的地基承载力特征值按厚度加权的平均值；

A_c——计算基桩所对应的承台底净面积；

A_{ps}——桩身截面面积；

A——承台计算域面积对于柱下独立桩基，A 为承台总面积；对于桩筏基础，A 为柱、墙筏板的 1/2 跨距和悬臂边 2.5 倍筏板厚度所围成的面积；桩集中布置于单片墙下的桩筏基础，取墙两边各 1/2 跨距围成的面积，按条形承台计算；

ζ_a——地基抗震承载力调整系数，应按《建筑抗震设计规范》(GB 50011—2010)采用。

当承台底为可液化土、湿陷性土、高灵敏度软土、欠固结土、新填土时，沉桩引起超孔隙水压力和土体隆起时，不考虑承台效应取 $\eta_c = 0$。

表 4.21　承台效应系数 η_c

B_c/L \ S_a/d	3	4	5	6	>6
≤0.4	0.06 ~ 0.08	0.14 ~ 0.17	0.22 ~ 0.26	0.32 ~ 0.38	0.50 ~ 0.80
0.4 ~ 0.8	0.06 ~ 0.08	0.17 ~ 0.20	0.26 ~ 0.30	0.38 ~ 0.44	
>0.8	0.10 ~ 0.12	0.20 ~ 0.22	0.30 ~ 0.34	0.44 ~ 0.50	
单排桩条形承台	0.15 ~ 0.18	0.25 ~ 0.30	0.38 ~ 0.45	0.50 ~ 0.60	

注：①表中 S_a/d 为桩中心距与桩径之比；B_c/l 为承台宽度与桩长之比。当计算基桩为非正方形排列时，$S_a = \sqrt{A/n}$，A 为承台计算域面积，n 为桩总数。

②对于桩布置于墙下的箱、筏承台，η_c 可按单排桩条形承台取值。

③对于单排条形承台，当承台宽度小于 1.5d 时，η_c 按非条形承台取值。

④对于后注浆灌注桩的承台，η_c 宜取低值。

⑤对于饱和黏性土中的挤土桩基、软土地基上的桩基承台，η_c 宜取低值的 0.8 倍。

【例 4.15】 某承台下设 3 根桩，桩径为 600 mm 钻孔灌注桩（干作业），桩长 11 m，各层土的厚度、侧阻、端阻如图 4.21 所示。试估算基桩竖向承载力特征值。

【解】 $Q_{sk} = u \sum q_{sik} l_i = 3.14 \times 0.6 \times (5 \times 40 + 5 \times 55 + 1 \times 70) = 1\,026.8\,(kN)$

$$Q_{pk} = q_{pk} A_p = 1\,000 \times \frac{3.14 \times 0.6^2}{4} = 282.6\,(kN)$$

因为 $Q_{sk} > Q_{pk}$，桩为端承摩擦桩。

$n = 3 < 4$，则取 $R = R_a$［根据《建筑桩基技术规范》(JGJ 94—2008)，$n = 3 < 4$，可不考虑承台效应，即 $R = R_a$]。

$$R_a = \frac{1}{K} Q_{uk} = \frac{1}{K}(Q_{sk} + Q_{pk}) = \frac{1}{2} \times (1\,026.8 + 282.6) = 654.7\,(kN)$$

【例 4.16】 某桩基工程，框架柱尺寸为 1 000 mm × 800 mm，桩径 $d = 600$ mm，桩长 $l =$

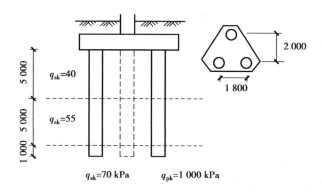

图 4.21　例 4.15 图

12 m，基桩平面布置、剖面及土层分布如图 4.22 所示，不考虑地震效应。试估算考虑承台效应后的复合基桩竖向承载力特征值，并分析承台效应对复合基桩竖向承载力的影响。

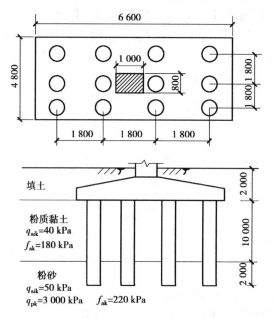

图 4.22　例 4.16 图

【解】　因 $d = 600 \text{ mm} < 800 \text{ mm}$，故单桩竖向极限承载力标准值为：

$$Q_{uk} = u \sum q_{sik} l_i + A_p q_{pk} = \pi \times 0.6 \times (40 \times 10 + 50 \times 2) + \frac{\pi}{4} \times 3\,000 \times 0.6^2$$

$$= 942 + 847.8 = 1\,789.8 (\text{kN})$$

则单桩承载力特征值为：

$$R_a = Q_{uk}/2 = 1\,789.8/2 = 894.9 (\text{kN})$$

考虑承台效应时，$B_c/l = 4.8/12 = 0.4$，$S_a/d = 1.8/0.6 = 3$，查表 4.21 得 $\eta_c = 0.06 \sim 0.08$，取 $\eta_c = 0.06$。f_{ak} 取承台下 1/2 承台范围内土层地基承载力特征值，即 180 kPa。

$$A_c = (A - n A_{ps})/n = \left(6.6 \times 4.8 - 12 \times \frac{\pi}{4} \times 0.6^2 \right)/12 = 2.36 (\text{m}^2)$$

则复合基桩承载力特征值为：

$$R = R_a + \eta_c f_{ak} A_c = 894.9 + 0.06 \times 180 \times 2.36 = 920.4 (\text{kN})$$

考虑承台效应后的复合基桩承载力特征值为 920.4 kN，单桩竖向承载力特征值为 894.9

kN。由此可以看出,本工程考虑承台效应后的复合基桩承载力提高2.85%。

4.6.4　群桩水平承载力

群桩基础(不含水平力垂直于单排桩基纵向轴线和力矩较大的情况)的基桩水平承载力特征值,应考虑由承台、桩群、土相互作用产生的群桩效应,可按下列公式确定:

$$R_h = \eta_h R_{ha} \tag{4.65}$$

考虑地震作用,$S_a/d \leqslant 6$ 时:

$$\eta_h = \eta_i \eta_r + \eta_l \tag{4.66}$$

$$\eta_i = \frac{\left(\dfrac{S_a}{d}\right)^{0.015n_2+0.45}}{0.15n_1 + 0.10n_2 + 1.9} \tag{4.67}$$

$$\eta_l = \frac{m\chi_{0a}B'_c h_c^2}{2n_1 n_2 R_{ha}} \tag{4.68}$$

$$\chi_{0a} = \frac{R_{ha}\nu_x}{\alpha^3 EI} \tag{4.69}$$

其他情况:

$$\eta_h = \eta_i \eta_r + \eta_l + \eta_b \tag{4.70}$$

$$\eta_b = \frac{\mu P_c}{n_1 n_2 R_{ha}} \tag{4.71}$$

$$B'_c = B_c + 1 \tag{4.72}$$

$$P_c = \eta_c f_{ak}(A - nA_{ps}) \tag{4.73}$$

式中　η_h——群桩效应综合系数;

$\quad\quad \eta_i$——桩的相互影响效应系数;

$\quad\quad \eta_r$——桩顶约束效应系数(桩顶嵌入承台长度50~100 mm时),按表4.22取值;

$\quad\quad \eta_l$——承台侧向土水平抗力效应系数(承台外围回填土为松散状态时取 $\eta_l = 0$);

$\quad\quad \eta_b$——桩台底摩阻效应系数;

$\quad\quad S_a/d$——沿水平方向的距径比;

$\quad\quad n_1,n_2$——分别为沿水平荷载方向与垂直水平荷载方向每排桩的桩数;

$\quad\quad m$——承台侧向土水平抗力系数的比例系数,当无试验资料时可按本书表4.19取值;

$\quad\quad \chi_{0a}$——桩顶(承台)的水平位移允许值,当以位移控制时,可取 $\chi_{0a} = 10$ mm(对水平位移敏感的结构物取 $\chi_{0a} = 6$ mm);当以桩身强度控制(低配筋率灌注桩)时,可近似按式(4.69)确定;

$\quad\quad B'_c$——承台侧向土抗力一边的计算宽度,m;

$\quad\quad B_c$——承台宽度,m;

$\quad\quad h_c$——承台高度,m;

$\quad\quad \mu$——承台底与地基土之间的摩擦系数,可按表4.23取值;

$\quad\quad P_c$——承台底地基土分担的竖向总荷载标准值;

$\quad\quad \eta_c$——按表4.21确定;

$\quad\quad A$——承台总面积;

$\quad\quad A_{ps}$——桩身截面面积。

表 4.22 桩顶约束效应系数 η_r

换算深度 αh	2.4	2.6	2.8	3.0	3.5	≥4.0
位移控制	2.58	2.34	2.20	2.13	2.07	2.05
强度控制	1.44	1.57	1.71	1.82	2.00	2.07

注：$\alpha = \sqrt[5]{\dfrac{mb_0}{EI}}$，$h$ 为桩的入土长度。

表 4.23 承台底与地基土间的摩擦系数 μ

土的类别		摩擦系数 μ
黏性土	可塑	0.25 ~ 0.30
	硬塑	0.30 ~ 0.35
	坚硬	0.35 ~ 0.45
粉土	密实、中密	0.30 ~ 0.40
中砂、粗砂、砾砂		0.40 ~ 0.50
碎石土		0.40 ~ 0.60
软岩、软质岩		0.40 ~ 0.60
表面粗糙的较硬岩、坚硬岩		0.65 ~ 0.75

4.6.5 群桩基础的沉降计算

尽管桩基础与天然地基上的浅基础相比，沉降量可以减少，但随着上部结构荷载增加以及对沉降变形要求的提高，桩基础也需要进行沉降计算。

《建筑桩基技术规范》(JGJ 94—2008)规定，对于设计等级为甲级的非嵌岩桩和非深厚坚硬持力层的建筑桩基，设计等级为乙级的体型复杂、荷载分布显著不均匀或桩端平面以下存在软弱土层的建筑桩基，软土地基多层建筑减沉复合疏桩基础等，需要进行桩基沉降变形计算；桩中心距不大于 6 倍桩径的桩基，其最终沉降量计算可采用等效作用分层总和法。

等效作用分层总和法保留了等代实体深基础法的优点，使计算简便，易于接受，又考虑了明德林解的合理性。

等效作用分层总和法采用计算模式如图 4.23 所示，桩基任意一点最终沉降量可用角点法按下式计算：

$$s = \psi \cdot \psi_e \cdot s' = \psi \cdot \psi_e \cdot \sum_{j=1}^{m} p_{0j} \sum_{i=1}^{n} \frac{z_{ij} \overline{\alpha}_{ij} - z_{(i-1)j} \overline{\alpha}_{(i-1)j}}{E_{si}} \tag{4.74}$$

式中 s——桩基最终沉降量，mm；

s'——采用布辛奈斯克解，按实体深基础分层总和法计算出的桩基沉降量，mm；

ψ——桩基沉降计算经验系数，当无当地可靠经验时可按表 4.24 确定；

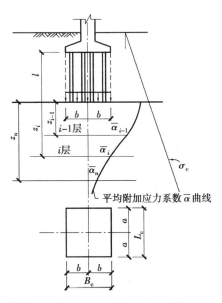

图 4.23　桩基沉降示意图

ψ_e——桩基等效沉降系数,可按式(4.75)确定;

m——角点法计算点对应的矩形荷载分块数;

p_{0j}——第 j 块矩形底面在荷载效应准永久值组合下的附加压力,kPa;

n——桩基沉降计算深度范围内所划分的土层数;

E_{si}——等效作用面以下第 i 层土的压缩模量,MPa,采用地基土在自重压力至自重压力加附加压力作用时的压缩模量;

$z_{ij},z_{(i-1)j}$——桩端平面第 j 块荷载作用面至第 i 层土、第 $i-1$ 层土底面的距离,m;

$\overline{\alpha}_{ij},\overline{\alpha}_{(i-1)j}$——桩端平面第 j 块荷载计算点作用面至第 i 层土、第 $i-1$ 层土底面深度范围内平均附加应力系数,可按《建筑桩基技术规范》(JGJ 94—2008)附录 D 选用。

$$\psi_e = C_0 + \frac{n_b - 1}{C_1(n_b - 1) + C_2} \qquad (4.75)$$

$$n_b = \sqrt{n \cdot B_c/L_c} \qquad (4.76)$$

式中　n_b——矩形布桩时的短边布桩数,当布桩不规则时可按式(4.76)近似计算,$n_b > 1$;

C_0,C_1,C_2——根据群桩距径比 S_a/d、长径比 l/d 及基础长宽比 L_c/B_c,查《建筑桩基技术规范》(JGJ 94—2008)附录 E 确定;

L_c,B_c,n——分别为矩形承台的长、宽及总桩数。

表 4.24　桩基沉降计算经验系数 ψ

$\overline{E}_s$/MPa	≤10	15	20	35	≥50
ψ	1.2	0.9	0.65	0.50	0.40

注:①$\overline{E}_s$ 为沉降计算深度范围内压缩模量的当量值,可按下式计算:$\overline{E}_s = \sum A_i / \sum \dfrac{A_i}{E_{si}}$,式中 A_i 为第 i 层土附加压力系数沿土层厚度的积分值,可近似按分块面积计算。

②ψ 可根据 $\overline{E}_s$ 内插值。

4.6.6 单桩、单排桩、疏桩基础的沉降计算

工程实际中,采用一柱一桩或单排桩、桩径大于 $6d$ 的疏桩基础并非罕见。例如:按变刚度调平设计的框架-核心筒结构工程中,刚度相对弱化的外围桩基,柱下布置 $1 \sim 3$ 根桩的居多。剪力墙结构,常采取墙下布桩(单排桩);框架和排架结构建筑桩基按一柱一桩或一柱二桩布置也不少。有的设计考虑承台分担荷载,即设计为复合桩基,此时承台多数为平板式或梁板式筏形承台;另一种情况是仅在柱、墙下单独设置承台,或即使设计为满堂筏形承台,由于承台底土层为软土、欠固结土、可液化、湿陷性土等原因,承台不分担荷载,或因使用要求,变形控制严格,只能考虑桩的承载作用。首先,就桩数、桩距而言,这类桩基不能应用等效分层总和法,一般按Mindlin 应力公式方法计算,采用单向压缩分层总和法计算土层的沉降。其次,对于复合桩基和普通桩基的计算模式应予区分。

1)考虑桩径影响的 Mindlin 应力公式

如图 4.24 所示,假定单桩在竖向荷载 Q 作用下,桩端阻力 $Q_p = \alpha Q$ 均匀分布;桩侧阻力则由沿桩身均匀分布和沿桩身线性增长分布两种形式组成,其值分别为 $Q_{s1} = \beta Q$ 和 $Q_{s2} = (1 - \alpha - \beta)Q$。$\alpha$ 为桩端阻力比,即端阻在所承担的总荷载中所占的比例,β 为均匀分布侧阻力比。基桩侧阻力分布可简化为沿桩身均匀分布的模式,即取 $\beta = 1 - \alpha$,$Q_{s2} = 0$。当有测试依据时,可根据测试结果分别采用不同的侧阻分布模式。

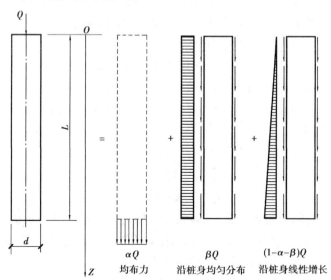

图 4.24 单桩荷载分担及侧阻力、端阻力分布

在确定阻力分布参数 α 和 β 后,土中任意一点处的附加应力由这三部分荷载所产生的附加应力叠加而成:

$$\sigma_z = \sigma_{zp} + \sigma_{zsr} + \sigma_{zst} \tag{4.77}$$

端阻力 Q_p 在应力计算点所引起的附加应力 σ_{zp} 可由 Mindlin 解导出,即:

$$\sigma_{zp} = \frac{\alpha Q}{l^2} I_p \tag{4.78}$$

均匀分布的侧阻力 Q_{s1} 在应力点所引起的附加应力 σ_{zsr} 为:

$$\sigma_{zsr} = \frac{\beta Q}{l^2} I_{sr} \tag{4.79}$$

三角形分布的侧阻力 Q_{s2} 在应力计算点所引起的附加应力 σ_{zst} 为:

$$\sigma_{zst} = \frac{(1 - \alpha - \beta)Q}{l^2} I_{st} \tag{4.80}$$

式中 l——桩长;

  I_p, I_{sr}, I_{st}——考虑桩径影响的明德林解应力系数,可参阅《建筑桩基技术规范》(JGJ 94—2008)附录 F 给出的公式或由表 F 查得。

确定这些参量时,需要用到:地基土的泊松比 μ,$\mu = 0.25 \sim 0.42$,由于 μ 对计算结果不敏感,故统一取 $\mu = 0.35$ 计算应力系数;桩身半径 r;计算应力点离桩顶的竖向距离 z;桩长 l。

对于群桩,计算土中某一点附加应力时,可先分别计算各基桩在该点分别产生的附加应力,然后叠加即可。如叠加结果为负值,应按零取值。

2)沉降量计算

《建筑桩基技术规范》(JGJ 94—2008)规定,沉降计算为底层柱、墙中心点,应力计算点取与沉降计算点最近的桩中心点。当沉降计算点与应力计算点不重合时,二者的沉降并不相等。但由于承台刚度的作用,在工程实践意义上,近似取二者相同。应力计算点的沉降包含桩端以下土层的压缩和桩身压缩,桩端以下土层的压缩应按照桩端以下轴线处的附加应力计算(桩身以外土中附加应力远小于轴线处)。

对于承台底地基土不分担荷载的桩基,首先以沉降计算点为圆心,0.6 倍桩长为半径的水平面影响范围内的基桩对应力计算点产生的附加应力叠加,然后用单向总和法计算土的沉降,并计入桩身压缩 s_e,即桩基的最终沉降量可按下列公式计算:

$$s = \psi \sum_{i=1}^{n} \frac{\sigma_{zi}}{E_{si}} \Delta z_i + s_e \tag{4.81}$$

$$\sigma_{zi} = \sum_{j=1}^{m} \frac{Q_j}{l_j^2} [\alpha_j I_{p,ij} + (1 - \alpha_j) I_{s,ij}] \tag{4.82}$$

$$s_e = \xi_e \frac{Q_j l_j}{E_c A_{ps}} \tag{4.83}$$

对于承台底地基土分担荷载的复合桩基,除以计算基桩产生的附加应力外,还要按 Boussinesq 课题计算承台底土压力(假定均匀)对计算点的附加应力,并与前者叠加。其最终沉降量可按下列公式计算:

$$s = \psi \sum_{i=1}^{n} \frac{\sigma_{zi} + \sigma_{zci}}{E_{si}} \Delta z_i + s_e \tag{4.84}$$

$$\sigma_{zci} = \sum_{k=1}^{u} \alpha_{ki} \cdot p_{c,k} \tag{4.85}$$

式中 m——以沉降点为圆心,0.6 倍桩长为半径的水平面影响范围内的基桩数;

  n——沉降计算深度范围内土层的计算分层数;分层数应结合土层性质,分层厚度不应超过计算深度的 0.3 倍;

  σ_{zi}——水平面影响范围内各基桩对应力计算点桩端平面以下第 i 层土 1/2 厚度处产生的附加竖向应力之和,应力计算点应取与沉降计算点最近的桩中心点;

  σ_{zci}——承台压力对计算点桩端平面以下第 i 计算土层 1/2 厚度处产生的应力;可将承台板划分为 u 个矩形块,按 Boussinesq 课题采用角点法计算;

Δz_i——第 i 计算土层厚度;

E_{si}——第 i 计算土层的压缩模量,采用土的自重压力至土的自重压力加附加压力作用时的压缩模量;

Q_j——第 j 根桩在荷载效应准永久组合作用下(对于复合桩基应扣除承台底土分担的荷载)桩顶的附加荷载;当地下室深度超过 5 m 时,取荷载效应准永久组合下的总荷载为考虑回弹再压缩的等代附加荷载;

l_j——第 j 桩桩长;

A_{ps}——桩身截面面积;

α_j——第 j 桩总桩端阻力与桩顶荷载之比,近似取极限总端阻力与单桩极限承载力之比;

$I_{p,ij}, I_{s,ij}$——分别为第 j 桩桩端阻力和桩侧阻力对计算轴线第 i 计算土层 1/2 厚度处应力影响系数,可按《建筑桩基技术规范》(JGJ 94—2008)附录 F 确定;

E_c——桩身混凝土的弹性模量;

$p_{c,k}$——第 k 块承台底均布压力,$p_{c,k} = \eta_{c,k} \cdot f_{ak}$,其中 $\eta_{c,k}$ 为第 k 块承台底板的效应系数,按 $s_a > 6d$ 查表 4.24 确定;f_{ak} 为承台底地基承载力特征值;

α_{ki}——第 k 块承台底角处,桩端平面以下第 i 计算土层 1/2 厚度处的附加应力系数按 Boussinessq 课题计算,可按《建筑桩基技术规范》(JGJ 94—2008)附录 D 确定;

s_e——计算桩身压缩;

ξ_e——桩身压缩系数。端承型桩,取 $\xi_e = 1.0$;摩擦型桩,当 $l/d \leqslant 30$ 时,取 $\xi_e = 2/3$;当 $l/d \geqslant 50$ 时,取 $\xi_e = 1/2$;介于两者之间可线性插值;

ψ——沉降计算经验系数,无当地经验时,可取 1.0。

此时最终沉降计算深度 z_n,仍可按应力比法确定,即 z_n 处由桩引起的附加应力 σ_z、由承台土压力引起的附加应力 σ_{zc} 之和不大于自重应力 σ_c 的 0.2 倍。

【例 4.17】 某建筑物位于软土地区,采用桩筏基础,桩径为 800 mm,桩长 40 m 桩端无良好持力层,采用正方形布桩,桩距 $S = 3.2$ m,承台短边方向布桩 25 根,长边方向布桩 50 根,用分层总和法计算出的桩基沉降值 $s' = 85$ mm。按《建筑桩基技术规范》(JGJ 94—2008)计算桩基沉降 s。($C_0 = 0.081, C_1 = 1.674, C_2 = 8.258$)

【解】 $s = \psi \psi_e s'$,软土 E_s 一般为 4 MPa 以下,$\overline{E}_s < 10$,取 $\psi = 1.2$。

$$\psi_e = C_0 + \frac{n_b - 1}{C_1(n_b - 1) + C_2} = 0.081 + \frac{25 - 1}{1.674 \times (25 - 1) + 8.258} = 0.5765$$

所以,$s = 0.5765 \times 1.2 \times 85 = 58.8 \text{(mm)}$。

【例 4.18】 某桩基工程的桩型平面布置、剖面及地层分面、土层及桩基设计参数如图 4.25 所示,作用于桩端平面处的荷载效应准永久组合附加压力为 400 kPa。其中心点附加压力曲线如图 4.25 所示(假定为直线分布),沉降经验系数 $\psi = 1$,地基沉降计算深度至基岩面。试按《建筑桩基技术规范》(JGJ 94—2008)验算桩基最终沉降量。

【解】 $s' = \sum\limits_{i=1}^{n} \dfrac{\Delta p_i}{E_{si}} H_i = \dfrac{\frac{(400 + 260)}{2}}{20} \times (5 - 1.6) + \dfrac{\frac{(260 + 30)}{2}}{4} \times 5 = 16.5 \times 3.4 +$

$36.25 \times 5 = 237.4 \text{(mm)}$

距径比:$S_a/d = 1.6/0.4 = 4$

长径比:$l/d = 12/0.4 = 30$

长宽比:$L_c/B_c = 4/4 = 1$

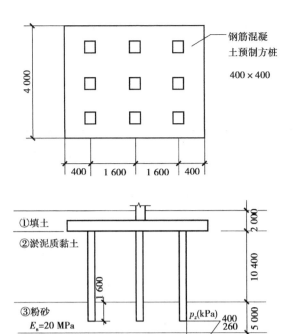

钢筋混凝土预制方桩 400×400

①填土
②淤泥质黏土
③粉砂 $E_s=20$ MPa
④黏土 $E_s=4$ MPa
基岩
p_z(kPa)
附加应力曲线

图 4.25　例 4.18 图

查《建筑桩基技术规范》(JGJ 94—2008)知 $c_0=0.055$,$c_1=1.477$,$c_2=6.843$。矩形短边布桩数 $n_b=3$。

桩基等效沉降系数:

$$\psi_e = c_0 + \frac{n_b-1}{c_1(n_b-1)+c_2} = 0.55 + \frac{3-1}{1.477\times(3-1)+6.843} = \frac{2}{9.797} + 0.055 = 0.259$$

桩基中点沉降:

$$s = \varphi\cdot\psi_e\cdot s' = 1.0\times0.259\times237.4 = 61.5(\text{mm})$$

【例 4.19】 某联合基础如图 4.26 所示,基础尺寸为 2.2 m×7.2 m×0.45 m,混凝土强度等级 C25。其上有两根柱,相应于荷载效应准永久值组合时每个柱的竖向荷载为 4 200 kN,荷载效应标准组合时每个柱的竖向荷载为 4 350 kN。基础埋深 3 m,基底下地基承载力特征值 $f_{ak}=160$ kPa。基础下布置 3 根截面为 0.4 m×0.4 m 的钢筋混凝土预制方桩,桩长 12 m,单桩承载力特征值 $R_a=3\,000$ kN,端阻特征值为 900 kN。土层分布:

①0~15 m,土层平均 $\gamma=18.5$ kN/m³;

②15~17 m 为中砂层,$\gamma=19.2$ kN/m³,$E_s=28$ MPa;

③17~19.5 m 为卵石层,$\gamma=19.6$ kN/m³,$E_s=60$ MPa;

④19.5~22.2 m 为黏土层,$\gamma=18.5$ kN/m³,$E_s=16$ MPa;

⑤22.2~25 m 为细砂层,$\gamma=17$ kN/m³,$E_s=42$ MPa;

⑥25~29 m 为卵石层,$\gamma=20$ kN/m³,$E_s=120$ MPa。

地下水位在地表下 8 m 处。计算该基础中心点的沉降量(沉降经验系数 $\psi=0.7$)。

【解】 承台(基础)尺寸 $L_c=7.2$ m,$B_c=2.2$ m,面积 $A=7.2\times2.2=15.84(\text{m}^2)$,桩径 $b=0.4$ m,桩截面面积 $A_p=0.16$ m²,桩的等效截面圆直径为:

$$d = 1.128b = 1.128\times0.4 = 0.45(\text{m})$$

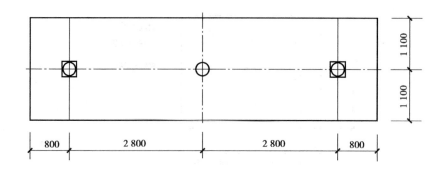

图 4.26　例 4.19 图

基桩所对应的基底净面积为：

$$A_c = \frac{A - nA_{ps}}{n} = \frac{15.84 - 3 \times 0.16}{3} = 5.12(\text{m}^2)$$

桩距 $S_a = 2.8$ m，距径比 $s_a/d = 2.8/0.45 = 6.22$，单排桩，查表 4.22，得 $\eta_c = 0.6$。考虑承台效应后基桩承载力特征值为：

$$R = R_a + \eta_c f_{ak} A_c = 3\,000 + 0.6 \times 160 \times 5.12 = 3\,491.5(\text{kN})$$

如上不覆土，则承台自重为：

$$G_k = 25 \times 15.84 \times 0.45 = 178.2(\text{kN})$$

基桩承担荷载标准值为：

$$N_k = \frac{F_k + G_k}{n} = \frac{2 \times 4\,350 + 178.2}{3} = 2\,959.4(\text{kN})$$

显然 $N_k < R$，承载力满足要求。

承台均布压力为：

$$p_{ck} = \eta_{ck} \cdot f_{ak} = 0.6 \times 160 = 96(\text{kPa})$$

在荷载效应准永久值作用下，基桩桩顶的附加荷载为：

$$Q_j = \frac{F + G_k}{n} - p_{ck} A_c = \frac{2 \times 4\,200 + 178.2}{3} - 96 \times 5.12 = 2\,367.9(\text{kN})$$

水平计算范围内为 0.6 倍桩长，即 $0.6 \times 12 = 7.2$，本例共有 3 桩，均包括在内。计算基础中心点的沉降量，沉降计算点为中心桩的中心点。

（1）计算承台底压力

承台底压力 $p_{ck} = 0.6 \times 160 = 96$ kPa 作用下桩端平面下中心点土层的附加应力。把承台分为 4 部分，$b = 2.2/2 = 1.1$ m，$a = 7.2/2 = 3.6$ m，$a/b = 3.3$。土的分层采用不同土性的分界面，各分层面距承台地面距离分别为：$z_0 = 12$ m（桩端平面处），$z_1 = 14$ m，$z_2 = 16.5$ m，$z_3 = 19.2$ m。$z_0/b = 10.9$，$z_1/b = 12.727$，$z_2/b = 15.0$，$z_3/b = 17.5$。查《建筑桩基技术规范》(JGJ 94—2008) 得线性插值为：

$$\alpha_0 = 0.012\,3, \quad \alpha_1 = 0.012, \quad \alpha_2 = 0.007, \quad \alpha_3 = 0.005$$

从而求得每个分层面处的附加应力为：

$$\sigma_{zc0} = 4\alpha_0 p_{ck} = 4 \times 0.012\,3 \times 96 = 4.72(\text{kPa})$$

$$\sigma_{zc1} = 4\alpha_1 p_{ck} = 4 \times 0.012 \times 96 = 4.61(\text{kPa})$$

$$\sigma_{zc2} = 4\alpha_2 p_{ck} = 4 \times 0.007 \times 96 = 2.69(\text{kPa})$$

$$\sigma_{zc3} = 4\alpha_3 p_{ck} = 4 \times 0.005 \times 96 = 1.92(\text{kPa})$$

(2)计算基桩作用在各分层面沉降计算点的附加应力

对于中间桩，$n = \rho/l = 0, l/d = 12/0.45 = 27$，按 $l/d = 30$ 考虑。$m_0 = z_0/l = 1, m_1 = z_1/l = 1.1667, m_2 = z_2/l = 1.375, m_3 = z_3/l = 1.6$，查《建筑桩基技术规范》(JGJ 94—2008)附表 F.0.2-1 和 F.0.2-2，并线性插值得：

$$I_{p0} = 536.535, I_{p1} = 7.069, I_{p2} = 1.579, I_{p3} = 0.623$$
$$I_{s0} = 8.359, I_{s1} = 1.181, I_{s2} = 0.531, I_{s3} = 0.261$$

对于两侧的桩，距计算点距离相等，$\rho = 2.8 \text{ m}, n = \rho/l = 0.2323$，按 $l/d = 30$ 考虑。对不同的 m 查《建筑桩基技术规范》(JGJ 94—2008)附录 F 得：

$$I_{p0} = 0.107, I_{p1} = 0.768, I_{p2} = 0.746, I_{p3} = 0.461$$
$$I_{s0} = 8.359, I_{s1} = 0.548, I_{s2} = 0.385, I_{s3} = 0.261$$

每根基桩总端阻力与桩顶荷载之比为：

$$\alpha_j = \frac{900}{3000} = 0.3, \frac{Q_j}{l^2} = \frac{2367.9}{12^2} = 16.44$$

基桩作用在各分层面沉降计算点的附加应力为：

$$\sigma_{z0} = \sum_{j=1}^{m} \frac{Q_j}{l_j^2} [\alpha_j I_{p,ij} + (1 - \alpha_j) I_{s,ij}]$$
$$= 16.44 \times (0.3 \times 536.535 + 0.7 \times 8.359) + 2 \times 16.44 \times (0.3 \times 0.107 + 0.7 \times 0.608)$$
$$= 2758.11 (\text{kPa})$$

$$\sigma_{z1} = 16.44 \times (0.3 \times 7.069 + 0.7 \times 1.181) + 2 \times 16.44 \times (0.3 \times 0.768 + 0.7 \times 0.548)$$
$$= 68.66 (\text{kPa})$$

同样　　　$\sigma_{z2} = 29.92 (\text{kPa}), \sigma_{z3} = 17.06 (\text{kPa})$

(3)计算分层面附加应力及沉降计算深度

计算各分层面①和②两部分附加应力之和并确定沉降计算深度

$$\sigma_{zc0} + \sigma_{z0} = 4.72 + 2758.11 = 2762.82 (\text{kPa})$$
$$\sigma_{zc1} + \sigma_{z1} = 4.61 + 68.66 = 73.27 (\text{kPa})$$
$$\sigma_{zc2} + \sigma_{z2} = 2.69 + 29.92 = 32.61 (\text{kPa})$$
$$\sigma_{zc3} + \sigma_{z3} = 1.92 + 17.06 = 18.98 (\text{kPa})$$

每个层面自重应力为：

$$\sigma_{c0} = 18.5 \times 8 + (18.5 - 10) \times 7 = 207.5 (\text{kPa})$$
$$\sigma_{c1} = 207.5 + (19.2 - 10) \times 2 = 225.9 (\text{kPa})$$
$$\sigma_{c2} = 225.9 + (19.6 - 10) \times 2.5 = 249.9 (\text{kPa})$$
$$\sigma_{c3} = 249.9 + (18.5 - 10) \times 2.7 = 272.9 (\text{kPa})$$

因 $\sigma_{zc2} + \sigma_{z2} = 32.61 \text{ kPa} < 0.2\sigma_{c2} = 49.98 \text{ kPa}$，沉降计算深度取为 $z_n = 16.5 \text{ m}$ 是合适的(z_n 自基础地面以下算起)。计算深度范围内共两个分层。

(4)计算沉降量

每个分层 1/2 厚度处的附加应力为：

$$\overline{\sigma}_{z1} = \frac{2762.82 + 73.27}{2} = 1418.05 (\text{kPa})$$

$$\overline{\sigma}_{z2} = \frac{72.27 + 32.61}{2} = 52.94 (\text{kPa})$$

$$s' = \sum_{i=1}^{n} \frac{\overline{\sigma}_{zi}}{E_{si}} \Delta z_i = \frac{1418.05}{28} \times 2 + \frac{52.94}{60} \times 2.5 = 103.50 (\text{mm})$$

桩的混凝土弹性模量 $E_c = 3.15 \times 10^4 \text{ N/mm}^2$,桩身压缩量为:

$$s_e = \xi_e \frac{Q_j l_j}{E_c A_p} = \frac{2}{3} \times \frac{2\,367.9 \times 12}{3.15 \times 10^4 \times 0.16} = 3.76(\text{mm})$$

则基础中点的最终沉降量为:

$$s = \psi s' + s_e = 0.7 \times 103.50 + 3.76 = 76.21(\text{mm})$$

4.7 桩基础的常规设计

4.7.1 一般规定

桩基础的设计是一个复杂庞大的过程,必须严格按照《建筑桩基技术规范》(JGJ 94—2008)以及相关规程、规范进行设计。

①桩基础应按照承载能力极限状态和正常使用极限状态设计。承载能力极限状态:桩基达到最大承载力、整体失稳或发生不适于继续承载的变形;正常使用极限状态:桩基达到正常使用所规定的变形限值或达到耐久性要求的某项限值。

②根据建筑规模、功能特征、对差异变形的适应性、场地地基和建筑物体形的复杂性以及由于桩基问题可能造成建筑破坏或影响正常使用的程度,应将桩基设计分为表4.25所列的3个设计等级。

表4.25 桩基础分级标准

设计等级	建筑类型
甲级	重要建筑 30 层以上或高度超过 100 m 的高层建筑 体型复杂且层数相差超过 10 层的高低层(含纯地下室)连体建筑 20 层以上框架-核心筒结构及其他对差异沉降有特殊要求的建筑 场地和地基条件复杂的 7 层以上的一般建筑及坡地、岸边建筑 对相邻既有工程影响较大的建筑
乙级	除甲级、丙级以外的建筑
丙级	场地和地基条件简单、荷载分布均匀的 7 层及 7 层以下的一般建筑

③桩基应根据具体条件分别进行承载能力计算和稳定性验算。

④设计等级为甲级的非嵌岩桩和非深厚坚硬持力层的建筑桩基、设计等级为乙级的体型复杂、荷载分布显著不均匀或桩端平面以下存在软弱土层的建筑桩基、软土地基多层建筑减沉复合疏桩基础,应该进行沉降验算。

⑤桩基设计时,所采用的作用效应组合与相应的抗力应符合下列规定:

a.确定桩数和布桩时,应采用传至承台底面的荷载效应标准组合;相应的抗力应采用基桩或复合基桩承载力特征值。

b.计算荷载作用下的桩基沉降和水平位移时,应采用荷载效应准永久值组合;计算水平地震作用、风荷载作用下的桩基水平位移时,应采用水平地震作用、风荷载效应标准组合。

c.在计算桩基结构承载力、确定尺寸和配筋时,应采用传至承台顶面的荷载效应基本组合。当进行承台和桩身裂缝控制验算时,应分别采用荷载效应标准组合和荷载效应准永久组合。

4.7.2 桩型的选择布置

1)桩型、桩长、截面尺寸的选择

各种桩型有各自的特点和适用条件,各个区域也有不同的工艺。桩型与成桩工艺应根据结构类型、荷载性质、桩的使用功能、地下水位、施工设备、施工环境、施工经验、制桩材料供应条件等,按安全适用、经济合理的原则选择。例如,一般高层建筑荷载大而集中,对控制沉降要求较严,水平荷载(风荷载和地震荷载)很大,故应采用大直径桩,且支承于岩层(嵌岩桩)或坚实而稳定的砂层、卵砾层或硬黏土层(端承桩或摩擦端承桩)。可根据环境条件和技术条件选用钢筋混凝土预制桩、大直径预应力混凝土管桩,也可以选择钻孔桩或人工挖孔桩,特别是周围环境不允许打桩时。又如,多层建筑只能选用较短的小直径桩,且宜选用廉价的桩型,如小桩、沉管灌注桩。

确定桩长的关键在于选择桩端持力层。桩端持力层是影响基桩承载力的关键性因素,不仅制约桩端阻力,而且影响侧阻力的发挥,因此选择较硬的土层对桩端持力层至关重要。其次,应确保桩端进入持力层深度。桩端全断面进入持力层深度,对于黏性土、粉土,不宜小于 $2d$,砂土不宜小于 $1.5d$,碎石土不宜小于 d。当存在软弱下卧层时,桩基以下硬持力层厚度不宜小于 $3d$。

对于嵌岩桩,嵌岩深度应综合荷载、上覆土层、基岩、桩径、桩长诸因素确定;对于嵌入倾斜的完整和较完整岩的全断面深度,不宜小于 $0.4d$ 且不小于 0.5 m。倾斜度大于 30% 的中风化岩,宜根据倾斜度及岩石的完整性适当加大嵌岩深度;对于嵌入平整、完整的坚硬岩和较硬岩的深度不宜小于 $0.2d$,且不应小于 0.2 m。

在抗震设防地区,桩进入液化层以下稳定层中的全截面长度除满足上述要求外,对于碎石土、砾、中粗砂、密实粉土和坚硬黏性土不应小于 $(2\sim3)d$,对于其他非岩石尚不宜小于 $(4\sim5)d$。

当在施工条件允许的深度内没有坚硬土层存在,应尽可能选择压缩性较低、强度较高的土层作为持力层,要避免使桩底落在软土层或离软弱下卧层的距离太近,以免桩基础发生过大沉降。

桩的类型选定后,应根据桩顶荷载大小或基桩承载力大小的要求,结合当地施工机具及建筑经验确定桩截面尺寸。若采用灌注桩,中小桩径为 300 ~ 800 mm,大直径可选 800 ~ 2 000 mm,甚至更大。

桩型和桩长的选择完成后,应该选择适宜的施工方法以便进行正确的施工。表4.26 中罗列了一些桩型以及这些桩型在施工中可能面临的问题。希望能够谨慎施工,遇到问题后采取正确的解决方式。

桩的类型选定后,应根据桩顶荷载大小或基桩承载力大小的要求,结合当地施工工具及建筑经验确定桩截面尺寸。

表 4.26　主要桩型的特点和施工中的问题

桩的类型	桩的特点	施工中的问题
预制钢筋混凝土方桩	施工质量易于控制,沉桩工期短,钢筋混凝土的承载力高,工地文明	有挤土、振动和噪声影响环境;挤土会造成相邻建筑或市政设施损坏;接桩焊接质量如不好或沉桩速度快,棘突可能会使邻桩上浮时拔断;穿越砂层时可能发生沉桩困难
预应力管桩	管桩混凝土强度高,因而其结构承载力高,抗锤击性能好,综合单价较低廉	具有上述混凝土方桩相类似问题;不适宜土层中含有较多的孤石、障碍物或含有不适宜作为持力层且管桩又难以贯穿的坚硬夹层;容易出现桩身断裂或桩尖滑动
钻孔灌注桩	无挤土作用,用钢量比较节省,进入持力层深度不受施工条件限制,桩长可随持力层埋深而调整	施工时易发生塌孔、缩颈、沉渣,以及水下浇注混凝土的质量不易控制,影响工程质量;大量泥浆外运和堆放都会污染环境;钻孔、泥浆沉淀及浇注等工序相互干扰大;单方混凝土承载力低于预制桩
人工挖孔桩	具有钻孔灌注桩的优点,且可检查桩侧土层,桩径不受设备条件限制,造价比较低	劳动条件和安全性差、劳动强度大,地下水位高的场地不宜采用,如降水后人工挖孔,则会引起相邻地面沉降
沉管灌注桩	造价便宜但是桩长桩径均受设备条件限制	有挤土作用,下管时易挤断相邻桩;拔管过快容易形成紧缩径、断桩
钢管桩	施工方便,工期短可用于超长桩,单桩承载力高	造价高,有部分挤土作用

2)桩数及桩位布置

(1)桩的根数估算

确定单桩承载力 R_a 后,根据承台底面的竖向荷载初步估算桩的根数。

轴心竖向力作用下:

$$n \geqslant \frac{F_k + G_k}{R_a} \qquad (4.86)$$

偏心竖向力作用下:

$$n \geqslant \mu \frac{F_k + G_k}{R_a} \qquad (4.87)$$

式中　F_k——荷载效应标准组合下,作用在承台顶面的竖向力,kN;

　　　μ——考虑偏心作用荷载时各桩受力不均而适当增加桩数的经验系数,可取 $\mu = 1.1 \sim 1.2$。

(2)合理桩间距的确定

桩的间距过大,承台体积增加,造价增加;间距过小,桩的承载力不能充分发挥,给施工造成困难,为此要合理选择桩间距。一般桩的中心距应符合表 4.27 规定。对于大面积桩群,尤其是挤土桩,桩的最小中心距按表 4.27 所列数值适当增大。

表 4.27　基桩的最小中心距

土类与成桩工艺		桩排数≥3,桩数≥9 的摩擦型基桩	其他情况
非挤土灌注桩		3.0d	3.0d
部分挤土桩	非饱和、饱和非黏性土	3.5d	3.0d
	饱和黏性土	4.0d	3.5d
挤土桩	非饱和、饱和非黏性土	4.0d	3.5d
	饱和黏性土	4.5d	4.0d
钻、挖孔扩底桩		2D 或 D+2.0 m(D>2 m)	1.5D 或 D+1.5 m(D>2 m)
沉管夯扩、钻孔挤扩桩	非饱和、饱和非黏性土	2.2D 且 4.0d	2D 且 3.5d
	饱和黏性土	2.5D 且 4.5d	2.2D 且 4.0d

（3）桩的平面布置

桩数确定后,可根据上部结构形式及桩基受力情况选用单排桩或多排桩桩基。柱下桩基常采用矩形、三角形和梅花形,墙下桩基可采用单排直线布置或双排交错布置,在纵横墙交接处宜布桩(图 4.27)。

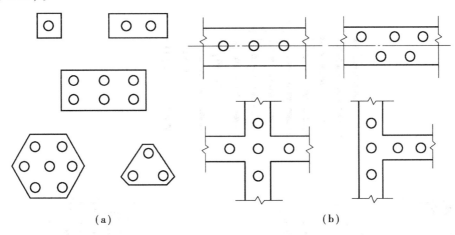

图 4.27　桩的平面布置图

桩基础中的平面布置,除了应满足前述最小桩距等构造要求,布桩时还应注意以下几点:

①宜使竖向永久荷载合力作用点与桩的承载力合力点重合,并使桩基受水平力和力矩较大方向有较大的抗弯截面模量。

②上部结构在桩基础传力路径最短,以达到尽可能减小基础内力的目的。

③按变刚度调平设计,以减小差异沉降。

④作用于桩基的弯矩较大时,宜尽量将桩布置在离承台形心较远处,采用外密内疏的布置方式,以增大基桩对承台形心或合力作用点的惯性矩,提高桩基的抗弯能力。

⑤主裙楼连体时,弱化裙楼布桩。

⑥在梁式承台和板式承台布桩应本着减小弯矩的原则,尽量在柱和墙下布桩。避免在墙体洞口下布桩,如必须布桩时,应对洞口处的承台梁采取加强措施。

（4）变刚度调平设计

传统设计的基础往往会存在一些问题。例如:北京南银大厦,基础建成 5 年内,最大差异沉降和最大沉降量都超过规范允许值,桩顶反力分布呈马鞍形,出现碟形沉降。对此,《建筑桩基技术规范》(JGJ 94—2008)提出变刚度调平设计的概念,即考虑上部结构形式、荷载和地层分布以及相互作用效应,通过调整桩径、桩长、桩距等改变基桩支承刚度分布,以使建筑物沉降趋于均匀、承台内力降低的设计方法。其目的在于减少差异变形、降低承台内力和上部结构次内力,以节约资源,提高建筑使用寿命,确保正常使用功能。采用变刚度调平设计的概念设计时,可结合具体条件按下列方法实施。

①局部增强变刚度。在天然地基满足承载力要求的情况下,可对荷载集度较高的区域(如核心筒等)实施局部增强处理,包括采用局部桩基与局部刚性桩复合地基,如图4.28、图4.29所示。

②桩基变刚度。对于荷载分布较均匀的大型油罐等构筑物,宜按变桩距、变桩长布桩,以抵消相互作用对中心区支承刚度的削弱效应。对于框架-核心筒、框架-剪力墙结构,应按照荷载分布考虑相互作用,将桩相对集中地布置于核心筒和柱下。对于外围框架区应适当弱化,按复合桩基设计,桩长宜减小。

a. 主裙连体变刚度。对于主裙连体建筑基础,应按照增强主体(采用桩基)、弱化裙房(采用天然地基、疏短桩、复合地基、褥垫增沉等)的原则设计。

b. 上部结构-基础-地基(桩土)共同分析。在概念设计的基础上,进行上部结构-基础-地基(桩土)共同作用分析计算,进一步优化布桩,并确定承台内力与配筋。

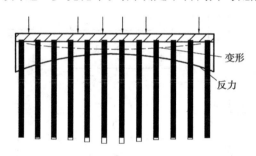

(a)均匀布桩

(b)桩基-复合桩基   (c)局部刚性桩复合地基或桩基

图4.28 框架核心筒均匀布桩与变刚度布桩

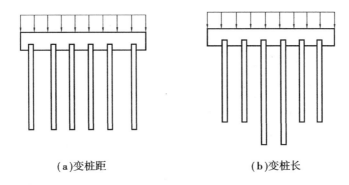

（a）变桩距 （b）变桩长

图 4.29 均布荷载下变刚度布桩模式

4.7.3 桩的设计与验算

1）桩身结构设计

①灌注桩的配筋要求见表 4.28。

表 4.28 灌注桩配筋率及配筋长度要求

序号	情况		要求
1	配筋率	桩身直径 300～2 000 mm	可取 0.2%～0.65%（大直径桩取低值，小直径桩取高值）
2		受荷载特别大的桩、抗拔桩和嵌岩端承桩	根据计算配筋率，并不应小于 1%
3	配筋长度	端承型和位于坡地、岸边的基桩	应沿桩身等截面或变截面通长配筋
4		摩擦型灌注桩 不受水平荷载时	不应小于 2/3 桩长
5		摩擦型灌注桩 受水平荷载时	满足 4 的要求且不宜小于 $4.0/\alpha$
6		受地震作用的基桩	应穿越可液化土层和软弱土层，进入稳定土层的深度不应小于（2～3）d，其他类型土取 $4.5d$
7		受负摩阻力的桩、因先成桩后开挖基坑随地基土回弹的桩	应穿越软弱土层并进入稳定土层，进入深度不小于（2～3）d
8		抗拔桩及因地震作用、冻胀或膨胀力作用而受拔力的桩	应沿桩身等截面和变截面通长配筋

注：α 为桩身的水平变形系数。

②灌注桩的构造配筋要求见表 4.29 及图 4.30。

表 4.29 灌注桩构造配筋要求

序号	情况	配筋要求	
1	受水平荷载的桩	主筋应 ≥8 Φ 12	主筋沿桩周均匀布置
2	抗压桩和抗拔桩	主筋应 ≥6 Φ 10	主筋净距应 ≥60 mm
3	箍筋	应采用螺旋式Φ 6～Φ 10@200～300 mm	

续表

序号	情况	配筋要求
4	受水平荷载较大的桩 承受水平地震作用的桩 考虑主筋作用计算,桩身受压承载力的桩	桩顶以下 5d 范围内箍筋应加密,间距≤100 mm
5	桩身位于液化土层的桩	箍筋应加密
6	考虑箍筋受力作用	箍筋配置应符合现行《混凝土结构设计规范》(GB 50010—2010)的相关规定
7	钢筋笼长度≥4 m	应每隔 2 m 左右设置一道Φ12 ~ Φ18 的焊接加劲钢筋

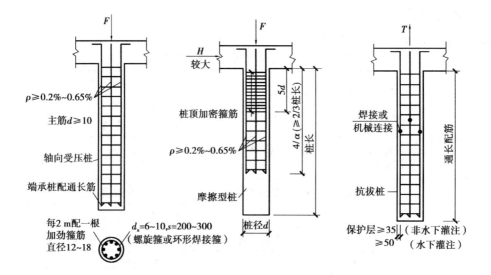

图 4.30   桩基础的纵向钢筋及箍筋配置

混凝土强度等级和保护层。桩身混凝土强度等级一般不得低于 C25,混凝土预制桩桩尖不得低于 C30。主筋的混凝土保护层厚度≥35 mm,水下混凝土桩的保护层厚度≥50 mm。

③混凝土预制桩的基本要求见表 4.30 和图 4.31 ~ 图 4.33。

表 4.30   混凝土预制桩的基本要求

序号	情况	要求	
1	混凝土预制桩截面边长	混凝土预制桩	应≥200 mm
		预应力混凝土预制桩实心桩	宜≥350 mm
2	预制桩的混凝土强度等级	混凝土预制桩	宜≥C30
		预应力混凝土预制桩实心桩	宜≥C40
3	预制桩纵向钢筋的混凝土保护层厚度	宜≥30 mm	
4	预制桩的桩身配筋	应按调运、打桩及桩使用中的受力等条件计算确定	

续表

序号	情况	要求	
5	预制桩的桩身配筋率	锤击法沉桩	宜≥0.8%
		静压法沉桩	宜≥0.6%
		主筋直径	宜≥Φ14
		锤击桩顶以下(4~5)d	箍筋应加密,并设置钢筋网片
6	预制桩的分节长度	根据施工条件及运输调价确定,接头数量≤3	
7	预制桩桩尖	可将主筋合拢焊接在辅助钢筋上	
		持力层为密实砂层和碎石类土时,宜采用包钢板桩靴	

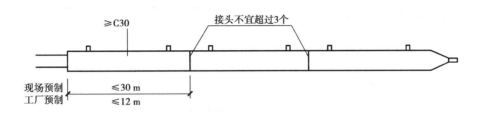

图4.31 预制桩桩段长度及接头量

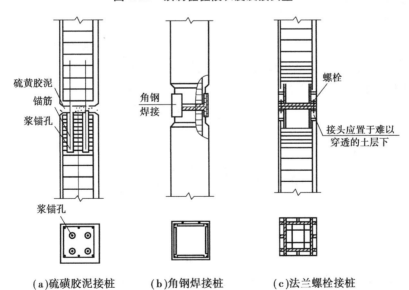

(a)硫磺胶泥接桩　　(b)角钢焊接桩　　(c)法兰螺栓接桩

图4.32 预制桩接桩

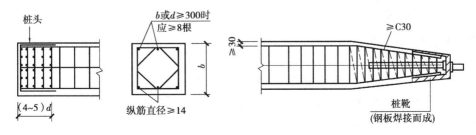

图4.33 预制桩的配筋及桩靴

预制桩除了考虑上述构造要求外,还要考虑对运输、起吊和锤击过程中的强度验算。桩在吊装过程中的受力状态与梁相同,一般按两支点(桩长 $L < 18$ m)或三支点(桩长 $L > 18$ m)起吊和运输,在打桩架下竖起时,按一点立起。吊点位置应使桩身在自重下产生的正负弯矩相等,如图 4.34 所示。其中,k 为动力系数,一般取 1.3;q 为桩自重。桩身配筋时,应按照起吊过程中桩身最大弯矩计算,主筋一般通长配筋。当考虑起吊和运输过程中受到冲击和振动时,将桩身重力乘以 1.5 的动力系数。一般普通混凝土的桩身配筋由起吊和吊立的强度来控制。

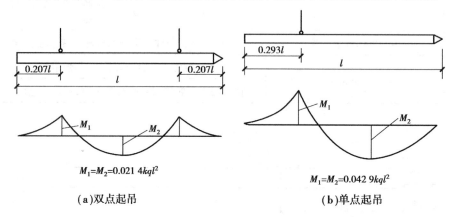

图 4.34　预制桩吊装验算

2)桩的计算与验算

(1)桩顶作用效应计算

对于一般建筑物和受水平力(包括力矩与水平剪力)较小的高层建筑群桩基础,应按下列公式计算柱、墙、核心筒群桩中基桩或复合基桩的桩顶作用效应。

轴心竖向力作用下:

$$N_k = \frac{F_k + G_k}{n} \tag{4.88}$$

偏心竖向力作用下:

$$N_{ik} = \frac{F_k + G_k}{n} \pm \frac{M_{xk}y_i}{\sum y_j^2} \pm \frac{M_{yk}x_i}{\sum x_j^2} \tag{4.89}$$

水平力作用下:

$$H_{ik} = \frac{H_k}{n} \tag{4.90}$$

式中　F_k——荷载效应标准值组合下,作用于承台顶面的竖向力;

　　　G_k——桩基础承台和承台上土自重标准值,对稳定的地下水位以下部分扣除水的浮力;

　　　N_k——荷载效应标准组合轴心竖向力作用下,基桩或复合基桩的平均竖向应力,kN;

　　　N_{ik}——荷载效应标准组合偏心竖向力作用下,第 i 根基桩或复合基桩的竖向力,kN;

　　　M_{xk},M_{yk}——荷载效应标准组合下,作用于承台底面,绕通过桩群形心的 x,y 主轴的力矩,kN·m;

　　　x_i,x_j,y_i,y_j——第 i,j 基桩或复合基桩至 y,x 轴的距离,m;

　　　H_k——荷载效应标准组合下,作用于桩基承台底面的水平力,kN;

　　　H_{ik}——荷载效应标准组合下,作用于第 i 基桩或复合基桩的水平力,kN;

　　　n——桩基中的桩数。

【例4.20】　柱底传至承台顶面的荷载标准值$F_k = 1\ 200$ kN、$H_k = 100$ kN、$M_k = 200$ kN·m，承台埋深2 m，承台尺寸及桩间距如图4.35所示。试计算作用在桩顶的N_k，$N_{k,max}$，$N_{k,min}$及H_{1k}。

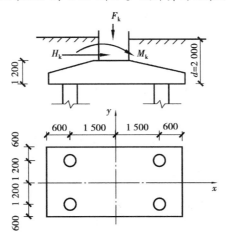

图4.35　例4.20图

【解】　$G_k = 3.6 \times 4.2 \times 2 \times 20 = 604.8\,(\text{kN})$

$$M_{yk} = M_k + H_k \times 1.2 = 200 + 100 \times 1.2 = 320\,(\text{kN·m})$$

$$N_k = \frac{F_k + G_k}{n} = \frac{1\ 200 + 604.8}{4} = 451.2\,(\text{kN})$$

$$\left.\begin{array}{l} N_{k\,max} \\ N_{k\,min} \end{array}\right\} = N_k \pm \frac{M_{yk}}{\sum x_j^2}x_{max} = 451.2 \pm \frac{320 \times 1.5}{4 \times 1.5^2} = \begin{array}{l} 504.5\,(\text{kN}) \\ 398.8\,(\text{kN}) \end{array}$$

$$H_{1k} = \frac{H_k}{n} = \frac{100}{4} = 25\,(\text{kN})$$

(2)基桩竖向承载力验算

①荷载效应标准组合。

轴心竖向力作用下：

$$N_k \leqslant R \tag{4.91}$$

偏心竖向力作用下，除应满足上式外，尚应满足下式要求：

$$N_{k\,max} \leqslant 1.2R \tag{4.92}$$

②地震作用效应和荷载效应标准值组合。

轴心竖向力作用下：

$$N_{Ek} \leqslant 1.25R \tag{4.93}$$

偏心竖向力作用下，除满足上式外，尚应满足下式要求：

$$N_{Ek\,max} \leqslant 1.5R \tag{4.94}$$

式中　N_k——荷载效应标准组合轴心竖向力作用下，基桩或复合基桩的平均竖向力；

$\quad\quad N_{k\,max}$——荷载效应标准组合偏心竖向力作用下，桩顶最大竖向力；

$\quad\quad N_{Ek}$——地震作用效应和荷载效应标准组合下，基桩或复合基桩的平均竖向力；

$\quad\quad N_{Ek\,max}$——地震作用效应和荷载效应标准值组合下，基桩或复合基桩的最大竖向力；

$\quad\quad R$——基桩或复合基桩竖向承载力特征值。

【例4.21】　某5桩承台基础，桩径为800 mm，作用于桩顶荷载$F_k = 10\ 000$ kN，弯矩$M_k = 480$ kN·m，此力矩绕y轴，且其中有4根桩离y轴距离为1.5 m(不计其他方向偏心效应)承台及其上土重$G_k = 500$ kN。试问基桩承载力特征值为多少方能满足要求(考虑地震作用效应)？

【解】 根据《建筑桩基技术规范》(JGJ 94—2008)轴心作用下考虑地震荷载:

$$N_{Ek} \leqslant 1.25R$$

$$N_{Ek} = \frac{F_k + G_k}{n} = \frac{10\,000 + 500}{5} = 2\,100(kN)$$

则:

$$R \geqslant \frac{N_{Ek}}{1.25} = 1\,680(kN)$$

偏心作用下,单桩竖向力为:

$$N_{Ek\,max} \leqslant 1.5R, N_{ik} = \frac{F_k + G_k}{n} \pm \frac{M_{xk}x_i}{\sum x_j^2}$$

则:

$$N_{ik} = \frac{10\,000 + 500}{5} \pm \frac{480 \times 1.5}{4 \times 1.5^2} = 2\,180(kN)$$

$$R \geqslant \frac{N_{Ek}}{1.5} = \frac{2\,180}{1.5} = 1\,453.3(kN)$$

显然,基桩承载力 $R = 1\,680$ kN。

3)考虑桩侧负摩阻力的情况

①对于摩擦型基桩,可取桩身计算中性点以上侧阻力为零,并可按下式验算基桩承载力:

$$N_k \leqslant R_a \tag{4.95}$$

②对于端承桩,尚应考虑负摩阻力引起基桩的下拉荷载 Q_g^n,并可按下式验算基桩承载力:

$$N_k + Q_g^n \leqslant R_a \tag{4.96}$$

式中　N_k——荷载效应标准组合轴心竖向力作用下,基桩或复合基桩的平均竖向力;

　　　　R_a——单桩竖向承载力特征值;

　　　　Q_g^n——负摩阻力引起的下拉荷载。

【例4.22】　如图4.36所示,桩穿越 8 m 厚欠固结饱和软土及正常固结中等强度黏土,进入密实粉砂层,试按摩擦型基桩验算基桩承载力是否满足要求($l_n/l_0 = 0.8$,泥浆护壁钻孔桩,桩径 600 mm)。

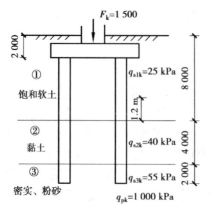
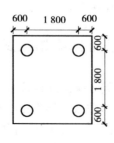

图 4.36　例 4.22 图

【解】　确定中性点位置:$l_n = 0.8l_0 = 0.8 \times (8-2) = 4.8(m)$。

中性点位于承台底面下 4.8 m 处,即黏土层顶面以上 1.2 m 处。

桩顶作用力：

$$G_k = 3 \times 3 \times 2 \times 20 = 360(kN)$$

$$N_k = \frac{F_k + G_k}{n} = \frac{1\,500 + 360}{4} = 465(kN)$$

计算基桩竖向承载力特征值：

$$Q_{sk} = u \sum q_{sik} l_i = 3.14 \times 0.6 \times (25 \times 1.2 + 40 \times 4 + 55 \times 2) = 565.2(kN)$$

$$Q_{pk} = q_{pk} A_p = \frac{3.14 \times 0.6^2}{4} \times 1\,000 = 282.6(kN)$$

承台下为欠固结软土，不计承台底土抗力，则：

$$R = R_a = \frac{1}{K} Q_{uk} = \frac{1}{2} \times (565.2 + 282.6) = 423.9(kN)$$

$N_k > R_a$，不满足。

4)基桩的水平承载力验算

受水平荷载的一般建筑物和水平荷载较小的高大建筑物单桩基础和群桩中基桩应满足下式要求：

$$H_{ik} \leq R_h \tag{4.97}$$

式中　H_{ik}——荷载效应标准组合下，作用于第 i 根基桩或复合基桩(桩顶)的水平力，kN；

　　　R_h——单桩基础或群桩中基桩的水平承载力特征值，kN。

5)软弱下卧层验算

对于桩距不超过 $6d$ 的群桩，当桩端平面以下软弱下卧层承载力与桩端持力层相差过大(低于持力层的1/3)且荷载引起局部压力超过其承载力过多时，将引起软弱下卧层侧向基础桩基偏沉，严重者引起整体失稳。故桩底存在软弱下卧层时，采用与浅基础类似的方法，按下列公式对软弱下卧层承载力进行验算，即：

$$\sigma_z + \gamma_m z \leq f_{az} \tag{4.98}$$

$$\sigma_z = \frac{(F_k + G_k) - 3/2(A_0 + B_0) \cdot \sum q_{sik} l_i}{(A_0 + 2t \cdot \tan \theta)(B_0 + 2t \cdot \tan \theta)} \tag{4.99}$$

式中　σ_z——作用于软弱下卧层顶面附加应力；

　　　γ_m——软弱层顶面以上各层土重度(地下水位以下取浮重度)，按厚度加权平均值；

　　　t——硬持力层厚度；

　　　f_{az}——软弱下卧层经深度 z 修正的地基承载力特征值；

　　　A_0, B_0——桩群外缘矩形底面的长、短边边长；

　　　q_{sik}——桩周第 i 层土的极限侧阻力标准值，无当地经验时，可根据成桩工艺按表4.9取值；

　　　θ——桩端硬持力层压力扩散角，按表4.31取值。

验算过程中应注意以下两点：

①验算范围。在桩端持力层以下存在承载力低于桩端持力层承载力1/3的才是软弱下卧层。实际上工程中相对软弱土层是常见现象，只有当强度相差过大时，才会进行必要的验算。

②这里的软弱下卧层承载力只进行深度修正。因为下卧层受压区应力分布并非均匀，呈内大外小，不应作宽度修正；修正深度从承台底部计算至软弱土层顶面。

表 4.31　桩端持力层压力扩散角 θ

E_{s1}/E_{s2}	$t=0.25B_0$	$t \geq 0.50B_0$
1	4°	12°
3	6°	23°
5	10°	25°
10	20°	30°

注:①E_{s1},E_{s2}为硬持力层和软弱下卧层的压缩模量。

②当 $t<0.25B_0$ 时,取 $\theta=0°$,必要时,宜通过试验确定;当 $0.25B_0<t<0.50B_0$ 时,可内插取值。

【例题 4.23】　某桩群基础平面、剖面和地基土层分布情况如图 4.37 所示。其地质情况如下。

①杂填土:其重度 $\gamma=17.8$ kN/m^3。

②淤泥质土:其重度 $\gamma=17.8$ kN/m^3,桩的极限侧阻力标准值 $q_{sik}=20$ kPa,属于高灵敏土。

③黏土:其重度 $\gamma=19.5$ kN/m^3,桩的极限侧阻力标准值 $q_{sik}=60$ kPa,极限端阻力标准值 $q_{pk}=2\,700$ kPa,土的压缩模量 $E_{s1}=8.0$ MPa。

④淤泥质土:地基承载力标准值 $f_{ak}=70$ kPa;压缩模量 $E_{s2}=1.6$ MPa;在桩长深度范围内各土层加权平均土层极限摩擦力标准值 $q_{sk}=21$ kPa。

作用于桩基承台顶面的竖向力设计值 $F_k=4\,800$ kN,桩基承台和承台上土自重设计值 $G_k=480$ kN。本桩基安全等级为 2 级。

根据《建筑桩基技术规范》(JGJ 94—2008)要求计算软弱下卧层承载力。

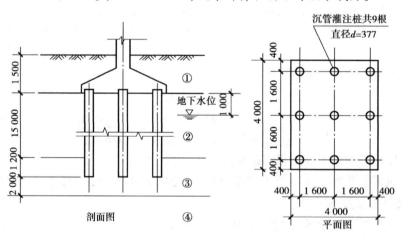

图 4.37　例 4.23 图

【解】　(1)$\gamma_m z$ 的计算

$$\gamma_m z = \sum \gamma_i z_i = 17.8 \times 1.0 + (17.8-10) \times 14 + (19.5-10) \times 3.2 = 157.4 \text{(kPa)}$$

(2)σ_z 的计算

$$E_{s1}/E_{s2} = 8.16$$

$$A_0 = B_0 = 1.6 + 1.6 + 0.377 = 3.577 \text{(m)}$$

$$t/B_0 = 2/3.577 = 0.56$$

$t \geq 0.5B_0$,查表 4.31,取 $\theta=25°$。

$$\sigma_z = \frac{(F_k+G_k)-1.5(A_0+B_0)\sum q_{sik}l_i}{(A_0+2t\tan\theta)(B_0+2t\tan\theta)}$$

$$= \frac{(4\,800 + 480) - 1.5 \times (3.577 + 3.577) \times (20 \times 15 + 70 \times 1.2)}{(3.577 + 2 \times 2 \times \tan 25°) \times (3.577 + 2 \times 2 \times \tan 25°)}$$

$$= 39.2(\text{kPa})$$

(3)软弱下卧层承载力计算

$$f_{az} = f_{ak} + \eta_a \gamma_m (z - 0.5\ \text{m})$$
$$= 70 + 1 \times 8.65 \times (15 + 3.2 - 0.5)$$
$$= 223.1(\text{kPa})$$

(4)验算软弱下卧层承载力

$$\sigma_z + \gamma_m z = 39.2 + 157.4 = 196.6\ \text{kPa} < f_{az} = 223.1\ \text{kPa}$$

软弱下卧层承载力满足要求。

4.7.4　承台设计

承台的作用是将桩连接成一个整体,把建筑物的荷载传递给桩,并起到增大基础刚度、调节差异沉降的作用,因此承台应该有足够的强度和刚度。

承台设计包括确定承台材料、形状、高度、地面标高、平面尺寸,以及其受剪承载力、受弯承载力、抗冲切的计算,并符合各种构造要求。

1)承台构造要求

(1)承台基本尺寸

①柱下独立桩基承台的最小宽度不应小于 500 mm,边桩中心至承台边缘的距离不应小于桩的直径或边长,且桩的外边缘至承台边缘的距离不应小于 150 mm。对于墙下条形承台梁,桩的外边缘至承台梁边缘的距离不应小于 75 mm,承台最小厚度不应小于 300 mm。

②高层建筑平板式和梁板式筏形承台的最小厚度不应小于 400 mm,多层建筑墙下布桩的筏形承台的最小厚度不应小于 200 mm。

(2)承台的材料要求

①混凝土。承台混凝土强度等级应满足结构混凝土耐久性要求和抗渗性要求。严格按照《混凝土结构设计规范》(GB 50010—2010)的规定进行设计。当环境类别为二 a 类别时不应低于 C25,二 b 类时不应低于 C30。除此之外,混凝土强度等级还应满足抗渗性要求。

②钢筋。柱下独立基础的受力钢筋应该通长配置,对 4 桩以上(含 4 桩)承台宜按双向均匀布置,对 3 桩的三角形承台应按三向板带均匀布置,且最里面的 3 根钢筋围成的三角形应在柱截面范围内。钢筋锚固长度自边桩内侧(当为圆桩时,应将其直径乘以 0.8 等效为方桩)算起,不应小于 $35d_g$(d_g 为钢筋直径);当不满足时应该将钢筋向上弯折,此时水平段长度不应小于 $25d_g$,弯折段长度不应小于 $10d_g$。承台纵向受力钢筋的直径不应小于 12 mm,间距不应大于 200 mm。柱下独立桩基承台的最小配筋率不应小于 0.15%。条形承台梁的纵向主筋应符合《混凝土结构设计规范》(GB 50010—2010)关于最小配筋率的规定,主筋直径不应小于 12 mm,架立筋直径不应小于 10 mm,箍筋直径不应小于 6 mm。筏形承台或箱形承台板,在纵横两个方向的下层钢筋配筋率不宜小于 0.15%;上层钢筋应按计算配筋率全部连通。当筏板的厚度大于 2 000 mm 时,宜在板厚中间部位设置直径不小于 12 mm、间距不大于 300 mm 的双向钢筋网,如图 4.38 所示。

③保护层厚度。承台底面钢筋的混凝土保护层厚度,当有混凝土垫层时,不应小于 50 mm,无垫层时不应小于 70 mm。此外,尚不应小于桩头嵌入承台的长度。

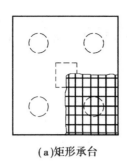 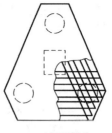

（a）矩形承台　　　　　　　（b）三角形承台

图 4.38　柱下独立基础承台配筋示意

（3）桩与承台连接

桩顶嵌入承台的长度,对大直径桩不宜小于 100 mm,对中等直径桩不宜小于 50 mm。混凝土桩的桩顶纵向钢筋应锚入承台内,其锚入长度不宜小于 $35d$（d 为纵向主筋直径）,当不能满足要求时应将钢筋向上弯折。对于大直径灌注桩,当采用一柱一桩时,可以设置承台或将桩与柱直接连接。

（4）柱与承台连接

对于一柱一桩基础,柱与桩直接连接时,柱纵向钢筋锚入桩身内长度不应小于 $35d$（d 为纵向主筋直径）。对于多桩承台,柱纵向主筋应锚入承台不小于 $35d$（d 为纵向主筋直径）;当承台高度不满足锚固要求时,竖向锚固长度不应小于 $20d$（d 为纵向主筋直径）,并向柱轴线方向呈 90°弯折。当有抗震设防要求时,对于一、二级抗震等级的柱,纵向主筋锚固长度应乘以 1.15 的系数;对于三级抗震等级的柱,纵向主筋锚固长度应乘以 1.05 的系数。

（5）承台与承台的连接

一柱一桩时,应在桩顶两个主轴方向上设置连系梁（也称为拉梁）,以保证桩基的整体刚度。当桩与柱的截面直径之比大于 2 时,可不设连系梁。两桩桩基承台短向抗弯刚度较小,因此设置承台连系梁。有抗震设防要求的柱下桩基承台,由于地震作用下建筑物各桩基承台所受的地震剪力和弯矩不确定,宜沿两个主轴方向设置连系梁。连系梁顶面宜与承台顶面位于同一标高（建议减少 50 mm）,连系梁宽度不宜小于 250 mm,其高度可取承台中心距的 1/15～1/10,且不宜小于 400 mm。连系梁配筋应按计算确定,根据受力和施工要求,梁上下部配筋不宜小于 2 Φ 12,且位于同一轴线上的相邻跨连系梁纵筋应连通。

（6）承台埋深

承台底面埋深不应小于 0.6 m,且承台顶面应低于室外设计地面不小于 0.1 m。承台埋深应考虑建筑物的高度、体型、地震设防烈度、场地冻深等因素,根据桩基承载力和稳定性确定,一般情况下,不宜小于建筑物高度的 1/18;当采用桩箱、桩筏基础时,不宜小于建筑物高度的 1/20～1/18。

图 4.39 所示为桩基承台的基本尺寸及配筋示意图,图 4.40 所示为承台拉梁的布置、截面及配筋示意图。

2）承台的计算

试验表明,承台板有受弯破坏、冲切和受剪破坏 3 种形式。当承台板厚度不足,钢筋配筋率较小时容易发生弯曲破坏。为了防止这种破坏,可以提高底板配筋率、提高混凝土或钢筋强度。当承台底板厚度较小,但配筋数量较多时,常发生冲切不小于 45°的破坏锥体（图 4.41、图 4.42）。为防止发生这种破坏,承台底板要有足够厚度。

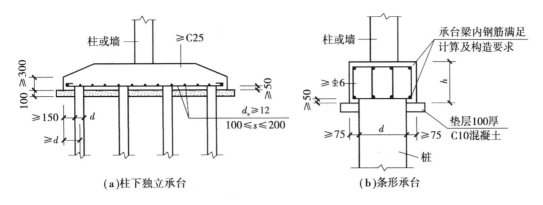

图 4.39 桩基承台的基本尺寸及配筋

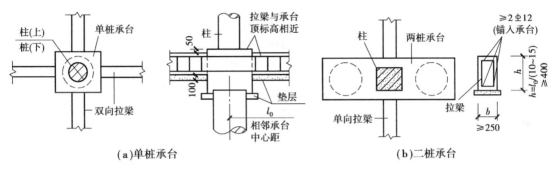

图 4.40 承台拉梁的布置、截面及配筋

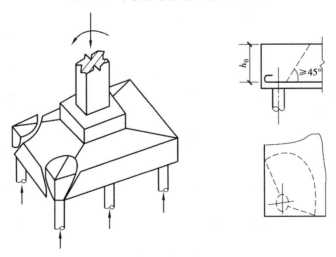

图 4.41 角桩的冲切破坏

(1)受弯计算

①多桩矩形承台。桩基承台应进行正截面受弯承载力计算。承台弯矩可按《建筑桩基技术规范》(JGJ 94—2008)的规定计算,受弯承载力和配筋可按《混凝土结构设计规范》(GB 50010—2010)的规定进行。

两桩条形承台和多桩矩形承台弯矩计算截面取在柱边和承台变阶处,可按下列公式计算:

$$M_x = \sum N_i y_i \tag{4.100}$$

$$M_y = \sum N_i x_i \tag{4.101}$$

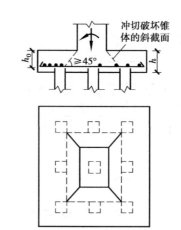

图 4.42　承台板的冲切破坏

式中　M_x，M_y——分别为绕 X 轴和绕 Y 轴方向计算截面处的弯矩设计值；

　　　　x_i，y_i——垂直 Y 轴和 X 轴方向自桩轴线到相应计算截面的距离；

　　　　N_i——不计承台及其上土重，在荷载效应基本组合下的第 i 基桩或复合基桩竖向反力设计值(图 4.43)。

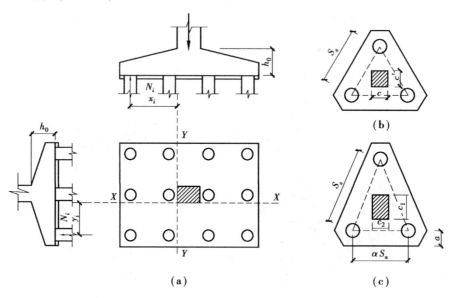

图 4.43　承台弯矩计算示意图

②三桩承台。

a. 等边三桩承台。

$$M = \frac{N_{max}}{3}\left(S_a - \frac{\sqrt{3}}{4}c\right) \tag{4.102}$$

式中　M——通过承台形心至各边边缘正交截面范围内板带弯矩设计值；

　　　　N_{max}——扣除承台和其上填土自重后的 3 根桩中相应于荷载效应基本组合时的最大基桩或复合基桩竖向力设计值；

　　　　S_a——桩中心距；

　　　　c——方柱边长，圆柱时 $c = 0.8d$(d 为圆柱直径)。

式(4.102)推导如下:

假定方柱的形心与等边三角形桩基承台等边形心相重合,并进一步假定3个等边方向钢筋配筋量相同,如4.44图所示。

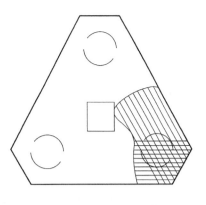

绕 $x-x$ 轴的弯矩如图 4.45 所示:

$$m_{x-x} = N_{max}\left(\frac{\sqrt{3}}{2}S_a \times \frac{2}{3} - \frac{1}{2}b_c\right) \qquad (4.103)$$

式中　N_{max}——不计承台与其上土重,3 根桩中最大单桩竖向承载力设计值;

　　S_a——桩距;

　　b_c——方桩边长。

图 4.44　三角形桩基配筋示意图

考虑配筋量在垂直于 $x-x$ 轴方向上的投影,则修正后绕 $x-x$ 轴的弯矩表达式为:

$$M_{x-x} = \frac{m_{x-x}}{2 \times \frac{\sqrt{3}}{2}} = \frac{N_{max}}{3}\left(S_a - \frac{\sqrt{3}}{2}b_c\right) \qquad (4.104)$$

绕 $y-y$ 轴的弯矩,如图 4.45 所示:

$$m_{y-y} = N_{max}\left(\frac{\sqrt{3}}{2}S_a \times \frac{2}{3} - \frac{\sqrt{2}}{2}b_c\right) \qquad (4.105)$$

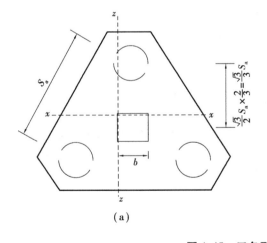

(a)

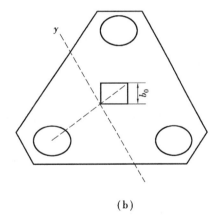

(b)

图 4.45　三角形桩基的弯矩计算

考虑钢筋配筋量在垂直于 $y-y$ 轴方向上的投影:

$$M_{y-y} = \frac{m_{y-y}}{2 \times \frac{\sqrt{3}}{2}} = \frac{N_{max}}{3}\left(S_a - \frac{\sqrt{6}}{2}b_c\right) \qquad (4.106)$$

绕 $z-z$ 轴的弯矩:

$$m_{z-z} = N_{max}\left(\frac{1}{2}S_a - \frac{1}{2}b_c\right) \qquad (4.107)$$

考虑钢筋在垂直于 $z-z$ 轴方向上的投影,则修正后绕 $z-z$ 轴的弯矩为:

$$M_{z-z} = \frac{m_z}{1 + \frac{1}{2}} = \frac{N_{max}}{3}(S_a - b_c) \qquad (4.108)$$

比较式(4.104)、式(4.106)和式(4.108),得 $M_{x-x} > M_{z-z} > M_{y-y}$。为安全起见,可由式(4.104)

给出最大弯矩计算等边三角形的桩基承台的配筋量,表达式为:

$$A_s = \frac{M_{x-x}}{0.9 f_t h_0} \tag{4.109}$$

式中 A_s——每边的配筋量;

  f_t——受拉钢筋设计值;

  h_0——承台的有效高度。

对等边三角形桩基承台,规范给出的单桩轴向力的最大弯矩设计值为:

$$M = \frac{N_{\max}}{3}\left(S_a - \frac{\sqrt{3}}{4} b_c\right) \tag{4.110}$$

比较式(4.104)和式(4.110)可以看出,式(4.110)计算的弯矩会大一些,偏于安全。

b. 等腰三桩承台。

$$M_1 = \frac{N_{\max}}{3}\left(S_a - \frac{0.75}{\sqrt{4-\alpha^2}} c_1\right) \tag{4.111}$$

$$M_2 = \frac{N_{\max}}{3}\left(\alpha S_a - \frac{0.75}{\sqrt{4-\alpha^2}} c_2\right) \tag{4.112}$$

式中 M_1, M_2——分别为通过承台形心至两腰边缘和底边边缘正交截面范围内板带的弯矩设计值;

  S_a——桩中心距;

  α——短向桩中心距与长向桩中心距之比,当 $\alpha < 0.5$ 时,应按变截面的二桩承台设计;

  c_1, c_2——分别垂直于、平行于承台底边的柱截面边长。

式(4.111)、式(4.112)推导如下:

绕 $x-x$ 轴的弯矩如图4.46所示:

$$m_{x-x} = N_{\max}\left(S_a \sin\beta \times \frac{2}{3} - \frac{1}{2} a_c\right) \tag{4.113}$$

考虑钢筋配置量在垂直于 $x-x$ 轴方向上的投影,则修正后绕 $x-x$ 轴的弯矩为:

$$M_{x-x} = \frac{m_{x-x}}{2\sin\beta} = \frac{N_{\max}}{3}\left(S_a - \frac{1.5}{\sqrt{4-\alpha^2}} a_c\right) \tag{4.114}$$

式中,$\sin\beta = \sqrt{4-\alpha^2}/2$,$a_c$ 为矩形柱截面的边长。

绕 $z-z$ 轴的弯矩表达式为:

$$m_{z-z} = N_{\max}\left(\frac{\alpha}{2} S_a - \frac{1}{2} b_c\right) \tag{4.115}$$

考虑钢筋量在垂直于 $z-z$ 轴方向上的投影,则修正后的弯矩为:

$$M_{z-z} = \frac{m_z}{1+\cos\beta} = \frac{N_{\max}}{3}\left(\frac{3\alpha}{2+\alpha} S_a - \frac{3}{2+\alpha} b_c\right) \tag{4.116}$$

式中,$\cos\beta = \alpha/2$,b_c 为矩形柱截面的另一边长。因为 $\alpha < 1$,比较式(4.114)和式(4.116)可计算得到弯矩为 M_{x-x}。

《建筑桩基技术规范》(JGJ 94—2008)给出的等腰三角形桩基承台,单桩最大轴向力的设计弯矩为:

$$M = \frac{N_{\max}}{3}\left(S_a - \frac{0.75}{\sqrt{4-\alpha^2}} a_c\right) \tag{4.117}$$

比较式(4.114)和式(4.117),a_c 值相同,所以两者相近给出的弯矩值稍大于 M_{x-x} 弯矩值,偏于安全。

（2）受冲切计算

桩基承台厚度应满足柱（墙）对承台的冲切和基桩对承台的冲切承载力要求。

①受柱（墙）冲切承载力可按下列公式计算：

$$F_l \leqslant \beta_{hp}\beta_0\mu_m f_t h_0 \qquad (4.118)$$

$$F_l = F - \sum Q_i \qquad (4.119)$$

$$\beta_0 = \frac{0.84}{\lambda + 0.2} \qquad (4.120)$$

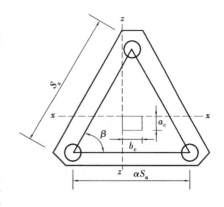

图 4.46 等腰三角形桩基承台的配筋及弯矩计算

式中　F_l——不计承台及其上土重,在荷载效应基本组合下作用于冲切破坏锥体的冲切力设计值;

f_t——承台混凝土抗拉强度设计值;

β_{hp}——承台受冲切承载力截面高度影响系数,当 $h \leqslant 800$ mm 时,β_{hp} 取 1.0;当 $h \geqslant 2\,000$ mm 时,β_{hp} 取 0.9,其间按线性内插法取值;

μ_m——承台冲切破坏锥体一半有效高度处的周长;

h_0——承台冲切破坏锥体的有效高度;

β_0——柱（墙）冲切系数;

λ——冲跨比,$\lambda = a_0/h_0$,a_0 为柱（墙）边或承台变阶处到桩边水平距离;$\lambda < 0.25$ 时,取 $\lambda = 0.25$;$\lambda > 1.0$ 时,取 $\lambda = 1.0$;

F——不计承台及其上土重,在荷载效应基本组合作用下柱（墙）底的竖向荷载设计值;

$\sum Q_i$——不计承台及其上土重,在荷载效应基本组合作用下冲切破坏锥体内各基桩或复合基桩的反力设计值之和。

②对于柱下矩形独立承台受柱冲切的承载力可按下列公式计算（图 4.47）：

$$F_l \leqslant 2[\beta_{0x}(b_c + a_{0y}) + \beta_{0y}(h_c + a_{0x})]\beta_{hp}f_t h_0 \qquad (4.121)$$

式中　β_{0x},β_{0y}——由式（4.120）求得,$\lambda_{0x} = a_{0x}/h_0$,$\lambda_{0y} = a_{0y}/h_0$,$\lambda_{0x}$、$\lambda_{0y}$ 均应满足 0.25 ~ 1.0 的要求;

h_c,b_c——分别为 x,y 方向的柱截面边长;

a_{0x},a_{0y}——分别为 x,y 方向柱边至最近柱边的水平距离。

③对于柱下矩形独立阶形承台受上阶冲切的承载力可按下列公式计算（图 4.47）：

$$F_l \leqslant 2[\beta_{1x}(b_1 + a_{1y}) + \beta_{1y}(h_1 + a_{1x})]\beta_{hp}f_t h_{10} \qquad (4.122)$$

式中　β_{0x},β_{0y}——由式（4.120）求得,$\lambda_{0x} = a_{0x}/h_0$,$\lambda_{0y} = a_{0y}/h_0$,$\lambda_{0x}$、$\lambda_{0y}$ 均应满足 0.25 ~ 1.0 的要求;

h_c,b_c——分别为 x,y 方向承台上阶的边长;

a_{0x},a_{0y}——分别为 x,y 方向承台上阶边至最近柱边的水平距离。

对于圆柱及圆桩,计算时应将其截面换算成方柱及方桩,即取换算柱截面边长 $b_c = 0.8d_c$（d_c 为圆柱直径）,换算桩截面边长 $b_c = 0.8d$（d 为圆桩直径）。

④4 桩以上（含 4 桩）承台受角桩冲切的承载力可按下列公式计算承台受基桩冲切的承载力（图 4.48）：

$$N_l \leqslant [\beta_{1x}(c_2 + a_{1y}/2) + \beta_{1y}(c_1 + a_{1x}/2)]\beta_{hp}f_t h_0 \qquad (4.123)$$

$$\beta_{1x} = \frac{0.56}{\lambda_{1x} + 0.2} \qquad (4.124)$$

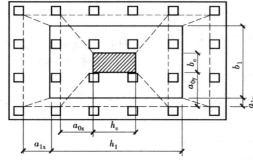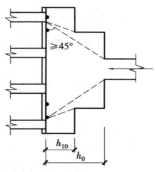

图 4.47　柱对承台的冲切计算示意图

$$\beta_{1y} = \frac{0.56}{\lambda_{1y} + 0.2} \tag{4.125}$$

式中　N_1——不计承台及其上土重,在荷载效应基本组合下作用于下角桩(含复合基桩)反力设计值;

　　　β_{1x}, β_{1y}——角桩冲切系数;

　　　a_{1x}, a_{1y}——从承台底角桩顶内边缘引45°冲切线与承台顶面相交点至角桩内边缘的水平距离;当柱(墙)边或承台变阶处位于该45°线以内时,则取由柱(墙)边或承台变阶处与桩内边缘连线为冲切锥体的锥线;

　　　h_0——承台外边缘的有效高度;

　　　$\lambda_{1x}, \lambda_{1y}$——角桩冲跨比,$\lambda_{1x} = a_{1x}/h_0$,$\lambda_{1y} = a_{1y}/h_0$,其值均应满足均应满足 0.25～1.0 的要求。

⑤对于三桩三角承台可按下列公式计算受角桩冲切的承载力(图 4.49):

底部角桩:

$$N_1 \leqslant \beta_{11}(2c_1 + a_{11})\beta_{hp}\tan\frac{\theta_1}{2}f_t h_0 \tag{4.126}$$

$$\beta_{11} = \frac{0.56}{\lambda_{11} + 0.2} \tag{4.127}$$

顶部角桩:

$$N_1 \leqslant \beta_{12}(2c_2 + a_{12})\beta_{hp}\tan\frac{\theta_2}{2}f_t h_0 \tag{4.128}$$

$$\beta_{12} = \frac{0.56}{\lambda_{12} + 0.2} \tag{4.129}$$

式中　$\lambda_{11}, \lambda_{12}$——角桩冲跨比,$\lambda_{11} = a_{11}/h_0$,$\lambda_{12} = a_{12}/h_0$,其值均应满足 0.25～1.0 的要求;

　　　a_{11}, a_{12}——从承台底角桩顶内边缘引45°冲切线与承台顶面相交点至角桩内边缘水平距离;柱(墙)边或承台变阶处位于该45°线以内时,则取由柱(墙)边或承台变阶处与桩内边缘连线为冲切锥体的锥线。

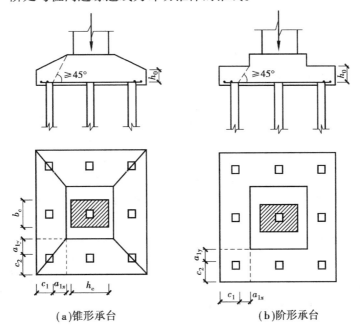

(a)锥形承台　　　　　(b)阶形承台

图4.48　4桩以上(含4桩)承台角桩冲切计算示意图

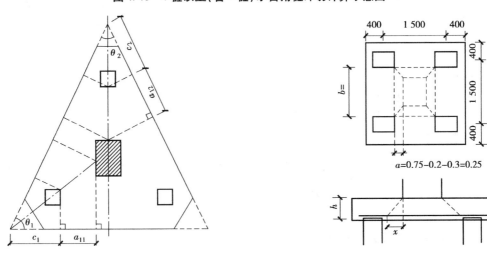

图4.49　三桩三角承台角桩冲切计算示意图　　　　　**图4.50　例4.24图**

【例4.24】 确定如图4.50所示正方形4桩承台柱边抗冲切承载力。承台厚1.2 m,有效高度 $h_0 = 1\ 050$ mm,采用C25混凝土, $f_t = 1.27$ MPa;桩截面0.4 m×0.4 m;柱截面0.6 m× 0.6 m。试计算该承台抗冲切承载力。

【解】 (1)承台截面高度系数 β_{hp}

$$\beta_{hp} = \frac{1 - 0.9}{0.8 - 2} \times (1.2 - 2) + 0.9 = 0.966\ 7$$

(2)冲跨比 λ

$$\lambda = \frac{a_0}{h_0} = \frac{0.25}{1.05} = 0.238$$

其中,$a_0 = 0.75 - 0.2 - 0.3 = 0.25$(m)。

$\lambda < 0.25$,取 $\lambda = 0.25$。

(3)冲切系数 β_0

$$\beta_0 = \frac{0.84}{\lambda + 0.2} = \frac{0.84}{0.25 + 0.2} = 1.8667$$

(4)冲切破坏锥体一半有效高度处的周长 μ_m

对于正方形:

$$\mu_m = 2(b_c + a_{0y}) + 2(h_c + a_{0x}) = 4 \times (h_c + a_{0x}) = 4 \times (0.6 + 0.25) = 3.4(\text{m})$$

(5)抗冲切承载力

$$\beta_{hp}\beta_0\mu_m f_t h_0 = 0.9667 \times 1.8667 \times 3.4 \times 1270 \times 1.05 = 8181.6(\text{kN})$$

【例 4.25】 承台 $h_0 = 500$ mm,承台 $h = 650$ mm,$f_t = 1.27$ MPa,其他条件如图 4.51 所示。桩截面尺寸 400 mm×400 mm,柱截面尺寸 400 mm×600 mm。试计算承台底部角桩的抗冲切力分别是多少?

【解】 (1)高度系数 β_{hp}

截面高度影响系数 $h_0 < 800$ mm,取 $\beta_{hp} = 1$。

(2)冲切系数 c_1

$$c_1 = 0.8 + 0.2 = 1(\text{m})$$

(3)冲跨 a_{11}

$a_{11} > h_0$,取 $a_{11} = h_0 = 0.5$(m)。

(4)冲跨比

$$\lambda_{11} = \frac{a_{11}}{h_0} = \frac{0.5}{0.5} = 1$$

(5)冲切系数 β_{11}

$$\beta_{11} = \frac{0.56}{\lambda_{11} + 0.2} = \frac{0.56}{1 + 0.2} = 0.4667$$

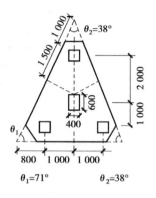

图 4.51 例 4.25 图

抗冲切承载力:

$$\beta_{11}(2c_1 + a_{11})\beta_{hp}f_t h_0 \tan\frac{\theta_1}{2} = 0.4667 \times (2 \times 1.0 + 0.5) \times 1 \times 1270 \times 0.5 \times \tan\frac{71°}{2}$$
$$= 528.5(\text{kN})$$

(3)受剪计算

承台斜截面受剪承载力可按下式计算(图 4.52):

$$V \leqslant \beta_{hs}\alpha f_t b_0 h_0 \tag{4.130}$$

$$\alpha = \frac{1.75}{\lambda + 1} \tag{4.131}$$

$$\beta_{hs} = \left(\frac{800}{h_0}\right)^{1/4} \tag{4.132}$$

式中 V——不计承台及其上土重,在荷载效应基本组合下,斜截面的最大剪应力设计值;

$\quad\quad f_t$——混凝土轴心抗拉强度设计值;

$\quad\quad b_0$——承台计算截面处的截面宽度;

$\quad\quad h_0$——承台计算截面处的截面高度;

$\quad\quad \alpha$——承台剪切系数按式(4.131)确定;

$\quad\quad \lambda$——计算截面剪跨比,$\lambda_x = a_x/h_0$,$\lambda_y = a_y/h_0$,此处,a_x、a_y 为柱边(墙边)或承台变阶处

至 y,x 方向计算一排桩的桩边的水平距离，$\lambda < 0.25$ 时，取 $\lambda = 0.25$；$\lambda > 3$ 时，取 $\lambda = 3$；

β_{hs}——受剪切承载力截面高度影响系数；$h_0 < 800$ mm 时，取 $h_0 = 800$ mm；$h_0 > 2\,000$ mm 时，取 $h_0 = 2\,000$ mm；其间按线性内插法取值。

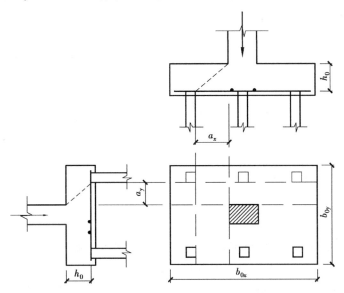

图 4.52　承台斜截面受剪计算示意图

对于阶梯形承台应分别在变阶处（A_1—A_1，B_1—B_1）及柱边处（A_2—A_2，B_2—B_2）进行斜截面受剪承载能力计算（图 4.53）。

计算变阶处截面（A_1—A_1，B_1—B_1）的斜截面受剪承载力时，其截面有效高度均为 h_{10}，截面宽度分别为 b_{y1} 和 b_{x1}。

计算柱边截面（A_2—A_2，B_2—B_2）的斜截面受剪承载力时，其截面有效高度均为 $h_{10} + h_{20}$，截面计算宽度分别为：

对 A_2—A_2：

$$b_{y0} = \frac{b_{y1} \cdot h_{10} + b_{y2} \cdot h_{20}}{h_{10} + h_{20}} \tag{4.133a}$$

对 B_2—B_2：

$$b_{x0} = \frac{b_{x1} \cdot h_{10} + b_{x2} \cdot h_{20}}{h_{10} + h_{20}} \tag{4.133b}$$

对于锥形承台应对变阶处及柱边处（A—A 及 B—B）两个截面进行受剪承载力计算（图 4.54），截面有效高度为 h_0，截面的计算宽度分别为：

对 A—A：

$$b_{y0} = \left[1 - 0.5\frac{h_{20}}{h_0}\left(1 - \frac{b_{y2}}{b_{y1}}\right)\right]b_{y1} \tag{4.134a}$$

对 B—B：

$$b_{x0} = \left[1 - 0.5\frac{h_{20}}{h_0}\left(1 - \frac{b_{x2}}{b_{x1}}\right)\right]b_{x1} \tag{4.134b}$$

【例 4.26】　如图 4.55 所示条件有效承台厚度 $h_0 = 1.0$ m，$f_t = 1.27$ MPa；柱截面尺寸为 400 mm × 600 mm，桩截面尺寸为 400 mm × 400 mm。试估算柱边 A—A 的斜截面受剪承载力。

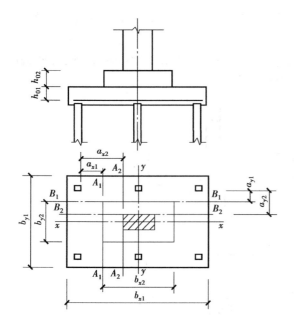

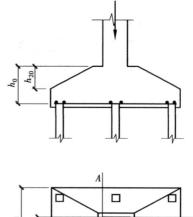

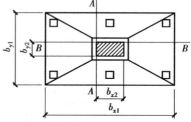

图 4.53　阶梯形承台斜截面受剪计算示意图　　　图 4.54　锥形承台斜截面受剪计算示意图

【解】　（1）受剪切承台截面高度影响系数

$$\beta_{hs} = \left(\frac{800}{h_0}\right)^{\frac{1}{4}} = \left(\frac{800}{1\,000}\right)^{\frac{1}{4}} = 0.945\,7$$

（2）剪切系数

$$a_x = 1 - 0.3 - 0.2 = 0.5(\text{m})$$

剪跨比:

$$\lambda_x = \frac{a_x}{h_0} = \frac{0.5}{1.0} = 0.5$$

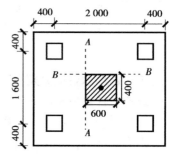

图 4.55　例 4.26 图

剪切系数:

$$\alpha = \frac{1.75}{\lambda + 1} = \frac{1.75}{0.5 + 1} = 1.166\,7$$

$$b_0 = 1.6 + 0.4 + 0.4 = 2.4, h_0 = 1$$

$$\beta_{hp}\alpha f_t b_0 h_0 = 0.945 \times 1.166\,7 \times 1\,270 \times 2.4 = 3\,363(\text{kN})$$

4.8　沉井基础

4.8.1　概　述

沉井的应用已有很长的历史,它是由古老的掘井作业发展而成的一种施工方法。用沉井法修筑的基础称为沉井基础。如图 4.56 所示,沉井是一种井筒状空腔结构物,是在预制好的井筒内挖土,依靠井筒自重或借助外力克服井壁与地层的摩擦阻力逐步沉入地下至设计高程,最终形成建筑物基础的一种深基础形式。

沉井下沉过程中,在取土作业时排除井内积水,称为排水下沉;在取土作业时不排除井内积水,称为不排水下沉。干式沉井是指使用时井内无水的沉井。

图 4.56 公路沉井基础

利用沉井作为挡土的支护结构,可以建造各种类型或各种用途的地下工程构筑物,如用于桥梁、烟囱、水塔的基础,水泵房、地下油库、水池竖井等深井构筑物以及盾构或顶管工作井。

4.8.2 沉井分类

(1)按沉井用途分类

①构筑物类。工业建筑中的构筑物若埋置较深,可做成沉井。沉井下沉就位封顶后,即成为工业工艺中的一座构筑物,如给排水工程中的集水井、水泵房、废水池以及矿山工程中的竖井等。

②基础类。桥梁工程中的桥墩可做成各种形状的沉井,沉井下沉后井内填筑钢筋混凝土材料;某些高层建筑的地下室也可做成沉井基础。

③基坑支护类。如软弱基础上的深基础施工及顶管工程中的临时工作井、接收井等,施工过程中可使用沉井技术挡土。这类沉井在施工结束后就失去其价值。

(2)按场地分类

①陆地沉井。陆地沉井是指在陆地上制作和下沉的沉井,是常用的沉井。

②筑岛沉井。在河道中施工沉井时,如果河流不能断航,在河床水位较浅的条件下,可以用砂石材料在河床上筑岛。在岛面上制作并下沉的沉井称为筑岛沉井。

③浮运沉井。如果河道水位较深,在筑岛有困难的情况下,宜在岸边制作沉井,用浮运方法将沉井牵引至河道中预定位置下沉,这类沉井称为浮运沉井。大型浮运沉井可采用钢壳沉井。

(3)按材料分类

①素混凝土沉井。这种沉井适用于中小型永久性工程,断面通常呈圆形。沉井底端的刃脚需要配筋,便于下切土体,避免损伤井筒。

②钢筋混凝土沉井。这种沉井适用于大中型工程,可根据需要做成各种形状、各种规格和深度较大的沉井,应用十分广泛。

③砖石沉井。这种沉井适用于深度浅的小型沉井或临时性沉井,如房屋纠倾工作井。

(4)按沉井断面形状分

①单孔沉井。沉井只有一个井孔[图4.57(a)]。沉井平面形状有矩形、圆形和正方形等。沉井承受四周的土压力和水压力,从受力条件而言,圆形沉井较好,沉井的井壁可以薄些;方形和矩形沉井,在水平方向的土压力和水压力作用下,将产生较大的弯矩,井壁厚度要大些。但从运用角度来看,方形与矩形较好。

②双孔沉井。这种沉井具有双孔,井孔之间用隔墙隔开,这样既增加了沉井的整体刚度,又便于挖土和下沉。双孔沉井适用于长度较大的工程[图4.57(b)]。

③多排孔沉井。整个沉井由多道纵向隔墙与横向隔墙,把沉井隔成多排井孔[图 4.57 (c)]。因此,多排沉井成为刚度很大的空间结构,这种沉井适用于大型结构物。在施工过程中,有利于控制各个井孔挖土的进度,保证沉井均匀下沉,不致发生倾斜事故。

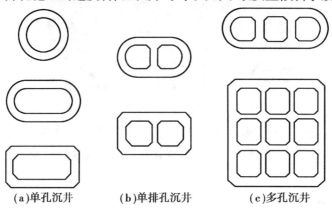

(a)单孔沉井　　　(b)单排孔沉井　　　(c)多孔沉井

图 4.57　沉井按断面形状分类

4.8.3　沉井的一般构造

沉井的结构包括刃脚、井筒、内隔墙、底梁、封底与顶盖(图 4.58)。

(1)刃脚与踏面

刃脚位于沉井的最下端,形如刀刃,在沉井下沉过程中起切土下沉的作用。刃脚并非真正的尖刃,其最底部为一水平面,称为踏面。踏面宽度通常不小于 150 mm,土质坚硬时,刃脚面用钢板或角钢加以保护。刃脚内侧的倾斜面的水平倾角通常为 $40° \sim 60°$。

(2)井筒

沉井的井筒为沉井的主体。在沉井下降过程中,井筒是挡土的围壁,应有足够的强度,以承受四周的土压力和水压力。

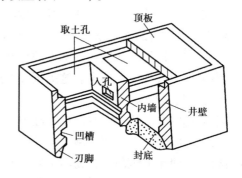

图 4.58　沉井结构图

同时,井筒又需要足够的自重,以克服井筒外壁与土的摩擦阻力和刃脚踏面底部土的阻力,使沉井能在自重作用下徐徐下沉。此外,井筒内部的空间,要满足容纳挖土工人或挖土机械在井内工作以及潜水员排除障碍的需要。因此,井筒内径不宜小于 3 m。

(3)内隔墙和底梁

大型沉井为了增加整体刚度,在沉井内部设置隔墙,可减少受弯时的净跨度,以增加沉井的刚度。内隔墙把整个沉井分成若干个井孔,各井孔分别挖土,便于控制沉降和纠倾处理。有时,在内隔墙底部设底梁。内隔墙与底梁的底面高程,应高于刃脚踏面 0.5 ～ 1.0 m,以免妨碍沉井刃脚切土下沉。

(4)封顶与沉井底板

当沉井下沉至设计标高后,需用混凝土封底,以阻止地下水和地基土进入井筒。为使封底的现浇混凝土底板与井筒联结牢靠,需在刃脚上方井筒的内壁预先设置一圈凹槽。

(5)顶板

沉井作为水泵站等地下结构的空心沉井时,在沉井顶部需做钢筋混凝土顶盖。必要时,在水泵站等空心沉井顶面建造一间房屋为工作室。

4.8.4 沉井的特点

（1）优点

①沉井的土方量可以限制在沉井的体积范围内，无须留出边坡，施工时场地面积可大大减少。

②沉井不但可以作为地下结构的外壳部分，而且在挖土下沉过程中可代替开挖支护。与设支护的大开挖方法相比，省去了开挖支护费用。

③在地下水丰富的地区，大开挖方法的降水措施是必不可少的。这一措施需花费大量的人力与物力，而沉井施工方法可以采用水下挖土及水下封底等技术，节省了降水或排水费用。

④对于一些深度较大的地下构筑物或深基础，沉井基础的入土深度可以很大，不受持力层起伏和地下水位高度的限制。深度越深，沉井的优点就越突出。

⑤沉井基础本身刚度大、整体性强、稳定性好，有较大的承载面积，能承受较大的竖向力、水平力及挠曲力矩。

⑥就施工而言，沉井施工方便，安全系数比较高；施工机具、设备简单，操作方便，劳动强度低；分节制作，一次下沉，质量控制可靠。

（2）缺点

①与桩基础相比，施工周期较长。

②如遇到饱和粉、细砂层，排水开挖会出现翻砂现象，往往造成沉井歪斜；下沉过程中，如遇到孤石、树干、溶洞及坚硬的障碍物及井底岩层表面倾斜过大时，施工过程相当困难。

③用水量大、泥浆排放多，对环境有一定的污染，应妥善处理泥浆排放问题。

4.8.5 沉井的应用范围

遵循"经济上合理、施工上可能"的原则，通常在下列情况下，可以优先采用沉井基础。

①在城市市区采用沉井作为地下构筑物时，无须打围护桩（钢板桩或其他围护桩），也不影响周围构筑物，不需要支撑土壁及防水。因其本身刚度较大，沉井外侧井墙就能防止侧面土层坍塌。

②如因场地狭窄，同时受附近建筑物或其他因素的限制，而不适宜采用大开挖的地点，可采用沉井法施工。

③当地下水位较高、土的渗透性较大，或存在易产生涌流或塌陷的不稳定土层时，可采用沉井不排水下沉和水下浇筑混凝土封底。

④埋置较深的构筑物采用沉井法施工，从经济和技术角度来看，也比其他施工法更为合理。

⑤给排水工程的地下构筑物，多采用沉井，如江心及岸边的取水构筑物、城市污染泵站及其下部结构等。

⑥当桥梁基础需要埋置较深，且河床地质和施工条件又合适时，可考虑采用沉井。但河床中有流砂、蛮石、树干或老桥基等难于清除的障碍，或表面倾斜较大的岩层上，不宜采用沉井基础。

⑦沉井可作地下构筑物的外壳。其平面尺寸可根据需要进行设计，井内空腔并不填塞，形成地下空间，可满足生产和使用的需要，有时还可作为高层建筑的基础。

⑧沉井可用作矿区的竖井,截面面积比较小,一般为圆形,下沉速度快。

沉井基础有着广泛的工程应用范围。一般在施工场地复杂,邻近有铁路、房屋、地下构筑物等障碍物,加固、拆迁有困难或大开挖施工会影响周围邻近建(构)筑物安全时,应用沉井基础最为合理、经济。

4.8.6 沉井的用途

沉井用途广泛,主要用作以下几种结构物。

①重型结构物基础。沉井常用于平面尺寸紧凑的重型结构物,如烟囱、重型设备的基础。

②江河上的结构物。沉井的井筒不仅可以挡土而且可以挡水,因此也适用于江河上的结构物。例如,岷江上的一座拦河挡水坝采用大型沉井基础,即用大型沉井排成一列,垂直于岷江水流方向,沉井在施工期为挡水的围堰,竣工后为挡水坝。桥墩或边墩采用沉井更多,如南京长江大桥的桥墩基础,即为筑岛沉井。

③地下工程。地下工程包括地下厂房、地下仓库、地下油库、地下车道和车站以及矿用竖井等。

④邻近建筑物的深基础。在原有建筑物的附近进行深基坑开挖时,将危及原有建筑物浅基础的稳定性,采用沉井基础,则可以防止原有浅基础的滑动。

4.8.7 沉井的施工

沉井的施工方法通常有旱地施工、水中筑岛及浮运沉井3种。沉井施工是一个局部较复杂的系统工程。施工前一定要有详尽的岩土工程勘察资料,充分掌握场地的水文地质、工程地质条件和气象资料。筑岛和浮运沉井还应做好河流汛期、河床冲刷、通航和漂流物等调查研究,应充分利用枯水季节,制订详细的施工计划和必要的措施。施工过程中,必须严格执行相关规定和设计要求,对每一个施工环节都要作充分考虑,对每一道工序都应做出详细安排,对施工中可能出现的不良情况要认真考虑并制订相应的对策。

沉井施工工艺包括施工准备、地基处理、井墙制作、沉井下沉、沉井封底5个部分。

旱地沉井施工顺序如图4.59所示。

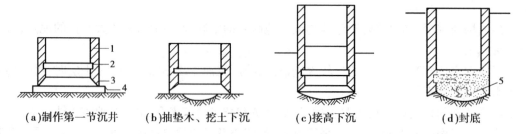

(a)制作第一节沉井　　(b)抽垫木、挖土下沉　　(c)接高下沉　　(d)封底

图4.59　沉井施工顺序图

1—井壁;2—凹槽;3—刃脚;4—承垫木;5—素混凝土封底

1)基坑、垫层和筑岛

(1)基坑开挖

旱地沉井施工前,应先根据设计图提供的坐标,放出沉井纵、横两个方向的中心轴线和沉井轮廓线以及水准标高等,作为沉井施工的依据。

基坑底部的平面尺寸,一般要比沉井的平面尺寸大些。设计采用承垫木时,则在沉井四周各加宽一根垫木长度以上,以保证垫木在必要时能向外抽出,同时考虑支模、搭设脚架及排水等工作的需要。

基坑开挖的深度需视水文、地质条件而定,在一般情况下,基坑开挖深度为要铺筑的砂垫层厚度,即 1 ~ 2 m。在地下水位较低的地区,有时为减少沉井下沉深度,可加深基坑的开挖深度,但必须确保坑底高出施工期间可能出现的最高地下水位 0.5 m 以上。

沉井平面尺寸及其形状与高度,应满足地基承载力及施工等要求,力求结构简单对称、受力合理、施工方便。

(2)垫层

通常第一节制作的沉井自重较大,而刃脚支承面积又小,常沿井壁周边刃脚下铺设承垫木,以加大支承面积。当采用承垫木施工时,为便于整平、支模及下沉时抽出承垫木,需在承垫木下铺设一层砂垫层,将沉井重量扩散到更大的面积上,使表面土层的强度足以支撑第一节沉井自重,保证沉井第一节混凝土在浇筑过程中的稳定性,并使沉井的下沉量控制在允许范围内。

沉井采用无承垫木施工时,沉井第一节高度不宜过大,通常为 5 ~ 6 m;荷载小于地基的允许承载力时,砂垫层厚度可以减小,作为找平层使用。

(3)混凝土垫层

目前,绝大多数沉井工程已不再使用承垫木法施工,而是直接在砂垫层上面铺一层素混凝土来代替传统的承垫木。其作用是扩大沉井刃脚的支承面积,减轻对砂垫层或地基土的压力,省去刃脚的底模板,便于沉井下沉。

(4)筑岛

若场地位于中等水深或浅水区,常需修筑人工岛。在筑岛前,应挖除表面松土,以免在施工中产生较大的下沉或地基失稳,然后根据水深和流速的大小来选择采用哪种方式筑岛。

筑岛的施工期,应尽可能选择在河流的枯水期内,以减少筑岛的填方量,降低工程造价。人工筑岛的材料宜选用中砂、粗砂或砂夹砾石等,不宜用粉砂、细砂或黏土填筑。筑岛的岛面标高,应比施工期内可能出现的最高水位(加浪高)高出 0.5 m 以上。

常见的筑岛有土岛、草袋围堰岛、板桩围堰筑岛和石笼围堰筑岛等。

2)沉井制作

目前在沉井工程中,常用的有木模、钢模及滑模 3 种。

待承垫木或素混凝土垫层铺设好后,在刃脚位置处放上刃脚角钢,竖立内模,绑扎钢筋,立外模,最后浇灌第一节混凝土。模板和支撑应有较大的刚度,以免发生挠曲变形。外模板应平滑以利于下沉。钢模较木模刚度大,周转次数多,并易于安装。

在内模(井孔)支立完毕,外模尚未扣合时进行钢筋绑扎。先将制好的焊有锚固筋的刃脚踏面摆放在刃脚画线位置,进行焊接后绑扎刃脚筋、内壁纵横筋、外壁纵横筋。为加快进度,可在钢筋棚将墙筋组成大片,用吊机移动定位焊接组成整体。

所浇筑的混凝土应由集中拌和站供应。混凝土沿井壁四周对称浇筑,避免混凝土面高低相差悬殊,产生不均匀下沉造成裂缝。采用插入式振捣器进行振捣。每节沉井的混凝土都应分层、均匀、连续浇筑。浇筑高度较高时应该设缓降器,缓降器下的工作高度不得大于 1.0 m。

当混凝土强度达到 2.5 MPa 时,拆除直立的侧面模板。拆除时应先内后外。混凝土强度达 70%(或达设计标高)后,拆除隔墙底面、刃脚斜面的支撑与模板。拆模顺序为:井孔模板→外侧模板→隔墙支撑及模板→刃脚斜面支撑及模板。拆除隔墙及刃脚下的支撑应对称依次进行,宜从隔墙中部向两边拆除。

3)沉井下沉

（1）挖土下沉第一节沉井

沉井下沉施工可分为排水下沉和不排水下沉。当沉井穿过的土层较稳定，不会因为排水而产生大量流砂时，可采用排水下沉。土的挖除可采用人工挖土或机械除土，排水下沉常使用人工挖土，它适用于土层渗水量不大且排水时不会产生涌土或流砂的情况。人工挖土可使沉井均匀下沉并清除井下障碍物，但应采取措施，以保证施工安全。排水下沉时，有时也用机械排土。不排水下沉一般都采用机械除土，可用抓土斗或水力吸泥机。若土质较硬，水力吸泥机需配以水枪射水将土冲松。吸泥机将水和土一起吸出井外，因此需要经常向井内加水维持井内水位高出井外水位 $1\sim2$ m，以免发生涌土或流砂现象。抓斗抓泥可以避免吸泥机吸砂时出现的翻砂现象，但抓斗无法到达刃脚下和隔墙的死角，其施工效率也会随深度增加而降低。

正常下沉时，应从中间向刃脚处均匀对称除土。对于排水除土下沉的底节沉井，设计支承位置处的土应在分层除土最后同时挖除。由数个井室（隔墙）组成的沉井，应控制各井室之间除土面的高差，并避免内隔墙底部在下沉时受到下面土层的顶托，以减少倾斜。

（2）接高第二节沉井

第一节沉井下沉至顶面距地面还有 $1\sim2$ m 时，应停止挖土，保持第一节沉井位置竖直。第二节沉井的竖向中轴线应与第一节的重合，凿毛顶面，然后立模均匀对称地浇筑混凝土。接高沉井的模板，不得直接支承在地面上，而应固定在已浇筑好的前一节沉井上，并应预防沉井接高后使模板及支撑与地面接触，以免沉井因自重增加而下沉，造成新浇筑的混凝土由于拉力而出现裂缝。待混凝土强度达到设计要求后可进行拆模。

（3）逐渐下沉及接高

第二节沉井拆模后，按上述方法继续挖土下沉，接高沉井。随着多次挖土下沉与接高，沉井入土深度越来越大。

（4）加设井顶围堰

当沉井顶面需要下沉至水面或岛面下一定深度时，需在井顶加筑围堰挡水挡土。井顶围堰是临时性的，可用各种材料建成，与沉井的联结应采用合理的结构形式，以避免围堰因变形不协调或突变而造成严重漏水现象。

（5）地基检验和处理

当沉井沉至距规定标高还差 2 m 左右时，须用调平与下沉同时进行的方法使沉井下沉到位，然后进行地基检验。检验内容包括地基土质是否和设计相符合，是否平整，并对地基进行必要的处理。如果是排水下沉的沉井，可以直接进行检查；不排水下沉的沉井由潜水工人进行检查或钻取土样鉴定。

4)沉井封底

当沉井下沉至设计标高要求范围内，且地基经检验及处理符合要求后，应立即进行封底。对于排水下沉的沉井，当沉井穿越的土层透水性低，井底涌水量小且无流砂现象时，沉井应采用干封底，即按普通混凝土浇筑方法进行封底。因为干封底能节约混凝土等大量材料，确保封底混凝土的强度和密实性，并能加快工程进度。当采用不排水下沉，或虽采用排水下沉，但干封底有困难时，可用导管法灌注水下混凝土。若灌注面积较大，可用多根导管，以先周围后中间、先低后高的顺序进行灌注，使混凝土能保持大致相同的标高。各根导管的有效扩散半径应互相搭接，并能盖满井底全部范围。为使混凝土能顺利从导管底端流出并摊开，导管底部管内混凝土柱的压力应超过管外水柱的压力，超过的压力值（也称超压力）取决于导管的扩散半径。

5)沉井施工中的问题及处理措施

沉井在下沉过程中常会发生各种问题,必须事先预防,当问题发生时要及时进行处理。

(1)井壁摩阻力异常

沉井设计时,在一般地质情况下,在井内不停挖土的同时依靠沉井自重,沉井就能顺利下沉到位。但随着下沉深度的增加,土层与井壁摩擦力增大,沉井可能出现下沉停止的现象。此时,可采用增加沉井的自重或减小井壁与土层之间摩擦阻力的方法来解决。例如:当沉井为分节下沉时,可接高沉井或在沉井顶部加压;水力机械施工时,用水枪冲击刃脚下的土层,减小其正面阻力;不排水下沉时,可由井内排水以减小浮力(不得出现流砂);用高压水冲射外壁并在沉井制作好后,将井壁外面抹光或涂油等方法也可有效降低摩阻力。如果在沉井设计计算中已能预见到摩阻力过大时,可在设计中采用泥浆润滑、壁后压气等施工措施来解决。

在沉井下沉到接近设计标高而因土层较弱、沉井自重下沉而不能稳定时,或因为井壁与土层之间的摩擦力过小,即使停止挖土,也不能阻止沉井自沉。为避免沉井超沉,可即时向井内注水增加沉井的上浮力,使沉井稳定下来,再采用水下封底的方法,使沉井下沉到位。

(2)流砂问题

由于不同的地质情况,如在粉、细砂层下沉沉井时,经常会遇到流砂现象,对施工影响很大。有时,因设计和施工单位事先未采取适当措施,在沉井下沉过程中(一般沉井下沉到地面下 3 m 左右),由于井内大量抽水,流砂将随地下水大量涌入井内。此时,井内的涌砂由井外的砂土来补充,一般在出现此现象后,井内土面将始终保持一定标高,随挖随涌,而井外地面却出现大量坍塌现象。沉井周围地面坍塌范围将达到井内下沉深度,井边地面沉降深度可达 1.0 m 以上。

防止发生流砂现象的措施主要有:

①向井内灌水:采用水下挖土;

②井点降水:降水后,井内土体基本上没有水,挖土时砂土不受动水力作用,从根本上排除流砂产生的条件;

③地基处理:在条件允许时,通过地基处理(如注浆加固时),改变土体可能产生流砂的特性。

(3)沉井突沉

沉井在淤泥质黏土层中下沉时,可能突然下沉,下沉量可达 3 m 以上。发生突沉之前,往往是一开始正常下沉停止,然后发生突然下沉,此种现象称为沉井突沉。

产生突沉的原因,一方面由于淤泥质黏土具有触变性,摩擦力变化范围很大,这是造成沉井突沉的内因;另一方面,施工时在井内挖土不注意,挖掘锅底太深,是造成沉井突沉的外因。

防止突沉的具体措施一般是:控制均匀挖土,在刃脚处挖土不宜过深。此外,在设计时可增大刃脚踏面宽度,并设置一定数量的下框架梁,承受一部分土的反力。

(4)沉井偏斜

沉井的偏斜包括倾斜和位移两种。产生偏移的原因很多,主要包括沉井在下沉过程中,由于土质不均匀或出现个别障碍物以及施工要求不严格等。例如:砂垫层铺设不均匀;抽出承垫木或凿除刃脚下混凝土垫层不对称,以及刃脚附近砂石回填不密实或灌注混凝土时下料不对称等,造成沉井下沉前就出现了倾斜;在下沉挖土时,由于挖土不对称、不均匀,未从中间开始挖,刃脚掏空过多等因素,引起沉井突然下沉;抽水后(井内)造成涌砂,引起井外地层土面层坍塌;井外弃土堆得太高、太近造成偏压等原因使沉井产生倾斜。

通常可采用除土、压重、顶部施加水平力或刃脚下支垫等方法纠正偏斜,空气幕沉井也可采用单侧压气纠偏。若沉井倾斜,可在高侧集中除土,加重物,或用高压射水冲松土层。低侧回填砂石,必要时在井顶施加水平力扶正。若中心偏移,则先除土,使井底中心向设计中心倾斜,然后在对侧除土,使井底恢复竖直,如此反复至沉井逐步移近设计中心。当刃脚遇障碍物时,须先清除再下沉。若遇树根、大孤石等障碍物,可人工排除。若为不排水施工,可由潜水工进行水下切割或爆破。

4.8.8　沉井的结构布置及构造

（1）结构布置

沉井平面形状及尺寸应根据其上部建筑物或墩台底部尺寸、地基土的承载力及施工要求确定。沉井棱角处宜做成圆角或钝角,顶面襟边宽度应根据沉井施工容许偏差而定,不应小于沉井全高的1/50,且不应小于 0.2 m,浮式沉井另加 0.2 m。沉井顶部需设置围堰时,其襟边宽度应满足安装墩台身模板需要。

井孔的布置和大小应满足取土机具操作的需要,对顶部设置围堰的沉井,宜结合井顶围堰统一考虑。井孔最小尺寸应视取土机具而定,一般不宜小于 2.5 m。

沉井平面宜对称布置,以利于稳定下沉,否则会造成沉井的偏心,作业困难。沉井平面重心位置宜布置在对称轴上,平面重心的竖向连线宜为竖直线。矩形沉井的长宽比不宜大于 2。当长宽比过大时,需要采取措施,以加强结构的刚度。

不同类型沉井应根据使用要求,在平面上进行分格,其平面分格净尺寸不宜小于 3 m。为增强沉井下沉刚度所设置的隔墙或上、下横梁,应与井壁同时施工,如图 4.58 所示。

（2）刃脚

沉井刃脚根据地质情况,可采用尖刃脚或带踏面刃脚。若土质坚硬,刃脚面应以型钢加强或底节外壳采用钢结构。刃脚地面宽度可为 0.1~0.2 m,若为软土地基可适当放宽。刃脚斜面与水平面交角不宜小于45°。沉井内隔墙底面至少比刃脚底面高 0.5 m。当沉井需要下沉到稍有倾斜的岩石面上时,在掌握岩层高低差变化的情况下,可将刃脚做成与岩面倾斜度相适应的高低刃脚。

刃脚的高度随沉井壁厚和封底混凝土厚度变化而变化,且不得小于封底混凝土的厚度。刃脚高度通常大于 1 m,在软土地基上有时可达 2.5 m 以上。为方便施工,刃脚的竖向钢筋应设置在水平钢筋外侧,并应锚入刃脚根部以上;沉井下沉前,刃脚内侧及底梁和隔墙两侧均应该凿毛,以利于封底混凝土与刃脚的结合及钢筋混凝土底板与凹槽的结合。凿毛范围不应小于封底混凝土和底板混凝土的接触面。

（3）内隔墙

根据使用和结构上的需要,在沉井井筒内设置内隔墙。内隔墙的主要作用是增加沉井在下沉过程中的刚度,减小井壁受力的计算跨度。同时,又把整个沉井分隔成多个施工井孔（取土井）,使挖土和下沉可以较为均衡的进行,也便于沉井偏斜时的纠偏。内隔墙因不承受水土压力,厚度相对于井壁要薄一些,为 0.5~1.0 m。隔墙底面应高出刃脚踏面 0.5 m 以上,避免被土挡住妨碍下沉。若为人工挖土,还应在隔墙下端设置过人孔（小于 1.0 m×1.0 m）以便工作人员在井孔中通行。

（4）井壁、封底及顶盖

除考虑结构强度、刚度和抗浮要求外,井壁厚度应根据沉井是否有足够的自重能顺利下沉的条件确定,所以常常先假定井壁厚度抗浮验算满足要求,然后再计算配筋。

干式沉井主体结构的混凝土强度不应低于 C25,湿式沉井主体结构的混凝土强度等级不应低于 C20。

现浇混凝土沉井壁板厚度不宜小于 300 mm。大型沉井井壁一般较厚,壁厚可逐渐变化或采用台阶形式使截面由下至上逐渐变薄,变截面台阶宽度可采用 100~200 mm。设计时通常先假定井壁厚度,再进行强度验算。一般厚度为 0.7~1.2 m,甚至达 1.5~2.0 m,最薄处不宜小于 0.3 m。

混凝土顶面应高出凹槽 0.5 m,以保证封底工作顺利进行。封底混凝土强度等级,对非岩石地基一般不低于 C25,对岩石地基不应低于 C20。沉井封底后,若条件允许,为节省圬工数量,减轻基础自重,在井孔内可不填充任何东西,做成空心沉井基础,或填以砂石。此时,必须在井顶设置钢筋混凝土板,以承托上部结构的全部荷载。顶板厚度一般为 1.0~2.0 m,钢筋配置由计算确定。

4.8.9　沉井的设计与计算

沉井既是结构物的基础,又是施工过程中挡土、挡水的结构物。因此,沉井的设计与计算一般包括 3 部分内容,即沉井作为整体深基础计算、下沉计算和施工过程中沉井结构强度计算。

沉井设计与计算前,必须掌握以下相关资料:

①上部或下部结构尺寸要求和设计荷载。

②水文和地质资料(如设计水位、施工水位、冲刷线或地下水位高程,土的物理力学性质,沉井下沉深度范围内是否会遇到障碍物等)。

③拟采用的施工方法(排水或不排水下沉、筑岛或防水围堰的高程等)。

1)沉井作为整体深基础设计与计算

沉井作为整体深基础设计,主要依据上部结构特点、荷载大小及水文和地质情况,结合沉井的构造要求及施工方法,拟订出沉井埋深、高度和分节及平面形状和尺寸、井孔大小及布置、井壁厚度和尺寸、封底混凝土和顶板厚度等,然后进行沉井基础的计算。

当沉井在最大冲刷线下埋置深度 ≤5 m 时,可不考虑基础侧面土的横向抗力影响,与浅基础的设计相同,应验算地基的强度、稳定性和沉降量,使其符合各项要求。当沉井埋置较深时,则需要考虑基础井壁外侧土体横向弹性抗力的影响按刚性桩计算内力和土抗力,同时应考虑井壁外侧接触面摩阻力,进行地基基础的承载力、变形和稳定性分析与验算。

沉井基础一般要求下沉到坚实的土层或岩层上,作为地下结构物,附加荷载相对较小,地基强度和变形通常不存在问题。沉井基底的地基强度验算应满足:

$$F + G \leqslant R_j + R_f \tag{4.135}$$

式中　F——沉井顶面处作用的荷载,kN;

G——沉井的自重,kN;

R_j——沉井底部地基上提供的总反力,kN;

R_f——沉井井壁侧面提供的总摩阻力,kN。

(1)作用效应的计算

当沉井基础在最大冲刷线下埋置深度 $h > 5$ m,且计算深度 $ah \leqslant 2.5$(a 为沉井变形系数)时,应考虑周围土体对沉井的约束作用,将沉井视为刚性桩来计算其内力和土的抗力。

计算的基本假定为:

①地基土作为弹性变形介质,地基系数随深度成正比例增加,即 $C_z = mz$。

②不考虑基础与土之间的黏着力和摩阻力。

③沉井基础的刚度与土的刚度之比可认为是无限大。

根据基础底面的地质情况,可分为土质地基和岩石地基两种计算方法。

沉井基础受到水平力 H 及偏心力 N 作用时(图4.60),简化为计算,可把这些外力化为只受中心荷载和水平力的作用,其简化后的水平力 H 距基底作用的高度 λ 为:

$$\lambda = \frac{Ne + Hl}{H} = \frac{\sum M}{H} \tag{4.136}$$

式中 $\sum M$——对沉井底各力矩之和。

在水平力作用下,沉井将围绕位于地面下 z_0 深度处的 A 点转动 ω(图4.61),在地面或最大冲刷线以下深度 z 处的水平位移 Δx 和对水平压力 σ_{zx} 分别为:

$$\Delta x = (z_0 - z)\tan\omega \tag{4.137}$$

$$p_{zx} = \Delta x C_z = C_z(z_0 - z)\tan\omega \tag{4.138}$$

式中 z_0——转动中心离地面的距离,m;

C_z——深度 z 处地基水平向抗力系数,kN/m³。

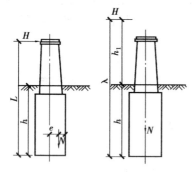

图4.60 荷载作用情况

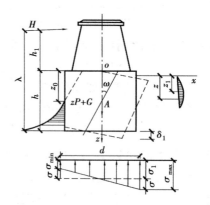

图4.61 水平及竖直荷载作用下应力分布

(2)水平抗力系数 C_z 计算

地基水平抗力系数 C_z 可用地基水平抗力系数的比例系数 m 表示,即 $C_z = mz$;沉井基底处的地基竖向抗力系数为 $C_0 = m_0 z$($h < 10$ m 时,取 $C_0 = 10m_0$)。其中,m_0 为沉井基底处地基竖向抗力系数的比例系数。m, m_0 应通过试验确定。缺乏试验资料时,可由相关表格查用。当基础侧面地面有两层土时,应将两层土的比例系数换算成一个 m 值,作为整个深度 m 值。岩石地基抗力系数不随岩层埋深变化,取 $C_z = C_0$。

将 C_z 代入式(4.138)得:

$$p_{zx} = mz(z_0 - z)\tan\omega \tag{4.139}$$

由式(4.139)可见,沉井井壁外侧土的横向抗力沿深度呈二次抛物线变化。

沉井基础底面处的压应力计算,考虑基底水平面上竖向地基系数 C_0 不变,故其压应力图形与基础竖向位移应力图相似,有:

$$p_{\frac{d}{2}} = C_0 \delta_1 = C_0 \frac{d}{2}\tan\omega \tag{4.140}$$

式中 C_0——基底面竖向地基系数,可用 $C_0 = m_0 h$,近似取 $m_0 = m$ 计算;

d——基底宽度或直径。

在上述公式中,有两个未知数 z_0 和 ω 求解,可建立以下两个平衡方程式。

由 $\sum X = 0$,可以得到:

$$H - \int_0^h p_{zx} b_1 \mathrm{d}z = H - b_1 m \tan \omega \int_0^h z(z_0 - z) \mathrm{d}z = 0 \tag{4.141}$$

由 $\sum M_0 = 0$，可以得到：

$$Hh_1 - \int_0^h p_{zx} b_1 z \mathrm{d}z - p_{\frac{d}{2}} W = 0 \tag{4.142}$$

式中　b_1——横向力作用面基础计算宽度，b_1 的计算如式(4.143)、式(4.144)计算可得；

　　　W——沉井基底截面模量。

当 $d \geqslant 1.0$ m 时，

$$b_1 = kk_f(d + 1) \tag{4.143}$$

当 $d < 1.0$ m 时，

$$b_1 = kk_f(1.5d + 0.5) \tag{4.144}$$

对于单排桩或 $L_1 \geqslant 0.6h_1$ 的多排桩，

$$k = 1.0$$

对 $L_1 < 0.6h_1$ 的多排桩，

$$k = b_2 + \frac{1 - b_2}{0.6} \cdot \frac{L_1}{h_1} \tag{4.145}$$

对式(4.141)、式(4.142)联立求解，可得：

$$z_0 = \frac{\beta b_1 h^2(4\lambda - h) + 6dW}{2\beta b_1 h(3\lambda - h)} \tag{4.146}$$

$$\tan \omega = \frac{12\beta H(2h + 3h_1)}{mh(\beta b_1 h^3 + 18Wd)} \text{ 或 } \tan \omega = \frac{6H}{Amh} \tag{4.147}$$

式中　β——基底深度 h 处沉井侧面水平向地基系数与沉井底面竖向地基系数的比值，$\beta = \dfrac{C_h}{C_0} = \dfrac{mh}{C_0}$，其中 m 按桩基础中的 m 选用；

　　　A——参数，$A = \dfrac{\beta b_1 h^3 + 18Wd}{2\beta(3\lambda - h)}$。

将上述 z_0 和 $\tan \omega$ 表达式代入式(4.148)和式(4.149)，可以得到：

$$p_{zx} = \frac{6H}{Ah} z(z_0 - z)$$

$$p_{\frac{d}{2}} = \frac{3dH}{A\beta} \tag{4.148}$$

当有竖向荷载 N 及水平力 H 同时作用时，则基底平面边缘处的压应力为：

$$P_{\substack{\max \\ \min}} = \frac{N}{A_0} \pm \frac{3Hd}{A\beta} \tag{4.149}$$

式中　A_0——基础底面积。

离地面或局部冲刷线以下深度 z 处基础截面上的弯矩为：

$$M_z = H(\lambda - h + z) - \int_0^z p_{zx} b_1(z_0 - z) \mathrm{d}z$$

$$= H(\lambda - h + z) - \frac{Hb_1 z^3}{2hA}(z_0 - z) \tag{4.150}$$

2)基底嵌入基岩内的计算方法

若沉井基底嵌入基岩内,在水平力 H 和竖直偏心荷载 N 作用下,可认为基底不产生水平位移,则基础旋转中心 A 与基底中心点吻合,即 $z_0 = h$,为一已知值。这样,在基底嵌入处便存在一水平阻力 P,由于 P 对基底中心点的力臂很小,一般可忽略 P 对 A 点的力矩。

当基础水平力 H 作用时,地面下深度 z 处产生水平位移 Δx,并引起井壁外侧土的横向抗力 p_{zx},分别为:

$$\Delta x = (h - z)\tan \omega$$
$$p_{zx} = mz\Delta x = mz(h - z)\tan \omega \tag{4.151}$$

基底边缘处的竖向应力为:

$$p_{\frac{d}{2}} = C_0 \frac{d}{2}\tan \omega = \frac{mhd}{2\beta}\tan \omega \tag{4.152}$$

上述公式中未知数 ω 求解,仅需建立一个弯矩平衡方程便可,$\sum M_A = 0$,可以得到:

$$H(h + h_1) - \int_0^h p_{zx}b_1(h - z)\mathrm{d}z - p_{\frac{d}{2}}W = 0 \tag{4.153}$$

解式(4.153)得:

$$\tan \omega = \frac{H}{mhD_0} \tag{4.154}$$

式中,$D_0 = \dfrac{b_1\beta h^3 + 6dW}{12\lambda\beta}$。

将上式解出的 $\tan \omega$ 代入式(4.152)、式(4.153)可以得到:

$$p_{zx} = (h - z)z\frac{H}{D_0 h}$$
$$p_{\frac{d}{2}} = \frac{Hd}{2\beta D_0} \tag{4.155}$$

同理,可以得到基底边缘处的应力为:

$$p_{\frac{\max}{\min}} = \frac{N}{A_0} \pm \frac{Hd}{2\beta D_0} \tag{4.156}$$

根据水平向荷载的平衡关系 $\sum X = 0$,可以求出嵌入处未知的水平阻力 P:

$$P = \int_0^h b_1 p_{zx}\mathrm{d}z - H = H\left(\frac{b_1 h^2}{6D_0} - 1\right) \tag{4.157}$$

地面以下 z 深度处沉井基础截面上的弯矩为:

$$M_z = H(\lambda - h + z) - \frac{Hb_1 z^3}{12D_0 h}(2h - z) \tag{4.158}$$

还需注意,当基础仅受偏心竖向力 N 作用时,$\lambda \to \infty$,上述公式均不能应用。此时,应以 $M = Ne$ 代替沉井基础 O 点弯矩等于零平衡式中的 Hh_1,同理可导得上述两种情况下相应的计算公式,不再赘述。

3)验算

(1)基底应力验算

沉井荷载作用效应分析中,沉井基底计算的最大压应力,不应超过沉井底面处地基土承载力容许值,即:

$$p_{\max} \leqslant [f_a] \tag{4.159}$$

（2）横向抗力验算

沉井侧壁地基土的横向抗力 p_{zx}，其实质是根据文克尔弹性地基梁假定，得出的横向荷载效应值，应小于井壁周围地基土的极限抗力值。沉井基础在外力作用下，深度 z 处产生水平位移时，井壁（背离位移）一侧将产生主动土压力 P_a，而另一侧将产生被动土压力 P_p，故其极限抗力可以用土压力表示为：

$$p_{zx} \leqslant P_p - P_a \tag{4.160}$$

由朗肯土压力理论可知：

$$P_p = \gamma z \tan^2\left(45° + \frac{\varphi}{2}\right) + 2c$$
$$P_a = \gamma z \tan^2\left(45° - \frac{\varphi}{2}\right) - 2c \tag{4.161}$$

代入式（4.161），可以得到：

$$p_{zx} \leqslant \frac{4}{\cos \varphi}(\gamma z \tan \varphi + c) \tag{4.162}$$

式中　γ——土的重度；

　　　φ——土的内摩擦角；

　　　c——土的黏聚力。

4）沉井施工过程中结构强度计算

施工及营运过程的不同阶段，沉井荷载作用不尽相同。沉井结构强度必须满足各阶段最不利情况荷载作用的要求。沉井各部分设计时，必须了解和确定不同阶段最不利荷载作用状态，拟订相应的计算图式，然后计算截面应力，进行配筋计算和设计、结构抗力分析与验算，以保证沉井结构在施工各个阶段的强度和稳定。

（1）沉井自重下沉验算

①下沉系数。为了使沉井能在自重下顺利下沉，沉井重力（不排水下沉时，应扣除浮力）应大于土与井壁间的摩阻力标准值，将两者之比称为下沉系数，要求：

$$k_{st} = \frac{G_k - F_{fw,k}}{T} \geqslant 1.05 \tag{4.163}$$

式中　k_{st}——下沉系数；

　　　G_k——井体自重标准值，kN；

　　　$F_{fw,k}$——下沉过程中水对沉井的浮力标准值，kN，排水下沉时为 0；

　　　F_{fk}——井壁总摩阻力标准值，kN。

应根据土类别及施工条件取大于 1 的数值，一般为 1.15~1.25。根据施工经验，在这系数范围内下沉时，下沉效果较好。

②下沉稳定系数。沉井在软弱土中下沉，当下沉系数较大（一般大于 1），或在下沉过程中遇有特别软弱土层时，需进行下沉稳定验算，以防止突沉或下沉标高不能控制。沉井下沉稳定系数应满足下式要求：

$$k_{st,s} = \frac{G_k - F_{fw,k}}{F_{fk} + R_b} = 0.8 \sim 0.9 \tag{4.164}$$

式中　$k_{st,s}$——下沉稳定系数，可取 0.8~0.9；

　　　R_b——沉井刃脚、隔墙和横梁下地基土极限承载力之和，kN，可参考表 4.32 选用。

表 4.32 土与井壁摩阻力承载力

土层类别	极限承载力/kPa	土层类别	极限承载力/kPa
淤泥	100~200	软可塑状态亚黏土	200~300
淤泥质土	200~300	坚硬、硬塑状态亚黏土	300~400
细砂	200~400	软可塑状态黏土	200~400
中砂	300~500	坚硬、硬塑状态黏性土	300~500
粗砂	400~600	—	—

(2)抗浮验算

沉井抗浮验算应按沉井封底和使用两阶段,分别根据实际可能出现的最高水位验算。

①施工阶段。在施工阶段,当沉井下沉到设计标高,并浇筑封底混凝土后或干封底在浇筑底板施工时,应进行抗浮验算。

$$k_{fw} = \frac{G_k}{F_{kw,k}^b} \qquad (4.165)$$

式中 k_{fw}——沉井抗浮系数,不计侧壁摩阻力时,取 $k_{fw} \geq 1.0$;不计侧壁摩阻力时,取 $k_{fw} \geq 1.25$;

   $F_{kw,k}^b$——水浮托力标准值,kN。

当封底混凝土与底板间有拉结钢筋等可靠连接时,封底混凝土的自重可作为沉井使用阶段抗浮重量的一部分。

一般沉井依靠自重获得抗浮稳定。当井体重量不能抵抗浮力时,施工期间除增加自重外,可采取临时降低地下水位、配重等措施。

②正常使用阶段。正常使用阶段,应按照试用期内可能出现的最高地下水位进行抗浮验算,抗浮重量应考虑沉井使用阶段上部建筑的重量,按式(4.165)验算。如果抗浮验算不满足,可采取拉锚、设立抗浮板等措施。

(3)下沉前井壁竖向弯曲计算

在沉井开始下沉前,抽出承垫木时,沉井落置在几个定位垫木上。所以,沉井应根据其下沉前支承情况,对井壁竖向受力进行内力计算。垫木支承的不利布置一般可按支点沿周边均匀布置考虑,定位支点数量可根据沉井直径大小和表层土的极限承载力确定。

①圆形井壁。圆形井壁常用的有四支点和两支点支承,如图4.62所示。大型沉井也可以采用八支点。

a.支点情况。圆形沉井支点(沿圆周均匀布置)情况井壁所承受的最大内力,按下列公式计算。

跨中最大弯矩:

$$M_0 = 0.035\pi q r^2$$

支座弯矩:

$$M_s = -0.068\pi q r^2$$

最大扭矩:

$$T_{max} = 0.011\pi q r^2$$

最大剪力:

$$V_{max} = 0.25\pi q r$$

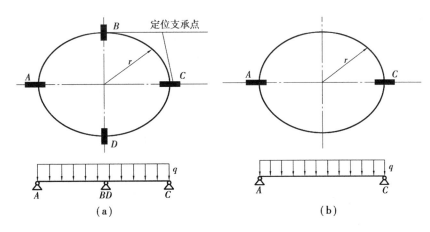

图 4.62　圆形沉井支承垫木分布

b. 支点情况。当不排水施工时,在硬土地区下沉过程中可能遇见孤石、漂石等障碍物而被搁置,此时井壁可支承于直径上的两个支点,进行竖向弯曲计算。其内力计算公式为:

跨中最大弯矩:

$$M_0 = 0.027qr^2$$

支座最大弯矩:

$$M_s = -qr^2$$

跨中最大扭矩:

$$T_0 = 0.142qr^2$$

支座扭矩:

$$T_s = 0.302qr^2$$

最大剪力:

$$V_{max} = 1.571qr$$

式中　　q——单位周长井壁自重,kN/m;

　　　　r——沉井井壁中心半径,m。

对直径小于 8 m、沉井深度第一次下沉高度大于 5 m 的钢筋混凝土圆形沉井,一般可不作竖向弯曲验算。

底节沉井竖向挠曲验算结果,若混凝土的拉应力超过其容许值,则应加大底节沉井高度或需要增设水平钢筋。

②矩形井壁。矩形沉井应根据其下沉前的支承情况,对井壁弯曲受力进行强度计算。沉井制作使用垫木支承时,不利支承点规定如下:

a. 长宽比≥1.5 的矩形沉井,按四点支承计算,定位支承点距端部的距离可按计算 0.15L(L 为井壁长边的长度)。

b. 长宽比≤1.5 的矩形沉井,定位支承点宜在两个方向按上述原则设置。

对于大型矩形沉井,垫木的不利位置按周边均匀布置考虑,支承点数量可根据沉井尺寸和持力层承载力确定。

c. 在硬土地基上进行下沉时可能碰到孤石等障碍物故应支承于中点或四角。若井壁跨度 L 与高度 h(或底节高度)之比 L/h≤2.5 时,可按照深梁计算内力和配筋。底节沉井竖向弯曲验算结果,若混凝土的拉应力超过其容许值,则应加大底节沉井高度或按需要增设水平钢筋。

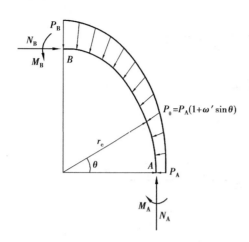

图 4.63　圆形沉井内力计算图

（4）井壁受力计算

①水平内力计算。当沉井沉至设计标高时，刃脚下的土已被挖空而且尚未封底时，井壁受土压力和水压力合力作用最大。此时，应按照水平框架分析内力，验算井壁材料强度。

目前，圆形井壁内力计算常用方法是将井壁视为受对称不均匀压力作用的封闭圆环，取 1/4 圆环进行计算，如图 4.63 所示。假定 90° 的井壁圆环上两点土的内摩擦角相差 5°～10°（一般情况下大直径沉井取 5°，小直径沉井取 10°）。井壁圆环上土压力按下式计算：

$$P_\theta = P_A(1 + \omega' \sin \theta)$$
$$\omega' = \frac{P_B}{P_A} - 1 \tag{4.166}$$

式中　P_A, P_B——井壁 A, B 点外侧的水平向土压力强度，kPa；

P_θ——由 P_A 逐渐变为 P_B 时，井壁任意一点的土压力强度，kPa；

ω'——土压力不均衡度，$\omega' = \omega - 1$，$\omega = \dfrac{P_B}{P_A}$。

由材料力学知识，可得到内力公式如下：

$$N_A = P_A r_c(1 + 0.785\,4\omega')$$
$$N_B = P_A r_c(1 + 0.5\omega')$$
$$M_A = -0.148\,8 P_A r_c^2 \omega'$$
$$M_B = -0.136\,6 P_A r_c^2 \omega'$$

式中　N_A, M_A——较小侧压力的 A 截面上的轴力和弯矩，kN，kN·m；

N'_B, M_B——较大侧压力的 B 截面上的轴力和弯矩，kN，kN·m；

r_c——井壁的中心半径，即井壁厚度中点的半径，m。

②井壁竖向拉力验算。沉井在下沉过程中，上部土层工程性能相对于下部工程性能明显偏优时，当刃脚土体已被挖空，沉井上部性能良好土层将提供足够侧壁摩擦力，阻止沉井下沉，则形成下部沉井呈悬挂状态，井壁结构就有在自重作用下被拉断的可能。因此，需要验算井壁的竖向拉应力是否满足井壁抗拉要求。拉应力大小与井壁摩阻力分布有关，在判断可能夹住沉井的土层不明显时，可近似假定沿沉井高度成倒三角分布。在地面处摩阻力最大，而刃脚底面处为零，如图 4.64 所示。

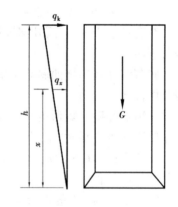

图 4.64　井壁摩阻力分布

假设沉井自重为 G，h 为沉井入土深度，U 为井壁周长，q_k 为地面处井壁上的摩阻力，q_x 为距刃脚底 x 处的摩阻力，则：

$$\begin{cases} G = \dfrac{1}{2} q_k h U \\ q_k = \dfrac{2G}{hU} \\ q_x = \dfrac{q_x}{h} x = \dfrac{2G_x}{h^2 U} \end{cases} \tag{4.167}$$

离刃脚底高度为 x 处，井壁拉力为 S_x，其值为：

$$S_x = \frac{Gx}{h} - \frac{q_x}{2}xU = \frac{Gx}{h} - \frac{Gx^2}{h^2} \quad (4.168)$$

为求得最大拉应力，令 $\dfrac{\mathrm{d}S_x}{\mathrm{d}x}=0$，则有 $\dfrac{\mathrm{d}S_x}{\mathrm{d}x}=\dfrac{G}{h}-\dfrac{2Gx}{h^2}=0$，可以得到 $x=\dfrac{1}{2}h$，代入式(4.168)，则得到：

$$S_{\max} = \frac{G}{h}\cdot\frac{h}{2} - \frac{G}{h^2}\cdot\left(\frac{h}{2}\right)^2 = \frac{1}{4}G \quad (4.169)$$

（5）刃脚受力计算

刃脚受力计算是指在沉井下沉阶段，选择最不利情况，分别计算刃脚内、外侧的竖向钢筋及水平向钢筋受力，验算竖向和水平向的弯曲刚度。其计算荷载为沉井下沉时，作用在刃脚侧面和斜面的水、土压力，刃脚侧面与土摩擦力，以及沉井自重在刃脚踏面和斜面上产生的垂直反力和水平推力。

沉井刃脚，一方面可看作固定在刃脚根部的悬臂梁，梁长等于外壁刃脚斜面部分的高度；另一方面，刃脚又可以看作一个封闭的水平框架。因此，作用在刃脚侧面的水平力将由两种不同的构件即悬臂梁和框架共同承担，即部分水平力由刃脚根部承担（悬臂部分），部分由框架承担（框架作用）。按变形协调关系可得分配系数如下：

悬臂作用：

$$\alpha = \frac{0.1l_1^4}{h^4 + 0.05l_1^4} \leqslant 1.0 \quad (4.170)$$

框架作用：

$$\beta = \frac{h^4}{h^4 + 0.05l_2^4} \quad (4.171)$$

式中　l_1,l_2——沉井外壁的最大和最小计算跨度，m；

　　　　h——刃脚斜面部分高度，m；

　　　　α,β——分配系数，当 $\alpha>1$ 时，取 $\alpha=1$。

上述分配系数仅适用于内隔墙底面高出刃脚底面不超过 0.5 m，或有垂直梗肋的情况。否则 $\alpha=1.0$，刃脚不起水平框架作用，但需按构造布置水平钢筋，以承受一定的正、负弯矩。外力经上述分配后，即可将刃脚受力情况分别按照竖、横两个方向计算。

①刃脚竖向受力分析。刃脚竖向受力情况一般截取单位宽度井壁来分析，把刃脚视为固定在井壁上的悬臂梁，悬臂梁跨度即为刃脚高度。

一般认为，当沉井下沉过程中刃脚内侧切入土中深约 1.0 m，同时浇筑完上节沉井，且沉井上部露出地面或水面约一节沉井高度时，刃脚斜面上的土抗力最大，且井壁外土、水压力最小，处于刃脚向外挠曲的最不利位置。此时，沉井因自重将导致刃脚斜面向外挠曲，如图 4.65 所示。作用在刃脚高度范围内的外力主要有刃脚外侧土、水压力的合力、刃脚外侧摩阻力和刃脚下的土体抵抗力。

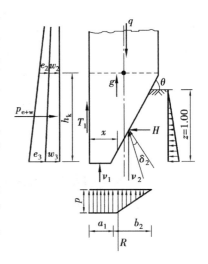

图 4.65　刃脚向外挠曲受力分析

刃脚外侧土压力及水压力的合力 p_{e+w} 按下式计算：

$$p_{e+w} = \frac{1}{2}(p_{e_2+w_2} + p_{e_3+w_3})h_k \tag{4.172}$$

式中　p_{e+w}——作用在刃脚根部处的土压力及水压力强度之和，kPa；

　　　$p_{e_3+w_3}$——刃脚底面处的土压力及水压力强度之和，kPa；

　　　h_k——刃脚高度，m。

土、水压力合力 p_{e+w} 的作用点高度（离刃脚根部的距离）为：

$$t = \frac{h_k}{3} \cdot \frac{2p_{e_3} + p_{e_2+w_2}}{p_{e_3+w_3} + p_{e_2+w_2}} \tag{4.173}$$

地面下深度 h_i 处刃脚承受的土压力 e_i，可按照朗肯主动土压力公式计算，即：

$$e_i = \overline{\gamma_i}h_i\tan^2\left(45° - \frac{\varphi}{2}\right) \tag{4.174}$$

式中　$\overline{\gamma_i}$——深度 h_i 范围内土的平均重度，在水位以下应考虑浮力；

　　　h_i——计算位置至地面的距离。

作用在刃脚外侧单元宽度上的摩阻力 T_1 可按下式计算，并取其较小者。

$$\begin{cases} T_1 = q_k h_k \\ T_1 = 0.5E \end{cases} \tag{4.175}$$

式中　q_k——土与井壁间单位面积上的摩阻力标准值，kPa；

　　　h_k——刃脚高度，m；

　　　E_a——刃脚外侧总的主动土压力，kPa，即 $E_a = \frac{1}{2}h_k(e_3 + e_2)$。

②刃脚下抵抗力的计算。刃脚下竖向反力 R（取单位宽度）可按下式计算：

$$R = q - T' \tag{4.176}$$

式中　q——沿井壁周长单位宽度上沉井的自重，在水下部分应考虑水的浮力，kPa；

　　　T'——沉井入土部分单位宽度上的摩阻力，kPa。

为求 R 的作用点，可将 R 分为 ν_1 及 ν_2 两部分，如图4.65所示。其中刃脚踏面（宽度为 a_1）下反力假定为均匀分布，合力即 ν_1；假定刃脚斜面与水平面成 θ 角，斜面与土间的外摩擦角为 δ_2（一般规定 $\delta_2 = 30°$）。故作用在斜面上的土反力的合力与斜面的法线方向成 δ_2 角，斜面上反力成三角形分布。因此，刃脚下竖向反力为：

$$R = \nu_1 + \nu_2 \tag{4.177}$$

R 的作用点距井壁外侧距离为：

$$x = \frac{1}{R}\left[\nu_1\frac{a_1}{2} + \nu_2\left(a_1 + \frac{b_2}{3}\right)\right] \tag{4.178}$$

式中　b_2——刃脚内侧入土斜面在水平面上的投影长度。

根据力的平衡条件可知：

$$\nu_1 = a_1 p = a_1\frac{R}{2a_1 + \frac{b_2}{2}} = \frac{2a_1}{2a_1 + b_2}R$$

$$\nu_2 = \frac{b_2}{2a_1 + b_2}R$$

$$H = \nu_2\tan(\theta - \delta_2) \tag{4.179}$$

其中,刃脚斜面上水平反力 H 作用点距离刃脚底面 $\frac{1}{3}$ m。

刃脚(单位宽度)自重 g 为:

$$g = \frac{\lambda + a_1}{2} h_k \cdot \gamma_k \tag{4.180}$$

式中 λ——井壁厚度,m;

γ_k——钢筋混凝土刃脚的重度,不排水施工时应扣除浮力。

刃脚自重 g 的作用点至刃脚根部中心轴的距离为:

$$x_1 = \frac{\lambda^2 + a_1\lambda - 2a_1^2}{6(\lambda + a_1)}$$

求出以上各力的数值、方向及作用点后,再算出各力对刃脚根部中心轴的弯矩总和值 M_0、竖向力 N_0 及剪力 Q,其算式为:

$$M_0 = M_R + M_H + M_{e+w} + M_T + M_g \tag{4.181}$$

$$N_0 = R + T_1 + g \tag{4.182}$$

$$Q = p_{e+w} + H \tag{4.183}$$

式中 $M_R, M_H, M_{e+w}, M_T, M_g$——反力 R、土压力及水压力 p_{e+w}、横向力 H、刃脚底部的外侧摩阻力 T_1 以及刃脚自重 g 对刃脚根部中心轴的弯矩,其中作用在刃脚部分的各水平均应按照规定考虑分配系数 a。

上述各式数值的正负号视具体情况而定。

根据 M_0、N_0 及 Q 就可验算刃脚根部应力,并计算出刃脚内部所需的竖向钢筋用量。一般刃脚钢筋截面积不宜少于刃脚根部截面积的 0.1%。刃脚的竖直钢筋伸入根部以上 $0.5l_1$(l_1 为支承于隔墙间的井壁最大计算跨度)。

③刃脚向内挠曲的内力计算。刃脚向内挠曲的最不利位置是沉井已下沉至设计高程,刃脚下土体挖孔而尚未浇筑封底混凝土,此时刃脚可视为根部固定在井壁上的悬臂梁,以此计算最大向内弯矩。

作用在刃脚上的力有刃脚外侧的土压力、水压力、摩阻力以及刃脚本身的重力。各力计算方法同前述。

计算刃脚外侧的土压力和水压力。土压力的计算与"向外弯曲"中的计算方法相同。水压力的计算,当不排水下沉时,井壁外侧水压力按 100% 计算,井内水压力一般按 50% 计算,但也可按施工可能出现的水头差计算。当排水下沉时,在透水不良的土中,外侧水压力可按静水压力的 70% 计算,透水性土按 100% 计算。计算所得各水平外力同样应考虑分配系数 α。再由外力计算出对刃脚根部中心轴的弯矩、竖向力及剪力,以此求得刃脚外壁钢筋用量。其配筋构造要求与向外挠曲相同。

刃脚水平钢筋的计算时间节点是在其受力最不利情况下得出的,即沉井已经下沉至设计标高,刃脚下的土已挖空,尚未浇筑封底混凝土时。由于刃脚有悬臂作用及水平闭合框架作用,故当刃脚作为悬臂考虑时,刃脚所受水平力应乘以 α。而作用于框架的水平力应乘以分配系数 β 后,其值作为水平框架的外力,由此求出框架的弯矩及轴向力值,再计算框架所需的水平钢筋用量。

根据常用沉井水平框架的平面形式,现列出其内力计算式,以供设计时参考。

a. 单孔矩形框架(图 4.66)。

A 点处的弯矩:

$$M_A = \frac{1}{24} \times (-2K^2 + 2K + 1)pb^2$$

B 点处的弯矩:

$$M_B = -\frac{1}{12} \times (K^2 - K + 1)pb^2$$

C 点处的弯矩:

$$M_C = \frac{1}{24} \times (K^2 + 2K - 2)pb^2$$

轴向力:

$$N_1 = \frac{1}{2}pa, N_2 = \frac{1}{2}pb$$

式中　K——$K = a/b$,a 为短边长度,b 为长边长度。

b. 单孔圆端形(图 4.67)。

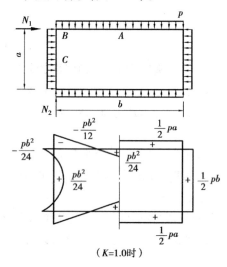

图 4.66　单孔矩形框架受力　　　　图 4.67　单孔圆形框架受力

$$M_A = \frac{K(12 + 3\pi K + 2K^2)}{6\pi + 12K}pr^2$$

$$M_B = \frac{2K(3 - K^2)}{3\pi + 6K}pr^2$$

$$M_C = \frac{K(3\pi - 6 + 6K + 2K^2)}{3\pi + 6K}pr^2$$

$$N_1 = pr, N_2 = p(r + l)$$

式中　K——$K = L/r$,r 为圆心至圆端形井壁中心的距离。

c. 双孔矩形(图 4.68)。

$$M_A = \frac{K^3 - 6K - 1}{12(2K + 1)}pb^2$$

$$M_B = \frac{-K^3 + 3K + 1}{24(2K + 1)}pb^2$$

$$M_C = -\frac{2K^3 + 1}{12(2K + 1)}pb^2$$

$$M_D = -\frac{2K^3 + 3K^2 - 2}{24(2K + 1)}pb^2$$

$$N_1 = \frac{1}{2}pa$$

$$N_2 = \frac{K^3 + 3K + 2}{4(2K + 1)}pb$$

$$N_3 = \frac{2 + 5K - K^3}{4(2K + 1)}pb$$

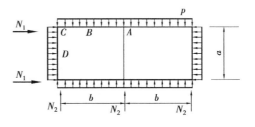

式中，$K = a/b$。

d. 双孔圆端形（图4.69）。

$$M_A = p\frac{\xi\delta_1 - \rho\eta}{\delta_1 - \eta}$$

$$M_C = M_A + NL - p\frac{L^2}{2}$$

$$M_D = M_A + N(L + r) - pL\left(\frac{L}{2} + r\right)$$

$$N = \frac{\xi - \rho}{\eta - \delta_1}$$

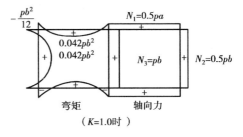

图4.68 双孔矩形框架受力

$$N_1 = 2N$$

$$N_2 = pr$$

$$N_3 = p(L + r) - \frac{N_1}{2}$$

式中，

$$\xi = \frac{L\left(0.25L^3 + \frac{\pi}{2}rL^2 + 3r^2L + \frac{\pi}{2}r^3\right)}{L^2 + \pi rL + 2r^2}$$

$$\eta = \frac{\frac{2}{3}L^3 + \pi rL^2 + 4r^2L + \frac{\pi}{2}r^2}{L^2 + \pi rL + 2r^2}$$

$$\rho = \frac{\frac{1}{3}L^3 + \frac{\pi}{2}rL^2 + 2r^2L}{2L + \pi r}$$

$$\delta_1 = \frac{L^2 + \pi rL + 2r^2}{2L + \pi r}$$

e. 圆形沉井。圆形沉井若在均匀土中平稳下沉，受到周围均布的水平压力，则刃脚作为水平圆环。其任意截面上的内力弯矩 $M = 0$，剪力 $Q = 0$，轴向压力 $N = pR$（R 为沉井刃脚外壁半径）。若下沉过程中沉井发生倾斜或土质不均匀，都将使刃脚截面产生弯矩。因此，应根据实际情况考虑水平压力分布。为便于计算，可以对土压力的分布作如下假设：设在井壁的横截面上互成90°两点处的径向压力为 P_A、P_B，计算 P_A 时土的内摩擦角可增大2.5°~5°，计算 P_B 时减小2.5°~5°，并假设其他各点的土压力 p_a 按下式变化：

$$p_a = P_A(1 + \omega'\sin\alpha) \tag{4.184}$$

式中，$\omega' = \omega - 1$，$\omega = \dfrac{P_B}{P_A}$（也可根据不均匀情况、覆盖土层厚度，直接确定 ω 值，一般取 1.5~2.5）。

则作用在 A、B 截面上的内力为：

$$N_A = P_A(1 + 0.785\omega')$$

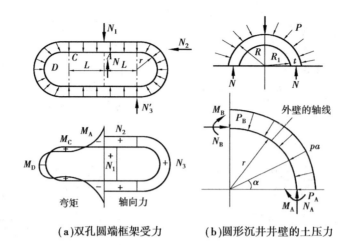

（a）双孔圆端框架受力　　　（b）圆形沉井井壁的土压力

图 4.69　双孔圆端形沉井内力计算

$$M_A = -0.149P_Ar^2\omega'$$

$$N_B = P_A \times r(1 + 0.5\omega')$$

$$M_B = 0.137P_Ar^2\omega'$$

式中　N_A, M_A——A 截面上的轴向力和弯矩，kN，kN·m；

N_B, M_B——B 截面（垂直于 A 截面）上的轴向力和弯矩，kN，kN·m；

r——井壁（刃脚）轴线的半径，m。

5）混凝土封底及顶盖的计算

（1）封底混凝土计算

沉井封底混凝土的厚度应根据基底承受的反力情况而定。作用于封底混凝土的竖向反力可分为两种情况：一是沉井水下封底后，在施工抽水时封底混凝土需承受基底水和地基土的向上反力；二是空心沉井在使用阶段，封底混凝土必须承受沉井基础全部最不利荷载组合所产生的基底反力，如井孔内填砂或有水时，可扣除重力。

封底混凝土厚度，可按照下列两种方法计算并取其控制者。

①弯拉验算。封底混凝土视为支承在凹槽或隔墙底面和刃脚的底板，按周边支承的双向板（矩形或圆端形沉井）或圆板（圆形沉井）计算，底板与井壁的连接一般按照简支考虑；当连接可靠（由井壁内预留钢筋连接等）时，也可按弹性固端考虑。封底混凝土的厚度可按下式计算：

$$h_t = \sqrt{\frac{6 \times \gamma_{si} \times \gamma_m \times M_{tm}}{bR_w^j}} \tag{4.185}$$

式中　h_t——封底混凝土厚度，m；

M_{tm}——在最大均布反力作用下的最大计算弯矩，kN·m，按简支或弹性固定支承不同条件考虑的荷载系数，可由结构设计手册查取；

R_w^j——混凝土弯曲抗拉极限强度；

γ_{si}——荷载安全系数；

γ_m——材料安全系数；

b——计算宽度，此处取 1 m。

②剪切验算。封底混凝土按受剪计算，即计算封底混凝土承受基底反力后是否有沿井孔范围内周边剪断的可能性。若剪应力超过其抗剪强度，则应加大混凝土的抗剪面积。

（2）钢筋混凝土盖板计算

空心或井孔内填以砾砂石的沉井,井顶必须浇筑钢筋混凝土盖板。盖板厚度一般预先拟订,按盖板承受最不利荷载组合,假定为均布荷载的双向板进行内力计算和配筋设计。

【例4.27】 一矩形沉井,采用排水法施工,有上部结构,依靠加载下沉,单格小型沉井。地质资料见图4.70、表4.33。矩形沉井的截面尺寸:外壁6.7 m×6.7 m,内壁6.0 m×6.0 m,结构总高度$H=10$ m,沉井高出地面0.5 m,上部壁厚$t_1=0.35$ m,高度$H_1=5$ m;下部壁厚$t_2=0.70$ m,高度$H_2=5.0$ m。最高水位使用阶段位于设计地面下0.5 m,施工阶段位于设计地面下2.5 m。采用两次制作,一次下沉。第一节的制作高度5 m。

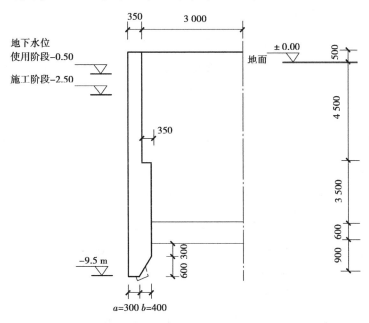

图4.70 例4.24图

刃脚踏面宽度$a=0.3$ m,刃脚高度$h_l=0.6$ m,刃脚斜面高度在水平面上的投影宽度$b=0.4$ m,底板厚度$h=0.6$ m。

沉井材料:混凝土采用C25;钢筋为热轧钢筋。

试进行下沉计算和抗浮验算。

表4.33 例4.27表

土层 \ 指标	重度γ /(kN·m⁻³)	黏聚力c /kPa	内摩擦角φ	单位摩阻力 /kPa	极限承载力 /kPa
$h_1=500$ mm（500 mm）填土	$\gamma_1=18$			$f_{k1}=14$	
$h_2=2\,000$ mm（2 000 mm）褐黄色黏性土	$\gamma_2=18$	$c_2=18.5$	$\varphi_2=19°$	$f_{k2}=19$	$R_2=180$
$h_3=2\,500$ mm（2 500 mm）灰黄色黏性土	$\gamma_3=18.8$	$c_3=15$	$\varphi_3=17°$	$f_{k3}=22$	$R_3=180$
$h_4=4\,500$ mm（9 500 mm，−9.50 m）淤泥质粉质黏土	$\gamma_4=18.5$	$c_4=11$	$\varphi_4=20°$	$f_{k4}=17$	$R_4=130$

【解】 (1)下沉计算

下部沉井净空 $6 - 0.35 \times 2 = 5.3$ m,井壁体积为:

$$V = (6.7^2 - 6^2) \times 5 + (6.7^2 - 5.3^2) \times 5 - \left(\frac{1}{2} \times 0.4 \times 0.6 \times 5.3\right) \times 4 = 125.906(\text{m}^3)$$

沉井自重标准值为:

$$G_k = 25 \times 125.906 = 3\ 147.65(\text{kN})$$

(2)摩阻力计算

多层土的加权平均单位摩阻力为:

$$f_k = \frac{14 \times 0.5 + 19 \times 2 + 22 \times 2.5 + 17 \times 4.5}{0.5 + 2 + 2.5 + 4.5} = 18.58(\text{kPa})$$

沉井外壁为直壁,根据规程,井壁外侧摩阻力分布为:自地面向下 5 m 范围内呈三角形分布,由 0 增加到 18.58 kPa;其下 4.5 m 深度内呈矩形分布。

井壁总摩阻力为:

$$F_{fk} = \left(\frac{1}{2} \times 18.58 \times 5 + 18.58 \times 4.5\right) \times 2 \times (6.7 + 6.7) = 3\ 485.6(\text{kN})$$

(3)下沉系数计算

由于沉井采用排水施工下沉,浮力 $F_{fw,k} = 0$,下沉系数为:

$$k_{st} = \frac{G_k - F_{fw,k}}{F_{fk}} = \frac{3\ 147.65 - 0}{3\ 485.6} = 0.903 < 1.05$$

不满足要求,需要加载下沉,取 $k_{st} = 1.05$。则施工阶段需要加荷载为:

$$W = k_{st}F_{fk} + F_{fw,k} - G_k = 1.05 \times 3\ 485.6 + 0 - 3\ 147.65 = 512.23(\text{kN})$$

取施工时所加荷载 $W = 515$ kN,此时:

$$k_{st} = \frac{515 + 3\ 147.65 - 0}{3\ 485.6} = 1.051 \geqslant 1.05(\text{满足要求})$$

若计算的下沉系数大于 1.5,则需要进行下沉稳定性验算。

(4)抗浮验算

沉井上部有建筑,此处认为使用阶段能满足使用要求,不再进行使用阶段抗浮验算。

施工阶段,在沉井底板浇筑完成后,加载撤除;上部建筑未建时,应进行施工阶段的抗浮验算。地下水位取施工阶段的最高地下水位。

施工阶段沉井自重:

$$G = G_k + 25 \times 5.3 \times 5.3 \times 0.6 = 3\ 569.0(\text{kN})$$

施工阶段沉井浮力:

$$F_{fw,k}^b = 10 \times \left[6.7^2 \times (10 - 3) - 5.3^2 \times 0.3 - \frac{0.6}{3} \times (5.3^2 + 6.1^2 + 5.3 \times 6.1)\right] = 2\ 862.84(\text{kN})$$

注意:计算浮力的排水体积时,不包括封底混凝土的体积。

$$k_{fw} = \frac{G}{F_{kw,k}^b} = \frac{3\ 569.0}{2\ 862.84} = 1.247 > 1.0(\text{满足抗浮要求})$$

习　题

4.1　桩径 $d = 600$ mm,$F_k + G_k = 2\ 500$ kN,$M_{yk} = 200$ kN·m,桩的平面布置如图 4.71 所示。试求 N_{max} 和 N_{min}。(答案:441.5 kN,394.14 kN)

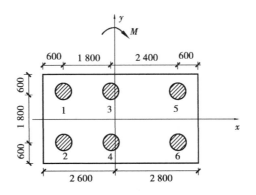

图 4.71　习题 4.1 附图

4.2　某工程基础采用灌注桩,桩径 $d = 0.6$ m,桩长 25 m,低应变检测结果表明 6 根基桩均为 I 类桩。对 6 根桩进行单桩竖向抗压静载试验的成果见表 4.34,请求出该工程单桩竖向抗压承载力特征值。(答案:1 482 kN)

表 4.34　习题 4.2 表

试桩编号	1	2	3	4	5	6
Q_u/kN	2 880	2 580	2 940	3 060	3 530	3 360

4.3　体型简单、上部结构整体刚度较好的摩擦型桩基,采用 $\phi 800$ mm 的预制型方桩,如图 4.72 所示。不考虑地震作用,粉质黏土的地基承载力 $f_{ak} = 200$ kPa,确定图 4.72 所示基础中基桩的竖向承载力特征值 R。(答案:约 1 178.7 kN)

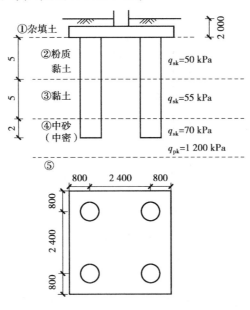

图 4.72　习题 4.3 图

4.4　按双桥静力触探资料确定单桩承载力。桩为预制混凝土方桩,边长 400 mm,桩长 11 m(桩尖长 0.4 m,计算中不计入),承台埋深 1.5 m。地层及静力触探资料如图 4.73 所示。试求单桩承载力标准值。(答案:约 1 850 kN)

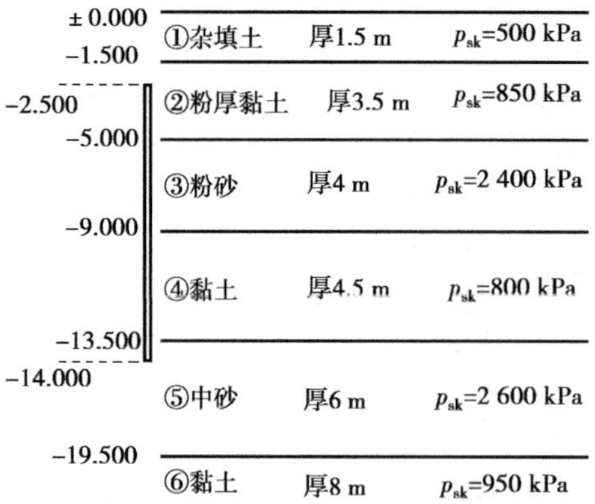

土层编号	指标名称	
	f_{sik}/kPa	q_{cik}/kPa
①	80	
②	120	
③	180	
④	140	800
⑤	200	1 500

±0.000
−1.500 ①杂填土 厚1.5 m p_{sk}=500 kPa
−2.500 ②粉厚黏土 厚3.5 m p_{sk}=850 kPa
−5.000
          ③粉砂 厚4 m p_{sk}=2 400 kPa
−9.000
          ④黏土 厚4.5 m p_{sk}=800 kPa
−13.500
−14.000
          ⑤中砂 厚6 m p_{sk}=2 600 kPa
−19.500
          ⑥黏土 厚8 m p_{sk}=950 kPa

图 4.73　习题 4.4 图

4.5　某建筑下为一根灌注桩,柱、承台及其上土重传到桩基顶面的竖向力设计值 $F_k + G_k = 2\,400$ kN,承台埋深 2.0 m;灌注桩为圆形,直径为 900 mm,桩端 2 m 范围内直径扩大到 1 200 mm,地基地质条件如图 4.74 所示,安全等级为二级。试算基桩的竖向承载力特征值。(答案:约 1 755 kN)

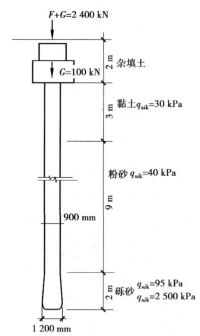

图 4.74　习题 4.5 图

4.6　钢管桩外直径 $D = 900$ mm,桩长 9 m,桩周桩端土性质如图 4.75 所示,桩端开口带隔板,隔板形状如图 4.75 所示。计算钢管桩端承载力。(答案:约 2 048.4 kN)

4.7　柱下单桩基础,作用在桩顶的竖向力为 $N_k = 2\,000$ kN,桩长及桩侧土的条件如图 4.76 所示。求作用在下卧层顶面的附加应力。(答案:63.3 kN)

4.8　如图 4.77 所示,扩底桩(端承型)穿越厚 10 m 饱和软土,支承在密实卵石上。试求作用在桩上的下拉荷载 Q_g^n 最大值。(答案:404.7 kN)

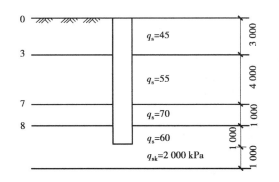
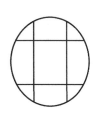

图 4.75 习题 4.6 图

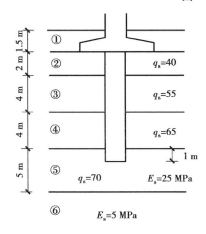

图 4.76 习题 4.7 图

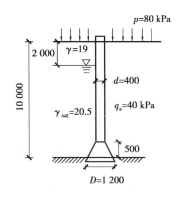

图 4.77 习题 4.8 图

4.9 桩长及地层条件如图 4.78 所示,桩径为 600 mm 的钻孔灌注桩,试求单桩的抗拔极限承载力标准值 T_{uk} 的值。(答案:约 966 kN)

4.10 柱下单桩基础,作用在桩顶的竖向力为 $N_k = 2\,000$ kN,桩长及桩侧土的条件如图 4.79 所示,桩径 $d = 800$ mm。试计算作用在软弱下卧层顶面的附加应力。(答案:约 63.3 kPa)

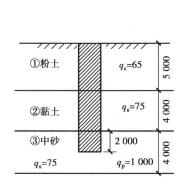

图 4.78 习题 4.9 图

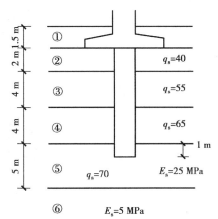

图 4.79 题 4.10 图

4.11 直径为 800 mm 的混凝土灌注桩,桩长 6 m,$m = 15$ MN/m^4,桩身混凝土为 C25,$E_c = 2.8 \times 10^4$ MPa,桩内配 12 Φ 20 钢筋,保护层厚 75 mm,$E_s = 2 \times 10^5$ MPa,桩侧土 $m = 20$ MN/m^4,桩

顶与承台固接,试确定桩顶容许水平位移为 4 mm 时单桩水平承载力值。(答案:约 230.2 kN)

4.12 如图 4.80 所示,柱截面尺寸为 400 mm×600 mm,柱传至承台顶面竖向力 $F_k = 2\,900$ kN,试求 M_1、M_2。(答案:约为 1 452 kN、916.5 kN)

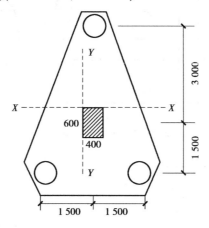

图 4.80 习题 4.12 图

4.13 某基桩工程采用泥浆护壁非挤孔灌注桩如图 4.81 所示,桩径 d 为 600 mm,桩身配筋符合《建筑桩基技术规范》(JGJ 94—2008)的灌注桩配筋的相关要求。已知混凝土强度等级为 C30($f_c = 14.3$ N/mm²),桩纵向钢筋采用 HRB335 级钢($f'_y = 300$ N/mm²),基桩成桩工艺系数 $\psi_c = 0.7$。试问,在荷载效应基本组合下,求轴心受压灌注桩的正截面受压承载力设计值。(答案:3 846 kN)

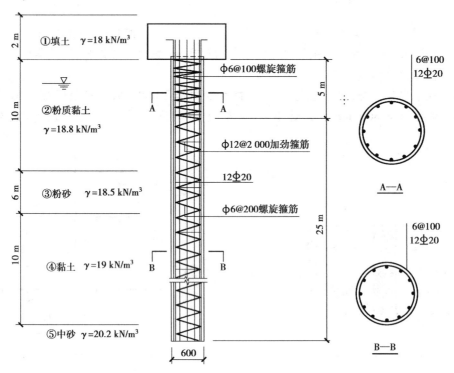

图 4.81 习题 4.13 图

4.14 如图 4.82 所示,第 2 层粉质黏土及第 3 层黏土的后注浆侧阻力增强系数 $\beta_{si} = 1.4$,第 4 层以后后注浆侧阻力增强系数 $\beta_{si} = 1.6$,桩端增强系数为 $\beta_p = 2.4$。试问在初步设计时,根

据土的物理指标与承载力参数间的经验公式,计算单桩承载力特征值 R_a。(答案:1 585 kN)

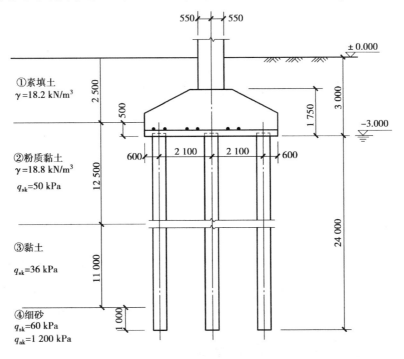

图 4.82　习题 4.14 图

4.15　某建筑物扩底抗拔灌注桩桩径 $d=1.0$ m,桩长 12 m,扩底直径 $D=1.8$ m,扩底段高度 $h_c=1.2$ m,桩周土性参数如图 4.83 所示。试按《建筑桩基技术规范》(JGJ 94—2008)计算基桩的抗拔极限承载力标准值(抗拔系数:粉质黏土 $\lambda=0.7$,砂土 $\lambda=0.5$)。(答案:2 003.3 kN)

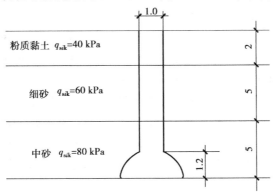

图 4.83　习题 4.15 图

第5章 软弱地基土处理

5.1 概　述

任何建筑都建在地基之上,当天然地基的承载力、稳定性或变形不能满足作为建筑物地基的要求时,需对天然地基进行处理。目前,我国国民经济飞速发展,岩土工程的运用愈加广泛,对地基的要求越来越高,地基处理的难度也越来越大,需要对传统的研究方法和施工工艺进行改造或对新的问题进行探讨研究,以适应国内外工程对地基处理的新要求。

5.1.1 地基处理的概念、目的和意义

凡是基础直接建造在未经加固的天然土层时,这种地基称为天然地基。如果天然地基很软弱,不能满足建(构)筑物对地基稳定、变形以及渗透等方面要求时,则要对地基进行人工处理后再建造基础,这种基础加固称为地基处理。严格地说,应称为人工地基,我国目前也按习惯称之为地基处理。

地基处理的目的,就是对软弱地基上可能发生的问题,如沉降、承载力偏低和渗漏等,采取一定的方法和措施对地基条件加以改善,以满足建(构)筑物对地基的要求。

与建(构)筑物的上部结构比较,地基不确定因素多,问题复杂,难度大。地基问题处理不好,后果严重。根据调查统计,世界各国发生的各种土木工程事故,地基问题常常是主要原因。地基问题处理得好,既安全、可靠又具有较好的经济效益。近年来,我国地基处理技术发展很快,地基处理队伍不断壮大,地基处理水平不断提高,地基处理已成为土木工程领域的热点。总结国内外地基处理方面的经验教训,推广和发展各种地基处理技术,提高地基处理水平,对加快地基建设速度、节约基本建设投资具有特别重要的意义。

5.1.2 地基处理的主要对象

地基处理的对象主要包括软弱地基和不良地基。

软弱地基是由地下一定深度范围内存在的软弱土所组成的地基。软弱土一般是指淤泥、淤泥质土和部分充填土、杂填土及高压缩性土。软土地基的地基承载力低,建筑物的沉降和差异沉降较大,建筑物沉降历时长,这类建筑地基的沉降往往持续几十年才稳定。由于软土地基的上述工程特性,所以在软土地基上修建建筑物,必须重视地基的变形和稳定问题。如果不作任何处理,一般不能承受较大的建筑物荷载。

不良地基包括湿陷性土、红黏土、膨胀土、多年冻土、泥炭土等。这些土由于特殊的成因,在

其上建造建筑物若处理不当,会使房屋发生开裂、倒塌等事故。需对具体土类进行具体分析与处理。

5.1.3　常用地基处理方法分类及其适用范围

地基处理方法的分类多种多样,按时间分为临时处理和永久处理;按处理深度分为浅层处理和深层处理;按土性对象分为砂性土处理、黏性土处理和饱和土处理;也可按地基处理的作用机理分类(表 5.1)。

需要说明的是,一种地基处理方法可能会同时具有几种不同的作用,如砂石桩具有置换、挤密、排水和加筋等多重作用。

表 5.1　地基处理作用机理分类

类　别	方　法	简要原理	适用范围
置　换	换填垫层法	将软弱土和不良土开挖至一定深度,回填抗剪强度较高、压缩性较小的岩土材料,如沙、砾石渣等,并分层密实,形成双层地基。垫层能有效扩散基底压力,提高地基承载力,减少沉降	各种软弱土地基
	挤淤置换法	通过抛石或夯击回填碎石置换淤泥达到加固地基的目的,也有采用爆破实行挤淤置换	淤泥或淤泥质黏土地基
	褥垫法	当建筑物的地基一部分压缩性较小,而另一部分压缩性较大时,为避免不均匀沉降,在压缩性较小的区域,通过换填法铺设一定厚度可压缩性的土料形成褥垫,通过褥垫的压缩量达到减少压缩量的目的	建筑物的地基一部分压缩性较小而另一部分压缩性较大时
	强夯置换法	采用边填碎石边强夯的方法在地基中形成碎石墩体,由碎石墩、墩间土以及碎石垫层形成复合地基,以提高承载力,减少沉降	粉砂土和软黏土地基等
排水固结	加载预压法	在地基中设置排水通道-砂垫层和竖向排水系统(竖向排水系统通常有普通砂井、袋装砂井、塑料排水带等),以缩小土体固结排水距离,地基在预压荷载作用下排水固结,地基产生变形,地基土强度提高。卸去预压荷载后再建造建筑物,地基承载力提高,工后沉降小	软黏土、杂填土、泥炭土地基等
	超载预压力法	原理基本上与加载预压力法相同,不同之处是其预压荷载大于设计使用荷载。超载预压不仅可减少工后固结沉降,还可以消除部分工后次固结沉降	同上
	真空预压法	在软黏土地基中设置排水体系(同加载预压法),然后在上面形成一个不透气层(覆盖不透气密封膜,或其他措施),通过对排水体系进行长时间不断抽气抽水,在地基中形成负压区,而使软黏土地基产生排水固结,达到提高地基承载力、减少工后沉降的目的	软黏土地基
	真空预压法与堆载联合作用	真空预压法与堆载预压联合作用,两者的加固效果可叠加	同上

续表

类　别	方　法	简要原理	适用范围
灌入固化物	深层搅拌法	利用深层搅拌机将水泥浆或水泥粉和地基土原位搅拌形成圆柱状、格栅状或连续墙水泥土增强体,形成复合地基以提高地基承载力,减少沉降;也常用它形成水泥土防渗帷幕。深层搅拌法分为喷浆搅拌法和喷粉搅拌法两种	淤泥、淤泥质土、黏性土和粉土等软黏土地基,有机质含量较高时应通过试验确定适用性
	高压喷射注浆法	利用高压喷射专用机械,在地基中通过高压喷射流冲切土体,用浆液置换部分土体,形成水泥土增强体。按喷射流组成形式,高压喷射注浆法有单管法、二重管法、三重管法。按施工工艺可形成定喷、摆喷和旋喷。高压喷射注浆法可形成复合地基以提高承载力,减少沉降,也常用它形成水泥土防渗帷幕	淤泥、淤泥质土、黏性土、粉土、黄土、沙土、人工填土和碎石土等地基,当含有较多的大块石或地下水流速较快或有机质含量较高时,应通过试验确定适用性
	渗入性灌浆法	在灌浆压力作用下,将浆液灌入地基中以填充原有孔隙,改善土体物理力学性质	中砂、粗砂、砾石地基
	劈裂灌浆法	在灌浆压力作用下,浆液克服地基土中初始应力和土的抗拉强度,使地基中原有的孔隙或裂隙扩张,用浆液填充新形成的裂缝和孔隙,改善土体的物理力学性质	岩基或砂、砂砾石、黏性土地基
	挤密灌浆法	在灌浆压力作用下,向上层中压入浓浆液,在地基形成浆泡,挤压周围土体。通过压密和置换改善地基性能。在灌浆过程中因浆液的挤压作用可产生辐射状土抬力,引起地面隆起	常用于可压缩性地基、排水条件较好的黏性土地基
振密、挤密	表层原位压实法	采用人工或机械夯实、碾压或振动,使土体密实。密实范围较浅,常用于分层填筑	杂填土、疏松无黏性土、非饱和黏性土、湿陷性黄土等地基的浅层处理
	强夯法	采用 10～40 t 的夯锤从高处自由落下,地基土体在强夯的冲击力和振动力作用下密实,可提高地基承载力,减少沉降	碎石土、砂土、低饱和度的粉土与黏性土,湿陷性黄土、杂填土和素填土等地基
	振冲密实法	一方面依靠振冲器的振动使饱和砂层发生液化,砂颗粒重新排列孔隙减少;另一方面依靠振冲器的水平振动力,加回填料使砂层挤密,从而提高地基承载力,减少沉降,并提高地基土体抗液化能力。振冲密实法可加回填料也可不加回填料。加回填料,又称为振冲挤密碎石桩法	黏粒含量小于 10%的疏松砂性土地基

续表

类　别	方　法	简要原理	适用范围
振密、挤密	挤密砂石桩法	采用振动沉管法等在地基中设置碎石桩,在制桩过程中对周围土层产生挤密作用。被挤密的桩间土和密实砂石桩形成砂石桩复合地基,达到提高地基承载力、减少沉降的目的	砂土地基、非饱和黏性土地基
	爆破挤密法	利用在地基中爆破产生的挤压力和振动力使地基土密实以提高土地抗剪强度,提高地基承载力和减少沉降	饱和净砂、非饱和但经灌水饱和的砂、粉土、湿陷性黄土地基
	土桩、灰土桩法	采用沉管法、爆破法和冲击法在地基中设置土桩或灰土桩,在沉桩过程中挤密桩间土,由挤密的桩间土和密实的土桩或灰土桩形成土桩复合地基及灰土桩复合地基,以提高地基承载力和减少沉降,有时为了减少湿陷性黄土的湿陷性	地下水位以上的湿陷性黄土、杂填土、素填土等地基
	夯实水泥土桩法	在地基中人工挖孔,然后填入水泥与土的混合物,分层夯实,形成水泥土桩复合地基,提高地基承载力和减小沉降	同上
	柱锤冲扩桩法	在地基中采用直径300～500 mm、长2～6 m、质量2～10 t的柱状锤,将地基土层冲击成孔,然后将拌和好的填料分层填入桩孔夯实,形成柱锤冲扩桩,形成复合地基,以提高地基承载力和减少沉降	同上
加　筋	加筋土垫层法	在地基中铺设加筋材料(如土工织物、土工格栅、金属板条等)形成加筋土垫层,以增大压力扩散角,提高地基稳定性	筋条间用无黏性土,加筋土垫层可适用各种软弱地基
	加筋土挡墙法	利用在填土中分层铺设加筋材料以提高填土的稳定性,形成加筋土挡墙。挡墙外侧可采用侧面板形式,也可采用加筋材料包裹形式	应用于填土挡土结构
冷热处理	冻结法	冻结土体,改善地基土截水性能,提高土体抗剪强度形成挡土结构或止水帷幕	饱和砂土或软黏土,作施工临时措施
	烧结法	钻孔加热或焙烧,减少土体含水量,减少压缩性,提高土体强度,达到地基处理的目的	软黏土、湿陷性黄土,适用于有富余热源的地区

5.1.4　地基处理方法的选择

　　地基处理能否达到预期目的,首先取决于地基处理方案选择是否得当、各种加固参数是否合理。选择确定地基处理方案以前,应充分地综合考虑以下因素:土的类别、地基处理加固深度、上部结构要素、当地所能提供的资料、施工单位的机械设备、施工现场周围环境、施工工期、施工队伍素质和工程造价等。

　　各地基处理问题具有各自独特的情况,所以在选择和设计地基处理方案时,不能简单地依靠以往的经验,也不能依靠复杂的理论计算,还应结合工程实际,通过现场试验检测并分析反馈,不断地修正设计参数。

确定地基处理方案时,应根据工程的具体情况,对若干种地基处理方案在技术、经济以及施工进度等方面进行比较,选择经济合理、技术可靠、施工进度较快的地基处理方案。具体方案确定分为4步。

①搜集详细的工程地质、水文地质以及地基基础设计资料。

②根据结构类型、荷载大小及使用要求,结合地形地貌、地层结构、土质条件、地下水特征、周围环境和相邻建筑物等因素,初步选定几种可供考虑的地基处理方案。另外,在选择地基处理方案时,应同时考虑上部结构、基础和地基的共同作用,也可选用加强结构措施(如设置圈梁和沉降缝等)和处理地基相结合的方案。

③对初步选定的几种地基处理方案,分别从处理效果、材料来源和消耗、施工机具和进度、环境影响等各种因素,进行技术经济分析和对比,从中选择最佳的地基处理方案。任何一种地基处理方案不可能是万能的,都有它的适用范围和局限性。另外,也可采用两种或多种地基处理的综合处理方案。

④对已选定的地基处理方案,根据建筑物的安全等级和场地复杂程度,可在有代表性的场地上进行相应的现场试验和实验性施工,以检验设计参数、确定选择合理的施工方法(包括机械设备、施工工艺、用料及配比等各项施工参数)和检验处理效果。若地基处理效果达不到设计要求时,应查找原因并调整设计方案和施工方法。现场试验最好安排在初步设计阶段进行,以便及时地为施工设计图提供必要的参数。试验性施工一般应在地基处理典型地质条件的场地以外进行,在不影响工程质量问题时,也可在地基处理范围内进行。

5.2 换填垫层法

当软弱地基的承载力和变形满足不了建筑物对地基的要求,而软弱土层的厚度又不是很大时(一般小于 3 m),可以将基础底面以下的软弱土层部分或全部挖去,然后换填强度较高的砂(石)或其他性能稳定、无侵蚀性的材料,并压(夯、振)实至要求的密实度为止,这种地基处理的方法称为换填垫层法。换填垫层法改善了原地基的应力和变形条件,适用于浅层的软弱地基及不均匀地基的处理。

按换填材料的不同,换填垫层可分为砂垫层、砂石垫层、碎石垫层、素土垫层、灰土垫层、二灰垫层、矿渣垫层和粉煤灰垫层等。虽然换填垫层的材料不同,其应力分布有所差异,但从相关试验成果来看,其极限承载力比较接近,建筑物沉降的特点也是基本相似。所以,各种材料垫层都可以近似按照砂(石)垫层的计算方法进行计算。

5.2.1 换填垫层设计

垫层的设计不但要满足建筑物对地基变形及稳定的要求,而且符合经济、合理的原则。应根据建筑物体形、结构特点、荷载性质、岩土工程条件、施工机械设备及填料性质和来源等综合分析,进行置换垫层的设计和选择施工方法。

1)垫层选用的材料及要求

(1)砂(石)

砂(石)宜选用碎石、卵石、角砾、圆砾、砾砂、粗砂、中砂或石屑(粒径小于 2 mm 的部分不应超过总重的 45%),应级配良好,不含植物残体、垃圾等杂质。当使用粉细砂或石粉(粒径小于

0.075 mm 的部分不超过总重的 9%)时,应掺入不少于总质量 30% 的碎石或卵石。砂石的最大粒径不宜大于 50 mm。对湿陷性黄土地基垫层,不得选用砂石等透水材料。

(2)粉质黏土

土料中有机质含量不得超过 5% ,也不得含有冻土或膨胀土。当含有碎石时,其粒径不宜大于 50 mm。用于湿陷性黄土或膨胀土地基的粉质黏土垫层,土料中不得夹有砖、瓦和石块。

(3)灰土

灰土体积配合比宜为 2∶8 或 3∶7。土料宜用粉质黏土,不宜使用块状黏土和砂质粉土,不得含有松软杂质,并应过筛,其粒径不得大于 15 mm。石灰宜用新鲜的消石灰,其粒径不得大于 5 mm。

(4)粉煤灰

粉煤灰可用于道路、堆场和小型建(构)筑物等的换填垫层。粉煤灰垫层上宜覆土 0.3 ~ 0.5 m。粉煤灰垫层中采用掺加剂时,应通过试验确定其性能及适用条件。作为建筑物垫层的粉煤灰,应符合有关放射安全标准的要求。粉煤灰垫层中的金属构件,管内宜采用适当的防腐措施。大量填筑粉煤灰时,应考虑对地下水和土壤的环境影响。

(5)矿渣

垫层使用的矿渣是指高炉重矿渣,可分为分级矿渣、混合矿渣及原状矿渣。矿渣垫层主要用于堆场、道路和地坪,也可用于小型建(构)筑物地基。选用矿渣的松散重度不小于 11 kN/m³,有机质及含泥总量不超过 5% 。设计、施工前,必须对选用的矿渣进行试验,在确认其性能稳定并符合安全规定后方可使用。作为建筑物垫层的矿渣,应该符合对放射性安全标准的要求。易受酸、碱影响的基础或地下管网,不得采用矿渣垫层。大量填筑矿渣时,应考虑对地下水和土壤的环境影响。

2)垫层宽度的确定

垫层铺设范围应满足基础底面压力扩散的要求。垫层铺设宽度可以根据当地经验确定。对条形基础也可按下式计算:

$$b' \geqslant b + 2z \tan \theta \tag{5.1}$$

式中　b'——垫层宽度,m;

　　　b——基础底面宽度,m;

　　　z——垫层厚度,m;

　　　θ——压力扩散角(°),可按表 5.2 采用。

表 5.2　压力扩散角 θ(°)

换填材料 z/b	中砂、粗砂、砾砂、圆砾、角砾、碎石、石屑、矿渣	粉质黏土、粉煤灰	灰土
0.25	20	6	28
≥0.50	30	23	

注:①当 z/b < 0.25 时,除灰土取 θ = 28°外,其余材料均取 θ = 0°,必要时,宜由试验确定。

　　②当 0.25 < z/b < 0.5 时,θ 可内插求得。

整片垫层的铺设宽度可根据施工要求适当加宽。垫层顶面每边宜超过基础底边不小于 300 mm,或从垫层底面两侧向上,按当地开挖基坑经验放坡。

3) 垫层厚度的确定

根据需要置换软弱土层的厚度确定,要求垫层底面处土的自重应力与荷载作用下产生的附加应力之和小于同一标高处的地基承载力特征值,其表达式为:

$$p_z + p_{cz} \leqslant f_{az} \tag{5.2}$$

式中　p_z——荷载作用下垫层底面处的附加应力,kPa;

　　　p_{cz}——垫层底面处土的自重压力,kPa;

　　　f_{az}——垫层底面处经深度修正后的地基承载力特征值,kPa。

设计计算时,先根据垫层的地基承载力特征值确定出基础宽度,再根据下卧层的承载力特征值确定垫层的厚度。一般情况下,垫层厚度不宜小于 0.5 m,也不宜过厚。垫层太厚,成本高且施工比较困难,垫层效用并不随厚度线性增大。

对条形基础和矩形基础,垫层底面处的附加压力分别按下式计算:

$$p_z = \frac{b(p_k - p_c)}{b + 2z \tan \theta} \tag{5.3}$$

$$p_z = \frac{bl(p_k - p_c)}{(b + 2z \tan \theta)(l + 2z \tan \theta)} \tag{5.4}$$

式中　p_k——荷载作用下,基础底面处的平均压力,kPa;

　　　p_c——基础底面处土的自重压力,kPa;

　　　l,b——基础底面的长度和宽度,m;

　　　z——垫层的厚度,m;

　　　θ——垫层的压力扩散角(°),可按表5.2查出。

4) 垫层的变形验算

一般垫层基础的沉降计算中仅考虑下卧层的变形,但对沉降的要求较严或垫层较厚的情况下,还应计算垫层自身的变形。垫层下卧层的变形量可按《建筑地基基础设计规范》(GB 50007—2011)的规定进行计算。

【例5.1】　场地条件:场地土层第一层为杂填土,厚度 0.7~0.8 m,天然重度为 18.9 kN/m³;第二层为饱和粉土,作为主要受力层,其天然重度 19 kN/m³,土粒相对密度 2.69,含水量31.8%,干重度14.5 kN/m³,孔隙比0.881,饱和度96%,液限32.9%,塑限23.7%,塑性指数9.2,液性指数0.88,压缩模量3.93 MPa。根据现场原土的静力触探和静载荷试验,结合当地经验综合确定饱和粉土层的承载力特征值为80 kPa。工程概况:建筑物平面尺寸为60.8 m × 14.9 m,矩形基础,基础埋深2.75 m。基础底面处的平均压力 p_k 取 130 kPa。试用换填垫层法进行地基处理,并确定换填垫层的承载力和尺寸。

【解】　采用砂石材料进行换填。

(1)砂垫层厚度验算

已知:基础底面处的平均压力 $p_k = 130$ kPa,砂石材料的重度取 19.5 kN/m³。基础埋深为 2.75 m,地基承载力特征值为 80 kPa,承载力修正系数取 1.0[《建筑地基基础设计规范》(GB 50007—2011)表 5.2.4]。

设 $z/b = 0.25$,则垫层厚度 $z = 3.73$ m,按表5.2取压力扩散角20°。

垫层底面处的自重应力为:

$$p_{cz} = 18.9 \times 2.75 + 19.5 \times 3.73 = 124.71 (\text{kPa})$$

垫层底面的附加压力为:

$$p_z = \frac{bl(p_k - p_c)}{(b + 2z\tan\theta)(l + 2z\tan\theta)} = \frac{60.8 \times 14.9 \times (130 - 18.9 \times 2.75)}{(14.9 + 2 \times 3.73\tan 20°)(60.8 + 2 \times 3.73\tan 20°)}$$

$$= 63.18(\text{kPa})$$

砂石垫层底面下饱和粉土的地基承载力特征值为 80 kPa，经深度修正后的地基承载力特征值为：

$$f_{az} = f_{ak} + \eta_d \gamma_m (d + z - 0.5) = 80 + 1.0 \times 18.9 \times (2.75 + 3.73 - 0.5) = 193.02(\text{kPa})$$

砂石垫层底面总应力为：

$$p_{cz} + p_z = 124.71 + 63.18 = 187.89\ \text{kPa} < 193.02\ \text{kPa}$$

所以，砂石垫层厚度取 3.73 m 可行。

（2）砂石垫层底面尺寸确定

$$b' = b + 2z\tan 20° = 14.9 + 2 \times 3.73 \times \tan 20° = 17.61(\text{m})$$

$$l' = l + 2z\tan 20° = 60.8 + 2 \times 3.73 \times \tan 20° = 63.5(\text{m})$$

5.2.2　换填垫层的施工方法

垫层施工应根据不同的换填材料选择施工机械。粉质黏土、灰土垫层宜采用平碾、振动碾或羊足碾，以及蛙式夯、柴油夯。砂石垫层等宜采用振动碾。粉煤灰垫层宜采用平碾、振动碾、平板振动器、蛙式夯。矿渣垫层宜采用平板振动器或平碾，也可采用振动碾。垫层的施工方法、分层铺填厚度、每层压实遍数宜通过现场试验确定。除接触下卧软土层的垫层底部应根据施工机械设备及下卧层土质条件确定厚度外，其他垫层的分层铺填厚度宜为 200～300 mm。为保证分层压实质量，应控制机械碾压速度。

基坑开挖时应避免坑底土层受扰动，可保留 180～220 mm 的土层暂不挖去，待铺填垫层前再挖至设计标高。严禁扰动垫层下的软弱土层，防止其被践踏、受冻或受水浸泡。当采用碎石或卵石垫层时，宜在坑底先设置厚 150～300 mm 的砂垫层或铺一层土工织物，以防止软弱土层表面的局部破坏，同时必须防止基坑边坡坍塌土混入垫层。垫层铺设时，一般应按先深后浅的顺序进行。垫层底面宜设在同一标高上，如深度不同，坑底土面应挖成阶梯或斜坡搭接，搭接处应夯压密实。

对于粉质黏土、灰土垫层及粉煤灰垫层施工，应符合下列规定：

①粉质黏土及灰土垫层分段施工时，不得在柱基、墙角及承重窗间墙下接缝；

②垫层上下两层的缝距不得小于 500 mm，且接缝处应夯压密实；

③灰土拌和均匀后，应当日铺填夯压，灰土夯压密实后，3 d 内不得受水浸泡；

④粉煤灰垫层铺填后，宜当日压实，每层验收后应及时铺填上层或封层，并应禁止车辆碾压通行；

⑤垫层施工竣工验收合格后，应及时进行基础施工与基坑回填。

对土工合成材料施工，应符合下列要求：

①下铺地基土层顶面应平整；

②土工合成材料铺设顺序应先纵向后横向，且应把土工合成材料张拉平整、绷紧，严禁有皱褶；

③土工合成材料的连接宜采用搭接法、缝接法或胶接法，接缝强度不应低于原材料抗拉强度，端部应采用有效方法固定，防止筋材拉出；

④应避免土工合成材料暴晒或裸露，阳光暴晒时间不应大于 8 h。

5.2.3　换填垫层的质量检验

对粉质黏土、灰土、砂石、粉煤灰垫层的施工质量可选用环刀取样、静力触探、轻型动力触探或标准贯入试验等方法进行检验;对碎石、矿渣垫层的施工质量可采用重型动力触探试验等进行检验。压实系数可采用灌砂法、灌水法或其他方法进行检验。

换填垫层的施工质量检验应分层进行,并应在每层的压实系数符合设计要求后铺填上一层。

采用环刀法检验垫层的施工质量时,取样点应选择位于每层垫层厚度的 2/3 深度处。检验点数量,条形基础下垫层每 10 ~ 20 m 不应少于一个点,独立柱基、单个基础下垫层不应少于 1 个点,其他基础下垫层每 50 ~ 100 m² 不应少于一个点。采用标准贯入试验或动力触探法检验垫层的施工质量时,每分层平面上检验点的间距不应大于 4 m。

竣工验收应采用静载荷试验检验垫层承载力,且每个单体工程不宜少于 3 个点;对于大型工程应按单体工程的数量或工程划分的面积确定检验点数。

5.3　预压地基

预压法适用于处理淤泥、淤泥质土和冲填土等深厚饱和黏性土地基。为加速压缩过程,可采用比建筑物荷载大的超载进行预压,又称为超载预压法。当预计的压缩时间过长时,可在地基内设置塑料排水带或砂井等竖井排水体(即排水系统),以缩短预压时间。排水系统由塑料排水带或砂井等排水竖井和设在顶部的与排水竖井相连的排水砂垫层组成。饱和土在预压荷载作用下,其固结速率与排水距离的平方成反比,竖向排水系统的设置,减小了排水距离,提高了固结速率,孔隙水逐渐被排出,孔隙体积逐渐减小,地基发生固结变形。同时,随着超孔隙水压力的消散,土中有效应力逐渐提高,地基土强度也逐渐增长。

预压荷载,工程上最常用的是堆载和真空压力。根据施加荷载的方法,预压法分为堆载预压法和真空预压法。堆载通常采用土料、砂石等材料,支承油罐的地基常用充水进行预压。当处理的软土层厚度不大或其中含较多薄粉砂夹层时,也可不设竖向排水体。竖向排水体有普通砂井、袋装砂井和塑料排水带 3 种。

预压法设计中主要关注沉降(固结度)的变化。对主要以沉降控制的建筑,当地基因预压消除的变形量满足设计要求,且受压土层的平均固结度达到80%以上时,方可卸载;对主要以地基承载力或抗滑移稳定性控制的建筑,当地基经预压增长后的强度满足设计要求后方可卸载。由于软土地基承载力较低,为防止加载过程中土体剪切破坏,加载过程需要严格控制加载速率,一般采用分级加载。

5.3.1　堆载预压法的设计

在天然地基堆载预压,属于一维固结问题;当在地基中设有竖向排水体后,由于增加了排水条件,则属于三维固结问题;对于单个砂井来说,属于轴对称固结问题。

1)砂井固结理论

砂井堆载预压法典型工程剖面图如图 5.1 所示。

砂井的作用是加速地基固结,而排水固结效应与固结压力的大小成正比。由于预压荷载在地基中引起的附加应力,一般都随深度加深而逐渐减少,所以在地基深处,砂井的作用将很小。当软土层不太厚时,砂井应尽可能打穿软土层;当软土层较厚,而土层中夹有砂层时,则应尽量打到砂夹层中去,对排水固结有利。对以地基抗滑稳定性控制的工程,竖井深度至少应超过最危险的滑动面以下 2 m。

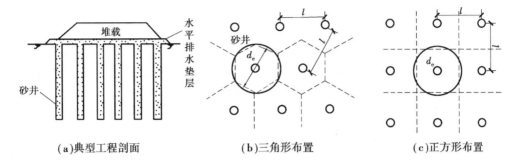

(a)典型工程剖面　　　　(b)三角形布置　　　　(c)正方形布置

图 5.1　砂井预压法剖面图

在地基中设置的竖向排水通道通常有普通砂井、袋装砂井和塑料排水带等形式。

普通砂井通常指采用冲水法、沉管法等施工工艺在地基中成孔,然后灌入砂,在地基中形成由砂料形成的竖向排水体——砂井。普通砂井直径一般在 300 ~ 500 mm 以上。

袋装砂井是指用土工布缝成细长带子,再灌入砂,采用插设袋装砂井专用施工设备将其插入地基中,形成竖向排水体——袋装砂井。袋装砂井直径一般采用 70 ~ 120 mm。

塑料排水带由排水蕊带和滤膜两部分组成。塑料排水带由工厂生产。采用插设塑料排水带的专用设备将其插入地基中形成竖向排水体——塑料排水带。塑料排水带当量直径一般采用 70 mm 左右。

普通砂井、袋装砂井和塑料排水带 3 种竖向排水体各有优缺点,应根据工程条件通过技术经济比较后合理选用。

砂井的长度、直径和间距可根据工程对固结时间的要求,通过固结理论计算确定。一般要求在预期内能完成该荷载下 80% 的固结度,但很大程度上取决于地质条件和施工方法等因素。加大砂井直径和缩短砂井间距都对地基的排水固结有利,经计算比较,缩短井径比增大井距对加速固结效应会更大些,即采用"细而密"的布井方案比较好,但在实用上,砂井直径不能过小,间距也不可能过密,否则将增加施工难度与提高造价。因此,一般普通砂井直径宜为 300 ~ 500 mm,袋装砂井直径可取 70 ~ 120 mm。塑料排水带或袋装砂井的间距可取井径的 15 ~ 20 倍,普通砂井间距可取桩径的 6 ~ 8 倍。

砂井和塑料排水带的布置方案在平面上多为三角形或正方形排列。其间距为 1 ~ 4 m,最常用的间距为 1.5 ~ 2.5 m。根据间距 l 可计算等效圆直径 d_e。如图 5.1 所示的两种布置方式,等效圆面积分别等于正六边形和正方形面积,从而计算出等效圆直径。

等边三角形布置:

$$d_e = 1.05l \tag{5.5}$$

正方形布置:

$$d_e = 1.13l \tag{5.6}$$

定义井径比 n:

$$n = \frac{d_e}{d_w} \tag{5.7}$$

式中　d_w——竖井的有效排水直径;

l——竖井的间距。

对于塑料排水带都用当量换算直径 d_p 表示:

$$d_p = \frac{2(b + \delta)}{\pi}$$ (5.8)

式中 b, δ——塑料排水带的宽度和厚度,mm。

(1)瞬时加载条件下固结度计算

在地面堆载作用下,随着地基土孔隙水排出,土体产生固结和强度增长。土层的固结过程就是超静孔隙水压力消散和有效应力增长的过程($\sigma = \sigma' + u$)。在总应力 σ 不变的情况下,静水压力 u 的减小,使有效应力 σ' 增大。为估算出固结产生的沉降占总沉降的百分比,需要计算地基固结度。一般以 K. 太沙基(Terzaghi)提出的一维固结理论为基础计算固结度(图 5.2)。

下式为 Terzaghi 一维固结方程:

$$\frac{\partial u}{\partial t} = C_v \frac{\partial^2 u}{\partial z^2}$$ (5.9)

式中 u——土体中超孔隙水压力;

C_v——土的竖向固结系数。

根据 Terzaghi 一维固结理论,最大排水距离为 H 的土层,当平均固结度≥30% 时,地基竖向平均固结度 $\overline{U}_z$ 可采用下式计算:

$$\overline{U}_z = 1 - \frac{8}{\pi^2} e^{-\frac{\pi^2}{4} T_v}$$ (5.10)

式中 T_v——固结时间因子,$T_v = \dfrac{C_v t}{H^2}$;

t——固结时间,s;

H——土层竖向排水距离,cm,单面排水时土层为土层厚度,双面排水为土层厚度一半;

C_v——土的竖向固结系数,cm²/s,$C_v = \dfrac{k_v(1 + e)}{a \gamma_w}$;

k_v——土层竖向渗透系数,cm/s;

e——渗流固结前土的孔隙比;

γ_w——水的重度,kN/cm³;

a——土的压缩系数,kPa⁻¹。

在地基中设置竖向排水通道——砂井时的示意如图 5.3 所示。在荷载作用下,地基土体既产生水平径向排水固结,也产生竖向排水固结。砂井地基排水固结问题属三维问题,可采用 Terzaghi 三维固结理论计算。

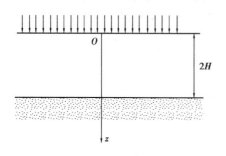

图 5.2 一维固结 Terzaghi 固结理论

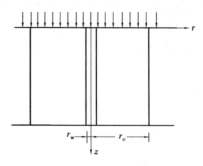

图 5.3 砂井地基固结理论

三维 Terzaghi 方程：

$$\frac{\partial u}{\partial t} = C_{vx}\frac{\partial^2 u}{\partial x^2} + C_{vy}\frac{\partial^2 u}{\partial y^2} + C_{vz}\frac{\partial^2 u}{\partial z^2} \tag{5.11}$$

式中　C_{vx}，C_{vy}，C_{vz}——分别为 x、y、z 方向的固结系数。

对于排水砂井在轴对称条件下，巴伦(Barren)也得到了类似的结果。用柱坐标表示的三维轴对称固结方程为：

$$\frac{\partial u}{\partial t} = C_{vh}\left(\frac{\partial^2 u}{\partial r^2} + \frac{1}{r}\frac{\partial u}{\partial r}\right) + C_{vv}\frac{\partial^2 u}{\partial z^2} \tag{5.12}$$

卡里洛(Carrillo)证明，轴对称渗流可以分解为沿垂直方向的渗流及垂直于 z 轴方向的平面轴对称渗流两种情况。垂直方向的渗流可由一维固结公式(5.9)求解；对于平面轴对称渗流，巴伦是根据地面应变相等和下述边界条件及初始边界条件求得的，即：

$$\frac{\partial u}{\partial t} = C_{vh}\left(\frac{\partial^2 u}{\partial r^2} + \frac{1}{r}\frac{\partial u}{\partial r}\right) \tag{5.13}$$

根据 Barren 在等应变假设条件下所得到的解，地基径向平均固结度 $\overline{U}_r$ 计算式为：

$$\overline{U}_r = 1 - e^{-\frac{8T_h}{F(n)}} \tag{5.14}$$

式中　T_h——径向排水固结的时间因子，其表达式为：$T_h = \dfrac{C_h t}{d_e^2}$；

　　　C_h——土的径向固结系数，cm^2/s，$C_h = \dfrac{k_h(1+e)}{\gamma_w a}$；

　　　k_h——土层的径向渗透系数，cm/s，各向同性土层 $k_h = k_v$；

　　　$F(n)$——参数，其表达式为 $F(n) = \dfrac{n^2}{n^2-1}\ln(n) - \dfrac{3n^2-1}{4n^2}$；

　　　n——井径比，$n = \dfrac{d_e}{d_w}$；

　　　d_e——每个砂井有效影响范围的直径；

　　　d_w——砂井直径。

总平均固结度计算：

$$\overline{U}_{rz} = 1 - (1 - \overline{U}_z)(1 - \overline{U}_r) \tag{5.15}$$

土层的平均固结度普遍表达式为：

$$\overline{U} = 1 - \alpha e^{-\beta t} \tag{5.16}$$

其中，α、β 取值见表 5.3。

表 5.3　α、β 值

排水固结条件 参数	竖向排水固结 $\overline{U}_z > 30\%$	向内径向排水固结	竖向和向内径向排水固结（砂井贯穿受压层）
α	$\dfrac{8}{\pi^2}$	1	$\dfrac{8}{\pi^2}$
β	$\dfrac{\pi^2 C_v}{4H^2}$	$\dfrac{8C_h}{F(n)d_e^2}$	$\dfrac{8C_h}{F(n)d_e^2} + \dfrac{\pi^2 C_v}{4H^2}$

【例 5.2】　某建筑场地，分布有厚 12 m 的软黏土层，其下为粉土夹砂层，采用砂井处理。井径 $d_w = 0.5$ m，井距为 3.0 m，按正方形布置。土的固结系数 $C_v = C_h = 1.25 \times 10^{-3}\,cm^2/s$，在大

面积荷载作用下,按径向固结考虑,当固结度达到95%时所需时间为多少天?

【解】 采用正方形布置,砂井影响区 $d_e = 1.13 \times 3.0 = 3.39$ m, $n = \dfrac{d_e}{d_w} = \dfrac{3.39}{0.5} = 6.78$, $n^2 =$

45.968。

$$C_v = C_h = 1.25 \times 10^{-3} = 1.25 \times 10^{-3} \times 10^{-4} \times 24 \times 3\,600 = 1.08 \times 10^{-2} (\text{m}^2/\text{d})$$

$$F(n) = \frac{n^2}{n^2 - 1}\ln(n) - \frac{3n^2 - 1}{4n^2} = \frac{45.968}{45.968 - 1} \times \ln 6.78 - \frac{3 \times 45.968 - 1}{4 \times 45.968} = 1.21$$

由式(5.14) $\overline{U}_r = 1 - e^{-\frac{8T_h}{F(n)}}$ 可得:

$$T_h = -\frac{F(n)}{8}\ln(1 - U_r) = -\frac{1.21}{8} \times \ln(1 - 0.95) = 0.453\,1$$

$$t = \frac{T_h d_e^2}{C_h} = \frac{0.453\,1 \times 3.39^2}{1.08 \times 10^{-2}} = 482 \text{ d}$$

(2)逐渐加荷载条件下地基固结度计算

以上计算固结度的理论公式都是假设荷载是一次瞬间加足的。实际工程中,荷载总是分级逐渐施加的。因此,根据上述理论方法求得的固结时间关系或沉降时间关系都必须加以修正。修正的方法有改进的太沙基法和改进的高木俊介法。《建筑地基处理技术规范》(JGJ 79—2012)建议采用高木俊介法直接求得修正后的平均固结度。

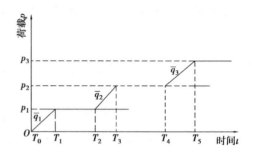

图5.4 排水固结法多级等速加载图

如图5.4所示,在一级或多级等速加载条件下,当固结时间为 t 时,对应于累加荷载 $\sum \Delta p$(即总荷载)的地基平均固结度可按下式计算:

$$\overline{U}_t = \sum_{i=1}^{n} \frac{q_i}{\sum \Delta p}\Big[(T_i - T_{i-1}) - \frac{\alpha}{\beta} e^{-\beta t}(e^{\beta T_i} - e^{\beta T_{i-1}}) \Big] \tag{5.17}$$

式中 $\overline{U}_t$——t 时间地基的平均固结度;

q_i——第 i 级荷载的加载速率,kPa/d,$q_i = \dfrac{\Delta p_i}{T_i - T_{i-1}}$;

$\sum \Delta p$——与一级或多级等速加载历时 t 相对应的累加荷载,kPa;

T_i, T_{i-1}——第 i 级荷载加载的起始和终止时间(从零点算起),d,当计算第 i 级荷载加载过程中某时间 t 的固结度时,T_i 改为 t;

α, β——两个参数,根据地基土的排水条件确定(表5.3)。对竖井地基,表中所列 β 为不考虑涂抹和井阻影响的参数值。

(3)考虑井阻作用的固结度计算

当排水竖井采用挤土方式施工时,由于井壁涂抹及对周围土的扰动而使土的渗透系数降低,因而影响土层的固结速率,即为涂抹影响。涂抹对土层固结速率的影响大小取决于涂抹区直径 d_s、涂抹区土的水平向渗透系数 k_s 与天然土层水平渗透系数 k_h 的比值。当竖井纵向通水量 q_w 与天然土层水平渗透系数 k_h 比值较小,且长度又较长时,尚应考虑井阻影响。

瞬时加载条件下,考虑涂抹和井阻影响时,竖井地基径向排水平均固结度可按下式计算:

$$\overline{U}_r = 1 - e^{-\frac{8C_h}{F d_e^2}t} \tag{5.18}$$

$$F = F_n + F_s + F_r \tag{5.19}$$

$$F_n = \ln n - \frac{3}{4}(n \geqslant 15) \tag{5.20}$$

$$F_s = \left(\frac{k_h}{k_s} - 1\right)\ln s \tag{5.21}$$

$$F_r = \frac{\pi^2 L^2 k_h}{4q_w} \tag{5.22}$$

式中　$\overline{U}_r$——固结时间 t 时竖井径向排水平均固结度;

F——计算参数;

F_n——与 n 有关的系数,井径比 $n < 15$ 时,按式(5.14)中关于 $F(n)$ 的规定计算;

F_s——考虑涂抹影响的参数;

F_r——考虑井阻影响的参数;

k_h——天然土层水平向渗透系数,cm/s;

k_s——涂抹区土的水平向渗透系数,可取 $k_s = \left(\frac{1}{5} \sim \frac{1}{3}\right)k_h$,cm/s;

s——涂抹区直径 d_s 与竖井直径 d_w 的比值,可取 $s = 2.0 \sim 3.0$,对中等灵敏黏性土取低值,对高灵敏度黏性土取高值;

L——竖井深度,cm;

q_w——竖井纵向通水量,为单位水力梯度下单位时间的排水量,cm³/s。

在一级或多级等速加载条件下,考虑涂抹和井阻影响时竖井穿透受压土层地基的平均固结度可按式(5.17)计算,其中 $\alpha = \frac{8}{\pi^2}, \beta = \frac{8C_h}{Fd_e^2} + \frac{\pi^2 C_v}{4H^2}$。

对砂井,其纵向通水量可按下式计算:

$$q_w = k_w A_w = \frac{k_w \pi d_w^2}{4} \tag{5.23}$$

式中　k_w——砂料渗透系数;

d_w——竖井直径。

【例5.3】　某高速公路路基为淤泥质黏性土,其水平向渗透系数 $k_h = 1 \times 10^{-7}$ cm/s,固结系数 $C_v = C_h = 1.8 \times 10^{-3}$ cm²/s;采用袋装砂井处理,砂井直径 $d_w = 70$ mm,涂抹区水平渗透系数 $k_s = 0.2, k_h = 0.2 \times 10^{-7}$ cm/s,砂井按等边三角形排列,间距 $l = 1.4$ m,深度 $L = 20$ m,砂井底部为致密黏土层。总的预压荷载 $p = 100$ kPa,分两级等速加载,如图5.5所示。计算加载开始后 120 d 受压土层的平均固结度。

【解】　采用等边三角形布井:

$$d_e = 1.05 \times 1.4 = 1.47(\text{m}), n = \frac{1.47}{0.07} = 21, n^2 = 441$$

$$C_v = C_h = 1.8 \times 10^{-3} = 1.8 \times 10^{-3} \times 10^{-4} \times 24 \times 3\ 600 = 1.555 \times 10^{-2}(\text{m}^2/\text{d})$$

$$F(n) = \frac{n^2}{n^2 - 1}\ln(n) - \frac{3n^2 - 1}{4n^2} = \frac{441}{441 - 1}\ln 21 - \frac{3 \times 441 - 1}{4 \times 441} = 2.303$$

袋装砂井纵向通水量:

$$q_w = k_w \frac{\pi^2 d_w^2}{4} = 2 \times 10^{-2} \times 3.14 \times 7^2/4 = 0.769\ 3(\text{cm}^3/\text{s})$$

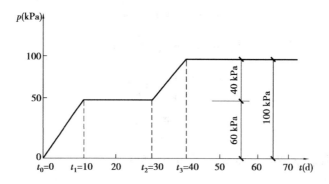

图 5.5　分级等速加载

$$F_r = \frac{\pi^2 L^2 k_h}{4 q_w} = \frac{\pi^2 \times 2\,000^2 \times 1 \times 10^{-7}}{4 \times 0.769} = 1.28$$

$$F_s = \left(\frac{k_h}{k_s} - 1 \right) \ln s = \left(\frac{1 \times 10^{-7}}{0.2 \times 10^{-7}} - 1 \right) \ln 2 = 2.77$$

$$F = F_n + F_s + F_r = 2.303 + 1.28 + 2.77 = 6.353$$

$$\alpha = \frac{8}{\pi^2} = \frac{8}{3.14^2} = 0.81$$

$$\beta = \frac{8C_h}{F d_e^2} + \frac{\pi^2 C_v}{4H^2} = \frac{8 \times 1.8 \times 10^{-3}}{6.35 \times 147^2} + \frac{3.14 \times 1.8 \times 10^{-3}}{4 \times 2\,000^2} = 1.06 \times 10^{-7} = 0.009\,2(1/\mathrm{d})$$

二级加载,第一级加载速率 $q_1 = \dfrac{60}{10} = 6(\mathrm{kPa/d})$,第二级加载速率 $q_2 = \dfrac{40}{10} = 4(\mathrm{kPa/d})$,平均固结度为:

$$\overline{U}_t = \sum_{i=1}^{n} \frac{q_i}{\sum \Delta p} \Big[(T_i - T_{i-1}) - \frac{\alpha}{\beta} e^{-\beta t} (e^{\beta T_i} - e^{\beta T_{i-1}}) \Big]$$

$$= \frac{q_1}{\sum \Delta p} \Big[(t_1 - t_0) - \frac{\alpha}{\beta} e^{-\beta t} (e^{\beta t_1} - e^{\beta t_0}) \Big] + \frac{q_2}{\sum \Delta p} \Big[(t_3 - t_2) - \frac{\alpha}{\beta} e^{-\beta t} (e^{\beta t_3} - e^{\beta t_2}) \Big]$$

$$= \frac{6}{100} \times \Big[(10 - 0) - \frac{0.81}{0.009\,2} e^{-0.009\,2 \times 120} (e^{0.009\,2 \times 10} - e^0) \Big] +$$

$$\frac{4}{100} \times \Big[(40 - 30) - \frac{0.81}{0.009\,2} e^{-0.009\,2 \times 120} (e^{0.009\,2 \times 40} - e^{0.009\,2 \times 30}) \Big] = 0.68$$

故 120 d 地基平均固结度为 68%。

2)堆载预压法土体固结抗剪强度增长计算

饱和软黏土根据其天然固结状态可分成正常固结土、超固结土和欠固结土。显然,对不同固结状态的土,在预压荷载下其强度增长是不同的。为此,计算预压荷载下饱和黏性土地基中某点的抗剪强度时,应考虑土体原来的固结状态。

地基中某一时刻土的抗剪强度 τ_{ft} 表达式为:

$$\tau_{ft} = \tau_{f0} + \Delta \tau_{fc} - \Delta \tau_{ft} \tag{5.24}$$

式中　τ_{ft}——t 时刻该点土的抗剪强度,kPa;

τ_{f0}——地基土的天然抗剪强度,由十字板剪切实验测定,kPa;

$\Delta \tau_{fc}$——该点土由于固结而增长的强度,kPa;

$\Delta \tau_{ft}$——由于土体蠕变引起的抗剪强度减小的数量。

由于蠕变引起的抗剪强度减小的数量 $\Delta\tau_{ft}$ 难以计算,曾国熙建议将式(5.24)改写为:

$$\tau_{ft} = \eta(\tau_{f0} + \Delta\tau_{fc}) \tag{5.25}$$

式中　η——考虑土体蠕变抗剪强度折减系数,在工程设计中可取 $\eta = 0.75 \sim 0.90$。

目前,常用的预估固结引起的土体抗剪强度增长方法是有效应力法和固结压力法,其表达式为:

$$\tau_f = \sigma'_c \tan\varphi' \tag{5.26}$$

式中　φ'——土体有效内摩擦角(°);

　　　σ'_c——剪切面上法向有效应力,$\sigma'_c = \sigma_c U$,σ_c 为总应力,U 为固结度。

因此,忽略土体的蠕变及其他因素的影响,计算预压荷载下饱和黏性土地基中某点的抗剪强度时,对正常固结饱和黏性土地基,某点某一时间的抗剪强度可按下式计算:

$$\tau_{ft} = \tau_{f0} + \Delta\sigma_z U_t \tan\varphi_{cu} \tag{5.27}$$

式中　$\Delta\sigma_z$——预压荷载引起的该点的附加竖向应力;

　　　U_t——该点土的固结度;

　　　φ_{cu}——三轴固结不排水压缩试验求得的土的内摩擦角(°)。

3)堆载预压法沉降计算

预压荷载下地基最终竖向变形量可按下式计算:

$$s_f = \xi \sum_{i=1}^{n} \frac{e_{0i} - e_{1i}}{1 + e_{0i}} h_i \tag{5.28}$$

式中　s_f——最终竖向变形量;

　　　e_{0i}——第 i 层中点上自重压力所对应的孔隙比,由室内固结试验所得的孔隙比 e 和固结压力 p(即 e-p)关系曲线查得;

　　　e_{1i}——第 i 层中点上自重压力和附加压力之和所对应的孔隙比,由室内固结试验即 e-p 关系曲线所得;

　　　h_i——第 i 层土厚度;

　　　ξ——经验系数,对正常固结和饱和黏性土地基可取 $\xi = 1.1 \sim 1.4$,荷载较大、地基土较弱时取较大值,否则取较小值。

变形计算时,可取附加压力与自重压力的比值为0.1的深度作为受压层深度的界限。卸荷标准达到如下条件即可卸荷:

①地面总沉降量达到预压荷载下计算最终沉降量的80%以上;

②理论计算的地基总固结度达到80%以上;

③地面沉降速度已降到 $0.5 \sim 1.0$ mm/d 以下。

5.3.2　真空预压法设计

真空预压法是先在需要加固的软土地基表面铺设一层透砂垫或砂砾层,再在其上覆盖一层不透气的塑料薄膜或橡胶布,四周密封好与大气隔绝,在砂垫层内埋设渗水管道,然后与真空泵连通进行抽气,使透水材料保持较高的真空度,在土的孔隙水中产生负的孔隙水压力,将土中孔隙水压力逐渐吸出,从而使土体固结。

1)真空预压法的加固机理

真空预压在抽气后薄膜内气压逐渐下降,薄膜内外形成一个压力差(称为真空度),由于土体与砂垫层和塑料排水板间的压差,从而发生渗流,使孔隙水沿着砂井或塑料排水板上升而流入砂体垫层内,被排出塑料薄膜外;地下水在上升的同时,形成塑料板附近的真空负压,使土壤内的孔隙水压形成压差,促使土中孔隙水压力不断下降,地基有效应力不断增加,从而使土体固结(图5.6)。随着抽气时间的增长,压差逐渐变小,最终趋于零,此时渗流停止,土体固结完成。所以,真空预压过程实质为利用大气压差作为预压荷载,使土体逐渐排水固结的过程。

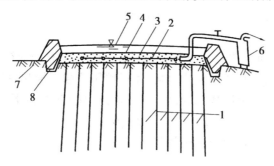

图5.6 真空预压施工断面图

1—竖向排水管道;2—滤水管;3—砂虑层;

4—塑料膜;5—敷水;6—射流泵;7—土堰;8—压膜沟

真空预压法加固软土地基同堆载预压法一样,完全符合有效应力原理,只不过是负压边界条件的固结过程。因此,只要边界条件与初始条件符合实际,各种固结理论(如太沙基理论、比奥理论等)和计算方法都可求解。

工程经验和室内试验表明,土体除在正、负压作用下侧向变形方向不同外,其他固结特性无明显差异。真空预压加固中竖向排水体间距、排水方式、深度的确定、土体固结时间的计算,一般可采用与堆载法相同的方法进行。

2)真空预压法的设计要求

采用真空预压法加固的地基必须设置竖向排水体。设计内容满足下列要求:

①选择竖向排水体的形式,确定其间距、排列方式和深度;

②确定预压区面积和分块,要求达到的膜下真空度和土层固结度;

③真空预压下和建筑物荷载下的地基沉降计算,预压后的强度增长计算等。

砂井或塑料排水板的间距、排列方式、深度以及土体固结度和强度增长的计算,可参照砂井堆载预压法的要求确定。

真空预压竖向排水通道宜穿透软土层,但不应进入下卧透水层。软土层厚度较大且以地基抗滑稳定性控制的工程,竖向排水通道的深度至少应超过最危险滑动面3.0 m。对以变形控制的工程,竖井深度应根据在限定的预压时间内需完成的变形量确定,且宜穿透主要受压土层。

真空预压的膜下真空度应稳定地保持在650 mmHg以上,且应均匀分布,竖井深度范围内土层的平均固结度应大于90%。对于表层存在良好的透气层或在处理范围内有充足水源补给的透水层时,应采取有效措施隔断透气层或透水层。

3)真空预压法的变形计算

先计算加固前建筑物荷载下天然地基的沉降量,再计算真空预压期间所完成的沉降量,两者之差即为预压后在建筑物使用荷载下可能发生的沉降。预压期间的沉降可根据设计所要求达到的固结度,推算加固区所增加的平均有效应力,从固结-有效应力曲线上查出相应的孔隙比进行计算。真空预压地基最终竖向变形按式(5.28)计算,ξ可取0.8~0.9。

5.3.3　真空和堆载联合预压法设计

当地基预压大于 80 kPa 时,应在真空预压抽真空的同时再施加定量堆载,称为真空预压联合堆载预压法。真空预压与堆载预压联合加固,加固效果可以叠加,是由于它们符合有效应力原理,并经工程实践证明。真空预压是逐渐降低土体的孔隙水压力,不增加总应力,而堆载预压是增加土体的总应力,同时使孔隙水压力增大,然后逐渐消散。

在进行上部堆载之前,必须在密封膜上铺设防护层,保护密封膜的气密性。防护层可采用编织布或无纺布等,其上铺设厚 100~300 mm 的砂垫层,然后再进行堆载。堆载时宜采用轻型运输工具,并不得损坏密封膜。在进行上部堆载施工时,应密切观察膜下真空度的变化,发现漏气,应及时处理。

当堆载较大时,真空和堆载联合预压法应提出荷载分级施加要求,分级数应根据地基土稳定计算确定。分级逐渐加载时,应待前期预压荷载下地基土的强度增长满足下一级荷载下地基的稳定性要求。

5.3.4　预压法施工及质量检验

1)堆载预压法施工方法

(1)竖向排水体施工

砂井施工一般先在地基中成孔,再在孔内灌砂形成砂井。砂井的灌砂量应按井孔的体积和砂在中密时的干密度计算,其实际灌砂量不得小于计算值的 95%。灌入沙袋的砂宜用干砂,并应灌制密实,沙袋放入孔内至少应高出孔口 200 mm,以便埋入砂垫层中。砂井成孔施工方法有振动沉管法、射水法、螺旋钻成孔法和爆破法 4 种。

(2)袋装砂井施工

袋装砂井是用具有一定伸缩性和抗拉强度的聚丙烯或聚乙烯编织袋装满砂子充填而成。它可解决大直径砂井中所存在的问题,保证了砂井的连续性,比较适应在软弱地基上施工。用砂量大为减少,施工速度加快,工程造价降低,是一种比较理想的竖向排水体。

(3)塑料排水带施工

塑料排水带的性能指标应符合设计要求,并应在现场妥善保护,防止阳光照射、破损或污染。破损或污染的塑料排水带不得在工程中使用。塑料排水带打设顺序为:定位→将塑料带通过导管从管靴穿出→将塑料带与桩尖连接贴紧管靴并对准桩位→插入塑料带→拔管剪断塑料带。

同时,塑料排水带和袋装砂井砂袋埋入砂垫层中的长度不应小于 500 mm。

2)真空预压法施工方法

真空预压法的施工顺序为:铺砂垫层→打设竖向排水通道→在砂垫层表面铺设安装传递真空压力及抽气集水用的滤管、挖压膜沟→铺塑料薄膜、封压膜沟→安装射流泵、连接管路→布设沉降杆、抽气、观测。

真空预压的抽气设备宜采用射流真空泵,空抽时必须达到 95 kPa 以上的真空吸力。真空泵的设置应根据预压面积大小和形状、真空泵效率和工程经验确定,但每块预压区至少应设置两台真空泵。

地基土渗透性强时应设置黏土密封墙。黏土密封墙宜采用双排水泥土搅拌桩,搅拌桩直径不宜小于 700 mm。当搅拌桩深度小于 15 m 时,搭接宽度不宜小于 200 mm;当搅拌桩深度大于 15 m 时,搭接宽度不宜小于 300 mm。成桩搅拌应均匀,黏土密封墙的渗透系数应满足设计要求。

3)真空和堆载联合预压法施工方法

采用真空和堆载联合预压时,先进行抽真空,当真空压力达到设计要求并稳定后,再进行堆载,并继续抽真空。堆载前需在膜上铺设土工编织布等保护层。保护层可采用编织布或无纺布等,其上铺设厚 100～300 mm 的砂垫层。堆载时应采用轻型运输工具,并不得损坏密封膜。

在进行上部堆载施工时,应密切观察膜下真空度的变化,发现漏气应及时处理。堆载加载过程中,应满足地基稳定性控制要求。

在加载过程中,应进行竖向变形、边缘水平位移及孔隙水压力等项目的监测,并应满足如下要求:

①地基向加固区外的侧移速率不大于 5 mm/d;

②地基沉降速率不大于 30 mm/d;

③根据上述观察资料综合分析、判断地基的稳定性。

真空和堆载联合预压施工除上述规定外,尚应符合堆载预压和真空预压的有关规定。

4)预压法质量检验

施工过程质量检验和监测应包括以下内容:

①塑料排水带必须在现场随机抽样送往实验室进行性能指标的测试,其性能指标包括纵向通水量、复合体抗拉强度、滤膜抗拉强度、滤膜渗透系数和等效孔径等。

②对不同来源的砂井和砂垫层砂料,必须取样进行颗粒分析和渗透性试验。

③对于以抗滑稳定控制的重要工程,应在预压区内选择代表性地点预留孔位,在加载不同阶段进行原位十字板剪切试验及取土进行室内土工试验。加固前的地基土检测应在打设排水塑料板前进行。

④对预压工程,应进行地基竖向变形、侧向位移和孔隙水压力等项目的监测。

⑤真空预压和真空和堆载联合预压工程除应进行地基变形、孔隙水压力的监测外,还应进行膜下真空度和地下水位的量测。

预压地基竣工验收检验应符合下列规定:

①排水竖井处理深度范围内和竖井底面以下受压土层,经预压所完成的竖向变形和平均固结度应满足设计要求。

②应对预压的地基土进行原位十字板剪切试验和室内土工试验。对真空预压、真空和堆载联合预压,加固后的检测应在卸载 3～5 d 后进行。

③必要时,尚应进行现场载荷试验,试验数量不应少于 3 点。

5.4 压实地基与夯实地基

近年来,城市建设和城镇化发展迅速,人口规模和用地规模不断增长,开山填谷、炸山填海、围海造田、人造景观等大面积填土工程越来越多。据资料显示,全国每年填海造地面积约 350 km²,东部沿海和中西部地区开山填谷的面积更大。例如,广东省"十一五"期间的围海造地面积超过了 146 km²,相当于 5.5 个澳门。天津仅滨海新区的填海造陆面积就达到了 200 多

km^2，山东省近年的填海造地面积超过了 600 km^2。陕西省延安市提出了"山上建城"的城市发展新战略，总占地 70 多 km^2、平均填土厚度 38 m 的 4 个城市新区将在城市周边的丘陵地带开山填谷形成。

除了面积大，山区填土的厚度也屡创历史新高。目前，我国填土厚度和填土边坡最大高度已经达到了 110 多 m。例如：四川省九寨黄龙机场工程的高填方地基最大填方厚度 102 m，填料以含砾粉质黏土为主；云南省昆明长水机场工程挖填方量近 3 亿 m^3；陕西省某煤油气综合利用项目填土工程黄土最大填土厚度 70 m 等。

大面积、大厚度填方压实地基的工程实践成功案例很多，但工程事故也不少，不仅后果严重，还带来很多环境问题，因此应引起足够的重视。

需要说明的是，本章中的压实地基适用于处理大面积填土地基。浅层软弱地基以局部不均匀地基的换填处理应符合本章换填垫层的有关规定。

5.4.1　压实地基的原理及适用范围

压实地基是指大面积填土经处理后形成的地基。

压实地基施工方法可分为碾压法、振动压实法和重锤夯实法。碾压法是用压路机、推土机或羊足碾等机械，在需压实的场地上，按计划与次序往复碾压，分层铺土，分层压实；振动压实法是用振动机振动松散地基，使土颗粒受振移动至稳固位置，减小土的孔隙而压实；重锤夯实法是利用高空自由下落时产生的冲击能，使地面下一定深度内土层达到密实状态。重锤夯实法分为表层夯实法和强力夯实法。

碾压法用于地下水位以上填土的压实；振动压实法用于振实非黏性土或黏粒含量少、透水性较好的松散填土地基；重锤夯实法主要适用于稍湿的杂填土、黏性土、砂性土、湿陷性黄土和碎石土、砂土、粗粒土与低饱和度细粒土的分层填土等地基。压实填土包括分层压实和分层夯实的填土。

应根据建筑体型、结构与荷载特点、场地土层条件、变形要求及填料等综合分析后选择施工方法并进行压实地基的设计。

5.4.2　压实地基设计、施工及质量检验

1）压实地基的设计

压实填土地基承载力特征值，应根据现场原位测试（静载荷试验、动力触探、静力触探等）结果确定。其下卧层顶面的承载力应满足下式要求：

$$p_z + p_{cz} \leqslant f_{az}$$

(5.29)

式中　p_z——相应于荷载效应标准组合时，垫层底面处的附加压力值，kPa；

p_{cz}——垫层底面处土的自重压力值，kPa；

f_{az}——垫层底面处经深度修正后的地基承载力特征值，kPa。

压实填土的填料可选用粉质黏土、灰土、粉煤灰、级配良好的砂土或碎石土，以及质地坚硬、性能稳定、无腐蚀性和放射性危害的工业废料等，并应满足下列要求：

①以碎石土作填料时，其最大粒径不宜大于 100 mm；

②以粉质黏土、粉土作为填料时，其含水量宜为最优含水量，可采用击实试验确定；

③不得使用淤泥、耕土、冻土、膨胀土以及有机质含量大于 5% 的土料；

④采用振动压实时,宜降低地下水位到振实面下 600 mm。

碾压法和振动压实法施工时,应根据压实机械的压实性能,地基土质性能、密实度、压实系数和施工含水量等,并结合现场试验确定碾压分层厚度、碾压遍数、碾压范围和有效加固深度等施工参数。初步设计可按表 5.4 选用。

表 5.4 填土每层铺填厚度及压实遍数

施工设备	每层铺填厚度/mm	每层压实遍数
平碾(8~12 t)	200~300	6~8
羊足碾(5~16 t)	200~350	8~16
振动碾(8~15 t)	500~1 200	6~8
冲击碾压(冲击势能 15~25 kJ)	600~1 500	20~40

对已经回填完成且回填厚度超过超过表 5.4 中的铺填厚度,或粒径超过 100 mm 的填料含量超过 50% 的填土地基,应采用较高性能的压实设备或采用夯实法进行加固。

压实填土的质量以压实系数 λ_c 控制,并应根据结构类型和压实填土所在部位按表 5.5确定。

表 5.5 压实填土的质量控制

结构类型	填土部位	压实系数 λ_c	控制含水量/%
砌体承重结构和框架结构	在地基主要受力层范围内	≥0.97	$\omega_{op} \pm 2$
	在地基主要受力层范围以下	≥0.95	
排架结构	在地基主要受力层范围内	≥0.96	
	在地基主要受力层范围以下	≥0.94	

注:地坪垫层以下及基础底面标高以上的压实填土,压实系数不应小于 0.94。

压实填土的最大干密度和最优含水量,宜采用击实试验确定,当无试验资料时,最大干密度可按下式计算:

$$\rho_{d\max} = \eta \frac{\rho_w d_s}{1 + 0.01 \omega_{op} d_s} \qquad (5.30)$$

式中 $\rho_{d\max}$——分层压实填土的最大干密度,t/m^3;

η——经验系数,粉质黏土取 0.96,粉土取 0.97;

ρ_w——水的密度,t/m^3;

d_s——土粒相对密度(比重),t/m^3;

ω_{op}——填料的最优含水量(%)。

压实填土地基的变形计算应按《建筑地基基础设计规范》(GB 50007—2011)有关规定执行,垫层地基的变形可仅考虑其下卧层的变形。对沉降要求严格或垫层厚的建筑,应计算垫层自身的变形。

2)压实地基施工方法

①铺填料前,应清除或处理场地内填土层底面以下的耕土或软弱土层等。

②分层填料的厚度、分层压实的遍数,宜根据所选用的压实设备,并通过试验确定。

③采用重锤夯实分层填土地基时,每层的虚铺厚度宜通过试夯确定。当使用重锤夯实地基

时,夯实前应检查坑(槽)中土的含水量,并根据试夯结果决定是否需要增湿。当含水量较低,宜加水至最优含水量,需待水全部渗入土中 24 h 后方可夯击。若含水量过大,可采取铺撒干土、碎砖、生石灰等、换土或其他有效措施处理。分层填土时,应取用含水量相当于最优含水量的土料。每层土铺填后应及时夯实。

④在雨季、冬季进行压实填土施工时,应采取防雨、防冻措施,防止填料(粉质黏土、粉土)受雨水淋湿或冻结,并应采取措施防止出现"橡皮土"。

⑤压实填土的施工缝各层应错开搭接,在施工缝的搭接处,应适当增加压实遍数。先振基槽两边,再振中间。压实标准以振动机原地振实不再继续下沉为合格。边角及转弯区域应采取其他措施压实,以达到设计标准。

⑥性质不同的填料,应水平分层、分段填筑,分层压实。同一水平层应采用同一填料,不得混合填筑。填方分几个作业段施工时,接头部位如不能交替填筑,则先填筑区段,应按 1∶1 坡度分层留台阶;如能交替填筑,则应分层相互交替搭接,搭接长度不小于 2 m。

⑦压实施工场地附近有需要保护的建筑物时,应合理安排施工时间,减少噪声与振动对环境的影响。必要时,可采取挖减震沟等减震隔振措施或进行振动监测。

⑧施工过程中,严禁扰动垫层下卧层的淤泥或淤泥质土层,防止受冻或受水浸泡。施工结束后应根据采用的施工工艺,待土层休止期后再进行基础施工。

3)压实地基质量检测

①压实地基的施工质量检验应分层进行,每完成一道工序应按设计要求及时验收,合格后方可进行下道工序。

②在压实填土的过程中,应分层取样检验土的干密度和含水量。每 50～100 m² 内应有一个检测点,压实系数 λ_c 不得低于上表的规定,对碎石土干密度不得低于 2.0 t/m³。

③重锤夯实的质量验收,除符合试夯最后下沉量的规定要求外,同时还要求基坑(槽)表面的总下沉量不小于试夯总下沉量的 90%。如不合格应进行补夯,直至合格为止。

④冲击碾压法垫层宜进行沉降量、压实度、土的物理力学参数、层厚、弯沉、破碎状况等的监测和检测。

⑤工程质量验收可通过载荷试验并结合动力触探、静力触探、标准贯入试验等原位试验进行。每个单体工程载荷试验不宜少于 3 点,大型工程可按单体工程的数量或面积确定检验点数。

5.4.3　夯实地基的原理及适用范围

夯实地基是指采用强夯法或强夯置换法处理的地基。强夯法又称为动力固结法或动力压实法,是反复将夯锤(质量一般为 10～40 t)提到一定高度使其自由落下(落距一般为 10～40 m),给地基以冲击和振动能量,从而提高地基的承载力并降低其压缩性,改善地基性能,如改善砂土的抗液化条件、消除湿陷性黄土的湿陷性等方法。同时,夯击还可以提高土层的均匀程度,减少将来可能出现的差异沉降。

工程实践表明,强夯法用于处理碎石、砂土、低饱和度的粉土与黏性土、湿陷性黄土、素填土和杂填土等地基,均能取得较好的效果。对于软土地基,一般来说处理效果不显著。

强夯置换法则适用于高饱和度的粉土与软塑、流塑的黏性土等地基上对变形控制要求不严的工程。个别工程因设计、施工不当,采用强夯置换法加固后可能出现下沉较大或墩体与墩间土下沉不等的情况。为此,《建筑地基处理技术规范》(JGJ 79—2012)规定:采用强夯置换法前,必须通过现场试验确定其适用性和处理效果,否则不得采用。

强夯法具有加固效果显著、适用土类广、设备简单、施工方便、节省劳力、施工期短、节约材料、施工文明和施工经费低等优点。应用强夯法或强夯置换法处理的工程范围极为广泛,有工业与民用建筑、仓库、油罐、储仓、公路和铁路路基、飞机场跑道及码头等。

在强夯和强夯置换施工前,应在施工现场有代表性的场地上选取一个或几个试验区,进行试夯或试验性施工。试验区数量应根据建筑物地基复杂程度、建筑规模及建筑类型确定。

5.4.4 夯实地基设计、施工及质量检验

1)强夯法的设计

(1)有效加固深度

有效加固深度既是选择地基处理方法的重要依据,又是反映处理效果的重要参数。可采用经修正后的梅那公式来估算强夯法加固地基的有效加固深度 H。

$$H = \alpha\sqrt{\frac{Mh}{10}} \tag{5.31}$$

式中　H——有效加固深度,m;

　　　M——夯锤重,kN;

　　　h——落距,m;

　　　α——修正系数,一般取 $\alpha = 0.34 \sim 0.8$,α 的值与地基土性质有关,软土可取 0.5,黄土可取 0.34 ~ 0.5。

实际上影响有效加固深度的因素很多,除了锤重和落距外,还有地基土的性质、不同土层的厚度和埋藏顺序、地下水位以及其他强夯的设计参数等。因此,对于同一类土,采用不同能量夯击时,其修正系数并不相同。单击夯击能越大时,修正系数越小。

鉴于有效加固深度目前尚无适用的计算公式,《建筑地基处理技术规范》(JGJ 79—2012)规定有效加固深度应根据现场夯实或当地经验确定。在缺少经验或试验资料时,可按表 5.6 估计。

表 5.6　强夯法的有效加固深度

单击夯击能/(kN·m)	碎石土、砂土等粗颗粒土/m	粉土、黏性土、湿陷性黄土等细颗粒土/m
1 000	4.0 ~ 5.0	3.0 ~ 4.0
2 000	5.0 ~ 6.0	4.0 ~ 5.0
3 000	6.0 ~ 7.0	5.0 ~ 6.0
4 000	7.0 ~ 8.0	6.0 ~ 7.0
5 000	8.0 ~ 8.5	7.0 ~ 7.5
6 000	8.5 ~ 9.0	7.5 ~ 8.0
8 000	9.0 ~ 9.5	8.0 ~ 8.5
10 000	9.5 ~ 10.0	8.5 ~ 9.0
12 000	10.0 ~ 11.0	9.0 ~ 10.0

注:强夯法的有效加固深度应从最初起夯面算起。单击夯击能 E 大于 12 000 kN·m 时,强夯的有效加固深度应通过试验确定。

(2)夯锤和落距

在强夯法设计中,应首先根据需要加固的深度初步确定单击夯实能,然后再根据机具条件因地制宜地确定锤重和落距。

①单击夯击能:单击夯击能为夯锤重 M 和 h 的乘积。一般来说,夯击时锤重和落距都大,则单击能量大,夯击次数少,夯击遍数也相应减少,加固效果和经济技术指标都较好。

②单位夯击能:整个加固场地的总夯击能量(即锤重×落距×总夯击数)除以加固面积称为单位夯击能。强夯的单位夯击能应根据地基土类别、结构类型、荷载大小和要求处理的深度等综合考虑,并可通过试验确定。在一般情况下,对粗颗粒土可取 $1\ 000\sim3\ 000(kN\cdot m)/m^2$,对细颗粒土可取 $1\ 500\sim4\ 000(kN\cdot m)/m^2$。

对饱和黏性土,所需的能量不能一次施加,否则土体会产生侧向挤出,强度反而有所降低,且难于恢复。根据需要可分几遍施加,两遍之间可间歇一段时间,这样可逐步增加土的强度,改善土的压缩性。

③夯锤的选择:国内夯锤质量一般为 $10\sim25$ t。夯锤材质最好用铸钢,也可用钢板为外壳内灌混凝土的锤。夯锤的底面积对加固效果的影响很大。当锤底面积过小时,静压力就大,夯锤对地基土的作用以冲切力为主;锤底面积过大时,静压力太小,达不到加固效果。为此,夯锤底面积宜按土的性质确定,锤底静压力值可取 $25\sim40$ kPa。对砂石性土和碎石填土,一般锤底面积为 $2\sim4\ m^2$,对一般第四纪黏性土建议用 $3\sim4\ m^2$,对淤泥质土建议采用 $4\sim6\ m^2$,对于黄土建议采用 $4.5\sim5.5\ m^2$。同时应控制夯锤的高宽比,以防止产生偏锤现象,如夯击黄土时夯锤高宽比可采用 $1:2.8\sim1:2.5$。

④落距选择:夯锤确定后,根据要求的单点夯击能量,就能确定夯锤的落距。国内通常采用的落距是 $8\sim25$ m。对相同的夯击能量,常选用大落距的施工方案,这是因为增大落距可获得较大的接地速度,能将大部分能量有效地传到地下深处,增加深层夯实效果,减小消耗在地表土层的塑性变形的能量。

(3)夯击点布置及间距

①夯击点布置:夯击点布置是否合理与夯实效果有直接关系。夯击点位可根据基底平面形状,采用等边三角形、等腰三角形或正方形布置。对于某些基础面积较大的建筑物或构筑物,为便于施工,可按等边三角形或正方形布置夯击点;对于办公楼、住宅建筑等,可根据承重墙位置布置夯点,一般可采用等腰三角形布点,这样保证了横向承重墙以及纵墙和横墙交接处墙基下均有夯点;对于工业厂房,也可按柱网来设计夯击点。

②夯击点间距:夯击点间距一般根据地基土的性质和要求处理的深度而定。对于细颗粒土,为便于超静孔隙水压力的消散,夯点间距不宜过小。当要求处理深度较大时,第一遍的夯点间距不宜过小,以免夯击时在浅层形成密实层而影响夯击能往深层传递。此外,若各夯实点之间间距太小,在夯击时上部土体易向侧向已夯成的夯坑中挤出,从而造成坑壁坍塌、夯锤歪斜或倾倒,从而影响夯实效果。一般来说,第一遍夯击点间距通常为 $5\sim15$ m(或取夯锤直径的 $2.5\sim3.5$ 倍),以保证使夯击能量传递到土层深处,并保护夯坑周围所产生的辐射向裂隙为基本原则。第二遍夯击点位于第一遍夯击点之间,以后各遍夯击点间距可适当缩小。对于处理基础较深的或单击夯击能较大的工程,第一遍夯击点间距应适当增大。

(4)夯击次数与遍数

单点夯击次数指单个夯击点一次连续夯击的次数,一次连续夯完后算一遍,夯击遍数即是指对强夯场地中间同一编号的夯击点,完成一次连续夯击的遍数。

夯击次数的确定:夯击次数应按现场试夯得到的夯击击数和夯沉量关系曲线确定。最后两次的平均夯沉量宜满足表 5.7 的要求。当夯击能 E 大于 12 000 kN · m 时,应通过试验确定。

表 5.7　强夯最后两击平均夯沉量

单击夯击能 $E/(kN \cdot m)$	最后两击最大平均夯沉量/mm
$E < 4\ 000$	50
$4\ 000 \leq E < 6\ 000$	100
$6\ 000 \leq E < 8\ 000$	150
$8\ 000 \leq E < 12\ 000$	200

夯坑周围地面不应发生过大隆起,不应夯坑过深而发生起锤困难。确定夯击点的夯击击数时,应以使土体竖向压缩量最大、侧向位移最小为原则,一般为 3 ~ 10 击比较合适。

夯击遍数的确定:夯击遍数应根据地基土的性质和平均夯击能确定。根据国内外文献记述,一般为 1 ~ 8 遍,对于粗颗粒土夯击遍数可少些,而对细颗粒黏土特别是淤泥质土则夯击遍数要求多些。

(5)间歇时间

两遍夯击之间应有一定的时间间隔,间隔时间取决于土中超静孔隙水压力的消散时间。有条件时,最好能在试夯前埋设孔隙水压力传感器,通过试夯确定超静孔隙水压力的消散时间,从而决定两遍夯击之间的间隔时间。当缺少实测资料时,可根据地基土渗透性确定。对于渗透性较差的黏性土地基,间隔时间不应少于 3 ~ 4 周;对渗透性较大的砂性土,孔隙水压力的峰值出现在夯完后的瞬间,消散时间只有 2 ~ 4 min,即可连续夯击。

(6)铺设垫层

强夯前,要求拟加固的场地必须具有一层稍硬的表层,使其能支承起重设备,也便于所施工的"夯击能"得到扩散,为此可加大地下水位与地表面的距离。对场地地下水位在 − 2 m 深度以下的砂砾石土层,可直接施行强夯,无需铺设垫层;对地下水位较高的饱和黏性土与易液化流动的饱和砂土,均需要铺设砂、砂砾或碎石垫层才能进行强夯,否则土体会发生流动。当场地土质条件较好,也可减少垫层厚度,垫层厚度一般为 0.5 ~ 2.0 m。

(7)现场测试设计

在大面积施工之前应选择面积不小于 400 m² 的场地进行现场试验,以便取得设计数据。

①地面及深层变化观测:了解地表隆起的影响范围及垫层的密实度变化;研究夯击能与夯沉量的关系,用以确定单点最佳夯击能量;确定场地平均沉降;每当夯击一次应及时测量夯击坑及其周围的沉降量、隆起量和挤出量。

②孔隙水压力观测:可在试验现场沿夯击点等距离的不同深度以及等深度的不同距离处,埋设双管封闭式孔隙水压力仪或钢弦式孔隙水压力仪,在夯击作用下,对孔隙水压力沿深度和水平距离的增长、消散、分布规律进行研究,从而确定两个夯击点间的夯距、夯击的影响范围、间歇时间以及饱和夯击能等参数。

③侧向挤压力观测:将带有钢弦式土压力盒的钢板桩埋入土中后,在强夯加固前,各土压力盒沿深度分布的土压力规律,应与静止土压力相近似。在夯击作用下,可测试每夯击一次的压力增量沿深度的分布规律。

④振动影响范围观测:通过测试地面振动加速度可以了解强夯振动的影响范围。通常,将地表的最大振动加速度为 0.98 m/s² 处作为设计时振动影响的安全距离。但由于强夯振动的周期比地震短得多,强夯产生振动作用的范围也远小于地震的作用范围。为了减少强夯振动的

影响,常在夯区周围设置隔振沟。

【例5.4】　某工程采用强夯法加固,加固面积为5 000 m²,锤重为100 kN,落距为10 m,单点夯击数为8击,夯击点为200,夯击5遍。求单击夯击能、单点夯击能、总夯击能及该场地的单位夯击能。

【解】　①单击夯击能=锤重×落距=100×10=1 000(kN·m)。

②单点夯击能=单击夯击能×单点夯击数=1 000×8=8 000(kN·m)。

③总夯击能=单点夯击能×总夯点数×遍数=8 000×200×5=8×10⁶(kN·m)。

④单位夯击能=总夯击能/加固面积=8 000 000/5 000=1 600[(kN·m)/m²]。

2)强夯置换法的设计

(1)处理深度

强夯置换墩的深度由土质条件决定,除厚层饱和粉土外,应穿透软土层,到达较硬土层上,深度不宜超过10 m。强夯置换锤底静接地压力值可取100~200 kPa。

(2)单击夯击能与夯击次数

强夯置换法的单击夯击能应根据现场试验确定,且应同时满足下列条件:

①墩底穿透软弱土层,且达到设计墩长;

②累计夯击量为设计墩长的1.5~2.0倍;

③最后两击的平均夯沉量应满足强夯法表5.7的规定。

强夯置换法单击夯击能在可行性研究或初步设计时,也可按下式估计:

较适宜的夯击能:

$$\overline{E} = 940 \times (H_1 - 2.1) \qquad (5.32)$$

夯击能最低值:

$$E_w = 940 \times (H_1 - 3.3) \qquad (5.33)$$

式中　H_1——置换墩深度,m。

(3)墩体材料

墩体材料级配不良或块石过多、过大,均易在墩中留下大孔,在后续墩施工或建筑物使用过程中使墩间土挤入孔隙,导致下沉增加。因此,《建筑地基处理技术规范》(JGJ 79—2012)规定墩体材料采用级配良好的块石、碎石、矿渣、建筑垃圾等坚硬粗颗粒材料,粒径大于300 mm 的颗粒含量不宜超过总重的30%。

(4)墩位布置

强夯置换法的墩位布置宜采用等边三角形或正方形。对独立基础或条形基础,可根据基础形状与宽度相应布置。

墩间土应根据荷载大小和原土的承载力选定,当满堂布置时可选取夯锤直径的2~3倍。对独立基础或条形基础可取夯锤直径的1.5~2.0倍。墩的计算直径可取夯锤直径的1.1~1.2倍。当墩间土净距较大时,应适当提高上部结构和基础的刚度。强夯置换法处理范围与强夯法范围相同。

墩顶应铺设一层厚度不小于500 mm 的压实垫层,垫层材料宜与墩体相同,粒径不宜大于100 mm。

(5)现场测试设计

强夯置换法的检测项目,除进行现场载荷试验检测承载力和变形模量外,尚应采用超重型或重型动力触探等方法,检查置换墩承载力与密度随深度的变化。

当确定软黏性土中强夯置换墩地基承载力特征值时,可只考虑墩体,不考虑墩间土的作用,其承载力应通过现场单墩载荷试验确定。对饱和粉土地基可按复合地基考虑,其承载力可通过现场单墩复合地基载荷试验确定。

【例5.5】 某软黏土地基天然含水率 $\omega = 50\%$,液限 $\omega_L = 45\%$,采用强夯置换法进行地基处理,夯点采用正三角形布置,间距2.5 m,成墩直径为1.2 m,根据检测结果,单墩承载力特征值为 $R_a = 800$ kN,试计算处理后该地基的承载力特征值。

【解】

$$d_e = 1.05S = 1.05 \times 2.5 = 2.625$$

$$A_e = \frac{\pi}{4}d_e^2 = \frac{3.14}{4} \times 2.625^2 = 5.41$$

根据《建筑地基处理技术规范》(JGJ 79—2012)第6.3.5条及条文说明,对软黏土采用强夯置换法确定墩地基承载力时,不考虑桩间土作用。

$$f_{spk} = \frac{R_a}{A_e} = \frac{800}{5.41} = 147.9(kPa)$$

3)夯实地基施工方法

①清理并平整施工场地,放线、埋设水准点和各夯击标注。

②铺设垫层,在地表形成硬层,用以支承起重设备,确保机械通行和施工。同时,可加大地下水和表层面的距离,防止夯击的效率降低。

③标出第一遍夯击点的位置,并测量场地高程。

④起重机就位,使夯锤对准夯点位置。

⑤测量夯前锤顶标高。

⑥将夯锤起吊到预定高度,待夯锤脱钩自由下落后放下吊钩,测量锤顶高程。若发现因坑底倾斜而造成夯锤倾斜时,应及时将坑底整平。

⑦开夯前应检查夯锤质量和落距,以确保单击夯击能符合设计要求。

⑧在每一遍夯击前,应对夯击点放线进行复核,夯完后检查夯坑位置,发现偏差或漏夯应及时纠正。

⑨按设计要求检查每个夯点的夯击次数和每击的夯沉量。对强夯置换尚应检查置换深度。

4)夯实地基质量检测

强夯处理后的地基竣工验收时,承载力检验应采用原位测试和室内土工试验。强夯置换后的地基竣工验收时,承载力检验除应采用单墩载荷试验外,尚应采用动力触探等有效手段,查明置换墩着底情况及承载力与密度随深度的变化,对饱和粉土地基允许采用单墩复合地基载荷试验代替单墩载荷试验。

强夯地基的质量检查,包括施工过程中的质量监测及夯后地基的质量检验。其中,前者尤为重要。所以,必须认真检查施工过程中各项测试数据和施工记录,若不符合设计要求,应补夯或采取其他有效措施。

强夯处理的地基,其强度随着时间增长而逐步恢复和提高。因此,竣工验收质量检验应在施工结束间隔一定时间后方可进行,其间隔时间可根据土的性质而定。对于碎石土和砂土地基,其间隔时间可取7~14 d,粉土和黏性土地基可取14~28 d。强夯置换地基间隔时间可取28 d。

强夯法检测点位置可分别布置在夯坑内、夯坑外和夯击区边缘,其数量应根据场地复杂程度和建筑物的重要性确定。对于简单场地上的一般建筑物,每个建筑物地基检验点不应少于3点;对复杂场地或重要建筑物地基应增加检验点数。检验深度应不小于设计处理的深度。

5.5 复合地基

经过人工处理的地基大致上可分为3类:均质地基、多层地基以及复合地基。

复合地基(composite foundation)是指天然地基在地基处理过程中部分土体得到增强,或被置换,或在天然地基中设置加筋材料,加固区是由基体(天然地基土体)和增强体两部分组成的人工地基(图5.7)。

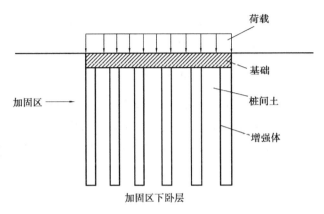

图5.7 复合地基示意图

随着地基处理技术和复合地基理论发展,近些年来,复合地基技术在我国各地得到了广泛的应用。目前,复合地基技术已在房屋建筑以及高等级公路、铁路、堆场、机场、堤坝等土木工程建设中得到广泛的应用,复合地基在我国已经成为一种常用的地基处理形式。

5.5.1 复合地基理论

1)复合地基的分类

根据复合地基中增强体的方向,复合地基可分为竖向增强体复合地基和水平向增强体复合地基两大类。习惯上,竖向增强体复合地基称为桩体复合地基。根据桩体材料的性质,桩体复合地基又可分为散体材料桩复合地基和黏结材料桩复合地基两类;根据桩体刚度大小,黏结材料桩复合地基又可分为柔性桩复合地基、刚性桩复合地基和半刚性桩复合地基3类。

同时,复合地基按照施工工艺来分,又可分为振冲碎石桩和沉管砂石桩复合地基、水泥土搅拌桩复合地基、旋喷桩复合地基、灰土挤密桩和土挤密桩复合地基、夯实水泥土桩复合地基、水泥粉煤灰碎石桩复合地基、柱锤冲扩桩复合地基、多桩型复合地基。

2)复合地基选用原则

针对具体工程特点,选用合理的复合地基形式可获得较好的经济效益。

①水平向增强体复合地基主要用于提高地基稳定性。当地基压缩土层不是很厚时,采用水平向增强体复合地基可有效提高地基稳定性,减小地基沉降;但对高压缩土层较厚的情况,采用水平向增强体复合地基对减小总沉降效果不明显。

②散体材料桩复合地基承载力主要取决于桩周土体所能提供的最大侧限力,因此散体材料桩复合地基适用于加固砂性土地基,对饱和软黏土地基应慎用。

③对深厚软土地基,可采用刚度较大的复合地基,适当增加桩体长度以减小地基沉降,或采

用长短桩复合地基的形式。

④刚性基础下采用黏结材料桩复合地基时,若桩土相对刚度较大时,且桩体强度较小时,桩头与基础间宜设置柔性垫层。若桩土相对刚度较小,或桩体强度足够时,也可不设褥垫层。

⑤填土路堤下采用黏结材料桩复合地基时,应在桩头上铺设刚度较好的垫层(如土工格栅砂垫层、灰土垫层),垫层铺设可防止桩体向上刺入路堤,增加桩土应力比,发挥桩体能力。

3)复合地基中的基本术语

(1)面积置换率 m

面积置换率是复合地基设计的一个基本参数。若单桩桩身横断面面积为 A_p,该桩体所承担的复合地基面积为 A,则面积置换率 m 定义为:

$$m = \frac{A_p}{A} \qquad (5.34)$$

常见的桩位平面布置形式有正方形、等边三角形和矩形等,如图 5.8 所示。以圆形桩为例,若桩身直径为 d,单根桩承担的等效圆直径为 d_e,桩间距为 s,则 $m = A_p/A = d^2/d_e^2$。其中,$d_e = 1.13S$(正方形),$d_e = 1.05S$(等边三角形),$d_e = 1.13\sqrt{S_1 S_2}$(矩形)。面积置换率按下式计算:

正方形布桩:

$$m = \frac{\pi d^2}{4S^2} \qquad (5.35)$$

等边三角形布桩:

$$m = \frac{\pi d^2}{2\sqrt{3}S^2} \qquad (5.36)$$

矩形布桩:

$$m = \frac{\pi d^2}{4S_1 S_2} \qquad (5.37)$$

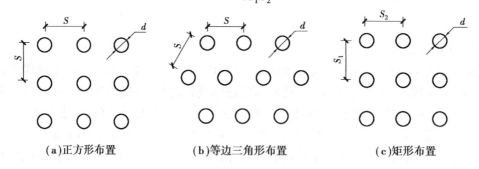

(a)正方形布置   (b)等边三角形布置   (c)矩形布置

图 5.8　桩位平面布置图

(2)桩土应力比 n

复合地基中用桩土应力比 n 或荷载分担比 N 来定性地反映复合地基的工作状况。

桩土受力如图 5.9 所示,在荷载作用下,复合地基桩体竖向应力 σ_p 和桩间土的竖向应力 σ_s 之比,称为桩土应力比,用 n 表示:

$$n = \frac{\sigma_p}{\sigma_s} \qquad (5.38)$$

桩体承担的荷载 P_p 与桩间土承担的荷载 P_s 之比称为桩土荷载分担比,用 N 表示:

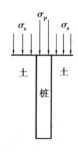

图 5.9　桩土受力示意图

$$N = \frac{P_p}{P_s} \tag{5.39}$$

桩土荷载分担比和桩土应力比之间可通过下式(5.40)换算：

$$N = \frac{mn}{1-m} \tag{5.40}$$

各类桩的桩土应力比 n 取值见表5.8。

表5.8　各类桩的桩土应力比

钢或钢筋混凝土桩	水泥粉煤灰碎石桩 CFG 桩	水泥搅拌桩(含水泥5%~12%)	石灰桩	碎石桩
>50	20~50	3~12	2.5~5	1.3~4.4

（3）复合模量 E_{sp}

复合地基加固区由增强体和天然土体两部分组成，是非均质的。在复合地基设计时，为简化计算，将加固区视作一均质的复合土体，用假想的、等价的均质复合土体来代替真实的非均质复合土体，这种等价的均质复合土体的模量称为复合地基土体的复合模量。

复合模量 E_{sp} 计算公式应采用材料力学方法，由桩土变形协调条件推演而出：

$$E_{sp} = \frac{f_{spk}}{f_{ak}} E_s \tag{5.41}$$

式中　E_s——土体压缩模量，MPa；

　　　f_{spk}——复合地基承载力特征值，kPa；

　　　f_{ak}——基础底面下天然地基承载力特征值，kPa。

4）竖向增强体复合地基承载力计算

（1）作用机理

竖向增强体复合地基荷载传递路线如图5.10所示。上部结构通过基础将一部分荷载直接传递给地基土体，另一部分通过桩体传递给地基土体，桩和桩间土共同承担荷载。

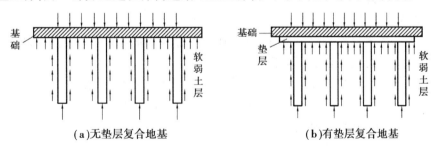

（a）无垫层复合地基　　　　　　　　　　　（b）有垫层复合地基

图5.10　桩体复合地基荷载传递路线示意图

竖向增强体复合地基的加固效应主要表现在以下几个方面：

①桩体置换作用。由于复合地基中桩体的刚度比周围土体刚度大，在荷载作用下，桩体产生应力集中现象，此时桩体应力远大于桩间土应力。桩体承担较多的荷载，桩间土上作用荷载减小，使得复合地基承载力提高、沉降降低。刚性材料桩复合地基的桩体置换作用较明显。

②挤密效应。砂桩、碎石桩、土桩、灰土桩、石灰桩等，在施工过程中由于振动、挤密作用，使桩间土得到一定的密实，改善了土体的物理力学性能。对于生石灰桩，由于其材料具有吸水、发热和膨胀作用，对桩间土也起到挤密作用。松散的砂土和粉土的复合地基，其挤密效果较显著。

③排水效应。碎石桩、砂桩、粉煤灰碎石桩等，具有较好的透水性，构成了地基中的竖向排

水通道,加速桩间土的排水固结,大大提高了桩间土的抗剪强度。此作用在软黏土复合地基中较明显。

（2）破坏模式

复合地基破坏模式与复合地基的桩身材料、桩体强度、桩型、地质条件、荷载形式、上部结构形式等诸多因素密切相关。复合地基可能的破坏形式有刺入破坏、鼓胀破坏、桩体剪切破坏和整体滑坡破坏4种。

刺入破坏[图5.11(a)],当桩体刚度较大、地基土强度较低时,桩尖向下卧层刺入使地基土变形加大,导致土体破坏。刺入破坏是高黏结强度桩复合地基破坏的主要形式。

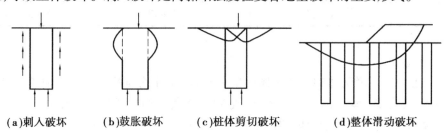

(a)刺入破坏　　(b)鼓胀破坏　　(c)桩体剪切破坏　　(d)整体滑动破坏

图5.11　复合地基破坏形式

桩体的鼓胀破坏[图5.11(b)],由于桩身无黏聚力,在压力作用下易发生侧移,当桩间土不能提供足够的围压时,桩体侧向变形增大产生鼓胀破坏。桩体鼓胀破坏易发生在散体材料桩复合地基中。

桩体剪切破坏[图5.11(c)],在荷载作用下,复合地基中桩体发生剪切破坏,进而引起复合地基全面破坏。低强度柔性桩较易产生桩体剪切破坏。

整体滑动破坏模式[图5.11(d)],在荷载作用下,复合地基沿某一滑动面产生滑动破坏,在滑动面上,桩与桩间土同时发生剪切破坏。各种复合地基均可能发生滑动破坏。

此外,在复合地基设计中还应重视沉降问题,尤其是刚性基础下的复合地基设计,应控制最大沉降量和不均匀沉降。

（3）复合地基承载力计算

计算竖向增强体复合地基承载力时,先分别确定桩体和桩间土承载力,然后根据一定原则叠加两部分承载力而得到复合地基承载力。

①复合地基极限承载力。竖向增强体复合地基极限承载力 P_{cf} 可用下式计算:

$$P_{cf} = k_1\lambda_1 m P_{pf} + k_2\lambda_2(1-m)P_{sf} \tag{5.42}$$

式中　P_{cf}——复合地基极限承载力,kPa;

　　　P_{pf}——单桩极限承载力,kPa;

　　　P_{sf}——天然地基极限承载力,kPa;

　　　k_1——反映复合地基中桩体实际极限承载力与单桩极限承载力不同的修正系数;

　　　k_2——反映复合地基中桩间土实际极限承载力与天然地基极限承载力不同的修正系数;

　　　λ_1——反映复合地基破坏时,桩体发挥其极限强度的比例,称为桩体极限强度发挥度;

　　　λ_2——反映复合地基破坏时,桩间土发挥其极限强度的比例,称为桩间土极限强度发挥度;

　　　m——复合地基面积置换率。

系数 k_1（一般大于1.0）主要反映复合地基中桩体实际极限承载力与自由单桩载荷试验测得的极限承载力的区别。上部结构荷载对桩间土的压力作用,使得桩间土对桩体的侧压力增加,复合地基中桩体实际极限承载力提高。对散体材料桩,其影响效果较大。

系数 k_2 主要反映复合地基中桩间土实际极限承载力与天然地基极限承载力的区别。对系数 k_2 的影响因素较多,如桩体设置方法、桩体材料、土体性质等。

若能有效地确定复合地基中桩体和桩间土的实际极限承载力,且破坏模式是桩体先破坏进而引起复合地基全面破坏,则式(5.42)可改写为下式:

$$P_{cf} = mP_{pf} + \lambda(1-m)P_{sf} \tag{5.43}$$

式中 P_{pf}——桩体实际极限承载力;

P_{sf}——桩间土实际极限承载力;

λ——桩体破坏时,桩间土极限强度发挥度。

若取安全系数为 K,则复合地基容许承载力 P_{cc} 按下式计算:

$$P_{cc} = \frac{P_{cf}}{K} \tag{5.44}$$

②复合地基承载力特征值。黏结强度增强体复合地基承载力可采用特征值形式表示,类似式(5.42),其表达式为:

$$f_{spk} = \lambda m \frac{R_a}{A_p} + \beta(1-m)f_{sk} \tag{5.45}$$

同理,散体材料增强体复合地基承载力可按下式计算:

$$f_{spk} = [1 + m(n-1)]f_{sk} \tag{5.46}$$

式中 f_{spk}——复合地基承载力特征值,kPa;

R_a——单桩竖向承载力特征值,kN;

f_{sk}——桩间土加固后的地基承载力特征值,kPa;

m——复合地基面积置换率;

λ——单桩承载力发挥系数,可按地区经验取值;

β——桩间土承载力折减系数(表5.9)。

表5.9 桩间土承载力折减系数 β

石灰桩	振冲桩碎石桩	水泥粉煤灰碎石桩	夯实水泥土桩	水泥土搅拌桩	高压喷射注浆法
1.05～1.2	1.0	0.75～0.95	0.9～1.0	0.1～0.4(端桩土好) 0.5～0.9(端桩土差)	0.5～0.9(摩擦桩) 0～0.5(端承桩)

③软弱下卧层验算。当复合地基加固区下卧层为软弱土层时,尚需验算下卧层承载力。要求作用在下卧层顶面处的基础附加应力 p_0 和自重应力 σ_{cz} 之和,不超过下卧层的容许承载力,即:

$$p = p_0 + \sigma_{cz} \leqslant f_{az} \tag{5.47}$$

式中 p_0——相应于荷载效应标准组合时,软弱下卧层顶面处的附加压力,kPa,可采用压力扩散角算法计算;

σ_{cz}——软弱下卧层顶面处土的自重应力,kPa;

f_{az}——软弱下卧层顶面处经深度修正后的地基承载力特征值,kPa。

④复合地基承载力修正。经处理后的地基,当按地基承载力确定基础底面积及埋深而需要对地基承载力特征值进行修正时,《建筑地基处理技术规范》(JGJ 79—2012)规定,修正系数按下述要求取值:基础宽度的地基承载力修正系数取零,基础埋深的地基承载力修正系数取1.0。

（4）桩体承载力特征值的确定

①刚性桩复合地基和柔性桩复合地基,桩体承载力特征值 R_a 可采用类似摩擦桩承载力特征值,以及根据桩身材料强度分别计算,取其小值。

$$R_a = u_p \sum q_{si} l_i + \alpha q_p A_p \tag{5.48}$$

$$f_{cu} \geq 4 \frac{\lambda R_a}{A_p} \tag{5.49}$$

式中　R_a——单桩竖向承载力特征值,kN;

　　　q_{si}——桩周摩阻力特征值,kPa;

　　　u_p——桩身周边长度,m;

　　　q_p——桩端端阻力特征值,kPa;

　　　α——桩端天然地基土的承载力折减系数,α 可取 0.4 ~ 0.6;

　　　l_i——按土层划分的各段桩长,对柔性桩,桩长大于临界桩长时,计算桩长应取临界桩长值,m;

　　　A_p——桩身横断面面积,m^2;

　　　λ——单桩承载力发挥系数,可按地区经验取值;

　　　f_{cu}——桩体混合料试块标准养护 28 d 立方体抗压强度平均值,kPa。

②散体材料桩复合地基。桩体极限承载力主要取决于桩侧土体所能提供的最大侧限力。散体材料桩在荷载作用下桩体发生膨胀,桩周土进入塑性状态。

$$f_{pk} = \sigma_{ru} K_p \tag{5.50}$$

式中　K_p——桩体材料的被动土压力系数;

　　　σ_{ru}——桩间土能提供的侧向极限应力。

5）水平向增强体复合地基承载力计算

（1）作用机理

水平向增强体复合地基主要指在地基中铺设各种加筋材料,如土工织物、土工格栅等形成复合地基,可用于加固软土路基、堤坝和油罐基础等。以路堤为例,其加筋作用主要体现在以下 3 个方面:

①承担水平荷载,提高地基土承载力。路堤在竖向荷载作用下,同时受到水平推力作用,使地基竖向承载力下降。在加筋路堤中,利用土工合成材料加筋体承担水平荷载,可显著提高地基承载力。加筋体受力如图 5.12 所示。

②增强地基上的约束力,提高竖向承载力。当基底粗糙时,水平向加筋材料能有效约束地基土的侧向变形,从而提高地基土的竖向承载力。

③增强路堤填料土拱效应,调整不均匀沉降。在未加筋路堤中,在荷载作用下地基层表层产生"锅底状"沉降变形;在加筋路堤中,由于加筋体是良好的受拉材料,使得土拱得到足够的拱脚水平力,形成有效的土拱效应。由于土拱效应,可将地基沉降调整成"平底碟状",显著减小地基的最大沉降量,并使地基所受竖向压应力重新分布,增加路堤稳定性。

（2）破坏模式

水平向增强体复合地基破坏形式可分为滑弧破坏、加筋体绷断、承载破坏和薄层挤出 4 种类型。

①滑弧破坏。填土、地基和土工织物三者共同作用,当土工织物抗拉刚度低、延伸率较大时,复合体沿滑动面剪切破坏。此种破坏可采用圆弧滑动稳定分析法进行分析。

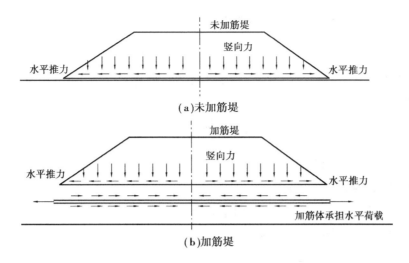

图 5.12 加筋体受力示意图

②加筋体绷断破坏。当加筋体形成较大的弓形沉降,其抗拉承载力不足,加筋体将产生绷断破坏。

③承载力破坏。当加筋体土工织物与垫层构成一个整体性较好的柔性地基时,可能出现由于地基承载力不足而引起的地基整体失稳破坏。

④薄层挤出破坏。当薄层土强度较低时,可使薄层土水平向塑性挤出,形成薄层破坏。具体工程的主要破坏形式与材料性质、受力情况及边界条件有关,地基破坏形式由土的强度发挥程度和土工织物加筋体强度发挥程度的相互关系决定。

(3)承载力计算方法

水平向增强体复合地基承载力计算理论尚不成熟,下面仅介绍 Florkiewicz 承载力计算公式。

图 5.13 所示为一水平向增强体复合地基上的条形基础。其中,刚性条形基础宽度为 B,加筋复合土层厚度为 Z_0,黏聚力为 c_r,内摩擦角为 φ_0;天然土层黏聚力为 c,内摩擦角为 φ。

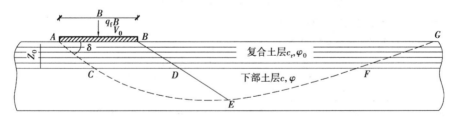

图 5.13 水平向增强体复合地基基础上的条形基础

Florkiewicz 认为,基础的极限荷载 $q_f B$ 是无加筋体($c_r = 0$)的双层土体系的常规承载力 $q_0 B$ 和由加筋引起的承载力提高值 $\Delta q_f B$ 之和,即:

$$q_f = q_0 + \Delta q_f \tag{5.51}$$

复合土层中各点的黏聚力 c_r 值取决于所考虑的方向,其表达式为:

$$c_r = \sigma_0 \frac{\sin \delta \cos(\delta - \varphi_0)}{\cos \varphi_0} \tag{5.52}$$

式中 δ——所考虑的方向与加筋体方向的倾斜角;

σ_0——加筋体材料的纵向抗拉强度。

当复合土层中加筋体沿滑移面 AC 面断裂时,地基破坏。此时刚性基础移动速度为 V_0,加

筋体沿 AC 面断裂引起的能量消散率增量为 D。

$$D = \overline{AC}c_{r}V_{0}\frac{\cos \varphi_{0}}{\sin(\delta - \varphi_{0})} = \sigma_{0}V_{0}Z_{0}\cot(\delta - \varphi_{0}) \tag{5.53}$$

上述分析忽略了 $ABCD$ 和 $BGFD$ 区中,由于加筋体存在 $(c_{r}\neq 0)$ 能量耗散率增量的增加。根据上限定理,可得承载力提高值为:

$$\Delta q_{f} = \frac{D}{V_{0}B} = \frac{Z_{0}}{B}\sigma_{0}\cot(\delta - \varphi_{0}) \tag{5.54}$$

式中 δ——根据 Praudtl 的破坏模式确定。

6)复合地基沉降计算方法

复合地基沉降计算方法总的思路是:将地基沉降分为复合地基加固区沉降 s_1 和下卧层沉降 s_2 两部分,如图 5.14 所示。分别计算 s_1 和 s_2,然后将二者相加即得复合地基总沉降量,即:

$$s = s_{1} + s_{2} \tag{5.55}$$

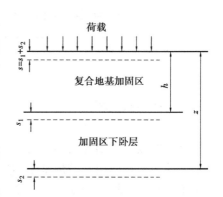

图 5.14　复合地基沉降示意图

(1)加固区压缩量计算

加固区土层压缩量 s_1 可采用复合模量法(规范公式法)、应力修正法和桩身压缩模量法计算。

①规范公式法。将复合地基加固区中增强体和地基土视为一复合土体,采用复合压缩模量 E_{sp} 评价复合土体的压缩性,并用分层总和法计算加固区沉降量。加固区土层压缩量 s_1 计算表达式为:

$$s_{1} = \psi_{s}s' = \sum_{i=1}^{n}\frac{p_{0}}{E_{spi}}(z_{i}\overline{a}_{i} - z_{i-1}\overline{a}_{i-1}) \tag{5.56}$$

式中 s'——按分层总和法计算出的地基变形量;

Δp_{i}——第 i 层复合土层上附加应力增量,kPa;

E_{spi}——第 i 层复合土层的复合压缩模量,kPa,计算详见式(5.41);

h_{i}——第 i 层复合土层的厚度,m;

ψ_{s}——沉降计算经验系数,可按表 5.10 取值。

表 5.10　沉降计算经验系数 ψ_s

$\overline{E}_s$/MPa	4.0	7.0	15.0	20.0	35.0
ψ_s	1.0	0.7	0.4	0.25	0.2

$$\overline{E}_{s} = \frac{\sum\limits_{i=1}^{n}A_{i} + \sum\limits_{j=1}^{m}A_{j}}{\sum\limits_{i=1}^{n}\frac{A_{i}}{E_{spi}} + \sum\limits_{j=1}^{m}\frac{A_{j}}{E_{sj}}} \tag{5.57}$$

式中 $\overline{E}_{s}$——变形计算深度范围内压缩模量的当量值;

A_{i}——加固土层第 i 层附加应力系数沿土层厚度的积分值;

A_{j}——加固土层下第 j 层土附加应力系数沿土层厚度的积分值。

②应力修正法。根据复合地基桩间土分担的荷载,按照桩间土的压缩模量,采用分层总和法计算桩间土的压缩量,将计算得到的桩间土的压缩量视为加固区土层的压缩量。

具体计算方法如下:将未加固地基(大然地基)在荷载 P 作用下相应厚度内的压缩量 s_{1s} 乘以应力修正系数 μ_s,即得到复合地基沉降量。计算公式为:

$$s_1 = \sum_{i=1}^{n} \frac{\Delta p_{si}}{E_{si}} h_i = \mu_s \sum_{i=1}^{n} \frac{\Delta p_i}{E_{si}} h_i = \mu_s s_{1s} \tag{5.58}$$

式中 Δp_i——未加固地基在荷载 P 作用下第 i 层土上的附加应力增量,kPa;

Δp_{si}——复合地基在第 i 层桩间土上的附加应力增量,kPa;

μ_s——应力修正系数,$\mu_s = \dfrac{1}{1 + m(n-1)}$;

n, m——复合地基桩土应力比和复合地基面积置换率;

E_{si}——未加固地基第 i 层土的压缩模量,kPa;

h_i——第 i 层土的厚度,m。

③桩身压缩量法。令荷载作用下的桩身压缩量为 s_p,桩底端下卧层土体刺入量为 Δ,如图 5.15 所示。则加固区土层压缩量计算公式为:

$$s_1 = s_p + \Delta \tag{5.59}$$

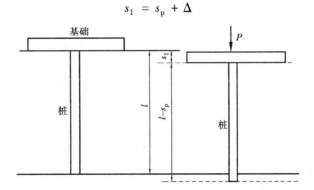

图 5.15 桩身压缩模量法示意图

桩身压缩量 s_p 可按下式计算:

$$s_p = \frac{(\mu_p P + p_{b0})}{2E_p} l \tag{5.60}$$

式中 μ_p——应力修正系数,$\mu_p = \dfrac{n}{1 + m(n-1)}$;

l——桩身长度,等于加固区厚度 h,m;

E_p——桩身材料变形模量,kPa;

p_{b0}——桩底端端承力密度,kPa。

桩身压缩模量法计算复合地基沉降量的思路清晰,但准确计算桩身压缩模量和桩底端刺入下卧层的刺入量尚有一定困难。

(2)加固区下卧层压缩量计算

加固下卧层压缩量 s_2 通常采用分层总和法计算。作用在下卧层土体上的附加应力计算方法有压力扩散法、等效实体法和改进的 Geddes 法。

①压力扩散法。压力扩散法计算加固区下卧层上附加应力如图 5.16(a)所示,复合地基作用面长度为 L,宽度为 B,荷载密度为 p,加固区厚度为 h,复合地基压力扩散角为 β,则作用在下卧土层上的荷载 P_b 为:

$$P_b = \frac{BLp}{(B + 2h \tan \beta)(L + 2h \tan \beta)} \tag{5.61}$$

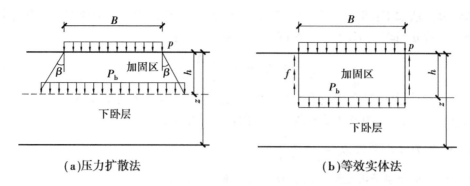

（a）压力扩散法　　　　　　　　　（b）等效实体法

图 5.16　压实扩散法和等效实体法

②等效实体法。等效实体法计算加固区下卧层上附加应力如图 5.16（b）所示，复合地基作用面长度为 L，宽度为 B，荷载密度为 p，加固区厚度为 h，等效实体侧平均摩阻力密度为 f，则作用在下卧土层上的荷载 P_b 为：

$$P_b = \frac{BLp - (2B + 2L)hf}{BL} \tag{5.62}$$

③改进的 Geddes 法。设复合地基总荷载为 P，桩体承担荷载 P_p，桩间土承担荷载 $P_s = P - P_p$。黄绍明等建议，由桩体荷载 P_p 和桩间土承担的荷载 P_s 共同产生的地基中的竖向附加应力表达式为：

$$\sigma_z = \sigma_{z,Q} + \sigma_{z,P_s} \tag{5.63}$$

式中　σ_{z,P_s}——桩间土承担的荷载 P_s 在地基中产生的竖向应力；

　　　$\sigma_{z,Q}$——桩体承担的荷载 P_p 在地基中产生的竖向应力。

σ_{z,P_s} 的计算方法和天然地基中的应力计算方法相同，$\sigma_{z,Q}$ 采用改进的 Geddes 法计算。

S. D. Geddes 将长度为 L 的单桩在荷载 Q 作用下对地基土产生的作用力，视作桩端集中力 Q_p、桩侧均匀分布摩阻力 Q_r 和桩侧随深度线性增长的分布摩阻力 Q_t，3 种形式荷载的组合，如图 5.17 所示。根据弹性理论半无限体作用一集中力的 Mindilin 应力解积分，导出了单桩的上述 3 种形式荷载在地基中产生的应力计算公式。地基中竖向应力 $\sigma_{z,Q}$ 可按下式计算：

$$\sigma_{z,Q} = \sigma_{z,Q_p} + \sigma_{z,Q_r} + \sigma_{z,Q_t} = \frac{Q_p K_p}{L^2} + \frac{Q_r K_r}{L^2} + \frac{Q_t K_t}{L^2} \tag{5.64}$$

式中　K_p, K_r, K_t——竖向应力系数。

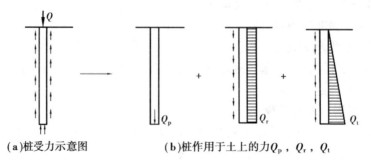

（a）桩受力示意图　　　　（b）桩作用于土上的力 Q_p，Q_r，Q_t

图 5.17　单桩荷载分解为 3 种形式荷载组合

（3）复合地基沉降计算方法选择

上述所讲复合地基沉降计算方法的每一种方法都有一定的适用条件，设计中应根据复合地基桩体材料及地质条件的不同，分别选择最适合的计算方法。

①柔性桩复合地基沉降计算方法选择。与刚性桩复合地基相比,柔性桩复合地基置换率一般较高,桩土应力比较小,沉降计算方法与散体材料桩类似,故加固区压缩量一般可用复合模量法计算,下卧层压缩量采用分层总和法计算,地基中附加应力采用压力扩散法或等效实体法计算。

②刚性桩复合地基沉降计算。刚性桩复合地基置换率较小,桩土应力比较高,在荷载作用下桩的承载力能得到充分发挥,达到极限工作状态,所以可以按经验根据桩体达到极限状态时所需的沉降来估算加固区沉降。当复合地基加固区下卧层有压缩性较大的土层时,复合地基沉降主要发生在下卧层中。

加固区压缩量一般采用桩身压缩量法计算,下卧层地基中附加应力可采用改进的 Geddes 法计算,也可采用压力扩散法或等效实体法计算。

③《建筑地基处理技术规范》(JGJ 79—2012)地基沉降计算。加固区压缩模量常采用复合模量法计算,下卧层压缩量可采用分层总和法计算,地基附加应力计算常用压力扩散法。

7)多元复合地基法

(1)多元复合地基设计思想

竖向增强体复合地基根据材料性质分为散体材料桩和黏结体材料桩,它们的承载力和变形特征各不相同,每种复合地基均有其适用范围和优缺点。在工程实践中,为获得良好的技术效果和经济效益,有关学者提出了多元复合地基的概念。

多元复合地基(multi-element composite foundation)技术是指将竖向增强体复合地基中的两种甚至3种类型桩综合应用于加固软土地基,多元复合地基可充分发挥各种桩型的优势,在大幅度提高地基承载力的同时有效减小地基沉降。

在多元复合地基中,将桩身强度较高的桩称为主桩,强度低的桩称为次桩。一般将多元复合地基分为两类。

①第一类多元复合桩地基。其布置形式如图5.18(a)所示,主桩的置换作用是复合地基承载力的主要部分,次桩或再次桩起辅助作用。复合地基多由刚性桩(半刚性桩)、柔性桩(或散体材料桩)及土形成,如由水泥粉煤灰碎石桩(近于半刚性桩)和石灰桩(柔性桩)组成的复合地基;还可由柔性桩、散体材料桩及土形成,如石灰桩与碎石桩(散体材料桩)复合地基;还可由两种或两种以上刚度不同的柔性桩及土形成,如深层搅拌桩和石灰桩复合地基。

②第二类多元复合桩地基。其布置形式如图5.18(b)所示,主桩数量较小,主要布置在节点及荷载较大的承重墙下,主要目的是减小沉降,地基承载力提高主要依靠次桩的置换作用。

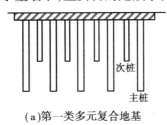
(a)第一类多元复合地基

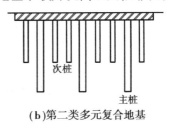
(b)第二类多元复合地基

图5.18　多元地基布置形式

(2)多元复合地基承载力计算

多元复合地基承载力计算采用加权原理,根据多元复合地基种类不同,可将承载力计算方法分为两类。

①第一类多元复合桩地基承载力特征值计算。复合地基承载力由3部分组成。对具有黏

结强度的两种桩组合形成的多桩型复合地基,采用下式计算复合地基承载力特征值:

$$f_{\text{spk}} = m_1 \frac{\lambda_1 R_{\text{a1}}}{A_{\text{p1}}} + m_2 \frac{\lambda_2 R_{\text{a2}}}{A_{\text{p2}}} + \beta(1 - m_1 - m_2)f_{\text{sk}} \tag{5.65}$$

式中　m_1,m_2——桩1、桩2的面积置换率;

　　　λ_1,λ_2——桩1、桩2的单桩承载力发挥系数,应由单桩复合地基试验按等变形准则或多桩复合地基静载荷试验确定,有地区经验时可以按地区经验确定;

　　　R_{a1},R_{a2}——桩1、桩2的单桩承载力特征值,kN;

　　　A_{p1},A_{p2}——桩1、桩2的截面面积,m^2;

　　　β——桩间土承载力发挥系数,无地区经验时可取0.9~1.0;

　　　f_{sk}——处理后复合地基桩间土承载力特征值,kPa。

对具有黏结强度的桩与散体材料桩组合形成的复合地基,采用下式计算复合地基承载力特征值:

$$f_{\text{spk}} = m_1 \frac{\lambda_1 R_{\text{a1}}}{A_{\text{p1}}} + \beta[1 - m_1 + m_2(n - 1)]f_{\text{sk}} \tag{5.66}$$

式中　β——仅由散体材料桩加固处理形成的复合地基承载力发挥系数;

　　　n——仅由散体材料桩加固处理形成复合地基的桩土应力比;

　　　f_{sk}——仅由散体材料桩加固处理后桩间土承载力特征值,kPa。

②第二类多元复合地基承载力计算。第二类多元复合地基承载力提高主要依靠次桩的置换作用,可按以下两种情况考虑:

a. 考虑主桩分担一定的荷载,即根据桩的类型及地质条件采用经验参数法计算主桩承载力,扣除主桩承受的荷载后,剩余荷载由次桩形成的复合地基承担。

b. 将主桩的承载力作为安全储备,仅考虑次桩形成的复合地基承担上部结构荷载,此种情形即由三元复合地基蜕化为二元复合地基,复合地基承载力按通常计算公式计算即可。

③多元复合地基沉降计算。加固区土层压缩量 s_1 可采用规范公式法。复合地基压缩模量 E_{sp} 值可通过试验确定,也可通过下式计算。

设长短桩复合加固区土层压缩模量为 E_{sp1},仅长桩加固区土层压缩模量为 E_{sp2},土体压缩模量为 E_{s},则:

$$E_{\text{sp1}} = \zeta_1 E_{\text{s}} \tag{5.67}$$

$$E_{\text{sp2}} = \zeta_2 E_{\text{s}} \tag{5.68}$$

$$\zeta_1 = \frac{f_{\text{spk}}}{f_{\text{ak}}} \tag{5.69}$$

$$\zeta_2 = \frac{f_{\text{spk1}}}{f_{\text{ak}}} \tag{5.70}$$

式中　f_{spk}——长短桩复合地基承载力特征值,kPa;

　　　f_{spk1}——仅由长桩处理形成复合地基承载力特征值,kPa;

　　　f_{ak}——基础底面下天然地基承载力特征值,kPa;

　　　ζ_1——长短桩复合地基加固土层压缩模量放大系数;

　　　ζ_2——仅由长桩处理形成复合地基加固层压缩模量放大系数。

下卧土层压缩量 s_2 采用分层总和法计算,下卧层土体附加应力可采用应力扩散法计算。

④多元复合地基检测方法。

a. 多元复合地基中的单桩检测。对于多元复合地基中的单桩桩身质量检测,可依据各类桩的检测法分别进行。刚性桩可采用低应变动力检测法检测桩身完整性,深层水泥土搅拌桩可采用轻便动力触探或抽芯检测法检测其质量,石灰桩可采用静力触探或轻便动力触探检测桩身强度和成桩质量,碎石桩可采用重型动力触探检测成桩质量。

b. 多元复合地基承载力检测。对于复合地基加固效果,《建筑地基处理技术规范》(JGJ 79—2012)规定,采用复合地基静载荷试验检测,压板可采用方形或矩形,承压板面积与单桩或实际桩数所承担的处理面积相等。

确定多元复合地基承载力基本值的方法是:当 Q-s 曲线上有明显比例极限时,取该比例极限所对应的荷载;当按相对变形值确定时,若属于第一类多元复合地基,则以主桩复合地基沉降比确定,若属于第二类多元复合地基,宜以次桩复合地基的沉降比确定。

5.5.2　振冲碎石桩和沉管砂石桩复合地基

振冲碎石桩是利用振冲器在软土地基中成孔,再向孔内分批填入碎石而形成的一根根桩体。沉管砂石桩是利用沉管制桩机械在地基中锤击、振动沉管成孔或静压沉管成孔后,在管内投料,边投料边上提(振动)沉管形成密实桩体。振冲碎石桩复合地基和沉管砂石桩复合地基具有以下工程特性:

①承载能力显著提高。由于复合地基是由两种不同刚度的碎石、砂石和土体所组成,当基础上部荷载传递到复合地基上时,将发生压力重分布,从而导致部分压力向刚度较大的碎石桩体与砂石桩体上集中,这种压力集中现象必将显著地提高地基的承载能力,减少其沉降量。同时,碎石桩和砂石桩能很好地在受力变形过程中与周围土体相协调,使得不会出现钢筋混凝土桩和钢桩所谓的负摩擦一类的问题。

②沉降量明显减小。复合地基中有刚度比周围土体大得多的碎石桩或砂石桩存在,并对土体有置换作用,使复合地基的变形模量比天然地基的变形模量大大提高;同时,复合地基作为复合土层,相当于在软基上形成了一个硬壳层,这个硬壳层像垫层一样能起到压力扩散和均布的作用。值得一提的是,由于振冲碎石桩与沉管砂石桩的桩径随着地基土强度的不同而不同,因此振冲桩或砂石桩将原来的不均匀的地基,通过制成的不同桩径,使强度不均匀的天然地基变成了强度比较均匀的复合地基,从而可减小地基的不均匀沉降。

③抗剪性能和排水性能效果提高。由于碎石桩与砂石桩本身的抗剪强度大于软土的抗剪强度,同时,软土与碎石桩或砂石桩合成的复合体,其抗剪强度也有相当大的增加,从而使复合地基的抗剪性能得以显著改善,这有利于提高地基的稳定性。另一方面,由于碎石体的透水性能较好,因此振冲碎石桩复合地基与沉管砂石桩复合地基的排水性能也得以改善,这为加速软土地基固结、减小地基的工后沉降提供了重要的条件。

以上所述表明,振冲碎石桩与沉管砂石桩是一种多快好省的加固软土地基的方法。与预制混凝土桩相比,碎石桩或砂石桩不需要钢筋、水泥和木材,施工简单,造价低廉;与砂井和其他排水固结相比,碎石桩不需预压,加固周期短。该方法经历了半个世纪的发展,积累了丰富的工程实践经验,设计、施工和质量控制技术日趋成熟,值得大力推广和应用。

1) 振冲碎石桩和沉管砂石桩复合地基加固机理

(1)振冲法

振冲法对于不同的土质,作用机理不同。对于可挤密土,如砂土、粉土,挤密作用大于置换作用,采用振冲法加固砂土、粉土的方法,称为振冲密实法。对于挤密效果不显著的黏性土,置换作用大于挤密作用,在黏性土中采用振冲法,称为振冲置换法。

①振冲密实法加固砂土地基。一方面,依靠振冲器的强力振动使饱和砂层发生液化,砂颗粒重新排列,孔隙减少;另一方面,依靠振冲器的水平振动力,施工过程中通过填料使砂层挤压加密。

②振冲置换法加固黏性土地基。按照一定间距和分布在黏性土层上打设碎石桩体构成复合地基,在竖向荷载作用下,由于桩体的压缩模量远比桩间土大,通过基础传给复合地基的外加压力随着桩土变形会逐渐集中到桩上,从而使桩间土分担的压力相应减小。

（2）振动沉管法

振动沉管法用于处理松散砂土、粉土及塑性指数不高的非饱和黏性土地基,其挤密、振密效果较好,不仅可以提高地基承载力,减小地基变形,而且可以消除砂土由于振动或地震引起的液化。振动沉管法用于处理饱和黏性土,主要是置换作用,可以提高地基承载力减少沉降,同时,碎（砂）石桩还起排水通道作用,能够加速地基土的固结。

①挤密作用。采用振动法或锤击法在砂土、粉土中沉入桩管时,由于施工为挤土工艺,桩管将地基中等于桩管体积的砂土挤向桩管周围的土层,对其周围产生了很大的横向挤压力,使桩周土体孔隙比减小、密度增加。

②振密作用。沉管挤密砂石桩在施工时,桩管振动能量以波的形式在地基土中传播,引起地基土的振动,产生挤密作用。桩管振动造成其周边一定范围内砂土液化和结构的破坏,随着孔隙水压力的消散,砂土颗粒重新进行排列、固结,从而使土由松散状态变为密实状态。

③消除液化影响作用。砂石桩在成孔和挤密桩体过程中,桩周土在水平和垂直振动力作用下产生径向和竖向位移,使桩周土体密实度增加,同时,土体在往复振动作用下局部可产生液化,提高土的抗剪强度和抗液化能力,同时砂石桩具有减少地震作用的效果。

④置换作用。沉管砂石桩对黏性土的置换作用是将桩管位置的工程性能较差的土排挤至四周,用密实的砂石桩桩体取代了与桩体体积相同的软弱土,砂石桩与桩间土共同构成复合地基。由于砂石桩的强度和抗变形性能优于其桩周土,形成的复合地基承载力比原天然地基承载力大,沉降量也比天然地基小,从而提高了地基的整体稳定性和抗破坏能力。

⑤排水作用。砂石桩设置后,在黏性土中形成了良好的排水通道,缩短了水平向排水距离,改善了软黏土的排水条件,加快地基的排水速率,可提高软黏土的物理力学性能,使桩间土与砂石桩能够更有效地协调工作,从而提高了地基承载性能和抗变形能力。

2）振冲碎石桩与沉管砂石桩复合地基设计方法

（1）处理范围

振冲碎石桩、沉管砂石桩处理地基要超出基础一定宽度,这是基于基础的压力向基础外扩散。另外,考虑到基础下最外边的 2～3 排桩挤密效果较差,宜在基础外缘扩大 1～3 排桩。对重要的建筑以及要求荷载较大的情况应加宽多些。振冲碎石桩、沉管砂石桩法用于处理液化地基,原则上必须确保建筑物的安全使用,在基础外缘扩大宽度不应小于基底下可液化土层厚度的 1/2,且不应小于 5 m。

（2）桩孔布置原则

①桩体材料。碎石（砂）桩桩体材料可使用砾砂、粗砂、中砂、圆砾、角砾、卵石、碎石等,这些材料可单独用一种,也可以粗细粒料按一定的比例配合使用。特别是在碎石（砂）桩侧限作用较小的软弱黏性土中,可以使用含有棱角状碎石的混合料,以增大桩体材料的内摩擦角。碎石（砂）填料中含泥质量分数不得大于 5%,且不含有粒径大于 50 mm 的颗粒。

②桩体直径。碎石（砂）桩的直径取决于施工设备的能力、处理的目的和地基土类型等因素。振冲桩直径通常为 0.8～1.2 m,可按每根桩所用填料量计算,对饱和黏性土地基应采用较

大的直径。采用沉管法成桩时,碎石和砂桩的桩径一般为 0.30 ~ 0.70 m。

③桩体长度。当相对硬层埋深不大时,桩长按相对硬层埋深确定;当相对硬层埋深较大时,桩长按建筑物地基变形允许值确定;在可液化地基中,桩长应按要求的抗震处理深度确定,桩长不宜小于 4.0 m。

当地基中松软土层厚度较大时,对于按稳定性控制的建筑物来说,桩的长度应不小于最危险滑动面的深度,其长度可以通过复合地基的滑动计算确定。对于按沉降变形控制的建筑物,桩的长度应满足复合地基的沉降量不超过建筑物容许沉降量的要求,通过复合地基的沉降计算确定。

对于可液化地基,当液化层较薄或上部建筑物要求全部消除地基液化沉陷变形时,桩的长度应穿透液化层,且处理后土层的标准贯入锤击数的实测值大于相应的液化判别的临界值。当液化层厚度较大或上部建筑物要求部分消除地基液化沉陷变形时,桩长的确定应满足:处理深度应使处理后的地基液化指数不大于4。对独立基础与条形基础,桩长还应不小于基础底面下 5 m 和基础宽度的最大值;处理深度范围内,应使处理后土层的标准贯入锤击数实测值大于相应的液化判别临界值。砂石桩的长度一般为 8 ~ 20 m。

④桩位布置。砂石桩的平面布置形式要根据基础的形式确定。对大面积满堂基础,桩位宜用等边三角形布置;对独立或条形基础,桩位宜用正方形、矩形或等腰三角形布置;对于圆形或环形基础(如油罐基础),宜用放射形布置,如图 5.19 所示。

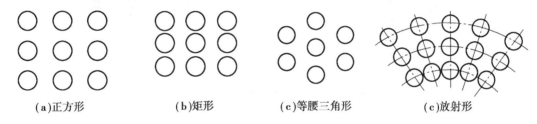

|(a)正方形|(b)矩形|(c)等腰三角形|(c)放射形|

图 5.19　桩位布置

另外,碎石(砂)桩施工之后,桩顶 1.0 m 左右长度的桩体是松散的,密实度较小,此部分应当挖除,或者采取碾压或夯实等方法使之密实。然后再铺设垫层,垫层厚度 300 ~ 500 mm,垫层应分层压实。垫层材料选用中、粗砂或砂与碎石的混合料。

采用振动沉管法成桩时,对邻近建筑物及其可液化地基的沉陷会产生一定程度的影响。施工中应对邻近建筑物进行沉降观测并挖设减震沟。一些实测资料表明,振动沉管法施工距相邻建筑物的最小安全距离约等于处理的深度,一般情况下,以保持 8 ~ 10 m 的距离为宜。

对于重要建筑或缺乏经验的场地,宜选择代表性场地,以不同布桩形式、桩间距、桩长、施工工艺进行制桩试验,以获得较合理的设计参数、施工工艺参数。

(3)桩径、桩间距和排距的确定

①桩径的确定。桩径可根据地基土质情况、成桩方式和成桩设备等因素确定,桩的平均直径可按每根桩所用填料量计算。

对采用振冲法成孔的碎石桩,桩径与振冲器的功率和地基土条件有关,一般振冲器功率大、地基土松散时,成桩直径大,砂石桩直径可按每根桩所用填料量计算。桩径宜为 800 ~ 1 200 mm。

采用振动沉管法成桩,桩直径的大小取决于施工设备桩管的大小和地基土的条件。对饱和黏性土宜采用较大的桩径。目前,国内使用碎石桩直径一般为 300 ~ 800 mm。小直径桩管挤密质量较均匀但施工效率低;大直径桩管需要较大的机械能力,功效高,采用过大的桩径,一根桩要承担的挤密面积大,通过一个孔要填入的砂石料多,不易使桩周土挤密均匀。沉管法施工时,设计成桩直径与套管直径比不宜大于1.5,主要考虑振动挤压时若扩径较大,会对地基土产生较大扰动,不利于保证成桩质量。

②桩间距和排距的确定。振冲碎石桩、沉管砂石桩的间距应根据复合地基承载力和变形要求以及对原地基土要达到的挤密要求,通过现场试验确定。

振冲碎石桩的间距应根据上部结构荷载大小和场地土层情况,并结合所采用的振冲器功率大小综合考虑。30 kW振冲器布桩间距可采用1.3~2.0 m;55 kW振冲器布桩间距可采用1.4~2.5 m;75 kW振冲器布桩间距可采用1.5~3.0 m。不加填料振冲挤密孔距为2~3 m。

沉管砂石桩的桩间距,不宜大于桩孔直径的4.5倍;初步设计时,对松散粉土和砂土地基,以消除液化为目的,桩间距可根据挤密后要求达到的孔隙比通过计算确定。

a. 对于砂性土和粉土地基,考虑振密和挤密两种作用,平面布置一般为正三角形和正方形。对于正三角形布置,则一根桩所影响的范围为六边形,如图5.20(b)中阴影部分所示,加固处理后的土体体积应变为:

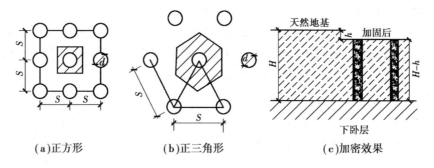

（a）正方形　　　　（b）正三角形　　　　（c）加密效果

图5.20　桩距计算示意图

$$\varepsilon_v = \frac{\Delta v}{v_0} = \frac{e_0 - e_1}{1 + e_0} \tag{5.71}$$

式中　e_0——地基天然孔隙比;

　　　e_1——处理后要求达到的孔隙比。

一根桩处理范围为:

$$v_0 = \frac{\sqrt{3}}{2}S^2H \tag{5.72}$$

式中　S——桩间距;

　　　H——欲处理的天然土层厚度。

$$\Delta v = \varepsilon_v v_0 = \left(\frac{e_0 - e_1}{1 + e_0}\right)\frac{\sqrt{3}}{2}S^2H \tag{5.73}$$

实际上,Δv等于碎石(砂)桩体向四周挤排土的挤密作用引起的体积减小和土体在振动作用下发生竖向的振密变形引起的体积减小之和,即:

$$\Delta v = \frac{\pi}{4}d^2(H - h) + \frac{\sqrt{3}}{2}S^2h \tag{5.74}$$

式中　d——桩直径;

　　　h——竖向变形(下降时取正值,隆起时取负值)。

整理后得:

$$S = 0.95d \sqrt{\dfrac{H - h}{\dfrac{e_0 - e_1}{1 + e_0}H - h}} \tag{5.75}$$

同理,正方形布桩时:

$$S = 0.89d \sqrt{\dfrac{H - h}{\dfrac{e_0 - e_1}{1 + e_0}H - h}} \tag{5.76}$$

处理后孔隙比 e_1 为:

$$e_1 = e_{max} - D_{r1}(e_{max} - e_{min}) \tag{5.77}$$

式中　e_{max}——最大孔隙比,即砂土处于最松散状态的孔隙比,可通过室内试验得到;

e_{min}——最小孔隙比,即砂土处于最密实装填的孔隙比,可通过室内试验得到;

D_{r1}——处理后要求达到的相对密度(一般取值为 $0.70 \sim 0.85$)。

引入振密作用的修正系数 ξ(假定 $h = 0$),式(5.75)和式(5.76)可分别写成:

等边三角形布置:

$$S = 0.95\xi d \sqrt{\dfrac{1 + e_0}{e_0 - e_1}} \tag{5.78}$$

正方形布置:

$$S = 0.89\xi d \sqrt{\dfrac{1 + e_0}{e_0 - e_1}} \tag{5.79}$$

式中,ξ 为修正系数。当考虑振动下沉密实作用时,可取 $\xi = 1.1 \sim 1.2$;不考虑振动下沉密实作用时,可取 $\xi = 1.0$。

b. 对于黏性土地基,只考虑置换作用时,正三角形布桩,一根砂桩的处理面积:

$$A_e = \dfrac{\sqrt{3}}{2}S^2 \tag{5.80}$$

即

$$S = \sqrt{\dfrac{2}{\sqrt{3}}A_e} = 1.08\sqrt{A_e} \tag{5.81}$$

正方形布置时,且 $A_e = S^2$,即有:

$$S = \sqrt{A_e} \tag{5.82}$$

$$A_e = A_p/m \tag{5.83}$$

式中　A_e——一根碎石(砂)桩承担的处理面积;

A_p——碎石(砂)桩的截面积;

m——面积置换率,一般情况下,$m = 0.10 \sim 0.30$。

(4)复合地基承载力特征值的计算

振冲桩复合地基承载力特征值应通过现场复合地基载荷试验确定,初步设计时也可用单桩和处理后桩间土承载力特征值按下式估算:

$$f_{spk} = [1 + m(n - 1)]f_{sk} \tag{5.84}$$

式中　f_{spk}——振冲碎石桩和沉管砂石桩复合地基承载力特征值,kPa;

f_{sk}——处理后桩间土承载力特征值,kPa,宜按当地经验取值,如无经验时,一般黏性土可取天然地基承载力特征值,松散的砂土、粉土可取天然地基承载力特征值的$1.2 \sim$
1.5 倍;

m——桩土面积置换率,$m = \dfrac{d^2}{d_e^2}$;

d——桩身平均直径,m;

n——桩土应力比,无实测值时,对黏性土可取 $2.0 \sim 4.0$,粉土和砂土取 $1.5 \sim 3.0$;原土强度低取大值,原土强度高取小值;

d_e——一根桩分担的处理地基面积的等效圆直径,m,等边三角形布桩:$d_e = 1.05S$;正方形布桩:$d_e = 1.13S$;矩形布桩:$d_e = 1.13\sqrt{S_1 S_2}$;

S,S_1,S_2——桩间距、纵向间距和横向间距,m。

当振冲碎石桩与沉管砂石桩处理范围下存在软弱下卧层时,应按《建筑地基基础设计规范》(GB 50007—2011)有关规定进行下卧层承载力验算。

(5)复合地基的变形计算

①分层总和法。复合地基沉降量为加固区压缩量 s_1 和加固区下卧层压缩量 s_2 之和。可将加固区视为一复合土体(详见 5.5.1 节)。

复合土体的压缩模量可以通过下式求出:

$$\zeta = \frac{f_{spk}}{f_{ak}} \tag{5.85}$$

$$E_{sp} = \zeta E_s \tag{5.86}$$

式中 f_{spk}——复合地基承载力特征值,kPa;

f_{ak}——基础底面下天然地基承载力特征值,kPa;

E_{sp}——复合土层压缩模量,MPa;

E_s——桩间土压缩模量,MPa,宜按当地经验取值,如无经验时可取天然地基压缩模量;

ζ——压缩模量放大系数。

②沉降折减法。一般天然黏性土地基的沉降量可用下式计算:

$$s = m_v \Delta p H \tag{5.87}$$

式中 H——固结土层厚度;

Δp——垂直附加平均应力;

m_v——天然地基的体积压缩系数(即单位应力增量作用下的体积应变)。

地基经砂桩或碎石桩处理后,垂直附加平均应力减小为 $\mu_s \Delta p$,体积压缩系数变为 m_v',处理后的沉降量为 s'。设原天然地基的沉降量 s 和处理后的沉降量 s' 比值为沉降折减系数 β,其表达式为:

$$\beta = \frac{s'}{s} = \frac{m_v' \mu_s \Delta p H}{m_v \Delta p H} \tag{5.88}$$

若忽略原地基土的处理效果,$m_v \approx m_v'$,则 $\beta = \mu_s = \dfrac{1}{1 + (n-1)m}$,最后可求得处理后减小的沉降量:

$$s' = \beta s \tag{5.89}$$

(6)稳定分析

若碎石(砂)桩用于改善天然地基整体稳定性时,可利用复合地基的抗剪特性,再使用圆弧滑动法来进行计算。

假定在复合地基中某深度处剪切面与水平面的夹角为 φ,考虑碎石(砂)桩和桩间土两者都发挥抗剪强度,则可得出复合地基的抗剪强度 τ_{sp}。

$$\tau_{sp} = (1 + m)c + m(\mu_p p + \gamma_p z)\tan\psi_p\cos^2\varphi \qquad (5.90)$$

式中　c——桩间土黏聚力，kPa；

　　　p——作用在复合地基上的荷载，kPa；

　　　z——自地表面算起的计算深度，m；

　　　γ_p——砂石料的重度，kN/m³；

　　　ψ_p——砂石料的内摩擦角(°)；

　　　μ_p——应力集中系数，$\mu_p = \dfrac{n}{[1 + m(n-1)]}$。

振冲碎石桩与沉管砂石桩复合地基宜在基础和桩之间设置褥垫层，其厚度可取 300 ~ 500 mm。其材料可选用中砂、粗砂、级配砂石等，最大粒径不宜大于 30 mm。其夯实度(夯实后的厚度与虚铺厚度的比值)不应大于0.9。

【例5.6】 某工程采用振冲法地基处理，填料为砂土，桩径0.6 m，等边三角形布桩，桩间距1.5 m，处理后桩间土地基承载力特征值$f_{sk}=120$ kPa，试求复合地基承载力特征值(桩土应力比$n=3$)。

【解】 地基置换率：$m = \dfrac{d^2}{d_e^2} = \dfrac{0.6^2}{(1.05 \times 1.5)^2} = \dfrac{0.36}{2.48} = 0.145$

复合地基承载力特征值：
$$f_{spk} = [1 + m(n-1)]f_{sk} = [1 + 0.145 \times (3-1)] \times 120 = 154.8(kPa)$$

3)振冲碎石桩与沉管砂石桩复合地基施工方法

(1)振冲碎石桩复合地基

首先，利用振冲器的高频振动和高压水流，边振边冲，将振冲器在地面预定桩位处沉到地基中设计的预定深度，形成桩孔。经过清孔后，向孔径内逐段填入碎石，每段填料在振冲器振动作用下振动、密实。然后，提升振冲器，再向孔内填入一段碎石，再用振冲器将其振挤密实。通过重复填料和振密，在地基中形成碎石桩桩体。在振冲置桩过程中同时将桩间土振实挤密。

采用振冲法在地基中，设置碎石桩的施工顺序如图 5.21 所示。

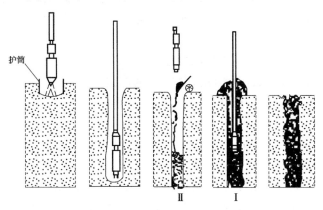

图 5.21　振冲砂石桩施工流程图

振冲法施工采用的振冲器可根据工程地质条件、设计桩长、桩径等情况选用不同功率的振冲器。振冲器常用型号有 30 kW、55 kW、75 kW 等。桩体填料粒径视选用振冲器而异。常用填料粒径选用范围为：采用 30 kW 振冲器施工时，一般采用填料粒径为 20 ~ 80 mm；采用 55 kW 振冲器施工时，填料粒径为 30 ~ 100 mm；采用 75 kW 振冲器施工时，填料粒径为 40 ~ 150 mm。

在振冲施工过程中，合理控制密实电流、填料量和留振时间以保证振冲碎石桩桩体质量。

密实电流是指振冲器在振挤密实填料时的最大电流值;填料量是指设置一根碎石桩用的填料;留振时间是指振挤密实填料所用的振动时间。正式施工前,通过现场试验确定水压、密实电流、填料量和留振时间等施工参数。

(2)沉管砂石桩复合地基

采用振动沉管法在地基中设置沉管砂石桩步骤如图 5.22 所示。

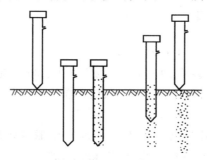

图 5.22　沉管砂石桩施工流程图

首先,利用振动桩锤将桩管振动沉入到地基中的设计深度,在沉管过程中对桩间土体产生挤压。然后,向管内投入砂石料,边振动边提升桩管,直至拔出地面。通过沉管振动使填入砂石料密实,在地基中形成砂石桩,并挤密振密桩间土。

振动沉管法施工主要设备有振动沉拔桩机、下端装有活瓣桩靴的桩管和加料设备。桩管直径可根据桩径选择,一般规格为 325 mm、375 mm、425 mm、525 mm 等,桩管长度一般要大于设计桩长 1 ~ 2 m。

4)振冲碎石桩与沉管砂石桩复合地基质量检验

由于在制桩过程中原状土的结构受到不同程度的扰动,振冲碎石桩、沉管砂石桩施工后强度会有所降低,饱和土地基在桩周围一定范围内,土的孔隙水压力上升。待休置一段时间后,孔隙水压力会消散,强度会逐渐恢复。恢复期的长短根据土的性质而定。原则上应待孔隙水压力消散后进行检验。黏性土孔隙水压力的消散需要的时间较长,砂土则很快。根据实际工程经验,对粉质黏土地基不宜少于 21 d,对粉土地基不宜少于 14 d,对砂土和杂填土地基不宜少于7 d。

施工质量的检验,对桩体可采用重型动力触探试验;对桩间土可采用标准贯入、静力触探、动力触探或其他原位测试等方法;对消除液化的地基检验,应采用标准贯入试验。桩间土质量的检测位置应在等边三角形或正方形的中心。检验深度不应小于处理地基的深度,检测数量不应少于桩孔总数的 2%。

竣工验收时,地基承载力检验应采用复合地基静载荷试验,试验数量不应少于总桩数的1%,且每个单体建筑不应少于 3 点。

需要特别说明的是,静载荷试验需要考虑垫层厚度对试验结果的影响。碎石桩复合地基垫层厚度一般为 300 ~ 500 mm,但考虑载荷板尺寸的应力扩散影响,试验时垫层厚度应取 100 ~ 150 mm。若采用设计的垫层厚度进行试验,试验承压板的宽度对独立基础和条形基础应采用基础的设计宽度。对大型基础试验有困难时,应考虑承压板尺寸和垫层厚度对试验结果的影响。

5.5.3　水泥土搅拌桩复合地基

水泥土搅拌桩复合地基,即通常所说的运用深层搅拌法工艺施工形成的复合地基,它是通过特制的深层搅拌机与地基土体就地强制搅拌形成水泥土桩或水泥土块体的一种地基处理方法。水泥土加固体的形状可分为柱状、壁状、格栅状或块状等。水泥土加固体可以与加固体之间的土体共同构成具有较高竖向承载力的复合地基,也可以用于基坑工程维护挡墙、被动区加固、防渗帷幕。在国内,尤其是在珠江三角洲、长江三角洲等沿海地区,在沪宁、沪杭、深广等高速公路,深基坑支挡结构,港口码头水池等市政工程,以及建(构)筑物(如大型油罐)的软土地基加固等工程中,水泥土搅拌桩复合地基更为常见。

水泥土搅拌桩复合地基具有以下特点:

①水泥土搅拌法是将固化剂和原地基软土就地搅拌混合的,可最大限度地利用原土。

②搅拌时无振动、无噪声、无污染,可在密集建筑群中进行施工,搅拌时不会使地基侧挤出,对周围原有建筑物及地下沟管影响很小。

③水泥搅拌桩可按照不同地基土的性质及工程设计要求,合理选择固化剂及其配方,设计比较灵活。

④土体加固后重度基本不变,软弱下卧层不会产生附加沉降。

⑤根据上部结构的需要,可灵活采用柱状、壁状、格栅状和块状等加固形式。

⑥与钢筋混凝土相比,可节约钢材并降低造价。

第二次世界大战后,美国首先研制成功水泥深层搅拌法。1953 年,日本从美国引进水泥深层搅拌法。我国于 1977 年由冶金部建筑研究总院和交通部水运规划设计院引进、开发水泥深层搅拌法,并很快在全国得到推广应用,成为软土地基处理的一种重要手段。20 世纪七八十年代,我国的水泥土搅拌桩广泛应用于多层建筑的软基处理、基坑支护重力式挡墙、基坑止水帷幕或被动区加固、路基软基加固、堆载场地加固等领域,少数高层建筑也采用过水泥搅拌桩复合地基。由于我国研发的搅拌机械为轻型机械,功率较小,穿透能力不足,规范规定仅适用于 f_{ak} = 140 kPa 以下的软土,应用范围受到限制,同时也出现了不少质量事故。20 世纪 90 年代,水泥土搅拌桩已淡出建筑物地基处理,但在路基、堆载场地软基加固及基坑工程中仍广泛使用。总结我国建筑地基处理采用水泥土搅拌桩复合地基的工程经验,由于施工机械性能较差,对于较深土层的搅拌及喷浆效果差,采用的置换率也较低。近年来,国产的施工设备有了较大的改进,提高了水泥土搅拌桩的成桩质量。《建筑地基处理技术规范(2012 版)》(JGJ 79—2012)增加了"用于建筑工程水泥搅拌桩施工设备及配备的泥浆泵工作压力不应小于 5.0 MPa,干法施工的送粉压力不应小于 0.5 MPa"的技术要求。

1)水泥土搅拌桩复合地基加固机理

(1)水泥加固软土的作用机理

水泥加固土的物理化学反应过程与混凝土的硬化机理不同,后者主要是在粗填充料(比表面积不大、活性很弱的介质)中进行水解和水化作用,其凝结速度较快。而在水泥加固土中,由于水泥掺量很小,一般仅为土重的 7% ~ 15%,水泥的水解和水化反应完全是在具有一定活性的介质——土的围绕下进行的,所以水泥加固土的强度增长比混凝土缓慢。

普通硅酸盐水泥土主要由氧化钙、二氧化硅、三氧化二铝、三氧化二铁及三氧化硫等组成,并由这些不同的氧化物分别组成不同的水泥矿物——硅酸三钙、硅酸二钙、铝酸三钙、铁铝酸四钙、硫酸钙等。用水泥加固软土时,水泥颗粒表面的矿物很快与软土中的水发生水解和水化反应,生成氢氧化钙、含水硅酸钙、含水铝酸钙及含水铁酸钙等化合物。

①离子交换和团粒化作用。黏土和水结合时就表现出一种胶体特征。例如,土中含量最多的二氧化硅遇水后,形成硅酸胶体微粒,其表面带 Na^+ 和 K^+,它们能够和水泥水化生成的氢氧化钙中的 Ca^{2+},进行当量吸附交换,使较小的土颗粒形成较大的土团粒,从而使土体强度提高。

水泥水化生成的凝胶粒子的比表面积约比原水泥颗粒大 1 000 倍,因而产生很大的表面能,有强大的吸附活性,能使较大的土团粒进一步结合起来,形成水泥土的团粒结构,并封闭各土团的空隙,联结坚固,因此也就使水泥土的强度大为提高。

②硬凝反应。随着水泥水化反应的深入,溶液中析出大量的 Ca^{2+}。当其数量超过离子交换的需要量后,在碱性环境中,能使组成黏土矿物的 SiO_2 和 Al_2O_3 的一部分或大部分与 Ca^{2+} 进行化学反应,逐渐生成不溶于水的稳定的结晶化合物,增大了水泥土的强度。

③碳酸化作用。水泥水化物中游离的 $Ca(OH)_2$ 能吸收水和空气中的 CO_2,发生碳酸化反应,生成不溶于水的碳酸钙。这种反应也能使水泥土增加强度,但增加的速度较缓慢,幅度也较小。

(2)石灰加固软土的作用机理

①石灰的吸水、发热、膨胀作用。在软弱地基中加入生石灰,它便和土中的水发生化学反应,形成熟石灰。在这一反应中,有相当于生石灰质量的 32% 的水被吸收。形成熟石灰时,每一摩尔产生 65 303.2 J 的热量,1 kg CaO 的水化作用可产生 1 172 094 J 的热量。这种热量又促进水分蒸发,从而使相当于生石灰质量的 47% 的水被蒸发掉。即形成熟石灰时,土中总共减少了相当于生石灰质量 79% 的水分。另外,生石灰变为熟石灰的过程中,体积膨胀 1~2 倍,促进了周围土的固结。

②离子交换作用与土微粒的凝聚作用。生石灰刚变为熟石灰时处于绝对干燥状态,具有很强的吸水能力。这种吸水作用持续到与周围土平衡为止,进一步降低了周围土的含水量。在这种状态下,反应中产生的 Ca^{2+} 与扩散层中的 Na^+、K^+ 发生离子交换作用,双电层中的扩散层变薄,结合水减少,使黏土粒间的结合力增强而呈团粒化,从而改变土的性质。

③化学反应作用(固结反应)。上述离子交换后,随龄期的增长,胶质 SiO_2 和 Al_2O_3 和石灰发生反应,形成复杂的化合物,反应生成硅酸钙水合物和 $4CaO \cdot Al_2O_3 \cdot 13H_2O$ 等。铝酸钙水合物及钙铝黄长石水合物($2CaO \cdot Al_2O_3 \cdot SiO_2 \cdot 6H_2O$)的形成,要经过长时间的缓慢过程,它们在水中和空气中逐渐硬化,与土颗粒黏结在一起,形成网状结构,结晶体在土粒间相互穿插,盘根错节,使土粒联系得更加牢固;既改善了土的物理力学性能,又发挥了固化剂的固化作用。这种固结反应,使得加固处理土的强度增高并长期保持稳定。

2)水泥土搅拌桩复合地基设计方法

(1)处理范围

水泥土搅拌桩复合地基适用于处理正常固结的淤泥与淤泥质土、粉土、饱和黄土、素填土、黏性土,以及无流动地下水的饱和松散砂土地基。当地基土的天然含水量小于 30%(黄土含水量小于 25%)、大于 70% 或地下水的 pH < 4 时,不宜采用此法。冬季施工时,应注意到负温对处理效果的影响。水泥土搅拌法用于处理泥灰土、有机质土、塑性指数 $I_p > 25$ 的黏土,地下水具有腐蚀性时以及无工程经验的地基,必须通过现场试验确定其适用性。

(2)固化剂及渗入比的确定

固化剂宜选用强度等级为 32.5 级及以上的普通硅酸盐水泥。水泥渗入量除块状加固时,除可用被加固湿土质量的 7% ~12% 外,其余宜为 12% ~20%。湿法水泥浆水灰比可选用 0.45~0.55。外渗剂可根据工程需要和土质条件选用具有早强、缓凝、减水以及节省水泥等作用的材料,但应避免污染环境。

(3)单桩竖向承载力特征值的计算

水泥土搅拌桩单桩竖向承载力特征值应通过现场载荷试验确定。初步设计时,也可按由桩周土和桩端土的抗力提供的单桩承载力按式(5.91)估算。同时,桩身材料确定的单桩承载力不小于由桩周土和桩端土的抗力所提供的单桩承载力,由式(5.92)计算。

$$R_\mathrm{a} = u_\mathrm{p} \sum_{i=1}^{n} q_{si} l_i + \alpha A_\mathrm{p} q_\mathrm{p} \tag{5.91}$$

$$R_\mathrm{a} = \eta f_{cu} A_\mathrm{p} \tag{5.92}$$

式中　f_{cu}——桩体试块(边长 150 mm 的立方体)在标准养护条件下 28 d 龄期的立方体抗压强度平均值,kPa;

R_a——单桩承载力特征值;

η——桩身强度折减系数,干法可取 0.20 ~ 0.25,湿法可取 0.25;

q_{si}——桩周第 i 层土的侧向容许摩阻力特征值,淤泥可取 4 ~ 7 kPa,淤泥质土可取 6 ~ 12 kPa,软塑状态黏性土可取 10 ~ 15 kPa,可塑状态的黏性土可取 12 ~ 18 kPa;

u_p——桩的周长,m;

l_i——桩长范围内第 i 层土的厚度,m;

q_p——桩端地基土未经修正的承载力特征值,kPa,可按《建筑地基基础设计规范》(GB 50007—2011)确定;

α——桩端天然地基土的容许承载力折减系数,按地区经验确定,可取 0.4 ~ 0.6;

A_p——桩的截面面积。

(4)复合地基承载力特征值的计算

竖向水泥土搅拌桩复合地基的承载力特征值应通过现场单桩或多桩复合地基载荷试验确定。初步设计时也可按下式估算:

$$f_{spk} = \lambda m \frac{R_\mathrm{a}}{A_\mathrm{p}} + \beta(1 - m) f_{sk} \tag{5.93}$$

式中　f_{spk}——复合地基承载力特征值,kPa;

λ——单桩承载力发挥系数,可按地区经验取值,可取 1.0;

R_a——单桩竖向承载力特征值,kN;

f_{sk}——桩间土加固后的地基承载力特征值,可取天然地基承载力特征值,kPa;

m——桩土面积置换率,$m = \dfrac{d^2}{d_e^2}$;

d——桩身平均直径,m;

d_e——一根桩分担的处理地基面积的等效圆直径,m,等边三角形布桩:$d_e = 1.05S$;正方形布桩:$d_e = 1.13S$;矩形布桩:$d_e = 1.13\sqrt{S_1 S_2}$;

S, S_1, S_2——分别为桩间距、纵向间距和横向间距,m;

β——桩间土承载力折减系数。

当加固土层为淤泥、淤泥质土、流塑状软土或未经压实的填土时,考虑到上述土层固结程度差、桩间土难以发挥作用,β 取 0.1 ~ 0.4,固结程度好的或设褥垫层时取高值;其他土层 β 可取 0.4 ~ 0.8。确定 β 还应考虑建筑对沉降的要求及桩端持力层的性质,当桩端持力层强度高或建筑物对沉降要求严格时,β 应取低值。

当水泥土搅拌桩处理范围下存在软弱下卧层时,应按《建筑地基基础设计规范》

（GB 50007—2011）的有关规定进行下卧层承载力验算。

（5）水泥土搅拌桩的平面布置

水泥土搅拌桩可根据上部结构特点及对地基承载力和变形的要求，采用柱状、壁状、格栅状或块状等加固形式。桩可只在基础平面范围内布置，独立基础下的桩数不宜少于4根。

①柱状。每隔一定距离打设一根水泥土桩，形成柱状加固形式，适用于单层工业厂房独立柱基基础和多层房屋条形基础下的地基加固，可充分发挥桩身强度与桩周侧阻力。柱状加固可采用正方形、等边三角形布桩形式。

②壁状。将相邻桩体部分重叠搭接成为壁状加固形式，适用于深基坑开挖时的边坡加固以及建筑物长高比大、刚度小、对不均匀沉降比较敏感的多层房屋条形基础下的地基加固。

③格栅状。它是纵横两个方向的相邻桩体搭接而形成的加固形式，适用于上部结构单位面积荷载大、对不均匀沉降要求控制严格的建（构）筑物的地基加固。

④长短桩相结合。当地质条件复杂，同一建筑物坐在两类不同性质的地基土上时，可用3 m左右的短桩将相邻长桩连成壁状或格栅状，以调整和减小不均匀沉降。

水泥土桩的强度和刚度是介于柔性桩（砂桩、碎石桩等）和刚性桩（钢管桩、混凝土桩等）之间的一种半刚性桩。它所形成的桩体在无侧限情况下可保持直立，在轴向力作用下又有一定的压缩性，但其承载性能又与刚性桩类似。因此，在设计时可仅在上部结构基础范围内布桩，不必像柔性桩一样需在基础外设置护桩。

（6）复合地基的变形计算

通常，采用分层总和法计算水泥土搅拌桩复合地基变形，复合地基沉降量为加固区压缩量 s_1 和加固区下卧层压缩量 s_2 之和。可将加固区视为一复合土体（详见5.5.1节）。

复合土体的压缩模量可以通过式（5.95）求出，且地基变形的计算深度应大于复合土层的深度。

$$\zeta = \frac{f_{spk}}{f_{ak}} \tag{5.94}$$

$$E_{sp} = \zeta E_s \tag{5.95}$$

式中　f_{spk}——复合地基承载力特征值，kPa；

　　　f_{ak}——基础底面下天然地基承载力特征值，kPa；

　　　E_{sp}——复合土层压缩模量，MPa；

　　　E_s——桩间土压缩模量，MPa，宜按当地经验取值，如无经验时可取天然地基压缩模量；

　　　ζ——压缩模量放大系数。

水泥土搅拌桩复合地基宜在基础和桩之间设置褥垫层，其厚度可取200～300 mm。其材料可选用中砂、粗砂、级配砂石等，最大粒径不宜大于20 mm。褥垫层夯填度不应大于0.9。

水泥土搅拌桩的长度应根据上部结构对承载力和变形的要求确定，并宜穿透软弱土层到达承载力相对较高的土层。为提高抗滑稳定性而设置的搅拌桩，其桩长应超过危险滑移弧以下2 m。

【例5.7】　某独立基础底面尺寸3.5 m×3.5 m，埋深2.5 m，地下水位在地面下1.25 m，作用于基础顶面的竖向力 $F_k = 1\ 100$ kN，采用水泥土搅拌桩复合地基，桩径0.5 m，桩长8 m，水泥土试块强度 $f_{cu} = 2\ 400$ kPa，单桩承载力发挥系数 $\lambda = 1.0, \eta = 0.25, \beta = 0.3$，单桩承载力特征值为145 kN，桩间土 $f_{sk} = 70$ kPa，试计算独立基础桩数。

【解】　由桩身强度确定的单桩承载力特征值：

$$R_a = \eta f_{cu} A_p = 0.25 \times 2\ 400 \times 0.196 = 118\ \text{kN} < 145\ \text{kN（单桩承载力特征值）}$$

取 $R_a = 118 \text{ kN}$。

基底平均压力：

$$p_k = \frac{F_k + G_k}{A} = \frac{1\ 100 + 3.5^2 \times 20 \times 1.25 + 3.5^2 \times (20 - 10) \times 1.25}{3.5^2} = 127.3(\text{kPa})$$

复合地基承载力特征值：

$$f_{spk} = \lambda m \frac{R_a}{A_p} + \beta(1 - m)f_{sk} = 1.0\ m \times \frac{118}{0.196} + 0.3 \times (1 - m) \times 70 = 581m + 21$$

经深度修正的后的复合地基承载力特征值：

$$f_a = f_{spk} + n_d \times \gamma_m \times (d - 0.5)$$

$$= 581m + 21 + 1.0 \times \frac{1.25 \times 18 + 1.25 \times 8}{2.5} \times 2.0$$

$$= 581m + 47$$

$$p_k = 127.3 \leqslant f_a = 581m + 47$$

由此可得,面积置换率为：$m \geqslant 0.138$。

水泥土搅拌桩桩数为：$n = \dfrac{mA}{A_p} = \dfrac{0.138 \times 3.5^2}{0.196} = 8.6$ 根,取 9 根。

3)水泥土搅拌桩复合地基施工方法

（1）浆体搅拌法（湿法）

水泥土搅拌桩法施工工艺流程如图5.23所示。

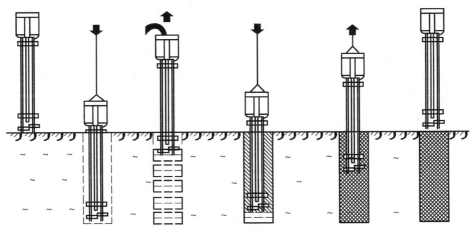

（a)定位 （b)预搅下沉 （c)喷浆搅拌上升 （d)重复搅拌下沉 （e)重复搅拌上升 （f)完毕

图5.23 水泥土搅拌桩法施工流程图

①定位:起重机(或搭架)悬吊搅拌机达到指定桩位并对中。

②预搅下沉:待搅拌机冷却水循环后,启动搅拌机沿导向架切土下沉。

③制备水泥浆:按设计确定的配合比搅制水泥浆,待压浆前将水泥浆倒入集料中。

④提升喷浆搅拌:搅拌头下沉到达设计深度后,开启灰浆泵将水泥浆液泵入压管路中,边提搅拌头边回转搅拌制桩。

⑤重复上下搅拌:搅拌机提升至设计加固深度的顶面标高时,集料斗中的水泥浆应正好排空。为使软土和水泥浆搅拌均匀,可再次将搅拌机边旋转沉入土中,至设计加固深度后再将搅拌机提升至地面。

⑥清洗:向集料斗中注入适量清水,开启灰浆泵,清洗全部注浆管路直至基本干净。

⑦位移:重复上述①~⑥步骤,再进行下一根桩的施工。

由于搅拌桩顶部与上部结构及基础或承台接触部分受力较大,因此通常还可以对桩顶1.0~1.5 m内再增加一次搅浆,以提高其强度。

(2)粉体搅拌法(干法)

粉体搅拌法(干法)施工工艺流程如下:

①放样定位。

②移动钻机、准确对孔,对孔误差不大于 50 mm。

③利用支腿油缸调平钻机,钻机主轴垂直度误差应不大于 1%。

④启动主电动机,按施工要求,以 1、2、3 挡逐渐加速顺序,正转预搅下沉,钻至接近设计深度时,采用低速慢钻。从预搅下沉直到喷粉为止,应在钻杆内连续输送压缩空气。

⑤使用粉体材料,除水泥以外,还有石灰、石膏及矿渣等,也可使用粉煤灰作为掺加料。在国内工程使用的主要是水泥材料。使用水泥粉体材料时,宜选用 42.5 级普通硅酸盐水泥,其掺和量常为 180~240 kg/m³。若使用低于 42.5 级普通硅酸盐水泥或选用矿渣水泥、火山灰水泥或其他品种水泥时,使用前必须在室内做各种配合比实验。

⑥提升喷粉搅拌。在确定已喷粉加固至孔底时,按 0.5 m/min 的速度反转提升。当提升到设计停灰标高后,应慢速原地搅拌 1~2 min。成桩过程中因故停止喷粉,应将搅拌头下沉至停灰面以下 1 m 处,待恢复喷粉时再喷粉搅拌提升。

喷粉压力一般控制在 0.25~0.4 MPa,灰罐内气压比管道内的气压高 0.02~0.05 MPa。若在其地基土天然含水量小于 30% 土层中喷粉成桩时,应采用底面注水搅拌工艺。

⑦重复搅拌。为保证粉体搅拌均匀,须再次将搅拌头下沉到设计深度。提升搅拌头时,其速度控制在 0.5~0.8 m/min。

⑧为防止空气污染,在提升喷粉距地面 0.5 m 处应减压或停止喷粉。

⑨提升喷粉过程中,须有自动计量装置。该装置为控制和检验喷粉桩的关键。

⑩钻具提升至地面后,钻机移位对孔,按上述步骤进行下一根桩的施工。

设计上要求搭接的桩体须连续施工,一般相邻桩的施工间隔时间不超过 8 h。

粉体发送器的工作原理如图 5.24 所示。

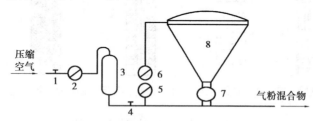

图 5.24　粉体发送器的工作原理

1—节流阀;2—流量计;3—气水分离器;4—安全阀;
5—管道压力表;6—灰罐压力表;7—发送器转鼓;8—灰罐

4)水泥土搅拌桩复合地基质量检验

水泥土桩复合地基质量检验主要采用下述方法:

①水泥土桩质量受施工质量影响较多,应重视检查施工记录,包括桩长、水泥土用量、复喷复搅情况、施工机具参数等。

②检查桩位、桩数或水泥土桩结构尺寸及其定位情况。

③在已完成的工程桩中应抽取 2%~5% 的桩进行质量检验。一般可在成桩后 7 d 以内,使

用轻便触探器钻取桩身水泥土样,观察搅拌均匀程度,同时根据轻便触探击数用对比法判断桩身强度;也可抽取5%以上的桩采用动测法进行桩身质量检验。

④采用单桩荷载试验检验水泥土桩的承载力,也可采用复合地基载荷试验检验深层搅拌桩复合地基的承载力。

5.5.4　旋喷桩复合地基

旋喷法是将带有特殊喷嘴的注浆管置于土层预定的深度,以高压喷射流切割地基土体,使固化浆液与土体混合,并置换部分土体、固化浆液与土体产生一系列的物理化学作用,水泥土凝固硬化,达到加固地基的一种地基处理方法。若在喷射固化浆液的同时,喷嘴以一定的速度旋转、提升,喷射的浆液和土体混合形成圆柱形桩体,称为旋喷桩复合地基。

旋喷桩在20世纪70年代由日本首先提出,在静压注浆的基础上,采用高压水射流切割技术而发展起来的。近年来,高压喷射注浆技术得到了很大的发展,利用超高水泵(泵压力大于50 MPa)和超高压水泥浆泵(水泥浆压力大于35 MPa),辅以低压空气,大大提高了高压喷射注浆桩的处理能力。在软土中的切割直径可超过2.0 m,注浆体的强度可达5.0 MPa,有效加固深度可达60 m。

旋喷法形成的改良土的有效直径不仅取决于采用的施工方法,还与被改良土的性质和深度有关。一般需要通过试验确定,无试验资料时采用单管法、二重管法和三重管法施工,改良土体的有效直径可分别查询相关规范确定。

旋喷法工程应用主要包括以下5个方面。

①加固已有建筑物地基。由于施工设备所占空间较小,可创造条件在室内施工,因此旋喷法可以应用于加固已有建筑物地基。国内已完成多项工程,取得良好的效果。也可在已有建筑物基础下设置旋喷桩,形成旋喷桩复合地基,以提高地基承载力,减少建筑物沉降。采用此法时,需要重视采取措施减小施工期间的附加沉降,如采取合理安排旋喷桩施工顺序、施工进度以及采用速凝剂加速水泥固化等措施。

②形成水泥止水帷幕。采用摆喷和旋喷可以在地基中设置所需要的止水帷幕,在水利工程、矿井工程和深基坑维护工程得到应用。止水帷幕可以由旋喷法单独形成,也可由旋喷法施工形成的水泥土与维护结构中的排桩联合形成。

③应用于基坑开挖工程封底。基坑维护体系中,需要采用水泥土封底时可采用旋喷法施工。水泥土封底既可防止管涌,也可减小基坑隆起,对支护结构还可以起到支撑作用。

④水平旋喷法地下工程的应用。水平高压旋喷注浆法主要用于地下铁道、隧道、矿山井巷、民防工程等地下工程的暗挖施工及其塌方事故的处理。

⑤其他工程的应用。旋喷法还可以形成水泥土挡土结构应用于基坑开挖支护结构。它应用于盾构施工时防止地面下降,也可应用于地下管道基础加固,桩基础持力层土质改良,构筑防止地下管道漏气的水泥土帷幕结构等。

1) 旋喷桩复合地基加固机理

旋喷桩施工是利用钻机把带有喷嘴的注浆管钻进土层的预定桩位后,以高压设备使浆液或水、空气成为20~40 MPa的高压射流从喷嘴中喷射出来,冲切、扰动、破坏土体,同时钻杆以一定速度逐渐提升,注浆液与土粒强制搅拌混合,浆液凝固后,在土中形成一个圆柱状固结体(即旋喷桩),以达到加固地基或止水防渗的目的。

旋喷桩复合地基施工方法按施工工艺可分为单管法、二重管法和三重管法。

①单管法是利用钻机等设备,把安装在注浆管底部侧面的特殊喷嘴置入土层预定深度后,依靠高压泥浆泵等装置,以 20 MPa 左右的压力,把浆液从喷嘴中喷射出去冲击切割土体,同时借助注浆管的旋转和提升运动,使浆液与土体混合,经过一定时间,形成水泥土固结体。

②二重管高压喷射注浆法使用双通道的注浆管进行喷射。当双通道的二重注浆管钻进土层预定深度后,通过管底部侧面的一个同轴双重喷嘴,同时从外喷射出 0.7 MPa 左右的压缩空气和从内喷嘴喷射出的 20 MPa 的高压浆液。在高压浆液流和它外圈的环绕空气流共同作用下,土体被切割,随着喷嘴的旋转和提升,浆液与土体混合,经过一定时间,形成水泥土固结体。二重管高压喷射流切割土体能力比单管高压喷射流切割土体能力强。

③三重管高压喷射注浆法使用分别输送水、气、浆 3 种介质的通道注浆管进行喷射。在以高压泵等高压发生装置产生的 40 MPa 左右的高压水喷射流周围,环绕一股 0.7 MPa 左右的圆筒状气流,进行高压水喷射流和气流同轴喷射冲切上土体,在地基土体中形成较大的孔隙,再由泥浆泵注入压力为 2~5 MPa 的浆液填充。当喷嘴旋转提升时,浆液和土体混合,经过一定的时间,形成水泥土固结体,三重管高压喷射流切割土体能力比双管高压喷射流切割能力更强。因此,采用三重管高压喷射注浆法所形成的水泥土桩直径大。

喷射注浆的加固半径和许多因素有关,包括喷射压力 P、提升速度 S、被加固土的抗剪强度 τ、喷嘴直径 d 和浆液稠度 B。加固范围与喷射压力 P、喷嘴直径 d 成正比,与提升速度 S、被加固土的抗剪强度 τ、喷嘴直径 d 和浆液稠度 B 成反比。加固体强度与单位加固体中的水泥掺入量和土质有关。

旋喷桩的成桩机理包括以下 5 种作用:

①高压喷射流切割破坏土体作用。喷射流动压以脉冲形式冲击破坏土体,使土体出现空穴,土体裂隙扩张。

②混合搅拌作用。钻杆在旋转提升过程中,在射流后部形成空隙,在喷射压力下,迫使土粒向着与喷嘴移动方向相反的方向(即阻力小的方向)移动位置,与浆液搅拌混合形成新的结构。

③升扬置换作用(三管法)。高速水射流切割土体的同时,由于通入压缩气体而把一部分切下的土粒排出地上,土粒排出后所留空隙由水泥浆液补充。

④充填、渗透固结作用。高压水泥浆迅速充填张开的沟槽和土粒的空隙,析水固结,还可渗入砂层一定厚度而形成固结体。

⑤压密作用。高压喷射流在切割破碎土层过程中,在破碎部位边缘还有剩余压力,并对土层可产生一定压密作用,使旋喷桩体边缘部分的抗压强度高于中心部分。

2)旋喷桩复合地基设计方法

(1)处理范围

旋喷桩复合地基适用于处理淤泥、淤泥质土、黏性土(流塑、软塑和可塑)、粉土、砂土、黄土、素填土、碎石土等地基。高压喷射注浆使用的压力大,因而喷射流的能量大、速度快。当它连续集中作用在土体上,压力和冲蚀等多种因素便在很小的区域内产生效应,对从粒径很小的细粒土到含有颗粒直径较大的卵石、碎石土,均有巨大的冲击和搅动作用,使注入的浆液和土拌和凝固为新的固结体。

对于硬黏性土中含有较多的大粒径块石,因而喷射流可能受到阻挡或削弱,冲击破碎力急剧下降,切削范围减小或影响处理效果;对于含有大量植物根茎、较高有机质的软土,其处理效果取决于固结体的化学稳定性。鉴于上述几种土的组成复杂、差异悬殊,高压喷射注浆处理的效果差别较大,不能一概而论,故应根据现场试验结果确定其适用程度和技术参数。对于湿陷性黄土地基,因当前试验资料和施工实例较少,也应预先进行现场试验。

对基岩和碎石土中的卵石、块石、漂石呈骨架结构的地层,地下水流速过大和已涌水的地基防水工程,地下水具有侵蚀性,由于工艺、机具和瞬时速凝材料等方面的原因,应慎重使用,应通过现场试验确定。

（2）旋喷固结体的确定

喷浆宜采用42.5级普通硅酸盐水泥,水灰比宜为0.8~1.2。为确定喷射浆液的合理配方,必须取现场各层土样,在室内按不同的含水量和配合比进行试验,优选出最合理的浆液配方。对规模较大及性质较重要的工程,设计完成后,要在现场进行试验,查明喷射固结体的直径和强度,验证设计的可靠性和安全性。

固结体尺寸主要取决于下列因素:土的类别及其密实程度;高压喷射注浆方法（注浆管的类型）;喷射技术参数,包括喷射压力与流量、喷嘴直径与个数、压缩空气的压力与流量、喷嘴间隙、注浆管的提升速度与旋转速度。

在无试验资料的情况下,对小型或不太重要的工程,固结体尺寸可根据表5.11所列数值选用。对于大型或重要工程,应通过现场喷射试验后开挖钻孔采样确定。高压喷射注浆法用于深基坑、地铁等工程形成连续体时,相邻桩搭接不宜小于300 mm。

表5.11　旋喷桩的设计直径　　　　　　　　单位:m

土质 \ 方法		单管法	二重管法	三重管法
黏性土	$0 < N < 5$	0.5~0.8	0.8~1.2	1.2~1.8
	$6 < N < 10$	0.4~0.7	0.7~1.1	1.0~1.6
	$11 < N < 20$	0.3~0.6	0.6~0.9	0.6~0.9
砂性土	$0 < N < 10$	0.6~1.0	1.0~1.4	1.5~2.0
	$11 < N < 20$	0.5~0.9	0.9~1.3	1.2~1.8
	$21 < N < 30$	0.4~0.8	0.8~1.2	0.9~1.5
砂砾	$20 < N < 30$	0.4~0.8	0.7~1.2	0.9~1.5

注:N为标准贯入击数。

固结体强度主要取决于下列因素:土质、喷射材料及水灰比、注浆管的类型和提升度、单位时间的注浆量。

按规定,取28 d固结体抗压强度为设计依据。试验表明,在黏土中,因水泥水化物与黏土矿物发生作用时间较长,28 d后的强度会继续增长,这种强度增长可作安全储备。

一般情况下,黏性土固结强度为1.5~5 MPa,砂类土的固结强度为10 MPa左右（单管法为3~7 MPa,二重管法为4~10 MPa,三重管法为5~15 MPa）。通过选用高等级的硅酸盐水泥和适当的外加剂,可以提高固结体的强度。

对大型或重要工程,应通过现场喷射试验后采样来确定固结体强度和抗渗透性。

（3）单桩竖向承载力特征值的计算

旋喷桩竖向承载力特征值应通过现场载荷试验确定。初步设计时也可按由桩周土和桩端土的抗力提供的单桩承载力,按式(5.96)估算,并应同时满足由桩身材料强度确定的单桩承载力,按式(5.97)计算。尤其当复合地基承载力进行基础埋深的深度修正时,增强体桩身强度应满足式(5.98)要求。

$$R_a = u_p \sum_{i=1}^{n} q_{si} l_i + \alpha A_p q_p \tag{5.96}$$

$$f_{cu} \geqslant 4 \frac{\lambda R_a}{A_p} \tag{5.97}$$

$$f_{cu} \geqslant 4 \frac{\lambda R_a}{A_p} \left[1 + \frac{\lambda_m (d - 0.5)}{f_{spa}} \right] \tag{5.98}$$

式中 f_{cu}——桩体试块(边长 150 mm 的立方体)在标准养护条件下 28 d 龄期的立方体抗压强度平均值,kPa;

R_a——单桩承载力特征值;

q_{si}——桩周第 i 层土的侧向容许摩阻力特征值,淤泥可取 4~7 kPa,淤泥质土可取 6~12 kPa;软塑状态黏性土可取 10~15 kPa,可塑状态的黏性土可以取 12~18 kPa;

u_p——桩的周长,m;

l_i——桩长范围内第 i 层土的厚度,m;

q_p——桩端地基土未经修正的承载力特征值,kPa,可按《建筑地基基础设计规范》(GB 50007—2011)确定;

α——桩端天然地基土的容许承载力折减系数,按地区经验确定;

A_p——桩的截面面积;

γ_m——基础底面以上土的加权平均重度,kN/m³,地下水位以下取有效重度;

λ——单桩承载力发挥系数,可按地区经验取值;

d——基础埋置深度,m;

f_{spa}——深度修正后的复合地基承载力特征值。

(4)复合地基承载力特征值的计算

竖向旋喷桩复合地基的承载力特征值应通过现场单桩或多桩复合地基载荷试验确定。初步设计时也可按下式估算:

$$f_{spk} = \lambda m \frac{R_a}{A_p} + \beta (1 - m) f_{sk} \tag{5.99}$$

式中 f_{spk}——复合地基承载力特征值,kPa;

λ——单桩承载力发挥系数,可按地区经验取值;

R_a——单桩竖向承载力特征值,kN;

f_{sk}——桩间土加固后的地基承载力特征值,kPa;

m——桩土面积置换率,$m = \dfrac{d^2}{d_e^2}$;

d——桩身平均直径,m;

d_e——一根桩分担的处理地基面积的等效圆直径,m;等边三角形布桩:$d_e = 1.05S$;正方形布桩:$d_e = 1.13S$;矩形布桩:$d_e = 1.13\sqrt{S_1 S_2}$;

S, S_1, S_2——桩间距、纵向间距和横向间距,m;

β——桩间土承载力折减系数。

当旋喷桩处理范围下存在软弱下卧层时,应按《建筑地基基础设计规范》(GB 50007—2011)的有关规定进行下卧层承载力验算。

(5)复合地基的变形计算

通常采用分层总和法计算旋喷桩复合地基变形,复合地基沉降量为加固区压缩量 s_1 和加

固区下卧层压缩量 s_2 之和。可将加固区视为一复合土体(详见5.5.1节)。

复合土体的压缩模量可以通过式(5.101)求出,且地基变形的计算深度应大于复合土层的深度。

$$\zeta = \frac{f_{\text{spk}}}{f_{\text{ak}}} \tag{5.100}$$

$$E_{\text{sp}} = \zeta E_{\text{s}} \tag{5.101}$$

式中　f_{spk}——复合地基承载力特征值,kPa;

　　　f_{ak}——基础底面下天然地基承载力特征值,kPa;

　　　E_{sp}——复合土层压缩模量,MPa;

　　　E_{s}——桩间土压缩模量,MPa,宜按当地经验取值,如无经验时可取天然地基压缩模量;

　　　ζ——压缩模量放大系数。

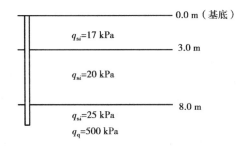

图 5.25　土层勘查图

旋喷桩复合地基宜在基础和桩顶之间设置褥垫层,褥垫层厚度可取150~300 mm,其材料可选用中砂、粗砂、级配砂石等,最大粒径不宜大于20 mm。褥垫层夯填度不应大于0.9。旋喷桩的平面布置可根据上部结构和基础特点确定。独立基础下的桩数不应少于4根。

【例5.8】　某工程采用旋喷桩复合地基,桩长10 m,桩直径为600 mm,桩身28 d强度为3 MPa,基底以下相关地层埋深及桩侧阻力特征值、桩端阻力特征值如图5.25所示,试确定旋喷桩单桩承载力。

【解】　单桩承载力特征值:

$$R_{\text{a}} = u_{\text{p}} \sum_{i=1}^{n} q_{si} l_i + \alpha A_{\text{p}} q_{\text{p}}$$

$$= \pi \times 0.6 \times (17 \times 3 + 20 \times 5 + 25 \times 2) + 1.0 \times 500 \times 0.282\,6$$

$$= 519.9(\text{kN})$$

桩身强度承载力:

$$R_{\text{a}} \leqslant \frac{f_{\text{cu}} A_{\text{p}}}{4\lambda} = \frac{3 \times 10^3 \times 3.14 \times 0.3^2}{4 \times 1.0} = 212(\text{kN})$$

两者取小值,单桩承载力特征值为212 kN。

3) 旋喷桩复合地基施工方法

①施工前应根据现场环境和地下埋设物的位置等情况,复核旋喷桩的设计孔位。

②旋喷桩的施工工艺及参数应根据土质条件、加固要求通过试验或根据工程经验确定,并在施工中加以严格控制。水泥掺入量宜取5%~30%,建议一般土层取15%,软土、松散砂土、粉土取20%,杂填土取25%~30%。单管法及双管法的高压水泥浆和三管法的高压水的压力应大于20 MPa,流量大于30 L/min,气流压力宜大于0.7 MPa,提升速度可取0.1~0.2 m/min。

③浆量计算。浆量计算有两种方法,即体积法和喷量法,取大者作为设计喷射浆量。

体积法:

$$Q = \frac{\pi D_{\text{e}}^2}{4} K_1 h_1 (1 + \beta) + \frac{\pi D_0^2}{4} K_2 h_2 \tag{5.102}$$

喷量法：

$$Q = \frac{H}{V}q(1 + \beta) \qquad (5.103)$$

式中　Q——需要的喷浆量，m^3；

　　　D_e——旋喷固结体直径，m；

　　　D_0——注浆管直径，m；

　　　K_1——填充率，取 0.75～0.9；

　　　h_1——旋喷长度，m；

　　　K_2——未旋喷范围内土的填充率，取 0.5～0.75；

　　　h_2——未旋喷长度，m；

　　　β——损失系数，可取 0.1～0.2；

　　　V——提升速度，m/min；

　　　H——喷射长度，m；

　　　q——单位喷浆量，m^3/min。

根据计算所需的喷浆量和设计的水灰比，即可确定水泥的使用数量。

④旋喷桩的主要材料为水泥。对于无特殊要求的工程，宜采用 42.5 级普通硅酸盐水泥，根据需要可在水泥浆中加入适量的外加剂及掺合料，以改善水泥浆液的性能，如早强剂、悬浮剂等。所用外加剂或掺合剂的数量，应根据水泥土的特点通过室内配比试验或现场试验确定。有足够实践经验时，也可按经验确定。喷射注浆的材料还可选用化学浆液。因其费用昂贵，只有少数工程应用。

⑤水泥浆液的水灰比应按工程要求确定。水泥浆液的水灰比越小，旋喷桩处理地基的强度越高。在工程中因注浆设备的原因，水灰比太小时，喷射有困难，故水灰比通常取 0.8～1.2，生产实践中常用 0.9。由于生产、运输和保存等原因，有些水泥厂的水泥成分不够稳定，质量波动较大，将导致高压喷射水泥浆液凝固时间过长，固结强度降低。因此，应事先对各批水泥进行检验，合格后才能使用。对拌制水泥浆的用水，只有符合混凝土拌和标准方可使用。

⑥喷射孔与高压注浆泵的距离不宜大于 50 m。高压泵通过高压橡胶软管输送高压浆液至钻机上的注浆管，进行喷射注浆。若钻机和高压水泵的距离过远，势必要增加高压橡胶软管的长度，使高压喷射流的沿程损失增大，造成实际喷射压力降低的后果。因此，钻机与高压泵的距离不宜过远。在大面积场地施工时，为了减少沿程损失，应搬动高压泵保持与钻机的距离。钻孔的位置与设计位置的偏差不得大于 50 mm，垂直度偏差不大于 1%。实际孔位、孔深和每个钻孔内的地下障碍物、洞穴、涌水、漏水及岩土工程勘察报告不符等情况均应详细记录。实际施工孔位与设计孔位偏差过大时，会影响加固效果。故孔位偏差值应小于 50 mm，并必须保持钻孔的垂直度。土层的结构和土质种类与加固质量关系更为密切。只有通过钻孔过程详细记录地质情况并了解地下情况后，施工时才能因地制宜，及时调整工艺和变更喷射参数，达到处理效果良好的目的。

⑦当喷射注浆管贯入土中，喷嘴达到设计标高时，即可喷射注浆。在喷射注浆参数达到规定值后，随即按旋喷的工艺要求，提升喷射管，由下而上旋转喷射注浆。喷射管分段提升的搭接长度不得小于 100 mm。

⑧对需要局部扩大加固范围或提高强度的部位，可采用复喷措施。在不改变喷射参数的条件下，对同一标高的土层作重复喷射，能加大有效加固范围和提高固结体强度。这是一种局部获得较大旋喷直径或定喷、摆喷范围的简易有效方法。复喷的方法根据工程要求决定。在实际工作中，旋喷桩通常在底部和顶部进行复喷，以增大承载力和确保处理质量。

⑨当喷射注浆过程中出现下列异常情况时,应查明原因并及时采取相应措施:

a. 流量不变而压力突然下降时,应检查各部位的泄露情况,必要时拔出注浆管,检查密封性能。

b. 出现不冒浆或断续冒浆时,若是土质松软则视为正常现象,可适当进行复喷;若是附近有空洞、通道,则应不提升注浆管继续注浆直至冒浆为止,或拔出注浆管待浆液凝固后重新注浆。

c. 压力稍有下降时,可能是注浆管被击穿或有孔洞,使喷射能力降低。此时,应拔出注浆管进行检查。

d. 压力陡增超过最高限值、流量为零、停机后压力仍不变动时,则可能是喷嘴堵塞,应拔管疏通喷嘴。

⑩高压喷射注浆完毕,应迅速拔出喷射管。为防止浆液凝固收缩影响桩顶高程,必要时可在原孔位采用冒浆回灌或第二次注浆等措施。当高压喷射注浆完毕后,或在喷射注浆过程中因故中断,短时间(不大于浆液初凝时间)内不能继续喷浆时,均应立即拔出注浆管清洗备用,以防浆液凝固后拔不出管来。为防止因浆液凝固收缩,产生加固地基与建筑基础不密贴或脱空现象,可采用超高喷射(旋喷处理地基的顶面超过建筑基础底面,其超高量大于收缩高度)、冒浆回灌或第二次注浆等措施。

⑪施工中应做好废泥浆处理,及时将废泥浆运出或在现场短期堆放后作土方运出。在城市施工中泥浆管理直接影响文明施工,必须在开工前做好规划,做到有计划地堆放,废浆应及时排出现场,保持场地文明。

⑫施工中应严格按照施工参数和材料用量施工,用浆量和提升速度应采用自动记录装置,并如实做好各项施工记录。应在专门的记录表格上做好自检,如实记录施工的各项参数和详细描述喷射注浆时的各种现象,以便判断加固效果,并为质量检验提供资料。

4) 旋喷桩复合地基质量检验

高压喷射注浆法加固地基质量可采用开挖检查、钻孔取芯、标准贯入、载荷试验或压水试验等方法进行相应的检验。具体工程应采用检验方法可视其工程要求和应用情况而定。用于形成复合地基提高地基承载力和减小沉降可采用载荷试验,用于形成止水帷幕可采用压水试验等。

另外,在施工过程中,正常情况下约有20%的泥浆溢出地面。泥浆中含有水泥和被置换的土体。在旋喷注浆施工过程中如无泥浆溢出,应检查是否遇到地下水流过大或孔洞带走喷射浆液等情况。在施工过程中,若溢出泥浆数量庞大,也应检查施工质量,是否产生未能有效切割土体,浆液未能与土体混合而沿钻杆溢出的状况。溢出泥浆可脱水用于填筑路基等。

5.5.5 灰土挤密桩和土挤密桩复合地基

灰土挤密桩(简称灰土桩)和土挤密桩(简称土桩)是通过成孔过程中横向挤压作用,桩孔内的土被挤向周围,桩间土得以挤密,然后将备好的灰土或素土(黏性土)分层填入桩孔内,并分层捣实至设计标高。用灰土分层夯实的桩体,称为灰土挤密桩;用素土分层夯实的桩体,称为土密桩。二者分别与挤密的桩间土组成复合地基,共同承担基础上部荷载。

土桩和灰土桩具有原位处理、深层挤密、就地取材、施工工艺多样、施工速度快和造价低廉的特点,多用于处理厚度较大的湿陷性黄土或填土地基,具有显著的技术经济效益。

灰土挤密桩法和土挤密桩法适用于处理地下水位以上的湿陷性黄土、素填土和杂填土等地基,可处理地基的深度为5~15 m。当以消除地基上的湿陷性为主要目的时,宜选用土挤密桩法;当以提高地基土的承载力或增强其水稳性为主要目的时,宜选用灰土挤密桩法或土挤密桩法。在有条件和有经验的地区,也可就近利用工业废料(如粉煤灰、矿渣或其他废渣)夯填桩孔,一般宜掺入少量石灰或水泥作为胶结料,以提高桩体的强度和稳定性。

大量的试验研究资料和工程实践表明,灰土挤密桩和土挤密桩用于处理地下水位以上的湿陷性黄土、素填土、杂填土等地基,不论是消除土的湿陷性还是提高承载力都很有效。但当土的含水量大于 24% 及饱和度大于 0.65 时,在成孔及拔管过程中,桩孔及其周围容易缩颈和隆起,挤密效果差,故上述方法不适用于处理地下水位以下及毛细饱和带的土层。

1)灰土挤密桩和土挤密桩复合地基加固机理

(1)挤密作用

灰土挤密桩和土挤密桩的挤密作用与砂桩类似。当桩的含水量接近最优含水量时,土呈塑性状态,挤密效果最佳;当含水量偏低,土呈坚硬状态时,有效挤密区变小;当含水量过高时,由于挤密引起超孔隙水压力,土体难以挤密,且孔壁附近土的强度因受扰动而降低,拔管时容易出现缩颈等情况。土的天然干密度越大,有效挤密范围越大,反之亦然。

(2)灰土性质作用

灰土桩是用石灰和土按一体积比例(2∶8 或 3∶7)拌和,并在桩孔内夯实加密后形成的桩,这种材料在化学性能上具有气硬性和水硬性,由于石灰内带正电荷钙离子与带负电荷黏土颗粒相互吸引,形成胶体凝聚,并随灰土龄期增长,土体固化作用提高,使灰土强度逐渐增加。它可达到挤密地基效果,提高地基承载力,消除湿陷性,使沉降均匀和沉降量减小。

(3)桩体作用

在灰土挤密桩和土挤密桩地基中,由于灰土桩的变形模量远大于桩间土的变形模量(灰土的变形模量为 $E_0 = 40 \sim 200$ MPa,相当于夯实素土的 2~10 倍),故灰土桩在复合地基中承担了很大比例的荷载。载荷试验表明:只占压实板面积约 20% 的灰土桩承担了总荷载的 50% 左右,而占压板的面积 80% 的桩间土仅承担了其余的 50%。总荷载的 50% 由灰土桩或土桩承担,从而降低了基础底面下一定深度内土中的应力,消除了持力层内产生大量压缩变形和湿陷变形的不利因素。此外,由于灰土桩和土桩对桩间土能起侧向约束作用,限制土的侧向移动,桩间土只进行竖向压密,压力与沉降始终呈线性关系。

在土桩挤密地基上,测试刚性板接触压力的结果表明,在同一部位的土桩体上的应力相差不大,两者的应力分担比 $\sigma_p / \sigma_s \approx 1$。同时,基底接触压力分布情况与土垫层情况相似。

2)灰土挤密桩和土挤密桩复合地基设计方法

(1)处理范围

①处理地基的面积。灰土挤密桩和土挤密桩处理地基的面积,应大于基础建筑物底层平面的面积,并应符合下列规定:

a. 当采用局部处理时,应超出基础底面的宽度。对非自重湿陷性黄土、素填土和杂填土等地基,每边不应小于基底宽度的 0.25 倍,且不应小于 0.50 m;对自重湿陷性黄土地基,每边不应小于基底宽度的 0.75 倍,且不应小于 1.0 m。

b. 当采用整片处理时,应超出建筑物外墙基础底面外缘的宽度,每边不宜小于处理土层厚度的 1/2,且应不小于 2 m。

②处理地基的深度。灰土挤密桩和土挤密桩处理地基的深度应根据土质情况、建筑物对地形的要求、成孔设备等因素综合考虑确定。对湿陷性黄土地基,应按《湿陷性黄土地区建筑规范》(GB 50025—2004)规定的原则确定土桩或灰土桩挤密地基的深度。

消除地基全部湿陷量的处理厚度,应符合下列要求:

①在自重湿陷性黄土场地,应处理基础以下的全部湿陷性土层;

②非自重湿陷性黄土场地,应将基础下湿陷起始压力小于附加压力与上覆土的饱和自重压力之和的所有土层,进行处理或处理至基础下的压缩层下限为止。

消除地基部分湿陷量,适用于乙类建筑,其最小处理厚度应符合下列要求:

①在自重湿陷性黄土场地,不应小于湿陷性土层厚度的2/3,并应控制剩余湿陷量不大于20 cm;

②在非自重湿陷性黄土场地,不应小于压缩层厚度的2/3。

对于自重湿陷性不敏感、自重湿陷性土层埋藏较深或自重湿陷量较小的黄土场地(如陕西关中地区),地基的处理深度可根据当地工程经验,按非自重湿陷性黄土场地考虑。

当以提高地基承载力为主要目的时,对基底下持力层范围内的低承载力和高压缩性土层应进行处理,并应通过下卧层承载力验算来确定地基的处理深度。桩长从基础算起,一般不宜小于5 m。当处理深度过小时,采用土桩挤密不经济,桩孔深度目前施工可达12~15 m。

桩基施工后,宜挖去表面松动层,并在桩顶面上设置厚度为0.3 m以上的素土或灰土垫层。

(2)桩孔布置原则

布桩方式主要取决于基础形式和基础尺寸,不同布桩方式对桩的置换作用无影响,但对桩间土的挤密作用有影响。布桩重复挤密面积对比分析如图5.26所示,如正三角形布桩重复挤密面积为21%,正方形布桩为57%。可见,在整片基础下设计挤密桩时,宜优先采用正三角形布桩。布桩方式选择见表5.12。

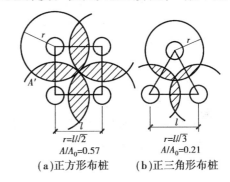

$r = l/\sqrt{2}$ 　　　　　$r = l/\sqrt{3}$
$A/A_0 = 0.57$ 　　　　$A/A_0 = 0.21$
(a)正方形布桩　　　(b)正三角形布桩

图5.26　桩孔布置图

表5.12　常用布桩形式选择

基础形式	常用布桩形式	注意事项
整片基础	等距正三角形或正方形均匀布桩	挤密桩,正三角形布桩优于正方形布桩
单独基础	正三角形布桩、正方形布桩、梅花点布桩	桩位布置应对称于中心纵横轴线
条形基础	单排布桩、三角形双排布桩、正方形双排桩、正三角形或正方形一排布桩	桩位应重合基础轴线或与基础轴线对称,且转角处及构造柱部位均宜布桩

对单独基础和条形基础,常采用等边三角形布桩,土桩不少于2排,灰土桩不少于3排。对圆形基础采用整片地基,处理时宜按正三角形、等腰三角形或梅花形布桩。

(3)桩径、桩间距、排距的确定

①桩孔直径。桩孔直径宜为300~600 mm,沉管法的桩管直径多为400 mm。设计桩径时,应根据当地常用设备规格、型号或成孔方法选用。

②桩孔间距。桩孔宜按等边三角形布置,桩孔之间的中心距离可为桩孔直径的2.0~2.5倍,也可按下式估算:

$$S = 0.95d \sqrt{\frac{\overline{\eta}_c \rho_{d\ max}}{\overline{\eta}_c \rho_{d\ max} - \overline{\rho}_d}} \tag{5.104}$$

式中　S——桩孔之间的中心距离,m;

　　　d——桩孔直径,m;

$\bar{\eta}_c$——桩间土成孔挤密后平均挤密系数，$\bar{\eta}_c = \bar{\rho}_{d1} / \rho_{d\,max}$，不宜小于 0.93；

$\bar{\rho}_{d1}$——在成孔挤密深度内，桩间土平均干密度，t/m^3，平均式样数不应少于 6 组；

$\rho_{d\,max}$——桩间土最大干密度，通过击实试验确定，t/m^3；

$\bar{\rho}_d$——地基处理前土的平均干密度，t/m^3。

处理填土地基时，鉴于其干密度值变化较大，一般按式(5.104)不容易得出桩孔间距。为此，可按下式计算桩孔间距：

$$S = 0.95d\sqrt{\frac{f_{pk} - f_{sk}}{f_{spk} - f_{sk}}} \tag{5.105}$$

式中　f_{pk}——灰土桩体的承载力特征值，宜取 $f_{pk} = 500$ kPa；

　　　f_{sk}——挤密前填土地基的承载力特征值（应通过现场测试确定）；

　　　f_{spk}——处理后要求的复合地基承载力特征值。

对于重要工程或缺乏经验的地区，应通过现场成孔挤密试验，按照不同桩距时的实测挤密效果确定桩孔间距。

③桩孔排距。桩孔间距确定之后，可计算桩孔排距 l。等边三角形布桩，$l = 0.87S$；正方形布桩，$l = S$。

（4）填料和压实系数

桩孔内的填料，应根据工程要求或地基处理的目的确定，并应用压实系数 λ_c 控制夯实质量。当用素土回填夯实时，$\lambda_c \geq 0.97$，灰与土的体积配合比宜为 2∶8 或 3∶7。

桩顶标高以上应设置厚 300～500 mm 的 2∶8 灰土垫层，其压实系数 λ_c 不应小于 0.95。

（5）复合地基承载力特征值的计算

土挤密桩或灰土挤密桩处理地基的承载力特征值，应通过原位测试或当地经验确定。若挤密桩的目的是消除地基的湿陷性，还应进行浸水试验。在自重湿陷性黄土地基上，浸水试坑直径或边长不应小于湿陷性黄土层的厚度，且不小于 10 m。试验时，若 p-s 曲线上无明显直线段，则土桩挤密地基按 $s/b = 0.01 \sim 0.015$，灰土挤密桩复合地基按 $s/b = 0.008$（b 为载荷板宽度），所对应的荷载作为处理地基的承载力特征值。

初步设计时，也可用单桩和处理后桩间土承载力特征值按下式估算：

$$f_{spk} = [1 + m(n - 1)]f_{sk} \tag{5.106}$$

式中　f_{spk}——灰土挤密桩和土挤密桩复合地基承载力特征值，kPa；

　　　f_{sk}——处理后桩间土承载力特征值，kPa，宜按当地经验取值，如无经验时可取天然地基承载力特征值；

　　　m——桩土面积置换率，$m = \dfrac{d^2}{d_e^2}$；

　　　d——桩身平均直径，m；

　　　n——桩土应力比，无实测值时，对黏性土可取 2.0～4.0，对粉土和砂土可取 1.5～3.0；

　　　d_e——一根桩分担的处理地基面积的等效圆直径，m；等边三角形布桩：$d_e = 1.05S$；正方形布桩：$d_e = 1.13S$；矩形布桩：$d_e = 1.13\sqrt{S_1 S_2}$；

　　　S, S_1, S_2——分别为桩间距、纵向间距和横向间距，m。

对一般工程，可参照当地经验确定挤密地基土的承载力设计值。当缺乏经验时，灰土挤密桩复合地基的承载力特征值不宜大于处理前的 2.0 倍，且不宜大于 250 kPa；土挤密桩复合地基的承载力特征值不宜大于处理前的 1.4 倍，且不宜大于 180 kPa。该规定的前提是必须对桩间土进行挤密。挤密的效果以桩间土平均压实系数不小于 0.93 来控制，以此计算桩距。

当灰土挤密桩和土挤密桩处理范围下存在软弱下卧层时,应按《建筑地基基础设计规范》(GB 50007—2011)的有关规定进行下卧层承载力验算。

(6)变形计算

通常采用分层总和法计算灰土挤密桩和土挤密桩复合地基变形,复合地基沉降量为加固区压缩量 s_1 和加固区下卧层压缩量 s_2 之和。可将加固区视为一复合土体(详见 5.5.1 节)。

复合土体的压缩模量可以通过式(5.108)求出,且地基变形的计算深度应大于复合土层的深度。

$$\zeta = \frac{f_{spk}}{f_{ak}} \qquad\qquad (5.107)$$

$$E_{sp} = \zeta E_s \qquad\qquad (5.108)$$

式中　f_{spk}——复合地基承载力特征值,kPa;

　　　f_{ak}——基础底面下天然地基承载力特征值,kPa;

　　　E_{sp}——复合土层压缩模量,MPa;

　　　E_s——桩间土压缩模量,MPa,宜按当地经验取值,如无经验时可取天然地基压缩模量;

　　　ζ——压缩模量放大系数。

灰土挤密桩和土挤密桩复合地基宜在基础和桩顶之间设置褥垫层,褥垫层厚度可取 300 ~ 600 mm,其材料可选用 2∶8 或 3∶7 灰土、水泥土等。其压实系数不应低于 0.95。

【例 5.9】　某湿陷性黄土厚 6 ~ 6.5 m,平均干密度 $\rho_d = 1.25$ t/m³,要求消除黄土湿陷性,地基治理后,桩间土最大干密度要求达到 1.60 t/m³,现采用灰土挤密桩处理地基,桩径 0.4 m,等边三角形布桩,试求灰土桩间距。

【解】　灰土桩间距按式(5.104)计算(η_c 取 0.93):

$$S = 0.95d\sqrt{\frac{\overline{\eta_c}\rho_{d\,max}}{\overline{\eta_c}\rho_{d\,max} - \overline{\rho_d}}}$$

$$= 0.95 \times 0.4 \times \sqrt{\frac{0.93 \times 1.6}{0.93 \times 1.6 - 1.25}}$$

$$= 0.95 \times 0.4 \times 2.5 = 0.95(\text{m})$$

3)灰土挤密桩和土挤密桩复合地基施工方法

土桩、灰土桩施工主要分两个部分:一是成孔,二是回填夯实。

(1)成孔

成孔方法分为两种:一种是挤土成孔,一种是非挤土成孔。

挤土成孔施工方法有沉管法、爆破法和冲击法。

①在工程中土桩、灰土桩和夯实水泥土桩施工最常用的是沉管法。沉管法成孔是利用沉桩机将带有通气桩尖的钢制桩管沉入地基土中直至设计深度,然后慢慢拔出桩管,形成桩孔。沉管法成孔挤密效果稳定,孔壁光滑,质量容易保证。沉管法施工程序为:桩管就位、沉管挤土、拔管成孔、桩体夯实,如图 5.27 所示。

②爆破法成孔是将一定量的炸药埋入地基土中引爆

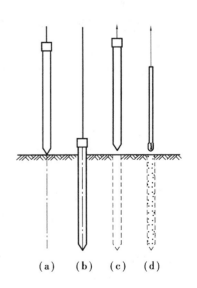

(a)　(b)　(c)　(d)

图 5.27　沉管法施工示意图

后挤压成孔。爆破法常用的施工工艺有药眼法、药管法。

药眼法是将钢钎打入土中预定深度,拔出钢钎后形成孔眼,然后直接装入安全炸药和电雷管,引爆后药眼即扩大成具有较大直径的孔。该法不适用地基土体含水量超过22%的地基。

药管法是凭在地基中采用洛阳铲等方法形成药管孔,然后在孔内放入预制的炸药管和电雷管,引爆后扩大成具有一定直径的孔。该法炸药不与地基土体接触,因此可适用于土体含水量较大的地基。

③冲击法成孔是利用冲击钻机将重6~32 kN的锥形冲击锤提升0.5~2.0 m成孔高度后自由落下,通过反复冲击在地基中形成400~600 mm的桩孔。冲击成孔深度可达到20 m以上。

成孔时,地基土宜接近最优(或塑限)含水量,当土的含水量低于12%时,宜对拟处理范围内的土层进行增湿,应在地基处理前4~6 d,将需增湿的水通过一定数量和一定深度的渗水孔,均匀地浸入拟处理范围内的土层中,增湿土的加水量可按下式估算:

$$Q = \nu \bar{\rho}_d (\omega_{op} - \bar{\omega})k \tag{5.109}$$

式中　Q——计算加水量,t;

　　　ν——拟加固土的总体积,m^3;

　　　$\bar{\rho}_d$——地基处理前土的平均干密度,t/m^3;

　　　ω_{op}——土的最优含水量(%),通过室内击实试验求得;

　　　$\bar{\omega}$——地基处理前土的平均含水量(%);

　　　k——损耗系数,可取1.05~1.10。

(2)回填夯实

回填夯实包括回填料制备和分层回填夯实。

素土宜选用纯净的黄土、一般黏性土或$I_p > 4$的粉土,其有机质含量不得超过5%,土块粒径不宜大于15 mm。灰土配合比应按设计要求确定。多数情况下,应边拌和边加水至含水量接近其最优值,其粒径不应大于15 mm。素土和灰土填料应通过击实试验求得最大干密度和最优含水量。填夯时,素土或灰土的含水量应接近其最优值。

夯实机械目前尚无定型产品,多由施工单位自行设计加工而成。常用的夯实机械有偏心轮夹杆式夯实机、卷扬机提升式夯实机等。回填夯实施工前,应进行回填夯实施工工艺试验,通过试验确定合理的分层填料和夯击次数。

4)灰土挤密桩和土挤密桩复合地基质量检验

土桩或灰土桩法加固地基质量检验视加固目的的不同而不同。所以,以消除湿陷性为主的加固可侧重挤密和消除湿陷性的检验,以提高承载力为主的加固可侧重复合地基载荷试验。

对桩间土的挤密效果检验可通过现场对不同桩间距的挤密土分层取样,测定其干密度和压实系数,并以桩间土的平均压实系数来评价挤密效果。对湿陷性黄土地基,当平均压实系数≥0.93时,即可认为达到消除湿陷性的目的。消除黄土湿陷性效果检验也可通过取样、测定桩间土和桩孔夯实土样的湿陷性系数来评价。消除土的湿陷性效果检验还可通过现场浸水试验、载荷试验来评价。

提高地基承载力效果检验可通过载荷试验测定。通过复合地基载荷试验可以确定采用土桩、灰土桩或水泥土桩加固后的地基承载力。也可通过其他测定法,如静力触探试验(CPT)、标准贯入试验(SPT)、动力触探试验(DPT)和旁压试验等测试方法,对采用土桩、灰土桩加固地基效果进行评价。

5.5.6 夯实水泥土桩复合地基

夯实水泥土桩复合地基技术是将水泥和土按设计的比例搅拌均匀,在孔内夯实至设计要求的密实度而形成的加固体,并与桩间土组成复合地基的一种地基处理办法。夯实水泥土桩施工时,桩身混合料在孔外拌和,然后逐层填入孔中并经外力机械夯实。夯实水泥土的强度主要由两部分组成:一部分为水泥胶结体的强度;一部分为夯实后因密实度增加而提高的强度。

夯实水泥土桩复合地基技术,是在旧城区危房改造工程的地基处理中,由于场地条件有时不具备动力电源和充足的水源供应,或者由于场地施工条件复杂,不具备大型设备进出场条件,场地土层在这些情况下不适合搅拌水泥土的施工。为满足这些情况下的房屋地基处理的需要,急需开发一种工效高、无噪声、无污染的地基处理方法,满足旧城区危房改造工程的需要。中国建筑科学研究院地基基础研究所针对这类工程的需要,1993年开始研究开发了夯实水泥土桩复合地基,取得了很好的社会效益和经济效益。

夯实水泥土桩是将水泥和土搅拌,在孔内夯实成桩,分实水泥土桩和水泥土搅拌桩的主要区别在于:

①水泥土搅拌桩桩体强度与现场土层的含水量、土的类型密切相关,搅拌后桩体密度增加很少,桩体强度主要取决于水泥的胶结作用,且由于土的分层性质,桩体强度沿深度是不均匀的,局部软弱夹层处的强度较低,影响荷载向深层传递。

②夯实水泥土桩的水泥和土在孔外拌和,均匀性好,场地土岩性变化对桩体强度影响不大,桩体强度以水泥的胶结作用为主,桩体密度的增加也对成桩体强度的增长起重要作用。夯实水泥土桩的现场强度和相同水泥掺量的室内试样强度,在夯实密度相同条件下是相同的。

③由于成桩是将孔外拌和均匀的水泥土混合料回填孔内并强力夯实,桩体强度与天然土强度相比有一个很大的增量,这一增量既有水泥的胶结强度,又有水泥土密度增加产生的密实强度,而搅拌水泥土的密度比天然土的密度增加更有限。

基于以上的主要差异,相同水泥掺量的夯实水泥土桩的桩体强度为水泥土搅拌桩的2～10倍,由于桩体强度较高,可以将荷载通过桩体传至下卧较好土层。由夯实水泥土桩形成的复合地基均匀性好,地基强度提高幅值较大。工程实践证明,夯实水泥土桩复合地基可以满足多层及小高层房屋地基的使用要求,同时具有施工速度快、无环境污染、造价低、质量容易控制等特点。

1)夯实水泥土桩复合地基的受力特性及加固机理

(1)夯实水泥土桩复合地基受力特性

夯实水泥土桩是一种中等黏结强度桩,形成的复合地基属于半刚性桩复合地基。与CFG桩复合地基相似,夯实水泥土桩复合地基与基础间设置一定厚度的褥垫层,通过褥垫层调整变形作用,保证复合地基中桩土共同承担上部结构荷载。

夯实水泥土桩复合地基主要是通过桩体的置换作用来提高地基承载力。当天然地基承载力小于60 kPa时,可考虑夯填施工对桩间土的挤密作用。

①夯实水泥土桩受力特点。夯实水泥土桩具有一定的强度,在垂直荷载作用下,桩身不会因侧向约束不足发生鼓胀破坏,桩顶荷载可以传入较深土层中,从而充分发挥桩侧阻力作用。但由于桩身强度不大,桩身仍可发生较大的压缩变形。

由于桩身的可压缩性,桩的承载力发挥要经历桩身逐段压密,侧阻力逐渐发挥,最后才是桩端承载力开始发挥的过程。

②桩土应力比。夯实水泥土桩复合地基载荷试验的桩土应力比 n 与荷载 p 的关系曲线如图5.28所示。随着荷载的增加,桩土应力比增加,曲线呈上凸形;至桩身屈服破坏时,桩土应力比达到峰值,可以认为桩体达到极限荷载。当桩身屈服后,桩土应力比随着荷载的增加而降低,并渐趋于较稳定的数值。说明在夯实水泥土桩复合地基中,水泥土桩桩体的破坏将引起整个复合地基的破坏。

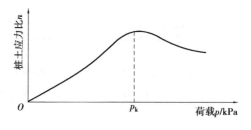

图5.28 水泥土桩复合地基 n-p 关系示意图

(2)夯实水泥土桩复合地基加固机理

①夯实水泥土桩化学作用机理。夯实水泥土桩拌和土料不同,其固化作用机理也有差别。当拌和土料为砂性土时,夯实水泥土桩固化机理类似水泥砂浆,其固化时间短,固化强度高;当拌和土料为黏性土和粉土时,由于水泥掺入比有限(水泥掺入量一般为7% ~20%),而土料中的黏粒和粉粒具有较大的比表面积并含有一定的活性介质,所以水泥固化速度缓慢,其固化机理也较复杂。

夯实水泥土桩的桩体材料主要是固化剂水泥、拌和土料及水。拌和土料可以使用原地土料,若天然土性质不好,可采用其他性能更好的土料。含水量以使拌和水泥土料达到最优含水量为准。

a.水泥的水化水解反应。在将拌和料逐层夯入孔内形成桩体的过程中,水泥与拌和土料中的水分充分接触,发生水化水解反应。

水泥中,硅酸三钙($3CaO \cdot SiO_2$)是加固体强度的决定因素,加固体后期强度取决于硅酸二钙($2CaO \cdot SiO_2$)的水化程度,铝酸三钙($3CaO \cdot Al_2O_3$)水化速度快,能促进早凝,铝酸四钙($4CaO \cdot Al_2O_3$)则促进早强。这些水化物形成的胶体,进一步凝结硬化成水化物晶体。

b.水泥土的离子交换和团粒化作用。拌和土料中的黏性土和粉土颗粒与水分子结合时呈现胶体特性。土料中的二氧化硅(SiO_2)遇水后形成硅酸胶体颗粒,其表面带有 Na^+ 和 K^+。它们能和水泥水化生成氢氧化钙中的钙离子(Ca^{2+})进行当量吸附交换,使较小的土颗粒形成较大的土团粒,逐渐形成网络状结构,起主骨架作用。

c.水泥土的硬凝反应。随着水泥水解和水化反应的深入,溶液中析出的大量钙离子(Ca^{2+})与黏土矿物中的氧化硅(SiO_2)、氧化铝(Al_2O_3)进行化学反应,生成不溶于水的结晶化合物。结晶化合物在水及空气中逐渐硬化固结,由于结构致密,水分不容易浸入,使水泥土具有足够的水稳性。

②夯实水泥土桩物理作用机理。水泥土桩混合料搅拌均匀,填入桩孔后,经外力机械分层夯实,桩体达到密实。夯击次数及夯击能的增加,使混合料干密度逐渐增大,强度明显提高。

夯击试验表明,在夯实能一定的情况下,对应最佳含水量的干密度为混合料最大干密度。即在施工中只要将桩体混合料的含水量控制在最佳含水量,即可获得桩体的最大干密度和最大夯实强度。

在持续的外力机械夯实作用下,水泥土形成具有较好水稳性的网络状结构,具有结构致密、孔隙率低、强度高、压缩性低及整体性好等特点。

2)夯实水泥土桩复合地基设计方法

(1)处理范围

夯实水泥土桩法适用于处理地下水位以上的粉土、素填土、杂填土、黏性土等地基,处理深度不宜超过 15 m。当采用洛阳铲成孔工艺时,深度不宜超过 6 m。当有地下水时,适用于渗透

系数小于 10^{-5} cm/s 的黏性土,以及桩端以上 0.5 ~ 1.0 m 范围内有水的地质条件。对含水量特别高的地基土,不宜采用夯实水泥土桩处理。

(2)夯实水泥土桩参数设计

①尺寸确定。桩孔直径 d 宜为 300 ~ 600 mm,常用直径宜为 350 ~ 400 mm,根据设计及选用的成孔方法确定。夯实水泥土桩最大桩长不宜超过 10 m,最小长度不宜小于 2.5 m。桩长应根据上部结构对承载力和变形的要求确定,并宜穿透软弱土层到达承载力较高的土层。

②材料的选择与配合比。水泥宜采用 32.5 或 42.5 级矿渣水泥或硅酸盐水泥。水泥土的强度随水泥强度等级提高而增加。根据资料统计,水泥强度每增加 C10 级,水泥土标准抗压强度可提高 20% ~ 30%。

水泥渗入比 α_w 按下式计算:

$$\alpha_w = \frac{\text{掺入水泥的质量}}{\text{被加固软土质量}} \times 100\% \quad \text{或} \quad \alpha_w = \frac{\text{掺入水泥的体积}}{\text{被加固软土体积}} \times 100\% \quad (5.110)$$

水泥土强度随水泥渗入比的增加而增大。水泥渗量过低,桩身强度低,加固效果差;水泥渗量过高,地基加固不经济。对一般地基加固,水泥掺入比可取 7% ~ 20%。

可添加适量外掺剂,由于粉煤灰中含有 SiO_2、Al_2O_3 等活性物质,在水泥土中掺入一定量的粉煤灰,可提高水泥土强度。一般可掺入 10% 左右的粉煤灰。

(3)平面布置

夯实水泥土桩具有一定的黏结强度,在荷载作用下不会产生较大的侧向变形,所以夯实水泥土桩只在基础范围内布置。桩边至基础边线距离宜为 100 ~ 300 mm,基础边线至桩中心线的距离宜为(1.0 ~ 1.5)d,d 为桩径。桩距宜为 2 ~ 4 倍桩径。具体设计时在桩径选定后,根据面积置换率确定。

(4)单桩竖向承载力特征值的计算

夯实水泥土桩竖向承载力特征值应通过现场载荷试验确定。初步设计时,也可按由桩周土和桩端土的抗力提供的单桩承载力,按式(5.111)估算,并应同时满足由桩身材料强度确定的单桩承载力,按式(5.112)计算。特别地,当用单桩静载试验求得单桩极限承载力 R_u 后,R_a 可按式(5.113)计算。

$$R_a = \left(u_p \sum_{i=1}^{n} q_{si} l_i + \alpha A_p q_p \right) / k \quad (5.111)$$

$$f_{cu} \geq 4 \frac{\lambda R_a}{A_p} \quad (5.112)$$

$$R_a = \frac{R_u}{k} \quad (5.113)$$

式中 f_{cu}——桩体试块(边长 150 mm 的立方体)在标准养护条件下 28 d 龄期的立方体抗压强度平均值,kPa;

R_a——单桩承载力特征值;

q_{si}——桩周第 i 层土的侧向容许摩阻力特征值,淤泥可取 4 ~ 7 kPa,淤泥质土可取 6 ~ 12 kPa;软塑状态黏性土可取 10 ~ 15 kPa,可塑状态的黏性土可取 12 ~ 18 kPa;

u_p——桩的周长,m;

l_i——桩长范围内第 i 层土的厚度,m;

q_p——桩端地基土未经修正的承载力特征值,kPa,可按《建筑地基基础设计规范》(GB 50007—2011)确定;

α——桩端天然地基土的容许承载力折减系数,按地区经验确定;

A_p——桩的截面面积;

λ——单桩承载力发挥系数,可按地区经验取值;

k——安全系数,一般取 2.0。

(5)复合地基承载力特征值的计算

夯实水泥土桩复合地基的承载力特征值应通过现场单桩或多桩复合地基载荷试验确定。初步设计时也可按下式估算。

$$f_{spk} = \lambda m \frac{R_a}{A_p} + \beta(1 - m)f_{sk} \tag{5.114}$$

式中 f_{spk}——复合地基承载力特征值,kPa;

λ——单桩承载力发挥系数,可按地区经验取值,可取 1.0;

R_a——单桩竖向承载力特征值,kN;

f_{sk}——桩间土加固后的地基承载力特征值,kPa;

m——桩土面积置换率,$m = \dfrac{d^2}{d_e^2}$;

d——桩身平均直径,m;

d_e——一根桩分担的处理地基面积的等效圆直径,m;等边三角形布桩:$d_e = 1.05S$;正方形布桩:$d_e = 1.13S$;矩形布桩:$d_e = 1.13\sqrt{S_1 S_2}$;

S, S_1, S_2——分别为桩间距、纵向间距和横向间距,m;

β——桩间土承载力折减系数,可取 $0.9 \sim 1.0$。

当夯实水泥土桩处理范围下存在软弱下卧层时,应按《建筑地基基础设计规范》(GB 50007—2011)的有关规定进行下卧层承载力验算。

(6)变形计算

通常采用分层总和法计算夯实水泥土桩复合地基变形,复合地基沉降量为加固区压缩量 s_1 和加固区下卧层压缩量 s_2 之和。可将加固区视为一复合土体(详见 5.5.1 节)。

复合土体的压缩模量可以通过式(5.116)求出,且地基变形的计算深度应大于复合土层的深度。

$$\zeta = \frac{f_{spk}}{f_{ak}} \tag{5.115}$$

$$E_{sp} = \zeta E_s \tag{5.116}$$

式中 f_{spk}——复合地基承载力特征值,kPa;

f_{ak}——基础底面下天然地基承载力特征值,kPa;

E_{sp}——复合土层压缩模量,MPa;

E_s——桩间土压缩模量,MPa,宜按当地经验取值,如无经验时可取天然地基压缩模量;

ζ——压缩模量放大系数。

夯实水泥土桩复合地基宜在基础和桩顶之间设置褥垫层,褥垫层厚度可取 $100 \sim 300$ mm,其材料可选用中砂、粗砂、级配砂石等,最大粒径不宜大于 20 mm。褥垫层夯填度不应大于 0.9。

3)夯实水泥土桩复合地基施工方法

(1)非挤土法成孔

非挤土法成孔是指在成孔过程中把土排到孔外的成孔方法。该法没有挤土效应,多用于原土已经固结、没有湿陷性和振陷性的土。常用的成孔机具有人工洛阳铲、长螺旋钻孔机。

洛阳铲成孔直径一般在 250～400 mm。洛阳铲成孔的特点是设备简单,不需要任何能源,无振动,无噪声,可靠近就建筑物成孔,操作简单,工作面可以根据工程的需要扩展,特别适合中小型工程成孔。

长螺旋钻孔机是夯实水泥土桩的主要机种,能连续出土,成孔质量好,成孔深,效率高。该机适用于地下水位以上的填土、黏性土、粉土,对砂土含水量要适中,太干的砂土和饱和砂土均易出现坍孔。

(2)挤土法成孔

挤土法成孔是一种在成孔过程中把原桩孔的土体挤到桩间土中的成孔方法。挤土法成孔可使桩间土干密度增加,孔隙比减少,承载力提高。常用成孔方法有锤击成孔、振动沉管和干法振冲器成孔。

锤击法是指采用打桩锤将桩管打入土中,然后拔出桩管的一种成孔法。夯锤由铸铁制成,锤重一般为 3～10 kN,设备简单。该方法适用于处理松散的填土、黏性土和粉土,适用于桩较小且孔不太深的情况。

振动沉管法成孔是指采用振动打桩机将桩管打入土中,然后拔出管的成孔方法。目前,我国振动打桩机已系列化、定型化,可以根据地质情况、成孔直径和桩身选取。振动时,土壤中所含有的水分能减少桩管表面和土壤之间的摩擦,因此当桩管在含水饱和的砂土和湿黏土中,沉管阻力较小,而在干砂和干硬的黏土中用振动沉管法阻力较大;而且在砂土和粉土中施工拔管时宜停振,否则易出现坍孔。

干法振动成孔器成孔与碎石桩方法相同。采用该法也宜停振拔管,否则易使桩孔坍塌,也存在易损坏电机的问题。

(3)夯填桩孔

①夯填桩孔时,宜选用机械夯实,分段夯填。向孔内填料前孔底必须夯实。

②成桩时,填料量与夯锤的质量、提升高度、夯击能密切相关。要求填料厚度不得大于 50 cm,夯锤质量不应小于 150 kg,提升高度不应低于 70 cm。

③夯击能不仅取决于夯锤质量和提升高度,还与填料量和夯击次数密切相关。施工时应做现场制桩试验,使夯实效果满足设计要求,混合料压实系数 λ 一般不应小于 0.93。

④桩顶夯填高度应大于设计桩顶标高 200～300 mm,垫层施工时将多余桩体造出。

⑤施工过程中,应有专人检测成孔及回填夯实质量,并做好施工记录。若发现地基土质与勘察资料不符时,应查明情况,采取有效处理措施。

⑥雨期或冬期施工时,应采取防雨、防冻措施,防止土料和水泥淋湿或冻结。

(4)垫层施工

垫层材料应级配良好,不含植物残体、垃圾等杂质。为减少施工期地基的变形量,垫层铺设时应分层夯压密实,夯填度不得大于 0.9。垫层施工时,严禁扰动基底土层。

4)夯实水泥土桩复合地基质量检验

夯实水泥土桩桩体的夯实质量检查应在成桩过程中随机抽取。抽样检查数量不应少于总桩数的 2%。

夯实水泥土桩复合地基竣工验收时,承载力检验可采用单桩复合地基载荷试验;对重要或大型工程尚应进行多桩复合地基载荷试验。

单桩复合地基载荷试验宜在成桩 15 d 后进行。静载荷试验点为总桩数的 0.5%～1.0%,且每个单体工程验收数量不应小于 3 个试验点。

夯实水泥土桩复合地基载荷试验完成后,当以相对变形值确定夯实水泥土桩复合地基承载力特征值时,对以黏性土、粉土为主的地基,可取载荷试验沉降比为 0.01 时所对应的压力值。对以卵石、圆砾、密实粗中砂为主的地基,可取载荷试验沉降比为 0.008 时所对应的压力值。

5.5.7 水泥粉煤灰碎石桩复合地基

水泥粉煤灰碎石桩又称为 CFG 桩(Cement-Flyash-Gravel pile),它是由水泥、粉煤灰、碎石、石屑或砂加水拌和形成高黏结强度的水泥粉煤灰碎石桩,再由桩、桩间土和褥垫层一起构成的一种复合地基。

CFG 桩桩长可以从几米到二十多米,可全桩长发挥桩的侧阻力,桩承担的荷载占总荷载的40% ~75%,复合地基承载力提高幅度大,且具有可调性。

与柔性桩相比,CFG 桩具有较大的刚性,可向深层土传递荷载。在荷载作用下,不仅能充分发挥侧阻力,当桩端落在好土层上时,还具有明显的端承作用。对桩体排水作用而言,CFG 桩在饱和粉土和砂土中施工时,由于沉管和拔管的振动作用,会使土体产生超孔隙水压力。当上部土层透水性较差时,CFG 桩形成一个良好的排水通道,孔隙水沿着桩体向上排出,直到 CFG 桩体硬结为止。这种排水作用可减少因孔隙水压力消散缓慢引起的地面隆起,增加桩间土的密实度。

CFG 桩桩体强度不宜太高,一般取桩顶应力的 3 倍即可。当桩体强度大于某一数值时,提高桩体混凝土等级对复合地基承载力没有影响。CFG 桩复合地基模量大,地基沉降量小,当软土层较厚时,将桩端落在较硬土层上,可有效减少沉降。除了碎石以外,CFG 桩桩体材料还有水泥、粉煤灰,桩身具有高黏结强度。

CFG 桩为复合地基刚性桩,桩身可在全长范围内受力,能充分发挥桩周摩阻力和端承力;而碎石桩为散体材料桩,桩身无黏结强度,仅依靠周围土体的约束力来承受上部荷载。桩土应力比的区别在于:CFG 桩的桩土应力比较高,一般为 10 ~40,而且具有很大的可调性,在软土中 $n \geqslant 100$;而碎石桩桩土应力比一般为 1.5 ~4.0,增加桩长对提高复合地基承载力意义不大,只有提高置换率,而提高置换率会给施工造成很多困难。此外,CFG 桩与素混凝土桩的区别仅在于桩体材料的构成不同,而在其受力和变形特性方面没有什么区别。

CFG 桩桩体材料可以渗入工业废料粉煤灰,不配钢筋,并可充分发挥桩间土的承载力,工程造价仅为桩基的 1/3 ~1/2,经济效益和社会效益显著。CFG 桩采用长螺旋钻孔管内泵压成桩工艺,具有无泥浆污染、无振动、低噪声等特点,且施工速度快、工期短、质量容易控制。该地基处理方法目前已广泛应用于建筑和公路工程的地基加固处理。

1)CFG 桩复合地基加固机理

(1)桩、土共同作用

在 CFG 桩复合地基中,基础通过一定厚度的褥垫层与桩及桩间土相联系。褥垫层一般由级配砂石组成。由基础传来的荷载,先传给褥垫层,再由褥垫层传递给桩与桩间土。桩间土的抗压强度远小于桩的抗压强度,上部传来的荷载大部分集中在桩顶。当桩顶压应力超过褥垫层局部抗压强度时,桩体向上刺入,褥垫层产生局部压缩。同时,在上部荷载作用下,基础和褥垫层整体产生向下位移,压缩桩间土,此时桩间土承载力开始发挥作用,并产生沉降(地面沉降量为 s),直至力的平衡。CFG 桩复合地基桩土共同作用如图 5.29 所示。

(2)桩、土荷载分担

假定复合地基中,总荷载为 P,桩体承担的荷载为 P_p,桩间土承担的荷载为 P_s,则 CFG 桩承担的荷载占总荷载的百分比为 δ_p:

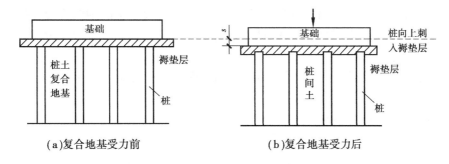

（a）复合地基受力前　　　　　　　　（b）复合地基受力后

图 5.29　CFG 桩复合地基桩土共同作用示意图

$$\delta_{\mathrm{p}} = \frac{p_{\mathrm{p}}}{p} \tag{5.117}$$

桩间上承担的荷载占总荷载的百分比 δ_{s} 为：

$$\delta_{\mathrm{s}} = \frac{p_{\mathrm{s}}}{p} \tag{5.118}$$

图 5.30 所示为垂直荷载作用下复合地基桩、土荷载分担比的变化曲线。由图 5.30 可知，当荷载较小时，土承担的荷载大于桩承担的荷载，随着荷载的增加，桩间土承担的荷载占总荷载的百分比 δ_{s} 逐渐减小，桩承担的荷载占总荷载的百分比 δ_{p} 逐渐增大。当 $p = p_{\mathrm{k}}$ 时，桩土承担的荷载各占 50%。$P > P_{\mathrm{k}}$ 后，桩承担的荷载超过桩间土承担的荷载。

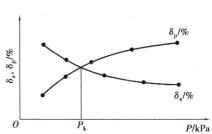

图 5.30　CFG 桩复合地基桩、土荷载分担比示意图

δ_{p}、δ_{s} 与荷载大小、土的性质、桩长、桩距、褥垫层厚度有关。荷载一定，其他条件相同时，δ_{p} 随桩长增加而增加，随桩距减小而增大；土的强度越低，褥垫层越薄，δ_{p} 越大。

（3）桩传递轴向力的特征

在竖向荷载作用下，CFG 桩和桩间土均产生沉降，在某一深度范围内，土的位移大于桩的位移，土对桩产生负摩阻力，土的位移相等，该断面所处位置为中性点[5.31（a）、（b）]。当 $z > z_0$ 时，桩的位移大于土的位移，土对桩产生正摩阻力。

在中性点以上，桩的轴力随深度增加而增大，中性点以下桩的轴力随深度增加而减小，桩的最大轴向应力在中性点处，如图 5.31（c）所示。

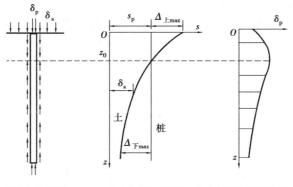

（a）阻力示意图　　　（b）位移示意图　　　（c）力随深度变化示意图

图 5.31　竖向荷载作用下桩传递轴向力的特征

在复合地基中,桩间土在荷载作用下产生的压缩虽然增大了桩的轴向应力,降低了单桩承载力,但桩间土被挤密,增大了复合地基模量,有利于提高桩间土承载力、减小复合地基变形。

(4)桩间土应力分布

刚性基础下桩间土上的应力分布情况是:基础边缘应力较大,基础中间部分应力较小,内外区的平均应力比为 1.25 ~ 1.45。

2)CFG 桩复合地基设计方法

(1)处理范围

CFG 桩法适用于处理黏性土、粉土、砂土和已自重固结的素填土等地基。对淤泥质土,应按地区经验或通过现场试验确定其适用性,选择承载力相对较高的土层作为桩端持力层。

对塑性指数较高的饱和软黏土,由于桩间土承载力太小,土的荷载分担比例太低,成桩质量也较难保证,使用应慎重。在含水丰富、砂层较厚的地区,施工时应防止砂层坍塌造成断桩,必要时应采取降水措施。

(2)CFG 桩参数设计

①桩径。CFG 桩桩径宜取 350 ~ 600 mm,桩径过小,施工质量不容易控制;桩径过大,需加大褥垫层厚度,才能保证桩土共同承担上部结构传来的荷载。

②桩距。应根据复合地基承载力、土性、施工工艺等确定,桩距 S 宜取 3 ~ 6 倍桩径。桩距具体选择见表 5.13。

表 5.13　CFG 桩桩距 S 选择

土性 基础形式	对挤密性好的土,如砂土、粉土、松散土等	可挤密性土,如粉质黏土、非饱和黏性土等	不可挤密性土,如饱和黏土、淤泥质土等
单、双排布桩的条基	$(3 \sim 5)d$	$(3.5 \sim 5)d$	$(4 \sim 5)d$
含 9 根以下独立基础	$(3 \sim 6)d$	$(3.5 \sim 6)d$	$(4 \sim 6)d$
满堂布桩	$(4 \sim 6)d$	$(4 \sim 6)d$	$(4.5 \sim 7)d$

③桩长。CFG 桩应选择承载力相对较高的土层作为桩端持力层,选择桩长时应考虑可作为桩端持力层的土层埋深。在满足承载力和变形要求的前提下,可以通过调整桩长来调整桩距。桩越长,桩间距可以越大。CFG 桩可只在基础范围内布桩。

(3)单桩竖向承载力特征值的计算

CFG 桩竖向承载力特征值应通过现场载荷试验确定。初步设计时,也可由桩周土和桩端土的抗力提供的单桩承载力代替,按式(5.119)估算,并应同时满足由桩身材料强度确定的单桩承载力,按式(5.120)计算。特别地,当复合地基承载力进行基础埋深的深度修正时,增强体桩身强度应满足式(5.121)要求。

$$R_a = u_p \sum_{i=1}^{n} q_{si} l_i + \alpha A_p q_p \tag{5.119}$$

$$f_{cu} \geq 4 \frac{\lambda R_a}{A_p} \tag{5.120}$$

$$f_{cu} \geq 4 \frac{\lambda R_a}{A_p} \left[1 + \frac{\gamma_m (d - 0.5)}{f_{spa}} \right] \tag{5.121}$$

式中　f_{cu}——桩体试块(边长 150 mm 的立方体)在标准养护条件下 28 d 龄期的立方体抗压强度平均值,kPa;

R_a——单桩承载力特征值;

q_{si}——桩周第 i 层土的侧向容许摩阻力特征值,淤泥可取 4 ~ 7 kPa,淤泥质土可取 6 ~ 12 kPa,软塑状态黏性土可取 10 ~ 15 kPa,可塑状态的黏性土可取 12 ~ 18 kPa;

u_p——桩的周长,m;

l_i——桩长范围内第 i 层土的厚度,m;

q_p——桩端地基土未经修正的承载力特征值,kPa,可按《建筑地基基础设计规范》(GB 50007—2011)确定;

α——桩端天然地基土的容许承载力折减系数,按地区经验确定,可取 1.0;

A_p——桩的截面面积;

γ_m——基础底面以上土的加权平均重度,kN/m³,地下水位以下取有效重度;

λ——单桩承载力发挥系数,可按地区经验取值;

d——基础埋置深度,m;

f_{spa}——深度修正后的复合地基承载力特征值。

（4）复合地基承载力特征值的计算

CFG 桩复合地基的承载力特征值应通过现场单桩或多桩复合地基载荷试验确定。初步设计时也可按下式估算:

$$f_{spk} = \lambda m \frac{R_a}{A_p} + \beta(1 - m)f_{sk} \tag{5.122}$$

式中　f_{spk}——复合地基承载力特征值,kPa;

λ——单桩承载力发挥系数,可按地区经验取值,可取 0.8 ~ 0.9;

R_a——单桩竖向承载力特征值,kN;

f_{sk}——桩间土加固后的地基承载力特征值,一般黏性土可取天然地基承载力特征值,松散砂土、粉土可取天然地基承载力特征值的 1.2 ~ 1.5 倍,原土强度低的取大值,kPa;

m——桩土面积置换率,$m = \dfrac{d^2}{d_e^2}$;

d——桩身平均直径,m;

d_e——一根桩分担的处理地基面积的等效圆直径,m;等边三角形布桩:$d_e = 1.05S$;正方形布桩:$d_e = 1.13S$;矩形布桩:$d_e = 1.13\sqrt{S_1 S_2}$;

S,S_1,S_2——桩间距、纵向间距和横向间距,m;

β——桩间土承载力折减系数,可取 0.9 ~ 1.0。

当 CFG 桩处理范围下存在软弱下卧层时,应按《建筑地基基础设计规范》(GB 50007—2011)的有关规定进行下卧层承载力验算。

（5）变形计算

通常采用分层总和法计算 CFG 桩复合地基变形,复合地基沉降量为加固区压缩量 s_1 和加固区下卧层压缩量 s_2 之和。可将加固区视为一复合土体(详见 5.5.1 节)。

复合土体的压缩模量可以通过式(5.124)求出,并且地基变形的计算深度应大于复合土层的深度。

$$\zeta = \frac{f_{spk}}{f_{ak}} \tag{5.123}$$

$$E_{sp} = \zeta E_s \tag{5.124}$$

式中　f_{spk}——复合地基承载力特征值,kPa;

　　　f_{ak}——基础底面下天然地基承载力特征值,kPa;

　　　E_{sp}——复合土层压缩模量,MPa;

　　　E_s——桩间土压缩模量,MPa,宜按当地经验取值,如无经验时可取天然地基压缩模量;

　　　ζ——压缩模量放大系数。

CFG 桩复合地基宜在基础和桩顶之间设置褥垫层,褥垫层厚度可取桩径的 40% ~ 60%,其材料可选用中砂、粗砂、级配砂石等,最大粒径不宜大于 30 mm。

【例5.10】　某工程场地为软土地基,采用 CFG 桩复合地基处理,桩径 $d = 0.5$ m,按正三角形布桩,桩距 $S = 1.1$ m,桩长 $l = 15$ m,要求复合地基承载力特征值 $f_{spk} = 180$ kPa。试求单桩承载力特征值 R_a 及桩体试块立方体抗压强度平均值 f_{cu}。(取置换率 $m = 0.2$,桩间土承载力特征值 $f_{sk} = 80$ kPa,$\beta = 0.9$,$\lambda = 0.9$)

【解】　复合地基承载力特征值计算:

$$f_{spk} = \lambda m \frac{R_a}{A_p} + \beta(1 - m)f_{sk}$$

由此,可导出单桩承载力特征值:

$$R_a = \frac{A_p}{\lambda m}[f_{spk} - \beta(1 - m)f_{sk}] = \frac{\pi \times \dfrac{0.5^2}{4}}{0.9 \times 0.2} \times [180 - 0.9 \times (1 - 0.2) \times 80] \approx 133.5(kN)$$

易得,试块立方体抗压强度:

$$f_{cu} \geq 4\frac{\lambda R_a}{A_p} = 4 \times \frac{0.9 \times 133.5}{0.196} \approx 2\,452(kPa)$$

3)CFG 桩复合地基施工方法

目前,常用的 CFG 桩施工工艺有 3 种:长螺旋钻孔灌注桩、长螺旋钻孔管内泵压混合料灌注成桩和振动沉管灌注桩。选择施工工艺时,应综合考虑设计要求、地基土性质、地下水埋深及对场地周边环境的影响等因素。

施工前,应按照设计要求在实验室进行配合比试验,施工时按配合比配置混合料。长螺旋钻孔,管内泵压混合料成桩施工的坍落度宜为 160 ~ 200 mm,振动沉管灌注成桩施工的坍落度为 30 ~ 50 mm,振动沉管灌注成桩后桩顶浮浆厚度不宜超过 200 mm。

长螺旋钻孔,管内泵压混合料成桩施工在钻至设计深度后,应准确掌握提拔钻杆的时间,混合料泵送量应与拔管速度相匹配,遇到饱和砂土或饱和粉土层,不得停泵待料。沉管灌注成桩施工的拔管速度应匀速控制,以 1.2 ~ 1.5 m/min 为宜。若遇淤泥质土,拔管速度应适当放慢。

施工桩顶标高宜高出设计桩顶标高不少于 0.5 m。冬季施工时,混合料入孔温度不得低于 5 ℃,对桩头和桩间土应采取保温措施。

设计桩的施打顺序,主要考虑新打桩对已打桩的影响。施打顺序一般分为连续施打和隔桩跳打。连续施打造成桩的缺陷是桩径被挤扁或者缩颈。隔桩跳打时,打桩不易发生缩颈现象,但土质较硬时在已打桩中间补打新桩,已打桩就可能被震裂或震断。施打顺序与土性、桩距有关。软土中成桩,当桩距较大时,可采用隔桩跳打;在饱和松散粉土中,应采用从一边向另一边推进打桩,或从中心向外推进施工。满堂布桩,无论桩距大小,均不宜从四周向内推进施工。

4)CFG 桩复合地基质量检验

施工期间,质量检验主要检查施工记录、混合料坍落度、桩数、桩位偏差、褥垫层厚度、夯填度和桩体试块抗压强度等。CFG 桩施工前,应对水泥、粉煤灰、砂及碎石等原料进行检验。施工中,应对桩身混合料的配合比、混合料坍落度、提拔管速度、提拔钻管速度、成孔深度、混合料灌入量等进行控制。打桩过程中,碎石检测地面是否发生隆起,打新桩时对已打但尚未固结的桩顶进行位移测量,以估算桩径缩小量,对已打并结硬的桩顶进行桩顶位移测量,以判断是否断桩。一般当桩顶位移超过 10 mm 时,需开挖进行检查。

CFG 桩施工完毕,一般 28 d 后对 CFG 桩和 CFG 桩复合地基进行检测,包括低应变对桩身质量的检测和静载荷试验对承载力的检测。静载荷试验多采用单桩或多桩复合地基,根据试验结果评价复合地基承载力,也可采用单桩荷载试验,通过计算评价复合地基承载力。静载荷试验检测数量取 CFG 桩数的 0.5% ~ 1.0%,但不少于 3 点;低应变检测数量一般取 CFG 桩总桩数的 10%。

5.5.8　柱锤冲扩桩复合地基

柱锤冲扩桩法是采用直径 300 ~ 500 mm、长度 2 ~ 6 m、质量 1 ~ 8 t 的柱状锤,通过自行杆式起重机或其他专用设备,将柱锤提升到距地基 5 ~ 10 m 高度后下落,在地基土中冲击成孔,并重复冲击到设计深度,在孔内分层填料、分层夯实,形成柱体,同时对桩间土进行挤密,形成复合地基。在桩顶部可设置厚 200 ~ 300 mm 的砂石垫层。

柱锤冲扩桩法是在土桩、灰土桩、强夯置换等工法的基础上发展起来的。近几年来,柱锤冲扩桩法应用领域逐渐在扩大,除建筑工程外,公路工程地基处理、堆场等也开始采用这一地基处理方法。该方法适用于处理杂填土、粉土、黏性土、素填土和黄土等地基,对地下水位以下饱和松软土层,应通过现场试验确定其适用性。《建筑地基处理技术规范》(JGJ 79—2012)规定柱锤冲扩桩复合地基处理深度不宜超过 10 m。

柱锤冲扩桩法有以下特点:

①柱锤冲扩桩法能够用于各种复杂地层的加固处理,适用于各类软弱土地基。特别是对人工填筑的沟、坑、洼地、浜塘等欠固结松软土层和杂填土的处理,更显示出特有的优越性。

②桩身直径随土的软硬自行调整,土软处桩径大,桩身成串珠状,与桩间土呈咬合抱紧的镶嵌挤密状态,使处理后的地基均匀密实。

③施工设备简单,操作方便,直观,便于控制,振动及噪声小。

④工程造价低。当采用渣土、碎砖三合土作为桩身填料时,可以大量消耗建筑垃圾,社会效益及经济效益好。

1)柱锤冲扩桩复合地基加固机理

柱锤冲扩桩法施工中,其冲孔、填料夯实的作用可看作重复性(短脉冲)冲击荷载。柱锤对土体的冲击速度可达 1 ~ 2.5 m/s。这种短时冲击荷载对地基土是一种撞击作用,冲击次数愈多,成孔愈深,累积的夯击能就愈大。

柱锤冲扩桩法所用柱锤的底面积小,柱锤底静接地压力值普遍大于 100 kPa,最高可达 500 kPa 以上,而强夯锤底静接地压力值仅为 25 ~ 40 kPa。在相同锤重及落距情况下,柱锤冲扩地基土的单位面积夯击能量比强夯大很多。

柱锤冲扩桩法柱锤的单位面积夯击能可达 600 ~ 5 000(kN·m)/m²,与相同条件下强夯比较,是一般强夯单位面积夯击能的 10 ~ 20 倍。用柱锤冲击成孔时,冲击压力远远大于土的极限承载力,从而使土层产生冲切破坏。柱锤向土中侵彻过程中,孔侧土受冲切挤压,孔底土受夯击冲压,对桩间及桩底土均起到夯实挤密的效应。

柱锤不仅对土体产生侧向挤压,而且对锤底的地基土产生冲击压力。柱锤冲扩产生冲击波及应力扩散的双重效应,可使土产生动力密实。对于饱和软土及中密以上土层,由于埋深浅,桩孔周围土层覆盖压力小,冲击压力较大时可能会产生隆起,造成局部土体松动破坏,因此采用柱锤冲扩桩法时,桩顶以上应有一定覆盖土层。

柱锤冲孔对桩间土的侧向挤密作用,可采用(Vesic)魏西克圆筒形孔扩张理论来描述。圆孔扩张理论以摩尔-库仑条件为依据,在无限土体(黏聚力 c、内摩擦角 φ 为已知)中,可确定出圆筒形孔扩张理论的一般解。

根据上述理论,在扩张应力的作用下,柱锤冲扩挤压成孔时,桩孔位置原有土体被强制侧向挤压,塑性区范围内的桩侧土体产生塑性变形,因此使桩周一定范围内的土层密实度提高。实践证明,柱锤冲扩桩法桩间土挤密影响范围为 $(1.5 \sim 2.0)d_0$, d_0 为冲击成孔直径。

工程实践表明:对于松散填土以及达到最优含水量的黏性土,挤密效果最佳;对于非饱和的黏性土、松散粉土、砂土以及人工填土,冲孔挤密效果较佳;当土的含水量偏低、呈坚硬状态时,有效挤密区将减少;当含水量过高时,由于挤压引起超孔隙水应力,土难以挤密,提锤时,由于应力释放,易出现缩颈甚至坍孔现象。

对于淤泥、淤泥质土及地下水位下的饱和软黏土,冲孔挤密效果较差。同时,孔壁附近土强度因受冲击扰动反而会降低,且极易出现缩颈、坍孔和地表隆起现象,桩身质量也难以保证。因此,该类土层应通过现场试验确定柱锤冲扩桩法适用性。

在冲孔及填料成桩过程中,柱锤在孔内有深层强力夯实的动力挤密及动力固结作用。在饱和软黏土中,动力固结作用尤为突出。桩身的散体材料可起到排水固结作用。

随着柱锤冲扩深度的不断加深,上覆土压力不断增加,其夯实效果不断增强。柱锤孔内夯实的作用机理与强夯不同。强夯是在地表对土层进行夯实,夯实效果与深度直接相关。夯实挤密效果随深度增加逐渐减弱;柱锤冲扩是在地表一定深度以下对土层(或通过填料)进行强力夯击,当成孔达到一定深度以后,由于上覆土压力及桩侧土的约束,夯实压密效果较好。

柱锤冲孔时,孔内土体发生冲切破坏,产生较大的瞬时沉降,柱锤底部土体形成锥形弹性土楔向下运动。此时土体的受力情况,可用土力学中梅耶霍夫关于地基极限承载力的理论来描述。结合魏西克圆筒形扩张理论,柱锤在孔内强力夯击时,锤底形成的压密核将土向四周挤出(图 5.32),则 BD 及 AE 面上的土必然向外侧移动,柱锤才能继续贯入,从而对柱锤底部及四周的地基土起到强力夯实挤密作用。

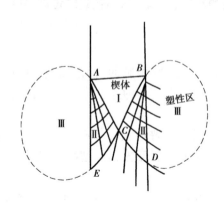

图 5.32　柱锤冲孔时孔内夯击示意图

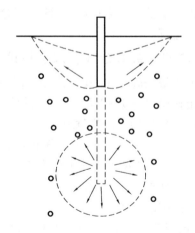

图 5.33　柱锤在不同深度冲扩时的土体变形模式图

对于松散填土、粉土、砂土及低饱和度黏性土层等,随着冲孔(自上而下)夯击及填料(自下而上)夯击,桩底及桩间土不断被动力挤密,且范围不断扩大。但是,柱锤在不同深度冲扩时,土体的变形模式是不同的。如图 5.33 所示，在地面下浅层处，柱锤冲孔夯扩时，土体是以剪切变形为主。随着冲孔深度不断增加，土的侧向约束应力增大，压缩作用逐渐占据主导，而剪切作用就难以发挥出来。

在含水量较高的软土地基中，当桩身填料采用生石灰或碎砖三合土时，其中的生石灰遇水后消解成熟石灰，生石灰固体崩解，孔隙体积增大，从而对桩间土产生较大的膨胀挤密作用。这种胶凝反应随龄期增长，可提高桩身及桩间土的后期强度。此外，当桩身填料含有水泥时，水泥的水化胶凝作用也会增加桩身强度。

柱锤冲扩桩法的填料主要采用碎砖三合土，形成的桩体为散体材料桩，属于可压缩性的柔性桩。因此，可以认为桩土之间的变形是协调的，桩土复合土层类似人工垫层。

柱锤冲扩桩对原有地基土进行动力置换，依靠桩身强度实现桩体效应。这种桩式置换依靠桩身强度和桩间土的侧向约束维持桩体的平衡，桩与桩间土共同工作形成柱锤冲扩桩复合地基。当桩身填料采用干硬性水泥砂石料等黏结性材料时，桩体效应更加明显。

目前，柱锤冲扩桩法还处于半理论半经验状态，成孔和成桩工艺及地基固结效果直接受到土质条件的影响。因此，在正式施工前进行成桩试验及试验性施工十分必要，根据现场试验取得的资料进一步修改设计，制定出施工及检验要求。

2）柱锤冲扩桩复合地基设计方法

（1）处理范围

柱锤冲扩桩法适用于处理杂填土、粉土、黏性土、素填土和黄土等地基，多用于沟、坑、洼地、水塘等松软土层或杂填土等。对地下水位以下饱和松软土层，应通过现场试验确定其适用性。《建筑地基处理技术规范》（JGJ 79—2012）规定，柱锤冲扩桩法地基处理深度不宜超过 10 m。

工程实践表明，柱锤冲扩桩法桩体直径可达 0.6 ~ 2.5 m，最大处理深度可达 30 m，地基承载力可提高 3 ~ 8 倍。

（2）桩身填料

通常采用级配砂石、矿渣、灰土、水泥土、土夹石或干硬性混凝土。柱锤冲扩桩桩身填料配合比见表 5.14。

表 5.14　柱锤冲扩桩桩身填料配合比

填料	碎砖三合土	级配砂石	灰土	水泥混合土	水泥砂石料（或干硬性混凝土）	土夹石	二灰
配合比	生石灰：碎砖：黏性土 =1：2：4（体积比）	石子：砂 = 1：（0.6 ~ 0.9）或土石屑（d < 2 mm 不宜超过总重的 50%）	消石灰：土 = 1：（3~4）体积比	水泥：土 =1：（5~9）（体积比）	水泥：骨料 = 1：（5~10）（重量）；骨料 = 砂：碎石 = 1：（2~3）（重量）	其中碎石含量不小于 50%（重量比）	生石灰：粉煤灰 =1：2~1.5：1（体积比）

（3）桩径、桩距及布桩要求

柱锤冲扩桩法桩位布置可采用正方形、矩形、三角形布置。对于可塑状态的黏性土、黄土等，因靠冲扩桩的挤密来提高桩间土的密实度，所以采用等边三角形布桩有利，可使地基挤密均匀。对于软黏土地基，主要靠置换，因而选用任何一种布桩方式均可。考虑到施工方便，以正方形或正方形中间补桩一根(等腰三角形)的布桩形式最为常用。

桩间距与设计要求的复合地基承载力及原地基土的承载力有关。根据经验,桩中心距一般可取 1.5 ~ 2.5 m,或取桩径的 2 ~ 3 倍。

柱锤冲扩桩法有以下 3 个直径:

①柱锤直径。它是柱锤实际直径,现已经形成系列,常用直径为 300 ~ 500 mm,如公称直径 $\phi377$ mm 锤。

②冲孔直径。它是冲孔达到设计深度时,地基被冲击成孔的直径,对于可塑状态黏性土,其成孔直径往往比桩锤直径要大。

③桩径。它是桩身填料夯实后的平均直径,它比冲孔直径大,如 $\phi377$ 柱锤夯实后形成的桩径可达 600 ~ 800 mm。因此,桩径不是一个常数,当土层松软时,桩径较大;当土层较密时,桩径较小。

设计时,先根据经验假设桩径,假设时应考虑柱锤规格、土质情况及复合地基的设计要求,一般为 500 ~ 800 mm,经试桩后再调整桩径。

(4)地基宽度确定

地基处理的宽度超过基础底面边缘一定范围内,主要作用在于增强地基的稳定性,防止基底下被处理土层和附加应力作用下产生侧向变形,因此原天然土层越软,加宽的范围越大。通常按压力扩散角 $\theta = 30°$ 来确定加固范围的宽度,且不少于 1 ~ 2 排桩,也不应小于基底下处理土层厚度的 1/2。

用柱锤冲扩桩法处理可液化地基应适当加大处理宽度。对于上部荷载较小的室内非承重墙及单层砖房可仅在基础范围内布桩。

(5)地基承载力特征值的计算

柱锤冲扩桩复合地基承载力特征值应通过现场复合地基载荷试验确定,初步设计时也可用单桩和处理后桩间土承载力特征值按下式估算:

$$f_{spk} = [1 + m(n - 1)]f_{sk} \tag{5.125}$$

式中　f_{spk}——柱锤冲扩桩复合地基承载力特征值,kPa;

f_{sk}——处理后桩间土承载力特征值,kPa,宜按当地经验取值,如无经验时可取天然地基承载力特征值;

m——桩土面积置换率,$m = \dfrac{d^2}{d_e^2}$,宜取 0.2 ~ 0.5;

d——桩身平均直径,m;

n——桩土应力比,无实测值时,可取 2 ~ 4;

d_e——一根桩分担的处理地基面积的等效圆直径,m;等边三角形布桩:$d_e = 1.05S$;正方形布桩:$d_e = 1.13S$;矩形布桩:$d_e = 1.13\sqrt{S_1 S_2}$;

S, S_1, S_2——分别为桩间距、纵向间距和横向间距,m。

当柱锤冲扩桩法处理范围下存在软弱下卧层时,应按《建筑地基基础设计规范》(GB 50007—2011)的有关规定进行下卧层承载力验算。

(6)变形计算

通常采用分层总和法计算柱锤冲扩桩复合地基变形,复合地基沉降量为加固区压缩量 s_1 和加固区下卧层压缩量 s_2 之和。可将加固区视为一复合土体(详见 5.5.1 节)。

复合土体的压缩模量可以通过式(5.127)求出,并且地基变形的计算深度应大于复合土层的深度。

$$\zeta = \frac{f_{spk}}{f_{ak}} \tag{5.126}$$

$$E_{sp} = \zeta E_s \tag{5.127}$$

式中　f_{spk}——复合地基承载力特征值,kPa;

　　　f_{ak}——基础底面下天然地基承载力特征值,kPa;

　　　E_{sp}——复合土层压缩模量,MPa;

　　　E_s——桩间土压缩模量,MPa,宜按当地经验取值,如无经验时可取天然地基压缩模量;

　　　ζ——压缩模量放大系数。

柱锤冲扩桩复合地基宜在基础和桩顶之间设置褥垫层,褥垫层厚度可取 200 ~ 300 mm,其材料可选用中砂、粗砂、级配砂石等,夯填度不应大于 0.9;对于湿陷性黄土,垫层材料垫层厚度宜为 300 ~ 600 mm,材料选用 2∶8 或 3∶7 灰土、水泥土等,压实系数不应低于 0.95。

3)柱锤冲扩桩复合地基施工方法

(1)柱锤类型及选择

柱锤冲扩桩法采用的柱锤可分为等截面杆状柱锤、变截面柱锤两类。柱锤冲扩桩法施工过程中,不同锤型的地基土的作用效果是不同的。因此,锤型选择应按土质软硬、处理深度及成桩直径经试桩后加以确定,柱锤长度不宜小于处理深度。柱锤冲扩桩法加固一般软土地基,主要使用等截面圆形平底或凹底杆状柱锤。

柱锤可用钢材制作或用钢板为外壳内部浇筑混凝土制成,也可用钢管为外壳内部浇筑铁制成。钢制柱锤可制成装配式,由组合块和锤顶两部分组成,使用时用螺栓连成整体,调整组合块数,即按工程需要组合成不同质量和长度的柱锤。

(2)冲扩桩机

冲扩桩机分为吊车型冲扩桩机,适用于桩长在 6 m 以内的桩体施工;多功能型冲扩桩机,适用于 20 m 以内的桩体施工。

(3)施工前准备

①工程地质勘查资料、建筑物总平面布置图及室内标高、柱锤冲扩桩桩位平面布置图等相关资料准备齐全。

②施工前应整平场地,清除地上及地下障碍物。当表层土过于松软时,应碾压夯实。场地整平后,桩顶设计标高以上应预留厚 0.5 ~ 1.0 m 的土层。

③试成桩发现孔内积水较多且坍孔较为严重时,宜采取措施降低地下水位。

④根据桩位设计图在施工现场布设桩位,桩位布置与设计图误差不得大于 50 mm,并经复验后方可开工,在施工过程中尚应随时进行检查校验。

(4)成孔作业

①冲击成孔:适用于地下水位以上不坍孔土层。成孔时将柱锤提升一定高度,自动脱钩(孔深不大于 4 m)或用钢丝绳吊起下落冲击土层,如此反复冲击,接近设计成孔深时,可在孔内填少量粗骨料继续冲击,直到孔底被夯密实。

②复打成孔:当坍孔严重,难以成孔时,可提锤反复冲击至设计孔深,然后分次填入碎砖和生石灰块,待孔内生石灰吸水膨胀、桩间土性质有所改善后,再进行二次冲击复打成孔。

在每一次冲扩时,填料以碎砖、生石灰为主,根据土质不同采取不同配比,其目的是吸收土壤中的水分,改善原土性状。第二次复打成孔后要求孔壁直立、不坍孔,然后边填料边夯实形成桩体。第二次冲孔可在原桩位,也可在桩间进行。

③跟管成孔:跟管成孔可根据情况,采取内击沉管、柱锤冲沉管、振动沉管等方法。

内击沉管法适用于6 m以下桩长施工,可采用吊车型或步履式夯扩桩进行。施工步骤为:

a.挖桩位孔,孔深0.4~0.6 m;

b.放入护筒,在护筒中加入高0.4~0.6 m碎石砖等粗骨料制成的塞;

c.将柱锤吊入护筒进行冲击,直至护筒达到设计标高。

在柱锤冲击过程中,需保证砖塞不被击出护筒,并根据施工情况随时填加碎砖。管底标高依设计要求及终孔时护筒贯入阻力确定。填料夯扩前应将砖塞击出护筒。

柱锤冲扩和静压沉管法适用于12 m以下桩长施工,可采用步履式夯扩桩机进行。施工步骤为:

a.桩机就位,将护筒及柱锤置于桩点;

b.柱锤冲击成孔,边冲孔边压护筒至设计标高,管底标高依设计要求及终孔时柱锤最后贯入深度确定。

④螺旋钻引孔:螺旋钻引孔(可结合柱锤冲扩)成孔速度快,成桩直径大,噪声及振动小,易通过土中硬夹层,但成孔挤密效果差。螺旋钻引孔法多用于局部硬夹层引孔或土质坚硬且深度较大时。当地下水位较浅且水量丰富时,不宜采用。若采用则需进行有效止水或采取预先降水措施。

(5)填料成桩

①选择成桩方法:进行桩身填料前孔底应夯实。孔底土质松软时,可夯填碎砖、生石灰挤密。依据成孔方法及采用的施工机具不同,可分为孔内分层填料夯扩、逐步拔管填料夯扩、扩底填料夯扩和柱锤强力夯实置换法。

②夯填要求:用标准料斗或运料车将拌和好的填料分层填入桩孔夯实。采用套管成孔时,边分层填料夯实,边将套管拔出。锤的质量、锤长、落距、分层填料量、分层夯填度(夯实后填料厚度与虚铺厚度的比值)、夯击次数、总填料量等应根据试验或按当地经验确定。一般填料充盈系数不宜小于1.5。若密实度达不到设计要求,应空夯夯实。

每个桩孔应夯填至桩顶设计标高以上至少0.5 m,其上部桩孔宜用原槽土夯封。施工中应做好记录,并对发现的问题及时进行处理。

③成桩顺序:成桩顺序依土质情况决定。当地基土经柱锤冲扩后地面不隆起时,采用自外向内成桩;当地基土经柱锤冲扩后地面有隆起时,采用自内向外成桩;当地基土经柱锤冲扩后地面隆起严重时,可隔行跳打或先用长螺旋钻引孔,再施工柱锤冲扩桩;当一侧毗邻建筑物时,应由毗邻建筑物的一方向另外一方向施工。

4)柱锤冲扩桩复合地基质量检验

柱锤冲扩桩法质量检验程序为:施工中施工单位自检、竣工后质监部门抽检和基槽开挖后验槽。

(1)施工中施工单位自检

施工过程中,应随时检查施工记录及现场施工情况,并对照预定的施工工艺标准,对每根桩进行质量评定。对质量有怀疑的工程桩,应用重型动力触探进行自检。

(2)竣工后质监部门抽检

采用柱锤冲扩桩法处理的地基,其承载力随着时间增长而逐步提高,因此要求在施工结束后休止7~14 d再进行检验。对非饱和土和粉土的休止时间可适当缩短。

桩身及桩间土密实度检查宜优先采用重型动力触探进行。检测点应随机抽样并经设计或监理方认定,检测点不少于总桩数的2%且不少于6组(即统一检测点桩身及桩间土分别进行检验)。当土质条件复杂时,应增加检验数量。实践表明,采用柱锤冲扩桩法处理的土层,往往上部及下部稍差而中间较密实,因此必要时可分层进行评价。

对于复合地基载荷试验,其检验数量为总桩数的0.5%,且每一单体工程不应少于3点。载荷试验应在成桩14 d后进行。

(3)基槽开挖后验槽

基槽开挖后,应检查桩位、桩径、桩数、桩顶密实度及槽底土质情况。若发现漏桩、桩位偏差过大、桩头及槽底土质松软等质量问题,应采取补救措施。

基槽开挖检验的重点是桩顶密实度及槽底土质情况。柱锤冲扩桩法施工工艺的特点是冲孔后自下而上成桩,即由下往上对地基进行加固处理。由于顶部上覆压力小,容易造成桩顶及槽底土质松动,而这部分又是直接持力层,因此应加强对桩顶特别是槽底以下厚1 m范围内土质的检验,检验可采用轻便触探法进行。桩位变差不宜大于1/2桩径,桩径负偏差不宜大于10 mm,桩数应满足设计要求。

5.5.9 多桩型复合地基

多桩型复合地基是指由两种及两种以上不同材料增强体或由同一材料增强体而桩长不同时形成的复合地基,适用于处理存在浅层欠固结土、湿陷性土、液化土等特殊土,或场地土层具有不同深度持力层以及存在软弱下卧层,地基承载力和变形要求较高时的地基处理。

早期的复合地基一般为单一桩型(或增强体)的复合地基,所能解决的地基问题往往比较单一。近年来,高层建筑的地基处理、特殊土地基问题、填土地基问题等,给地基处理提出了越来越多的要求。为充分利用和发挥桩体(增强体)对不同地基土的不同处理效果,结合工程地质特点和地基处理需求,人们开始在复合地基中采用由两种或两种以上不同类型的桩(增强体)或同一增强体、长度或直径不同的桩(增强体)与桩间土组成的复合地基。

复合地基作为一种比较成熟的地基处理形式,在工程实践上已经积累了相当丰富的经验。但是,复合地基技术的一个显著缺点就是理论研究远远落后于工程实践,在工程实践和理论研究的基础上,一些工程师已经意识到了采取一种桩型的复合地基处理软土地基的弊端,开始尝试采取两种或两种以上的桩型联合加固的方法。从工程实践中碰到的具体问题和从经济方面考虑,发展多桩型复合地基来处理公路沟谷软基是一种趋势,开展多桩型复合地基的研究具有前瞻性和经济性。

常用的多桩型复合地基有:

①用于处理可液化土或软黏土地基的"碎石桩加CFG桩"复合地基、"碎石桩加水泥土桩"复合地基、"塑料排水板或砂井加水泥土搅拌桩"复合地基。

②用于处理湿陷性黄土的"灰土挤密桩加CFG桩"复合地基、"灰土桩加挤密CFG桩"复合地基、"灰土桩加预应力管桩"复合地基。

③桩端位于不同持力层的长短桩复合地基常用的有CFG长短桩复合地基、静压力长短桩复合地基。

④用于处理工程事故的多桩型复合地基,常用的有钢筋混凝土灌注桩与水泥土桩组合的复合地基、钢筋混凝土桩与CFG桩组合的复合地基。

多桩型复合地基是近年来较为活跃的热点研究和应用课题之一,在国内使用已经有近20年历史。例如,1995年施工完成的河南新闻大厦高压旋喷水泥土桩复合地基,设计桩径600 mm,设计桩长分别为长桩16 m,短桩12 m,长桩用于处理软弱下卧层进入承载力较高的砂层;该楼主体26层,竣工后沉降量小于30 mm。近年来,多桩型复合地基呈现更多应用的发展趋势。

以长短桩为研究对象。其中,长桩一般为刚性较大的桩体,如钢筋混凝土桩、素混凝土、低强度桩、CFG 桩等,而短桩往往则是碎石桩、水泥土桩等散体桩和柔性桩。

1) 多桩型复合地基加固机理

多桩型复合地基上作用的荷载仍然由桩与桩间土共同承担。与单一桩型复合地基的区别在于各个不同桩型之间的刚度不同,使得桩、土间分担的荷载强度不同,各桩型之间分担的荷载强度也有区别。

以可液化地基或湿陷性地基为例说明其加固机理:采用振冲碎石桩与 CFG 桩组合成多桩型复合地基,其中振冲碎石桩不仅可以提高一定的地基承载力,减小沉降与不均匀沉降,而且能有效地消除或降低地基的液化或湿陷性,而 CFG 桩可以提供较大的地基承载力,以补偿地基承载力的不足。

2) 多桩型复合地基设计方法

(1) 处理范围

多桩型复合地基适用于处理不同深度存在相对硬层的正常固结土,或浅层存在欠固结土、湿陷性黄土、可液化土等特殊土,以及地基承载力和变形要求较高的地基。

(2) 设计原则

桩型及施工工艺的确定,应考虑土层情况、承载力与变形控制要求、经济性和环境要求等综合因素。

对复合地基承载力贡献较大或用于控制复合土层变形的长桩,应选择相对较好的持力层;对处理欠固结土的增强体,其桩长应穿越欠固结土层;对消除湿陷性土的增强体,其桩长宜穿过湿陷性土层;对处理液化土的增强体,其桩长宜穿过可液化土层。

对可液化地基,可采用碎石桩等方法处理液化土层,再采用有黏结强度的桩进行地基处理。

(3) 单桩竖向承载力特征值的计算

多桩型复合地基桩竖向承载力特征值应通过现场载荷试验确定。初步设计时,也可由桩周土和桩端土的抗力提供的单桩承载力代替,按式(5.128)估算,并应同时满足由桩身材料强度确定的单桩承载力,按式(5.129)计算。特别是当复合地基承载力进行基础埋深的深度修正时,增强体桩身强度应满足式(5.130)要求。

$$R_{a} = u_{p} \sum_{i=1}^{n} q_{si} l_{i} + \alpha A_{p} q_{p} \tag{5.128}$$

$$f_{cu} \geqslant 4 \frac{\lambda R_{a}}{A_{p}} \tag{5.129}$$

$$f_{cu} \geqslant 4 \frac{\lambda R_{a}}{A_{p}} \left[1 + \frac{\gamma_{m}(d - 0.5)}{f_{spa}} \right] \tag{5.130}$$

式中　f_{cu}——桩体试块(边长 150 mm 立方体)在标准养护条件下 28 d 龄期的立方体抗压强度平均值,kPa;

R_{a}——单桩承载力特征值;

q_{si}——桩周第 i 层土的侧向容许摩阻力特征值,淤泥可取 4 ~ 7 kPa,淤泥质土可取 6 ~ 12 kPa,软塑状态黏性土可取 10 ~ 15 kPa,可塑状态的黏性土可取 12 ~ 18 kPa;

u_{p}——桩的周长,m;

l_{i}——桩长范围内第 i 层土的厚度,m;

q_{p}——桩端地基土未经修正的承载力特征值,kPa,可按《建筑地基基础设计规范》(GB 50007—2011)确定;

α——桩端天然地基土的容许承载力折减系数,按地区经验确定;

A_p——桩的截面面积;

γ_m——基础底面以上土的加权平均重度,kN/m^3,地下水位以下取有效重度;

λ——单桩承载力发挥系数,可按地区经验取值;

d——基础埋置深度,m;

f_{spa}——深度修正后的复合地基承载力特征值。

（4）地基承载力特征值的计算

多桩型复合地基承载力特征值,应由多桩复合地基静载荷试验确定。初步设计时,可采用下列公式估算。

①对具有黏结强度的两种桩组合形成的多桩型复合地基承载力特征值:

$$f_{spk} = m_1 \frac{\lambda_1 R_{a1}}{A_{p1}} + m_2 \frac{\lambda_2 R_{a2}}{A_{p2}} + \beta(1 - m_1 - m_2)f_{sk} \tag{5.131}$$

式中　m_1, m_2——分别为桩1、桩2的面积置换率,$m = \dfrac{d^2}{d_e^2}$;

d——桩身平均直径,m;

d_e——一根桩分担的处理地基面积的等效圆直径,m;等边三角形布桩:$d_e = 1.05S$;正方形布桩:$d_e = 1.13S$;矩形布桩:$d_e = 1.13\sqrt{S_1 S_2}$;

S, S_1, S_2——分别为桩间距、纵向间距和横向间距,m;

λ_1, λ_2——分别为桩1、桩2的单桩承载力发挥系数,应由单桩复合地基试验按等变形准则或多桩复合地基静载荷试验确定,有地区经验时可以按地区经验确定;

R_{a1}, R_{a2}——分别为桩1、桩2的单桩承载力特征值,kN;

A_{p1}, A_{p2}——分别为桩1、桩2的截面面积,m^2;

β——桩间土承载力发挥系数,无经验时可取$0.9 \sim 1.0$;

f_{sk}——处理后复合地基桩间土承载力特征值,kPa。

②对具有黏结强度的桩与散体材料桩组合形成的复合地基承载力特征值:

$$f_{spk} = m_1 \frac{\lambda_1 R_{a1}}{A_{p1}} + \beta[1 - m_1 + m_2(n - 1)]f_{sk} \tag{5.132}$$

式中　β——仅由散体材料桩加固处理形成的复合地基承载力发挥系数;

n——仅由散体材料桩加固处理形成复合地基的桩土应力比;

f_{sk}——仅由散体材料桩加固处理后桩间土承载力特征值,kPa。

多桩型复合地基面积置换率应根据基础面积与该面积范围内实际的布桩数进行计算,当基础面积较大或条形基础较长时,也可以用单元面积置换率替代。单元面积计算模型如图5.34所示。

按图5.34（a）布桩时:

$$m_1 = \frac{A_{p1}}{2S_1 S_2}, m_2 = \frac{A_{p2}}{2S_1 S_2} \tag{5.133}$$

按图5.34（b）布桩,且$S_1 = S_2$时:

$$m_1 = \frac{A_{p1}}{2S_1^2}, m_2 = \frac{A_{p2}}{2S_1^2} \tag{5.134}$$

当多桩型复合地基处理范围下存在软弱下卧层时,应按《建筑地基基础设计规范》（GB 50007—2011）的有关规定进行下卧层承载力验算。

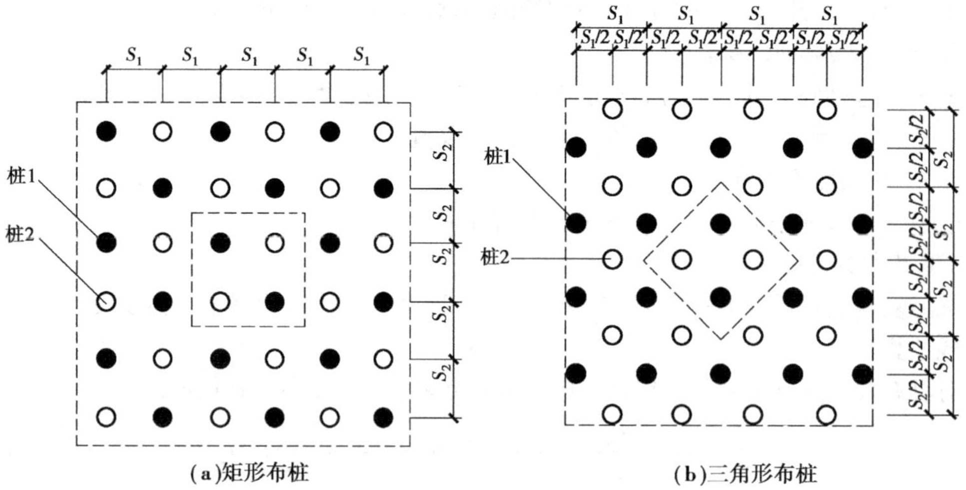

(a)矩形布桩   (b)三角形布桩

图5.34　多桩型复合地基单元面积计算模型

(5)变形计算

通常采用分层总和法计算多桩型复合地基变形,复合地基沉降量为加固区压缩量 s_1 和加固区下卧层压缩量 s_2 之和。可将加固区视为一复合土体(详见 5.5.1 节)。

①有黏结强度增强体的长短桩复合加固区、短桩桩端至长桩桩端加固区土层压缩模量放大系数分别可按下式计算:

$$\xi_1 = \frac{f_{spk}}{f_{ak}} \tag{5.135}$$

$$\xi_2 = \frac{f_{spk1}}{f_{ak}} \tag{5.136}$$

$$E_{sp1} = \xi_1 E_s \tag{5.137}$$

$$E_{sp2} = \xi_2 E_s \tag{5.138}$$

式中 f_{spk1}, f_{spk}——仅由长桩处理形成复合地基承载力特征值和长短桩复合地基承载力特征值,kPa;

    f_{ak}——基础底面下天然地基承载力特征值,kPa;

    E_{sp1}——长短桩复合加固区土层压缩模量,MPa;

    E_{sp2}——仅长桩加固区土层压缩模量,MPa;

    E_s——桩间土压缩模量,MPa,宜按当地经验取值,如无经验时可取天然地基压缩模量;

    ξ_1, ξ_2——长短桩复合地基加固土层压缩模量放大系数和仅由长桩处理形成复合地基加固土层压缩模量提高系数。

②对有黏结强度的桩与散体材料桩组合形成的复合地基加固区土层压缩模量放大系数可按下列公式计算。

根据散体材料桩与桩间土承载力试验结果时,采用式(5.139)计算:

$$\zeta_1 = \frac{f_{spk}}{f_{spk2}}[1 + m(n-1)]\frac{f_{sk}}{f_{ak}} \tag{5.139}$$

根据多桩型复合地基承载力估算时,采用式(5.140)计算:

$$\zeta_1 = \frac{f_{spk}}{f_{ak}} \tag{5.140}$$

式中 f_{spk2}——仅由散体材料桩加固处理后复合地基承载力特征值,kPa;

m——散体材料桩的面积置换率。

多桩型复合地基复合土层模量计算,如图 5.35 所示。

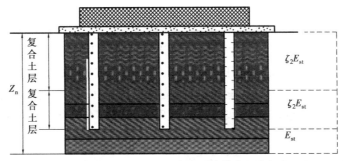

(a)仅有长桩(或具有黏结材料增强体桩)的复合地基

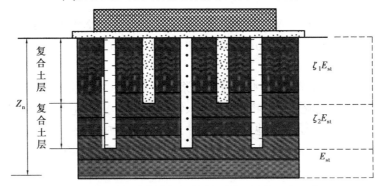

(b)短桩(或散体材料增强体桩)与长桩(或具有黏结材料增强体桩)共同处理的复合地基

图 5.35 多桩型复合地基土层模量计算

多桩型复合地基宜在基础和桩顶之间设置褥垫层,对刚性长、短复合地基宜选择砂石垫层,垫层厚度宜取对复合地基承载力贡献大的增强体直径的 1/2;对刚性桩与其他材料增强体桩组合的复合地基,垫层厚度宜取刚性桩直径的 1/2;对湿陷性的黄土地基,垫层材料应采用灰土,垫层厚度宜为 300 mm。

3)多桩型复合地基施工方法

①施工设备和施工工艺。在施工时,所选用的设备穿透土层的能力、最大施工桩长能否满足要求,对桩间土产生的影响是否会造成相邻桩出现问题等,都是必须考虑的问题。

②场地的周围环境。场地周围的环境对施工有很大的影响,居民区、周围是否有精密仪器设备、地下管线的埋藏等都需注意。

③建筑物结构布置和荷载传递。建筑物是否存在偏心,其周围是否有地下车库等大空间结构,以及上部结构荷载传递到下部进行扩散的范围和特点等均是在施工时需考虑的情况。

④其他。对处理可液化土层的多桩型复合地基,应先施工处理液化的增强体;对消除或部分消除湿陷性黄土地基,应先施工处理湿陷性的增强体;应降低或减小后施工增强体对已施工增强体的质量和承载力的影响。

4)多桩型复合地基质量检测

①多桩型复合地基中单桩检测。对于多桩型复合地基中的单桩桩身质量检测,可依照各类桩的检测法分别进行。刚性桩可采用低应变动力检测法检测桩身完整性,深层搅拌水泥土桩可采用轻便动力触探或抽芯检测,石灰桩可采用静力触探或轻便动力触探检测桩身强度和成桩质

量,碎石桩可采用重型动力触探检测成桩质量。

②多桩型复合地基承载力检测方法。对于一般的复合地基加固效果的检测,一般采用复合地基静载荷试验。

若为单桩复合地基静载荷试验,压板可采用圆形或方形,面积为单根桩承担的处理面积。多桩复合地基载荷试验的压板可采用方形或矩形,其尺寸按实际桩数所承担的处理面积确定。

在长短桩复合地基静荷载试验中,压板形状可采用方形或矩形,其尺寸根据实际桩数承担的处理面积确定。确定长短桩复合地基承载力特征值时,当 Q-s 曲线上有明显的比例极限时,可取该比例极限所对应的荷载;按相对变形值确定时,沉降比 s/b 或 s/d 宜取 $0.004 \sim 0.01$。

5.6　注浆加固

注浆加固是利用气压、液压或电化学原理,将具有流动性和胶结性的浆液注入各种介质的裂隙、孔隙,形成结构致密、强度高、防渗性能强和化学稳定性好的固结体,以改善注浆对象的物理力学性能。

注浆加固应包括静压注浆加固、水泥搅拌注浆加固和高压旋喷注浆加固等。它是一种常用的工程处理加固方法,广泛应用于城市地下工程、铁路、公路、水利、港口、矿山、建筑地基处理工程。静压注浆加固是将水泥浆或其他化学浆液注入地基土层中,增强土颗粒间的联结,使土体强度提高、变形减少、渗透性降低的地基处理方法。注浆加固至今已有近 200 年历史,从其发展可分为 4 个阶段。

①原始黏土浆液阶段(1802—1857 年):注浆法出现于 19 世纪初,1802 年法国土木工程师查理斯·贝尔格尼采用向地层挤压黏土浆液来修复被水流侵蚀了的挡潮闸的砾土地基,取得了巨大成功。而后用于建筑地基加固,相继传入英国、埃及。但其注入方法简单,浆液也简单。

②初级水泥浆液注浆阶段(1858—1919 年):随着 1826 年英国硅酸盐水泥的出现,英国人基尼普尔采用水泥注浆试验成功;正是在这时,英国研制出了"压缩空气注浆泵",促进了水泥注浆法的发展。

③中级化学浆液注浆阶段(1920—1969 年):注浆技术的进一步发展和广泛应用,是在矿山竖井的建设中用于防止竖井开挖时地下水的渗入。1920 年,荷兰采矿工程师尤斯登首次采用水玻璃-氯化钙双液双系统二次压浆法,首次论证了化学注浆的可靠性,随后出现多种性质各异的化学浆液。这个阶段,相继产生了注浆理论和工艺,从 1938 年马格提出的球形扩散理论到柱状渗透理论逐渐形成渗透注浆、压密注浆、劈裂注浆、复合注浆等理论和工艺,注浆设备和检测仪器也不断更新。

④目前注浆技术发展(1969 年至今):以 20 世纪 60 年代末出现高压喷射注浆技术为标志,注浆结石体由散体到结构体,注浆材料向渗透性强、可注性好、无污染、固结体强度较高、凝胶时间易于控制、价格便宜和施工方便的超细水泥方向发展,逐步取代化学浆液,减少环境污染和工程造价。

我国的注浆技术研究起步较晚,20 世纪 50 年代前所做工作甚少,50 年代开始初步掌握注浆技术,1953 年开始研究应用水玻璃作为注浆材料。随着水利水电工程建设的发展和我国的化学工业形成,除水泥、黏土等材料外,20 世纪 50 年代末已形成了环氧树脂、甲基丙烯酸甲酯等注浆材料;20 世纪 60 年代形成了丙烯酰胺注浆材料;20 世纪 70 年代末形成了聚氨酯注浆材料。尤其是进入 20 世纪 80 年代以后,根据不同的需要,各种材料在种类、性能上得到进一步的发展。除材料品种外,我国配套的施工技术、工艺、注浆机具和检测手段也相应地获得了重大的发展。配套注浆的钻孔机具、高压注浆泵、高压耐磨阀门、高速搅拌机、止浆装置、自动记录仪、集中制浆系统等机具设备的出现,也为注浆技术的稳步发展创造了条件。

在监测方面,从目测样品、压水试验等常规方法,发展到声波监测、变形检测、电子显微镜检测等多种宏观和微观的检测手段。在注浆工艺技术上,以高压注浆为代表的整套注浆技术、水泥浓浆注浆技术、水泥浆液和化学浆液联合注浆技术等,为工程中复杂地基的防渗加固处理提供了条件。

近十年来,随着我国工程建设全面展开,注浆工艺和注浆设备不断更新,注浆加固在实际工程中应用范围广,如矿山巷道开挖和支护、地下工程开挖和支护、隧道开挖、水坝止水、建筑物纠倾工程、桩基后压浆工程。

5.6.1　注浆加固机理

注浆加固按照注浆机理可分为以下7类。

(1)充填注浆

用于坑道、隧道背面、构筑物基础下的大空洞以及土体中大孔隙的回填注浆,其目的在于加固整个土层以及改善土体的稳定性。这种注浆法主要是使用水泥浆、水泥黏土浆等粒状材料的混合浆液。一般情况下,注浆压力较小,浆液不能填充细小孔隙,所以止水防渗效果较差。

(2)劈裂注浆和脉状注浆

劈裂注浆或脉状注浆是在较高的注浆压力下,把浆液注入渗透性小的土层中,浆液扩散呈脉状分布。不规则的脉状固结物和由于浆液压力而挤密的土体,以及不受注浆影响的土体构成的地基,可提高地基承载能力,其改善的程度则随脉状分布而不同。在浅层的水平浆脉,由于注入压力作用可使地面隆起,往往影响附近构筑物的稳定性。

(3)基岩裂隙注浆

基岩中存在的裂隙使整个地层强度变弱或形成涌水通道,在这种裂隙中进行的注浆称为裂隙注浆,多用于以止水或加固为目的的岩石坝基防渗和加固,以及隧洞、竖井的开掘。

(4)渗透注浆

渗透注浆是使浆液渗透扩散到土粒间的孔隙中,凝固后达到土体加固和止水的目的。浆液性能、土体孔隙的大小、孔隙水、非均质性等方面对浆液渗透扩散有一定的影响,因而也就必将影响到注浆效果。

(5)界面注浆、接缝注浆和接触注浆

界面注浆、接缝注浆和接触注浆是指在层面或界面注浆,向成层土地基或结构界面进行注浆时,浆液首先进入层面或界面等弱面,形成片状的固结体,从而改善层面或界面的力学性能。

(6)混凝土裂缝注浆

受温度、所承受的荷载、基础的不均匀沉降及施工质量等的影响,所产生的混凝土裂缝和缺陷,往往可通过注浆进行加固和防渗处理,以恢复结构的整体性。

(7)挤密注浆

当使用高塑性浆液,地基又是细颗粒的软弱土时,注入地基中的浆液在压力作用下形成局部高压区,对周围土体产生挤压力,在注浆点周围形成压力浆泡,使土体孔隙减少,密实度增加。挤密注浆主要靠挤压效应来加固土体。固结后的浆液混合物是一个坚硬的压缩性很小的球状体。它可用来调整基础的不均匀沉降,进行基础托换处理,以及在大开挖或隧道开挖时对邻近土体进行加固。

在建筑地基处理中,注浆加固主要是采用水泥搅拌注浆加固和高压旋喷注浆加固形成复合地基加固来提高地基承载力。静压注浆加固由于注浆方向和注浆均匀性在实际操作中较难控制,处理后地基的检测难度也较大,因此在建筑地基处理工程中注浆加固目前主要作为一种辅助措施和既有建筑物加固措施,当其他地基处理方法难以实施时才予以考虑。注浆材料选用水泥浆液、硅化浆液、碱液等固化剂。

5.6.2　注浆加固设计方法

1)注浆加固的处理范围

目前,注浆加固已广泛应用于工业与民用建筑、道桥、市政、公路隧道、地下铁道、地下厂房以及矿井建设、文物保护、坝基防渗加固等工程中。

注浆法在岩土工程治理中的应用如表 5.15 所示。

表 5.15　注浆加固处理范围

工程类别	应用场所	目的
建筑工程	1. 建筑物因地基土强度不足发生不均匀沉降; 2. 在摩擦桩侧面或端承桩底	1. 改善土的力学性质,对地基进行加固或纠偏处理; 2. 提高桩周摩阻力和桩端阻力,或处理桩底沉渣
坝基工程	1. 基础岩溶发育或构造断裂切割破坏; 2. 帷幕注浆; 3. 重力坝上注浆	1. 提高岩土密实度、均匀性、弹性模量和承载力; 2. 切断渗流; 3. 提高坝体整体性和抗滑稳定性; 4. 防止地面过大沉降,限制地下水活动及防止土体位移; 5. 提高洞室稳定性,防渗
地下工程	1. 在建筑物基础下挖地下铁道、地下隧道、涵洞、管线路等; 2. 洞室围岩	
其他	边坡、桥基、路基等	维护边坡稳定性,防止支挡结构的涌水和邻近建筑物沉降、桥墩防护、桥索支座加固、处理路基病害等

2)注浆加固方案选择

这是设计首先要面对的问题,但其具体内容并无严格规定,一般都只把注浆方法和注浆材料的选择放在首要的位置。

注浆方法和注浆材料的选择与一系列因素有关,主要有以下 3 个方面。

①注浆的目的:加固地基、防渗,或是提高地基承载力、抗滑稳定性,或是降低地基变形量。

a. 若为提高地基强度和变形模量,一般可选用以水泥为主的水泥浆、水泥砂浆和水泥玻璃浆等,或采用高强度化学浆材,如环氧树脂、聚氨酯以及以有机质为固化剂的硅酸盐浆材料等。

b. 若为了防渗堵漏,可采用黏土水泥浆、黏土水玻璃浆、水泥粉煤灰混合物、丙凝、铬木素以及无机试剂等为固化浆液。

c. 在裂隙岩中注浆一般采用纯水泥,或在水泥浆、水泥砂浆中掺入少量膨润土;在砂砾石层中,或在溶洞中采用黏土水泥浆;在砂层中一般只采用化学浆液;在黄土中采用单液硅化法或碱液法。

d. 对孔隙较大的砂砾层或裂隙岩层可采用深入性注浆法；在砂层注入粒状浆材宜采用水力劈裂法；在黏性土层中采用水力劈裂法或电动硅化法；矫正建筑物的不均匀沉降则宜采用压密注浆法。

②地质条件：包括地层构造、土的种类和性质、地下水位、水的化学成分、灌浆施工期间的地下水流速及地震级别等。

③工程性质：是永久性工程还是临时工程，是重要建筑物还是一般建筑物，是否为振动基础，以及地基将要承受多大的附加荷载等。

在工程实践中，常根据实际情况采用联合注浆工艺，包括不同浆材及不同注浆方法的联合，以适应某些特殊地质条件中专门注浆目的的需要。

3) 注浆加固试验

注浆加固试验是一项较为细致的工作，常常需要对浆材和工艺反复试验调整；同时，又受现场条件所限，需要适时、周密地作出安排。注浆试验一般在建筑物位置确定后的工程设计阶段进行。对重要的工程，或地层条件复杂，地基处理对工程有关键性影响时，在初设阶段即进行注浆试验。注浆加固试验的主要内容包括以下3个方面。

①注浆试验组数和试验场地的确定。一般情况下，不同地质单元、不同工艺参数、不同灌浆材料均需进行试验。重点工程特殊地段的注浆，应有专门试验。注浆试验场地选择，首先应充分考虑其水文、工程地质条件的代表性。

②浆材性能试验根据注浆对象选择所需的浆材。选用纯水泥浆液进行防渗和固结灌浆时，可直接按照水泥强度等级选择；当试验选用水泥砂浆、水泥水玻璃黏土浆、化学浆材进行注浆时，需进行浆材配比及物理力学性能试验。试验内容包括细度及颗粒级配、不同配合比及其流变参数、沉降稳定性、凝固时间、浆体密度、结石密度及强度、弹性模量等。根据浆材配比试验成果选择最为适宜灌浆对象的灌浆材料与配比。

③注浆试验参数设计。包括钻孔布置形式、注浆孔径、排距、防渗固结注浆的深度、注浆压力、段长、结束标准、检查手段等。

a. 注浆试验孔的布置形式应根据地质条件的复杂程度和注浆目的而定。地质条件简单、注浆加固要求较低时，可按单排布置；地质条件复杂和注浆加固、防渗要求较高时，可按双排布置；当地质条件极为复杂和注浆加固、防渗要求极高时，宜布置3排或多排。根据需要，质量检查孔多布置在同一施工参数的两个或3个注浆孔之间，其数量结合试验选定的参数组数确定。

b. 注浆试验孔、排距和孔深的确定。注浆扩散半径是一定工艺条件下，浆液在地层中扩散程度的数学统计的描述值，是确定排数、孔距和排距布置的重要参数。渗入性注浆按注浆扩散理论推导的扩散半径公式来估算；由于地层的不均匀性，浆液扩散往往是不规则的，注浆扩散半径难以准确计算。一般情况下，注浆扩散半径与地层渗透系数、孔隙大小、注浆压力、浆液的注入能力等因素有关。可通过调整注浆压力、浆液的注入能力和注浆时间来调整注浆扩散半径。

c. 注浆试验压力确定。地层容许注浆压力一般与地层的物理力学指标有关，与注浆孔段位置、埋深、注浆材料、工艺等也有一定关系。一般情况下，可参照类似工程的经验和有关经验公式初步拟定。

d. 浆材配合比。根据选定的浆材种类和室内配合比试验，选择拟进行的浆材和适宜注浆施工的2~3种配合比进行试验注浆，以便于浆材及配合比注浆效果对比，从而为施工确定经济适宜的浆材及配合比。

e. 注浆结束控制标准。注浆结束控制标准应按照注浆方法、注浆材料、选用的施工工艺、注浆加固的目的、重要性进行选择。

f. 注浆质量检查。可用开挖探槽、标准贯入试验、轻型动力触探试验、静力触探试验、射线检测、弹性波法、电阻率法、压水试验、室内试验、载荷试验等方法。

根据注浆试验结果,结合场地条件等综合因素,进行具体注浆加固设计。在建筑地基的局部加固处理中,加固材料的选择一般应根据地层的可注性及基础的承载要求而定,优先采用水泥为主的浆液。当地层的可注性不好时,可采用化学浆液,如硅化浆液、碱液等。

4)水泥为主剂浆液注浆加固设计

①注浆材料。水泥为主剂的浆液主要包括水泥浆、水泥砂浆和水泥水玻璃浆。水泥浆液是地基治理、基础加固工程中常用的一种胶结性好、结石强度高的注浆材料。一般施工要求水泥浆液的初凝时间既能满足浆液设计的扩散要求,又不至于被地下水冲走。对有地下水流动的软弱地基,不应采用单液水泥浆液。

②注浆钻孔布置。应根据处理对象和目的有针对性地进行布置,重点部位、一般部位应疏密有别,注浆孔间距应通过现场注浆试验确定,无试验资料时宜取 1.0 ~ 2.0 m。

③注浆参数设计。注浆量、注浆压力和注浆有效范围,应通过现场注浆试验确定;在黏性土地基中,浆液注入率宜为 15% ~ 20%;注浆点上的覆盖土厚度应大于 2 m;对劈裂注浆的注浆压力,在砂土中,宜为 0.2 ~ 0.5 MPa;在黏性土中,宜为 0.2 ~ 0.3 MPa。对压密注浆,当采用水泥砂浆浆液时,坍落度宜为 25 ~ 75 mm,注浆压力宜为 1.0 ~ 7.0 MPa。当采用水泥-水玻璃双液快凝浆液时,注浆压力不应大于 1.0 MPa。

对填土地基,由于各向异性,对注浆量和方向不好控制,应采用多次注浆施工,才能保证工程质量。间隔时间应按浆液的初凝试验结果确定,且不应大于 4 h。

5)硅化浆液注浆加固设计

(1)浆液的选择和配比

①砂土、黏性土宜采用压力双液硅化注浆;渗透系数为(0.1 ~ 2.0)m/d 的地下水位以上的湿陷性黄土,可采用无压或压力单硅化注浆;自重湿陷性黄土宜采用无压单液硅化注浆。

②防渗注浆加固用的水玻璃模数不宜小于 2.2,用于地基加固的水玻璃模数宜为 2.5 ~ 3.3,且不溶于水的杂质含量不应超过 2%。

③双液硅化法应采用浓度为 10% ~ 15% 的硅酸钠($Na_2O \cdot nSiO_2$),并掺入 2.5% $AlCl_3$ 溶液。

加固湿陷性黄土溶液用量,可按下式估算:

$$Q = V\bar{n}d_{N1}\alpha \tag{5.141}$$

式中　Q——硅酸钠溶液的用量,m^3;

　　　V——拟加固湿陷性黄土的体积,m^3;

　　　$\bar{n}$——地基加固前,土的平均孔隙率;

　　　d_N——注浆时,硅酸钠溶液的相对密度;

　　　α——溶液填充孔隙的系数,可取 0.6 ~ 0.8。

④当硅酸钠溶液浓度大于加固湿陷性黄土所要求的浓度时,应进行稀释。稀释加水量可按下式估算:

$$Q' = \frac{d_N - d_{N1}}{d_{N1} - 1} \times q \tag{5.142}$$

式中　Q'——稀释硅酸钠溶液的加水量,t;

d_{N1}——稀释前,硅酸钠溶液的相对密度;

q——拟稀释硅酸钠溶液的质量,t;

（2）注浆孔的布置

①注浆孔的排间距可取加固半径的 1.5 倍;注浆孔的间距可取加固半径的 1.5~1.7 倍;外侧注浆孔位超出基础底面宽度不得小于 0.5 m;分层注浆时,加固层厚度可按注浆管带孔部分的长度上下各 0.25 倍加固半径计算。

②采用单硅化法加固湿陷性黄土地基,注浆孔的布置应符合下列要求:

a. 注浆孔间距:压力注浆宜为 0.8~1.3 m,溶液自渗宜为 0.4~0.6 m。

b. 对新建建（构）筑物和设备基础的地基,应在基础底面以下按等边三角形满堂布孔;超出基础底面外缘的宽度,每边不得小于 1.0 m。

c. 对既有建（构）筑物和设备基础的地基,应沿基础侧向布孔,每侧不宜少于两排。

d. 当基础底面宽度大于 3 m 时,除应在基础下每侧布置两排注浆孔外,必要时可在基础两侧布置斜向基础底面中心以下的注浆孔或在其台阶上布置穿透基础的注浆孔。

【例5.11】　采用硅化浆液注浆加固拟建设备基础的地基,设备基础的平面尺寸为 3 m × 4 m,需加固的自重湿陷性黄土层厚 6 m,土体初始孔隙比为 1.0。假设硅酸钠溶液的相对密度为 1.00,溶液的填充系数为 0.70,问所需硅酸钠溶液用量体积是多少?

【解】　硅酸钠溶液的用量为:

$$Q = V \bar{n} d_{N1} \alpha$$

当加固设备基础地基时,加固范围应超出基础底面外缘不少于 1.0 m。

$$V = (3 + 2 \times 1) \times (4 + 2 \times 1) \times 6 = 180 (m^3)$$

$$\bar{n} = \frac{e}{1 + e} = \frac{1}{1 + 1} = 0.5, d_{N1} = 1.0, \alpha = 0.7$$

$$Q = 180 \times 0.5 \times 1.0 \times 0.7 = 63 (m^3)$$

5.6.3　注浆加固施工方法

1) 概述

在注浆加固施工前应根据注浆试验资料和设计文件,做好施工组织设计,主要包括工程概况、施工总布置、进度安排、注浆施工主要技术方案、设备配置、施工管理、技术质量保证措施等。

注浆加固施工一般包括以下步骤:注浆孔的布置→钻孔和孔→口管理设→制备浆液→压浆→封孔。对于注浆加固地基,一般原则是从外围进行堵截,内部进行填压,以获得良好的效果。即先将注浆区围住,再在中间插孔注浆挤密,最后逐步压实。不同地层中所采用的注浆工艺和施工方法有差异,如在砂土和黏性土中其注浆工艺就有较大差别。为使浆液渗透均匀,注浆段不宜过长,对黏性土一般为 0.8~1.0 m,无黏性土为 0.6~0.8 m,按其注浆次序可分为上行式、下行式或混合式。

2) 水泥为主剂的注浆施工

（1）基本要求

①施工场地应先整平,并沿钻孔位置开挖沟槽和集水坑。

②注浆施工时,宜采用自动流量和压力记录仪,并应及时进行数据整理分析。

③注浆孔的孔径宜为 70~110 mm,垂直度偏差应小于 1%。

④封闭泥浆 7 d 后,立方体试块(70.7 mm×70.7 mm×70.7 mm)的抗压强度应为 0.3 ~ 0.5 MPa,浆液黏度应为 80 ~ 90 s。

⑤浆液宜用普通硅酸盐水泥。注浆时可部分掺入粉煤灰,掺入量可为水泥质量的 20% ~ 50%。根据工程需要,可在浆液拌制时加入速凝剂、减水剂和防析水剂。

⑥注浆用水 pH 值不得小于 4。

⑦水泥浆的水灰比可取 0.6 ~ 2.0,常用的水灰比为 1.0。

⑧注浆的流量可取 7 ~ 10 L/min,对充填型注浆,流量不宜大于 20 L/min。

⑨当用花管注浆和带有活堵头的金属管注浆时,每次上拔或下钻高度宜为 0.5 m。

⑩浆体应经过搅拌机充分搅拌均匀后,方可压注。注浆过程中应不停缓慢搅拌,搅拌时间应不小于浆液初凝时间。浆液在泵前应经过筛网过滤。

⑪水温不得超过 35 ℃。盛浆桶和注浆管路在注浆体静止状态不得暴露于阳光下,防止浆液凝固。当日平均温度低于 5 ℃ 或最低温度低于 −3 ℃ 的条件下注浆时,应采取措施防止浆液冻结。

⑫应采用跳孔间隔注浆,且先外围后中间的注浆顺序。当地下水流速较大时,从水头高的一端开始注浆。

⑬对渗透系数相同的土层,应先注浆封顶,后由下向上进行注浆,防止浆液上冒。若土层的渗透系数随深度的增加而增大,则应自下向上注浆。对互通地层,应先对渗透性或孔隙率大的地层进行注浆。

⑭对既有建筑地基进行注浆加固时,应对既有建筑及其邻近建筑、地下管线和地面的沉降、倾斜、位移和裂缝进行监测。同时,应采用多孔间隔注浆和缩短浆液凝固时间等措施,减少既有建筑基础因注浆而产生的附加沉降。

(2)花管注浆法施工步骤

①钻机与注浆设备就位。

②钻孔或采用振动法将花管置入土层。

③当采用钻孔法时,应从钻杆内注入封闭泥浆,然后插入孔径为 50 mm 的金属花管。

④待封闭泥浆凝固后,移动花管自下向上或自上向下进行注浆。

(3)压密注浆施工步骤

①钻机与注浆设备就位。

②钻孔或采用振动法将金属注浆管压入土层。

③当采用钻孔法时,应从钻杆内注入封闭泥浆,然后插入孔径为 50 mm 的金属注浆管。

④待封闭泥浆凝固后,捅去注浆管的活堵头,提升注浆管自下而上或自上而下进行注浆。

(4)实际施工中常出现的现象

①冒浆:其原因有多种,主要有注浆压力大、注浆段位置埋深浅、有孔隙通道等。首先应查明原因,再采用控制性措施。例如:降低注浆压力,必要时采用自流式加压提高浆液浓度或掺砂,加入速凝剂;限制注浆量,控制单位吸浆量不超过 30 ~ 40 L/min;堵塞冒浆部位,对严重冒浆部位先灌混凝土盖板,后注浆。

②串浆:主要由于横向裂隙发育或孔距小;可加大第一序孔的孔距;适当延长相邻两序孔间施工时间间隔;若串浆孔为待注孔,可同时并联注浆。

③绕塞返浆:主要有注浆段孔壁不完整、橡胶塞压缩量不足、上段注浆时裂隙未封闭或注浆后待凝时间不够、水泥强度过低等原因。实际注浆过程中,应严格按要求尽量增加等待时间。

另外,还有漏浆、地面抬升、埋塞等现象,应根据工程具体条件制定工艺控制条件和保证措施。

3)硅化浆液注浆施工

(1)压力注浆的施工

①压力注浆的施工步骤除配溶液等准备工作外,主要分为打注浆管和注浆溶液。向土中打入注浆管和注浆溶液,应自基础底面标高起向下分层进行。先施工第一加固层,完成后再施工第二加固层,达到设计深度后,应将管拔出,清洗干净方可继续使用;在注浆溶液过程中,应注意观察溶液有无上冒(即冒出地面)现象,发现溶液上冒应立即停止注浆,分析原因,采取措施,堵塞溶液不出现上冒后,再继续注浆。打注浆管及连接胶皮管时,应精心施工,不得摇动注浆管,以免注浆管壁与土接触不严,形成缝隙。此外,胶皮管与注浆管连接完毕后,还应将注浆管上部及其周围厚 0.5 m 的土层进行夯实,其干密度不得小于 1.60 g/cm³。

②加固既有建筑物地基时,应采用沿基础侧向先外排,后内排的施工顺序,并间隔 1~3 个孔进行打注浆管和注浆溶液。

③注浆溶液的压力值由小逐渐增大,最大压力不宜超过 200 kPa。

(2)溶液自渗的施工

①溶液自渗的施工步骤除配溶液与压力注浆相同外,打注浆孔及注浆溶液与压力注浆有所不同。在基础侧向,将设计布置的注浆孔分批或全部打入或钻至设计深度;不需分层施工,可用钻机或洛阳铲成孔。采用打管成孔时,孔成后应将管拔出,孔径一般为 60~80 mm。

②将配好的硅酸钠溶液满注注浆孔,溶液面宜高出基础底面标高 0.50 m,使溶液自行渗入土中;硅酸钠溶液配好后,若不立即使用或停放一定时间后,溶液会产生沉淀现象,注浆时,应再将其搅拌均匀。

③在溶液自渗过程中,每隔 2~3 h 向孔内添加一次溶液,防止孔内溶液渗干。

不论是压力注浆还是溶液自渗,计算溶液量全部注入土中后,加固土体中的注浆孔均宜用2:8灰土分层回填夯实。

硅化注浆施工时,对既有建筑物或设备基础进行沉降观测,可及时发现在注浆硅酸钠溶液过程中是否会引起附加沉降以及附加沉降的大小,便于查明原因、停止注浆或采取其他处理措施。

5.6.4 注浆加固质量检验

注浆施工结束后,应对注浆效果进行检查,以便验证是否满足设计要求和地基处理要求。地基改善一般需通过处理前后物理力学性质对比来进行;对有承载力要求的,必须通过载荷试验,检验数量对每个单体建筑不应少于 3 点。鉴于注浆加固地基的复杂性,加固地层的均匀性检测十分重要,宜采用多种方法相互验证,综合判断处理结果,同时还应满足建筑地基验收规范的要求。

常用的质量检测方法有:标准贯入试验、轻型动力触探试验、静力触探试验、射线检测、弹性波法、电阻率法、压水试验、室内试验、载荷试验等。

水泥为主剂的注浆加固质量检验应符合下列规定:

①注浆检验应在注浆结束 28 d 后进行,可选用标准贯入、轻型动力触探、静力触探或面波等方法进行加固地层均匀性检测。

②按加固土体深度范围每间隔 1 m 取样进行室内试验,测定土体压缩性、强度或渗透性。

③注浆检验点不应少于注浆孔数的 2%~5%。检验点合格率小于 80% 时,应对不合格的

注浆区实施重复注浆。

硅化注浆加固质量检验应符合下列规定：

①硅酸钠溶液注浆完毕,应在 7~10 d 后,对加固的地基土进行检验。

②应采用动力触探或其他原位测试检验加固地基的均匀性。

③必要时,尚应在加固土的全部深度内,每隔 1 m 取土样进行室内试验,测定其压缩性和湿陷性。

④检验数量不应少于注浆孔数的 2%~5%。

碱液加固质量检验应符合下列规定：

①碱液加固施工应作好施工记录,检查碱液浓度及每孔注入量是否符合设计要求。

②开挖或钻孔取样,对加固土体进行无侧限抗压强度试验和水稳性试验。取样部位应在加固土体中部,试块数不少于 3 个,28 d 龄期的无侧限抗压强度平均值不得低于设计值的 90%。将试块浸泡在自来水中,无崩解。当需要查明加固土体的外形和整体性时,可对有代表性加固土体进行开挖,量测其有效加固半径和加固深度。

③检验数量不应少于注浆孔数的 2%~5%。

5.7　微型桩加固

微型桩一般是指桩径不大于 400 mm、长细比大于 30,采用钻孔、配筋和压力注浆施工工艺的灌注桩。《建筑地基处理技术规范》(JGJ 79—2012)规定,桩身截面尺寸小于 300 mm 的压入(打入、植入)小直径桩属于微型桩。

微型桩最典型的是树根桩(root-piles),它由 20 世纪 30 年代意大利 Fondedile 公司的 F. Lizzi 首创,此外还有后来研制的一些新桩型。在英美各国,常将微型桩列入地基处理中"土的加筋"范畴。在我国,微型桩基本上为直桩,而采用类似树根桩方法施工的斜桩常称为"锚",纳入"土锚"范畴。

微型桩的主要特征是桩径较小。根据欧洲规范 prEN 14199 初稿,微型桩包括直径小于 0.3 m 的灌注桩和直径小于 0.15 m 的挤土桩。微型桩有灌注桩和复合桩两类。灌注桩由通长的钢筋和混凝土或水泥浆组成;复合桩承载构件由钢筋混凝土或钢组成,如后灌浆的打入桩。微型桩的优点是在空间受限的地方可以无噪声、无振动地大量施工,通过压力灌浆将荷载传递到地基中。

1980 年,同济大学在室内进行了 150 mm×150 mm×4 000 mm 微型桩的成桩试验研究;1981 年,在苏州虎丘塔离塔身约 4 m 处进行了 3 根微型桩试验研究;1985 年,上海东湖宾馆加层是国内第一次采用微型桩,之后在托换工程中相继得到推广,取得很大的经济效益和技术效果。2012 年颁布的《建筑地基处理技术规范》(JGJ 79—2012)列入了树根桩托换法;1994 年,叶书麟在全国第七届土力学及基础工程学术会议上,系统总结了微型桩工程实践的研究成果;2010 年,上海市《地基处理技术规范》(DG/T J08-40—2010)对树根桩的设计、施工和质量检验作了具体的规定;2000 年,树根桩法列入《既有建筑地基基础加固技术规范》(JGJ 123—2000)。国内微型桩的直径有增大趋势,上海地区 ϕ200~300 mm 较常见,小于 ϕ150 mm 的微型桩已属罕见,与国外微型桩有明显差异。

微型桩相较于其他地基加固有以下优点:所需场地较小;施工时噪声和振动小,施工也较方便;施工时桩孔孔径较小,因而对基础和地基土集合都不产生附加应力;施工时对原有基础影响小,也不干扰建筑物的正常使用;能穿透各种障碍物,适用于各种不同的土质条件。

5.7.1 微型桩加固机理

微型桩通常用于基础托换中,直径多为 100~300 mm。一般只需 2 m 高的施工空间,基础荷载主要由桩侧摩阻力承担,还可通过后灌浆法来进一步提高桩侧摩阻力。如果微型桩全长埋没于土中,则不存在压屈现象;如果微型桩施工后,开挖中暴露在外并受荷载,则需验算桩的压屈。

微型桩的浆液在灌注形成桩身的同时,还渗透到桩周土层内,不仅提高桩的承载能力,而且发挥了"联结效应",使桩与土作为一个整体,形成具有黏聚作用的网状加筋土体。微型桩与其说它把全部基础荷载传递到下层地基土,不如说是通过对地基的加筋来达到提高稳定和减小沉降的目的。因此,微型柱通常能节省材料。

5.7.2 微型桩的常见类型及其适用范围

微型桩加固按桩型、施工工艺可分为树根桩、预制桩、注浆钢管桩。

(1)树根桩

树根桩是一种压浆方法成桩,桩径为 100~300 mm 的小直径就地钻孔灌注桩,又称为钻孔喷灌微型桩、小桩或微型桩。树根桩可以是单根的,也可以是成排的;可以是垂直的,也可以是倾斜的,如图 5.36 所示。当布置成三维结构的网状体系时,称为网状结构树根桩。

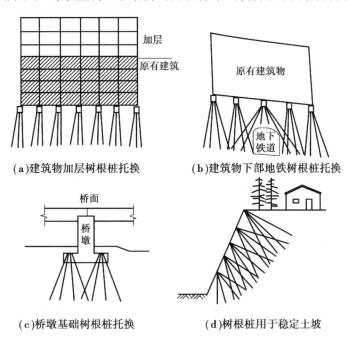

(a)建筑物加层树根桩托换　　(b)建筑物下部地铁树根桩托换

(c)桥墩基础树根桩托换　　(d)树根桩用于稳定土坡

图 5.36　树根桩工程应用图

树根桩法适用于淤泥、淤泥质土、黏性土、粉土、砂土、碎石、湿陷性黄土、膨胀土及人工填土等各种不同地质条件地基土既有建筑的修复和增层、古建筑整修、地下铁道的穿越等加固工程,也可用于岩土边坡稳定加固及桥梁工程的地基加固等工程。树根桩受地下水深度限制。

(2)预制桩

预制桩方法也称为静压法,是在已开挖的基础下,利用建筑物上部结构自重作为支承反力,用千斤顶将预制好的钢管桩或钢筋混凝土桩段接长后逐段压入土中的一种方法。

预制桩适用于淤泥、淤泥质土、黏性土、粉土、湿陷性土和人工填土,且有埋深较浅的硬持力层。当地基土中含有较多的大石块、坚硬黏性土或密实的砂土夹层时,桩压入时难度较大,则应根据现场试验确定其适用与否。

(3)注浆钢管桩

注浆钢管桩法是在已施工的钢管桩周进行注浆处理,形成注浆钢管桩加固地基的方法。该方法适用于桩周软土层较厚、桩侧阻力较小的地基加固处理工程。

5.7.3 微型桩设计方法

(1)树根桩设计方法

①桩的几何尺寸。树根桩的直径宜为 150~300 mm,桩长不宜超过 30 m,桩的布置可采用直桩型或网状结构斜型桩。

②桩身设计。桩身混凝土强度等级应不小于 C25,灌注材料可用水泥浆、水泥砂浆、细石混凝土或其他灌浆料,也可用碎石或细石充填再灌注水泥浆或水泥砂浆。钢筋笼外径宜小于设计桩径 40~60 mm。主筋不宜少于 3 根,钢筋直径不应小于 12 mm,且宜通长配筋。

③单桩竖向承载力特征值的计算。树根桩的单桩竖向承载力可通过单桩载荷试验确定,当无试验资料时,也可按《建筑地基处理技术规范》(JGJ 79—2012)有关规定进行单桩承载力的估算。树根桩的单桩竖向承载力的确定,尚应考虑既有建筑的地基变形条件的限制和桩身材料的强度要求。

$$R_a = u_p \sum_{i=1}^{n} q_{si}l_i + \alpha A_p q_p \qquad (5.143)$$

式中 R_a——单桩承载力特征值;

q_{si}——桩周第 i 层土的侧向容许摩阻力特征值,淤泥可取 4~7 kPa,淤泥质土可取 6~12 kPa,软塑状态黏性土可取 10~15 kPa,可塑状态的黏性土可以取 12~18 kPa;

u_p——桩的周长,m;

l_i——桩长范围内第 i 层土的厚度,m;

q_p——桩端地基土未经修正的承载力特征值,kPa,可按《建筑地基基础设计规范》(GB 50007—2011)确定;

α——桩端天然地基土的容许承载力折减系数,按地区经验确定。

A_p——桩的截面面积。

④桩顶设计。微型桩加固后的地基,当桩与承台整体连接时,可按桩基础设计;桩与基础不整体相连时;可按复合地基设计。按桩基础设计时,桩顶与基础的连接应符合《建筑桩基技术规范》(JGJ 94—2008)的有关规定;按复合地基设计时,应符合《建筑地基处理技术规范》(JGJ 79—2012)有关规定,褥垫层厚度宜为 100~150 mm。

⑤复合地基承载力特征值计算。树根桩复合地基是由树根桩和改良后的桩间土共同构成,属于刚性桩复合地基。树根桩的刚度远比桩间土大,当桩土共同承担基底应力时,会产生应力向树根桩集中的现象。根据实际工程的静荷载资料,仅占承压板面积约 10% 的树根桩承担了总荷载的 50%~60%。

树根桩复合地基的承载力特征值,应通过现场单桩或多桩复合地基载荷试验确定。初步设计时,也可按有黏结强度复合地基承载力特征值方法估算。

由于施工压力注浆影响,桩间土承力 f_{sk} 实际上大于天然土的承载力,有经验的地区可根据土质不同提高 10% ~ 30% ,也可作为安全储备。

(2)预制桩设计方法

①桩的几何尺寸。桩身可采用直径为 150 ~ 300 mm 的钢管桩、型钢、预制钢筋混凝土方桩,或直径为 300 mm 的预应力混凝土管桩。

②桩身设计。对预制混凝土方桩或预应力混凝土管桩,所用材料及预制过程(包括连接件)、压桩力、接桩和截桩等,应符合《建筑桩基技术规范》(JGJ 94—2008)的有关规定。

预制桩加固的单桩承载力特征值计算和地基承载力特征值计算与树根桩相似。

(3)注浆钢管桩设计方法

注浆钢管桩承载力特征值的设计计算与复合地基承载力特征值的计算同树根桩相似,并应符合《建筑桩基技术规范》(JGJ 94—2008)的有关规定;当采用二次注浆工艺时,桩侧摩阻力特征值取值可乘以系数 1.3。

5.7.4 微型桩施工方法

(1)树根桩

树根桩作为微型桩的一种,一般指以钢筋笼作为配筋,采用压力灌注混凝土、水泥浆、水泥砂浆,形成的直径小于 300 mm 的小直径灌注桩,也指采用投石压浆方法形成的直径小于 300 mm 的钢管混凝土灌注桩。灌注微型桩主要钻孔、灌注工艺见表 5.16、图 5.37。

表 5.16 微型桩钻孔施工方法

钻孔方法	钢筋类型	灌注方法	桩身材料	灌注选项
1. 旋转/冲洗钻钻孔 2. 冲击钻钻孔 3. 凿或洛阳铲等工具挖孔 4. 连续螺旋钻成孔	钢筋笼	1. 投石、灌浆 2. 浇筑 3. 压灌	1. 无砂混凝土 2. 砂浆、混凝土 3. 混凝土	1. 注浆管 2. 套管 3. 导管
	1. 微型桩管材 (承重构件) 2. 永久套管	1. 灌浆 2. 浇筑混凝土	1. 水泥浆 2 砂浆或混凝土	1. 钢管 2. 套管 3. 钻孔过程中灌浆

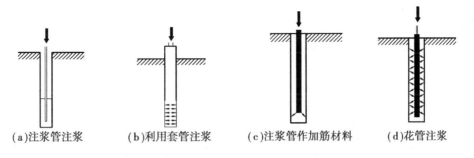

(a)注浆管注浆　　(b)利用套管注浆　　(c)注浆管作加筋材料　　(d)花管注浆

图 5.37 微型桩灌注方法

对骨料粒径的规定主要考虑可灌性要求,对混凝土水泥用量及水灰比的要求,主要考虑水下灌注混凝土的强度和质量、可泵送性、耐久性等。

其中可灌性,对于混凝土,骨料的最大尺寸不应大于 16 mm(或纵筋净距的 1/4、泵送管或水下浇筑管内径的 1/6),取其中的最小值。

关于注浆压力,工程中由于地层或封孔等因素不能施加到指定的灌浆压力时,应等待直至可以施加规定灌浆压力时再进行二次压力灌浆,目的是在桩侧形成较好的压密层并配合可能产生的孔壁泥皮,保证微型桩的承载力。关于桩孔测试和预灌浆,欧洲标准 Execution of special geotechnical works-Micro-piles(BS EN14199:2005)规定:"当微型桩处于风化或有严重裂隙的岩层中时,应进行桩孔测试和预灌浆。"其目的是减少水泥浆向周围岩体不可控制的流失,同时保证水泥浆保护层能有效保护钢筋和承重构件。水泥浆流失的可能性可以通过分析注水试验得到。一般在桩孔中或经过塞子的桩孔的一部分采用水头试验。一般在桩孔中或部分桩孔中渗漏或水体流失速度小于 5 L/min 时(超压水头 0.1 MPa,测量 10 min)不要求进行预灌浆。

预灌浆是在桩孔中灌注水泥浆,一般在砂浆或水泥浆中加入有封闭或开口裂缝的石头,以减少泥浆用量。

预注浆完成后,应再次检测桩孔,必要时在再次钻孔后应再次进行灌浆。

有关树根桩处理特殊土地基的设计与施工及质量检验可参照本章的规定执行。

(2)预制桩

预制桩包括预制混凝土方桩、预应力混凝土管桩、钢管桩、型钢等,施工方法包括静压法、打入法、植入法等,也包含了传统的锚杆静压法、坑式静压法。

微型预制桩的施工质量应重点保证打桩、开挖过程中桩身不产生开裂、破坏和倾斜。对型钢、钢管作为桩身材料的微型桩,还应重点考虑耐久性。

利用千斤顶压预制桩段,逐段把桩压至地基中,压桩时应以压桩力控制为主。对钢管桩,各节的连接处可采用套管接头。当钢管桩很长或土中有障碍时,需采用焊接接头。对预制钢筋混凝土方桩,桩尖可将主筋合拢焊在桩尖辅助钢筋上。

(3)注浆钢管桩

注浆钢管桩法常用于新建工程的桩基或施工质量事故的处理,具有施工灵活、质量可靠的特点。

施工方法包含了传统的锚杆静压法、坑式静压法。对新建工程,注浆钢管桩一般采用钻机或洛阳铲成孔,然后植入钢管再封孔注浆的工艺,采用封孔注浆施工时,应具有足够的封孔长度,保证注浆压力的形成。

基坑工程中,微型桩的作用除超前支护作用外,还具有提高支护体基底承载力的作用,注浆微型桩的设计施工应注重对基坑底与基坑侧壁的注浆加固效果。

微型桩施工的桩位偏差与垂直度、桩身弯曲应有规定,以便于进行监理与质量控制,并应在设计和施工过程中应考虑结构的几何承载力。

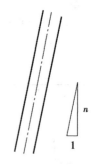

图 5.38　微型桩施工偏差 n 值

微型桩施工偏差要求:

①垂直桩和倾斜桩的定位偏差(在工作平面测定)应不大于 5 cm。

②与设计轴线的偏差,应符合以下要求:对于垂直桩,最大为桩长的 1%;对于倾斜桩($n < 4$),最大为桩长的 2%(图 5.38)。

③微型桩曲率半径不小于 200 m 或桩身最大弯曲为 1/150 rad。

5.7.5 微型桩质量检验

微型桩的施工验收,应提供施工过程有关参数:原材料的力学性能检验报告、试件留置数量及制作养护方法、混凝土和砂浆等抗压强度试验报告、型钢或钢管和钢筋笼制作质量检查报告。施工完成后,还应进行桩顶标高和桩位偏差等检验。

微型桩的桩位施工允许偏差,对独立基础、条形基础的边桩沿垂直轴线方向应为 $\pm 1/6$ 桩径,沿轴线方向应为 $\pm 1/4$ 桩径,其他位置的桩应为 $\pm 1/2$ 桩径;桩身的垂直度允许偏差应为 $\pm 1\%$。

桩身完整性检验宜采用低应变动力试验进行检测。检测桩数不得少于总桩数的 10%,且不得少于 10 根。每个柱下承台的抽检桩数不应少于一根。

微型桩的竖向承载力检验应采用静载荷试验,检验桩数不得少于总桩数的 1%,且不得少于 3 根。

习　题

5.1　某粉土层厚 10 m,进行堆载预压,$p = 100$ kPa,砂垫层厚 1.0 m,如图 5.39 所示。试计算粉土层的最终压缩量以及固结度达到 80% 时的压缩量和所需要的预压时间。(答案:粉土压缩量 316.1 mm,固结度 80% 的压缩量 252.9 mm,所需时间 18 年)

5.2　某地基为饱和黏性土,水平渗透系数 $k_h = 1 \times 10^{-7}$ cm/s,固结系数 $C_h = C_v = 1 \times 10^{-3}$ cm²/s,采用塑料排水板固结排水,排水板宽度 $b = 100$ mm,厚度 $\delta = 4$ mm,渗透系数 $k_w = 1 \times 10^{-2}$ cm/s,涂抹区渗透系数 $k_s = 0.2 \times 10^{-7}$ cm/s,取 $s = 2$,塑料排水板等边三角形排列,间距 $l = 1.4$ m,深度 $H = 20$ m,底部为不透水层,预压荷载 $p = 100$ kPa,瞬时加载。试计算 120 d 后受压土层的平均固结度。(答案:$\overline{U}_r = 0.66$)

5.3　某砂土地基 $d_s = 2.7$,$\gamma_{sat} = 19.0$ kN/m³,$e_{max} = 0.95$,$e_{min} = 0.6$,地下水位位于地面,采用砂石桩法处理地基,桩径 $d = 0.6$ m。试计算地基相对密实度达 80% 时三角形布桩和正方形布桩的桩间距(取 $\xi = 1.0$)。(答案:三角形布桩 $S = 1.67$ m,正方形布桩 $S = 1.56$ m)

5.4　某水泥土搅拌桩复合地基,桩径 0.55 m,桩长 12 m,$m = 26\%$,基础为筏板,尺寸为

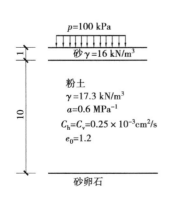

图 5.39　习题 5.1 图

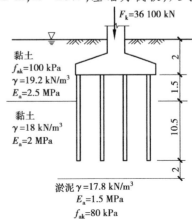

图 5.40　习题 5.4 图

14 m×32 m,板厚 0.46 m,埋深 2.0 m,桩体试块抗压强度 f_{cu} = 1 800 kPa,如图 5.40 所示。试验算复合地基软弱下卧层的地基承载力。(答案: f_a = 209 kPa, $p_z + p_{cz}$ = 31.5 + 132 = 163.5 kPa < f_a,满足)

5.5　某 7 层框架结构,上部荷载 F_k = 80 000 kN,筏板基础尺寸为 14 m×12 m,板厚 0.46 m,基础埋深 2 m,采用粉喷桩(水泥土搅拌桩的干法施工)复合地基, m = 26%,单桩承载力特征值为 237 kN,桩体试块 f_{cu} = 1 800 kPa,桩径 0.55 m,桩长 12 m,桩间土 f_{sk} = 100 kPa, γ = 18 kN/m³。试验算复合地基承载力是否满足要求(β = 0.8, η = 0.23)。(答案: f_{spk} = 156 kPa, f_a = 183 kPa, p_k = 218 kPa > f_a,不满足)

5.6　某旋喷桩复合地基,旋喷桩桩径尺寸为 0.5 m,单桩承载力特征值尺寸为 250 kN,桩间土 f_{sk} = 100 kPa,复合地基 f_{spk} = 210 kPa,试计算面积置换率(λ = 1.0, β = 0.6)。(答案: m = 0.12)

5.7　某软土地基, f_{sk} = 90 kPa,采用 CFG 桩地基处理,桩径 0.36 m,单桩承载力特征值 R_a = 340 kN,正方形布桩,复合地基承载力特征值 140 kPa,试计算桩间距(λ = 0.9, β = 0.9)。(答案: S = 2.25 m)

5.8　某湿陷性黄土地基采用强夯法处理,锤质量 10 t,落距 10 m,试估算强夯处理的有效加固深度(α = 0.5)。(答案:有效加固深度为 5 m)

第6章　特殊土地基

从西北的戈壁滩到渤海湾,从东北到海南,由于地理位置不同,土层的性质千变万化。某些土类,由于生成时不同的地理环境、气候条件、地质成因、历史过程和次生变化等原因,从而具有一些特殊的成分、结构和性质。当作为建筑物的地基时,如果不注意这些特殊性,就可能引起事故。通常把这些具有特殊工程地质的土类称为特殊土。各种天然形成的特殊土的地理分布存在着一定的规律,表现出一定的区域性,故又称为区域性特殊土。我国的主要特殊性土类、分布及成土环境见表6.1。

表6.1　我国主要特殊性土类、分布、成土环境及特征

序号	土类名称	主要分布区域	自然环境与成土环境	主要工程特征
1	软土	东南海岸,如天津、连云港、上海、宁波、温州、福州等,此外内陆湖泊地区也有局部分布	滨海、三角洲沉积;湖泊沉积地下水位高,由水流搬运沉积而成	强度低,压缩性高,渗透性小
2	黄土	西北内陆地区,如青海、甘肃、宁夏、陕西、山西、河南等	干旱、半干旱气候环境,降雨量少,蒸发量大,年降雨量小于500 mm。由风搬运沉积而成	湿陷性
3	膨胀土	云南、贵州、广西、四川、安徽、河南等	温暖湿润,雨量充沛,年降雨量700～1 700 mm,具备良好化学风化条件	膨胀和收缩特性
4	红黏土	云南、四川、贵州、广西、鄂西、湘西等	碳酸盐岩系北纬33°以南,温暖湿润气候,以残坡积为主	不均匀性,结构性裂缝发育
5	冻土	青藏高原和大小兴安岭,东西部一些高山顶部	高纬度寒冷地区	冻胀性,融陷性

我国主要的区域性特殊土有湿陷性黄土、膨胀土、红黏土、软土、盐渍土和多年冻土等。此外,我国山区广大,广泛分布在我国西南地区的山区地基与平原相比,其主要表现为地基的不均匀性和场地的不稳定性两个方面。工程地质条件更为复杂,如岩溶、土洞地基等,对建(构)筑物更具有直接和潜在的危险。为保证各类建筑物的安全和正常使用,应根据其工程特点和要求,因地制宜,综合治理。

6.1　软土地基

6.1.1　软土及其分布

软土是指天然孔隙比大于或等于1.0,天然含水量大于液限,压缩系数大于0.5 MPa^{-1},

不排水抗剪强度宜小于 30 kPa,且具有灵敏结构性的细粒土,包括淤泥、淤泥质土、泥炭、泥炭质土等。软土多在静水或缓慢流水环境中沉积,并经生物化学作用形成,其成因类型主要有滨海环境沉积、海陆过渡环境沉积(三角洲沉积)、河流环境沉积、湖泊环境沉积和沼泽环境沉积等。

我国软土分布很广,如长江、珠江地区的三角洲沉积;上海、天津塘沽、浙江温州与宁波、江苏连云港等地的滨海相沉积;闽江口平原的溺谷相沉积;洞庭湖、洪泽湖、太湖以及昆明滇池等地区的内陆湖泊相沉积;河滩沉积位于各大、中河流的中、下游地区;沼泽沉积的有内蒙古,东北大、小兴安岭,南方及西南森林地区等。此外,广西、贵州、云南等地的某些地区还存在山地型的软土,是泥灰岩、炭质页岩、泥质砂页岩等风化产物和地表的有机物质经水流搬运,沉积于低洼处,长期饱水软化或间有微生物作用而形成。沉积的类型以坡沉积、湖沉积和冲沉积为主,其特点是分布面积不大,但厚度变化很大,有时相距 2 ~ 3 m,厚度变化可达 7 ~ 8 m。

6.1.2 软土的物理力学性质

(1)天然含水量高、孔隙比大

软土的颜色多呈灰色或黑灰色,光润油滑且有腐烂植物的气味,多呈软塑或半流塑状态。其天然含水量很大,据统计一般大于 30%。山区软土的含水量变化幅度更大,有时可达 70%,甚至高达 200%。软土的饱和度一般大于 90%。液限一般在 35% ~ 60%,随土的矿物成分、胶体矿物的活性因素而定。液性指数大多大于 1.0。软土的重度较小,为 15 ~ 19 kN/m³。孔隙比都大于 1,山区软土的孔隙比有的甚至可达 6.0。软土天然含水量高、孔隙比大,相应地,软土地基变形特别大、强度低。

应当指出,沿海地区的深厚软土中,有时夹有一种带状黏土层,厚度可达数米,由粉砂与黏土交互成层淤积而成,分层的厚度很薄,有时只有十分之几毫米,最厚的粉砂层也不超过 3 cm,且两端尖灭。其物理性质与上述软土相似。若把带状黏土层混合后进行测定,容易把它误定为粉质黏土,并得出一些不正确的物理力学性质指标。

(2)透水性低

软土的透水性很低。又由于大部分软土地层中存在着带状夹砂层,所以在垂直方向和水平方向的渗透系数不一样,一般垂直方向的渗透系数要小些,其值为 10^{-9} ~ 10^{-7} cm/s,水平方向渗透系数为 10^{-5} ~ 10^{-4} cm/s。因此,软土的固结需要相当长的时间,同时在加载初期,地基中常出现较高的孔隙水压力,影响地基的强度。地基中有机质含量较大时,在土中可能产生气泡,堵塞渗流通路,降低其渗透性。

(3)高压缩性

软土孔隙比大,具有高压缩性。又因为软土中存在大量微生物,由于厌气菌活动,土内蓄积了可燃气体(沼气),致使土的压缩性增高,并使土层在自重和外荷作用下,长期得不到固结。软土的压缩系数 α_{1-2} 一般为 0.5 ~ 2.0 MPa^{-1},最大可达 4.5 MPa^{-1}。若其他条件相同,则软土的液限愈大,压缩性也愈大。

我国铁道部门根据大量软土压缩试验资料经过统计分析,得出黏土和粉质黏土在不同固结压力条件下的孔隙比与天然含水量的相关关系,如图 6.1、图 6.2 所示。从图中可查得相应于地基土自重压力 σ_c 及自重压力和附加应力之和 $\sigma_c + \sigma_z$ 作用下相应的孔隙比 e_1 及 e_2,代入式(6.1),即得软土的压缩系数 α 为:

$$\alpha = \frac{e_1 - e_2}{\sigma_z} \qquad (6.1)$$

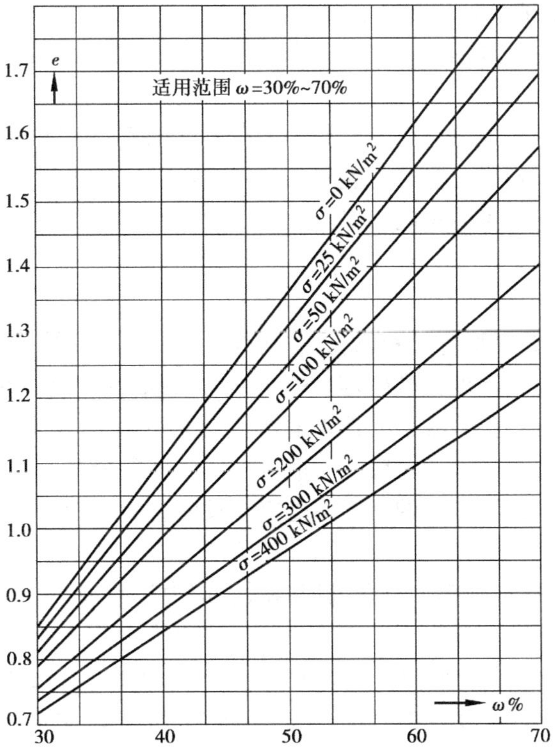

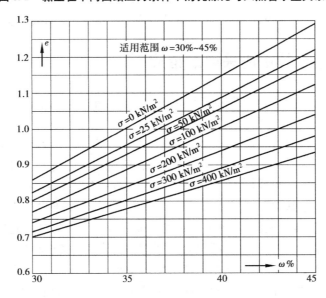

图6.1 黏土在不同固结压力条件下的孔隙比与天然含水量关系图

图6.2 粉质黏土在不同固结压力条件下的孔隙比与天然含水量关系图

(4)抗剪强度低

软土的抗剪强度很低,并与排水固结程度密切相关。在不排水剪切时,软土的内摩擦角接近于零,抗剪强度主要由内聚力决定,而内聚力值一般小于 20 kPa。经排水固结后,软土的抗剪强度便能提高,但由于其透水性差,当应力改变时,孔隙水渗出过程相当缓慢,因此抗剪强度的增长也很缓慢。

剪切试验方法应根据地基应力状态、加荷速率和排水条件来选择,对排水条件较差、加荷速率较快的地基,宜采用不排水剪。当地基在荷载作用下有可能达到一定程度的固结时,可采用固结不排水剪。当有条件计算出地基中的孔隙水压力分布时,则可用有效应力法,以确定有效抗剪强度指标。

带状黏土的抗剪强度不规律。其主要原因是带状层理影响着抗剪强度。做室内剪切试验时,剪裂面可能切过若干带状层次,也可能单独切过粉砂层或黏土层,造成其抗剪强度没有规律性。有时,剪切面夹有贝壳,也会影响结果。因此,最好用现场原位测试方法,如采用十字板剪力试验测定其抗剪强度。

(5)触变性显著

软土具有絮凝结构,是结构性沉积物,具有触变性。当其结构未被破坏时,具有一定的结构强度,但一经扰动,土的结构强度便被破坏。软土中含亲水性矿物(如蒙脱石)多时,结构性强,其触变性较显著。从力学观点来鉴别黏性土触变性的大小时,常用灵敏度 S_t 表示,黏性土按其灵敏度分类见土力学部分。软土的灵敏度一般为 3~4,个别情况达 8~9。在软土中钻孔取样时,常可能使土发生触变,以致取出的土样不能完全反映土的实际情况。

(6)流变性

软土具有流变性,其中包括蠕变特性、流动特性、应力松弛特性和长期强度特性。蠕变特性是指在荷载不变的情况下变形随时间发展的特性;流动特性是土的变形速率随应力变化的特性;应力松弛特性是在恒定的变形条件下应力随时间减小的特性;长期强度特性是指土体在长期荷载作用下土的强度随时间变化的特性。考虑到软土的流变特性,用一般剪切试验方法求得的软土的抗剪强度值,不宜全部用足。

应当指出,各类软土的成因条件不同(沿海、内陆或山区),导致土在结构强度上有差别。因此,虽然土的物理性质指标相近,但力学性质往往有所不同,这是需要注意的。

6.1.3 软土地基设计中应采取的措施

建筑物总会产生一定的均匀沉降和不均匀沉降,均匀沉降一般不会给建筑物带来大的危害,而不均匀沉降往往造成建筑物的倾斜、开裂或损坏。特别是软弱地基上的建筑物沉降比较显著,且不均匀,沉降稳定的时间很长,若处理不好,往往会造成工程事故。因为地基基础和上部结构是个整体,它们共同作用。根据地基土的性质、建筑物的使用要求和结构特征,对地基基础和上部结构作全面的考虑和分析,这是基础工程设计的一个重要课题。

建筑物的沉降是地基基础和上部结构共同作用的结果。但由于建筑物的平面形状、体型复杂多变,其空间刚度难以定量表示,再加上建筑物的荷载分布不均匀以及地基土压缩性差异,共同作用问题目前还难以完全通过理论计算解决。所以,设计上除按现有规范方法计算地基变形并使之满足建筑物容许变形外,尚应根据地基不均匀变形的分布规律,在建筑布置和结构处理上采取一些必要的措施,使上部建筑结构适应地基变形。例如:对体型复杂或过长的建筑物设置沉降缝将其分隔成若干个自成体系的独立单元,并采用增强基础和上部结构刚度的方法,使每个单元具有适应和调整地基不均匀变形的能力;对相邻建筑物使其间隔一定距离,避免相互影响等。这些都是软弱地基上建筑结构设计行之有效的经验。

1)建筑体型的合理组合

建筑物体型是指建筑物的平面形状和立面布置。由于在使用上或外观上的要求,一些民用建筑往往采用多单元的组合形式,平面曲折多变,立面上高低参差不齐,这样就会使地基中应力分布不均,加上软弱地基本身土层的不均匀和高压缩性,地基不均匀变形较大。各种建筑物的空间刚度不同,其调整不均匀变形能力也不相同,只有体型简单的墙板结构和框架填充墙结构才具有调整不均匀变形的能力。对于平面曲折、立面上高低相差较大的建筑,由于相邻翼刚度相差较大,它们之间不能起共同作用,对地基所产生的较大的不均匀变形难以适应和进行调整,往往造成刚度较差的部分产生裂缝或损坏。

由于软土地基变形的特点,建筑物的平面布置不宜复杂。建筑平面为"└""冂""凵""工"等形状时,由于平面曲折变化,在单元纵横组合的交接处,地基中应力叠加,受压层厚度增加,使拐角处沉降增大。如果再在该区域内布置荷载较大、基础密集的楼梯间,则该区域沉降更大,容易造成两翼墙身产生以交接区域为中心的向上斜裂缝。例如,"工"字形建筑物,在两翼单元和中间单元交接处形成沉降中心,两翼单元常产生正向挠曲,裂缝呈正"八"字形分布,中间单元则产生反向挠曲,使墙面产生倒"八"字形裂缝(图6.3)。

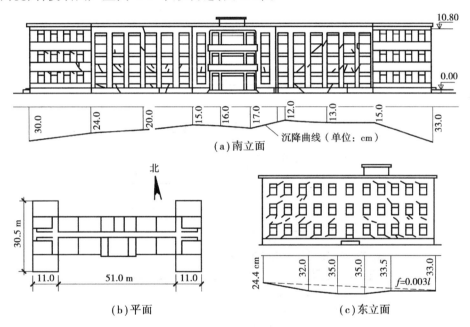

图6.3 "工"字形建筑墙身裂缝实例

对于立面上各部分高度不相同或荷载相差较大的建筑物,由于作用在地基上的荷载的突变,而建筑物高低部分难以一起共同作用,使建筑物高低相接处出现过大的差异沉降,往往造成建筑物的轻、低部分向重、高部分倾斜或开裂,裂缝向重、高部分倾斜。

根据上述情况,在设计建筑物时,应考虑建筑体型和地基变形的相互影响,在满足使用要求和其他要求的前提下,建筑体型应力求简单。当建筑体型比较复杂时,宜根据平面形状和高度差异情况,在适当部位用沉降缝将其划分成若干个刚度较好的独立单元。

2)设置沉降缝

在建筑物的某些特定部位设置沉降缝是预防地基不均匀变形对建筑物造成危害的有效措施之一。沉降缝的作用在于缩短建筑物的变形长度,将建筑物分成若干个长度比较小、整体刚度较好、自成沉降体系的单元,这些单元具有适应和调整地基不均匀变形的能力。

根据经验,可在建筑物下列部位设置沉降缝:

①平面形状复杂的建筑物的转折部位;

②建筑物高度差异或荷载差异处；

③长高比过大的砌体承重结构或钢筋混凝土框架结构的适当部位；

④地基土的压缩性有显著差异处；

⑤建筑结构(或基础)类型不同处；

⑥分期建造房屋的交界处。

沉降缝的构造是否合理是影响沉降缝能否发挥作用的关键。沉降缝应有足够的宽度,缝内不可填塞任何材料,以防止缝两侧单元有可能内倾而造成顶住、挤压损坏。房屋沉降缝的宽度可按表6.2选用。沉降缝须从建筑物顶部断开直至基础底部,利用伸缩缝作为沉降缝是不可取的。图6.4所示为软土地区常用的沉降缝构造。

表6.2　房屋沉降缝的宽度

房屋层数	沉降缝宽度/mm
2~3	50~80
4~5	80~120
5层以上	≥120

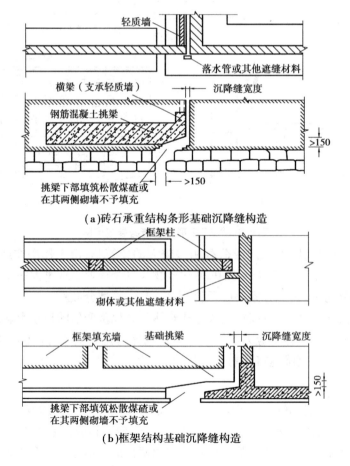

(a)砖石承重结构条形基础沉降缝构造

(b)框架结构基础沉降缝构造

图6.4　软弱地基的基础沉降缝构造示意图

对于砖石承重结构建筑物,在靠近沉降缝的开间内,由于基础的受荷面积减小,基底压力将增大,虽然可以适当增加基础宽度来弥补,但是为了不使沉降缝处产生过大的沉降,在沉降缝的一侧,可设一边承重墙,另一侧宜设置轻质墙,并适当地减轻这一开间的自重。当沉降缝与就近横墙的距离较大时,轻质墙处宜增设钢筋混凝土框架,以增加纵墙的稳定性。

当预计地基不均匀变形过大时,不宜设置沉降缝,因为沉降缝不能消除地基中的应力叠加。此时可将两部分基础拉开一定距离,以临时建筑物连接,待各部分沉降基本稳定后再建永久性建筑物,或者将两部分刚性地连成一体,迫使两者整体沉降。

3)相邻建筑物基础间保持足够净距

建筑物荷载不仅引起建筑物下土层的压缩变形,而且在其以外一定距离内的土层,由于受到基底压力扩散的影响,也将产生压缩变形,且这种影响随着距离的增加而减小。对于高压缩性的软弱地基,当两建筑物距离过近时,相邻影响产生的附加不均匀变形,就可能造成建筑物的开裂或倾斜。

(1)相邻影响建筑物的特征

①以裂缝为主要特征的情况。当被影响的建筑物刚度较差时,其危害主要表现为建筑物的裂缝。高低建筑相邻,因高者沉降大,低者往往受高者影响而产生反向挠曲裂缝。例如,宁波市某办公楼,1960年下半年建造,左边距1958年建造的宿舍5.0 m,右边距1958年建造的某生产合作社二层空斗墙建筑仅2.1 m,致使生产合作社房屋受相邻建筑影响成悬臂型的弯曲变形,产生严重裂缝。左边宿舍虽建筑刚度较好,间距也稍大,但仍受相邻建筑影响而产生裂缝。不同结构类型建筑物相邻时,沉降影响来自沉降大的、刚度好的建筑物,受损害的是刚度差的建筑物。

②以倾斜为主要特征的情况。对于刚度好的建筑物或构筑物,其相邻建筑影响主要表现为倾斜。例如,宁波市某厂澄清池,4池直径各7.04 m,池高6.15 m,中部集水井直径1.5 m,4池中心间距9.2 m,池壁相邻间距仅2.05 m。由于间距甚小,相邻影响致使相互倾斜较大,自1957年3月开始运转供水至1963年8月,6年多时间,向内倾斜最小的池为2.2%,最大的池为3.04%,沉降尚未稳定。

(2)相邻影响的主要因素

相邻建筑物的影响大致包括以下情况:

①同时建造的重、高建筑物与轻、低建筑物相邻时,轻、低者常受重、高者的影响;

②同时建造的相同荷重建筑物相邻时,常产生相互影响;

③在已有建筑物旁建造重、高建筑物时,前者常受后者的影响;

④重、高建筑物建成后不久,在其邻近建造轻、低建筑物时,轻、低建筑物常受重、高建筑物的影响。

为减小建筑物的相邻影响,应使建筑物之间保留一定的间距。决定建筑物相邻影响距离的主要因素有:"影响建筑物"的荷载大小、荷载作用面积,"被影响建筑物"的刚度、地基土的压缩性等。考虑"影响建筑物"的荷载大小、受荷面积和地基土的压缩性3个因素,近似地可用"影响建筑物"的沉降量来表示,这样就可以将决定相邻影响距离的因素归纳为"影响建筑物"的沉降量和"被影响建筑物"的长高比两个综合指标。显然,"影响建筑物"的沉降量越大,其相邻影响距离也越大。"被影响建筑物"刚度不同,相邻影响所造成的危害也不同,刚度好的表现为倾斜,刚度差的表现为开裂,因而要求相邻建筑的间隔距离也有所不同。

4)增强结构整体刚度

建筑物沉降的均匀程度不仅与地基的均匀性和上部结构的荷载分布情况有关,而且也与建筑物的整体刚度有关。建筑物的整体刚度是指建筑物抵抗自身变形的能力。显然,不同刚度的建筑物,具有不同的沉降分布曲线。支承在独立基础上的烟囱、筒仓等构筑物可以认为是绝对刚性的,它们不会发生挠曲变形,只能出现整体倾斜,沉降分布曲线为直线型;而对钢制油罐、柔性底板的水池等柔性建筑物,地基反力分布接近于建筑物的荷载分布,建筑物随同地基一起自由变形而产生较大的不均匀沉降。绝对刚性和柔性的建筑物在工程上比较少,大量的建筑物都只具有一定的刚度,其不均匀沉降介于刚性和柔性建筑物之间,上部结构刚度越大,则建筑物的挠曲和扭曲变形就越小。当上部结构的刚度和强度不能适应地基的不均匀变形时,建筑物就可能出现裂损,因此对这类建筑物,应提高其整体刚度和强度,以预防地基不均匀变形所造成的危害。增强建筑物整体刚度和强度的方法常用的有以下 4 种。

(1)控制建筑物的长高比

建筑物的长高比是指建筑物的长度 L(或沉降缝分隔的单元长度)与高度 H_f(自基础底面标高起算)之比值。长高比是决定砖石承重结构建筑物刚度的主要因素,建筑物的长高比越小,其整体刚度越大,调整不均匀沉降的能力就越强,反之亦然。根据 59 幢简单体型建筑物的沉降观测资料以及损坏情况的调查,可以归纳出以下几点:

①长高比 $\dfrac{L}{H_f} < 2.5$,所有混合结构、内框架结构均未出现裂缝(其沉降量最大的达 650 mm)。

②最大沉降量小于 120 mm 时,一般混合结构、砖木结构带配筋的房屋均未出现裂缝。

③当 $2.5 < \dfrac{L}{H_f} \leqslant 3.0$ 时,多数建筑物不出现裂缝,出现裂缝的可能性与影响刚度的其他因素有关,如内横墙的间距、纵横是否曲折、圈梁的有无和布置等。

④当 $\dfrac{L}{H_f} > 3.0$ 及最大沉降量大于 120 mm 时,建筑物的裂缝很难避免,并与横墙的数量、圈梁的布置无明显的关系。

因此,混合结构建筑物设计时,将其长高比控制在 2.5 以内,可以认为建筑物是刚性的,不需要考虑建筑物的相对挠曲值,而只需计算可能出现的倾斜值。当建筑物预估最大沉降量大于 120 mm 时,其长高比不宜大于 2.5。当长高比为 2.5 ~ 3.0 时,应尽量做到纵墙不转折,横墙间距不宜过大,各层设置圈梁,必要时加强基础的刚度和强度。

(2)合理布置纵横墙

砖墙承重建筑物,由于地基不均匀变形而产生裂缝或损坏,主要是建筑物的扭曲和挠曲引起的,而建筑物的纵墙和横墙正是扭曲和挠曲时的主要受力构件,具有一定的调整地基不均匀变形的能力。因此,纵墙和横墙布置是否适当,对建筑物的整体刚度有较大的影响。纵墙贯通,横墙密布,整个结构犹如空腹多肋深梁,这样的结构刚度较大。

纵墙是保证房屋纵向刚度、调整挠曲变形的主要受力构件,而一般房屋纵向刚度较弱,纵墙宜力求贯通,避免曲折中断和高度改变。横墙可以调整内外纵墙下基础间的不均匀沉降,并保证纵墙挠曲受扭时的稳定性。因此,横墙宜成对布置,避免错开,间距不宜过大。

除合理布置纵横墙外,还应注意砖墙由于开设过大的门窗或设备孔洞而造成的刚度削弱。过大的孔洞面积造成窗间墙断面缩小,建筑物挠曲时,其受力状态接近框架,因砖砌体抗拉强度很小,故很容易产生裂缝。当孔洞面积过大时,可以在孔洞四周墙身内配筋、采用构造柱及圈梁或钢筋混凝土边框加强。此外,多层建筑底层开窗过大,窗台墙上部常因受拉产生上大下小的裂缝。对此,可在窗台墙上配置少量钢筋或者采用砖砌反拱,以避免这种裂缝的出现。

(3)设置圈梁

圈梁包括钢筋混凝土圈梁和钢筋砖圈梁。圈梁的作用在于增强建筑物的整体性,提高砖石砌体的抗剪、抗拉强度,在一定程度上能防止或减少裂缝的出现,即使出现裂缝也能阻止其进一步发展。

圈梁的设置部位和数量,应根据地基不均匀变形、建筑物建成后可能的挠曲方向等因素来确定。例如,建筑物可能发生正向挠曲时,则应在基础处设置圈梁。反之,建筑物可能发生反向挠曲时,则首先应在顶层设置圈梁。对于一般建筑物可按下列要求设置圈梁:

①单层建筑物一般设置一道或不设置,二、三层建筑物可设置一道或两道,四层及四层以上建筑物除基础和顶层处宜各设置一道外,其他各层可隔层设置,必要时也可层层设置。对于单层工业厂房、仓库,可结合基础梁、连系梁、过梁等酌情设置。

②除外墙和内纵墙上必须设置圈梁外,在主要的内横墙上也应当设置圈梁,所有圈梁宜在平面内连成封闭系统。当圈梁因墙身开洞不能通过时,必须在洞口顶上设置一道同圈梁的截面和配筋相同的过梁,过梁端部的搁置长度不得小于 1.5 m,并应尽可能做到使过梁端部的搁置长度不小于过梁到圈梁间垂直净距的 3 倍。

③为保证顶层圈梁与砖墙在挠曲时的共同作用,圈梁上部应有砖墙(或女儿墙)压住,或者将顶层圈梁设在顶层窗过梁处。其余各层的圈梁亦可设在各层的窗过梁处。

(4)加强基础的刚度和强度

基础的刚度是建筑物整体刚度的一个重要组成部分,特别是建筑物产生正向挠曲时,受拉区在其下部,保证基础具有足够的刚度和强度就显得更为重要。选择基础方案时,应考虑基础的刚度和强度与建筑物整体刚度和强度的关系。对于钢筋混凝土框架结构,设计上常习惯将单独基础连成条形基础、十字交叉基础或片筏基础,在很多情况下都能收到良好的效果。当上部结构的刚度很大时,即使片筏基础本身刚度不大,建筑物也按刚性结构规律整体下沉,此时,片筏基础应能承受基础底部四周集中的较大反力。当建筑物的预计沉降很大,且对不均匀沉降有严格限制时,常设置刚度和强度更大的箱形基础,效果较好。

6.1.4　减少软土地基变形的措施

1)减小基底附加应力

基底附加应力的大小是决定建筑物沉降大小的主要因素之一。基底附加应力大,建筑物的沉降和不均匀沉降也大。因此,减小基底附加应力是减小地基变形的一项有效措施。

软土结构强度较小,压板载荷试验压力与变形曲线线性段较短,当压力超过比例界限后,压力与变形之间呈明显非线性关系,变形很快增加。根据此特性,设计时若能将压力控制在比例界限或软土的结构强度以内,利用其变形小、易于稳定的特性,就有可能较大地减小建筑物沉降。如果压力超过比例界限,地基土将产生塑性变形而使变形增大且不易稳定。例如,1950 年修建的福州华侨大厦,高 27 m(7 ~ 8 层),地面下 2.9 ~ 5.0 m 为淤泥质土,孔隙比为 1.2 ~ 1.28,其下有厚 13.0 m 的淤泥,孔隙比为 1.98,上部结构为轻质框架,地下室部分采用筏形基础,埋深 3.0 m。由于挖去一部分土,软土顶面附加应力减为 31.1 kPa,3 年间下沉最大为 89 mm,而同期建设的浅埋基础的 4 层房屋下沉达 400 mm。

基底压力不大于地基承载力特征值是软土地基基础工程设计应遵循的原则。当采用《建筑地基基础设计规范》(GB 50007—2011)中式(5.2.5)计算地基承载力特征值时,宜采用三轴不排水试验指标 $\varphi_k = 0$ 计算。此时,地基承载力特征值 f_a 为:

$$f_a = 3.14c_k + \gamma_m d \tag{6.2}$$

式中　c_k——三轴不排水试验黏聚力(即不排水强度)标准值;

γ_m——基础底面以上土的加权平均重度；

d——基础埋置深度。

式(6.2)为临塑荷载公式，采用此式计算可以避免地基土长期处于塑性变形状态，使地基经过一段时间的压缩变形后即趋于稳定，同时，这也和按弹性理论计算附加应力的变形计算条件一致。同时，按式(6.2)计算的承载力特征值与载荷试验比例界限值很接近。

减小基底附加应力的措施主要有以下4个方面：

①选用轻型结构、减少墙体重量以减轻建筑物自重。例如，上海某6层大楼，砖承重结构，但局部为7层，为防止该层荷重引起较大的不均匀沉降，采用了钢筋混凝土框架，并用陶土空心砖围护，建成后使用情况良好。

②采用架空地板代替室内厚填土。室内厚填土面积大，影响深度深，是造成建筑物沉降大的原因之一。鉴于室内厚填土的危害性，工程上常用架空地板代替厚填土，取得了良好效果。例如，某外贸仓库是3层钢筋混凝土框架结构，宽48 m，长60 m，片筏基础，其间不回填土而以梁板体系作为底层地板，形成空心基础，使用情况良好。

③设置地下室或半地下室，采用覆土少、自重轻的基础形式。把基础设计成箱形基础，利用其排出的土重以减小基底的附加应力，这种基础形式称为补偿式基础。此外，还可利用箱形基础的刚度来减小地基的不均匀变形。

④扩大基础底面积以减小基底压力。

2)充分利用表层硬土

我国软土地区的地表常有一层厚度为1~3 m的粉质黏土层(通常称为硬壳层)，此层土的强度和变形模量均高于下卧软土层。对于一般的工业与民用建筑物，可充分利用此层作为天然地基浅基础的持力层，通过该层的应力扩散，使传到下卧软土层顶面的附加应力减小，且硬壳层相对压缩性较小，从而可减少建筑物的沉降量。因此，充分利用硬壳层，尽量减小基础埋深，是软土地区基础工程设计的一项重要经验。

硬壳层是地质历史和各种自然作用综合形成的产物，其成因复杂，主要有以下4个方面：

①上部荷载和土自重产生的静压力。

②波浪、潮汐产生的动水压力。

③地下水下降和气候的影响，如蒸发、干燥。

④风化作用，特别是风化产生的胶结物质能增加土体的强度。

在硬壳的形成过程中，以上作用往往共同进行。硬壳层的作用主要有以下两个方面：

(1)提高地基承载力

硬壳层和下卧的软土层是典型的双层黏性土地基，竖向荷载作用下双层地基浅基础的极限承载力可采用Button提出的方法进行计算：

对条形基础：

$$q_f = c_1 N_{CD} + \gamma d \tag{6.3}$$

对矩形基础：

$$q_f = c_1 N_{CR} + \gamma d \tag{6.4}$$

$$N_{CR} = N_{CD}\left[1 + 0.2\left(\frac{b}{l}\right)\right] \tag{6.5}$$

式中　q_f——极限承载力；

c_1——上层土的不排水强度；

d——基础埋置深度；

γ——基底以上土的重度;

N_{CD}——$d > 0$ 时,条形基础承载力系数;

N_{CR}——$d > 0$ 时,矩形基础承载力系数。

$\dfrac{N_{CD}}{N_c}$ 见表6.3,表中 N_c 为 $d = 0$ 时条形基础的承载力系数,如图6.5所示。

表6.3　d 的影响

d/b	0	0.5	1	2	3	4
N_{CD}/N_c	1.00	1.15	1.24	1.36	1.43	1.46

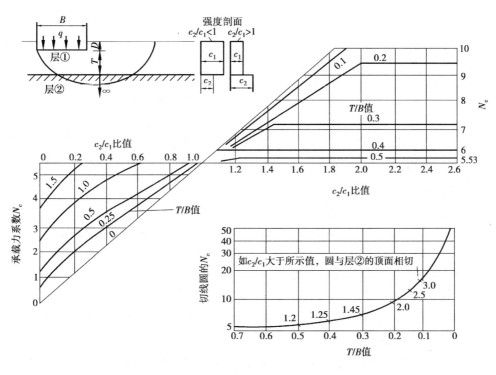

图6.5　双层黏性土($\varphi = 0$)的承载力系数 N_c

(2)减少传递到软土层顶面的应力,减小地基变形

若假设土层分界面上的摩擦力为零,则条形基础在竖向均布荷载作用下,双层地基分界面上的最大附加竖向应力 σ_z 的应力系数如表6.4所示,其中的 v 值按下式计算:

$$v = \frac{E_1}{E_2} \cdot \frac{1 - \mu_2^2}{1 - \mu_1^2} \tag{6.6}$$

式中　E_1, E_2——持力层与下卧层的变形模量;

　　　μ_1, μ_2——持力层与下卧层的泊松比。

M 点的竖向应力 σ_z 为:

$$\sigma_{z(M)} = \alpha p \tag{6.7}$$

式中　α——按式(6.6)和表6.4得到的应力系数;

　　　p——地基上的均布压力。

表 6.4　条形基础在均布荷载下双层地基中 M 点应力系数 α

$\dfrac{h}{B_1}$	$\nu = 1.0$	$\nu = 5.0$	$\nu = 10.0$	$\nu = 15.0$	图　例
0.0	1.00	1.00	1.00	1.00	
0.5	1.02	0.95	0.87	0.82	
1.0	0.90	0.69	0.58	0.52	
2.0	0.60	0.41	0.33	0.29	
3.33	0.39	0.26	0.20	0.18	
5.0	0.27	0.17	0.16	0.12	

从式(6.6)和表 6.4 可看出,当 $\nu > 1.0$(即下卧层较软)时的 α 值均小于 $\nu = 1.0$(均质地基)时的 α 值。这说明通过硬壳层的应力扩散传至下卧层顶面的应力减小,并随 ν 值和 h/B_1 的增大,应力减小越显著,同时,硬壳层内某点的应力比均质地基相同点的应力也有所减小。此外,从土的性质来看,硬壳层土具有较高的强度和较低的压缩性。因此,充分利用硬壳层作为持力层可以减小基础的沉降量。

3)合理安排施工顺序

当同一幢建筑物由高差较大或自重差异较大的相邻部分组成时,应合理安排施工顺序,一般应先施工重、高部分,后施工轻、低部分,目的在于使重、高部分先完成一部分沉降以减小与轻、低部分的差异沉降。条件允许时,应尽可能增大两者施工的间隔时间。重、高部分先完成的一部分沉降包括瞬时沉降和固结沉降。需指出的是,由于软土的渗透系数很小,固结沉降延续的时间很长,在正常施工进度情况下,施工期间完成的沉降量为稳定沉降量的 5% ~ 20%。因此,合理安排施工顺序仅能减小一部分差异沉降,还必须结合其他措施同时使用,方能取得较好的效果。

4)控制活荷载加载速率

在软土地基上,某些活荷载较大的构筑物(如料仓、贮油罐等)对倾斜和不均匀沉降要求严格,而且这类构筑物荷载较大,往往超过地基承载力特征值,有的接近甚至超过天然地基极限承载力。如果活荷载施加速率过快,地基土得不到充分固结,强度不能及时提高,地基将产生较大的塑性变形,引起构筑物沉降迅速增加,甚至出现过大的不均匀沉降。

对活荷载比较大的构筑物,为确保加载过程中地基的稳定性和减少塑性变形引起的附加沉降,必须严格地控制加载速率。实践经验表明,根据沉降、位移和孔隙水压力观测资料按照一定指标进行加载速率控制是行之有效的。

6.1.5　大面积地面荷载问题

大面积地面堆载引起邻近基础不均匀沉降及其对上部结构的不良影响是软土地区单层工业厂房、露天车间和单层仓库的一个普遍而重要的问题。这些地面堆载包括生产堆料、工业设备等和天然地面上的大面积填土荷载。地面堆载主要为活载,堆载的范围广,数量经常变化,且堆载很不均匀。荷载一般平均为 50 ~ 60 kPa,露天车间的平均堆载通常也为 50 ~ 60 kPa,有的超过 100 kPa。

1) 地面荷载作用下地基变形的特征

大面积荷载由于作用面积大,应力扩散范围广,地基受压土层厚度大,因而地基变形具有以下特点。

①基础的沉降量和不均匀沉降量大。有的天然地基实例表明,沉降量为不受地面堆载影响时的两倍多。有的柱基实例反映,在天然地基的情况下,估算由于大面积堆载引起的沉降量占总沉降量的80%以上。

②建筑物中间沉降大,边缘小,地面凹陷。

③基础沉降稳定历时较长。由于荷载面积大,影响深度深,土层固结速率缓慢而使基础沉降稳定历时加长。个别实例3年内柱基平均沉降速率始终在$0.3 \sim 0.4$ mm/d 内波动,10年时为0.05 mm/d,沉降量仅为估算最终沉降量的60%。

④位于堆载两侧的柱基和墙基发生内倾。个别堆载大的实例,内倾达$0.04 \sim 0.05$。

2) 大面积地面荷载作用下地基附加变形的计算

具有地面荷载的建筑物,其基底压力呈偏心压力分布,内侧大,外侧小。基底下土层中压力分布不均,引起基底内、外两侧下地基变形不等,使基础内、外两侧产生沉降差,造成基础内倾,对上部结构和生产使用带来不良后果。因此,必须控制地面荷载值,使基础内外两侧沉降差所产生的基础内倾值,不超过建筑物所能允许的基础最大内倾值。

对于在使用过程中允许调整吊车轨道的单层钢筋混凝土工业厂房和露天车间的天然地基设计,除应遵守地基计算有关规定外,尚应符合下式要求:

$$s_g' \leqslant \left[s_g'\right] \tag{6.8}$$

式中　s_g'——由地面荷载引起的柱基内侧边缘中点的地基附加沉降计算值;

　　　$\left[s_g'\right]$——由地面荷载引起的柱基内侧边缘中点的地基附加沉降允许值,可按表6.5采用。

表6.5　地基附加沉降允许值$\left[s_g'\right]$　　　　　单位:mm

a b	6	10	20	30	40	50	60	70
1	40	45	50	55	55	—	—	—
2	45	50	55	60	60	—	—	—
3	50	55	60	65	70	75	—	—
4	55	60	65	70	75	80	85	90
5	65	70	75	80	85	90	95	100

注:表中 a 为地面荷载的纵向长度,m;b 为车间跨度方向基础底面边长,m。

(1)地面均布荷载允许值$\left[q_{eq}\right]$和地基附加沉降允许值$\left[s_g'\right]$

中间柱基内外侧边缘中点的附加沉降量 s_A 和 s_B(图6.6)分别为:

$$s_A = \sum_{i=1}^{n} \frac{q_{eq}}{E_{si}}(z_i \bar{a}_{Ai} - z_{i-1} \bar{a}_{Ai-1}) - \frac{q_{eq}}{E_{sd}} d\bar{a}_{Ad} \tag{6.9}$$

$$s_B = \sum_{i=1}^{n} \frac{q_{eq}}{E_{si}}(z_i \bar{a}_{Bi} - z_{i-1} \bar{a}_{Bi-1}) - \frac{q_{eq}}{E_{sd}} d\bar{a}_{Bd} \tag{6.10}$$

式中　q_{eq}——地面均布荷载;

　　　E_{si}——室内地坪下第i层土的压缩模量;

z_{i-1}, z_i——室内地坪至第 $i-1$ 层和第 i 层底面的距离；

$\bar{a}_{Ai}, \bar{a}_{Bi}, \bar{a}_{Ai-1}, \bar{a}_{Bi-1}$——柱基内外侧中点自室内地坪面起算至第 i 层和第 $i-1$ 层底面范围内平均附加应力系数，可由《建筑地基基础设计规范》（GB 50007—2011）附录 K 查得；

$\bar{a}_{Ad}, \bar{a}_{Bd}$——柱基内外侧中点自室内地坪面起算至基础底面处的平均附加应力系数；

E_{sd}——室内地坪面至基础底面土的压缩模量；

d——基础埋深。

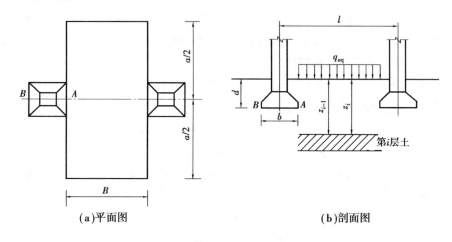

(a)平面图　　　　　　　　　　　　(b)剖面图

图 6.6　大面积地面堆载示意图

柱基内外侧中点的差异沉降值：

$$s_A - s_B = \sum_{i=1}^{n} \frac{q_{eq}}{E_{si}} \left[z_i(\bar{a}_{Ai} - \bar{a}_{Bi}) - z_{i-1}(\bar{a}_{Ai-1} - \bar{a}_{Bi-1}) \right] - \frac{q_{eq}}{E_{sd}} d(\bar{a}_{Ad} - \bar{a}_{Bd}) \quad (6.11)$$

将变形计算深度范围内各土层的压缩模量 E_{si} 按应力面积法求得平均压缩模量 $\bar{E}_s$，则式（6.9）~式（6.11）可写成：

$$s_A = \frac{q_{eq}}{E_s}(z_n\bar{a}_{Az} - d\bar{a}_{Ad}) \quad (6.12)$$

$$s_B = \frac{q_{eq}}{E_s}(z_n\bar{a}_{Bz} - d\bar{a}_{Bd}) \quad (6.13)$$

式中　z_n——从室内地坪面起算的地基变形计算深度；

$\bar{a}_{Az}, \bar{a}_{Bz}$——柱基内外侧中点自室内地坪面起算至 z_n 处的平均附加应力系数。

$$s_A - s_B = \frac{q_{eq}}{E_s}\left[z_n(\bar{a}_{Az} - \bar{a}_{Bz}) - d(\bar{a}_{Ad} - \bar{a}_{Bd}) \right] \quad (6.14)$$

根据实际调查，如果使基础内外两侧的沉降差值不大于 0.008 倍基础底宽，可正常使用。取 $s_A - s_B = 0.008b$，则可由式（6.14）求得地面均布荷载允许值 $[q_{eq}]$：

$$[q_{eq}] = \frac{0.008b\bar{E}_s}{z_n(\bar{a}_{Az} - \bar{a}_{Bz}) - d(\bar{a}_{Ad} - \bar{a}_{Bd})} \quad (6.15)$$

将式（6.15）代入式（6.12），即可求得中间柱内侧边缘中点的地基附加沉降允许值 $[s'_g]$：

$$[s'_g] = s_A = \frac{0.008b(z_n\bar{a}_{Az} - d\bar{a}_{Ad})}{z_n(\bar{a}_{Az} - \bar{a}_{Bz}) - d(\bar{a}_{Ad} - \bar{a}_{Bd})} \quad (6.16)$$

为简化起见，式（6.16）可改写为：

$$[s'_g] = \frac{0.008bz_n\bar{a}_{Az}}{z_n(\bar{a}_{Az} - \bar{a}_{Bz}) - d(\bar{a}_{Ad} - \bar{a}_{Bd})} \quad (6.17)$$

（2）地基附加沉降 s'_g 的计算

由地面荷载引起的柱基内侧边缘中点 A 的附加沉降 s'_g 的计算可作如下简化：

①s'_g 可按《建筑地基基础设计规范》（GB 50007—2011）式（5.3.5）计算，但不乘以经验系数 ψ_s。

②地面荷载按均布荷载考虑，其范围为：横向宽度 $5b$，纵向长度为 a，其作用面在基础底面处。

③荷载范围横向宽度超过 $5b$ 者，按 $5b$ 计算；小于 $5b$ 或荷载不均匀者，应换算成宽度为 $5b$ 的等效均布荷载 q_{eq}。

④换算时，将柱基两侧地面荷载按 $0.5b$ 宽度分成 10 个区段（图6.7），取柱基内侧第 i 区段内的平均地面荷载为 q_i，柱基外侧第 i 区段内的平均地面荷载为 p_i，则等效均布荷载 q_{eq} 值可按下式求得：

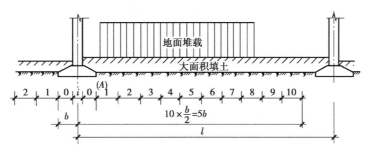

图6.7　地面荷载区段划分

$$q_{eq} = m_d \left(\sum_{i=0}^{10} \beta_i q_i - \sum_{i=0}^{10} \beta_i p_i \right) \qquad (6.18)$$

式中　m_d——经验系数，根据使用过程中地面荷载的范围与数量变化，填土的填筑时间以及地基土的性质等因素而定，一般可取 0.8；

　　　β_i——第 i 区段的地面荷载换算系数；

　　　q_i——柱基内侧第 i 区段内的平均地面荷载；

　　　p_i——柱基外侧第 i 区段内的平均地面荷载。

若 q_{eq} 为正值时，说明柱基将发生内倾，如为负值，柱基将发生外倾。

第 i 区段的地面荷载换算系数 β_i 的确定：

①地面荷载边线与基础内侧边缘重合（图6.6）。均布地面荷载引起的基础内倾值 $\tan\theta$ 按下式计算：

$$\tan\theta = \frac{s_A - s_B}{b} = \frac{q_{eq}}{E_s b} [z_n(\bar{a}_{Az} - \bar{a}_{Bz}) - d(\bar{a}_{Ad} - \bar{a}_{Bd})] \qquad (6.19)$$

②地面荷载边线与柱内侧边线重合（图6.8）。当不考虑基础外侧地面荷载的影响时，压在基础上的均布地面荷载对基础内倾值的影响，以系数 β_0 表示。

压在基础上的地面荷载引起的基础内倾值为：

$$\tan\theta' = \frac{s'_A - s'_B}{b} \qquad (6.20)$$

式中　s'_A, s'_B——压在基础上的地面荷载引起的基础内外侧边缘中点的沉降量。

假设基底压力分布，外边缘为 0，内边缘为 $2p_0$，并假定在基底 $\frac{3}{8}b$ 范围内均匀分布，则：

$$\tan\theta' = \frac{3p_0 z'_n}{bE_s}(\bar{a}'_{Az} - \bar{a}'_{Bz}) \qquad (6.21)$$

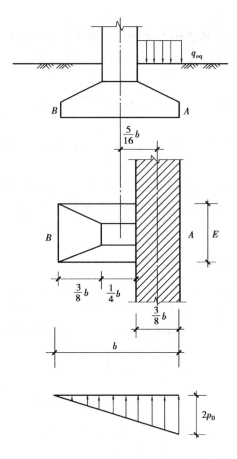

图 6.8　基础偏心荷载

当 z'_n 取 $5b$ 时,则:

$$\tan \theta' = \frac{10p_0}{\overline{E}_s}(\overline{a}'_{Az} - \overline{a}'_{Bz}) \tag{6.22}$$

式中　z'_n——变形计算深度,取基础下 $5b$ 的深度;

$\overline{a}'_{Az}, \overline{a}'_{Bz}$——分别为基底内外侧边缘中点下 $5b$ 深度范围的平均附加应力系数。

由压在基础上的地面荷载对基础中心的力矩与基底反力对基础中心引起的抵抗力矩相等的条件可求出 $p_0(p_0 \approx 0.7q_{eq})$,则由式(6.22)得:

$$\tan \theta' = \frac{7q_{eq}}{\overline{E}_s}(\overline{a}'_{Az} - \overline{a}'_{Bz}) \tag{6.23}$$

单独基础的 $\dfrac{E}{b}$ 值一般为 $0.6 \sim 0.9$,则由式(6.23)可知 $\tan \theta' \approx 0.33 \dfrac{q_{eq}}{\overline{E}_s}$,由此可得:

$$\beta_0 = \frac{\tan \theta'}{\tan \theta} = \frac{0.33b}{z_n(\overline{a}_{Az} - \overline{a}_{Bz}) - d(\overline{a}_{Ad} - \overline{a}_{Bd})} \tag{6.24}$$

根据工程上常用的 d、b、B、a 值按式(6.24)计算一系列 β_0 值,可归纳为:当 $\dfrac{a}{5b} \geqslant 1$ 时,取 $\beta_0 = 0.30$;当时 $\dfrac{a}{5b} < 1$,取 $\beta_0 = 0.52$;

③地面荷载距柱基内侧边缘的不同位置和荷载纵向长度对基础内倾值的影响,分别以各区段地面荷载换算系数 β_1,β_2,$\cdots$,β_{10} 表示。

沿柱基两侧各按 $0.5b$ 分成 10 个区段,第 1 区段的 β_1 为第一区段的 q_{eq} 引起的 $\tan\theta$ 值与按 10 个区段的 q_{eq} 引起的 $\tan\theta$ 值之比。β_2 为第 1、2 区段的 q_{eq} 引起的 $\tan\theta$ 值与按 10 个区段的 q_{eq} 引起的 $\tan\theta$ 值之比减去 β_1,其余类推,$\tan\theta$ 值可按式(6.19)计算。经过工程试算,并进行简化,按 $\dfrac{a}{5b}\geqslant 1$ 和 $\dfrac{a}{5b}<1$ 把 β_i 值分为两档,如表 6.6 所示。

表 6.6　地面荷载换算系数 β_i

区段	0	1	2	3	4	5	6	7	8	9	10
$\dfrac{a}{5b}\geqslant 1$	0.30	0.29	0.22	0.15	0.10	0.08	0.06	0.04	0.03	0.02	0.01
$\dfrac{a}{5b}<1$	0.52	0.40	0.30	0.13	0.08	0.05	0.02	0.01	0.01	—	—

【例 6.1】　单层工业厂房,跨度 $l=24$ m,柱基底面边长 $b=3.5$ m,基础埋深 1.7 m,地基土的压缩模量 $E_s=4$ MPa,堆载纵向长度 $a=60$ m,厂房填土在基础完工后填筑,地面荷载大小和范围如图 6.9 所示。试求由于地面荷载作用下柱基内侧边缘中点 A 的地基附加沉降。

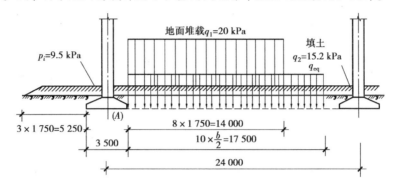

图 6.9　地面荷载计算图式

【解】　(1)等效均布地面荷载 q_{eq}

计算步骤如表 6.7 所示。

表 6.7　等效均布地面荷载计算步骤

区段		0	1	2	3	4	5	6	7	8	9	10
$\beta_i\left(\dfrac{a}{5b}=\dfrac{6\,000}{1\,750}>1\right)$		0.30	0.29	0.22	0.15	0.10	0.08	0.06	0.04	0.03	0.02	0.01
q_i/kPa	堆载	0	20	20	20	20	20	20	20	20	0	0
	填土	15.2	15.2	15.2	15.2	15.2	15.2	15.2	15.2	15.2	15.2	15.2
	合计	15.2	35.2	35.2	35.2	35.2	35.2	35.2	35.2	35.2	15.2	15.2
p_i/kPa	填土	9.5	9.5	9.5	4.8							
$\beta_i q_i-\beta_i p_i/\text{kPa}$		1.7	7.5	5.7	4.6	3.5	2.8	2.1	1.4	1.1	0.3	0.2
$q_{eq}=0.8\displaystyle\sum_{i=0}^{10}(\beta_i q_i-\beta_i p_i)=0.8\times 30.9=24.7(\text{kPa})$												

(2)柱基内侧边缘中点 A 的地基附加沉降 s_g'

计算时取堆载纵向长度 $a'=30$ m,宽度 $b'=17.5$ m,计算步骤如表 6.8 所示。

表 6.8　柱基内侧边缘中点 A 的地基附加沉降计算步骤

z_i/m	$\dfrac{a'}{b'}$	$\dfrac{z_i}{b'}$	$\bar{\alpha}_i$	$\bar{z}_i\bar{\alpha}_i/\text{m}$	$\bar{z}_i\bar{\alpha}_i - \bar{z}_{i-1}\bar{\alpha}_{i-1}$	E_{si}/MPa	$\Delta s'_{gi}=\dfrac{q_{eq}}{E_{si}}(\bar{z}_i\bar{\alpha}_i - \bar{z}_{i-1}\bar{\alpha}_{i-1})$ /mm	$s'_g=\sum\limits_{i=1}^{n}\Delta s'_{gi}$ /mm	$\dfrac{\Delta s'_{gi}}{\sum\limits_{i=1}^{n}\Delta s'_{gi}}$
0	$\dfrac{30.00}{17.50}=1.71$	0	—	—	—	—	—	—	—
28.80	—	$\dfrac{28.80}{17.50}=1.65$	$2\times0.206\,9=0.413\,8$	11.92	—	4.0	73.6	73.6	
30.00	—	$\dfrac{30.00}{17.50}=1.71$	$2\times0.204\,4=0.408\,8$	12.26	0.34	4.0	2.1	75.7	0.028 > 0.025
29.80	—	$\dfrac{29.80}{17.50}=1.70$	$2\times0.204\,9=0.409\,8$	12.21	—	4.0	75.4	—	—
31.00	—	$\dfrac{31.00}{17.50}=1.77$	$2\times0.202\,0=0.404\,0$	12.52	0.34	4.0	1.9	77.3	0.024 6 < 0.025

注：根据地面荷载宽度 $b'=17.5$ m，由地基变形计算深度 z 处向上取计算层厚度为 1.2 m。

从上表中得知，地基变形计算深度 z_n 为 31 m，所以由地面荷载引起柱基内侧边缘中点（A）的地基附加沉降值 $s'_g=77.3$ mm。

按 $a=60$ mm，$b=3.5$ m，查表 6.5 得地基附加沉降允许值 $[s'_g]=80$ mm，故满足天然地基设计的要求。

【例6.2】 某单层单跨工业厂房建于正常固结的黏性土地基上,跨度为27 m,长度为84 m,采用柱下钢筋混凝土独立基础。厂房基础完工后,室内外均进行填土;厂房投入使用后,室内地面局部范围有大面积堆载,堆载宽度为6.8 m,堆载的纵向长度为40 m。具体的厂房基础及地基情况、地面荷载大小等如图6.10所示。

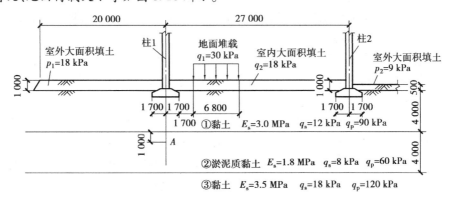

图6.10 例6.2图

①地面堆载$q_1 = 30$ kPa;室内外填土重度$\gamma = 18$ kN/m³。试求为计算大面积地面荷载对柱1的基础产生的附加沉降量,所采用的等效均布地面荷载q_{eq}。

②若在使用过程中允许调整该厂房的起重机轨道,试求由地面荷载引起柱1基础内侧边缘中点的地基附加沉降允许值s_g'。

【解】 ①根据《建筑地基基础设计规范》(GB 50007—2011)附录N的规定,应按$\dfrac{a}{5b} = \dfrac{40}{5 \times 3.4} > 1$对$\beta_i$取值。对于柱1,室内、室外填土对称,可以抵消,所以只需考虑堆载的影响。按照0.5倍基础宽度分区段后,堆载位于2~5段,如表6.9所示。

表6.9 不同区段下地面荷载换算系数

区段	0	1	2	3	4	5	6	7	8	9	10
$\dfrac{a}{5b} \geq 1$	0.30	0.29	0.22	0.15	0.10	0.08	0.06	0.04	0.03	0.02	0.01

等效均布地面荷载为:

$$q_{eq} = 0.8\left(\sum_{i=0}^{10} \beta_i q_i - \sum_{i=0}^{10} \beta_i p_i\right)$$
$$= 0.8 \times (0.22 \times 30 + 0.15 \times 30 + 0.10 \times 30 + 0.08 \times 30)$$
$$= 13.2(\text{kPa})$$

②根据《建筑地基基础设计规范》(GB 50007—2011)中表7.5.5,已知$a = 40$ m,$b = 3.4$ m,则地基附加沉降量允许值为:

$$[s_g'] = 70 + \frac{0.4}{1} \times 5 = 72(\text{mm})$$

3)减少大面积地面荷载影响的措施

为减少大面积地面荷载对建筑物的影响,应根据地面荷载的大小、范围、生产特点和地基土的性质等采用相应措施。

①对建筑场地预先进行地基处理。对软土地基,可采用预压法和复合地基等方法进行处理。

预压法处理地基的目的是使施工期间由于地面荷载所引起的变形在预压期间基本完成。预压荷载最经济的是采用生产所用的堆料,当堆载材料来源困难时,可采用真空预压法处理地基。预压法不仅可以解决大面积地面荷载对建筑物基础沉降所造成的不利影响,同时也可解决室内管道变形、地坪凹陷等难题。

在软弱地基中设置强度和刚度比地基土高得多的增强体,这些增强体与周边土形成复合地基共同来承担上部建筑物的荷载,这是工程上常用的地基处理方法。复合土层的强度和刚度比原来地基土高得多,可较大幅度地提高地基的承载力和减少地基变形。

②控制堆载限额、范围和速率,堆载力求平衡,避免大量、迅速、集中堆载。在建筑物使用期间,应控制堆载限额,堆载值不应超过地基承载力特征值,堆载宜逐渐增加,特别是在使用初期,不应迅速堆载。大量、迅速、集中堆载将导致塑性变形而引起的附加竖向变形,引起地面大量凹陷,甚至造成基础严重内倾。使用时,应限制堆载范围,由表 6.6 中 β_i 值可知,越靠近柱基的地面荷载区段对基础内倾值影响也越大,地面荷载直接压在基础上时影响最大。因此,应避免在柱、墙附近大量、集中堆载,更不应在基础上直接堆载。

提前完成大面积填土工作,大面积填土宜在基础施工前 3 个月完成。为了减小大面积填土对基础内倾的影响,室外填土的范围应超出基础外边缘较大的距离。

③增强建筑物的整体刚度,提高柱、墙的抗弯能力。对于砖墙承重的仓库建筑,应采取增强建筑物整体刚度的措施。对于有屋盖的厂房和仓库,应适当增加钢筋混凝土柱子的配筋,以提高其抗裂性。特别是上柱与下柱的连接部位,既是上柱弯矩最大处,又是断面变化应力集中处,因此是薄弱环节,应予以加强。

④采用静定、简支结构。对于中、小型仓库,为减少地基不均匀变形对建筑物的影响,可采用静定、简支结构。

⑤采取便于调整轨道的措施。为便于在建筑物使用过程中垫高和移动吊车轨道和吊车梁,以调整轨顶标高和水平位置,设计时可采取以下措施:

a. 增大吊车顶面与屋架下弦间的净空和吊车边缘与上柱边缘间的净距。当地基土平均压缩模量 E_s 为 3 MPa 左右、地面平均荷载大于 25 kPa 时,净空一般可取 300~500 mm 或更大些,净距可取 200~400 mm 或更大些。

b. 加宽钢筋混凝土吊车梁腹部,并按吊车轨道可能移动的幅度,对梁轴线的偏心计算扭矩,配置抗扭钢筋,以增强其抗扭能力。

c. 将吊车梁做成简支结构,并考虑可以调整。

⑥采用桩基。具有大面积荷载的建筑物,如遇到下列情况之一时,宜采用桩基,通过桩基将柱基上的荷载传递到受地面荷载附加应力影响较小的深埋较好的土层中。

a. 由地面荷载引起柱基内侧边缘中点的地基附加变形计算值大于该点附加变形允许值时。

b. 车间内设有起重量 30 t 以上、工作级别大于 A5 的吊车。这类车间的特点是:吊车起重量大;吊车运转频繁,每昼夜运转次数达 1 000 次之多;厂房较高,基础密布,地面堆载很不均衡。这类车间的柱基沉降量,远比设有一般中级工作制吊车之间的柱基沉降量大,这是由于重级吊车的瞬间反复荷载,对地基的变形速率有着不可忽视的影响。

c. 基础下软弱土层较薄,采用桩基比较经济。

6.1.6 软土地基的利用与处理

在选择地基处理方法时,应综合考虑场地工程地质和水文地质条件、建筑物对地基要求、建筑结构类型和基础形式、周围环境条件、材料供应、施工条件等因素,经过技术经济指标比较分析后择优采用。

软土地基主要处理方法和适用范围可按表 6.10 的规定确定。

表 6.10 软土地基主要处理方法和适用范围

软土地基主要处理方法	适用范围	加固效果	有效处理深度/m
换填层法	适用于浅层有淤泥、淤泥质土、松散填土、冲填土等软弱土的换土处理与低洼区域的填筑	提高强度和减少变形	2~3
预压法	适用于大面积淤泥、淤泥质土、松散填土、冲填土及饱和黏性土等工程地基预压处理	提高强度和减少变形	8~10
水泥土搅拌桩法	适用于淤泥、淤泥质土、冲填土等地基处理	提高强度、减少变形以及防渗处理	8~12
桩土复合地基法	适用于淤泥、淤泥质土、饱和黏性土等地基处理	减少变形	15~25

当遇到暗塘、暗沟、杂填土及冲填土时,须查明范围、深度及填土成分。较密实、均匀的建筑垃圾及性能稳定的工业废料可作为持力层,而有机质含量大的生活垃圾和对地基有侵害作用的工业废料,未经处理不宜作为持力层。应根据具体情况,选用以下处理方法:

①填土不深时可挖去填土,将基础落深,或用毛石混凝土、混凝土等加厚垫层,或用砂石垫层处理。若暗塘、暗沟不宽,也可设置基础梁直接跨越。

②对于低层民用建筑可适当降低地基承载力,直接利用填土作为持力层。

③不挖土,直接打入短桩。认为承台底部土与桩共同承载,土承受该桩所受荷载的70%左右,但不超过30 kPa;对暗塘、暗沟下有强度较高的土层,效果更佳。

④冲填土一般可直接作为地基;若土质不良时,可选用上述方法加以处理。

6.2 湿陷性黄土地基

6.2.1 湿陷性黄土及其分布

黄土在世界各地分布甚广,其面积达 1 300 万 km²,约占陆地总面积的9.3%,主要分布于中纬度干旱、半干旱地区,如法国的中部和北部、罗马尼亚、保加利亚、俄罗斯、乌克兰、美国沿密西西比河流域及西部不少地区。

我国黄土分布也非常广泛,面积约 64 万 km²,其中约有 60% 的为湿陷性黄土,其分布遍及甘肃、陕西、山西的大部分地区以及河南、宁夏和河北等省(自治区)的部分地区。此外,新疆、山东和辽宁等地也有局部分布。由于各地的地理、地质和气候条件的差别,湿陷性黄土的组成成分、分布地带、沉积厚度、湿陷特征和物理力学性质也因地而异。此外,由于黄土形成的地质年代和所处自然地理环境的不同,其外貌特征和工程特性又有明显的差异。黄土的典型特征为:

①外观颜色通常呈黄色或褐黄色。

②颗粒组成以粉粒为主(占 50%~75%),其次为砂粒(占 10%~30%),黏粒含量少(占 10%~20%)。

③含盐量较大。特别是碳酸盐含量较大,另外还含有硫酸盐和氯化物等可溶盐类。

④含水量低(一般仅为 5%~20%)。

⑤具有大孔性。大孔隙常常肉眼可见,孔隙比一般为 1.0 左右,呈松散结构状态。

⑥垂直节理发育,在天然状态下能保持垂直边坡。

按形成原因,黄土可分为原生黄土和次生黄土。一般情况下,具有上述典型特征,未经次生扰动,不具有层理的由风的动力作用形成的黄土称为原生黄土。原生黄土经过水流冲刷、搬运和重新沉积而形成的为次生黄土。次生黄土一般不完全具备上述黄土特征,具有层理,并含有较多的砂砾甚至细砂,故也称为黄土状土。次生黄土(或黄土状土)有坡积、洪积、冲积、坡积-洪积、冲积-洪积及冰水沉积等多种类型。

黄土和黄土状土(以下统称黄土)在天然含水量情况下一般呈坚硬或硬塑状态,具有较高的强度和较低的压缩性。但遇水浸湿后,有些黄土即使在自重作用下也会发生剧烈且大量的沉陷,强度也随之迅速降低,这类黄土称为湿陷性黄土;而有些黄土却不发生湿陷,则称为非湿陷性黄土。由此可见,分析、判别黄土是否具有湿陷性,其湿陷性的强弱程度以及黄土地基的湿陷类型和湿陷等级,是在黄土地区建造建筑物必须首先明确的核心问题。

按形成年代的早晚,我国黄土有老黄土和新黄土之分(表 6.11)。黄土形成年代愈久,由于盐分的溶滤较为充分,其固结成岩的程度较高,大孔结构退化,土质愈趋密实,强度高而压缩性较低,湿陷性减弱甚至不具有湿陷性;反之,形成年代愈短,其湿陷性愈显著。

表 6.11 黄土地层划分

时代		地层的划分	说明
全新世(Q_4)黄土	新黄土	黄土状土	一般具湿陷性
晚更新世(Q_3)黄土		马兰黄土	
中更新世(Q_2)黄土	老黄土	离石黄土	上部部分土层具湿陷性
早更新世(Q_1)黄土		午城黄土	不具湿陷性

注:全新世(Q_4)黄土包括湿陷性(Q_4^1)黄土和新近堆积(Q_4^2)黄土。

6.2.2　黄土湿陷的机理及其主要影响因素

(1)黄土的湿陷机理

黄土的湿陷现象是一个复杂的地质、物理、化学过程。对于其湿陷机理,国内外学者有各种不同假说,如毛细管假说、溶盐假说、胶体不足假说、欠压密理论和结构学假说等。但至今尚未获得能够充分解释所有湿陷现象和本质的统一理论。以下仅简要介绍几种被公认为比较合理的假说。

①黄土的欠压密理论认为,在干旱、少雨气候下,黄土沉积过程中水分不断蒸发,土粒间盐类析出,胶体凝固,形成固化黏聚力。在土湿度不大时,上覆土层不足以克服土中形成的固化黏聚力,因而形成欠压密状态。一旦受水浸湿,固化黏聚力消失,则产生沉陷。

②溶盐假说认为,黄土湿陷是由于黄土中存在大量的易溶盐。黄土中含水量较低时,易溶盐处于微晶状态,附于颗粒表面,起胶结作用。而受水浸湿后,易溶盐溶解,胶结作用丧失,从而产生湿陷。但溶盐假说并不能解释所有湿陷现象,如我国湿陷性黄土中易溶盐含量就较少。

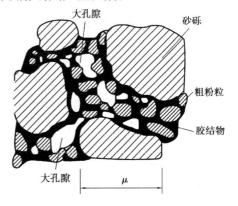

图 6.11 黄土结构示意图

③结构学说认为,黄土湿陷的根本原因是其特殊的粒状架空结构体系。该结构体系由集粒和碎屑组成的骨架颗粒相互连接形成(图 6.11),含有大量架空孔隙。颗粒间的连接强度是在干旱、半干旱条件下形成,来源于上覆土重的压密,少量的水在粒间接触处形成毛管压力、粒间电分子引力、粒间摩擦及少量胶凝物质的固化黏聚等。该结构体系在水和外荷载作用下,必然导致连接强度降低、连接点破坏,致使整个结构体系失去稳定。

尽管解释黄土湿陷原因的观点各异,但归纳起来可分为外因和内因两个方面。黄土受水浸湿和荷载作用是湿陷发生的外因,黄土的结构特征及物质成分是产生湿陷性的内在原因。

(2)影响黄土湿陷性的因素

①黄土的微结构特征:黄土的结构可视为一个由单粒、集粒或凝块等骨架单元共同形成的空间结构体系。它的单元形态(单粒的矿物碎屑与集粒或凝块)确定了力的传递性能和土的变形性质,它的连接方式(点接触、面接触)确定了土的结构强度,其排列方式(大孔隙、架空孔隙、粒间孔隙)确定了土的稳定性。单粒点接触、架空孔隙占优势的结构,湿陷性大;集粒或凝块面接触、粒间孔隙占优势的结构,湿陷性小。

②黄土的物质成分:黄土中胶结物的多寡和成分,对于黄土的结构特点和湿陷性的强弱有着重要的影响。胶结物含量大,可把骨架颗粒包围起来,则结构致密。黏粒含量特别是胶结能力较强的小于 0.001 mm 颗粒的含量多,其均匀分布在骨架之间也起了胶结物的作用,均使湿陷性降低,并使力学性质得到改善;反之,粒径大于 0.05 mm 的颗粒增多,胶结物多呈薄膜状分布,骨架颗粒多数彼此直接接触,其结构疏松,强度降低而湿陷性增强。我国黄土湿陷性存在着由西北向东南递减的趋势,这与自西北向东南方向砂砾含量减少而黏粒含量增多是一致的。此外,黄土中的盐类以及其存在状态对湿陷性也有着直接的影响。例如,以较难溶解的碳酸钙为主而具有胶结作用时,湿陷性减弱;但石膏及其他碳酸盐、硫酸盐和氯化物等易溶盐的含量增大时,湿陷性增强。

③黄土的物理性质:黄土的湿陷性与其孔隙比和含水量等土的物理性质有关。天然孔隙比越大,或天然含水量越小,则湿陷性越强。饱和度 $S_r \geq 80\%$ 的黄土,称为饱和黄土,饱和黄土的湿陷性已退化。在天然含水量相同时,黄土的湿陷变形随湿度的增加而增大。

④外加压力:黄土的湿陷性还与外加压力有关。外加压力越大,湿陷量也显著增加。但当压力超过某一数值后,再增加压力,湿陷量反而减少。

6.2.3 湿陷性黄土地基的评价

1)湿陷性黄土地基评价内容

黄土地基的湿陷性评价包括以下 3 个方面:

①判定黄土是湿陷性的还是非湿陷性的;

②如果是湿陷性的,还要进一步判定湿陷性黄土场地的湿陷类型,是自重湿陷性的还是非自重湿陷性的;

③判定湿陷性黄土地基的湿陷等级。

由于各地区湿陷性黄土的生成年代、环境以及成岩作用程度等的不同,其湿陷性状也不相同。例如,甘肃、青海地区的自重湿陷性黄土与陕西关中等地的自重湿陷性黄土,不论其自重湿陷性黄土层的埋藏深度,还是湿陷性和湿陷敏感性等都有明显不同。又如,晚更新世 Q_3 和全新世 Q_4 湿陷性黄土与新近堆积黄土,它们在湿陷性、压缩性和承载力等方面也都有较大差别。这些差别反映到它们对建筑的危害程度上也不同。因此,如果对湿陷性黄土地基的湿陷性评价不当,就会造成技术和经济上的不合理,导致大量浪费或造成湿陷事故。

(1)湿陷系数 δ_s

黄土的湿陷量与所受的压力大小有关,黄土的湿陷性应利用现场采集的不扰动土试样,按室内压缩试验在一定压力下测定的湿陷系数 δ_s 来判定,其计算式为:

$$\delta_s = \frac{h_p - h'_p}{h_0} \tag{6.25}$$

式中　h_p——保持天然的湿度和结构的土样,加压至一定压力时,下沉稳定后的高度,cm;

　　　h'_p——上述加压稳定后的土样,在浸水作用下,下沉稳定后的高度,cm;

　　　h_0——土样的原始高度,cm。

工程中,主要利用 δ_s 判别黄土的湿陷性。当 $\delta_s < 0.015$ 时,应定为非湿陷性黄土;当 $\delta_s \geqslant 0.015$ 时,应定为湿陷性黄土。

试验中,测定湿陷性系数的压力 P,用地基中黄土的实际压力虽然比较合理。但在初勘阶段,建筑物的平面布置、基础尺寸和埋深等尚未确定,故实际压力大小难以预估。鉴于一般工业与民用建筑基底下 10 m 内的附加应力与土的自重应力之和接近 200 kPa,10 m 以下附加应力很小,主要是上覆土的饱和自重应力。所以,《湿陷性黄土地区建筑规范》(GB 50025—2004)规定:自基础底面(初勘时,自地面下 1.5 m)算起,10 m 以内的土层应用 200 kPa,10 m 以下至非湿陷性土层顶面,应用其上覆土的饱和自重应力(当大于 300 kPa 时,仍应用 300 kPa)。还注明,如基底应力大于 300 kPa 时,宜用实际应力判别黄土的湿陷性。

显然,湿陷系数 δ_s 的大小反映了黄土对水的湿陷敏感程度。湿陷系数越大,表示土受水浸湿后的湿陷性越强烈;否则,反之。一般认为,$\delta_s \leqslant 0.03$,为弱湿陷性;$0.03 < \delta_s \leqslant 0.07$,为中等湿陷性;$\delta_s > 0.07$,为强湿陷性。

一个湿陷系数只代表黄土地基中某一个黄土层在某一压力作用下的湿陷性质,并不表示整个黄土地基湿陷性的强弱。对整个黄土地基湿陷性的评价,包含在湿陷性影响深度范围内各黄土层的湿陷系数值及其相应厚度等因素,《湿陷性黄土地区建筑规范》(GB 50025—2004)采用了场地的湿陷类型和地基的湿陷等级来表示。

(2)湿陷起始压力 P_{sh}

湿陷起始压力是指湿陷性黄土在压力作用下浸水后开始出现湿陷时的压力。如果作用在湿陷性黄土地基上的压力小于这个湿陷起始压力,地基即使浸水,也不会发生湿陷。应用上,常取相应于在判定黄土湿陷性时湿陷系数的界限值时的压力。实质上,它又相应于黄土受水浸湿后的残余结构强度。严格地说,它是一个压力界限值,当黄土受的压力低于这个数值,即使浸了水也只产生压缩变形,而不会出现显著地湿陷现象。因此,P_{sh}是一个很有实用价值的指标。《湿陷性黄土地区建筑规范》(GB 50025—2004)中给出下列方法确定。

①按现场荷载试验确定时,应在 p-s(压力与浸水下沉量)曲线上,取其转折点所对应的压力作为湿陷性起始压力值。当曲线上的转折点不明显时,可取浸水下沉量 s,与承压板宽度 b 或直径 d 之比等于 0.017 时所对应的压力作为湿陷起始压力值。

②按室内压缩试验即单、双线法确定时,在 p-s 曲线上宜取 $\delta_s = 0.015$ 时所对应的压力作为湿陷起始压力值。其中采用单线法时,应在同一个取土点的同一深度处,至少以环刀取 5 个试样,各试样均在天然湿度下分级加载,分别加至不同的规定压力,下沉稳定后测土样高度 h_p,再浸水,至湿陷稳定为止,测试样高度 h'_p;按公式 $\delta_s = \dfrac{h_p - h'_p}{h_0}$,绘制 p-s 曲线,确定 P_{sh}。

当采用双线法时,应在同一个取土点的同一深度处,以环刀取 2 个试样,一个在天然湿度下分级加载,另一个在天然湿度下加第一级荷载,下沉稳定后浸水,至湿陷稳定,再分级加载。分别测定这两个试样在各级压力下,下沉稳定后的试样高度 h_p 和浸水下沉稳定后的试样高度 h'_p,就可以绘制出不浸水试样的 p-h_p 曲线和浸水试样的 p-h'_p 曲线,如图 6.12 所示。然后,按公式 $\delta_s = \dfrac{h_p - h'_p}{h_0}$,绘制 p-δ_s 曲线,定出 P_{sh}。

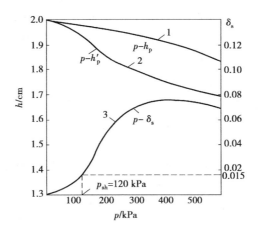

图 6.12　双线法压缩试验曲线

1—不浸水试样的 p-h_p 曲线;2—浸水试样的 p-h'_p 曲线;3—p-δ'_s 曲线

对自重湿陷性黄土,不需要确定其湿陷起始压力值。

湿陷性黄土的湿陷起始压力与土的成因、堆积年代、地理位置、地貌特征和气候条件等有关。因此,各地黄土的湿陷起始压力值也不相同。同一地区,它一般随天然含水量、黏粒含量和埋藏深度的增加而增大,随孔隙比的减少而增大。

2)湿陷性黄土场地的湿陷类型的判定

工程实践表明,自重湿陷性黄土无外荷载作用时,浸水后也会迅速发生剧烈的湿陷,甚至一些很轻的建筑物也难免遭受其害;而对非自重湿陷性黄土地基则很少发生。对这两种湿陷性黄土地基,所采取的设计和施工措施应有所区别。因此,必须正确划分场地的湿陷类型。建筑物场地的湿陷类型,应按实测自重湿陷量和计算自重湿陷量 Δ_{zs} 判定;实测自重湿陷量应根据现场试坑浸水试验确定。其结果可靠,但费水费时,且有时受各种条件限制而不易做到。

（1）自重湿陷量计算值

自重湿陷量可按下式计算：

$$\Delta_{zs} = \beta_0 \sum_{i=1}^{n} \delta_{zsi} h_i \tag{6.26}$$

式中　δ_{zsi}——第 i 层土的自重湿陷系数；

　　　h_i——第 i 层土的厚度,mm；

　　　β_0——因地区土质而异的修正系数,在缺乏实测资料时,可按下列规定取值：

陕西地区取 1.50；陇东—陕北—晋西地区取 1.20；关中地区取 0.90；其他地区取 0.50。

自重湿陷量的计算值 Δ_{zs},应自天然地面（当挖、填方的厚度和面积较大时,应自设计地面）算起,至其下非湿陷性黄土层的顶面止累计,其中,自重湿陷性系数 $\delta_{zs} < 0.015$ 的土层不累计。

（2）湿陷性量计算值

湿陷性黄土地基受水浸湿饱和,其湿陷量的计算值 Δ_s 应符合下列规定：

湿陷量的计算值 Δ_s,应按下式计算：

$$\Delta_s = \sum_{i=1}^{n} \beta \delta_{si} h_i \tag{6.27}$$

式中　δ_{si}——第 i 层土的湿陷系数；

　　　h_i——第 i 层土的厚度,mm；

　　　β——考虑基底下地基土的受水浸湿可能性和侧向挤出等因素的修正系数,在缺乏实测资料时,可按下列规定取值：基底下 $0 \sim 5$ m 深度内,取 $\beta = 1.50$；基底下 $5 \sim 10$ m 深度内,取 $\beta = 1$；基底下 10 m 以下至非湿陷性黄土层顶面,在自重湿陷性黄土场地,可取工程所在地区的 β_0 值。

湿陷量的计算值 Δ_s 的计算深度,应自基础底面（如基底标高不确定时,自底面以下 1.50 m 算起）；在非自重湿陷性黄土场地,累计至基底以下 10 m（或地基压缩层）深度为止；在自重湿陷性黄土场地,累计至非湿陷性黄土层的顶面为止。其中,湿陷系数 $\delta_s < 0.015$ 的土层（10 m 以下为 δ_{zs}）不累计。

湿陷性黄土地基的湿陷等级,应根据湿陷量的计算值和自重湿陷量的计算值等因素,按表 6.12 判定。

表 6.12　湿陷性黄土地基的湿陷等级

Δ_s/mm	湿陷类型 Δ_{zs}/mm		
	非自重湿陷性场地	自重湿陷性场地	
	$\Delta_{zs} \leq 70$	$70 < \Delta_{zs} \leq 350$	$\Delta_{zs} > 350$
$\Delta_s \leq 300$	I（轻微）	II（中等）	—
$300 < \Delta_s \leq 700$	II（中等）	II（中等）或III（严重）	III（严重）
$\Delta_s > 700$	II（中等）	III（严重）	IV（很严重）

注：当湿陷量的计算值 $\Delta_s > 600$ mm、自重湿陷量的计算值 $\Delta_{zs} > 300$ mm 时,可判为III级,其他情况可判为II级。

【例6.3】　陕北地区某建筑场地,工程地质勘察中探坑每隔 1 m 取土样,测得各土样 δ_{zsi} 和 δ_{si},如表 6.13 所示。试确定该场地的湿陷类型和地基的湿陷等级。

表6.13　各土样δ_{zsi}和δ_{si}值

取土深度/m	1	2	3	4	5	6	7	8	9	10
δ_{zsi}	0.002	0.014	0.020	0.013	0.026	0.056	0.045	0.014	0.001	0.020
δ_{si}	0.070	0.060	0.073	0.025	0.088	0.084	0.071	0.037	0.002	0.039

注:δ_{zsi}或$\delta_{si} < 0.015$,属非湿陷性土层。

【解】　(1)场地湿陷类型判别

首先,计算自重湿陷量Δ_{zs},自天然地面算起至其下全部湿陷性黄土层面为止,陕北地区可取$\beta_0 = 1.2$,由式(6.26)可得:

$$\Delta_{zs} = \beta_0 \sum_{i=1}^{n} \delta_{zsi} h_i = 1.2 \times (0.020 + 0.026 + 0.056 + 0.020 + 0.045) \times 100$$
$$= 20.04 \text{ cm} > 7 \text{ cm}$$

故该场地应判定为自重湿陷性黄土场地。

(2)黄土地基湿陷等级判别

计算黄土地基的总湿陷量Δ_s,且取$\beta = \beta_0$,则:

$$\Delta_s = \sum_{i=1}^{n} \beta \delta_{si} h_i = 1.2 \times (0.070 + 0.060 + 0.073 + 0.025 + 0.088 + 0.084 + 0.071 +$$
$$0.037 + 0.039) \times 100 = 65.64 \text{ cm} > 60 \text{ cm}$$

根据表6.12,该湿陷性黄土地基的湿陷性等级可判定为Ⅲ级(严重)。

【例6.4】　表6.14是陕西省富平市某建筑场地在初勘时某号探井的土工试验资料,试划分该场地的湿陷类型和湿陷等级。

表6.14　陕西省富平市某建筑场地在初勘时某号探井的土工试验资料

土样编号	取土深度/m	G	e	γ(按$S_r = 85\%$计) /(kN·m^{-3})	δ_s	δ_{zs}	备注
13-1	1.5	2.70	0.975	12.8	0.085	0.002	—
13-2	2.5	2.70	1.100	17.4	0.059	0.013	—
13-3	3.5	2.70	1.215	16.8	0.076	0.022	—
13-4	4.5	2.70	1.117	17.0	0.028	0.012	—
13-5	5.5	2.70	1.126	17.4	0.094	0.031	—
13-6	6.5	2.70	1.300	16.2	0.091	0.075	—
13-7	7.5	2.70	1.179	17.0	0.071	0.060	—
13-8	8.5	2.70	1.072	18.9	0.039	0.012	—
13-9	9.5	2.71	0.787	17.4	0.002	0.001	—
13-10	10.5	2.70	0.778	17.9	0.025	0.028	土样扰动, δ_s和δ_{zs}值 不可靠

【解】　由表6.14可见,δ_s值都比较大,属强湿陷性土;同时,3 m以下,δ_{zs}也较大。第13-10号土样有扰动,应舍弃不用,故全部湿陷性土层按9 m考虑。

由式(6.26)并代入数据,得:

$$\Delta_{zs} = \beta_0 \sum_{i=1}^{n} \delta_{zsi} h_i = 0.9 \times (0.022 \times 100 + 0.031 \times 100 + 0.075 \times 100 + 0.060 \times 100)$$

$$= 0.9 \times (2.2 + 3.1 + 7.5 + 6.0) = 16.92 \text{ cm} > 7 \text{ cm}$$

故应为自重湿陷性黄土场地。

再将有关数据代入式(6.27)中,得:

$$\Delta_s = \sum_{i=1}^{n} \beta \delta_{si} h_i$$

$$= (0.085 \times 50 + 0.059 \times 100 + 0.076 \times 100 + 0.028 \times 100 + 0.094 \times 100 + 0.091 \times 50) \times$$

$$1.5 + (0.091 \times 50 + 0.047 \times 100 + 0.039 \times 100) \times 1.0$$

$$= (4.25 + 5.9 + 7.6 + 2.8 + 9.4 + 4.55) \times 1.5 + (4.55 + 4.7 + 3.9) \times 1.0$$

$$= 34.5 \times 1.5 + 13.15 \times 1.0$$

$$= 64.9 (\text{cm})$$

因 30 cm $< \Delta_s \leqslant$ 70 cm,根据表6.12,应定为Ⅱ级自重湿陷性黄土地基。

6.2.4　湿陷性黄土地基的工程措施

湿陷性黄土地基的设计和施工应满足承载力、湿陷变形、压缩变形及稳定性要求,并针对黄土地基湿陷性特点和工程要求,除了必须遵守一般的设计和施工原则外,还应针对湿陷性的特点,因地制宜采用适当的工程措施防止地基湿陷,以确保建筑物安全和正常使用。

1)地基处理

地基处理方法应根据建筑物的类别和湿陷性黄土的特性,并考虑施工设备、施工进度、材料来源和当地环境等因素,经技术经济综合分析比较后确定。湿陷性黄土地基常用的处理方法,可按表6.15选择其中一种或多种相结合的最佳处理方法。

表6.15　湿陷性黄土地基常用的处理方法

名　称	适用范围	可处理的湿陷性黄土层厚度/m
垫层法	地下水位以上,局部或整片处理	1~3
强夯法	地下水位以上,$S_r \leqslant 60\%$ 的湿陷性黄土,局部或整片处理	3~12
挤密法	地下水位以上,$S_r \leqslant 65\%$ 的湿陷性黄土	5~15
预浸水法	自重湿陷性黄土场地,地基湿陷等级为Ⅲ级或Ⅳ级,可消除地面下6 m以下湿陷性黄土层的全部湿陷性	6 m以上,尚未采用垫层或其他方法处理
其他方法	经试验研究或工程实践证明行之有效	—

各类建筑的地基处理应符合下列要求:

①甲类建筑应消除地基的全部湿陷量或采用桩基础穿透全部湿陷性黄土层,或将基础设置在非湿陷性黄土层上;

②乙、丙类建筑应消除地基的部分湿陷量。

甲类建筑消除地基全部湿陷量的处理厚度,应符合下列要求:

①在非自重湿陷性黄土场地,应将基础底面以下附加应力与上覆土的饱和自重压力之和大于湿陷起始压力的所有土层进行处理,或处理至地基压缩层的深度止。

②在自重湿陷性黄土场地,应处理基础底面以下的全部湿陷性黄土层。

乙类建筑消除地基部分湿陷量的最小处理厚度,应符合下列要求:

①在非自重湿陷性黄土场地,不应小于地基压缩层深度的2/3,且下部未处理湿陷性黄土层的湿陷起始压力值不应小于100 kPa。

②在自重湿陷性黄土场地,不应小于湿陷性土层深度的2/3,且下部未处理湿陷性黄土层的剩余湿陷量不应大于150 mm。

③若基础宽度大或湿陷性黄土层厚度大,处理地基压缩层深度的2/3或全部湿陷性黄土层深度的2/3确有困难时,在建筑物范围内应采用整片处理。其处理厚度:在非自重湿陷性黄土场地不应小于4 m,且下部未处理湿陷性黄土层的湿陷起始压力值不宜小于100 kPa;在自重湿陷性黄土场地不应小于6 m,且下部未处理湿陷性黄土层的剩余湿陷量不宜大于150 mm。

丙类建筑消除地基部分湿陷量的最小处理厚度,应符合下列要求:

①当地基湿陷等级为Ⅰ级时,对单层建筑,可不处理地基;对多层建筑,地基处理厚度不应小于1 m,且下部未处理湿陷性黄土层的湿陷起始压力值不宜小于100 kPa。

②当地基湿陷等级为Ⅱ级时,在非自重湿陷性黄土场地,对单层建筑,地基处理厚度不应小于1 m,且下部未处理湿陷性黄土层的湿陷起始压力值不宜小于80 kPa;对多层建筑,地基处理厚度不宜小于2 m,且下部未处理湿陷性黄土层的湿陷起始压力值不宜小于100 kPa;在自重湿陷性黄土场地,地基处理厚度不应小于2.50 m,且下部未处理湿陷性黄土层的剩余湿陷量,不应大于200 mm。

③当地基湿陷等级为Ⅲ级或Ⅳ级时,对多层建筑宜采用整片处理,地基处理厚度分别不应小于3 m或4 m,且下部未处理湿陷性黄土层的剩余湿陷量,单层及多层建筑均不应大于200 mm。

2) 黄土地基施工

在湿陷性黄土场地,对建筑物及其附属工程进行施工应根据湿陷性黄土的特点和设计要求采取措施防止施工用水和场地雨水流入建筑物地基(或基坑内)引起湿陷。

在建筑物邻近修建地下工程时,应采取有效措施,保证原有建筑物和管道系统的安全使用,并应保持场地排水畅通。

当发现地基浸水湿陷和建筑物产生裂缝时,应暂时停止施工,切断有关水源,查明浸水的原因和范围,对建筑物的沉降和裂缝加强观测,并绘图记录,经处理后方可继续施工。

管道和水池等施工完毕,必须进行水压试验。不合格的应返修或加固,重做试验,直至合格为止。清洗管道用水、水池用水和试验用水,应将其引至排水系统,不得任意排放。

3) 黄土地基沉降观测

维护管理部门在接管沉降观测和地下水位观测工作时应根据设计文件、施工资料及移交清单,对水准基点、观测点、观测井及观测资料和记录,逐项检查、清点和验收。若有水准基点损坏、观测点不全或观测井填塞等情况,应由移交单位补齐或清理。

水准基点、沉降观测点及水位观测井,应妥善保护。每年应根据地区水准控制网,对水准基点校核一次。建筑物的沉降观测,应按有关现行国家标准执行。地下水位观测,应按设计要求执行。观测记录应及时整理,并存入工程技术档案。当发现建筑物沉降和地下水位变化出现异常情况时,及时将所发现的情况反馈给有关方面进行研究和处理。

6.3 膨胀土地基

6.3.1 膨胀土的特性及其危害

1)膨胀土的分布及特征

膨胀土一般是指黏粒成分主要由亲水性矿物组成,同时具有显著的吸水膨胀和失水收缩两种变形特性的黏性土。

膨胀土在我国分布广泛,且常常呈岛状分布,以黄河以南地区较多,广西、云南、湖北、河南、安徽、四川、河北、山东、陕西、江苏、贵州和广东等地均有不同范围的分布。国外也一样,美国50个州中有40个州分布有膨胀土。此外,在印度、澳大利亚、南美洲、非洲和中东广大地区,也常有不同程度的分布。

在天然状态下,膨胀土的工程性状较好,呈硬塑至坚硬状态,强度较高,压缩性较低,易被误认为是建筑性能较好的地基土。经过大量的工程实践之后,人们才开始认识到它具有吸水膨胀、失水收缩并可往复变形的特性。通常,一般黏性土也具有膨胀和收缩特性,但胀缩量不大,对工程无太多影响;而膨胀土的膨胀—收缩—再膨胀的周期性变化特性非常显著,常给工程带来危害。通常需将其与一般黏性土区别,作为特殊土处理。

膨胀土除了具有上述胀缩性以外,还具有以下特点:

①超固结性:大部分膨胀土具有天然孔隙比小,密实度大,初始结构强度高的特性。

②崩解性:膨胀土浸水后体积膨胀,发生崩解,强膨胀土浸水后几分钟内即可完全崩解,弱膨胀土则崩解缓慢。崩解使得土的强度迅速降低。

③多裂隙性:膨胀土具有裂隙,使得土体的整体性不好,易造成边坡失稳。

④风化性:膨胀土对气候影响较为敏感,容易产生风化破坏,特别是基坑开挖后,在风化作用下,膨胀土体很快产生破裂、剥落,使得土体结构破坏,强度降低。

⑤强度变动性:膨胀土的抗剪强度具有明显的变动性。有较高的抗剪强度,又可以变化到残余强度极低的状态。膨胀土具有超固结性,初期抗剪强度高,开挖困难,一旦开挖后,造成其抗剪强度又大幅度地衰减。

2)膨胀土的危害性

膨胀土具有显著的吸水膨胀和失水收缩的变形特性,使建造在其上的构筑物随季节性气候的变化而反复不断地产生不均匀的升降,致使房屋开裂、倾斜,公路路基发生破坏,堤岸、路堑产生滑坡,涵洞、桥梁等刚性结构物产生不均匀沉降等,造成巨大损失。

①建筑物的开裂破坏具有地区性成群出现的特点,建筑物裂缝随气候变化不停地张开和闭合。由于低层轻型、砖混结构自重小、整体性较差,且基础埋置浅,地基土易受外界环境变化的影响而产生胀缩变形,其损坏最为严重。

②因建筑物在垂直和水平方向受弯扭,故转角处首先开裂,墙上常出现对称或不对称的倒"八"字形[图6.13(a)],外纵墙基础因受到地基膨胀过程中产生的竖向切力和侧向水平推力作用而产生水平裂缝和位移[图6.13(b)],室内地坪和楼板则发生纵向隆起开裂。

③膨胀土边坡不稳定,易产生滑坡,引起房屋和构筑物开裂,且构筑物的损坏比平地上更为严重。

目前,膨胀土的工程问题已成为世界性的研究课题。世界上已有40多个国家发现膨胀土造成的危害,膨胀土的工程问题已引起各国学术界和工程界的高度重视。

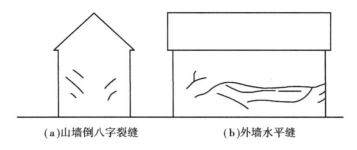

(a)山墙倒八字裂缝   (b)外墙水平缝

图6.13　膨胀土地基上房屋墙面开裂

6.3.2　影响膨胀土胀缩变形的主要因素

膨胀土的胀缩变形特性主要取决于膨胀土的矿物成分与含量、微观结构等内在机制(内因),但同时受到气候、地形地貌等外部环境(外因)的影响。

1)影响膨胀土胀缩变形的内因

①矿物成分。膨胀土中主要黏土矿物是蒙脱石,其次为伊利石。蒙脱石矿物亲水性强,具有既易吸水又易失水的强烈活动性。伊利石亲水性比蒙脱石低,但也有较高的活动性。两种矿物含量的多少直接决定了土的膨胀性大小。此外,蒙脱石矿物吸附外来阳离子的类型对土的胀缩性也有影响,如吸附钠离子(钠蒙脱石)时,就具有特别强烈的胀缩性。

②微观结构。膨胀土中普遍存在着片状黏土矿物,颗粒彼此叠聚成微集聚体基本结构单元,其微观结构为集聚体与集聚体彼此面-面接触形成分散结构。该结构具有很大的吸水膨胀和失水收缩的能力,故膨胀土的胀缩性还取决于其矿物在空间分布上的结构特征。

③黏粒含量。黏土颗粒细小,比面积大,具有很大的表面能,对水分子和水中阳离子的吸附能力强。因此,土中黏粒含量(粒径小于0.05 mm)越高,则土的胀缩性越强。

④干密度。土的胀缩表现为土的体积变化。土的密度越大,则孔隙比越小,浸水膨胀越强烈,失水收缩越小;反之,孔隙比越大,浸水膨胀越小,失水收缩越大。

⑤初始含水量。土的初始含水量与胀后含水量的差值影响土的胀缩变形,初始含水量与胀后含水量相差越大,则遇水后土的膨胀越大,而失水后土的收缩越小。

⑥土的结构强度。结构强度越大,土体限制胀缩变形的能力也越大。当土的结构受到破坏以后,土的胀缩性随之增强。

2)影响膨胀土胀缩变形的外因

①气候条件。一般膨胀土分布地区降雨量集中,旱季较长。若建筑场地潜水位较低,则表层膨胀土受大气影响,土中水分处于剧烈变动之中,对室外土层影响较大,故基础室内外土的胀缩变形存在明显差异,甚至外缩内胀,使建筑物受到往复不均匀变形的影响,导致建筑物开裂。实测资料表明,季节性气候变化对地基土中水分的影响随深度的增加而递减。

②地形地貌。高地临空面大,地基中水分蒸发条件好,故含水量变化幅度大,地基土的胀缩变形也较剧烈。因此,一般低地的膨胀土地基较高地的同类地基的胀缩变形要小得多;在边坡地带,坡脚地段比坡肩地段的同类地基的胀缩性又要小得多。

③日照环境。通常房屋向阳面开裂较多,背阳面(即北面)开裂较少。此外,建筑物周围树

木(尤其是不落叶的阔叶树)对胀缩变形也将造成不利影响(树根吸水,减少土中含水量),加剧地基的干缩变形;建筑物内外的局部水源补给,也会增加胀缩变形的差异。

6.3.3 膨胀土地基的评价

1)膨胀土地区的岩土工程勘察

膨胀土地区的岩土工程勘察可分为可行性研究勘察、初步勘察和详细勘察阶段。对场地面积较小、地质条件简单或有建设经验的地区,可直接进行详细勘察。对地形、地质条件复杂或有大量建筑物破坏的地区,应进行施工勘察等专门性的勘察工作。

2)膨胀土的工程特性指标

为判别膨胀土以及评价膨胀土的胀缩性,除一般物理力学指标外,还应确定下列胀缩性指标,即自由膨胀率、膨胀率、线缩率和收缩系数、膨胀力。

(1)自由膨胀率 δ_{ef}

人工制备的烘干土,经充分吸水膨胀稳定后,则将在水中增加的体积与原体积之比,称为自由膨胀率 δ_{ef}。按下式计算:

$$\delta_{ef} = \frac{v_w - v_0}{v_0} \qquad (6.28)$$

式中 v_w——土样在水中膨胀稳定后的体积;

v_0——干土样原有体积。

自由膨胀率 δ_{ef} 表示膨胀土在无结构力影响下和无压力作用下的膨胀特性,可反映土的矿物成分及含量,可用来初步判定是否是膨胀土。

(2)膨胀率 δ_{ep}

其为原状土在侧限压缩仪中,在一定的压力下,浸水膨胀稳定后,土样增加的高度与原高度之比。δ_{ep} 表示为:

$$\delta_{ep} = \frac{h_w - h_0}{h_0} \qquad (6.29)$$

式中 h_w——土样浸水膨胀稳定后的高度,mm;

h_0——土样的原始高度,mm。

膨胀率 δ_{ep} 可用来评价地基的胀缩等级,计算膨胀土地基的变形量以及测定膨胀力。

(3)线缩率 δ_s 和收缩系数 λ_s

膨胀土失水收缩,其收缩性可用线缩率和收缩系数表示,它们是地基变形计算中的两项主要指标。线缩率指土的竖向收缩变形与原状土样高度之比的百分数,表示为:

$$\delta_s = \frac{h_0 - h_i}{h_0} \times 100\% \qquad (6.30)$$

式中 h_i——含水量为 ω_i 时的土样高度,mm;

h_0——土样的原始高度,mm。

绘制线缩率与含水量关系曲线如图 6.14 所示,可见随含水量减小,δ_s 增大。图 6.14 中,ab 直线段为收缩阶段,bc 曲线段为收缩过渡阶段,cd 直线段为土的微缩阶段,至 d 点后,含水量虽然继续减小,但体积收缩已基本停止。利用直线收缩段可求的收缩系数 λ_s,它表示原状土样在直线收缩阶段,含水量减少1%时的竖向线缩率,按下式计算:

$$\lambda_s = \frac{\Delta\delta_s}{\delta\omega} \qquad\qquad (6.31)$$

式中　$\Delta\omega$——收缩过程中,直线变化阶段内,两点含水量之差(%);

$\Delta\delta_s$——两点含水量之差对应的竖向线缩率之差(%)。

(4)膨胀力 P_e

原状土样在体积不变时,由于浸水膨胀产生的最大内应力,称为膨胀力 P_e。以各级压力下的膨胀率 δ_{ep} 为纵坐标,压力 P 为横坐标,将试验结果绘制成 δ_{ep}-P 关系曲线,该曲线与横坐标轴的交点即为膨胀力 P_e(图6.15)。

膨胀力 P_e 在选择基础形式及基底压力时,是个很有用的指标,在设计上如果希望减小膨胀变形,应使基底压力接近 P_e。

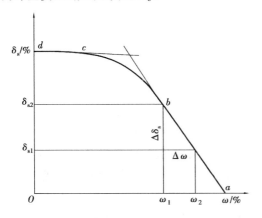

图6.14　线缩率与含水量关系曲线图　　　图6.15　膨胀率与压力关系曲线

3)膨胀土地基的评价

根据我国大多数膨胀土地区工程经验,判别膨胀土的主要依据是工程地质特征与自由膨胀率。《膨胀土地区建筑技术规范》(GB 50112—2013)判定,凡是有上述膨胀土野外特征和建筑物开裂破坏特征,且自由膨胀率≥40%的黏性土,宜判别为膨胀土。在特殊情况下,尚可根据蒙脱石含量占全重的比例确定;当蒙脱石含量大于或等于全重的7%时,也可判定为膨胀土。

亲水性分级是根据自由膨胀率和蒙脱土含量,将膨胀土的亲水性划分为强、中和弱3级。

膨胀土的膨胀潜势应按表6.16分类。

表6.16　膨胀土的膨胀潜势分类

自由膨胀率 δ_{ef}/%	膨胀潜势
$40 \leqslant \delta_{ef} < 65$	弱
$65 \leqslant \delta_{ef} < 90$	中
$\delta_{ef} \geqslant 90$	强

膨胀土地基应根据地基胀缩变形对低层砌体房屋的影响程度进行评价,地基的胀缩等级可根据地基分级变形量按表6.17分级。

表6.17　膨胀土地基的胀缩等级

地基分级变形量 S_C/mm	等　级
$15 \leqslant S_C < 35$	I

续表

地基分级变形量 S_C/mm	等级
$35 \leqslant S_C < 70$	Ⅱ
$S_C \geqslant 70$	Ⅲ

注:地基分级变形量 S_C 应按公式(6.38)计算。

【例6.5】 对某膨胀土样进行自由膨胀率试验,已知土样原始体积为 10 mL,膨胀稳定后测得土样体积为 15.6 mL,试求此土的自由膨胀率。

【解】 由公式(6.28)得:

$$\delta_{ef} = \frac{v_w - v_0}{v_0} \times 100\% = \frac{15.6 - 10}{10} \times 100\% = 56\%$$

故此土的自由膨胀率为 56%。

6.3.4 膨胀土地基的设计

膨胀土地基上,建筑物的设计应遵循预防为主、综合治理的原则。设计时,应根据场地的工程地质特征和水文气象条件以及地基基础的设计等级,结合当地经验,注重总平面和竖向布置,采取消除或减小地基胀缩变形量以及适应地基不均匀变形能力的建筑和结构措施,并应在设计文件中明确施工和维护管理要求。

建筑物地基设计应根据建筑结构对地基不均匀变形的适应能力,采取相应的措施。地基分级变形量小于 15 mm 以及建造在常年地下水位较高的低洼场地上的建筑物,可按一般地基设计。

1)承载力计算

基础底面压力应符合下列规定:

①当轴心荷载作用时,基础底面压力应符合下式要求:

$$p_k \leqslant f_a \tag{6.32}$$

式中 p_k——相应于荷载效应标准组合时,基础底面处的平均压力值,kPa;

f_a——修正后的地基承载力特征值,kPa。

②当偏心荷载作用时,基础底面压力除应符合式(6.32)的要求外,应符合式(6.33)要求:

$$p_{k\,max} \leqslant 1.2f_a \tag{6.33}$$

式中 $p_{k\,max}$——相应于荷载效应标准组合时,基础底面边缘的最大压力值,kPa。

③修正后的地基承载力特征值应按下式计算:

$$f_a = f_{ak} + \gamma_m(d - 1.0) \tag{6.34}$$

式中 f_{ak}——地基承载力特征值,kPa;

γ_m——基础底面以上土的加权平均重度,地下水位以下取浮重度。

2)按变形进行膨胀土地基设计

按变形控制进行膨胀土地基设计时应满足下列要求:

$$s_j \leqslant [s_j] \tag{6.35}$$

式中 s_j——天然地基或人工地基及采用其他处理措施后的地基变形量计算值,mm;

$[s_j]$——建筑物的地基允许变形值,mm,可按表6.18采用。

表 6.18　建筑物的膨胀土地基容许变形值

结构类型	相对变形		变形量/mm
	种类	数值	
砖混结构	局部倾斜	0.001	15
房屋长度为三到四开间及四角有构造柱或配筋砖混承重结构	局部倾斜	0.001 5	30
工业与民用建筑相邻柱基:			
框架结构无填充墙时	变形差	$0.001l$	30
框架结构有填充墙时	变形差	$0.000 5l$	20
当基础不均匀升降时,不产生附加应力的结构	变形差	$0.003l$	40

注:l 为相邻柱基的中心距离,m。

膨胀土地基变形量,可按下列变形特征分别计算:

①场地天然地表以下 1 m 处土的含水量等于或接近最小值或地面有覆盖且无蒸发可能,以及建筑物在使用期间,经常有水浸湿的地基,可按膨胀变形量计算。

②场地天然地表以下 1 m 处土的含水量大于 1.2 倍塑限含水量或直接受高温作用的地基,可按收缩变形量计算。

③其他情况下可按胀缩变形量计算。

下面分别说明膨胀土地基的膨胀变形量、收缩变形量和胀缩变形量的计算方法。地基土的膨胀变形量 s_e 应按下式计算:

$$s_e = \psi_e \sum_{i=1}^{n} \delta_{epi} \cdot h_i \qquad (6.36)$$

式中　s_e——地基土的膨胀变形量,mm;

　　　ψ_e——计算膨胀变形量的经验系数,宜根据当地经验确定,无可依据经验时,3 层及 3 层以下建筑物可采用 0.6;

　　　δ_{epi}——基础底面下第 i 层土在平均自重压力与对应荷载效应准永久组合时的平均附加压力之和作用下的膨胀率(用小数记),由室内试验确定;

　　　h_i——第 i 层土的计算厚度,mm;

　　　n——基础底面至计算深度内所划分的土层数,膨胀变形计算深度,应根据大气影响深度确定,有浸水可能时可按浸水影响深度确定。

地基土的收缩变形量 s_s 应按下式计算:

$$s_s = \psi_s \sum_{i=1}^{n} \lambda_{si} \cdot \Delta\omega_i \cdot h_i \qquad (6.37)$$

式中　s_s——地基土的收缩变形量,mm;

　　　ψ_s——计算收缩变形量的经验系数,宜根据当地经验确定,无可依据经验时,3 层及 3 层以下建筑物可采用 0.8;

　　　λ_{si}——基础底面下第 i 层土的收缩系数,由室内试验确定;

　　　$\Delta\omega_i$——地基土收缩过程中,第 i 层土可能发生的含水量变化平均值(以小数表示);

　　　n——基础底面至计算深度内所划分的土层数,计算深度可取大气影响深度,当有热源影响时,应按热源影响深度确定。

地基土的胀缩变形量 s 应按下式计算:

$$s = \psi \sum_{i=1}^{n} (\delta_{epi} + \lambda_{si} \Delta\omega_i) h_i \qquad (6.38)$$

式中　ψ——计算胀缩变形量的经验系数,宜根据当地经验确定,无可依据经验时,3层及3层以下可取0.7。

【例6.6】　某单位3层办公楼地基为膨胀土,由试验测得第一层土膨胀率 $\delta_{ep1} = 1.8\%$,收缩系数 $\lambda_{s1} = 1.3$,含水率变化 $\Delta\omega_1 = 0.01$,土层厚 $h_1 = 1\,500$ mm;第二层土 $\delta_{ep2} = 0.7\%$,$\lambda_{s2} = 1.1$,$\Delta\omega_2 = 0.01$,$h_2 = 2\,500$ mm,如图6.16所示。计算此膨胀土地基的胀缩变形量并判别胀缩等级。

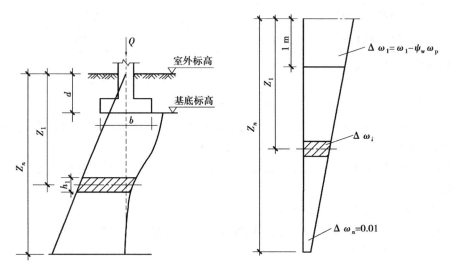

图6.16　地基土变形计算示意图

【解】　地基胀缩变形量公式(6.38),其中 $\psi = 0.7$:

$$\begin{aligned}
s &= \psi \sum_{i=1}^{n} (\delta_{epi} + \lambda_{si} \Delta\omega_i) h_i \\
&= \psi \sum_{i=1}^{n} (\delta_{epi} + \lambda_{si} \Delta\omega_i) h_i = 0.7 \times [\,(1.8\% + 1.3 \times 0.01) \times 1\,500 + \\
&\quad (0.7\% + 1.1 \times 0.01) \times 2\,500\,] \\
&= 64.05(\text{mm}) \approx 64(\text{mm})
\end{aligned}$$

根据表6.17可知,该膨胀土地基的胀缩等级为Ⅱ级。

6.4　红黏土地基

6.4.1　红黏土的形成及其分布

出露地表的碳酸系岩石(如石灰岩、泥灰岩、白云岩等),在热带、亚热带的高温潮湿气候条件下经风化、淋滤和红土化作用形成并覆盖于基岩上的一种棕红或褐色或褐黄色的高塑性黏土,称为红黏土。红黏土有原生红黏土和次生红黏土之分。液限 $\omega_L \geqslant 50\%$ 的高塑性黏土称为原生红黏土,而原生红黏土经搬运、沉积后仍保留其基本特征,且其液限 $\omega_L > 45\%$ 的则称为次生红黏土。由于红黏土具有独特的物理力学性质,且其在分布上的厚度变化较大,因而它属于一种区域性的特殊土。

红黏土的形成主要有两个阶段：

①第一阶段为碎屑化和红土化作用的准备阶段，在特定的气候、地质条件中，母岩在化学（主要作用）、物理的风化作用下岩石风化破碎，矿物大量分解，盐基成分淋失，硅、铝显著分离，出现大量硅-铝酸体氧化物，形成一些黏土矿物，铁、铝有所积累，含一定量易溶解的二价铁，风化产物的黏性土，呈灰、黄、白等杂色而不是红色。

②第二阶段为红土化阶段，此阶段除石英外，几乎所有的矿物都遭到彻底分解，盐基成分基本淋失，形成大量以高岭石为主的黏土矿物，铝铁大量富聚，形成大量红色二价氧化铁和部分二水铝土。风化产物以棕红、褐黄色黏性土为主，红土化后期黏土矿物继续分解，部分含水氧化物脱水，形成含铝质矿物、铁质矿物和少量高岭石的铝土矿。地形、地貌和新构造运动对红黏土的发育厚度影响很大，红黏土主要是残积、坡积类型，一般分布在山坡、山麓、盆地或洼地中，厚度变化很大，且与原始的地貌和下伏基岩的起伏变化密切相关。

红黏土主要分布在我国长江以南、青藏高原以东的地区，集中分布在北纬33°以南的广西、贵州、云南、四川东部、湖南西部等地区。红黏土一般分布在盆地、洼地、山麓、山坡、谷地或丘陵地区，形成缓坡、陡坎、坡积裙带等微地貌。有的地区，地表存在着因塌陷而形成的土坑、碟形洼地。

6.4.2　红黏土的工程特性

1)矿物化学成分

红黏土的矿物成分主要是石英和高岭石（或伊利石），化学成分以 SiO_2、Fe_2O_3、Al_2O_3 为主。土中基本结构单元除静电引力和吸附水膜连接外，还有铁质胶结，使土体具有较高的强度，抑制土粒扩散层厚度和晶格扩展，在自然条件下浸水可表现出较好的水稳性。由于红黏土分布区气候潮湿多雨，其起始含水量远高于其缩限，在自然条件下失水，土粒结合水膜减薄，颗粒距离缩小，使红黏土具有明显的收缩性和裂隙发育等特征。

2)物理力学性质

红黏土的物理力学性质指标因地区的不同而有所差异，但概括起来其物理力学性质具有以下特点：

①天然含水量的分布范围大（$\omega = 20\% \sim 75\%$），而液性指数小（$I_L = -0.1 \sim 0.4$）；

②饱和度较大（一般有 $S_r > 85\%$），常处于饱和状态；

③天然孔隙比大（$e = 1.1 \sim 1.7$），密度较小；

④塑形指数高，即红黏土以含结合水为主，而自由水较少；

⑤颗粒细而均匀，黏粒含量高（$55\% \sim 70\%$），具有高分散性；

⑥抗剪强度高，压缩性较低；

⑦收缩性明显，失水后强烈收缩，原状土体的线收缩率一般为 $2.5\% \sim 8.0\%$，最大可达 14.0%。浸水后多数膨胀性轻微（膨胀率一般仅为 $0.1\% \sim 2.0\%$），但也有个别例外；

⑧除少数的红黏土具有湿陷性外，一般不具有湿陷性。

3)其他特性

红黏土分布区气候潮湿多雨，其湿度状态的主要特征为从地表向下土体有逐渐变软的规律。地层上部的红黏土呈坚硬或硬塑状态。硬塑性状态的土，占红黏土层的大部分，构成有一定厚度的地基持力层。向下逐渐变软,过渡为可塑、软塑状态,这些土多埋藏在溶沟或溶槽的底部。这种由上至下状态变化的原因:一方面是地表水往下渗滤过程中,靠近地表部分易受蒸发,愈往深部则愈聚集保存下来;另一方面,也可能是直接由下卧基岩裂隙水的补给和毛细作用所致。

红黏土可按湿度状态(即含水比 $a_w = \omega / \omega_L$)进行分类,详见表6.19。

表6.19　红黏土按湿度状态的分类

湿度状态	坚　硬	硬　塑	可　塑	软　塑	流　塑
含水比 a_w	≤0.55	$0.55 < a_w \leq 0.70$	$0.70 < a_w \leq 0.85$	$0.85 < a_w \leq 1.00$	$a_w > 1.00$

红黏土因受基岩起伏的影响和风化深度的不同,其厚度变化很大。红黏土中的裂隙普遍发育,主要是竖向的,也有斜交和水平的。它是湿热交替的气候环境中,由于土的干缩而形成的。裂隙破坏了土体的完整性,将土体切割成块状,水沿裂隙活动,对红黏土的工程性质非常不利。斜坡或陡坎上的竖向裂隙为土体中的软弱结构面,沿此面可形成崩塌或滑坡。此外,红黏土层中还可能存在由地下水或地表水形成的土洞。

6.4.3　红黏土的地基评价

1)地基稳定性评价

红黏土在天然状态下,膨胀量很小,但具有强烈的失水收缩性,土中裂隙发育是红黏土一大特征。坚硬、硬塑红黏土,在靠近地表部位或边坡地带,红黏土裂隙发育,且呈竖向开口状,这种单独的土块强度很高。但裂隙破坏了土体的连续性和整体性,使土体整体强度降低。当基础浅埋且有较大水平荷载,外侧地面倾斜或有临空面时,要首先考虑地基稳定性问题,土的抗剪强度指标及地基承载力都应作相应的折减。另外,红黏土与岩溶、土洞有不可分割的联系,由于基岩岩溶发育,红黏土常有土洞存在。在土洞强烈发育地段,地表坍塌,严重影响地基稳定性。

2)地基承载力评价

红黏土具有较高的强度和较低的压缩性,在孔隙比相同时,它的承载力是软黏土的2~3倍,是建筑物的良好地基。它的承载力的确定方法有:现场原位试验、浅层土进行静载荷试验、深层土进行旁压试验;按承载力公式计算,其抗剪强度指标应由三轴试验求得。使用直剪仪快剪指标时,计算参数应予以修正,对 c 值一般乘以系数0.6~0.8,对 φ 值乘以系数0.8~1.0;在现场鉴别土的湿度状态,由经验确定,按相关分析结果,由土的物理性指标按有关表格求得。红黏土承载力的评价应在土质单元划分基础上,根据工程性质及已有研究资料,按上述承载力方法综合确定。由于红黏土湿度状态受季节变化影响,还有地表水体和人为因素影响,在承载力评价时应予以充分注意。

3)地基均匀性评价

《岩土工程勘察规范》(GB 50021—2001)按基底下某一临界深度 z 值范围内的岩土构成情况,将红黏土地基划分为两类:Ⅰ类(全部由红黏土组成)和Ⅱ类(由红黏土和下伏基岩组成)。对于Ⅰ类红黏土地基,可不考虑地基均匀性问题;对于Ⅱ类红黏土地基,根据其不同情况,设检验段,验算其沉降差是否满足要求。

6.4.4 红黏土地区建筑物的设计原则

①一般情况下,表层红黏土的压缩性较低且强度较高,属于较好的地基土。因此,当采用天然地基,基础持力层和下卧层均满足承载力和变形的要求时,基础宜尽量浅埋,但应避免建筑物跨越地裂密集带或深长地裂地段。

②当基础浅埋,外侧地面倾斜或有临空面,或承受较大水平荷载等情况时,应考虑土体结构及裂隙的存在对地基承载力的影响。

③对热工基础以及气温高、旱期长、雨量集中地区的低层轻型建筑物,必须考虑地基土的收缩对建筑物的影响。当地基土的收缩变形量超过容许值以及在建筑物场地的挖方地段时,房屋转角处均应采取防护措施。对胀缩明显的土层应决定是否按膨胀土考虑。

④红黏土一般分布在岩溶化的地层上部,可能有土洞发育,对建筑物的稳定不利。

一般情况下,可不考虑红黏土层中地下水对混凝土的腐蚀性,只有在腐蚀性水源补给或其他污染影响的情况下,才应采取地下水试样进行水质分析,评价其腐蚀性。因此,在评价地下水时,应着重研究地下水的埋藏、运动条件与土体裂隙特征的关系以及与地表水、上层滞水、岩溶水之间的连通性。根据赋存于土中宽大裂隙的地下水流分布的不均性、季节性评价其对建筑物的影响。

设计和施工中应注意以下问题:

①充分考虑红黏土上硬下软的竖向分布特征,基础应尽量浅埋,利用具有较高承载力的表层坚硬或硬塑土层作为基础持力层。

②若土层下部有软弱下卧层存在,设计时应注意验算地基变形值(如沉降量、沉降差等),确定其是否满足要求。

③红黏土有干缩的特点。在施工时,若基槽开挖后长时间不砌筑基础,地基土体遭受日晒、风干,就会产生干缩。若雨水下渗,土被软化,强度也会降低。因此,在开挖基坑后,应及时砌筑基础,不能做到时,最好留一定厚度的土层待基础施工时挖除,或用覆盖物保护开挖的基槽,防止土体干缩和湿化。

④在红黏土分布的斜坡地带,施工中必须注意斜坡和坑壁的崩滑现象。红黏土具有胀缩特征,在反复干、湿的条件下会产生裂隙,雨水等沿裂隙渗入,导致坑壁容易崩塌,斜坡也容易出现滑坡,应予以重视。

⑤不均匀地基是丘陵山地中红黏土地基普遍存在的情况。对不均匀地基,应确立以地基处理为主的原则,对以下几种情况的地基处理原则和方法如下所述。

a. 石芽密布,不宽的溶槽中有红黏土。若溶槽中红黏土的厚度满足 $h < h_1$(对于独立基础 $h_1 = 1.10$ m;对于条形基础 $h_1 = 1.20$ m)时,可不必处理而将基础直接坐落于其上;当条件不符时,可全部或部分挖除溶槽中的土,使其满足 h_1 的要求;当槽宽较大时,可将基底做成台阶状,保持相邻点上可压缩土层厚度呈渐变过渡,也可在溶槽中布设若干短桩(墩),使基底荷载传至基岩上。

b. 石芽零星出露,周围为厚度不等的红黏土。单独的石芽出露于建筑物的中部,比同时分布于建筑物的两端危害性要大,位于中部的石芽相当于简支梁上的支点,而两端呈悬臂状态,使得建筑物顶部受拉,从而造成建筑物产生开裂。在这种情况下,可打掉一定厚度的石芽,铺以厚 300 ~ 500 mm 水稳定性好的褥垫材料,如煤渣、中细砂等。

c. 对基底下有一定厚度,但厚度变化较大的红黏土地基,由于红黏土层的厚薄不均易导致建筑物出现不均匀沉降。此时,地基处理措施应主要是调整沉降差。常用的措施有:挖除土层较厚端的部分土,把基底做成阶梯状,使相邻点可压缩层厚度相对一致或呈渐变状态。若遇挖除一定厚度土层后,造成下部可塑土层更加接近基底,无论承载力和变形检验都难以满足要求,可在挖除后做置换处理。换土应选用压缩性低的材料,在纵断面上铺垫做成阶梯状过渡,其顶应与基底齐平,然后在其上做浅基础。

总之,在选择不均匀地基处理措施时,一般的原则是:在以硬为主的地段(岩石外露处)处理软的(指土层);在以软为主的地段,则处理硬的,以减少处理工程量。处理中应以调整应力状态与调整变形并重,选用的措施要施工简单,质量易于控制。

⑥若基岩面起伏较大、岩质较硬,可采用穿越红黏土层的大直径嵌岩桩或墩基。

⑦若使用红黏土作为填筑土时,应控制其干重度为 $14 \sim 15 \ kN/m^3$,使其含水量接近塑限。

⑧强夯置换法。采用强夯的夯击能将级配良好、力学性质优良的填筑材料夯入地基中,对红黏土进行置换。

6.4.5　红黏土地基的工程措施

根据红黏土地基湿度状态的分布特征,一般尽量将基础浅埋,尽量利用浅部坚硬或硬塑状态的土作为持力层。这样既充分利用其较高的承载力,又可使基底下保持相对较厚的硬土层,使传递到软塑土上的附加应力相对减小,以满足下卧层的承载力要求。

对不均匀地基,可采用以下措施:

①对地基中石芽密布、不宽的溶槽中有小于《岩土工程勘察规范》(GB 50021—2001)规定厚度红黏土层的情况,可不必处理,而将基础直接置于其上;若土层超过规定厚度,可全部或部分挖深溶槽中的土,并将墙基础底面沿墙长分段造成埋深逐渐增加的台阶状,以便保持基底下压缩土层厚度逐段渐变,以调整不均匀沉降,此外也可分布设短桩,而将荷载传至基岩。对石芽零星分布,周围有厚度不等的红黏土地基,其中以岩石为主地段,应处理土层;以土层为主时,则应以褥垫法处理石芽。

②对基础下红黏土厚度变化较大的地基,主要采用调整基础沉降差的办法,可以选用压缩性较差的材料进行置换,或密度较小的填土来置换局部原有的红黏土,以达到沉降均匀的目的。

对地基中危及建筑物安全的岩溶和土洞,也应进行处理。

6.5　冻土地基

6.5.1　冻土及其分布

温度小于或等于 0 ℃,含有冰,且与土颗粒呈胶结状态的各类土称为冻土。根据冻土的冻结延续时间,可分为季节性冻土和多年冻土两大类。

(1)季节性冻土

季节性冻土是指地壳表层冬季冻结而在夏季又全部融化的土。我国华北、西北和东北广大地区均有分布。因其周期性的冻结、融化,对地基的稳定性影响较大。

(2)多年冻土

持续冻结时间在两年或两年以上的土,多年冻土常存在于地面下的一定深度。每年旱季冻结,暖季融化,其年平均地温大于 0 ℃的地壳表层称为季节融化层。其下为多年冻土层,多年冻土层的顶面称为多年冻土上限。多年冻土主要分布在黑龙江的大小兴安岭一带、内蒙古等纬度较大地区,以及青藏高原和甘肃、新疆的高山区,其厚度从不足一米到几十米。

6.5.2 冻土的物理性质

1)土的起始冻结温度和冻土的未冻水含量

各种土的起始冻结温度是不一样的。砂土、砾石土约在 0 ℃ 时冻结;可塑的粉土在 −0.5 ~ 0.2 ℃ 开始冻结;坚硬黏土和粉质黏土在 −1.2 ~ −0.6 ℃ 开始冻结。对同一种土,含水量越小,起始冻结温度越低(图 6.17)。

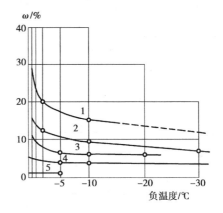

当土的温度降到起始冻结温度以下时,部分孔隙水开始冻结。随着温度进一步降低,土中未冻结水的含量逐渐减少,但不论温度多低、土中仍含有未冻水,冻土中未冻水的含量对其力学性质有很大影响。根据未冻水含量和冰的胶结程度,可将冻土分为坚硬冻土、塑性冻土、松散冻土。

①坚硬冻土。土中未冻水含量很少,土粒与冰牢固胶结。土的强度高,压缩性小。在荷载作用下,表现为脆性破坏,与岩石相似。当土的温度低于下列数值时,易呈坚硬冻土,粉砂 −0.3 ℃,粉土 −0.6 ℃,粉质黏土 −1.0 ℃,黏土 −1.5 ℃。

图 6.17 冻土起始冻结温度与含水量的关系
1,2—黏土;3—粉质黏土;4—粉土;5—砂土

②塑性冻土。虽被冰胶结但仍含有大量未冻结的水,具有塑性,在荷载作用下可以压缩,土的强度不高。当土的温度在零度以下至坚硬冻土温度的上限之间,饱和度 $S_r \leq 80\%$ 时,常呈塑性冻土。

③松散冻土。由于土的含水量较小,土粒未被冰胶结,仍呈冻前的松散状态,其力学性质与未冻土无多大差别。砂土和碎石土常呈松散冻土状态。

根据所含盐类与有机物的不同冻土又可分为盐渍化冻土与冻结泥炭化土。它们的承载力某特性与非盐渍化或非泥炭化的冻土不同,应按《冻土地区建筑地基基础设计规范》(JGJ 118—2011)加以区分。

2)冻土的构造和融陷性

土的冻结速度、冻结和边界及土中水的多少不同,在冻结中可以形成 3 种冻土构造(图 6.18)。

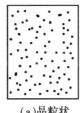 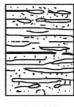 

(a)晶粒状   (b)层状   (c)网状

图 6.18 冻土的构造

①晶粒状构造。冻结时没有水分转移,水分就在原来的孔隙中结成冰。一般的砂土或含水量小的黏性土具有这种结构。

②层状构造。土呈单向冻结并有水分转移时形成这种构造,冰和矿物颗粒离析,形成冰夹层。在饱和的黏性土和粉砂中常见。

③网状构造。这种结构由于多向冻结条件下有水分转移而形成。

一般晶粒构造的冻土,融沉性不大,而层状和网状构造的冻土在融化时可产生很大的融沉。

根据土融化下沉系数 δ_0 的大小,多年冻土可分为不融沉、弱融沉、融沉、强融沉和融陷土 5 类(表 6.20)。冻土层的平均融化下沉系数 δ_0 可按下式计算:

$$\delta_0 = \frac{h_1 - h_2}{h_1} = \frac{e_1 - e_2}{1 + e_1} \times 100 \tag{6.39}$$

式中　h_1, e_1——冻土试样融化前的高度和孔隙比;

　　　h_2, e_2——冻土试样融化后的高度和孔隙比。

表 6.20　多年冻结粉土、黏土冻土融沉性分类

土的名称	含水量 $\omega_0/\%$	平均融沉系数 δ_0	融沉等级	融沉类别	冻土类型
粉土	$\omega_0 < 17$	$\delta_0 \leq 1$	I	不融沉	少冰冻土
	$17 \leq \omega_0 < 21$	$1 < \delta_0 \leq 3$	II	弱融沉	多冰冻土
	$21 \leq \omega_0 < 32$	$3 < \delta_0 \leq 10$	III	融沉	富冰冻土
	$\omega_0 \geq 32$	$10 < \delta_0 \leq 25$	IV	强融沉	饱冰冻土
黏土	$\omega_0 < \omega_p$	$\delta_0 \leq 1$	I	不融沉	少冰冻土
	$\omega_p \leq \omega_0 < \omega_p + 4$	$1 < \delta_0 \leq 3$	II	弱融沉	多冰冻土
	$\omega_p + 4 \leq \omega_0 < \omega_p + 15$	$3 < \delta_0 \leq 10$	III	融沉	富冰冻土
	$\omega_p + 15 \leq \omega_0 < \omega_p + 35$	$10 < \delta_0 \leq 25$	IV	强融沉	饱冰冻土

注:含水量包括冰和未冻水。

【例 6.7】　某建筑基础建在多年冻土地区,地基为粉质黏土,经初步勘探冻土层厚度为 3 m。通过室内试验获得:冻土的比重为 2.7,密度为 2.0 g/cm³,冻土的总含水量为 40%,冻土起始融沉含水量为 21%,塑限含水量为 20%。

①按照《岩土工程勘察规范》(GB 50021—2001)计算冻土的融沉系数。

②判断融沉等级。

【解】　①根据已知求融化前孔隙比 e_1、融化后孔隙比 e_2。

$$e_1 = \frac{G_s(1 + \omega_1)}{\rho} - 1 = \frac{2.7(1 + 0.4)}{2.0} - 1 = 0.89$$

$$e_2 = \frac{G_s(1 + \omega_2)}{\rho} - 1 = \frac{2.7(1 + 0.21)}{2.0} - 1 = 0.634$$

②根据公式(6.39)求融沉系数。

$$\delta_0 = \frac{e_1 - e_2}{1 + e_1} \times 100 = \frac{0.89 - 0.634}{1 + 0.89} \times 100 = 13.5$$

根据土性和融沉系数查表得到该冻土地基融沉等级为 IV 级。

3)多年冻土的主要物理指标

冻土是由矿物颗粒、冰、未冻水和气体组成。表示冻土物理状态的指标除常用物理指标外,还有几个特殊指标。

①相对含冰量 i_c,即冰的质量与全部水的质量(包括冰)之比,%。

②冰夹层含水量(或包裹体含水量)ω_b,即冰包裹体(冰夹层)的水的质量与土骨架质量之比,%。

③未冻结水含量 ω_u。

$$\omega_u = (1 - i_c)\omega \tag{6.40}$$

式中　ω——含水量。

④质量含冰量(也称为饱冰度)V,即冰的质量与土的总质量之比,%。

$$V = \frac{i_c \omega}{1 + \omega} \tag{6.41}$$

⑤冰夹层含冰量(也称为包裹体含冰量)B_b,即指冰透镜体的冰夹层体积占冻土总体积的比,%。

⑥冻胀量 V_p,即土在冻结过程中的相对体积膨胀,以小数表示。

$$V_p = \frac{\gamma_r - \gamma_d}{\gamma_r} \tag{6.42}$$

式中　γ_r, γ_d——冻土融化后和融化前的干重度,kN/m³。

4)多年冻土的抗压强度与抗剪强度

冻土的抗压强度比未冻土大许多倍,且与温度和含水量有关。冻土的抗压强度随温度的降低而增高,这是因为温度降低时不仅含冰量增加,而且冰的强度也增大。冻土的抗压强度又随土的含水量增加而增加,因为含水量越大,起胶结作用的冰也越多。但含水量过大时,其抗压强度反而减小并趋于某个定值,相当于纯冰在该温度下的强度。

冻土中因有冰和未冻水存在,故在长期荷载下有强烈的流变性。长期荷载作用下的冻土极限抗压强度比瞬时荷载下的抗压强度要小很多倍,且与冻土的含冰量及温度有关,在选用地基承载力时必须考虑到这一点。

多年冻土在抗剪强度方面的表现与抗压强度类似。在长期荷载作用下,冻土的抗剪强度比瞬时荷载作用下的抗剪强度低了很多。所以,一般情况下只能考虑其长期抗剪强度。此外,由于冻土的内摩擦角不大,故可近似地把冻土看作理想黏滞体,即内摩擦角 $\varphi = 0$,并按土力学相关公式计算冻土地基的极限荷载或临塑荷载,以试验求得的长期内聚力 C_c 代替公式中的 c 值。

冻土融化后的抗压强度与抗剪强度将显著降低。对于含冰量很大的土,融化后的内聚力约为冻结时的1/10。这时,建于冻土上的建筑物将因地基强度破坏而造成严重事故。

6.5.3　多年冻土地基的基础设计

设计前,应获得下列基本资料:

①场地的工程地质勘察资料,包括多年冻土的分布形态和埋藏条件,土的温度状态,冻土的物理力学指标,冻土的组成和构造,地下水和季节冻层的情况,有无冻胀、冰锥、寒冻裂缝等不良现象,建筑区的气候条件等。

②上部结构的特点、用途、使用情况及其与地基的相互作用。

③邻近建筑物、地下管道等的建造和使用情况以及植被和雪被破坏对多年冻土的影响。

根据上述资料确定地基基础的设计原则。多年冻土地基基础设计,可以采取两种不同的设计原则:保持冻结法;允许融化法。

一般说来,当冻土厚度较大、土温比较稳定,或者是坚硬和融陷性很大的冻土时,采取保持冻结法比较合理,特别是对那些不采暖房屋和带不采暖地下室的采暖建筑物最为适宜。对于塑性冻土或采暖建筑物,若能采取措施,也可按保持冻结法进行设计。如果冻土是退化的,厚度不大;基岩或不融陷的承载力很高的土层埋藏较浅;不连续分布的小块岛状冻土或融陷量不大的冻土层,则采取允许融化的原则较合理。特别对上部结构刚度较好或对不均匀沉降不敏感的结构物、大量散热的建筑物(如高温车间、浴室等)以及不允许采用通风地下室或其他保持地基冻结状态的方法时,更应该按允许融化原则进行设计。当预估融陷量超过地基容许变形值时,也可采取人工预融法将冻土融化后再建基础,或者适当加固地基(如换填融陷性不大的土等)。

1)按保持冻结状态设计

(1)基础的结构形式

为了尽量减少基础传入地基的热量,宜采用柱基或桩基。但即使这样做,也还有热量传入地基。为了将热量完全导走,需要导入冷空气来平衡它。为此,在永冻土地区常采用:设置架空而且通风的底层地板和采用地下冷却装置(冷却管、地沟等)。通风管或外墙上留的通风口的面积应经过热功计算。在夏季这些通风口应能闭上,以免室外的空气进入。

(2)基础最小埋深 d_{min}

最小埋深的规定见表6.21。

表6.21　基础最小埋置深度 d_{min}

建筑物安全等级	基础类型	基础最小埋深 d_{min}/m
一、二级	建筑物基础(桩基除外)	$z_d^m + 1$
	建筑物的桩基	$z_d^m + 2$
三级	建筑物基础	z_d^m

表6.21中,z_d^m 为融深设计值,可按下式计算:

$$Z_d^m = Z_0^m \psi_s^m \psi_w^m \psi_c^m \psi_{t0}^m \tag{6.43}$$

式中　Z_0^m——标准融深;

　　　ψ_s^m——土质(岩性)影响系数,按表6.22的规定采用;

　　　ψ_w^m——湿度(融深性)对融深的影响系数,按表6.23的规定采用;

　　　ψ_{t0}^m——地形对融深的影响系数,按表6.24的规定采用;

　　　ψ_c^m——覆盖对融深的影响系数,对草炭覆盖的地表取0.7。

表6.22　土质(岩性)对融深的影响系数 ψ_s^m

土质(岩性)	ψ_s^m	土质(岩性)	ψ_s^m
黏性土	1.00	中、粗、砾砂	1.30
细砂、粉砂、粉土	1.20	碎(卵)石土	1.40

表6.23　湿度(融深性)对融深的影响系数 ψ_w^m

湿度(融沉性)	ψ_w^m	湿度(融沉性)	ψ_w^m
不融沉	1.00	强融沉	0.85
弱融沉	0.95	融陷	0.80
融沉	0.90	—	—

表 6.24 地形对融深的影响系数 ψ_{t0}^m

地形	ψ_{t0}^m	地形	ψ_{t0}^m
平坦	1.00	阴坡	1.10
阳坡	0.90		

(3)地基的强度验算

①中心荷载,应符合下式要求:

$$p = \frac{F + G}{A} \leqslant f \tag{6.44}$$

式中 p——基础底面处平均压力设计值;

F——基础顶面竖向力设计值;

G——基础用其台阶上土的总重设计值;

A——基础底面积;

f——地基承载力设计值,可按表 6.25 中的数值采用或按原位试验确定。

表 6.25 冻土承载力设计值(kPa)

温度/℃ 土的名称	-0.5	-1.0	-1.5	-2.0	-2.5	-3.0
块、卵石,碎、砾石类土	800	1 000	1 200	1 400	1 600	1 800
砾砂、粗砂	650	800	950	1 100	1 250	1 400
中砂、细砂、粉砂	500	650	800	950	1 100	1 250
黏土、粉质黏土、粉土	400	500	600	700	800	900

注:①冻土极限承载力可按表中数值乘以 2。

②表中数值适用按融沉性分类的 Ⅰ、Ⅱ、Ⅲ类的多年冻土。

③冻土含水量属于分类表中Ⅳ类土时,黏性土取值乘以 0.8 ~ 0.6(含水量接近Ⅲ类土取 0.8,接近Ⅴ类土取 0.6, 中间取中值);块、卵石土,碎、砾石土和砂土取值乘以 0.6 ~ 0.4(含水量接近Ⅲ类土取 0.6,按近Ⅴ类土取 0.4,中 间取中值)。

④当含水量小于或等于未冻水量时,按不冻土取值。

⑤表中温度是使用期间基础底面下的最高地温。

⑥本表不适于盐渍土、泥炭土。

②偏心荷载时,除符合式(6.44)外,还应符合下式要求:

$$P_{\max} \frac{F + G}{A} + \frac{M - M_c}{\overline{W}} \leqslant 1.2f \tag{6.45}$$

$$M_c = f_c h_b l(1 + 0.5l) \tag{6.46}$$

式中 M——作用于基础底面的力矩设计值;

$\overline{W}$——基础底面的抵抗矩;

M_c——作用于基础侧表面与多年冻土冻结的切向力所形成的力矩设计值;

f_c——多年冻土与基础侧面间冻结强度设计值,应由实验确定,当无试验资料时,可按 《冻土地区建筑地基基础设计规范》(JGJ 118—2011)附录 A 表 A.0.3-1、表

A.0.3-2、表 A.0.3-3 确定；

h_b——基础侧面与多年冻土冻结的高度；

b——基础底面的宽度；

l——基础底面平行力矩作用方向盘的边长。

图 6.19 ~ 图 6.21 所示为按保持冻结状态设计的工程实例。

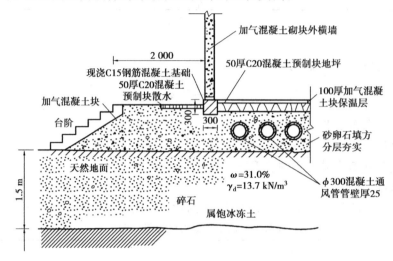

图 6.19 低填埋设管道通风基础图

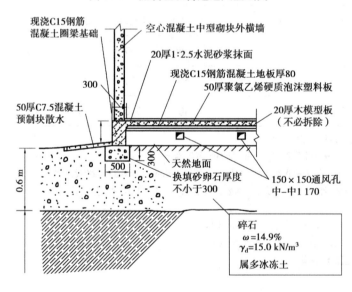

图 6.20 平铺式钢筋混凝土圈梁架空通风基础图

2)按逐渐融化状态和预融化状态设计

(1)承载力计算

进行承载力计算时,应按照《建筑地基基础设计规范》(GB 50007—2011)采用融化土地基承载力,按实测资料确定;无实测资料时,可按《建筑地基基础设计规范》(GB 50007—2011)相应规定确定。

（2）变形验算

地基变形量应符合下式要求：

$$S \leqslant S_y \tag{6.47}$$

式中 S——地基变形值，mm；

S_y——《建筑地基基础设计规范》（GB 50007—2011）规定的变形允许值。

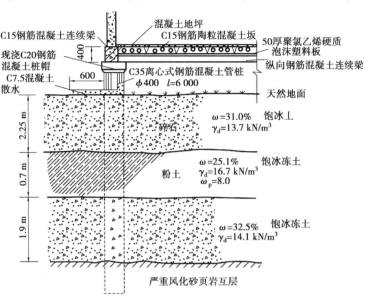

图 6.21 钢筋混凝土桩基架空通风基础图

在建筑物施工及使用过程中逐渐融化的地基土，应按线性变形体计算，其地基变形量由基于分层总和法计算：

$$S = \sum_{i=1}^{n} \delta_{0i}(h_i - \Delta_i) + \sum_{i=1}^{n} m_V(h_i - \Delta_i)P_{ri} + \sum_{i=1}^{n} m_V(h_i - \Delta_i)P_{0i} + \sum_{i=1}^{n} \Delta_i \tag{6.48}$$

式中 δ_{0i}——无荷载作用时第 i 层土融化下沉系数，由试验确定；无实验数据，可参见《冻土地区建筑地基基础设计规范》（JGJ 118—2011）的附录 G；

m_V——第 i 层融土的体积压缩系数，应由试验确定；无试验数据时，可按《冻土地区建筑地基基础设计规范》（JGJ 118—2011）附录 G.0.3 确定；

Δ_i——第 i 层土中冰夹层的平均厚度，mm，当 Δ_i 大于或等于 10 mm 时才计取；

P_{ri}——第 i 层中点处土自重压力，kPa；

h_i——第 i 层土的厚度，h_i 应小于或等于 $0.4b$，b 为基础的短边，mm；

P_{0i}——基础中心下，地基土融冻界面处第 i 层土的平均附加应力，kPa；

n——计算深度内土层划分的层数。

平均附加应力 P_{0i} 为 i 层的层顶与层底处的附加应力的平均值，应按下式计算：

$$P_{0i} = (\alpha_i + \alpha_{i-1})\frac{1}{2}P_0 \tag{6.49}$$

式中 α_{i-1}, α_i——基础中心下第 i-1 层、第 i 层融冻界面处土的应力系数，应按《冻土地区建筑地基基础设计规范》（JGJ 118—2011）表 6.3.3 的规定取值；

P_0——基础底面的附加应力，kPa。

地基冻土在最大融深范围内不完全预融时，其下沉量可按下式计算：

$$S = S_m + S_a \tag{6.50}$$

式中　S_m——已融土层厚度 h_m 内的下沉量,应按式(6.48)计算,此时 δ_{0i} 为 0, Δ_i 为 0;

S_a——已融土层下的冻土在使用过程中逐渐融化压缩的下沉量,应按式(6.48)计算,此时的计算深度 $h_t = H_u - h_m$, H_u 为地基土的融化总深度, $H_u = H_{max} + 0.2h_m$,其中 H_{max} 为地基冻土的计算最大融深。

由于偏心荷载、冻土融深的不一致或土质不均匀及相邻基础相互影响等而引起的基础倾斜,应按下式计算:

$$i = \frac{S_1 + S_2}{b} \quad (6.51)$$

式中　S_1, S_2——基础边缘下沉值,应按式(6.48)计算,mm;

b——基础倾斜边的长度,mm。

图 6.22 所示为按逐渐融化状态设计的工程实例。

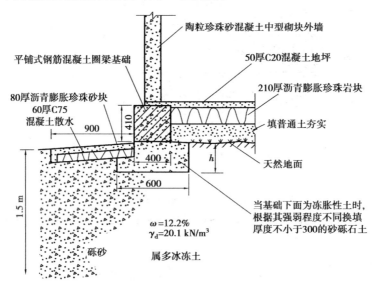

图 6.22　平铺式钢筋混凝土圈梁基础图

习　题

6.1　某黄土试样原始高度为 20 mm,加压至 200 kPa,下沉稳定后的土样高度为 19.40 mm;然后浸水,下沉稳定后的高度为 19.25 mm,试判断该土是否为湿陷性黄土。(答案:非湿陷性黄土)

6.2　某膨胀土地基试样原始体积 $V_0 = 10$ mL,膨胀稳定后的体积 $V_w = 15$ mL,该土样原始体积 $h_0 = 20$ mm,在压力 100 kPa 作用下膨胀稳定后的高度 $h_w = 21$ mm,试计算该土样的自由膨胀率 δ_{ef} 和膨胀率 δ_{ep}。(答案:0.5、0.05)

6.3　陇西地区某工厂地基为自重湿陷性黄土。初勘结果:第①层黄土的湿陷系数 $\delta_{s1} = 0.013$,层厚 $h_1 = 1.0$ m;第②层 $\delta_{s2} = 0.018$, $h_2 = 3.0$ m;第③层 $\delta_{s3} = 0.030$, $h_3 = 1.5$ m;第④层 $\delta_{s4} = 0.050$, $h_4 = 8.0$ m。计算自重湿陷量 $\Delta_{zs} = 18.0$ cm。判别该黄土地基的湿陷等级。(答案:Ⅱ级)

6.4　某单位 3 层办公楼地基为膨胀土,由试验测得第①层土膨胀率 $\delta_{ep1} = 1.8\%$,收缩系数 $\lambda_{s1} = 1.3$,含水率变化 $\Delta\omega_1 = 0.01$,土层厚 $h_1 = 1\,500$ mm;第②层土 $\delta_{ep2} = 0.7\%$, $\lambda_{s2} = 1.1$,

$\Delta\omega_2=0.01$，$h_2=2\,500$ mm。计算此膨胀土地基的胀缩变形量并判别胀缩等级。（答案:64 mm、Ⅱ级）

6.5 某黄土试样室内双线法压缩试验的成果数据如表6.26所示,试用插入法求此黄土的湿陷起始压力 p_{sh}。（答案:125 kPa）

表6.26 习题6.5表

压力 p/kPa	0	50	100	150	200	300
天然湿度下试样高度 h_p/mm	20.00	19.81	19.55	19.28	19.01	18.75
浸水状态下试样高度 h'_p/mm	20.00	19.61	19.28	18.95	18.64	18.38

第 7 章 山区地基

山区(包括丘陵地带)在我国分布很广,其气候多变,地形、地貌复杂,工程地质条件和水文地质条件也很复杂。在山区进行工程建设,选择适宜的建筑场地和建筑物地基尤为重要。20世纪60年代以来,我国在山区建造了大量的工业与民用建筑,并积累了丰富的经验。

山区地基主要存在以下工程问题:

①滑坡、泥石流、岩溶、土洞、采空区等不良地质现象发育,且分布较广泛。勘察工作必须查明其分布范围、工程地质特征,通过综合治理方可进行建设。

②位于斜坡和斜坡周边的建筑,应防止地基和斜坡失稳,确保建筑物免遭损坏。

③地形起伏大、场地高低不平、整平场地、大量土石方以及挖高、填低很难避免等对填方及边坡的处理造成困难。

④在建筑物地基压缩层内,岩土的性质不同,地基变形不均匀。

⑤基岩面起伏剧烈,造成岩石地基滑移失稳。

⑥山区水源丰富,特别是山麓地带,地面汇水面积大,有时还有潜水出露,一旦遇暴雨,极易造成事故。

山区各种不良地质现象,对工程建设危害性大。在以往建设中,对不良地质现象缺乏认识,工程建成后,有的被迫迁移,有的长期治理,给国家和人民造成巨大损失。例如:某硫酸厂建在一个滑坡体上,后因山体滑动,建筑物遭受严重破坏;2010年8月,甘肃省舟曲县发生特大泥石流,导致大量建筑被冲毁和人员伤亡。

在山区建设中,必须对建设场区的工程地质条件和水文地质条件作出评价,对有直接危害或潜在威胁的滑坡、泥石流、崩塌、采空区以及岩溶、土洞强烈发育地段,不应选作建设场地。若必须使用这类场地时,应采取可靠的防治措施。

位于斜坡边缘的地基和基岩起伏剧烈的岩石地基,应进行稳定性验算。当地基稳定条件不能满足设计要求,应采取可靠措施确保斜坡和建筑物的安全。

建设场地周围的边坡是否稳定,关系到规划选址。对于建筑场地选址勘察应在可行性研究阶段进行。目前,分阶段的可行性研究勘察及初步勘察较少进行,往往只进行详细勘察阶段的工作,针对建筑物的勘察能按照规范进行,但对于建筑场地周围边坡的勘察及稳定性评价整体上关注不够。因此,建筑场地周围的边坡应重视场地选址时的可行性研究勘察及初步勘察,并结合边坡高度、岩性、地震作用进行稳定性的量化评价。可能存在有不稳定边坡时,应对边坡进行加固,或将建筑物建在边坡塌方影响区之外。汶川地震中,北川县城南部老城区以及北川中学都距相邻山坡坡脚很近。地震时,以上两个区域房屋多数被边坡滑落体及崩塌块石整体掩埋或推倒。在这种情况下,房屋本身抗震性能强弱便失去了意义。

总之,工程地质条件复杂多变是山区地基的显著特征。在一个建筑场地内,经常存在地形高差较大、岩土工程特性明显不同、不良地质现象发育程度差异较大等情况。因此,根据场地工程地质条件和工程地质分区,并结合场地整平情况进行平面布置和竖向设计,对避免诱发地质灾害和不必要的大挖大填,保证建筑物的安全和节约建设投资均有重要意义。

7.1 土岩组合地基

土岩组合地基是山区地基常见的一种复杂类型地基,即在地基压缩层内常有起伏变化很大的下卧基岩,在不大的范围内,就可能分布有不同类型的土层,故地基的压缩性和土的物理力学性质差异比较悬殊。

土岩组合地基包括:下卧基岩表面坡度较大的地基;石芽密布并有局部出露的地基;大块孤石或个别石芽出露的地基。

7.1.1 下卧基岩表面坡度较大的地基

这类地基在重庆、云南等地最多,其他地区也较普遍。根据建筑物地基中主要受力层范围内的土岩组合情况,土岩组合地基有 3 种基本类型(图 7.1)。

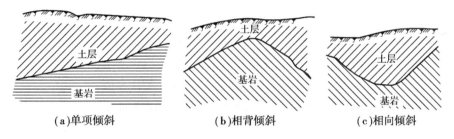

(a)单项倾斜   (b)相背倾斜   (c)相向倾斜

图 7.1 下卧基岩倾斜的地基

这类地基由于基岩起伏不一,上覆土层厚薄差别较大,其主要特点表现在变形不均匀和场地稳定性两大问题上。这类型的变形条件,除上部结构的因素外,还与基岩表面的倾斜程度、上覆土层的力学性质及厚度,以及岩层的坚硬、风化程度及相应的压缩性有关。

当下卧基岩单向倾斜时,建筑物的主要危险是倾斜。评价这类地基主要根据下卧基岩的埋藏条件和建筑物的性质确定。单向倾斜的下卧基岩表面允许坡度值的经验数据如表 7.1 所示。

表 7.1 下卧基岩表面允许坡度值

地基土承载力特征值 f_{ak}/kPa	4 层及 4 层以下的砌体承重结构、3 层及 3 层以下的框架结构	具有 150 kN 及 150 kN 以下的吊车的一般单层排架结构	
		带墙的边柱和山墙	无墙的中柱
≥150	≤15%	≤15%	≤30%
≥200	≤25%	≤30%	≤50%
≥300	≤40%	≤50%	≤70%

注:本表适用于建筑地基处于稳定状态,基岩坡面为单向倾斜,岩面坡度大于 10% 且基底下土层厚度大于 1.5 m。

当建筑物的结构类型和地质条件满足表 7.1 时,可不进行地基变形验算;不能满足表 7.1 要求时,应验算地基变形。土岩组合地基的变形验算,应考虑刚性下卧层的存在,地基变形影响范围内发育有基岩时,若仍按变形计算公式,变形计算深度取至基岩表面。假定基岩不可压缩,基岩表面距基底距离越小,计算变形值越小。但对上软下硬的双层地基,在荷载作用下会在上层土中发生应力集中现象(图7.2)。土中应力 σ_z 的增大量,主要由地基相对厚度 h/b(h 为上覆土层厚度,b 为基础宽度)决定,h/b 越小(即刚性下卧层越浅),应力集中现象越显著,这会造成土层变形的增加。

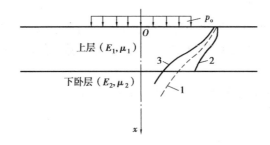

图7.2 双层地基竖向附加应力分布的比较

1—均质土地基;2—上软下硬地基;3—上硬下软地基

根据重庆市地方经验,实际变形值大于计算变形值,即刚性下卧层对上覆土层的变形起放大作用,可按下式计算地基的变形:

$$s_{gz} = \beta_{gz}s_z \tag{7.1}$$

式中 s_{gz}——具有刚性下卧层时,地基土的变形计算值,m;

$\quad\quad \beta_{gz}$——刚性下卧层对上覆土层的变形增大系数,按表7.2采用;

$\quad\quad s_z$——变形计算深度相对于实际土层厚度地基最终变形计算值,m。

表7.2 具有刚性下卧层时,地基变形增大系数 β_{gz}

h/b	0.5	1.0	1.5	2.0	2.5
β_{gz}	1.26	1.17	1.12	1.09	1.00

注:h 为基底下的土层的厚度,b 为基础底面宽度。

目前,对于同一栋建筑范围内的不均匀沉降尚不能精确地计算,设计时可采用渐变调节措施过渡,减少相邻基础的差异沉降。

土岩组合地基的另一个特点是建筑场地的稳定性问题。一般土岩组合地基往往伴随着边坡存在,特别是暗藏的下伏基岩,经常给地基稳定性造成威胁。例如,不少建筑场地地表看起来比较平坦,但下伏基岩坡度较大,尤其在岩土面上存在软弱层(如泥化带)时,工程处理不当,容易造成地基失稳。例如,某钢厂在建炼钢炉时,由于场地勘察范围不够,高炉地基下卧基岩虽然坡度较缓,但其后的成品库下卧基岩坡度较大,前面又是长江的冲刷岸,后面加载后,引起上伏土体滑动,厂房开裂,铁路外移。

因此,在土岩组合地基上进行工程建设时,应重视场地的工程地质勘察。在勘察阶段,对于基岩面沿房屋纵横向的起伏变化及基岩顶面与基础底面的关系应查清,以便设计采取的调整不均匀沉降措施和防止地基失稳的措施更有针对性,必要时应进行补充勘察工作。

当建筑物位于冲沟部位,下卧基岩往往相向倾斜,呈倒"八"字形。例如,岩层表面坡度较缓,而上覆土层的性质又较好时,对于中小型建筑物,可适当加强上部结构的刚度,而不必处理地基。但若存在局部软弱土层,则应验算软弱下卧层的强度及不均匀变形。

若基岩在地下形成暗丘,基岩面向两边倾斜时,地基土层为中间薄、两边厚。这对建筑物最为不利,往往在双斜面交界处出现裂缝,一般应进行地基处理,并在这些部位设置沉降缝。

7.1.2 石芽密布并有局部初露的地基

石芽密布并有局部出露的地基是岩溶现象的反映,如图7.3所示。它的基本特点是基岩表面凹凸不平,在贵州、广西、云南等地最多。一般基岩起伏较大,石芽之间多被红黏土所充填。用一般勘探方法不易查清地基全貌。因此,基础埋置深度要按基坑开挖后的地基实际情况确定。施工前最好用手摇麻花钻、洛阳铲或轻便钎探等小型钻探工具加密钻孔,进行浅孔密探;同时,加强勘察、设计、施工三方面的协作,以便发现问题及时解决。

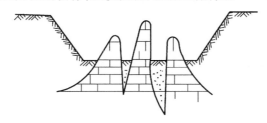

图7.3 石芽密布地基

这类地基的变形问题,目前尚无法在理论上进行计算。实践表明:充填在石芽间的红黏土承载力特征值通常较高,压缩性较低,因而变形较小;石芽限制了岩间土的侧向膨胀,变形量总是小于同类土在无侧限压缩时的变形量。在岩溶地区,气候温湿多雨,土的饱和度多在85%以上,不易失水收缩。调查表明,建造在这种地基上的大量中小型建筑物,虽未进行过地基处理,但至今使用正常。若石芽间由软土填充,则土的变形较大,有可能使建筑物产生过大的不均匀沉降。根据上述情况,《建筑地基基础设计规范》(GB 50007—2011)规定:若石芽间距小于2 m,其间充填的是硬塑或坚硬状态的红黏土时,对房屋为6层和6层以下的砌体承重结构、3层及3层以下的框架结构或具有150 kN或150 kN以下吊车的单层排架结构,其基底压力小于200 kPa时,可不做地基处理。若不能满足上述条件,可利用经检验稳定性可靠的石芽作支墩式基础,也可在石芽出露部位作褥垫。当石芽间有较厚软弱土层,可用碎石、土夹石等进行置换。

7.1.3 大块孤石或个别石芽出露的地基

大块孤石地基的主要特征是地基中夹杂着大块孤石,孤石的块径大小不一,在土层中分布很不均匀,如图7.4所示。

这类地基的变形对建筑物极为不利,若不妥善处理,容易导致建筑物产生裂缝。例如,贵阳某小学教学楼,地基内仅有个别石芽出露,增加荷载后,石芽两侧的土层压缩,使石芽突出,房屋因此出现裂缝。对于这种地基,若土的承载力特征值大于150 kPa,房屋为单层排架结构或(1~2)层砌体承重结构,在基础与岩石的接触部位宜采用厚度不小于50 cm的褥垫进行处理。对于多层砌体承重结构,应根据土质情况,并结合结构措施进行综合处理。

处理这类地基时,应使局部部位的变形条件与周围的变形条件适应,否则容易引起不良后果。若周围柱基的沉降很小,对个别石芽应少处理或不处理(仅把石芽打平),反之,应处理石芽。

大块孤石常出现在山前洪积层中或冰碛中,勘察时勿将孤石误认为基岩。孤石除可用褥垫层处理外,有条件时也可利用它作为柱子或基础梁的支墩。在工艺布置合理的情况下,可将设备直接安装在大块孤石上,并可省去基础。

清除孤石一般采取爆破方法,并注意安全。爆破时,周围100 m范围内不得有人作业或通

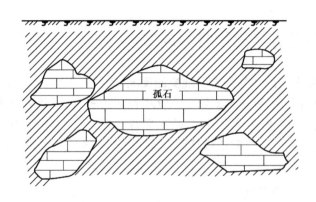

图 7.4　大块孤石地基

行。还应注意,若附近有已浇筑但未达设计强度的混凝土,爆炸振动也将影响混凝土的质量。

7.2　填土地基

　　人工填土是指由人类活动而堆积的土。填土根据其物质组成和堆填方式分为素填土、杂填土和冲(吹)填土 3 类。素填土是指被破坏天然结构后重新堆填起来的由碎石、砂、粉土或黏性土等一种或几种材料组成的填土,其中不含杂质或含杂质很少。按其主要成分为碎石素填土、砂性素填土、粉性填土及黏性素填土,经分层压实的统称为压实填土。杂填土是含有大量建筑垃圾、工业废料或生活垃圾等杂物的填土。按其组成物质分为建筑垃圾土、工业废料土及生活垃圾土。冲填土是由水力冲填而形成的沉积土(如沿海一带及江河两岸为了疏浚河道、港口,用挖泥船从水下吸出泥砂,然后用水力在岸上冲填形成的土)。

　　人工填土一般具有不均匀、规律性差的特点。因此,在填土地段布置勘探工作量时应按复杂场地考虑。通过调查和搜查资料,了解土场地的地形和地物的变迁、填土的来源、堆积年限和堆积方法。勘察时,应查明土层的分布、厚度、物质成分、颗粒级配及其均匀性、密实度、压缩性和湿陷性。此外,还应查明地下水质对混凝土是否具有腐蚀性,对冲填土还应了解排水固结性能。为查清填土层的分布情况,宜采用触探判断土层均匀性,或采用轻便钻具(如洛阳铲、麻花钻等)加密勘探点。勘探孔的深度以查清填土底部界线为原则,若填土过厚,则除部分控制孔应钻透填土层外,一般可不超过 20 m。测试工作应根据填土性质而定,宜采用原位测试并配合室内试验。对压实填土,在压实前应测定填料的最优含水量及最大干密度,压实后测定其压实系数,通过勘探工作,结合建筑物特征和当地建筑经验,应对填土作为建筑物地基的可能性和填土地段的稳定性作出评价。一般对堆积年限较长的素填土、冲填土及由建筑垃圾和性能稳定的工业废料组成的杂填土,当均匀性和密实度较好时,可作为一般工业与民用建筑物的天然地基。对有机质含量较多的生活垃圾和对基础有腐蚀性的工业废料组成的杂填土,未经处理则不宜作为天然地基。当填土厚度变化较大,或堆积年限在 5 年以内,应注意地基的不均匀变形。

　　人工填土的承载力原则上宜采用静荷载试验等原位测试方法确定。若当地有较丰富的建筑经验,也可参照采用。

7.2.1　素填土地基

　　在山区和丘陵地带建造建筑时,由于地形起伏较大,在平整场地时,常会出现较厚的填土层。为充分利用场地面积,少占或不占农田,并减少土方量,部分建筑物不得不建在填土上。此外,在工矿区或一些古老城市的新建、扩建工程中,也常常会遇到一些由于人类活动而堆填形成的素填土。因此,必须研究解决素填土地基的设计和施工问题。诚然,填土地基的均匀性不易控制,黏性素填土在自重作用下压密稳定也需要较长时间,但并不是所有建在填土地基上的建筑物都会出现事故。能否直接利用填土作为持力层,关键在于做好调查研究,查清填土分布及性质,结合建筑物情况,因地制宜采取设计措施。我国在填土地基的利用上取得了不少成功的经验。

素填土地基的承载力取决于土的均匀性和密实性。未经人工压实的填土,一般比较疏松,但堆积时间较长,由于土的自重压密作用,也能达到一定的密实度。经过分层压实的填土,若能严格控制施工质量,则能完全保证其均匀性和密实度而具有较高的承载能力和水稳定性。土的密实度越高,则其压缩模量和抗剪强度也越高,浸水后不会产生显著附加下沉。

1)压实填土地基

在山区或丘陵地带进行建设时,若填方数量大,应尽可能事先确定建筑物的位置,利用分层压实方法处理填方。只要填土土料合适,而且严格控制施工方法,就能完全保证填土地基的质量,使其具有较好的力学性能,直接作为建筑物的地基。实质上,它相当于整片素土垫层。

填土土料的选择应以就地取材为原则,如碎石、卵石、砂夹石、粉质黏土及粉土都是良好的填料。但前4种应注意其颗粒级配,而后者则要注意其含水量。淤泥、耕土、冻土、膨胀性土以及有机质含量大于5%的土都不得作为填料。当填料内含有块石时,块石粒径一般不宜大于400 mm。若为分层夯实时,其粒径不宜大于200 mm。当填料的主要成分为强风化岩层的碎块时,应加强地面排水和采取表面覆盖等措施。以粉质黏土、粉土作填料时,其含水量为最优含水量。

压实填土的质量以压实系数 λ_c 来控制,并应根据结构类型和压实填土所在部位按表7.3中的数值确定。

控制压实填土质量的压实系数 λ_c,可按下式计算:

$$\lambda_c = \frac{\beta_d}{\rho_{d\,max}} \tag{7.2}$$

式中 λ_c——压实系数;

ρ_d——压实系数的控制干密度,kg/cm^3;

$\rho_{d\,max}$——压实填土的填料用轻型标准击实试验测得的最大干密度,kg/cm^3。

在偏远地区或中小型工程,由于缺乏击实试验设备或工期及其他原因,确无条件进行击实试验时,压实填土的最大干密度可按下式计算:

$$\rho_{d\,max} = \frac{\eta \rho_w d_s}{1 + 0.01 \omega_{op} d_s} \tag{7.3}$$

式中 η——经验系数,对粉质黏土取0.96,粉土取0.97;

$\rho_{d\,max}$——压实填土的最大干密度,kg/cm^3;

d_s——土粒相对密度(比重);

ω_{op}——填料的最优含水量(%),当无试验资料时,可取 $0.6\omega_L$ 或 $\omega_p(1\% \sim 2\%)$;

ω_L,ω_p——土的液限、塑限(%)。

当填料为碎石或卵石时,其最大干密度可取 $2.0 \sim 2.2 \, t/m^3$。

压实填土地基是质量控制值(即压实系数 λ_c 和控制含水量 ω)与建筑物的结构类型和填土的受力部位有关,可参照表7.3的规定采用。地坪垫层以下及基础底面标高以上的压实填土,压实系数不应小于0.94。

表 7.3　压实填土地基压实系数控制值

结构类型	填土部分	压实系数 λ_c	控制含水量/%
砌体承重结构和框架结构	在地基主要受力层范围内	≥0.97	$\omega_{op} \pm 2$
	在地基主要受力层范围以下	≥0.95	
排架结构	在地基主要受力层范围内	≥0.96	
	在地基主要受力层范围下	≥0.94	

注:①表中 ω_{op} 为最优含水量。

②地坪垫层以下及基础底面标高以上的压实填土,压实系数不应小于0.94。

压实填土的承载力与填料性质、施工机具和施工方法有关,宜采用原位测试(如荷载试验、静力触探等)确定。压实填土边坡允许坡度值应根据其厚度、填料性质等,按表 7.4 的数值确定。

表 7.4　压实填土地基边坡坡度允许值

填料名称	压实系数 λ_c	边坡坡度允许值(高宽比)	
		坡高在 8 m 以内	坡高为 8~15 m
碎石、卵石	0.94~0.97	1：1.50~1：1.25	1：1.75~1：1.50
砂夹石(其中碎石、卵石占全重30%~50%)		1：1.50~1：1.25	1：1.75~1：1.50
土夹石(其中碎石、卵石占全重30%~50%)		1：1.50~1：1.25	1：1.75~1：1.50
粉质黏土、黏粒含量 ρ_c≥10% 的粉土		1：1.75~1：1.50	1：2.25~1：1.75

压实填土地基的变形系由 3 部分组成,除由建筑物荷载所产生的变形 s_1 外,还有由于填土自重所产生的变形 s_2 和填土自重对其下卧天然可压缩土层所产生的变形 s_3。在控制好填土施工质量的条件下,起决定性作用的是 s_3。因此,有人认为只要填土本身密实度好,下卧天然土层为低压缩性土,就不必考虑变形问题。若填土较厚或分布不均匀,下卧天然土层又比较软弱,地基变形可能较大时,则应验算变形。

填土地基应注意并做好地面排水,防止边坡遭受冲刷。位于填土区的上、下水道,应采取防渗、防漏措施。

位于斜坡地段或软弱土层上的填土,尚应验算其稳定性。当天然地面坡度大于 20% 时,应采取有效措施(如平整成阶梯状地形等)防止填土沿坡面滑动。

当压实填土厚度大于 30 m 时,可设计成台阶进行压实填土的施工。

压实填土地基在施工前要清除基底杂草、耕土和软弱土层。填土要求在最优含水量时压实,以便得到良好效果。若填料的原始含水量与最优含水量有差别,应把土晾干或加湿,使其达到最优含水量。土的加湿要力求均匀。加水量可按下式计算:

$$\omega_{op} = \frac{W_0}{1 + 0.01\omega_0}(0.01\omega_{op} - 0.01\omega_0) \tag{7.4}$$

式中　W_0——填料的湿重,kN;

ω_0——填料的原始含水量(%);

ω_{op}——土的最优含水量,必要时应估计蒸发量(%)。

压实填土的每层虚铺厚度和压实遍数与压实机械功能的大小有关,应在现场通过试验确定,当无试验资料时,可参考表7.5。

表7.5　各种压实机械控制铺土厚度的压实遍数

压实机械	黏性土		粉　土		备　注
	铺平厚度(cm)	压实遍数	铺土厚度(cm)	压实遍数	—
重型平碾(120 kN)	25 ~ 30	4 ~ 6	30 ~ 40	4 ~ 6	—
中型平碾(80 ~ 100 kN)	20 ~ 25	8 ~ 10	20 ~ 30	4 ~ 6	—
轻型平碾(80 kN)	15	8 ~ 12	20	6 ~ 10	—
铲运机	—	—	30 ~ 50	8 ~ 16	—
羊足碾(50 kN)	25 ~ 30	12 ~ 22	—	—	—
双联羊足碾(120 kN)	30 ~ 35	8 ~ 12	—	—	—
羊足碾(130 ~ 160 kN)	30 ~ 40	18 ~ 24	—	—	—
蛙式夯(2.0 kN)	25	3 ~ 4	30 ~ 40	3 ~ 10	—
人工夯(夯重0.5 ~ 0.6 kN,落距50 cm)	18 ~ 22	4 ~ 5	—	—	控制最后一击下沉1 ~ 2 cm
重锤夯(锤重10 kN,落距3 ~ 4 m)	120 ~ 150	7 ~ 12	—	—	

注:本表是在最优含水量时压实到最大密实度时的一般经验值。

　　施工时,将调节到最优含水量的填料,按规定的虚铺厚度铺平,而后进行碾压。碾压应按顺序进行,避免漏压,在机械压不到的地方应用人工补夯。质量检验工作应随施工进度分层进行。根据工程需要,每100 ~ 500 m² 内应有一个检验点,测定填土的干密度,并与控制干密度或压实系数比较。若未达到要求,应增加压实遍数,或挖开把土块打碎并重新压实。为保证质量,还要认真进行验槽,发现问题,及时处理。

2)未压实填土地基

　　未经人工压实的素填土,它的承载能力除与填料的种类性质、均匀程度等有关外,还与填土的龄期有很大关系,一般随填龄的增加而提高。若堆填时间超过10年的黏土和粉质黏土,超过5年的粉土以及超过两年的砂土,由于在自重作用下已得到一定程度的压密,具有一定强度,可以作为一般工业与民用建筑物的天然地基。其地基承载力特征值应由载荷试验或其他原位测验(如静力触探、轻便触探、动力触探、标准贯入试验等)并结合当地工程实践经验确定。

7.2.2　杂填土地基

　　杂填土主要出现在一些古老城市和工矿区里,由于人们长期生活和生产活动,常常在地面上任意堆填着一定厚度的杂填土。按其组成物质的成分和特征可以分为以下3类:
　　①建筑垃圾土——在填土中含有较多的碎砖、瓦砾、腐木、砂石等杂物,一般组成成分较单一,有机物含量较少;
　　②生活垃圾土——在填土中含有大量从居民日常生活中排出的废物,如炉灰、布片骨殖等杂物,成分极为复杂,混合极不均匀,含大量有机物,土质极为疏松软弱;
　　③工业垃圾土——由现代工业生产排放的渣滓堆填而成,其成分、形状和大小随生产性质而有所不同,如矿渣、煤渣和各种工业废料(如电石渣)等。

杂填土的厚度变化较大,从一二米到几十米不等。在大多数情况下,这类土都比较疏松,含有机质多,承载力低,压缩性较高,一般还具有浸水湿陷性。有的杂填土干密度小于 $1.0\ g/cm^3$,孔隙比大于 2.0,压缩系数高达 $2\ MPa^{-1}$,并具有强烈的浸水湿陷性。而均匀性差(因成分复杂,厚度不匀,堆填时间先后不一)更是杂填土的主要特点。在同一建筑场地内,其承载力和压缩性往往差别较大。

杂填土地基由于其成因没有规律,成分复杂,有时取样也较困难,因而给地质勘察工作带来一定困难。一般应做好调查研究并查阅有关文献资料,对照原始地形,查明填土范围、暗塘分布和填土年限,然后进行现场勘探工作。

我国通过大量城市和工矿区的新建或扩建工程,对杂填土地基的设计与施工积累了不少经验。例如,杂填土比较均匀,填龄较长又较为密实,在加强上部结构刚度的同时,可以直接将其作为一般小型工业与民用建筑物的地基。对软弱而又不均匀的杂填土,各地也采用了一些行之有效的处理方法(如强夯和强夯置换法、振冲法、柱锤冲扩法、砂石桩、灰土井桩、灰土挤密桩等),避免了大挖大填,有效地缩短了工期,降低了地基基础工程造价。

1)杂填土地基的利用

杂填土地基设计中,要认真做好勘察工作,查明杂填土的分布范围、厚度、堆积年限、物质成分、均匀性、密实度、压缩性、湿陷性等,进行正确的分析和判断,对其作为建筑物地基的可能性作出评价。杂填土能不能作为天然地基,不应单从地基一方面来考虑,而应从地基基础和上部结构共同作用上来全面考虑,区别情况,不同对待。一般来说,凡杂填土堆填时间较长,比较均匀密实,则在采取某些结构措施以加强建筑物刚度后,也可以直接用作小型建筑物的天然地基。对一些低层民用建筑可适当降低地基土的承载力进行地基基础设计,而不采取其他措施。杂填土地基承载力应通过载荷试验或其他原位测试方法确定,也可参考当地建筑经验确定。表 7.6列出了我国某些地区有关杂填土承载力基本值的一些经验数据。

表 7.6 我国某些地区杂填土承载力基本值的经验数据

地区	杂填土类型	物理力学性质	f_0/kPa	备 注
北京	变质炉灰	$S_r = 60\%$,$E_s = 1.5 \sim 11$ MPa	$70 \sim 145$	堆积年代较久,经变质作用而微具黏性者称为变质炉灰
		$S_r = 75\%$,$E_s = 1.5 \sim 11$ MPa	$60 \sim 135$	
		$S_r = 90\%$,$E_s = 1.5 \sim 11$ MPa	$50 \sim 125$	
苏州	房渣土(含碎砖瓦块杂质40%以上)	松,很湿~湿(堆积时间10年以内者)稍湿,湿~很湿 中密,湿	需经人工处理 80 100	—
	碎砖夹填土(含碎砖瓦块杂质 20% ~40%)	松,很湿 稍密,湿~很湿 中密,湿	需经人工处理 80 100	—
福州	瓦砾填土	回填时间超过10年,湿~饱和,$\omega < \omega_L$,瓦砾含量15% ~60%有机质含量小于10%	$70 \sim 120$	—
江苏	房渣土	$e_0 = 0.82 \sim 1.23$	$60 \sim 80$	—
武汉	砖渣土	堆填时间在10年以上,且土质较均匀,矿渣含量超过50%	$100 \sim 120$	—
大连	新炉渣填土	$\rho_d = 0.85\ t/m^3$,$e_0 = 1.71$	50	
		$\rho_d = 0.95\ t/m^3$,$e_0 = 1.42$	100	

为了利用矿渣作为建筑物的天然地基,各地曾进行过不少试验研究。据东北和重庆地区的经验,当矿渣堆填时间超过 5 年、有机质含量不大于 5% 时,其承载力一般可按 100 ~ 150 kPa 采用。对矿渣、高炉渣等工业废料要注意它们的水化学性质,如含有较高硫化铁成分的钢渣,遇水后容易膨胀和崩解,强度很快降低。

对于有机质含量较多的生活垃圾土、含大量木屑、刨花等建筑废料的杂填土,即使堆填时间较长,往往仍旧很松软,未经处理,不宜作为建筑物的天然地基。

2) 杂填土地基的处理

当杂填土不能作为建筑物的天然地基而需要处理时,应根据上部结构情况和技术经济比较,因地制宜地采用有效的地基处理方法。若杂填土不厚,可全部挖除,将基础落深或加厚垫层(如采用灰土垫层或毛石混凝土垫层);若杂填土分布宽度不大(如暗浜),可用基础梁跨越。其他情况下,可以采用的地基处理方法主要有表面挤实、重锤夯实及强夯、振动压实、振动碾压、换土垫层、短桩、灰土井桩、灰土挤密桩、振冲碎石桩、干振砂石桩、柱锤冲扩法等。本节重点介绍下灰土井桩。

①片石表面挤密法适用于含软土较少、厚度不大的房渣土而地下水位又较低(如低于基础底面 1.0 m 以上)的情况。浙江的习惯做法是:用 20 ~ 30 cm 长的片石,尖端向下,密排夯入土中(从疏到密)。挤实后,地表往往会向上隆起 1 cm 左右。这样处理后,可加大表层土的密实度,从而减少地基的变形,承载力可以提高约 50%。

②重锤夯实法的主要作用是在杂填土表面可形成一层较为均匀的硬壳层。例如,房渣土经过重锤夯实后所做载荷试验的曲线表明,其比例极限比处理前提高一倍以上,水稳定性比较好。但在有效夯实深度(约为夯锤直径,一般在 1.2 m 左右)范围内存在地下水或软弱黏性土层时,就不宜采用重锤夯实,以免出现橡皮土现象。重锤夯实法也不适用于大块钢渣组成的杂填土,因其强度高,无法将其击碎,这时可采用强夯法。但要考虑强夯对周围已有建筑物的振动影响。

③振动压实法适用于处理地下水位离振实面不小于 0.6 m、含少量黏性土的建筑垃圾、工业废料和炉灰填土地基。试验表明,对于含炉渣、碎砖瓦片的建筑垃圾土,振动时间约需 60 s;对于含炉灰等细颗粒的杂填土,振实时间需 3 ~ 5 min。施工后的质量检查应采用轻便触探试验,检查深度不小于 1.5 m。处理后杂填土的承载力特征值可达 100 ~ 120 kPa。

④在上海地区,当暗浜内杂填土下为粉质黏土、粉砂时,常用打短桩的方法处理,效果较好。短桩断面一般为 20 cm × 20 cm,配 4 Φ 12 钢筋,长约 7 m,单桩承载力为 50 ~ 70 kN。用承台底面下土与桩的共同作用。在缺乏试验资料时,一般按桩承受荷载的 70% 承台底面下地基土承受 30% 计算,但控制承台下地基土所承受的荷载强度不超过 30 kPa。

⑤灰土挤密桩在处理杂填土地基中也得到推广应用。它是用震动打桩机将按设计要求直径(一般为 28 ~ 40 cm,也有达 60 cm 的)的桩管打入土中,而后拔出桩管,用 2∶8(体积比)灰土分层填入,用夯实机夯实。一般采用的夯锤直径应比桩孔直径小 9 ~ 12 cm,锤重不宜小于 10 kN,锤底平截面静压力不小于 20 kPa。若在水下或估计以后有可能浸水的,可改用 3∶7 灰土。根据具体情况也可考虑掺加部分水泥,一般掺加的水泥量为灰土体积的 5% ~ 10%。桩管用无缝钢管制成,下端焊成 60° 的尖锥形,桩尖可以上下活动。当桩管打入土中时,活动桩尖与桩端顶紧,当桩管拔起时桩尖与桩端脱开,空气即可流入,避免产生负压而增加拔桩阻力。

挤密桩的处理宽度每边应超出基础外缘,对于条形、矩形基础不得小于 50 cm,对于整片基础不得小于 75 cm。为使杂填土能被均匀挤密,桩在平面上宜按等边三角形布置,且不得少于两排。桩距一般为 2.0 ~ 3.0d(d 为桩径),多为 2.5d。桩长以能处理全部压缩层范围内土层为原则,且不得小于 5 m。若杂填土厚度较小,桩应穿透杂填土层并打入老土层内。试验表明,采用灰土桩挤密处理后的杂填土复合地基的承载力,可从原有的 60 ~ 120 kPa 提高到 140 ~ 220 kPa,效果明显。

灰土桩挤密施工时应注意以下几点:

a. 当桩距小于 3d 或 2 m 时,应进行跳打。中间空出来的桩位要待其相邻两个桩孔都已回填成为灰土桩后才能施打,以免打桩时将相邻桩孔挤塌。

b. 桩管入土时的倾斜度不得大于 2%,以免造成拔桩管困难,且易破坏桩孔,影响夯实成桩。

c. 桩管打到预定深度后,应立即将其拔出。拔桩管时应使活动桩尖脱开,避免在孔内产生负压,使桩孔回缩淤塞。

d. 为保证施工质量,灰土桩应夯筑到基底设计标高以上 20 ~ 30 cm。

e. 应及时检查桩孔和灰土桩的质量。

f. 若在地下水位以下为软弱土层,或有洞穴、暗坑,则在拔出桩管后会迅速渗水、积水,影响成桩施工。这时应将孔内积水排出,若排水有困难,可改做砂桩。

g. 当桩孔中部或底部因有软弱土层而发生缩颈、淤塞现象时,若缩颈不太严重,可用洛阳铲将桩孔上部的软土铲出,或在淤塞的桩孔下部夯填干砖渣、生石灰块,也可在填入灰土后复打扩大,减少缩颈。若桩孔下部淤塞严重,可改做砂桩,到软弱土层以上再改为灰土桩。

灰土桩挤密效果较好、施工进度较快、工期短、造价低,是一种较好的杂填土地基处理方式。

⑥灰土井桩是开挖一个直径 0.8 m 以上的井,然后用 2∶8 灰土分层回填夯实,形成一个圆柱体,建筑物荷载通过它传到较深的坚实土层上,所以也可把它看作一种深基础(图 7.5)。试验及工程实践证明,它具有较高的承载力和较小的变形,适用于处理厚 4 ~ 8 m 的杂填土地基。

灰土井桩的设计深度一般根据建筑物荷载大小及地质条件决定,原则上应支承在密实土层上。若杂填土厚度较大,也要力求支承在较密实的填土(用轻便触探试验的击数 N_{10} 在 30 以上时)层上。在民用建筑中,灰土井桩一般布置在房屋四角和纵横墙交叉处。承重墙较长时,可在中间加设一个井桩。井桩的间距一般为 3 ~ 4 m。在单层工业厂房中,由于柱基受偏心荷载作用,可将井桩设计成椭圆形,每一柱下设置一个。为使井桩受力均匀,在井桩顶部设置厚 20 ~ 30 cm 的强度等级不低于 C15 的混凝土盖板,如图 7.5 所示。盖板上用钢筋混凝土墙梁相连,墙梁宜现浇,并做成连续梁,以加强整体刚度。墙梁截面不小于 240 mm × 250 mm,配筋一般不小于 4 ⏁ 12,箍筋不小于 6 mm,箍筋间距一般为 250 mm。在非承重墙下也可采用配筋砖墙梁代替钢筋混凝土墙梁,即在砖砌体中设置两层⏁ 8 ~ 10 mm 钢筋,每层 3 根,层距 50 cm。灰土井桩的承载力由两方面控制:一是灰土本身的强度,二是地基的承载能力。为经济和安全,应尽可能使两者接近。

中心受压时,灰土井桩桩身的强度验算按下式进行:

$$F \leqslant R^* A \tag{7.5}$$

式中 F——相应于荷载效应标准组合上部结构传到井桩顶部的竖向力值,kN;

      R^*——灰土的抗压强度标准值,对于 3∶7 灰土,$R^* = 500$ kPa,对于 2∶8 灰土,$R^* = 400$ kPa;

      A——井桩的横截面积,m^2。

地基土的承载能力由井底土的承载力和井壁四周土的摩擦力所组成,如图 7.6 所示。

为简化计算,设摩擦力在各土层为均匀分布,则:

$$F + G \leqslant f_a A + U \sum_{i=1}^{n} q_{si} h_i \tag{7.6}$$

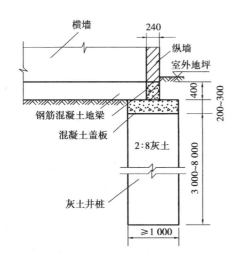

图7.5　灰土井桩

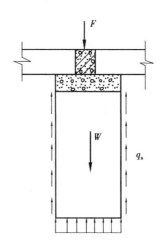

图7.6　灰土井桩承载力计算

式中　G——井桩自重标准值(灰土重度按 18 kN/m^3 考虑),kN;

　　　f_a——深度修正后井底土承载力特征值,kPa;

　　　q_{si}——第 i 层井壁土与灰土间的摩擦力特征值(按西安地区经验,对杂土取 10 ~ 15 kPa,
炉灰取 6 ~ 10 kPa);

　　　U——井桩的周长,m;

　　　h_i——井深范围内各土层的厚度,m;

　　　其余符号意义同前。

　　灰土井桩的施工一般采用人工开挖,由于井桩直径不大,多数情况下井壁不会坍塌。挖井要尽可能铅直,防止偏斜歪扭。灰土按 2∶8 或 3∶7 拌和均匀,并按最优含水量控制施工。夯打时,若用丁字形小铁夯,每层虚铺 15 cm,夯到 10 cm;若用大木夯或蛙式打夯机,则虚铺 25 cm,夯到 15 cm。2∶8 灰土干重度要求不小于 14.8 kN/m^3,3∶7 灰土不小于 14.5 kN/m^3。每夯一层灰土,测定干重度一次,取样部位应由顶面向下 2/3 厚度处,以确保夯实质量。

　　灰土井桩的优点是:施工简便,不需要机械设备及熟练技工,适应性强;处理范围比大开挖小,省工省料,工期较短,成本较低。灰土井桩的缺点是:人力挖井及夯填灰土劳动强度大,质量检验要求高,人工夯填不如机械操作易于保证质量。

7.2.3　冲填土地基

　　冲填土是我国沿海一带常见的人工填土之一,它具有以下特点:

　　①冲填土的颗粒组成随泥沙的来源而变化,有的是砂粒,但更多情况下是黏土粒和粉土粒。在吹泥的入口处,沉积的土粒较粗,甚至有石块,顺着出口处方向则逐渐变细。除出口处局部范围外,一般尚属均匀。但是,有时在冲填过程中由于泥沙的来源有所变化,则造成冲填土在纵横方向上的不均匀性。

　　②由吹泥的入口处到出口处,土粒沉淀后常形成约 1% 的坡度。坡度的大小与土粒的粗细有关,一般含粗颗粒多的坡度要大些。

　　③土粒的不均匀分布以及自然坡度的影响,越靠近出口处,土粒越细,排水越慢,土的含水量也越大。

　　④冲填土的含水量较大,一般都大于液限。当土粒很细时,水分难以排出,土体在形成初期

呈流动状态。当其表面经自然蒸发后,常呈龟裂状。但下面的土由于水分不易排除,仍处于流动状态,稍加扰动,即呈触变现象。

⑤冲填前的地形对冲填土的固结排水很有影响。若原地面高低不平或局部低洼,冲填后土内水分不易排出,就会使它在较长时间内仍处于饱和状态,压缩性很高。而冲填于坡岸上时,则其排水固结条件就比较好。

冲填土地基的勘探工作应查明其颗粒组成、均匀性、密实度、压缩性、排水条件、固结性能等。钻孔时,应注意防止涌土现象和孔壁坍塌。因其灵敏度较高,即使轻微晃动,也会使土产生触变现象。因此,在取样时应尽可能减少对土样的扰动,还要避免土样在运输过程中由于受振动而致水分离析,使试验成果偏高,造成假象。必要时,应进行十字板剪切试验、载荷试验等原位测试。

冲填土的工程性质主要与它的颗粒组成、均匀性和排水固结条件有关。若冲填年代较久、含砂粒较多的冲填土,其固结情况和力学性质就较好。一般冲填土与自然沉积的同类土相比,其强度较低,压缩性较高。

关于冲填土地基承载力的确定,目前还缺乏系统的研究,对一般工业与民用建筑物,应主要参考当地的建筑经验,或参照自然沉降的同类土承载力再适当降低。必要时,应做载荷试验确定。

多年来的实践表明,冲填土可以作为一般工业与民用建筑物的天然地基。若土质较差,可用一般人工地基方法(如砂垫层、振冲法、砂井预压、电化学加固等)进行加固处理。

当上述方法不能满足要求时,可改用桩基,但应考虑桩侧的负摩擦力。设计时应注意,冲填土往往还没有完成其自重固结,建筑物基础的沉降和差异沉降总是比较大。在计算沉降时应考虑其自重压密,在大面积冲填土的自重作用下,下卧天然土层还会受压变形,引起大面积的地面下沉。施工时,还应注意到冲填土由于其结构性强,在开挖基坑(槽)时,可能在动水力作用下发生流砂现象。

7.3 滑　坡

滑坡是指岩土体由于地下水活动、河流冲刷、人工切割、地震活动等因素的影响,使斜坡上的大量土体或岩体在重力作用下,沿着地层中的薄弱面(带)整体向下滑动的不良地质现象。

山区建设中,常见的滑坡有古滑坡和老滑坡,它们在自然条件下产生,其中有的已经稳定,有的还在滑动,也有一些滑坡是在工程活动影响下,人为地改变了山坡的稳定条件,使山体失去稳定产生滑坡。这类滑坡若处在已经停止滑动的古、老滑坡地带发生,往往容易引起古、老滑坡的复活。滑坡常造成巨大危害,它在各类边坡破坏中是危害性最大、分布最广的一类。例如,1983年甘肃洒勒山滑坡,3 min内6 000万 m³ 土体下滑,掩埋了3个村庄,死亡237人。又如,1985年三峡新滩滑坡,3 000万 m³ 土石下滑,200万 m³ 滑入长江,激起高36 m的涌浪,毁船77条,10人丧生,新滩古镇也被毁。过去在建设中,对滑坡认识不足,有的工程被滑坡摧毁,有的则被迫迁厂或耗费巨资来整治。在山区铁路建设中,如宝成线、宝天线、鹰厦线等也都花费了大量投资整治滑坡,才保证了线路的通畅。所以,在工程建设中怎样认识和防止滑坡成为一项重要的任务。

1)滑坡的形态特征

滑坡具有明显的形态和边界,它是判断滑坡存在和范围的重要依据。图 7.7 表示为均质滑坡的形态和细部结构。

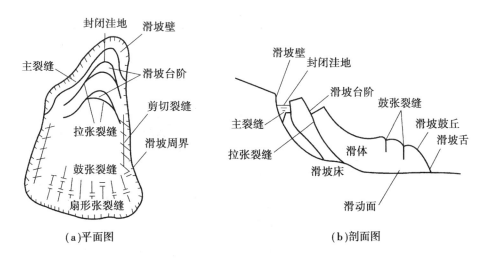

(a)平面图　　　　　　　　　　　　　　(b)剖面图

图7.7　滑坡要素分布

①滑坡体。简称滑体,即与母体脱离向下滑动的那部分土石体。滑体在下滑时通常能大体上保持整体性,但在发展的过程中多有不同程度的变形和解体。

②滑坡床。滑体之下未受滑动的岩(土)体。

③滑坡面。简称滑面,滑体与滑坡床之间的分界面,也即贯通的破坏面。滑面由于滑动摩擦,常较光滑且有擦痕。

④滑坡周界。滑体与其周围未滑动部分在平面上的分界线。它圈定了滑坡的范围。沿滑坡两侧的周界线常会形成冲沟。当冲沟发育很深时,将在滑坡后缘趋向会合,呈现"双沟同源"。这种现象常可用来判定滑坡的存在及侧向边界的位置。

⑤滑坡壁。滑坡后部滑下所形成的陡壁。它实际上是滑面的露出部分,平面上多呈圈椅状。壁高数十厘米至数十米,个别可达百米。

⑥滑坡台阶。滑坡因各级下滑速度和幅度不同而形成的一些台阶。

⑦封闭洼地。滑体与滑坡壁之间有时拉开或陷落形成洼地。它可积水成沼泽或水塘。老滑坡的洼地常被填平。

⑧滑坡舌。滑体前缘伸出呈舌状的部分。舌根隆起部分称为滑坡鼓丘。最前端为滑面出露部分叫滑坡出口。

⑨滑坡裂缝。滑体在滑动时由于各部分受力性质不同,产生不同类型的裂隙系统。一般分为拉张裂缝、剪切裂缝、鼓张裂缝等。

上述滑坡形态特征也统称为滑坡要素。

2)滑坡的分类

滑坡分类如表7.7所示。

3)产生滑坡的条件

产生滑坡的条件(或因素)十分复杂,归结起来可分为内部条件和外部条件两个方面。实践经验表明:不良的地质条件是产生滑坡的内部条件,而人类的工程活动和水的作用则是触发并产生滑坡的主要外部条件。不具备这些条件,滑坡就不会发生。而在已经发生滑坡的地区,若有可能人为地改变这些条件,滑坡也有可能得以稳定下来。所以,如果能充分地认识和正确分析这些内外条件,因势利导,就能解决好滑坡的防治问题。

表 7.7　滑坡分类表

分类依据	分类		描述
岩性	覆盖层滑坡	黏性土滑坡	发生于平原或浅丘地区黏土层中的滑坡;个体滑坡较小但常成群出现
		黄土滑坡	黄土塬边缘或峡谷高陡谷坡滑坡规模较大,滑速快,具有崩塌性,破坏力强
		碎石土滑坡	坡积、洪积、残积、泥石流、古滑坡体及人工堆积等所形成的土石层中的滑坡;多沿基岩面滑动,规模较大,滑速慢,地下水较多
		液化滑坡	饱和砂层分布的边坡,地震时因砂层液化而发生滑坡
	岩层滑坡		发生于各类岩层中的滑坡;易发生于页岩、泥岩、泥灰岩、凝灰岩和片岩、千枚岩、板岩等软质岩石中;滑坡多沿层面、断层、节理、片理及泥质夹层等结构面发生
	特殊(岩性)滑坡	融冻土滑坡	多年冻土区每年春夏冻土融化,融冻土沿冻结顶面下滑,滑坡底部含水量大;滑走一层后又会产生,直至滑成缓坡或土层全滑光为止;季节冻土边坡表层融冻时表层也会下滑,但规模小
		灵敏黏土滑坡	高灵敏度(4~8 或更大)黏土,结构连接被破坏,瞬时丧失强度,产生塑流形滑动;多见于海成黏土和冰碛土中
滑面与结构面	均质滑坡(同类土滑坡)		发生于无明显层理的土体或层面、节理不起控制作用的软质岩体及破碎岩体中的滑坡,滑面常呈圆弧形
	顺层滑坡		滑坡沿岩层面或软弱结构面或土岩接触面发生,滑面常呈平坦阶梯状或折线形
	切层滑坡		滑面切过岩层面,滑面形状受结构面的控制
受力状态	牵引式滑坡		沿滑动方向有多级滑坡,前部临空下滑,后部失去支撑相继下滑;前级大,向后逐次变小
	推移式滑坡		沿滑动方向有多级滑坡,后级滑体大,先发生滑动,推动前级滑动
滑体厚度	浅层滑坡		滑体厚度小于 5 m
	中层滑坡		滑体厚度 5~20 m
	深层滑坡		滑体厚度 20~50 m
	超深层滑坡		滑体厚度大于 50 m
滑体规模	小型滑坡		滑体体积小于 3 万 m^3
	中性滑坡		滑体体积 3 万~50 万 m^3
	大型滑坡		滑体体积 50 万~300 万 m^3
	超大型滑坡		滑体体积大于 300 万 m^3
滑体形态	平面滑坡		滑面呈平面状,滑体沿基本上平行于坡面的单一结构面滑动
	楔形滑坡		滑面呈楔形,滑体沿两组斜交于坡面的结构面交线滑动
	圆弧形滑坡		滑面近似呈圆柱状,滑体沿坡体最小阻力面滑动
	折线形滑坡		滑面呈折线形,滑体沿同倾向多结构面或覆盖面岩下伏基岩面滑动

(1)滑坡发育的内部条件

产生滑坡的内部条件与组成边坡的岩土的性质、结构和产状等有关。不同的岩土,其抗剪强度、抗风化和抗水的能力都不相同。例如,坚硬致密的硬质岩,它们的抗剪强度较大,抗风化的能力也较高,在水的作用下岩性也基本没有变化。因此,由它们所组成的边坡往往不容易发生滑坡。但页岩、片岩以及一般的土则恰恰相反,因此由它们所组成的边坡就较易发生滑坡。从岩土的结构、构造来说,主要是岩(土)层层面、断层面、裂隙等的倾向对滑坡的发育有很大的关系。同时,这些部位又易于风化,抗剪强度也低。当它们的倾向与边坡坡面的倾向一致时,就容易发生顺层滑坡以及在堆积层内沿着基岩面滑动,否则相反。边坡的断面尺寸对边坡的稳定性也有很大的关系。边坡越陡,其稳定性就越差,越易发生滑动。如果两边坡的坡高和坡长都相同,但一个是放坡到顶,而另一个却是在边坡中部设置一个平台。平台对边坡起了反压作用,就增加了该边坡的稳定性。此外,滑坡体要向前滑动,其前沿就必须要有一定的空间,否则,滑坡就无法向前滑动。山区河流的冲刷、沟谷的深切以及不合理的大量切坡都能形成高陡的临空面,而为滑坡的发育提供了良好的条件。总之,当边坡的岩性、构造和产状等有利于滑坡的发育,并在一定的外部条件下引起边坡的岩性、构造和产状等发生变化时,就会发生滑坡。

实践表明,在下列不良地质条件下往往容易发生滑坡:

①当较陡的边坡上堆积有较厚的土层,其中有遇水软化的软弱夹层或结构面;

②当斜坡上有松散的堆积层,而下伏基岩不透水,且岩面的倾角大于20°时;

③当松散堆积层下的基岩易于风化或遇水会软化时;

④当地质构造复杂,岩层风化破碎严重,软弱结构面与边坡的倾向一致或交角小于45°时;

⑤当黏土层中网状裂隙发育,并有亲水性较强的(如伊利石、蒙脱石)软弱夹层时;

⑥原古、老滑坡地带可能因工程活动而引起复活时。

如前所述,仅仅具备上述内部条件,还只是具备了滑坡的可能性,但还不足以立即发生滑坡,必须有一定外部条件的诱导和触发,才能使滑坡发生。

(2)滑坡发育的外部条件

外部条件主要有水的作用,不合理的开挖和坡面上的加载、振动、采矿等,而又以前两者为主。

调查表明,90%以上的滑坡与水的作用有关。水来源于大气降水、地表水、地下水、农田灌溉的渗水、高位水池和排水管道的漏水等。一旦水进入边坡岩(土)体内,它将增加岩土的重度和起软化作用,降低岩土的抗剪强度,产生静水压力和动水压力,冲刷或潜蚀坡脚,当地下水在不透水层顶面上汇集成层时它还对上覆地层产生浮力,等等。总之,它将改变组成边坡的岩土的性质、状态、结构和构造等。因此,不少滑坡在旱季时接近于稳定,而一到雨季就急剧活动,形成"大雨大滑、小雨小滑、无雨不滑",生动地说明了雨水和滑坡的关系。贵州省曾调查了24个滑坡,其中有14个是在雨季或暴雨时发生的。

山区建设中,还常由于不合理地开挖坡脚或不适当地在边坡上弃土、建造房屋或堆置材料,以致破坏边坡的平衡条件而发生滑动。

振动对滑坡的发生和发展也有一定的影响,如大地震时往往伴有大滑坡发生,大爆破有时也会触发滑坡。

7.3.1　滑坡的分析计算

滑坡的稳定性计算,目前在于判定滑坡的稳定性程度,为处理滑坡提供依据。计算的方法有极限平衡法、有限单元法和概率法。其中,极限平衡法为最基本的方法。

计算时作如下假定:

①滑体为一刚性体,不考虑滑体本身的变形;

②当稳定系数 $K_{st}=1$ 时,滑体处于极限状态。

按滑坡滑面的形态分为平面滑动、楔形滑动、圆弧形滑动和折线形滑动。其中,除楔形滑动外,其余3种一般皆按平面问题考虑。

(1)平面滑动

当坡体内结构面的走向基本上平行于坡面、结构面倾角小于坡角且大于其摩擦角时,易发生平面滑动。

①当坡顶和坡面无张裂缝时(图7.8),滑坡的稳定系数 K_{st} 按下式计算:

$$K_{st} = \frac{G \cos \alpha \tan \varphi + cA}{G \sin \alpha} \tag{7.7}$$

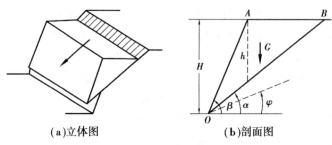

(a)立体图　(b)剖面图

图7.8　无张裂缝的平面滑坡

式中, $G = \frac{1}{2} \gamma h \frac{H \cos \alpha}{\sin \alpha}$,代入式(7.7)简化后得:

$$K_{st} = \frac{\tan \varphi}{\tan \alpha} + \frac{4c}{\gamma h \sin 2\alpha} \tag{7.8}$$

式中　G——滑体的自重;

　　　h——滑体的厚度;

　　　α——滑体的倾角;

　　　A——单宽滑面面积;

　　　γ——滑体物质的重度;

　　　φ——滑面摩擦角;

　　　c——滑面黏聚力。

②当坡顶(或坡面)出现张裂缝且滑体相对不透水时,裂缝中的水将产生水压力(图7.9), K_{st} 按下式计算:

$$K_{st} = \frac{(G \cos \alpha - u - v \sin \alpha) \tan \varphi + cA}{G \sin \alpha + v \cos \alpha} \tag{7.9}$$

式中　u——单宽滑面承受的总孔隙水压力;

　　　v——单宽后缘拉裂面承受的总孔隙水压力。

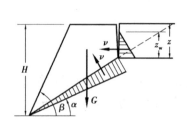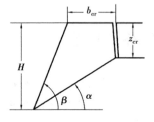

图7.9　坡顶有张裂缝的平面滑坡

式(7.9)中,

$$A = (H - z)\csc \alpha \tag{7.10}$$

$$u = \frac{1}{2}\gamma_w z_w (H - z)\csc \alpha \tag{7.11}$$

$$\nu = \frac{1}{2}\gamma_w z_w^2 \tag{7.12}$$

$$G = \frac{1}{2}\gamma H^2 \left\{ \left[1 - (z/H)^2 \right] \cot \alpha - \cot \beta \right\} \tag{7.13}$$

张裂缝的位置和深度可以从地质剖面图中确定。有困难时,可按下面的方法估算。

当边坡为干的或接近于干的时,式(7.9)中的 u 和 ν 为零,公式变为:

$$K_{st} = \frac{\tan \varphi}{\tan \alpha} + \frac{cA}{G \sin \alpha} \tag{7.14}$$

代入 G,并对式(7.14)的右边求极小值,可求得张裂缝的临界深度:

$$z_{cr} = H \left(1 - \sqrt{\tan \alpha \cot \beta} \right) \tag{7.15}$$

张裂缝的相应位置为:

$$b_{cr} = H \left(\sqrt{\cot \alpha \cot \beta} - \cot \beta \right) \tag{7.16}$$

【例7.1】 在裂隙岩体中滑面 S 倾角为30°,如图7.10所示。已知岩体自重为 1 200 kN/m,当后缘垂直裂隙充水高度 $h = 10$ m 时,试求下滑力。

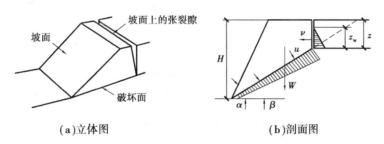

(a)立体图　　　　　　　　　(b)剖面图

图7.10　例7.1图

【解】
$$K_{st} = \frac{(G \cos \alpha - u - \nu \sin \alpha)\tan \varphi + cA}{G \sin \alpha + \nu \cos \alpha}$$

$$A = (H - z)\csc \alpha$$

$$u = \frac{1}{2}\gamma_w z_w (H - z)\csc \alpha$$

$$\nu = \frac{1}{2}\gamma_w z_w^2$$

$$G = \frac{1}{2}\gamma H^2 \left\{ \left[1 - (z/H)^2 \right] \cot \alpha - \cot \beta \right\}$$

下滑力:

$$T = G \sin \beta + V \cos \beta$$

$$\nu = \frac{1}{2}\gamma_w z^2 = \frac{1}{2} \times 10 \times 10^2 = 500(\text{kN/m})$$

$T = 1\,200 \times \sin 30° + 500 \times \cos 30° = 1\,200 \times 0.5 + 500 \times 0.866 = 1\,033(\text{kN/m})$

③如果滑体透水且受地下水渗流作用时,则应考虑动水力对稳定的影响(图7.11)。

通常假定动水力的作用方向平行于滑面,则 K_{st} 为:

$$K_{st} = \frac{(A_1\gamma + A_2\gamma')\cos\alpha\tan\varphi + cA}{(A_1\gamma + A_2\gamma')\sin\alpha + j} \qquad (7.17)$$

式中 A_1, A_2——地下水位以上及以下滑体的面积;

j——动水力;

γ'——滑体岩土的浮重度。

④在地震区需考虑地震力的作用,K_{st}按下式计算:

$$K_{st} = \frac{(G\cos\alpha - P\sin\alpha)\tan\varphi + cA}{G\sin\alpha + P\cos\alpha} \qquad (7.18)$$

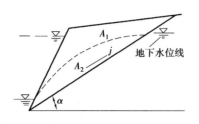

图 7.11 动水力对滑体的作用

式中 P——地震力,$P = KG$;

K——水平地震力系数。

(2)楔形滑动

当岩质边坡的两组结构面交线倾向坡面、交线倾角小于坡角且大于其摩擦角,易发生楔形滑动(图 7.12)。这种滑动情况比较复杂,下面仅考虑滑体沿结构面交线滑动的情况。

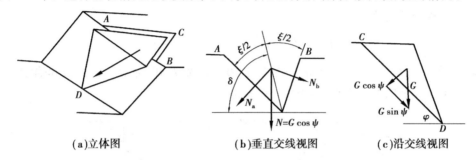

(a)立体图　　　　　(b)垂直交线视图　　　　(c)沿交线视图

图 7.12 楔形滑坡

将图 7.12(b)中的 N 分解为垂直于两结构面的方向力 N_a、N_b,按静力平衡条件:

$$N_a\sin\left(\delta - \frac{1}{2}\xi\right) = N_b\sin\left(\delta + \frac{1}{2}\xi\right) \qquad (7.19)$$

$$N_a\cos\left(\delta - \frac{1}{2}\xi\right) - N_b\cos\left(\delta + \frac{1}{2}\xi\right) = G\cos\psi \qquad (7.20)$$

将以上两式联合求解,得:

$$N_a = \frac{G\cos\psi\sin\left(\delta + \frac{1}{2}\xi\right)}{\sin\xi} \qquad (7.21)$$

$$N_b = \frac{G\cos\psi\sin\left(\delta - \frac{1}{2}\xi\right)}{\sin\xi} \qquad (7.22)$$

楔体的稳定性系数 K_{st} 为:

$$K_{st} = \frac{N_a\tan\varphi_a + N_b\tan\varphi_b + c_aA_a + c_bA_b}{G\sin\psi} \qquad (7.23)$$

式中 φ_a, c_a——面 A 的摩擦角、黏聚力;

φ_b, c_b——面 B 的摩擦角、黏聚力;

A_a, A_b——面 A 和面 B 的面积;

G——楔体自重。

其余符号见图 7.12。

结构面交线的方位角 α_{ab} 和倾角 ψ_{ab} 可用以下公式求得:

$$\alpha_{ab} = \tan^{-1}\frac{\cos\alpha_b \tan\psi_b - \cos\alpha_a \tan\psi_a}{\sin\alpha_a \tan\psi_a - \sin\alpha_b \tan\psi_b} \tag{7.24}$$

$$\psi_{ab} = \tan^{-1}\left[\cos(\alpha_{ab} - \alpha_a)\tan\psi_a\right] \tag{7.25}$$

$$= \tan^{-1}\left[\cos(\alpha_{ab} - \alpha_b)\tan\psi_b\right]$$

式中 α_a,ψ_a——面 A 的方位角和倾角；

α_b,ψ_b——面 B 的方位角和倾角。

（3）圆弧形滑动

对于均匀土质边坡、节理发育的岩质边坡或弃石堆边坡,易发生旋转破坏,滑面呈圆弧形。下面介绍一种核算滑坡滑动后,滑体当前所处稳定状况反算法——综合 c 值法。

该法是将滑坡纵剖面恢复到原有状态,并假定此时坡体处于极限平衡状态($K_{st}=1$),滑面的抗剪强度以黏聚力为主,据此求取已知画面的综合黏聚力 $c_{综合}$值。然后,将 $c_{综合}$值代入目前状态滑体的稳定性计算式中,求 K_{st}值(图 7.13)。

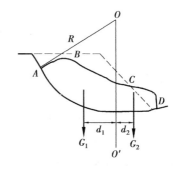

图 7.13　综合 c 值法计算滑坡稳定性示意图

$$K_{st} = \frac{G_2 d_2 + c_{综合} l R}{G_1 d_1} \tag{7.26}$$

式中 G_1,G_2——通过滑弧圆心铅垂线至 OO' 两侧的滑体自重;

d_1,d_2——OO' 两侧的滑体重心至 OO' 的距离;

l——滑弧长度;

R——滑弧半径。

对于滑带物质为黏性土,滑动过程中孔隙水压力不易消散时,才较准确($\varphi=0$)。当滑带由粗碎屑组成,滑动时易排水,则可认为 $c\approx0$,采用综合 φ 值法求 $\tan\varphi_{综合}$,再代入滑动后的滑体稳定计算式,验算其相对稳定程度。

（4）折线形滑动

当岩体沿同倾向多结构面或堆积土层沿下伏基岩面发生滑动时,滑面常呈折线形(图 7.14)。此类滑坡的稳定性多采用传递系数法计算。

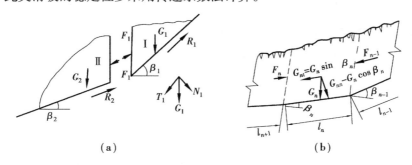

（a）　　　　　　　　　　　　（b）

图 7.14　折线形滑坡稳定性和推力计算示意图

计算时按滑面折线转点将滑体分块,并假定:

①每一块段的滑面为一直线;

②各块段滑动推力的作用方向平行于相应各块段的滑面,其作用点位于两块段分界面的中点。

每一块段的剩余下滑力为：

某块段的剩余下滑力 = 该块段的下滑力 × K_{st} − 该块段的抗滑力

图 7.14(a)第一块段的剩余下滑力为：

$$F_1 = T_1 K_{st} - (N_1 f_1 + c_1 A_1) = K_{st} T_1 - R_1 \tag{7.27}$$

第二块段的剩余下滑力为：

$$F_2 = [F_1 \cos(\beta_1 - \beta_2) + T_2] K_{st} - [N_2 f_2 + c_2 A_2 + F_1 \sin(\beta_1 - \beta_2) f_2]$$

上式整理后得：

$$F_2 = K_{st} T_1 + F_1 [\cos(\beta_1 - \beta_2) - \sin(\beta_1 - \beta_2) f_2] - (N_2 f_2 + c_2 A_2)$$

令

$$\psi_1 = \cos(\beta_1 - \beta_2) - \sin(\beta_1 - \beta_2) f_2$$

上式简化为：

$$F_2 = K_{st} T_2 + F_1 \psi_1 - R_2 \tag{7.28}$$

式中　T——某块段的下滑力 T_1、T_2 为第一块段及第二段的下滑力；

　　　R——某块段的抗滑力；

　　　ψ——传递系数，ψ_1 为第一块段传至第二块段的传递系数；

　　　f,c——某块段滑面的摩擦系数和黏聚力。

将式(7.27)代入式(7.28)得：

$$F_2 = (K_{st} T_1 - R_1) \psi_1 + K_{st} T_2 - R_2$$
$$= K_{st} (T_1 \psi_1 + T_2) - (R_1 \psi_1 + R_2)$$

如果滑坡有几段，则：

$$F_3 = K_{st} (T_1 \psi_1 \psi_2 + T_2 \psi_2 + T_3) - (R_1 \psi_1 \psi_2 + R_2 \psi_2 + R_2) \cdots\cdots$$
$$F_n = K_{st} (T_1 \psi_1 \psi_2 \cdots\cdots \psi_{n-1} + T_2 \psi_2 \cdots\cdots \psi_{n-1} + \cdots\cdots T_{n-1} \psi_{n-1} + T_n) -$$
$$(R_1 \psi_1 \psi_2 \cdots\cdots \psi_{n-1} + R_2 \psi_2 \cdots\cdots \psi_{n-1} + \cdots\cdots R_{n-1} \psi_{n-1} + R_n)$$

令 $F_n = 0$，并用连乘号 $\prod$ 及总和符号 $\sum$ 表示，得：

$$K_{st} = \frac{\sum\limits_{i=1}^{n-1} \left[R_i \prod\limits_{j=1}^{n-1} \psi_j \right] + R_n}{\sum\limits_{i=1}^{n-1} \left[T_i \prod\limits_{j=1}^{n-1} \psi_j \right] + T_n} \tag{7.29}$$

式中，$\psi_j = \cos(\beta_i - \beta_{i-1}) - \sin(\beta_i - \beta_{i+1}) \tan\varphi_{i+1}$，$\prod\limits_{j=1}^{n-1} \psi_j = \psi_i \psi_{i+1} \psi_{i+1} \cdots\cdots \psi_{n-1}$。

【例 7.2】　某折线形边坡资料及单位宽度剖面图如图 7.15 所示。

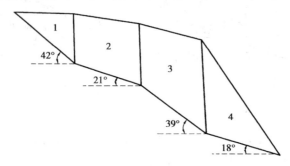

图 7.15　例 7.2 图

$$Q_1 = 982 \text{ kN}, \alpha_1 = 42°, C_1 = 22 \text{ kPa}, \varphi_1 = 12°, l_1 = 8 \text{ m}$$
$$Q_2 = 3\,697 \text{ kN}, \alpha_2 = 21°, C_2 = 27 \text{ kPa}, \varphi_2 = 18°, l_2 = 9.2 \text{ m}$$

$$Q_3 = 3\ 104\ \text{kN}, \alpha_3 = 39°, C_3 = 18\ \text{kPa}, \varphi_3 = 16°, l_3 = 7.4\ \text{m}$$

$$Q_4 = 2\ 179\ \text{kN}, \alpha_4 = 18°, C_4 = 25\ \text{kPa}, \varphi_4 = 25°, l_4 = 7.8\ \text{m}$$

求该滑坡的稳定性系数。

【解】　①计算各滑段的滑动分力 $T_i(i=1,2,3,4)$。

$$T_i = Q \sin \alpha_1$$

$$T_1 = Q_1 \sin \alpha_1 = 982 \times \sin 42° = 657.09(\text{kN})$$

$$T_2 = Q_2 \sin \alpha_2 = 3\ 697 \times \sin 21° = 1\ 324.89(\text{kN})$$

$$T_3 = Q_3 \sin \alpha_3 = 3\ 104 \times \sin 39° = 1\ 953.41(\text{kN})$$

$$T_4 = Q_4 \sin \alpha_4 = 2\ 179 \times \sin 18° = 673.35(\text{kN})$$

②计算各滑段的抗滑力 $R_i(i=1,2,3,4)$。

$$R_i = N_i \tan \varphi_i + C_i l_i = Q_i \cos \alpha_i \tan \varphi_i + C_i l_i$$

$$R_1 = Q_1 \cos \alpha_1 \tan \varphi_1 + C_1 l_1 = 982 \times \cos 42° \times \tan 42° + 22 \times 8 = 331.12(\text{kN})$$

$$R_2 = Q_2 \cos \alpha_2 \tan \varphi_2 + C_2 l_2 = 3\ 697 \times \cos 21° \times \tan 18° + 27 \times 9.2 = 1\ 369.84(\text{kN})$$

$$R_3 = Q_3 \cos \alpha_3 \tan \varphi_3 + C_3 l_3 = 3\ 104 \times \cos 39° \times \tan 16° + 18 \times 7.4 = 824.90(\text{kN})$$

$$R_4 = Q_4 \cos \alpha_4 \tan \varphi_4 + C_4 l_4 = 2\ 179 \times \cos 18° \times \tan 25° + 25 \times 7.8 = 1\ 161.35(\text{kN})$$

③计算第 i 块滑段的剩余下滑力传递到第 $i+1$ 块滑段时的传递系数 $\psi_i(i=1,2,3)$。

$$\psi_i = \cos(\alpha_i - \alpha_{i+1}) - \sin(\alpha_i - \alpha_{i+1}) \tan \varphi_{i+1}$$

$$\psi_1 = \cos(\alpha_1 - \alpha_2) - \sin(\alpha_1 - \alpha_2) \tan \varphi_2$$

$$= \cos(42° - 21°) - \sin(42° - 21°) \times \tan 18° = 0.817$$

$$\psi_2 = \cos(\alpha_2 - \alpha_3) - \sin(\alpha_2 - \alpha_3) \tan \varphi_3$$

$$= \cos(21° - 39°) - \sin(21° - 39°) \times \tan 16° = 1.040$$

$$\psi_3 = \cos(\alpha_3 - \alpha_4) - \sin(\alpha_4 - \alpha_4) \tan \varphi_4$$

$$= \cos(39° - 18°) - \sin(39° - 18°) \times \tan 25° = 0.766$$

④计算折线形滑面滑坡的稳定性系数。

$$K_{st} = \frac{\sum_{i=1}^{n-1} \left[R_i \prod_{j=i}^{n-1} \psi_j \right] + R_n}{\sum_{i=1}^{n-1} \left[T_i \prod_{j=i}^{n-1} \psi_j \right] + T_n}$$

$$= [R_1 \psi_1 \psi_2 \psi_3 + R_2 \psi_2 \psi_3 + R_3 \psi_3 + R_4] \backslash [T_1 \psi_1 \psi_2 \psi_3 + T_2 \psi_2 \psi_3 + T_3 \psi_3 + T_4]$$

$$= [331.12 \times 0.817 \times 1.040 \times 0.766 + 1\ 369.84 \times 1.040 \times 0.766 + 824.90 \times 0.766 + 1\ 161.35]/$$

$$[657.09 \times 0.817 \times 1.040 \times 0.766 + 1\ 324.89 \times 1.040 \times 0.766 + 1\ 953.41 \times 0.766 + 673.35]$$

$$= 0.85$$

该折线形滑面滑坡的稳定性系数 $K_{st} = 0.85$，滑坡不稳定。

总的来说，在进行滑坡稳定计算时，应注意以下几点：

①按滑坡滑面形态区分出平面滑块、楔形滑块、圆弧形滑块和折线形滑块，选用相应的计算公式。

②宜根据测试成果、反算法和当地经验综合确定岩土的强度指标。

③当有地下水时，计算应计入浮托力和水压力。

④当有地震、冲刷、人类活动等影响因素时，尚应考虑这些因素对稳定的影响。

⑤此外，当有局部滑动可能时，除验算整体稳定外，尚应验算局部滑体的稳定。

7.3.2 滑坡的预防与整治

1)滑坡的预防

滑坡会造成严重的工程事故。因此,在建设中应对滑坡采取预防为主的方针,在勘察、设计、施工和使用中都要采取必要的措施,预防滑坡的发生。经验表明:对滑坡采取简易的预防措施,其所消耗人力、物力往往要比发生滑坡后再设法整治节省很多。

在建设场区内,对于有可能形成滑坡的地段,必须注意以下两个方面,并采取可靠的预防措施,防止滑坡发生。

①加强勘察工作,对拟建场地(包括边坡)的稳定性进行认真的分析和评价,特别是要注意由于工程活动对场地工程地质条件的改变以及对边坡稳定性所引起的影响。厂址和线路一定要选在边坡稳定的地段。

对具备滑坡形成条件的或存在有古、老滑坡的地段,若估计它们确有可能因施工或其他原因而触发滑坡,则一般不应选作建筑场地;否则,应采取必要的措施加以预防。若贸然上去,势必会造成不良甚至严重后果。

②在生产建设过程中,应尽量避免造成触发滑坡的外因。例如,总图布置时应尽量利用原有的地形条件,因地制宜,避免大挖大填,以致破坏场地及边坡的稳定性。

在施工过程中应尽可能先做好室外排水和边坡的保护工程。

"治山先治水",为了预防滑坡,应认真做好排水工作(包括地表水和地下水)。应尽可能保持场地的自然排水系统,并进行必要的整修和加固,防止渗水。截水沟的坡度要大于天然边坡的坡度,并做好防渗处理,加强维护和勤于疏通。地表的天然植被要尽可能保护和培育。对于疏松或有大量裂缝的坡面应平整夯填,防止渗水。

开挖边坡时,若发现有滑坡的迹象,应避免继续刷坡,并尽快采用恢复原边坡平衡的措施。为了预防滑坡,当在地质条件良好、岩土性质比较均匀的地段开挖时,对高度在 25 m 以下的岩石边坡或高度在 10 m 以下的土质边坡,其最大允许坡度值可参考表 7.8 和表 7.9 确定。但是,当地下水比较发育,或具有软弱结构面的倾斜地层,或岩层面或主要节理面的倾向与边坡的开挖方向相同,且两者走向的夹角小于 45°时,边坡的容许坡度应另行设计。开挖工作宜从上往下依次进行,严禁先挖坡脚。尽量分散处理弃土,若必须在坡顶或坡腰上大量堆置时,应验算边坡的稳定性。为防止风化、剥蚀、渗水和冲刷等对边坡稳定性的影响,对容易风化的岩石坡面,宜采用抹面、水泥砂浆喷浆或浆砌块石等;对易受冲刷的土质坡面,宜种植被或压实,并防止在影响边坡的范围内积水。

表 7.8 岩质边坡容许坡度值

岩石质量等级	坡高小于 5 m	坡高 5~15 m	坡高 15~25 m
I	1:0.005~1:0.1	1:0.005~1:0.15	1:0.1~1:0.2
II	1:0.005~1:0.15	1:0.1~1:0.2	1:0.2~1:0.35
III	1:0.1~1:0.2	1:0.2~1:0.35	1:0.3~1:0.45
IV	1:0.2~1:0.35	1:0.3~1:0.45	—
V	1:0.3~1:0.45	—	—

注:岩质边坡稳定性与结构面的产状密切有关,在确定坡度值时应仔细分析不同产状结构面对边坡稳定的影响,并慎重考虑。

表 7.9 土质边坡容许坡度值

边坡土体类别	状态或时代	容许坡度值（高宽比）		
		坡高小于 5 m	坡高 5～10 m	
碎石土	密实	1：0.35～1：0.50	1：0.50～1：0.75	
	中密	1：0.50～1：0.75	1：0.35～1：0.50	
	稍密	1：0.75～1：1.00	1：1.00～1：1.25	
黏性土	坚硬	1：0.75～1：1.00	1：1.00～1：1.25	
	硬塑	1：1.00～1：1.25	1：1.25～1：1.50	
粉土	饱和度小于 50	1：1.00～1：1.25	1：1.25～1：0.50	
黄土	地质年代	坡高小于 5 m	坡高 5～10 m	坡高 10～15 m
	次生黄土 Q_4	1：0.50～1：0.75	1：0.75～1：1.00	1：1.00～1：1.25
	马兰黄土 Q_3	1：0.30～1：0.50	1：0.50～1：0.75	1：0.75～1：1.00
	离石黄土 Q_2	1：0.20～1：0.30	1：0.30～1：0.50	1：0.50～1：0.75
	午城黄土 Q_1	1：0.10～1：0.20	1：0.20～1：0.30	1：0.30～1：0.50

注：①本表不适用于新近堆积黄土。

②表中碎石土的充填物为坚硬或硬塑状态的黏性土、粉性土，对于砂土或充填物为砂土的碎石土，其边坡坡度容许值均应按自然休止角确定。

在那些不可能按最大允许坡度进行挖方的地段，应在挖方后，尽快采取支护、修截水沟等措施以稳定边坡。对于高而陡的边坡，宜分段设置平台，做成台阶式，如图 7.16 所示。平台宽度一般为 1.5～3.0 m，并挖明沟排水。

填方前，应先去掉草皮和松软土层，挖成台阶，而后由坡脚往上逐级堆填，并分层夯实。

加强维护，边坡的稳定性与勘察、设计、施工和使用都有密切关系。四者必须配合，做好各阶段的预防工作。即使目前稳定的边坡，但随着自然和人为条件的发展和变化，也可能有新的情况发生，触发滑坡。因此，要随时注意养护，加强维修，必要时进行长期监测。

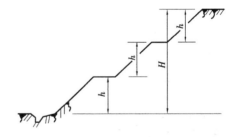

图 7.16 台阶式边坡

2）滑坡的整治

滑坡发生后，应深入了解形成滑坡的内、外部条件以及这些条件的变化。对诱发滑坡的各种因素，应分清主次，采取相应的措施，使滑坡最终趋于稳定。滑坡的发生总有一个过程，因此在其活动初期，若能立即根治，就比较容易，收效也显著。对于规模较大而难于整治的滑坡，应在选址时尽量避开。

整治滑坡主要用排水、支挡、减重和护坡等措施综合处理。个别情况下，也有采用疏干、电渗排水、爆破灌浆、化学加固或焙烧等方法来改善滑带岩土的性质，以稳定边坡。

若滑坡由切割坡脚而引起，则以支挡为主，而后按具体情况，辅以排水、减重等措施。若滑坡因水而引起，则应以治水为主，辅以适当的支挡措施。

对小型滑坡，一般通过地表排水、坡面整平、裂缝夯填等措施就能见效。对中型滑坡，则需采用支挡、减重、排除地下水等措施。对大型滑坡,则往往要综合整治,主要有支挡结合支撑盲沟、减重结合支挡等措施。

（1）排水

排水就是排除滑坡范围内外的地表水和地下水。滑坡的发生和发展都与水的作用有关,所以排水措施对于整治各类型的滑坡都是首要的。但应针对具体情况,相应采取不同的排水原则和方法。

①对滑坡范围外的地表水,应采取拦截旁引的原则,修筑一条或多条环形的截水沟。截水沟应设在滑坡可能发展的边界 5 m 以外。截水沟一般用浆砌片石做成,壁厚 20 ~ 30 m,沟底及沟壁应用水泥砂浆或三合土抹面,防止渗漏。有条件时,也可利用天然沟来布置排水系统。

为拦截滑坡外丰富的地下水,常采用截水盲沟,多修筑在滑坡可能发展的范围以外 5 m 的稳定地段中,并与地下水的流向相正交,布置成折线或环状,如图 7.17 所示。为便于施工,沟底宽度不小于 1.0 m,沟的背水面设置黏土或浆砌片石隔水层,厚度一般为 0.3 ~ 0.5 m,以防止地下水透过盲沟后再渗入滑体内;迎水面应设置厚约 0.3 m 的粗砂反滤层。沟底用浆砌块石筑成凹槽形,厚度不小于 0.3 m,一般应埋入最深含水层以下的不透水层或基岩内,沟底的纵向坡度不小于 4% ~ 5%。沟内用碎石、卵石或粗砂等作为填料以利排水。为维修和疏通的需要,在直线段每隔 30 ~ 50 m 和沟的转折点、变坡点处设置检查井(图 7.17)。

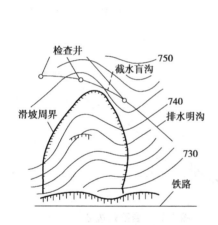

图 7.17　截水盲沟的布置

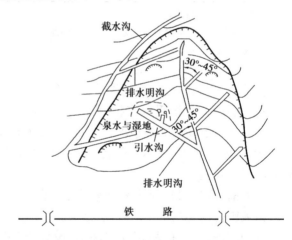

图 7.18　排水明沟的布置

②对滑坡范围内的地表水,应采取防渗和汇集并引出滑坡范围以外为原则。对天然坡面要整平夯实(包括裂缝处理,必要时用黏土水泥砂浆封口),防止积水下渗。要充分利用天然沟谷布置成树枝状排水系统,主沟应与滑坡的滑动方向大体一致,如图 7.18 所示。排水沟每隔 20 ~ 30 m 一条,用浆砌片石砌筑,厚 20 ~ 30 cm。

图 7.19　盲沟平面布置示意图

对于滑体内的地下水,应以疏干和引出为原则,一般采用支撑盲沟(同时起支撑滑体的作用)。根据地下水的流向和分布,确定沟的位置,它往往设置在地下水露头和由于土中水而形成坍塌的地方,并沿滑动方向修筑成 IYI、YYY 和Ⅲ形。支沟可伸出滑坡范围以外,以拦截地下水,其间距视土质情况采用 6 ~ 15 m,如图 7.19 所示。支撑盲沟的断面如图 7.20 所示。沟深一般从两米到十几米,宽度视抗滑要求和施工方便而定,沟底一般设置在滑动面以下 0.5 m 的稳定地层中,并修成 2% ~ 4% 的纵向坡度,以利排水。

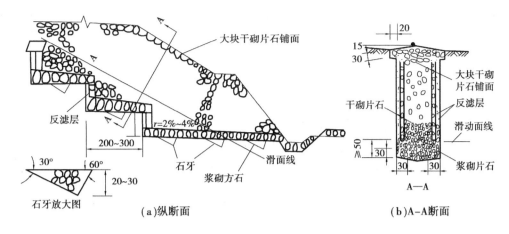

图7.20　支撑盲沟

至于河岸边坡前缘因受流水冲刷而发生滑坡时,一般可在上游修筑丁坝,迫使水流偏向对岸,并在边坡前缘用抛石、铺设石笼等措施,避免使坡脚进一步受河水冲刷。当山沟沟谷因河水冲刷而发生滑坡时,常在下游修筑堤坝防止冲刷,并利用淤积物质稳定坡脚。

(2)支挡

根据滑坡推力的大小,可选用抗滑挡墙、抗滑桩等支挡结构,并常与排水、减重等措施结合使用。

①抗滑挡墙。它是目前整治滑坡中应用最广而又较为有效的措施之一,其优点是破坏山体平衡少,收效快;但应用时必须弄清滑坡的性质(牵引式还是推移式滑坡,用于前者)、滑面的层数和位置、滑坡推力等情况,以免失效。抗滑挡墙一般多用重力式。墙背所受的土压力就是滑坡推力,一般都大于按库伦土压力理论所计算得出的主动土压力值(但是对中、小型滑坡,若计算得的滑坡推力不大,还应与主动土压力相比较,取其中较大值进行设计)。它的作用点约在滑体厚度的1/2处,其作用方向与墙后较长一段滑面的方向平行。因此,重力式抗滑挡墙的体型具有矮胖、胸坡平缓(常用1:0.3~1:0.5)等特点。为增加墙的抗滑能力,对土质地基,基础底面常做成1:0.1~1:0.15的逆坡;对岩石地基,则常把基础做成1~2个台阶。挡墙的埋置深度应在滑面以下,并深入完整的岩层面以下不小于0.5 m,稳定土层面以下不小于2 m。在确定墙高时,还应通过验算以保证滑体不致从墙顶滑出。墙身应设置泄水孔以排除地下水。墙的施工宜在旱季进行。在一般情况下,不允许在滑坡下部全段开挖地基(特别在雨季),应从滑坡两边向中间分段跳槽进行,以免引起滑坡滑动,或使墙的已完成部分推倒。

②抗滑锚杆(或锚索)。它是用锚杆(索)将滑体锚固在稳定层上(图7.21)。若对锚杆(索)施加预应力,提高抗滑面上的正应力,则效果更显著。

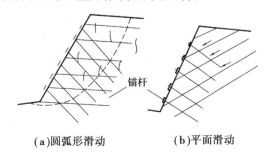

(a)圆弧形滑动　　　　　(b)平面滑动

图7.21　抗滑锚杆

③锚杆挡墙。它是由水平或倾斜的锚杆与挡墙组合而成(图7.22)。墙面一般用预制的钢筋混凝土肋柱和挡板组装,也有用就地灌注钢筋混凝土墙面形成整体。锚杆(索)的固定端锚定在坡体稳定层或用锚定板方法固定在填土内部的稳定层中,而另一端则与墙面连接。

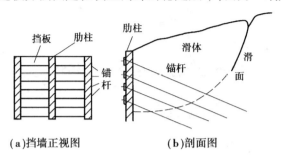

(a)挡墙正视图　　　　　(b)剖面图

图7.22　锚杆挡墙

它具有以下特点:

①结构轻,与重力式相比,可节省大量材料;

②可机械化施工,减轻体力劳动,提高劳动生产率;

③由于它依靠锚杆维持墙身的平衡,在高边坡的情况下,可采用自上而下逆作法施工,从而克服了不良地基开挖的困难,并有利于安全施工。

④抗滑桩。它是借桩周土(岩)体对桩的嵌制来稳定土体,阻止土体下滑并减压,传递部分滑坡推力的。钢筋混凝土桩或钢筋混凝土外壳内填片石或圬工桩,呈排状组合,间隔一定间距(图7.23),深埋入岩层或稳定的土层中,借以锚固滑体,使其稳定。用它来整治滑坡已取得比较成功的经验。例如,四川某工程曾采用桩身断面为3 m×4 m和2 m×3 m、长为15~18 m的钢筋混凝土抗滑桩共60余根,挡住了约40万 m³滑体,效果较好。它的布置形式有互相连接的、互相间隔的以及下部间隔而顶部用承台连接的几种,如图7.23所示。桩的设计方法目前还不统一:一类是刚性桩计算方法,另一类是弹性桩计算方法。弹性桩计算方法采用弹性地基梁理论,采用文克尔假设:假定作用在桩上的侧向土反力等于土的侧向地基系数与位移的乘积。

(a)互相连接的　　　　(b)互相间隔的　　　(c)下部间隔而顶部连接的

图7.23　抗滑桩平面的布置

关于地基系数的变化规律,有3种不同假定:

①认为任何深度的地基系数均为同一常数,简称常数法;

②认为地基系数随深度成正比增加,简称"m"法;

③认为深度达到一定值时地基系数不再随深度变化而保持恒值,称为"K"法。

桩的横断面有矩形、方形或圆形,一般需设置钢筋。桩在滑面以下的锚固深度视作用在桩上的滑动推力、岩土的性质、桩前被动土压力等而定。一般经验是:在软质岩石中取桩长的1/3,硬质岩石中取桩长的1/4,在土质滑坡床中则取桩长的1/2。当土层沿下伏基岩面滑动时,也有取桩径的3~5倍以保证桩间土体的稳定。施工方法目前有挖孔、钻孔和打入(用于浅层黏性土或黄土滑坡中)几种,而以前者为多。挖孔桩通常用人工开挖,为防止坍孔,必要时每挖一段(如1 m)支撑一段,如此轮番进行,挖到设计标高,而后放下钢筋架,灌注混凝土。它施工比较简单,且可同时进行,缩短工期。

总的来说,抗滑桩具有节省材料、工作面大而施工互不干扰,施工进度快,不需刷方以及不会因此引起其他危害等优点。因此,在整治浅层或中层滑坡时,当采用抗滑挡墙但工程量大、不经济或施工开挖易引起滑坡下滑时,宜采用抗滑桩。

(3)减重和反压

这种方法技术简单,施工容易,不需要其他建筑材料。因此,工作量虽大,但仍是整治滑坡的常用方法之一。其目的在于减少滑体上部主滑部分自重(如推移式滑坡后缘),以减小滑体的下滑力。但刷方减重是有条件的,对滑坡床上陡下缓,滑坡后壁及两侧岩(土)体比较稳定时,方始有效;否则,不但不能达到预期的效果,反而可能扩大滑坡范围,引起更大的危险,如对牵引式滑坡,就不宜采用。所以处理以前,必须掌握滑面形状、滑体各段的受力情况,确定主滑部分、抗滑部分、牵引部分以及其间的可能变化,然后确定刷方减重的位置。

从滑体各区段传力的情况来看,凡滑面比较平缓的区段,这一段滑体起着抗滑作用;而滑面比较陡峻的区段,则起着下滑作用。所以,刷方减重主要是挖去滑面较陡区段土体。由图 7.24 可见,若采用1—1 线作为刷方线,将反而削弱了抗滑力,可能引起滑坡发展;若采用2—2 线作为刷方线,则合理而有效。

若滑体前缘有弃土条件时,可把不很陡的边坡稍加削平,把它堆在坡前成为卸土堆,起反压作用,以增加其稳定性,如图 7.25 所示。

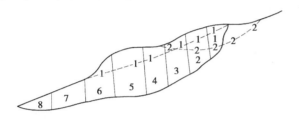

图 7.24　刷方线的正确选取

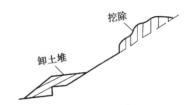

图 7.25　加建卸土堆

7.4　岩石地基

7.4.1　岩石地基的特性

岩石地基是山区最常见的地基之一,岩石相对于土而言,具有较牢固的刚性连接,因而具有较高的强度和较小的透水性。总的来说,岩石地基具有承载力高、压缩性低和稳定性强的特点。因此,完整、较完整、较破碎的坚硬岩、较软岩,只要岩体均匀性良好,可仅按地基承载力特征值进行地基基础设计。

但作为岩石地基的岩体,相对于岩石来说要复杂得多。作为自然产物的岩体,形成时受地理、气候、环境等条件的影响,总是存在着节理、断层、劈理等各种结构面及一定的风化程度,造成岩体的非均匀性、各向异性等。在岩石地基,特别是在层状岩石中,平面和垂向持力层范围内软、硬相间出现很常见。当软、硬岩石强度相差较大,在平面上软硬岩石相间分布或在垂向上硬岩有一定厚度、软岩有一定埋深的情况下,使得岩石地基均匀性较差,为安全合理地使用地基,有必要通过验算地基的承载力和变形确定如何作为地基使用。

岩石地基多在山区和丘陵出现,其岩层表面大多数不是水平面。当其表面坡度较大时,岩石地基刚度大,故在地基均匀的情况下,同一建筑物允许使用多种基础形式,如桩基与独立基础并用、条形基础、独立基础与桩基础并用等。岩石地基的基础埋深应满足抗滑移要求。反过来讲,在满足抗滑移要求的前提下,岩石地基上的基础可以尽量浅埋。

基岩面起伏剧烈,高差较大并形成临空面是岩石地基的常见情况,而岩石中结构面的倾向,对地基的稳定性影响较大。为确保建筑物的安全,应高度重视岩体的结构面与临空面的位置关系以及岩体中是否存在地应力,以判断岩石地基的稳定程度。

对于遇水易软化或膨胀、暴露后易崩解的软岩、极软岩等岩石,开挖至持力层后应采取封闭等有效措施以减少对岩体承载力的影响。

由于一般岩石地基的强度都很高,桩孔、基底和基坑边坡开挖较困难,进行爆破作业时应选择合理的爆破方式,控制爆破药量,减少对地基岩体的破损以及对基坑边坡稳定造成影响。

7.4.2　岩石地基基础的设计要求

岩石地基基础设计应符合下列规定:

①完整、较破碎岩体上的建筑物可仅进行地基承载力计算。

②基础设计等级为甲、乙级的建筑物,同一建筑物的地基存在坚硬程度不同,两种或多种岩体变形模量差异达两倍及两倍以上,应进行地基变形验算。

③地基主要受力层深度内存在软弱下卧岩层时,应考虑软弱下卧岩层的影响进行地基稳定性验算。

④孔、基底和基坑边坡开挖应控制爆破,到达持力层后,对软岩、极软岩表面应及时封闭保护。

⑤地基岩面起伏较大,且都使用岩石地基时,同一建筑物可以使用多种基础形式。

⑥基础附近有临空面时,应验算向临空面倾覆和滑移稳定性。存在不稳定的临空面时,应将基础埋深加大至下伏稳定基岩;也可在基础底部设置锚杆,锚杆应进入下伏稳定岩体,并满足抗倾覆和抗滑移要求。同一基础的地基可以放阶处理,但应满足抗倾覆和抗滑移要求。

⑦对于节理、裂隙发育及破碎程度较高的不稳定岩体,可采用注浆加固和清爆填塞等措施。

⑧遇水易软化和膨胀、易崩解的岩石,应采取保护措施减少其对岩体承载力的影响。

⑨岩石地基的承载力特征值取决于岩石类别外,还与其风化程度有很大的关系,一般按岩基荷载试验方法确定。对完整、较完整和较破碎的岩石,还可根据室内饱和单轴抗压试验强度确定其承载力特征值。

7.4.3　岩石地基的承载力及利用

1)岩石地基的承载力与压缩性

岩石地基的承载力特征值除取决于岩石类别外,还与其风化程度有较大关系,一般可按岩基载荷试验方法确定。对完整、较完整和较破碎的岩石,也可根据室内饱和单轴抗压强度确定其承载力特征值。

按饱和单轴抗压强度确定岩石地基承载力特征值的计算公式如下:

$$f_a = \psi_r f_{rk} \tag{7.30}$$

式中　f_a——岩石地基承载力特征值,kPa;

f_{rk}——岩石饱和单轴抗压强度标准值,kPa;

ψ_r——折减系数。

ψ_r 根据岩体完整程度以及结构面的间距、密度、产状和组合,由地方经验确定。无经验时,对完整岩体可取 0.5;对较完整岩体可取 0.2 ~ 0.5;对较破碎岩体可取 0.1 ~ 0.2。

折减系数 ψ_r 未考虑施工因素及建筑物使用后风化作用的继续。对于黏土质岩,若能采取措施,确保施工期及使用期不致遭水浸泡时,也可采用天然湿度试样试验,不进行饱和处理。

对破碎、极破碎的岩石地基承载力特征值,可根据地区经验取值;无地区经验时,可根据平板载荷试验确定。

微风化坚硬岩及较硬岩强度较高,其饱和单轴极限抗压强度标准值为 30 ~ 100 MPa,微风化较软岩及软岩饱和单轴极限抗压强度一般为 5 ~ 30 MPa;中等风化及强风化坚硬岩及较硬岩由于不易取得完整岩石试样做饱和单轴极限抗压强度试验,一般需通过岩基载荷试验确定其承载力。

岩基载荷试验采用的承压板一般为直径 300 mm 圆形刚性承压板。当基岩埋藏较深时,也可采用钢筋混凝土桩,但桩周需采取措施以消除桩身与土之间的摩擦力。根据试验所得 p-s 曲线确定比例界限及极限荷载。将极限荷载除以 3.0 的安全系数,并与比例界限荷载比较,取二者中的小值。参加统计的试验点不应少于 3 点,取最小值作为岩石地基承载力特征值。除强风化和全风化岩外,其他岩石地基承载力特征值不进行基础埋深及基底宽度的修正。

作岩石单轴抗压强度的试样,可从钻孔岩芯或坑、槽探中采取。试样尺寸一般为 $\phi 50$ mm $\times$ 100 mm,数量不少于 6 个,并应进行饱和处理。试验时,按 500 ~ 800 kPa/s 的速度加载,直到试样破坏为止。根据参加统计的一组试样的试验值计算其平均值、标准差、变异系数,然后按下式计算其饱和单轴抗压强度的标准值 f_{rk}:

$$f_{rk} = \psi \cdot f_{rm} \tag{7.31}$$

$$\psi = 1 - \left(\frac{1.704}{\sqrt{n}} + \frac{4.678}{n^2} \right) \delta \tag{7.32}$$

式中 f_{rm}——岩石饱和单轴抗压强度平均值;

       f_{rk}——岩石饱和单轴抗压强度标准值;

       ψ——统计修正系数;

       n——试样个数;

       δ——变异系数。

未风化及微风化岩石的压缩性很小,实际上可以认为是不可压缩的。随着风化程度的增加,压缩性有所增高。但由于一般工业与民用建筑物的基底压力都不大,所以对中等风化岩石地基的变形量仍可忽略不计。某些强风化岩石的压缩性较高,如有的黏土岩加荷到 600 ~ 700 kPa时,变形量可达 2 ~ 3 cm;若利用其作为超高层建筑物地基,由于荷载很大,仍需考虑地基的变形问题。

【例7.3】 对强风化较破碎的砂岩采取岩块进行了室内饱和单轴抗压强度试验,其试验值为 9 MPa、11 MPa、13MPa、10 MPa、15 MPa、7 MPa,确定岩石地基承载力的特征值的最大取值。

【解】 (1)计算岩石饱和单轴抗压强度标准值

$$f_{\gamma m} = \frac{9 + 11 + 13 + 10 + 15 + 7}{6} = 10.83 \, (\text{MPa})$$

标准差:
$$\sigma = \sqrt{\frac{\sum_1^n f_{\gamma i}^2 - n f_{\gamma m}^2}{n - 1}} = 2.873$$

变异系数:
$$\delta = \sigma / f_{\gamma m} = \frac{2.873}{10.83} = 0.265$$

统计修正系数：$\psi = 1 - \left(\dfrac{1.704}{\sqrt{n}} \times \dfrac{4.678}{n^2} \right)\delta = 0.781\ 2$

标准值：$f_{rk} = \psi \times f_{\gamma m} = 8.46(\text{MPa})$

（2）岩石地基承载力特征值

由 $f_a = \psi_r \cdot f_{rk}$，较破碎：$\psi_r = 0.1 \sim 0.2$，最大取值：$\psi_r = 0.2$。

$$f_a = 0.2 \times 8.46 = 1.69(\text{MPa})$$

2）岩石地基的利用

岩石地基的特点是整体性强、下部支承可靠、强度高、压缩性低（对某些易风化的软岩与极软岩则是例外），但要注意节理、裂隙、风化等对其工程性质的影响，并应注意场地稳定性问题。设计时，应结合现场工程地质条件及建筑物性质全面综合考虑。

当岩层坚硬、整体性较好、裂隙较少时，可省去基础，把荷载通过墙、柱直接传到岩石上。若为预制钢筋混凝土柱，可把岩石凿成杯口，将柱直接插入，然后用 C20 细石混凝土将柱周围空隙填实，使其与岩层连成整体。杯口深度要满足柱内钢筋的锚固要求。若岩层整体性较差，则一般仍要做钢筋混凝土基础，但杯口底部厚度可适当减少到 8~15 cm。

对捣制的钢筋混凝土柱，若为中心受压或小偏心受压，可将柱子钢筋直接插入基岩作为锚桩，如图 7.26（a）所示；对大偏心受压柱，为承受拉力，当岩层强度较低时，可做大放脚，以便布置较多的锚桩，如图 7.26（b）所示。对某些设备基础，也有将地脚螺旋栓直接埋设在岩石中，利用岩层作为设备的基础。

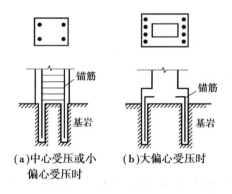

（a）中心受压或小   （b）大偏心受压时
偏心受压时

图 7.26　捣制钢筋混凝土柱和岩层连接示意图

3）岩石锚杆基础

岩石锚杆基础可用于直接建造在基岩上的柱基，以及承受拉力或水平力较大的建筑物基础。它是在基岩内凿孔，孔内放入热轧带肋钢筋；然后，用不低于 M30 的水泥砂浆或不低于 C30 的细石混凝土将孔洞灌填密实，使锚杆基座与基岩连成整体。

（1）锚杆基础的类型

锚杆按形状分为圆柱形和扩大底两种（图 7.27）。前者在建筑工程中应用较多，施工比较简便，但抗拔力较小；后者在钢筋下部焊有钢板，能承受较大的抗拔力。

锚杆按受力状态可分为普通锚杆和预应力锚杆两种，后者抗拔力大，但施工较复杂。

（2）锚杆设计

锚杆孔的直径 d_1 按成孔方法而定，一般取 $3d$（d 为锚杆直径），但不小于 $d + 50$ mm，以便于将砂浆捣固密实。锚杆孔中距不应小于 $6d_1$（对完整的基岩），如图 7.28 所示，随着基岩情况的不良，此距离还应相应增加。

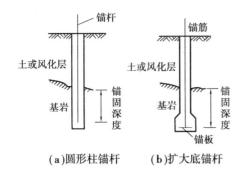

（a）圆形柱锚杆　　（b）扩大底锚杆

图7.27　锚杆类型　　　　　　　　　　　图7.28　岩石锚杆类型

锚杆的抗拔力 R_t 由锚杆的强度、锚杆与砂浆的黏结力、砂浆与岩石的黏结力、岩石抗拔能力所决定。单根锚杆的抗拔承载力特征值 R_t，对设计等级为甲级的建筑物应通过现场试验确定；对于其他建筑物可按下式计算：

$$R_t \leqslant 0.8\pi d_1 lf \tag{7.33}$$

单根锚杆的截面面积 A_s 为：

$$A_s = \frac{1.4R_t}{f_{st}} \tag{7.34}$$

式中　d_1——锚杆孔的直径，cm；

l——锚杆的有效锚固长度，必须大于 $40d$，cm；

f——砂浆与岩石间的黏结强度特征值，MPa，当水泥砂浆强度为 30 MPa，混凝土强度等级为 C30 时，可按表 7.10 选用；

f_{st}——锚杆的抗拉强度特征值，MPa。

表 7.10　水泥砂浆和混凝土与岩石的黏结强度特征（MPa）

岩石坚硬程度	软　岩	较软岩	硬质岩
黏结强度	<0.2	0.2~0.4	0.4~0.6

锚杆基础中，单根锚杆所承受的拔力值应按式 7.34 验算：

$$N_{ti} = \frac{F_k + G_k}{n} - \frac{M_{xk}y_i}{\sum y_i^2} - \frac{M_{yk}x_i}{\sum x_i^2} \tag{7.35}$$

$$N_{t\,max} \leqslant R_t \tag{7.36}$$

式中　F_k——相应于荷载效应标准组合作用在基础顶面上的竖向力，kN；

G_k——基础自重及其上的土自重，kN；

M_{xk}、M_{yk}——按荷载效应标准组合计算作用在基础底面形心的力矩值，kN·m；

x_i,y_i——第 i 根锚杆至基础底面形心的 y、x 轴线的距离，m；

N_{ti}——按荷载效应标准组合下，第 i 根锚杆所承受的拔力值，kN；

R_t——单根锚杆抗拔承载力特征值，kN。

（3）施工要求

锚杆孔的成孔方法有：

①人工打钎，孔径仅为 30~40 mm；

②风钻成孔，设备简单，施工方便，成孔速度快，孔径可达 45~70 mm，孔深可达 2 m 左右；

③地质钻机成孔，孔径可达 90~115 mm，孔深可达 10 m。

成孔要求是位置准确,孔深垂直,在埋设钢筋前应将锚杆孔清理干净。砂浆一般为 1∶1 ~ 1∶1.5 水泥砂浆,强度等级不低于 M30(或 C30 细石混凝土),水灰比控制在 0.4 ~ 0.5,坍落度为 3 ~ 5 cm。为提高黏结力,可采用膨胀水泥(其黏结力比普通水泥可提高 10% 左右)或在砂浆中掺入 1% 水泥用量的铝粉。

7.5 岩溶与土洞

岩溶或喀斯特(Karst)是石灰岩、白云岩、石膏、岩盐等可溶性岩石在水的溶蚀作用下产生的各种地质作用、形态和现象的总称。

岩溶的形态类型很多,与公路工程有密切关系的岩溶形态有漏斗、溶蚀洼地、坡立谷和溶蚀平原、落水洞和竖井、溶洞、暗河和天生桥土洞(图 7.29)。

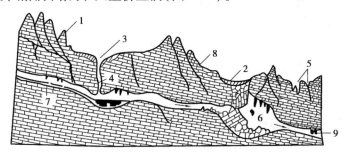

图 7.29 岩溶形态剖面示意图

1—石芽、石林;2—溶蚀洼地;3—漏斗;4—落水洞;
5—溶沟、溶槽;6—溶洞;7—暗河;8—溶蚀裂隙;9—钟乳石

岩溶按出露情况分为裸露型岩溶和隐蔽型岩溶;按地貌分为残丘洼地、峰丛洼地、峰林洼地、溶蚀平原。

7.5.1 岩溶地基评价

岩溶地基的稳定性评价,分为建筑场地的稳定性评价和建筑地基的稳定性评价两部分。

1)建筑场地的稳定性评价

在选址和初勘阶段,一般侧重查明岩溶的发育规律、分布特征及稳定程度,对场地的岩土工程条件进行评价。根据建筑场地形成岩溶的岩性和水的运动规律,结合岩溶地区的地貌、地质构造、岩溶发育过程以及岩溶的分布等进行综合分析。在拟建场地范围内,按岩溶的发育程度在平面上划分出有无影响场地稳定性的地段,作为建筑场地和总图布置的依据,避免在下列地段选址和建筑:

①有浅层的洞体或溶洞群,洞径大,顶板破碎、变形迹象明显,洞底有新近塌落物等。

②地表水沿土中裂缝下渗或地下水升降频繁,上覆土层被冲蚀,土洞塌陷严重。

③有较大的漏斗、洼地、槽谷等浅层岩溶且其中充填软弱土体或地面出现明显变形现象。

④或塌陷等岩溶现象强烈发育地段。

⑤降水工程的降落漏斗中动水位高于基岩面。

⑥岩溶通道排泄不畅或水流上涌,有可能造成场地淹没。

2)建筑地基的稳定性评价

详勘阶段,主要针对具体建筑物下及其附近地段对稳定性有影响的个体岩溶形态进行评价,依据评价结论确定是否需要进行工程处理。影响岩溶稳定性的因素很多,先行勘探手段一般难以完全查明岩溶特性和围岩的边界条件。目前对岩溶稳定性的评价,仍然是以定性和经验为主,定量评价仍处于探索阶段。

定性评价主要分析岩溶形态及各种地质条件,并考虑建筑物的荷载影响判定其稳定性。若为溶洞,则应了解洞体大小、顶板厚度和形状,顶板岩体的强度、结构面的特征,研究洞内充填情况以及水的活动等因素,并结合洞体的埋深、上覆土层的厚度,建筑物的基础形式、荷载分布情况等进行综合分析。定性评价主要依据类似工程经验进行比拟,可按下列原则进行稳定性评价。

①对于完整、较完整的坚硬岩、较硬岩地基,且符合下列条件之一时,可不考虑岩溶对地基稳定性的影响:

a. 洞体较小,基础底面尺寸大于洞的平面尺寸,并有足够的支撑长度。

b. 顶板岩石厚度大于或等于洞跨。

②地基设计等级为丙级且荷载较小的建筑物,当符合下列条件之一时,可不考虑稳定性的不利影响:

a. 基础底面以下的土层厚度大于独立基础宽度的3倍或条形基础宽度的6倍,且不具备形成土洞的条件。

b. 基础底面以下的土层厚度小于独立基础宽度的3倍或条形基础宽度的6倍,洞隙或岩溶漏斗为沉积物充填密实,其承载力特征值大于150 kPa,且无被水冲蚀的可能。

c. 基础底面存在面积小于基础底面25%的垂直洞隙,但基底岩石面积满足上部荷载要求。

③当不满足上述条件时,可根据洞体大小、顶板形状、岩体结构及强度、洞内堆填情况及岩溶水活动等因素进行洞体稳定性分析。当判断顶板为不稳定,但洞内堆填物密实,且无水流活动时,可认为堆填物受力,以其力学指标按不均匀地基评价。在有建筑经验的地区,可按类比法进行评价。

④基岩面起伏剧烈在基础附近形成临空面时,应验算基地岩体向临空面倾覆或滑移的可能。

3)地基稳定性的定量评价

目前,主要是采用按经验公式对溶洞顶板的稳定性进行验算。

(1)溶洞顶板坍塌自行填塞洞体所需厚度的计算

①原理和方法。顶板坍塌后,塌落体积增大,当塌落至一定高度H时,溶洞空间自行填满,无须考虑对地基的影响。所需塌落高度H按下式计算:

$$H = \frac{H_0}{K - 1} \tag{7.37}$$

式中 H_0——塌落前洞体最大高度,m;

K——岩石松散(涨余)系数,石灰岩K取1.2,黏土K取1.05。

②适用范围。适用于顶板为中厚层、薄层,裂隙发育,易风化的岩层,顶板有坍塌可能的溶洞,或仅知洞体高度时。

(2)根据抗弯、抗剪验算结果,评价洞室顶板稳定性

①原理和方法。当顶板具有一定厚度,岩体抗弯强度大于弯矩、抗剪强度大于其所受的剪

力时,洞室顶板稳定。满足这些条件的岩层最小厚度 H 按如下方法计算。

顶板按梁板受力情况计算,受力弯矩按下式计算:

a. 当顶板跨中有裂缝,顶板两端支座处岩石坚固完整时,按悬臂梁计算:

$$M = \frac{1}{2}pl^2 \tag{7.38}$$

b. 若裂隙位于支座处,而顶板较完整时,按简支梁计算:

$$M = \frac{1}{8}pl^2 \tag{7.39}$$

c. 若支座和顶板岩层均较完整时,按两端固定梁计算:

$$M = \frac{1}{12}pl^2 \tag{7.40}$$

抗弯验算:

$$\frac{6M}{bH^2} \leqslant \sigma \tag{7.41}$$

$$H \geqslant \sqrt{\frac{6M}{6\sigma}} \tag{7.42}$$

抗剪验算:

$$\frac{4f_s}{H^2} \leqslant S \tag{7.43}$$

$$H \geqslant \sqrt{\frac{4f_s}{S}} \tag{7.44}$$

式中　M——弯矩,kN·m;

　　　　p——顶板所受总荷载,为顶板厚 H 的岩体自重、顶板上覆土体自重和顶板上附加荷载之和,kN/m;

　　　　l——溶洞跨度,m;

　　　　σ——岩体计算抗弯强度(石灰岩一般为允许抗压强度的1/8),kPa;

　　　　f_s——支座处的剪力,kN;

　　　　S——岩体计算抗剪强度(石灰岩一般为允许抗压强度的1/12),kPa;

　　　　b——梁板的宽度,m;

　　　　H——顶板岩层厚度,m。

②适用范围。顶板岩层比较完整,强度较高,而且已知顶板厚度和裂隙切割情况。

(3)顶板能抵抗受荷载剪切的厚度计算

按极限平衡条件的公式计算:

$$T \geqslant P \tag{7.45}$$

$$T = HSL \tag{7.46}$$

$$H = \frac{T}{SL} \tag{7.47}$$

式中　P——溶洞顶板所受总荷载,kN;

　　　　T——溶洞顶板的总抗剪力,kN;

　　　　L——溶洞平面的周长,m;

　　　　其余符号意义同前。

【例7.4】　某场地表层2.0 m为红黏土,2.0 m以下为薄层状石灰岩,岩石裂隙发育,在

16～17.2 m 处有一溶洞,岩石松散系数 $K = 1.15$,洞顶可能会产生坍塌。试按溶洞顶板坍塌自行填塞估算,当基础埋深为2.3 m、荷载影响深度为2.5倍基础宽度时,条形基础宽度的取值范围。

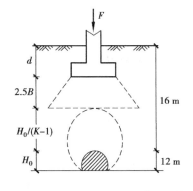

图 7.30　溶洞顶板坍塌自行填塞估算法

【解】　如图 7.30 所示,用溶洞顶板坍塌自行填塞估算法计算。

①洞体高度 H_0:
$$H_0 = 17.2 - 16 = 1.2(\text{m})$$

②顶板坍塌自行填塞所需塌落高度 H:
$$H = H_0/(K - 1) = 1.2/(1.15 - 1) = 8(\text{m})$$

③上部荷载的影响深度 H_1:
$$H_1 = 16 - 8 - 2.3 = 5.7(\text{m})$$

④条形基础的最大宽度(假设条形基础主要压缩层厚度为 $2.5B$):
$$B = H_1/2.5 = 5.7/2.5 = 2.28(\text{m})$$

该场地条形基础的最大宽度不宜大于 2.28 m。

【例7.5】　某溶洞顶板岩层厚23 m,容重为21 kN/m³,顶板岩层上覆土层厚度5 m,容重为18 kN/m³,顶板上附加荷载为250 kPa,溶洞跨度为6 m,岩体允许抗压强度为3.5 MPa,岩石坚硬完整,顶板跨中有裂缝。试按梁板受力情况验算顶板抗弯及抗剪稳定性。

【解】　溶洞顶板按梁板受力情况,取单位长度进行计算。

①单位长度、单位宽度顶板所受总荷重 P:
$$P = P_1 + P_2 + P_3 = bH\gamma_1 + bd\gamma_2 + bq$$
$$= 1 \times 23 \times 21 + 1 \times 5 \times 18 + 1 \times 250 = 823(\text{kN/m})$$

②顶板受力弯矩 M。按悬臂梁受力情况计算顶板梁弯矩(最大值):
$$M = \frac{1}{2}Pl^2 = \frac{1}{2} \times 823 \times 6^2 = 14\,814(\text{kN·m})$$

③支座处的剪力 f_s。按悬臂梁受力情况计算支座顶板梁剪力(最大值):
$$f_s = \frac{1}{2}lP = \frac{1}{2} \times 6 \times 823 = 2\,469(\text{kN})$$

④岩体计算抗弯强度:
$$\sigma = R/8 = 3.5 \times 1\,000/8 = 437.5(\text{kPa})$$

⑤岩体计算抗剪强度 S:
$$S = R/12 = 3.5 \times 1\,000/12 = 291.7(\text{kPa})$$

⑥顶板抗弯验算所需的最小厚度:
$$H \geqslant \sqrt{\frac{6M}{b\sigma}} = \sqrt{\frac{6 \times 14\,814}{1 \times 437.5}} = 14.25(\text{m})$$

顶板实际厚度为23 m,大于抗弯验算所需的最小厚度14.25 m。

⑦抗剪验算:
$$\frac{4f_s}{H^2} = \frac{4 \times 2\,469}{23^2} = 18.67(\text{kPa})$$

$$\frac{4f_s}{H^2} = 18.67 \text{ kPa} < S = 291.7 \text{ kPa}$$

顶板实际厚度满足抗剪验算要求。经验算知,按梁板受力情况计算,顶板稳定。

7.5.2　岩溶地基的处理措施

岩溶地区地基的安全稳定关系到工程项目的成败,根据多年的工程实践经验,将岩溶地基对工程的影响归结为以下6点。

①当溶沟、溶槽、石芽、漏斗、洼地等密布发育,致使基岩面参差起伏,其上又有松软土层覆盖时,土层厚度不一,常可引起地基不均匀沉陷。

②当基础置于基岩上,其附近因岩溶发育可能存在临空面时,地基可能产生沿倾向临空面的软弱结构面的滑动破坏。

③在地基主要受压层范围内,存在溶洞或暗河且平面尺寸大于基础尺寸,溶洞顶板基岩厚度小于最大洞跨、顶板岩石破碎,且洞内无填充物或有水流时,在附加荷载或振动荷载作用下,易产生坍塌,导致地基突然下沉。

④当基础底板之下土层厚度大于地基压缩厚度,且土层中又不致形成土洞的条件时,若地下水动力条件变化不大,水力梯度小,可以不考虑基岩内洞穴对地基稳定的影响。

⑤基础底板之下土层厚度虽小于地基压缩层计算深度,但土洞或溶洞内有充填物且较密实,有地下水冲刷溶蚀的可能性;或基础尺寸大于溶洞的平面尺寸,其洞顶基岩又有足够承载能力;或溶洞顶板厚度大于溶洞的最大跨度,且顶板岩石坚硬完整,皆可以不考虑土洞或溶洞对地基稳定的影响。

⑥对于非重大或安全等级属于二、三类的建筑物,属于下列条件之一时,可不考虑岩溶对地基稳定性的影响:

a.基础置于微风化硬质岩石上,延伸虽长但宽度小于1 m的竖向溶蚀裂隙和落水洞的近旁地段;

b.溶洞已被填充密实,又无被水冲蚀的可能性;

c.洞体较小,基础尺寸大于洞的平面尺寸;

d.微风化硬质岩石中,洞体顶板厚度接近或大于洞跨。

在工程实践中,可根据岩溶地基的具体情况,采用下述处理方法:

①不稳定的岩溶洞隙,可根据其大小、形状及埋深,采用清爆、换填、浅层楔状填塞、洞底支撑、梁板跨越、调整柱距等方法;

②对岩溶水采取疏通勿堵的原则;

③对未经处理的隐伏土洞或地表塌陷,不得作为天然地基;

④应注意工程活动改变和堵截山麓斜坡地段地下水的排泄通道,造成较大的动水压力,影响建筑物基坑底板、地坪及道路等正常使用,防止泄水、涌水污染环境。

总之,在使用这些方法时,应根据工程需要,可单独使用,也可综合使用,如某建筑物在岩溶地区(图7.31)。

7.5.3　土　洞

(1)土洞及土洞的形成

土洞是岩溶地区上覆土层在地表水冲蚀或地下水潜蚀作用下形成的洞穴(图7.32)。

这种洞穴的顶部土体能塌陷成土坑和形成蝶形洼地,土洞顶部土体的这种塌陷称为地表塌

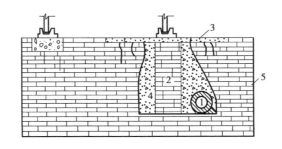

图 7.31 某建筑物下溶洞的处理示意图
1—排水道;2—浆砌石柱;3—钢筋混凝土梁板;4—片石灌浆;5—石灰岩

陷,多分布在土层较薄的地段。土洞及其在地表引起的塌陷都属于岩溶现象在土层中的一种表现,它们对建筑物影响很大,不同程度上威胁着建筑物的安全和正常使用。其主要原因是土洞埋藏浅、分布密、发育快、顶板强度低,有时在建筑物施工中没有土洞,但建成后,由于人为因素或自然条件的影响形成新的土洞和地表塌陷。因此,在土洞可能形成地区,必须注意调查研究,了解土洞形成条件,查明土洞的发育程度与分布,才能做出正确的设计和经济合理的处理。

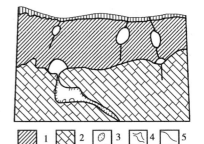

图 7.32 土洞的剖面示意图
1—黏土;2—石灰岩;3—土洞;
4—溶洞;5—裂隙

土洞的形成与发展,与地区的地貌、土层、地质构造、水的活动、岩溶发育、地表排水等多种条件有关,其中土、岩溶的存在和水的活动是最主要的条件。

土质不同,土洞的发育程度则不同,一般土洞多位于黏土层中,砂土和碎石土中比较少见。土粒细、黏性强、胶结好、透水性差的土层难于形成土洞;反之,土粒粗、黏性弱、透水性比较好,遇水易崩解(湿化)的土层,容易形成土洞。此外,在石灰岩溶沟、溶槽地带,经常有软黏土分布,它抵抗水冲蚀的能力弱,且处于地下水流首先作用场所,往往是土洞发育的有利部位。

土洞的形成与岩溶的关系密切,凡具备土洞发育条件的岩溶地区,一般都有土洞发育,因而土洞常分布在溶沟及溶槽两侧、石芽侧壁和落水洞上口等位置的土层中。

土洞的形成,水起着决定性的作用。总的来说,土洞主要由地表水的冲蚀或地下水的潜蚀形成。因此,土洞可分为地表水形成和地下水形成两种。土洞除存在于岩溶地区的上覆土层内以外,在我国的西北地区黄土层中,由于地表水或地下水的作用也有土洞存在。

(2)土洞和地表塌陷的处理

土洞和地表塌陷,对建筑物地基的稳定性影响很大,因此,对所发现的土洞,基础施工前必须认真进行处理,常用的处理措施有以下5种。

①地表水和地下水的处理。在建筑场地和地基范围内,做好地表水的截流、防渗、堵漏等工作,杜绝地表水渗入土层。这种措施对地表水形成的土洞和地表塌陷,可起到治本的作用。对形成土洞的地下水,当地质条件许可时,也可采取截流地下水措施,以阻止土洞和地表坍塌的发展。

②挖填处理。个体浅埋土洞,采用挖填处理,对地表水形成的土洞和塌陷先挖除软土,后用块石、片石或毛石混凝土回填。对地表水形成的土洞和塌陷,除挖去软土和抛填石块外,还应做反滤层,面层用黏土夯实。

③灌砂处理。对埋藏深、洞径大的土洞,采用灌砂法处理。施工时,在洞体范围内的顶板底面上打两个或两个以上大小不同的钻孔。其中,小钻孔(直径 50 mm)用于排气,大钻孔(直径

100 mm)用于灌砂。灌砂时进行冲水,待小钻孔内冒出砂时终止。

④采用钢筋混凝土梁板跨越。在进行上述处理的同时,均应采用梁板跨越。

⑤采用桩基、墩基。岩溶场地上的重要建筑物,宜采用桩基或墩基。

7.6 边坡与支挡结构

7.6.1 土质边坡与重力式挡墙

土质边坡是地球表面普遍存在的边坡形式,几乎无处不在,不过大量土质边坡的高度较小,坡度较平缓,不会酿成灾害。但在丘陵地区,土质边坡的存在,是山地地质灾害的基本源泉,滑坡、崩塌、泥石流等重大地质灾害,都与土质边坡的存在有关(图7.33)。土质边坡的治理,对维护生态平衡、保护环境、保证人们生命财产安全,都至关重要。

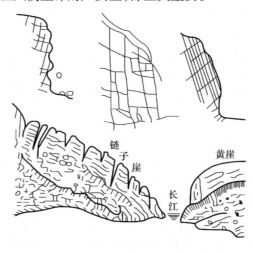

图7.33 山地灾害

边坡工程是一项综合课题,它既是环境工程,又是土木工程的一部分,特别对环境保护、维护生态平衡具有重大的意义。对边坡进行整治时,必须进行综合治理才能获得成效,从工程的可行性论证,到规划、勘察、设计、施工,直到工程交付使用后的一段时期,都应重视边坡问题的研究、治理和保护。边坡的治理,应当在边坡发生破坏之前进行整治。边坡一旦破坏之后,滑动面上的摩擦力将大幅度下降,有时可能降低为零,这时才进行边坡的整治,事实上就是采用工程手段以弥补边坡滑动时所丧失的摩擦强度。崩塌发生后,事实上已无法治理,人们不可能将崩塌下来的岩体,再次搬上山巅以恢复原貌。

重力式挡土墙是一种应用较广泛的挡土形式,其基本原理是利用挡土结构自身的重力,以支持土质边坡的横向推力。它通常采用条石垒砌或采用混凝土浇筑,具有取材容易、施工简便等优点,是低矮挡土墙的主要形式。但对于挡土高度大于8 m的边坡,采用这种挡土结构,不经济,占地面积也较大,不能充分利用土地资源,施工时必须预先开挖坡脚,安全性较差,通常不宜采用。为解决高大土质边坡的支挡问题,在20世纪后期,曾开发和发展了一些新型的重力式挡土结构,如加筋土边坡、锚碇板挡墙等,其特点是利用填土自身的重力,以支挡后面填土的横向推力,取得了事半功倍的效果。

在有岩体存在的山区,更发展了一种桩锚支挡结构体系。该支挡结构体系,由竖桩(立柱)、岩石锚杆等主要承力构件组成,辅以连系梁、压顶梁、面板等构件,组成完整的支挡结构体系,其经济性、安全性、可靠性、稳定性等,都优于普通的重力式挡土墙。桩锚支挡结构体系最大的优点,是可采用逆作法施工,可以最大限度地消除开挖施工过程中的安全隐患,得到迅速推广使用。

1)土质边坡治理的基本原则

土质边坡是比较脆弱的边坡,在边坡上不适宜的加载、不恰当的开挖、水流不畅等因素,都可能发展成滑坡。闻名中外的重庆钢铁公司大滑坡,就是由于对边坡(含岸坡)没有及时治理,又疏于管理,致使 10 km² 的厂区以每年约 1 m 的速度向下滑动,滑坡体上的炼焦厂、炼铁厂、炼钢厂、轧钢厂的厂房受到不同程度的破坏,成渝铁路多次改道,最后不得不耗费大量资金进行整治。

整平建筑场地时,应特别注意保持边坡的稳定性,切忌盲目开挖坡脚。边坡开挖时,只能由坡顶往下开挖,依次进行。弃土应分散处理,不允许将弃土堆置于坡顶及坡面上。若必须在坡顶或坡面上设置弃土转运站时,应进行坡体稳定性验算,并严格控制弃土堆载量。开挖出来的新边坡,或者填土填筑成的新边坡,应及时进行治理。

土质边坡的坡度允许值,或采用圆弧滑动面条分法,进行稳定分析后确定。在场地整平时出现的临时边坡,其坡度允许值,应根据当地经验,参照同类土质边坡的稳定坡度进行确定。当土质良好且均匀、无不良地质现象、地下水不丰富时,可按表 7.11 中的边坡坡度允许值进行确定。

表 7.11　土质边坡坡度允许值

土的类别	密实度或状态	坡度允许值(高宽比)	
		坡高在 5 m 以内	坡高为 5 ~ 10 m
碎石土	密实	1:0.35 ~ 1:0.50	1:0.50 ~ 1:0.75
	中密	1:0.50 ~ 1:0.75	1:0.75 ~ 1:1.00
	稍密	1:0.75 ~ 1:1.00	1:1.00 ~ 1:1.25
黏性土	坚硬	1:0.75 ~ 1:1.00	1:1.00 ~ 1:1.25
	软塑	1:1.00 ~ 1:1.25	1:1.25 ~ 1:1.50

注:①表中碎石土的充填物为坚硬或硬塑状态的黏性土。
　　②对于砂土,或充填物为砂土的碎石土,其边坡坡度的允许值,按其自然休止角确定。

土质边坡的设计与治理,必须注意和加强环境保护意识,边坡治理的同时做到立即绿化,即实施生态治理。目前,比较普遍的做法是:在稳定的土质边坡上,采用小型锚杆(又称为土钉)来固定覆盖在边坡表面上的钢筋混凝土格架,其底部满铺可以消解的纤维编织网。纤维编织网内浸透植物营养成分,纤维编织网时,编入一定数量的植物种子,使边坡尽快绿化,防止水土流失(图 7.34)。

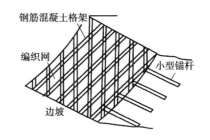

图 7.34　边坡绿化措施

对于新开挖出来或新近堆栈而成的新边坡,地面水和地下水对其稳定性的影响较大,必须加强排水措施。边坡的顶部必须设置截水沟,以拦截边坡上部山体的流水。在边坡坡面上也应根据具体情况设置一些排水沟,以排泄地表水。任何情况下,都不允许在坡面及坡脚积水。

2)边坡工程主动土压力的计算

土压力计算,是土质边坡支挡结构设计中的关键课题,目前国际上仍然用古典压力理论来进行土压力计算。通称的古典压力理论,主要是库仑理论和朗肯理论。当支挡结构背面的土体为无黏性土时,主动土压力系数可按库仑土压力理论确定。当支挡结构满足朗肯条件时,主动土压力系数可按照朗肯土压力理论。黏性土或粉土的主动土压力,可采用楔体试算法图解求得。库仑理论和朗肯理论,这两个土压力理论都有其基本假定,计算土压力时必须遵循,不然将产生较大的误差。

库仑土压力理论,是根据挡土墙背面的土体处于极限平衡状态时,将出现一个滑动楔体,从滑动楔体的平衡条件得出的计算式。其基本假定有:

①挡土墙背后的填土是理想的散粒体(土的黏聚力 $c=0$);

②滑动破坏面为一平面。

朗肯土压力理论是根据半空间无限体的应力状态及土的极限平衡条件得出的土压力计算式。其基本假定如下:

①墙背填土的表面为水平面;

②墙背垂直光滑。

库仑土压力计算式,是根据俯斜墙中的陡墙边界条件而推导出来的(图 7.35)。俯斜墙的墙背最陡时为直立状态,通常不适用于仰斜墙。假定挡土墙破坏时,填土对墙背产生滑移,因此填土对墙背的摩擦角总是小于土的内摩擦角。在挡土墙为坦墙的条件下,填土不可能沿着墙背产生滑移,而是沿着临界破裂面滑移。在这种条件下,库仑土压力计算式中的墙背与土间的摩擦角 δ 应采用内摩擦角 φ。

$$\varepsilon_{cr} = \frac{1}{2}\left(\frac{\pi}{2} - \varphi\right) - \frac{1}{2}\left(\arcsin\frac{\sin\beta}{\sin\varphi} - \beta\right) \tag{7.48}$$

当 $\beta=0$ 时,$\varepsilon_{cr} = \frac{\pi}{4} - \frac{\varphi}{2}$,$\alpha_{cr} = \frac{\pi}{2} - \varepsilon_{cr} = \frac{\pi}{4} + \frac{\varphi}{2}$。

俯墙临界面与铅直线的夹角 ε_{cr} 用下式计算:

库仑公式: $$-15° \leqslant \varepsilon \leqslant \varepsilon_{cr} \tag{7.49}$$

朗肯公式: $$\varepsilon = \frac{1}{2}\left(\arcsin\frac{\sin\delta}{\sin\varphi} - \delta\right) - \frac{1}{2}\left(\arcsin\frac{\sin\beta}{\sin\varphi} - \beta\right) \tag{7.50}$$

当 $\varepsilon = \delta = \beta = 0$ 时,库仑公式及朗肯公式都可适用。这两个土压力理论殊途同归,当同时能满足两个理论的基本假定,如填土表面水平、墙背平直光滑、黏聚力为 0 的条件下,按两个计算式计算出来的结果完全相同。

朗肯土压力理论的基本假定比较苛刻,库仑土压力理论可适用于多种情况,但只适用于无黏性土,两者都具有一定的局限性。为克服这一局限性,为使土压力计算式的适用面更广泛,在库仑土压力计算式基本假定的基础上,再增加一个假定,即假定库仑破裂面上有黏聚力存在,但该破裂面仍然保持为平面(图 7.36)。根据增加的这一假定,仍根据楔体的平衡条件,推导出土压力计算式。

经改进后的主动土压力计算公式,其主动土压力系数 k_a 按下式如下:

$$k_a = \frac{\sin(\alpha + \beta)}{\sin^2\alpha \sin^2(\alpha + \beta - \varphi_k - \delta)}$$

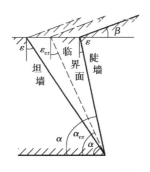

图 7.35 俯墙的临界面

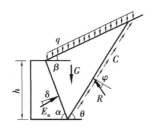

图 7.36 压力计算简图

$$\left\{ \begin{array}{l} k_q \left[\sin(\alpha + \beta)\sin(\alpha - \delta) + \sin(\varphi_k + \delta)\sin(\varphi_k - \beta) \right] + \\ 2\eta \sin\alpha \cos\varphi_k \cos(\alpha + \beta - \varphi_k - \delta) - \\ 2 \left[k_q\sin(\alpha + \beta)\sin(\varphi_k - \beta) + \eta \sin\alpha \cos\varphi_k \right] \left[k_q\sin(\alpha - \delta) \right]^{\frac{1}{2}} \\ \sin(\varphi_k + \delta) + \eta \sin\alpha \cos\varphi_k \right] \end{array} \right\} \tag{7.51}$$

$$k_q = 1 + \frac{2q}{\gamma h} \frac{\sin\alpha \cos\beta}{\sin(\alpha + \beta)} \tag{7.52}$$

$$\eta = \frac{2c_k}{\gamma h} \tag{7.53}$$

式中　q——以单位水平投影面上的荷载强度设计的挡土墙墙背填土表面的均布荷载；

　　　δ——土对挡土墙墙背的摩擦角，按表 7.12 采用。

表 7.12　土对挡土墙墙背的摩擦角

挡土墙情况	摩擦角 δ	挡土墙情况	摩擦角 δ
墙背平滑、排水不良	$(0 \sim 0.33)\varphi_k$	墙背很粗糙、排水良好	$(0.5 \sim 0.67)\varphi_k$
墙背粗糙、排水良好	$(0.33 \sim 0.50)\varphi_k$	墙背与填土间不可能滑动	$(0.67 \sim 1.00)\varphi_k$

根据古典土压力理论计算出的土压力，无论是数值或是分布形态上，与实际值都有较大的差别，严重影响挡土墙设计计算的精度。

在某些资料上，记载着一种墙背向边坡方向倾斜的仰斜墙，这种挡土墙形式是从稳定土坡的表面护坡发展起来的墙型。如果挡土墙沿着稳定的边坡铺设，这时库伦理论假定的楔形体体积为 0，其主动土压力也为 0，所以认为仰斜墙是最经济的墙型。其实不然，库仑理论所假定的破裂面，是根据

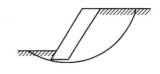

图 7.37 仰斜墙的整体稳定破坏

极限平衡原理在剪应力与正压力最不利组合面上出现的，而不是沿着稳定的坡角出现。众所周知，砂土的稳定坡角与砂土的内摩擦角基本不能成立，其土压力如何计算，目前尚无定论。仰斜式挡土墙由于其重心后移，减少了大量的倾覆力矩，不易出现倾覆稳定破坏，但是容易出现整体稳定性破坏（图 7.37）。

3）土压力的实测资料

土是一种自然体，其性质与形成时期的环境、气候、温度、水文等条件有关，其性质的变异性很大。对挡土墙土压力进行现场原位测试，很难获得具有说服力的数据。科学家们大多通过室内试验，来解答土压力的有关问题。图 7.38 所示为在试验室条件下，试验得出的各种土对挡土

墙的土压力分布情况。从室内模型试验资料可以很清楚地看出,由库仑或朗肯理论计算出的土压力分布,与实际分布的差别较大。

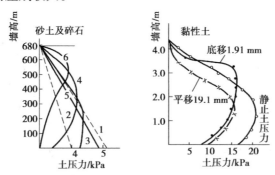

图 7.38 土压力的实测分布图

1—砂质土,由库仑公式算出;2—碎石土,由库仑公式算出;

3—砂质土,墙向前平移 60 mm 时,试验得出;4—砂质土,墙下部向前移动时,试验得出;

5—砂质土,墙上方移动时,试验得出;6—碎石土,墙上方移动时,试验得出

当挡土墙背面的填土为黏性土时,目前的试验与计算资料都较少,还不能作出比较广泛的结论。在工程实践中,比较密实时,挡土墙上的土压力通常可按主动土压力考虑。但当填土为松软的黏土时,一些试验资料表明,墙的位移量要达到 5% 墙高时才能出现主动土压力状态。一旦墙体停止位移后,土压力将逐渐增大至静止的土压力状态。因此,有人认为,对于黏性填土的土压力值,宜采用停止静止土压力作为依据。对于黏性填土的被动土压力值,较之无黏性土更难产生,在计算土的抗力时更需要慎重从事。

【例7.6】 某边坡岩体级别为Ⅳ类,容重为 22 kN/m³,岩体较完整,单轴抗压强度为 6.5 MPa,有一组结构面通过坡角,结构面倾角为 60°,内摩擦角为 25°,内聚力为 20 kPa,挡墙与岩体的摩擦角为 15°,岩体等效内摩擦角为 46°,挡墙直立,墙背岩体水平,地表无外荷载,对支护结构变形需严格控制,岩体泊松比 0.25,坡高 10 m。求修改后的侧向岩石。

【解】 ①静止岩石压力标准值 E_{0k}。

$$K_a = \mu/(1-\mu) = 0.25/(1-0.25) = 0.33$$

$$E_0 = \frac{1}{2}\gamma H^2 K_a = \frac{1}{2} \times 22 \times 10^2 \times 0.33 = 363(\text{kN/m})$$

②考虑沿外倾结构面滑动时的主动岩石压力标准值 E_{ak1}。

$$K_q = 1 + \frac{2q \sin\alpha \cos\beta}{\gamma H \sin(\alpha+\beta)}$$

因为 $q=0$,所以 $K_q=1$。

$$\eta = 2C/\gamma H = (2 \times 20)/(22 \times 10) = 0.18$$

$$K_a = \frac{\sin(\alpha+\beta)}{\sin^2\alpha \sin(\alpha-\delta+\theta-\varphi_s)\sin(\theta-\beta)}\left[K_q\sin(\alpha+\theta)\sin(\theta-\varphi_s) - \eta\sin\alpha\cos\varphi_a\right] = 0.15$$

$$E_{ak1} = \frac{1}{2}\gamma H^2 K_a = 165(\text{kN/m})$$

③侧向压力的修正。岩石边坡,变形控制严格,按静止岩石压力进行修正,Ⅳ类岩石取 $\beta_1 = 0.65$。

$$E_0' = \beta_1 E_0 = 236(\text{kN/m})$$

若按主动土压力进行修正:

$$E_0 \geqslant 1.4E_a = 231(\text{kN})$$

因此,可取修正后的岩石压力 $E_0' = 236(\text{kN})$。

4) 挡土墙设计计算中土压力计算的若干问题

(1) 高大挡土墙的土压力

通常将挡土墙高度大于 8 m 的挡土墙,称为高大挡土墙。根据大量的试验表明,高大挡土墙土压力实际分布,与理论分布有着较明显的差别,且合力作用点也较理论值偏高。同时,根据现场测试表明,高大挡土墙的土压力实际推力值,也称为理论值偏大。这时如果仍然按照常规办法计算土压力值,将使设计偏于不安全。

现在通用的土压力计算公式,是在土体达到极限平衡状态的条件下推导出来的。当边坡支挡结构不能达到平衡状态时,土压力设计值应取主动土压力与静止土压力的某一中间值。支挡结构背面的填土要达到主动土压力状态,其位移量需到达下列量值:

①当绕顶部转动变形时,为 0.02h(h 为支挡边坡的高度);

②当绕趾端转动变形时,为 0.05h;

③水平移动时,为 0.01h。

对于高大支挡结构来说,不允许产生如此巨大变形。此外,一些新型支挡结构的位移量也比较小,一般达不到出现土压力所需的位移值。为此在土压力计算式中,增加了一项土压力增大系数 ψ_c,即:

$$E_a = \psi_c \frac{\gamma h^2}{2} k_a \tag{7.54}$$

对于土压力增大系数 ψ_c,当支挡高度小于 5 m 时,取 1.0;当支挡高度为 5~8 m 时,取 1.1;当支挡高度大于 8 m 时,取 1.2。如果采用桩锚结构体系等位移量较小的支挡结构时,土压力增大系数还应适量增大。

(2) 有限填土的土压力

在山区建设中,经常能遇到坡角为 60°~80° 的陡峭岩石边坡,该坡角经常大于库仑破裂面的倾角(45° + φ/2)。这时的土压力,如果仍按照库伦土压力计算式进行计算,将造成较大的误差。这种情况下的土压力,应为陡峭岩石边坡与支挡结构间的楔形体(图 7.39),据楔形体的平衡条件来计算土压力,其土压力系数 k_a 按下式进行计算:

$$k_a = \frac{\sin(\alpha + \theta)\sin(\alpha + \beta)\sin(\theta - \delta_r)}{\sin^2\alpha \sin(\theta - \beta)\sin(\alpha - \delta + \theta - \delta_r)} \tag{7.55}$$

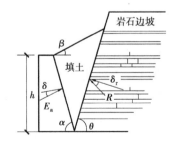

图 7.39　有限填土的土压力计算图

式中　θ——稳定岩石坡面的倾角;

δ_r——稳定岩石坡面与填土间的摩擦角,根据试验确定;当缺少试验资料时,可取 $\delta = 0.33\varphi_k$(φ_k 为填土的内摩擦角标值),其余符号见图 7.39。

5) 重力式挡土墙的构造

(1) 重力式挡土墙的构造要求

重力式挡墙主要依靠挡土墙自身的重力,所以在选择材料时,应选择廉价的、重度较大的材料,如石材或混凝土。为保证墙体自身的稳定性和墙体的重量,一般应采用浆砌石材挡土墙。只有在挡土墙高度小于 3 m 时,可采用无浆干码块挡土墙。干码块石挡土墙有良好的透水性,容易疏干墙后填土中的地下水。为改善浆砌石材挡土墙的透水条件，又能保证石材挡土墙自身的稳定性，可以在干码石材挡土墙的外表面，采用浆砌护面，护面厚度不得少于400 mm（图7.40）。

重力式挡土墙一般不宜在挡土高度大于8 m的高大边坡上使用，常用于高度小于6 m的土质边坡上。重力式挡土墙施工时，必须先开挖坡脚修筑挡土墙基础，这是一种相当危险的作业方法。挡土高度越高，需要开挖的坡角越宽，危险性更高。此外，高大挡土墙的材料用量也相当庞大，费用上远高于其他挡土结构形式。

重力式挡土墙主要承受墙后填土的水平推力，竖向荷载只是挡土墙的自身重力，所以传递给地基的应力较小，对地基的要求不高。但为保证挡土墙的稳定性，挡土墙基础的埋置深度，在土质地基上埋深不宜小于0.5 m；在软质岩地基上不宜小于0.3 m；在硬质岩地基上，可以在清平的地基上直接修筑基础。当挡土墙放置在硬质岩边坡顶部边缘时，挡土墙基础的前趾与硬质岩边坡顶部边缘必须齐平时，可在边坡顶部采用锚杆加固（图7.41）。

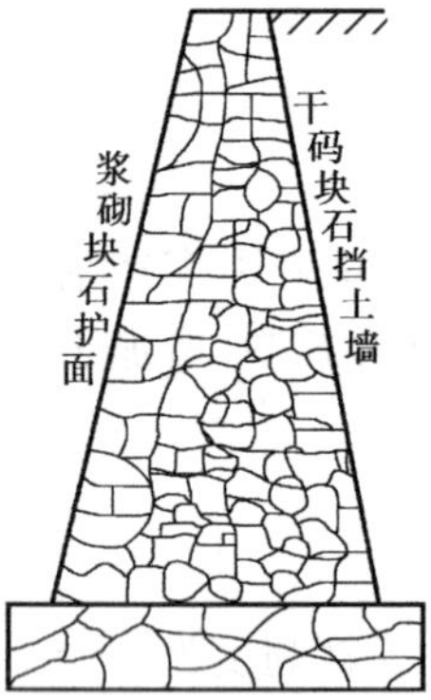

图7.40　干码块石挡土墙

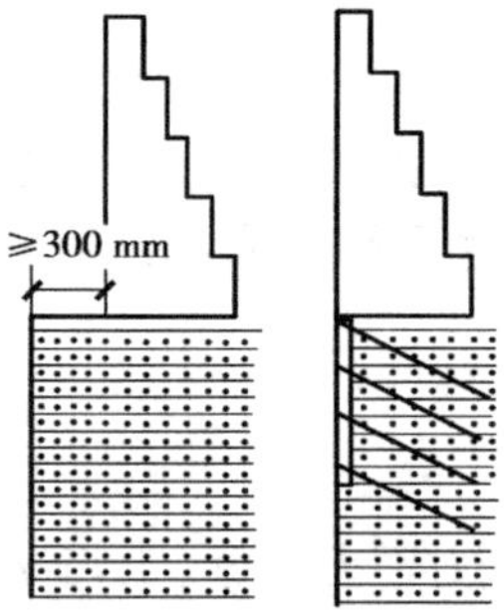

图7.41　挡土墙与边坡的关系

重力式挡土墙基础的底部，可以设置逆坡，以增加基底的正压力，并减小基底的滑移力。但逆坡的倾角不宜过大，以防地基发生整体稳定破坏。基底逆坡的高宽比，对于土质地基不宜大于1∶10；对于岩质地基不宜大于1∶5。

伸缩缝是重力式挡土墙必不可少的构造措施，通常是每间隔10～20 m设置一道伸缩缝。当地基土质有变化，或基底标高有较大的差异时，应设置沉降缝兼作伸缩缝。缝宽一般采用30～50 mm，可以不作任何填充，也可采用沥青麻刀或浸透沥青的木板填充。

重力式挡土墙的荷载主要是横向推力，挡土墙的外转角处及外凸弧形墙，其墙面很容易出现拉张裂缝，应加强该地段的构造处理。对于素混凝土墙或砌体结构，应在该地段配置适量钢筋。

（2）重力式挡土墙的排水措施

挡土墙的排水措施至关重要，根据大量的事实证明，大量挡土墙破坏的根本原因是排水不畅。地下水压力对挡土墙是一种较大的推力，在一般条件下，没有必要利用挡土墙来支护地下水压力，最简单的办法是在挡土墙上设置排水孔以疏干地下水，消除水压力。其做法是在挡土墙墙面上按纵横两个方向，每间隔2～3 m设置一个排水孔。排水孔的孔径一般为100 mm，外斜坡度宜为5%。

在排水过程中，为防止墙背填土的土颗粒流失，并堵塞排水孔，可在墙后排水孔所在位置上设置反滤层或滤水包。滤水包的做法是以排水孔中心为圆心，以300 mm为半径的半球范围内，填充粒径为40～50 mm的卵石；卵石体的外围包裹粒径为10～20 mm的砾石，厚度为100 mm；最外围包裹厚100 mm的砂。当挡土墙上不允许设置排水孔时，可在挡土墙墙背部位设置排水暗沟，在适当的位置引出排泄。挡土墙的墙脚应设置一道排水沟，以汇集挡土墙内排出的地下水(图7.42)。

　　挡土墙顶部有斜坡存在时,还应挖掘截水沟,以拦截斜坡下泻的地表水。有人认为,只需将挡土墙顶部平台采用胶凝物质覆面,就可使墙后填土的地下水失去补给源,是不现实的。虽然将地表覆盖封闭后,可减少地面水的渗入,但墙背填土上方高地的大气降水,仍然可通过土层中的孔隙或岩体中的裂隙,渗流到墙背的填土中,不可避免地出现地下水(图7.43)。最佳做法是在挡土墙顶部平台上进行绿化,植树种草,植物可以大量涵养水分,对保护环境、维护生态平衡有着良好的作用。

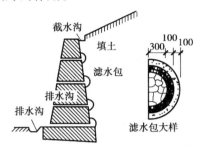

图7.42　挡土墙的排水措施

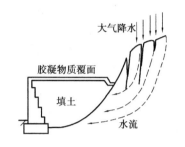

图7.43　挡土墙顶部平台的处理

6) 重力式挡土墙的设计与计算

　　重力式挡土墙的设计与计算,主要应验算挡土墙自身的强度、地基承载力与变形、挡土墙的整体稳定性,以及挡土墙的抗滑移、抗倾覆稳定性等项目。挡土墙自身强度验算,应符合《砌体结构设计规范》或《混凝土结构设计规范》的统一要求。

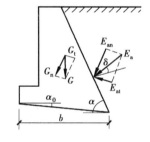

图7.44　挡土墙抗滑移稳定验算

　　(1)重力式挡土墙抗滑移稳定性计算(图7.44)

　　按下式进行抗滑移稳定验算。

　　其中,$G_n = G\cos\alpha_0$,$G_t = G\sin\alpha_0$,$E_{at} = E_a\sin(\alpha - \alpha_0 - \delta)$,$E_{an} = E_a\cos(\alpha - \alpha_0 - \delta)$。

$$\frac{(G_n + E_{an})\mu}{E_{at} - G_t} \geq 1.3 \qquad (7.56)$$

式中　G——挡土墙每延米的自重;

　　　α_0——挡土墙基底的倾角;

　　　α——挡土墙墙背的倾角;

　　　δ——土对挡土墙背的摩擦角,按表7.12取值;

　　　μ——土对挡土墙基底的摩擦系数,应由试验确定,或者当地经验缺乏资料时可按表7.13取值。

表7.13　土对挡土墙基底的摩擦系数 μ

土的类别		摩擦系数	土的类别	摩擦系数
黏性土	可塑	0.25~0.30	中砂、粗砂、砾砂	0.40~0.50
	硬塑	0.30~0.35	碎石土	0.40~0.60
	坚塑	0.35~0.45	软质岩	0.40~0.60
粉土		0.30~0.40	表面粗糙的硬质岩	0.65~0.75

　　注:①对易风化的软质岩和塑性指数 $I_P > 22$ 的黏性土,基底摩擦系数应通过试验确定。

　　　②对碎石土,可根据其密实、填充物状态、风化程度等确定。

（2）重力式挡土墙抗倾覆稳定性计算（图7.45）

重力式挡土墙抗倾覆稳定性按下式进行验算，其中，$E_{ax} = E_a \sin(\alpha - \delta)$，$E_{az} = E_a \cos(\alpha - \delta)$，$x_f = b - z \cot \alpha$，$z_f = z - b \tan \alpha_0$。

$$\frac{Gx_0 + E_{az}x_f}{E_{ax}z_f} \geq 1.6 \qquad (7.57)$$

式中　　z——土压力作用点离墙踵的高度；

　　　　x_0——挡土墙重心到墙趾的水平距离；

　　　　b——基底的水平投影宽度。

式（7.56）中规定的安全系数，由原来的1.5提高到1.6，其原因是原有的安全系数偏低。许多工程设计人员反映，在进行重力式挡土墙设计时，往往由抗滑移稳定控制，而实际上挡土墙的失效又以抗倾覆破坏者居多。在工程设计中，土压力是以库仑分布为准则，即呈三角形分布。根据大量的实测数据表明，土压力分布如图7.46所示。总土压力的作用点较设计计算值偏高，即设计计算所采用的倾覆力矩较实际计算值偏低。土压力在仍然采用库仑分布的条件下，安全系数适当提高，是很有必要的。

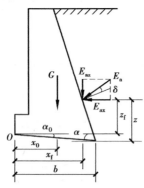 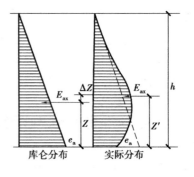

图7.45　挡土墙抗倾覆稳定验算　　　　　图7.46　挡土墙土压力的分布图

（3）重力式挡土墙整体稳定性计算

重力式挡土墙的整体稳定性验算是一项非常重要的验算工序，特别是仰斜式挡土墙，出现整体稳定性破坏的概率较高。挡土墙整体稳定性验算，按圆弧滑动面采用条分法进行，通常要求稳定安全应大于1.05（图7.47）。

（4）重力式挡土墙地基承载力验算

重力式挡土墙地基承载力应满足规范承载力计算的要求。但对于挡土墙而言，其偏心距可放宽到1/4基础底面宽度。

【例7.7】　某重力式挡土墙如图7.48所示，墙身重度$\gamma = 22$ kN/m^3，墙背倾角为60°，墙面直立，顶宽为0.8 m，其他尺寸见图7.48，墙底与地基土间摩擦系数为0.35，每延长一米墙背上受到的主动土压力合力的标准值为75 kN，其作用点距墙踵的距离为1.70 m，墙背与填土间摩擦角为15°，墙底面水平。计算抗滑移稳定性K_c、抗倾覆稳定性系数K_0。

【解】　取单位长度的挡土墙进行计算。

①挡墙自重G。

矩形截面部分挡墙的自重G_1：

$$G_1 = Hblr = 88(\text{kN})$$

三角形截面部分挡墙自重G_2：

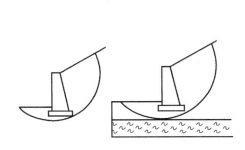

图 7.47　挡土墙整体稳定破坏　　　　图 7.48　重力式挡土墙

$$G_2 = \frac{1}{2}Hbl\gamma = 158.8(\text{kN})$$

单位长度墙体自重为 G：

$$G = G_1 + G_2 = 246.8(\text{kN})$$

②挡墙重心距墙趾水平距离 x_0。

$$b = b' + b'' = 3.69(\text{m})$$

$$x_0 G = \frac{1}{2}b' G_1 + \left(b' + \frac{1}{3}b''\right)G_2$$

$$x_0 = 1.28(\text{m})$$

③抗滑移稳定性系数 K_c。

$$G_n = G\cos\alpha_0 = 246.8$$

$$G_t = G\sin\alpha_0 = 0$$

$$E_{at} = E_a\sin(\alpha - \alpha_0 - \delta) = 53(\text{kN})$$

$$E_{an} = E_a\cos(\alpha - \alpha_0 - \delta) = 53(\text{kN})$$

$$K_c = \frac{(G_n + E_{an})\mu}{E_{at} - G_t} = 1.98$$

④抗倾覆稳定性系数 K_0。

$$x_f = b - z\cot\alpha = 2.71(\text{m})$$

$$z_f = z - b\tan\alpha_0 = 1.7(\text{m})$$

$$E_{ax} = E_a\sin(\alpha - \delta) = 53(\text{kN})$$

$$E_{az} = E_a\cos(\alpha - \delta) = 53(\text{kN})$$

$$K_c = \frac{Gx_0 + E_{az}x_f}{E_{ax}z_f} = 5.1$$

该挡墙抗滑移稳定性系数为 1.98，抗倾覆稳定性导数为 5.1。

7.6.2　岩石边坡与岩石锚杆挡墙

岩石边坡的稳定性通常较好，但一旦遭到破坏，其后果将非常严重。崩塌、泥石流等严重地质灾害，都是在岩石边坡上发生。例如，1948 年重庆市市中心区的洪崖洞岩石边坡发生的崩塌，崩塌方量约 2 000 m^3，捣毁房屋数十间，伤亡 300 多人，损失惨重。

岩石锚杆是锚固在岩体中的一种受拉构件，它可以承受较大的拉拔力。岩石锚杆的成功应用，不仅在岩石边坡支护中发挥了积极的作用，在支挡高大土质边坡上，也找到了一种经济、安全、可靠的支挡方式。

岩石边坡的破坏机理与土质边坡的破坏机理有着本质的不同,岩石边坡的破坏主要取决于岩体结构面。当岩体结构面在边坡上形成不利组合时,将形成危岩。目前,对岩石边坡的破坏机理的研究,还很不充分,在研究分析已有的经验基础上,对岩石边坡的支护制定了规定。岩石边坡可分为 3 种主要类型,即整体稳定边坡、外倾结构边坡、碎裂结构边坡。

①整体稳定边坡是指岩体结构比较完整,裂隙不发育且连通性较差,主要结构面或由多组结构面组成的棱线,其倾向与边坡倾向呈大角度斜交的边坡。顺层边坡的岩层层面倾角小于20°或大于80°的边坡,也属于这种类型。

②外倾结构边坡是指岩石结构还比较完整,裂隙不太发育,但主要结构面或由多组结构面组成的棱线,其倾向与边坡倾向基本一致,或呈小角度斜交的边坡。

③碎裂结构边坡是指岩体裂隙比较发育,岩体结构已遭严重破坏,结构面的规律性较差,且连通性较好,岩体性质已接近散体结构的边坡。

岩石边坡在整体稳定的条件下,进行边坡开挖作业,必须根据经论证后确定的稳定坡度允许值进行开挖,且应由上向下开挖。新近开挖出来的岩石边坡,必须进行认真支护及表面覆盖,防止边坡岩体风化。未采取支护措施的临时边坡,其坡度(高宽比)允许值应按照工程类比的原则,参考场地附近已有的岩石边坡稳定坡度值,根据经验确定。当附近不存在相类似的稳定岩石边坡,或无足够经验的地区,新开挖出来的临时边坡,可参考表 7.14、表 7.15 确定。

表 7.14　软质岩临时边坡坡度允许值

岩体结构类型	风化程度	坡高(高宽比)允许值	
		坡高在 8 m 以内	坡高为 8 ~ 15 m
整体结构	微风化	1 : 0.10 ~ 1 : 0.15	1 : 0.15 ~ 1 : 0.20
	中等风化	1 : 0.15 ~ 1 : 0.20	1 : 0.20 ~ 1 : 0.30
	强风化	1 : 0.20 ~ 1 : 0.30	1 : 0.30 ~ 1 : 0.40
块状结构	微风化	1 : 0.15 ~ 1 : 0.20	1 : 0.20 ~ 1 : 0.30
	中等风化	1 : 0.15 ~ 1 : 0.20	1 : 0.30 ~ 1 : 0.40
	强风化	1 : 0.30 ~ 1 : 0.40	1 : 0.40 ~ 1 : 0.50
层状结构	微风化	1 : 0.20 ~ 1 : 0.30	1 : 0.30 ~ 1 : 0.40
	中等风化	1 : 0.30 ~ 1 : 0.40	1 : 0.40 ~ 1 : 0.50
	强风化	1 : 0.40 ~ 1 : 0.50	1 : 0.50 ~ 1 : 0.60

稳定的岩石边坡必须注意防护,特别应注意绿化工程。岩石边坡通常较陡,栽培植物的土体容易流失,水分不易保持,所以容易成为光山秃岭、寸草不生。实施边坡工程后,应创造条件种草植树。通常的做法是:在岩石边坡上,每间隔 1.5 ~ 2.0 m 设置一根小型锚杆,锚杆直径可采用 50 ~ 75 mm,锚杆的嵌岩深度为 2 ~ 3 m,锚杆内放置一根 ⌀16 钢筋,锚杆在坡面上呈梅花形布置。当岩石边坡不存在覆土时,应在坡面上铺盖一层适合植物生长的土体,再在土体上覆盖可以降解的纤维编织网,防止水土流失。编织网宜浸透植物营养液,并编入足量的植物种子,促其尽快绿化。表面采用钢筋混凝土格架护面,格架小梁尺寸可采用 100 mm × 200 mm,与小型锚杆连接成整体,形成一道比较可靠的绿化护面体系。

表 7.15 硬质岩临时边坡坡度允许值

岩体结构类型	风化程度	坡高（高宽比）允许值		
		坡高在 8 m 以内	坡高为 8 ~ 15 m	坡高为 15 ~ 25 m
整体结构	微风化	1 : 0.05	1 : 0.05 ~ 1 : 0.10	1 : 0.10 ~ 1 : 0.15
	中等风化	1 : 0.05 ~ 1 : 0.15	1 : 0.10 ~ 1 : 0.15	1 : 0.15 ~ 1 : 0.20
	强风化	1 : 0.10 ~ 1 : 0.15	1 : 0.15 ~ 1 : 0.20	1 : 0.20 ~ 1 : 0.30
块状结构	微风化	1 : 0.05 ~ 1 : 0.10	1 : 0.10 ~ 1 : 0.15	1 : 0.15 ~ 1 : 0.20
	中等风化	1 : 0.05 ~ 1 : 0.15	1 : 0.15 ~ 1 : 0.20	1 : 0.20 ~ 1 : 0.30
	强风化	1 : 0.15 ~ 1 : 0.20	1 : 0.20 ~ 1 : 0.30	1 : 0.30 ~ 1 : 0.40
层状结构	微风化	1 : 0.10 ~ 1 : 0.15	1 : 0.15 ~ 1 : 0.20	1 : 0.20 ~ 1 : 0.30
	中等风化	1 : 0.15 ~ 1 : 0.20	1 ~ 0.20 ~ 1 : 0.30	1 : 0.30 ~ 1 : 0.40
	强风化	1 : 0.20 ~ 1 : 0.30	1 : 0.30 ~ 1 : 0.40	1 : 0.40 ~ 1 : 0.50

注:当遇到下列情况之一时,边坡的坡度允许值应另行确定,或采取适当的支护措施:

①设计等级甲级的建筑场地上的边坡;

②外倾结构边坡,软岩边坡,碎裂结构边坡;

③坡高大于 15 m 的软质岩边坡;坡高大于 20 m 的硬质边坡。

1) 岩石锚杆的设计与计算

岩石锚杆是嵌固在岩体中的一种受拉杆件,主要借助于锚杆混凝土或水泥砂浆与岩石间的黏结强度来承受拉拔力。岩石锚杆在边坡工程中发挥了积极的作用,由于岩石锚杆能与岩体牢固结合,利用岩体自身的重度和强度,可以形成一道较稳妥、经济的支护结构。

（1）岩石锚杆的构造要求

①岩石锚杆应嵌入稳定的岩体中。岩石锚杆的总长度范围内,分为锚固段和非锚固段。

锚固段是锚杆承受抗拔力的主体部分,它必须嵌入稳定的岩体中。例如,岩石边坡的坡顶部位,其卸荷裂隙比较发育,该部分岩体本身便有崩塌的趋势,不能作为受力主体来应用。岩石锚杆的锚固段长度,应满足锚杆抗拔力的要求,但不应小于 3 倍锚杆的直径。由于边界效应的影响,在 3 倍锚杆深度范围内的混凝土与锚杆间的黏结强度较低,不能提供足够的抗拔能力。为保证锚杆钢筋在混凝土内有足够的锚固长度,锚杆的长度不应小于 40 倍锚杆主筋的直径。

岩石锚杆的非锚固段,是传力体与受力杆件的连接构件,应加强防护,防止锈蚀。目前,边坡工程施工中,对于非预应力锚杆,多采用全锚杆灌浆技术,非锚固段已由混凝土或水泥砂浆包裹,锚杆钢筋已得到防护。对于预应力锚杆,非锚固段应与锚杆内的混凝土或水泥砂浆完全脱开。该部分锚杆钢筋应进行防护处理,处理时可采用沥青和纤维布包裹,防止锈蚀。

②锚杆的直径选择。锚杆在边坡支护工程中,可分为结构锚杆和构造锚杆（防护锚杆）两种。

结构锚杆是在边坡支护工程中起决定性的构件,主要承受边坡的外推力。为保证锚杆有足够的抗拉拔能力,通常结构锚杆的直径不宜小于 100 mm。当锚杆穿越土层的长度较长时,特别是穿越未经完全固结的填土层时,锚杆的直径还应加大,锚杆主筋宜沿着周边配置,以增强其抗弯刚度。构造锚杆主要用于边坡表面的稳定措施,防止岩石风化或坡面水土流失,是边坡治理中必要的防护措施。作为防护用的锚杆,其受力不大,可以采用直径小于 100 mm 的锚杆,但锚杆直径不宜小于 60 mm。

③锚杆的间距。锚杆在边坡支护工程中是关键的承载构件,其任务是安全可靠地将荷载传递给稳定的岩体。在荷载传递过程中,不能出现较大的应力重叠现象,因此锚杆间必须具备一定的距离。经过大量的测试表明,当锚杆的中心距离大于锚杆直径的 6 倍时,岩体中的应力重叠现象已经不明显,所以规定锚杆的中距不应小于 6 倍锚杆直径。

④锚杆的钻进角度。锚杆的钻进角度,通常是采用锚杆与水平面的夹角来控制。从承受水平推力的角度而言,锚杆在水平方向钻进,承力效果较佳,但水平方向的锚杆孔,灌注的砂浆将向外流淌,灌浆不饱满。通常较常用的钻进角度,是与水平面呈 15° ~ 25° 钻进,既尽可能大地提供水平抗拔力,灌注的砂浆又不易向外流淌。当基岩表面坡度比较平缓时,可采用 45° 钻进,角度再加大,所能提供的抗水平承载力将较低。

(2)岩石锚杆的抗拔承载力

岩石锚杆的抗拔承载力应根据现场试验确定。岩石锚杆的抗拔试验,应按照相关规范执行。

对于其他建筑物应符合下列规定:

$$R_t \leq 0.8\pi d_1 lf \tag{7.58}$$

当缺乏岩石锚杆承载力试验资料时,对于永久性锚杆的初步设计,或者临时性锚杆的施工图设计,可按下式进行设计:

$$R_t = \xi f U_r h_r \tag{7.59}$$

式中 R_t——锚杆抗拔承载力特征值;

ξ——经验系数,对于永久性锚杆取 0.8,对于临时性锚杆取 1.0;

U_r——锚杆嵌入岩体部分的周长;

h_r——锚杆锚固段嵌入岩体中的有效锚固长度按当地经验确定,当嵌入岩体中的深度大于 13 倍锚杆直径时,按 13 倍锚杆直径的长度进行计算;

f——水泥砂浆或混凝土与岩石间的黏结强度特征值,由试验确定,当缺乏试验资料时,可按表 7.16 取用。

表 7.16 水泥砂浆或混凝土与岩石间的黏结强度特征值(MPa)

岩石坚硬程度	软岩	较软岩	硬质岩
黏结强度特征值	<0.2	0.2 ~ 0.4	0.4 ~ 0.6

注:表中数值适用于水泥砂浆强度为 30 MPa,或混凝土等级为 C30。

【例 7.8】 有一构筑物建于砂质泥岩上,采用锚杆基础。锚杆孔直径为 30 mm,孔深 950 mm;锚杆采用 II 级热轧带肋钢筋,其直径为 22 mm,以水泥砂浆 M30 灌浆。试计算其抗拔承载力。

【解】 砂泥岩属于较软岩,黏结强度取 0.3,按式(7.58)可得:

$$R_t \leq 0.8\pi d_1 lf = 0.8 \times \pi \times 30 \times 950 \times 0.3 = 21.48(\text{kN})$$

2)岩石锚杆挡土墙

岩石锚杆挡土墙,又称为桩(柱)锚支挡结构体系,是在岩石锚杆比较成熟的基础上,发展起来的一种新型支挡结构体系。在支挡高大边坡工程中,具有造价低、占地面积小、安全可靠、施工安全等特点。

岩石锚杆挡土墙,是由立柱(竖桩)和岩石锚杆组成的受力结构体系,再配以面板、连系梁、压顶梁等构件组成支挡结构。这种支挡结构体系是由立柱(竖桩)首先接受土压力,然后将土压力传递给岩石锚杆,再由岩石锚杆将土压力传递给稳定的岩体,以稳定边坡的一种结构措施。

岩石锚杆挡土墙施工时,如果属于挖方开采边坡,应在边坡开挖前先进行立柱(竖桩)施工,待立柱(竖桩)强度达到设计要求后,才能从上往下逐步开挖。开挖到锚杆设置高度时,应立即施工锚杆,即采用逆作法进行施工。当边坡属填筑边坡时,应先施工立柱(竖桩)基础和施工锚杆的地下部分,随着填方的进程逐步施工立柱(竖桩)和锚杆的延伸部分。

(1)立柱(竖桩)的计算

立柱(竖桩)是支挡结构体系中的主体结构。立柱(竖桩)可按连续梁进行计算,以锚杆所在位置设立铰支点,其基础应视立柱(竖桩)端部的嵌固情况,可假定为固定端或铰支端。当立柱(竖桩)的端部嵌入稳定基岩深度达到3倍立柱(竖桩)边长时,可作为固定端处理(图7.49)。

(2)立柱(竖桩)基础的处理

桩(柱)锚支挡结构体系立柱(竖柱)的基础,所承受的水平力和弯矩都比较大,应嵌入稳定的岩体中,才能保证结构体系的稳定性体系。在实际工程设计中,立柱(竖桩)基础常见的有3种情况(图7.50)。

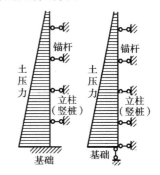

图7.49 立柱(竖柱)计算简化图

①边坡的坡脚有岩石出露,立柱(竖桩)应插入基岩的深度,不得少于3倍立柱(竖桩)长边尺寸,同时应验算岩石的竖向和侧向承载力。

②当边坡的坡脚没有岩石出露时,立柱(竖桩)应穿越土层,直接插入基岩的深度不应少于3倍立柱(竖桩)长边尺寸。

③当土质边坡位于岩石边坡的上方时,如果下部岩石边坡高度小于3 m,可将立柱(竖桩)延伸到坡脚,并嵌入坡脚基岩中。当下部岩石边坡高度大于5 m时,可将立柱(竖桩)在岩石边坡坡顶下1~2 m处切断,在该处设置顶撑锚杆。顶撑锚杆应与水平面呈45°钻进,以承受立柱(竖桩)端部的竖向和横向力,使立柱(竖桩)端部形成铰支座。下部岩石边坡可采用防护锚杆进行防护。

(3)面板的设置

桩(柱)锚支挡结构体系立柱中的面板,是一种防护构件,其作用是防止立柱(竖桩)间空隙中的土体坍塌或流失。同时,为支挡结构外表美观的需要而设置。土压力是通过类似于卸荷拱的效应传递给立柱(竖桩),如图7.51所示。所以,面板上所承受的推力较小,许多挡土结构没有设置面板,即使敞露出地面,除有个别的掉块以外,没有出现过坍塌事故。根据实践经验,面板采用厚200 mm的钢筋混凝土平板,进行双向配筋,或采用厚240 mm的砖拱结构,可提供足够的支承能力。

(4)压顶梁和连系梁的设置

桩(柱)锚支挡结构体系中立柱(竖桩)的顶部应设置压顶梁,并在适当高度处设置连系梁,其作用是连系各榀桩(柱)锚支挡结构使其共同工作,加强桩(柱)锚支挡结构体系的侧向刚度。压顶梁和连系梁是横向受弯构件,其受弯主筋应配置在梁的两侧。当各榀桩(柱)锚支挡结构出现差异变形时,它又是受扭构件,应该采用抗扭箍筋,箍筋应按水平向布置(图7.52)。

压顶梁的截面宽度,不应小于立柱(竖桩)的断面尺寸。压顶梁的设置,有利于设置防护栏杆,压顶梁上必须预埋设置栏杆的预埋件。

连系梁应沿着立柱(竖桩)高度方向每间隔3 m左右设置一道,以加强各榀桩(柱)锚支挡

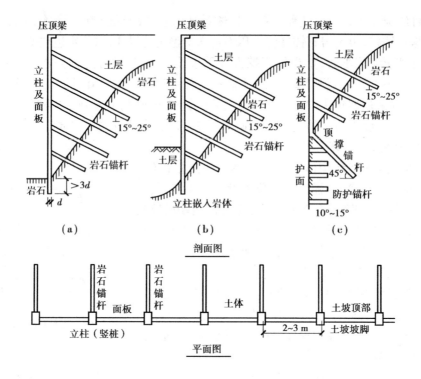

图 7.50　立柱(竖柱)基础的处理

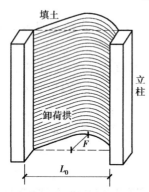

图 7.51　立柱(竖柱)基础的处理

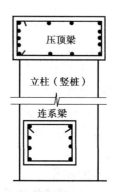

图 7.52　压顶梁和边系梁的主筋分布

结构间的连系。连系梁的位置,宜放置在岩石锚杆与立柱(竖桩)的交接点上,其断面通常可采用 300 mm×300 mm。

【例 7.9】　锚杆挡墙高 5 m(图 7.53),肋柱宽 $a = 0.5$ m,厚 $b = 0.2$ m,3 层锚杆,锚杆反力 $R_n = 150$ kN,锚杆对水平方向的倾角 $\beta_0 = 10°$,肋柱竖向倾角 $\alpha = 5°$,肋柱重度 $\gamma = 25$ kN/m³。试计算肋柱基底压应力 σ(不考虑肋柱所受到的摩擦力和其他阻力)。

【解】

$$\sum N = 3 \times R_n \sin(\beta_0 - \alpha) + \gamma \times a \times b \times H$$
$$= 3 \times 150 \times \sin 5° + 25 \times 0.5 \times 0.2 \times 5$$
$$= 51.72 (\text{kN})$$

$$\sigma = \frac{\sum N}{a \times b \cos \alpha} = \frac{51.72}{0.5 \times 0.2 \times \cos \alpha} = 519.2 (\text{kPa})$$

3) 整体稳定岩石边坡

整体稳定的岩石边坡,在山区处处可见,开挖出来后,可以屹立数年而基本不垮塌,其稳定性较好。陡峻的整体稳定岩石边坡,由于地应力的释放,边坡顶部边缘将出现卸荷裂隙,卸荷裂隙的发展宽度和深度,大致为边坡总高度的(0.2 ~ 0.3)倍(图7.54)。因此,这种边坡的顶部,经常产生局部坍塌现象,是整体稳定边坡支护的重点区域。其以下区域,发生坍塌的可能性较小,但在风化营力作用下,常出现表面剥落现象,这一部分可采用防护锚杆进行防护。

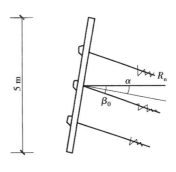

图7.53 例7.9图

整体稳定岩石边坡的上半部分,应设置结构锚杆,结构锚杆直径宜采用130 ~ 200 mm,锚杆内放置2 ~ 3根钢筋,采用强度不低于30 MPa的水泥砂浆灌注。对于高度小于12 m的软质岩边坡,或高度小于15 m的硬质岩边坡,可在边坡顶部往下约0.2倍坡高处,设置一排结构锚杆,并在结构锚杆所在位置上,应设置一根连系梁。为满足边坡表面的美观要求,连系梁可以嵌入边坡的岩体内。边坡的其余部分,可采用防护锚杆进行防护处理。防护锚杆的直径一般宜为75 ~ 100 mm,采用强度不低于30 MPa的水泥砂浆灌注。整个边坡的坡面,应采用钢筋混凝土面板进行防护,面板的厚度宜为200 mm(图7.55)。为绿化边坡,可采用钢筋混凝土小梁组成棱形格架,来代替面板,采取适当措施种草栽花。

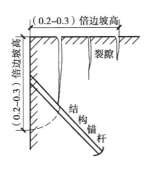

图7.54 陡岩顶部卸荷裂隙

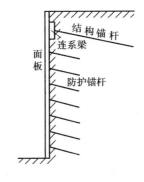

图7.55 整体稳定边坡支护

4) 外倾结构岩石边坡

当边坡坡面上存在一组或多组外倾结构面时,在坡面上形成不利组合,部分楔形岩块可能沿着结构面向下坠落。在开挖边坡或基坑时,建筑场地上由于外倾结构面在边坡上的不利组合,会出现破坏。最常见的有三棱体破坏和棱形体破坏两种形式(图7.56)。楔形岩块的坠落,其势能较大,破坏力较强,坠落前的征兆并不明显,往往发生于瞬间,常造成重大伤亡事故,必须在边坡开挖前进行准确评估,彻底排除事故。

(1)三棱体危岩破坏推力的计算

三棱体危岩主要是由两组走向基本平行的结构面切割而成,这种危岩在岩石边坡中比较常见。两组结构面可分为主滑面和辅滑面,主滑面多为层面,而辅滑面多为构造裂隙或卸荷裂隙,通常主滑面较长,而辅滑面较陡。如图7.57所示荷载值R包括三棱体危岩的自重、地表荷载、地下水压力、地震等的作用,X、Y为R的横向和竖向分力。根据图7.58可建立如下平衡方程:

$$X = -N_1\sin\alpha_1 - N_2\sin\alpha_2 + T_1\cos\alpha_2 \tag{7.60}$$

$$Y = +N_1\cos\alpha_1 + N_2\cos\alpha_2 + T_1\sin\alpha_1 + T_2\sin\alpha_2 \tag{7.61}$$

设边坡稳定性系数为K,则:

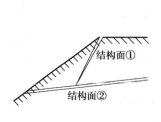

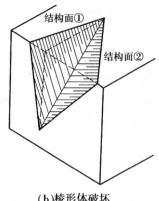

（a）三棱体破坏   （b）棱形体破坏

图 7.56   外倾结构边坡破坏的主要形式

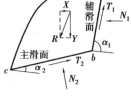

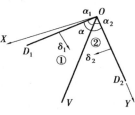

图 7.57   三棱体危岩计算   **图 7.58   棱体危岩计算图**

$$T_1 = \frac{N_1 \tan \varphi_1}{K} + \frac{c_1 l_1}{K}, T_2 = \frac{N_2 \tan \varphi_2}{K} + \frac{c_2 l_2}{K} \qquad (7.62)$$

将式（7.62）代入式（7.60）及式（7.61）可获得两个联立方程,但其中有 3 个未知量,即 N_1、N_2、K,不能直接得出解答。在工程设计中,由于辅滑面较陡,其 N_1 值较微小,可忽略不计。为使计算结果偏于安全,即令 $N_1 = 0$,便可求得稳定性系数,或确定稳定性系数后求出推力。

（2）棱形体危岩破坏推力的计算

当两组不同倾向的结构面在边坡上出现不利组合时,可能出现棱形体破坏。图 7.57 中的两组结构面,其倾向和走向均呈斜交,但两组结构面有可能在边坡上形成一棱形体向下滑塌破坏,称为棱形体危岩,这种破坏在岩石边坡上比较常见。

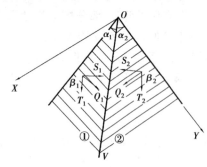

图 7.59   棱形体分割法计算图

根据图 7.58 所示,边坡的走向 $D_1 D_2$,边坡上发育有两组结构面:结构面①的走向为 OD_1,倾角为 δ_1,在边坡面上的假倾角为 δ'_1;结构面②走向为 OD_2,倾角为 δ'_2,在边坡上的假倾角为 δ'_2。两结构面走向线间的夹角为 α,结构面在边坡上形成的棱形体,其棱线为 OV,棱线的倾角为 δ'。根据以上参数,可按照棱形体分割法计算其下滑力（图 7.59）。

①棱线与两结构面走向线间的夹角:

$$\cot \alpha_1 = \frac{\tan \delta_1}{\sin \alpha \tan \delta_2} + \cot \alpha \qquad (7.63)$$

$$\cot \alpha_2 = \frac{\tan \delta_2}{\sin \alpha \tan \delta_1} + \cot \alpha \qquad (7.64)$$

②沿着通过棱线的铅直平面,将棱形体分割成两块,分块计算其重力 W_1 和 W_2。

③将 W_1 和 W_2 沿着各自的结构面真倾角进行分解：

$$N_1 = W_1\cos\delta_1, Q_1 = W_1\sin\delta_1 \qquad (7.65)$$

$$N_2 = W_2\cos\delta_2, Q_2 = W_2\sin\delta_2 \qquad (7.66)$$

④将 Q_1 和 Q_2 沿着棱线方向进行分解：

$$T_1 = Q_1\cos\beta_1', S_1 = Q_1\sin\beta_1' \qquad (7.67)$$

$$T_2 = Q_2\cos\beta_2', S_2 = Q_2\sin\beta_2' \qquad (7.68)$$

式中，β_1'、β_2' 为结构面上的角度，其水平面上的投影角为 β_1、β_2，两者间的关系为：

$$\beta_1 = 90° - \alpha_1, \tan\beta_1' = \tan\beta_1\cos\delta_1 \qquad (7.69)$$

$$\beta_2 = 90° - \alpha_2, \tan\beta_2' = \tan\beta_2\cos\delta_2 \qquad (7.70)$$

⑤计算由于 S_1 和 S_2 所产生的附加法向力 N_1' 和 N_2'：

$$N_1' = \frac{-S_1}{\tan(\delta_1' + \delta_2')} + \frac{S_2}{\sin(\delta_1' + \delta_2')}$$

$$N_2' = \frac{S_1}{\sin(\delta_1' + \delta_2')} + \frac{-S_2}{\tan(\delta_1' + \delta_2')} \qquad (7.71)$$

⑥最后的下滑力为 $T = T_1 + T_2$。

最后的正压力为 $N_1 + N_1'$，$N_2 + N_2'$。

⑦棱形体的稳定系数由下式计算：

$$K = \frac{(N_1 + N_1')\tan\varphi_1 + c_1 A_1 + (N_2 + N_2')\tan\varphi_2 + c_2 A_2}{T} \qquad (7.72)$$

式中　A_1, A_2——棱形体两滑动面的面积。

习　题

7.1　某均质黏性土边坡中有一圆弧滑面通过坡脚，其分条后资料见表 7.17。

表 7.17　习题 7.1 表

条块从坡脚到坡顶的编号	1	2	3	4	5	6	7	8	9	10
条块的单位宽度自重 $G_i/(\text{kN}\cdot\text{m}^{-1})$	8	11	15	18	22	26	23	19	14	10
条块滑动面长度 l_i/m	1.5	1.4	1.4	1.3	1.3	1.3	1.3	1.4	1.5	1.5
条块滑动面倾角 θ	−5°	−1°	1°	5°	10°	15°	20°	25°	30°	35°

假设该圆弧形滑面为最危险滑面，土体中未见地下水，土体的黏聚力 $c = 20$ kPa，$\varphi = 22°$，求该滑动面的稳定性系数。（答案：3.33）

7.2　某二级岩体边坡如图 7.60 所示，边坡受一组节理控制，节理走向与边坡走向相同，地表初露线距坡顶 20 m，坡顶水平，节理面与坡面交线和坡顶的高差为 40 m，与坡顶的水平距离为 10 m，节理面内摩擦角为 35°，内聚力为 40 kPa，岩体重度为 21 kN/m³，按《建筑边坡工程技术规范》(GB 50330—2013) 计算边坡的稳定性。（答案：0.82）

7.3　某折线形滑面边坡由 3 个块体组成，各滑动块体单位宽度的资料如表 7.18 所示，该边坡等级为 Ⅱ 级，坡体中未见地下水，无地面荷载，按《建筑边坡工程技术规范》(GB 50330—2013) 计算。求该滑坡的稳定系数。（答案：1.32）

表 7.18 习题 7.3 表

各块体编号	1	2	3
单位宽度块体自重 $G_i/(kN \cdot m^{-1})$	70	200	140
块体底面倾角 θ_i	48°	°38	20°
块体地面的摩擦角 φ_i	26°	26°	26°
底面内聚力 C_i/kPa	0	0	10.0
块体地面长度 l_i/m	10	15	10

7.4 某场地作为地基的岩体结构面组数为两组,控制性结构面平均间距为 1.5 m,室内 9 个饱和单轴抗压强度的平均值为 26.5 MPa,变异系数为 0.2,按《建筑地基基础设计规范》(GB 50007—2013)相关规定,试确定岩石地基承载力特征值。(答案:13.1 MPa)

7.5 某山区地基,地面下 2 m 深度内为岩性相同,风化程度一致的基岩,现场实测该岩体纵波速度为 2 700 m/s,室内测试岩块纵波波速为 4 300 m/s,从现场取 6 个试样进行饱和单轴抗压强度平均值为 13.6 MPa,标准差为 5.59 MPa。试计算 2 m 深度基岩地基承载力特征值。(答案:1.35 kPa)

7.6 某挡土墙如图 7.61 所示,墙背垂直,墙体重度 $\gamma = 22$ kN/m³,墙填土水平,填土 $c = 0$,$\varphi = 33°$,$\gamma = 18$ kN/m³,填土与墙背间的摩擦角 $\delta = 10°$,对挡土墙基地的摩擦系数 $\mu = 0.45$。试验算挡土墙的稳定性。(答案:抗滑移稳定性 1.05 ≤ 1.3,不满足;抗倾覆稳定性 1.64 ≥ 1.6,满足)

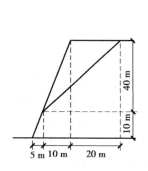

图 7.60 平面滑动边坡稳定性验算

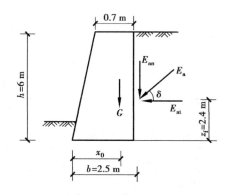

图 7.61 习题 7.6 图

7.7 如图 7.62 所示,重力式挡土墙和墙后岩石陡坡之间填砂土,墙高 6 m,墙背倾角为 60°,岩石陡坡倾角为 60°,砂土 $\gamma = 17$ kN/m³,$\varphi = 30°$,砂土与墙背及岩坡间的摩擦角均为 15°,求该挡土墙上的主动土压力合力 E_a。(答案:250 kN/m)

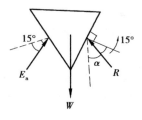

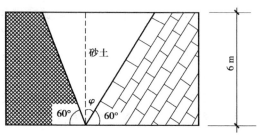

图 7.62 习题 7.7 图

7.8 某建筑旁有一稳定的岩石山坡(图7.63),坡角为60°,依山拟建挡土墙,墙高6 m,墙背倾角75°,墙后填料采用砂土,重度为20 kN/m³,内摩擦角28°,土与墙背间的摩擦角为15°,土与山坡间的摩擦角12°,墙后填土高度5.5 m。求挡土墙墙背主动土压力。(答案:199 kN/m³)

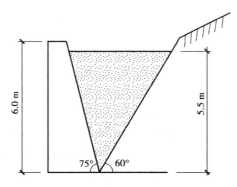

图7.63 习题7.8图

7.9 某一薄层状裂隙发育的石灰岩出露场地,在距地面17 m深处以下有一溶洞高H_0=2.0 m。若按溶洞顶板坍塌自行填塞对此溶洞的影响进行估算,求地面下不受溶洞坍塌影响的岩层安全厚度。(答案:7 m)

参考文献

[1] 韩建刚. 土力学与基础工程[M]. 2 版. 重庆:重庆大学出版社,2014.

[2] 高大钊. 土力学与基础工程[M]. 北京:中国建筑工业出版社,2002.

[3] 顾晓鲁,钱鸿缙,刘慧珊,等. 地基与基础[M]. 3 版. 北京:中国建筑工业出版社,2003.

[4] 赵明华. 土力学与基础工程[M]. 2 版. 北京:中国建筑工业出版社,2008.

[5] 丁梧秀. 地基基础[M]. 郑州:郑州大学出版社,2006.

[6] 陈希哲. 土力学地基基础[M]. 5 版. 北京:清华大学出版社,2013.

[7] 中国建筑科学研究院. JGJ 79—2012 建筑地基处理技术规范[S]. 北京:中国建筑工业出版社,2012.

[8] 建设部综合勘察研究设计院. GB 50021—2001 岩土工程勘察规范(2009 版)[S]. 北京:中国建筑工业出版社,2001.

[9] 中国建筑科学研究院. GB 50007—2011 建筑地基基础设计规范[S]. 北京:中国建筑工业出版社,2011.

[10] 南京水利科学研究院. JGJ 94—2008 建筑桩基技术规范[S]. 北京:中国计划出版社,2008.

[11] 龚晓南. 基础工程[M]. 北京:中国建筑工业出版社,2008.

[12] 钱德玲. 基础工程[M]. 北京:中国建筑工业出版社,2009.

[13] 郭继武. 建筑地基基础[M]. 北京:中国建筑工业出版社,2013.

[14] 赵志缙,赵帆. 高层建筑基础工程施工[M]. 3 版. 北京:中国建筑工业出版社,2005.

[15] 中国建筑科学研究院. JGJ 6—2011 高层建筑箱形与筏形基础技术规范[S]. 北京:中国建筑工业出版社,2011.

[16] 《桩基工程手册》编写委员会. 桩基工程手册[M]. 北京:中国建筑工业出版社,2016.

[17] 中华人民共和国住房和城乡建设部. GB 50009—2012 建筑结构荷载规范[S]. 北京:中国建筑工业出版社,2012.

[18] 中华人民共和国住房和城乡建设部. GB 50010—2010 混凝土结构设计规范[S]. 北京:中国建筑工业出版社,2010.

[19] 中华人民共和国住房和城乡建设部. GB 50068—2001 建筑结构可靠度设计统一标准[S]. 北京:中国建筑工业出版社,2001.

[20] 中华人民共和国住房和城乡建设部. JGJ 79—2012 建筑地基处理技术规范[S]. 北京:中国计划出版社,2012.

[21] 华南理工大学,东南大学,浙江大学,等. 地基及基础[M]. 3 版. 北京:中国建筑工业出版社,1998.

[22] 陈仲颐,叶书麟. 基础工程学[M]. 北京:中国建筑工业出版社,1996.

[23] 周景星,李广信,张建红,等. 基础工程[M]. 3 版. 北京:清华大学出版社,2015.

[24] 刘金砺. 桩基础设计与计算[M]. 北京:中国建筑工业出版社,2010.